"十四五"普通高等教育本科部委级规划教材

产品三维数字化设计

Creo Parametric 篇

杨洪君 编著

中国纺织出版社有限公司

内 容 提 要

本书以 Creo Parametric 9.0 为应用蓝本，结合设计任务全面而系统地介绍了其基础知识与应用，以提高读者的三维造型设计能力。

本书的设计任务涵盖了参数化二维草图绘制、零件三维实体模型设计、零件三维曲面模型设计、产品装配模型设计、产品工程图绘制等多个方面，结合每个设计任务，详细讲解在实际设计工作中经常用到的三维模型创建方法，以及相应的 Creo Parametric 软件的常用功能和应用技巧。

本书既可作为高等院校工业设计专业、产品设计专业学生的教材，也可作为相关设计机构、公司、企业的培训教材和设计师的参考书。

图书在版编目（CIP）数据

产品三维数字化设计：Creo Parametric 篇 / 杨洪君编著. -- 北京：中国纺织出版社有限公司，2024.4

“十四五”普通高等教育本科部委级规划教材

ISBN 978-7-5229-0892-2

Ⅰ. ①产… Ⅱ. ①杨… Ⅲ. ①三维–工业产品–计算机辅助设计–应用软件–高等学校–教材 Ⅳ. ①TB472-39

中国国家版本馆 CIP 数据核字（2023）第 213873 号

责任编辑：朱利锋　　责任校对：高　涵　　责任印制：王艳丽

中国纺织出版社有限公司出版发行
地址：北京市朝阳区百子湾东里 A407 号楼　邮政编码：100124
销售电话：010—67004422　传真：010—87155801
http://www.c-textilep.com
中国纺织出版社天猫旗舰店
官方微博 http://weibo.com/2119887771
北京通天印刷有限责任公司印刷　各地新华书店经销
2024 年 4 月第 1 版第 1 次印刷
开本：787 × 1092　1/16　印张：22
字数：439 千字　定价：78.00 元

PREFACE

计算机辅助设计技术在设计领域的应用越来越广泛，尤其是三维设计软件，在现今的企业和设计公司中的应用已经非常普及。Creo Parametric 是 PTC 公司开发的设计软件，在目前的三维造型软件领域中占有非常重要的地位，广泛地应用在产品设计、模具制造、航空航天、汽车、装备制造和消费类电子产品领域中。熟练地应用该软件建立产品的三维数字化模型，并进行产品的设计和开发，已经成为设计师必备的基本技能。

编者根据当前我国高等院校教育发展的特点，结合学生职业能力培养的需要，以培养学生三维造型设计能力为主要目标，遵循理论与实践相结合的原则确定了教材内容，精心挑选了二十余个设计任务，内容涵盖参数化二维草图绘制、零件三维实体模型设计、零件三维曲面模型设计、产品装配模型设计、产品工程图绘制等多个方面。结合每个设计任务的学习，详细讲解在实际设计工作中经常用到的三维模型创建方法，以及相应的 Creo Parametric 软件的常用功能和应用技巧。

本书与同类教材相比，具有以下几个特点：

1. 根据“以学生为中心，以结果为导向”的教育教学理念，以任务为引领，根据学生的认知过程，任务从易到难，从简单零件到复杂零件，从零件到产品，并且穿插介绍软件操作技能、设计规范及制图标准等。采用面向产品设计、工业设计专业学生及设计师的设计任务组织教材内容，使读者能够学以致用，促进学习的积极性，提高学习效果。

2. 理论与实践相结合。在每个设计任务开始时，先进行相关知识点的讲解，然后对要完成的模型进行整体分析，将其划分为若干关键造型步骤，之后针对每个具体的操作步骤进行详细讲解。通过项目实例的分析和讲解帮助读者掌握设计方法，提高综合运用相关知识的能力。

3. 本书提供配套学习资料包，资料包中内含与书中内容配套的设计任务源文件及详细的知识点讲解和任务操作视频。

本书既可作为高等院校工业设计专业、产品设计专业学生的教材，也可作为相关设计机构、公司、企业的培训教材和设计师的参考书。

本书由北京服装学院杨洪君编写。在本书编写过程中，编者参考并引用了一些文献资料，在此向相关作者表示衷心的感谢。

由于编者水平有限，本书难免存在不足之处，恳切希望同仁及广大读者批评指正。

本书由北京服装学院教材出版专项资助。

杨洪君

2023 年 10 月

CONTENTS

项目一 产品三维建模基础

认知 1 计算机辅助设计 / 002

一、产品三维数字化模型及其作用 / 002

二、计算机辅助设计概念 / 002

三、计算机辅助设计系统 / 003

认知 2 计算机辅助设计相关技术 / 005

一、CAD / 005

二、CAE / 005

三、CAPP / 005

四、CAM / 005

五、RE / 006

六、RP / 006

七、PDM / 007

认知 3 产品三维建模技术 / 008

项目二 初识 Creo Parametric 软件

认知 1 Creo Parametric 软件概述 / 012

一、Creo Parametric 简介 / 012

二、Creo Parametric 的设计特点 / 012

认知 2 Creo Parametric 软件界面 / 013

一、标题栏 / 015

二、快速访问工具栏 / 015

三、功能区 / 016

四、导航区 / 016

五、图形窗口 / 016

六、图形工具栏 / 016

七、状态栏 / 017

任务 Creo Parametric 软件初体验 / 018

一、学习目标 / 018

二、相关知识点 / 018

三、操作步骤 / 028

项目三 参数化二维草图绘制

认知 1 初识二维草图 / 034

一、草绘的作用 / 034

二、草绘的组成 / 034

三、草绘相关术语 / 034

四、草绘模式 / 035

五、草绘界面 / 035

认知 2 二维草图绘制 / 036

一、创建草绘过程 / 036

二、鼠标操作 / 036

三、绘制图元 / 037

四、编辑图元 / 044

认知 3 设计意图表达 / 046

一、尺寸标注 / 046

二、约束 / 050

任务 绘制已知二维草图 / 052
一、学习目标 / 052
二、相关知识点 / 053
三、任务分析 / 053
四、操作步骤 / 053

项目四 零件三维实体模型设计

认知 1 Creo Parametric 特征 / 060
一、Creo Parametric 特征类型 / 060
二、特征父子关系 / 060
认知 2 Creo Parametric 零件实体建模 / 061
一、零件建模界面 / 061
二、零件实体特征建模过程 / 061
三、模型树 / 062
任务 1 创建水龙头三维模型 / 063
一、学习目标 / 063
二、相关知识点 / 063
三、建模分析 / 070
四、操作步骤 / 071
五、知识拓展 / 079
任务 2 创建淋浴喷头面板三维模型 / 081
一、学习目标 / 081
二、相关知识点 / 081
三、建模分析 / 086
四、操作步骤 / 087
五、知识拓展 / 095
任务 3 创建金属夹三维模型 / 096
一、学习目标 / 096
二、相关知识点 / 096
三、建模分析 / 104

四、操作步骤 / 104
五、知识拓展 / 111
任务 4 创建洗发水瓶三维模型 / 112
一、学习目标 / 112
二、相关知识点 / 113
三、建模分析 / 115
四、操作步骤 / 115
五、知识拓展 / 122
任务 5 创建吹风机壳三维模型 / 123
一、学习目标 / 123
二、相关知识点 / 123
三、建模分析 / 130
四、操作步骤 / 130
五、知识拓展 / 136
任务 6 创建圆盘零件三维模型 / 137
一、学习目标 / 137
二、相关知识点 / 137
三、建模分析 / 145
四、操作步骤 / 145
五、知识拓展 / 150
任务 7 创建 U 盘盖三维模型 / 151
一、学习目标 / 151
二、相关知识点 / 151
三、建模分析 / 155
四、操作步骤 / 155
任务 8 创建轮胎三维模型 / 160
一、学习目标 / 160
二、相关知识点 / 160
三、建模分析 / 163
四、操作步骤 / 163

任务 9 创建扳手三维模型 / 169
一、学习目标 / 169
二、相关知识点 / 169
三、建模分析 / 171
四、操作步骤 / 172

项目五 零件三维曲面模型设计

认知 1 Creo Parametric 曲面特征 / 180
一、曲面概念 / 180
二、曲面类型 / 180
三、曲面显示控制 / 181
认知 2 Creo Parametric 零件曲面建模 / 181
一、曲面建模过程 / 181
二、曲面编辑 / 182
任务 1 创建铲子三维模型 / 182
一、学习目标 / 182
二、相关知识点 / 183
三、建模分析 / 185
四、操作步骤 / 186
任务 2 创建旋钮三维模型 / 190
一、学习目标 / 190
二、相关知识点 / 191
三、建模分析 / 193
四、操作步骤 / 193
任务 3 创建汽车后视镜壳体三维模型 / 200
一、学习目标 / 200
二、相关知识点 / 200
三、建模分析 / 206
四、操作步骤 / 207

任务 4 创建面板三维模型 / 216
一、学习目标 / 216
二、相关知识点 / 216
三、建模分析 / 217
四、操作步骤 / 218
任务 5 创建勺子三维模型 / 222
一、学习目标 / 222
二、相关知识点 / 222
三、建模分析 / 225
四、操作步骤 / 225
任务 6 创建金属架三维模型 / 234
一、学习目标 / 234
二、相关知识点 / 234
三、建模分析 / 236
四、操作步骤 / 236
任务 7 创建节能灯三维模型 / 238
一、学习目标 / 238
二、相关知识点 / 239
三、建模分析 / 240
四、操作步骤 / 241
任务 8 创建洗发水瓶三维模型 / 249
一、学习目标 / 249
二、建模分析 / 249
三、操作步骤 / 250

项目六 产品装配模型设计

认知 1 初识 Creo Parametric 产品装配模型设计 / 268
一、产品装配模型设计概述 / 268
二、产品装配模型文件 / 268
三、Creo Parametric 中产品装配模式 / 268

认知 2 Creo Parametric 产品装配建模相关界面 / 269
一、产品装配建模界面 / 269
二、元件放置操作面板 / 269
任务 1 创建轮子组件装配体模型 / 271
一、学习目标 / 271
二、相关知识点 / 272
三、装配分析 / 279
四、操作步骤 / 279
五、知识拓展 / 286
任务 2 轮子组件装配干涉分析与分解视图 / 290
一、学习目标 / 290
二、相关知识点 / 290
三、操作步骤 / 294
任务 3 创建肥皂盒装配体模型及各个零件 / 297
一、学习目标 / 298
二、相关知识点 / 298
三、建模分析 / 298
四、操作步骤 / 299

项目七 产品工程图绘制

认知 Creo Parametric 工程图 / 310
一、Creo Parametric 工程图概述 / 310
二、Creo 工程图模块功能 / 310
三、工程图模式界面 / 310
四、生成工程图一般步骤 / 313
任务 1 工程图图框及标题栏设计 / 313
一、学习目标 / 313
二、相关知识点 / 313
三、操作步骤 / 314

任务 2 创建零件的工程图 / 322
一、学习目标 / 322
二、相关知识点 / 323
三、工程图制作分析 / 327
四、操作步骤 / 327

参考文献 / 339

课程介绍

1

项目一

产品三维建模基础

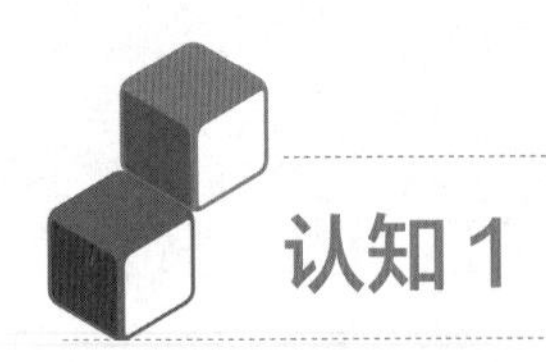

认知 1 计算机辅助设计

一、产品三维数字化模型及其作用

1-1 CAD 概述

随着计算机的普及以及计算机软硬件技术的快速发展，计算机辅助设计技术在设计领域的应用越来越广泛，尤其是三维设计软件，在现今的企业和设计公司当中已经非常普及。比如，在汽车设计领域，设计师会利用三维设计软件来完成汽车的零件设计、车身结构件的部件设计及汽车外形复杂曲面的设计，并且在此基础之上，设计师会利用三维设计软件进行汽车的虚拟装配，从而建立起汽车的电子样机模型，并且利用三维设计软件对汽车的电子样机模型进行装配干涉分析，检查零部件之间是否存在装配干涉，以确保在后续的加工和装配环节汽车零部件装配的可行性。

另外，由设计师建立的汽车零部件的三维数字化模型，还可以提供给后续的工程分析人员，对数字化模型进行动力学和运动学的仿真分析，并且通过反馈的数据对设计方案进行修正和完善，以保证汽车的安全性和可靠性等方面的性能需求。汽车的三维数字化模型还可以提供给后续的模具设计人员，模具设计人员可以根据零件的三维数字化模型进行模具的设计和加工。在后续的加工过程中，加工人员也可以根据汽车的三维数字化模型进行零件加工过程仿真，以确保实际加工过程的可行性，并且可以编制数控程序，完成零件的数控加工。

由此可以看出，产品的三维数字化模型是新产品快速设计研发以及加工制造的基础，同时也是保证设计质量、缩短产品设计开发周期、降低产品开发成本的基础。

二、计算机辅助设计概念

计算机辅助设计是指设计师和工程技术人员以计算机为工具，利用计算机的计算功能和图形处理功能，辅助完成产品的设计、分析、绘图等工作，以达到提高产品设计质量、缩短产品开发周期、降低产品成本的目的。在计算机辅助设计过程中，除了可以利用计算机进行产品的图形绘制或者模型构建以外，还可以利用计算机进行方案构思、功能设计、结构分析、加工制造等。

因此，计算机辅助设计的概念可以从狭义和广义两个层面上来理解。从狭义上讲，计算机辅助设计是指单纯的计算机辅助图形绘制或者模型创建；从广义上讲，计算机辅助设计实际上是 CAD/CAE/CAM 等计算机辅助技术的高度集成，是集计算机、图形学、计算设计、数据库、网络通信等计算机和其他领域的知识于一体的高新技术，是智能制造的重要组成部分。

三、计算机辅助设计系统

计算机辅助设计系统的构成如图 1-1 所示，通常是以具有图形功能的交互计算机硬件及软件系统为基础，以网络技术、图形显示技术、用户接口与人机交互技术、产品数据管理技术以及通用的计算机设计软件为支撑，广泛地应用在机械、建筑、轻工、纺织、航空、航天、汽车、模具、电子以及电影、动画、广告、多媒体等领域。计算机辅助设计系统由一系列的硬件和软件组成，其中软件包括系统软件和支撑软件。

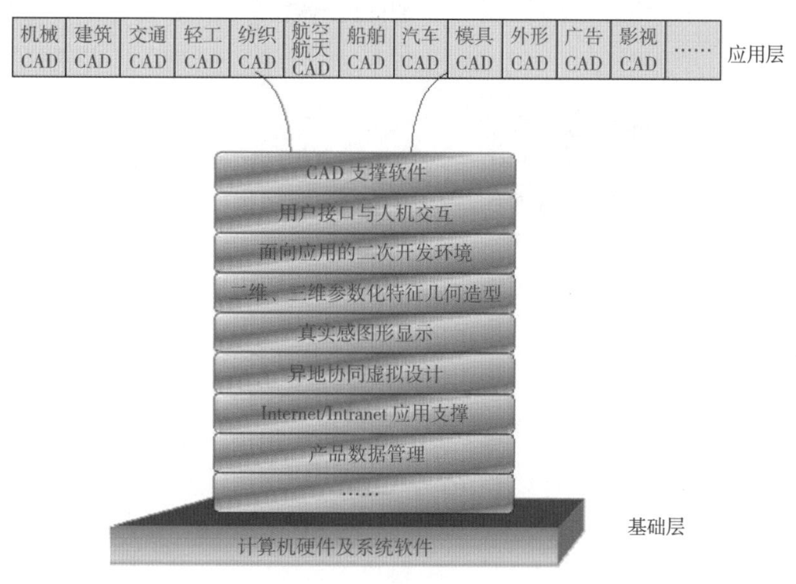

图 1-1 计算机辅助设计系统构成

1. 系统软件

系统软件主要负责管理硬件资源以及各种软件资源，是计算机的底层管理软件，所有的应用程序都是运行在系统软件之上的。目前常用的系统软件有 Windows 操作系统、MAC 操作系统以及用于多任务分时的 UNIX 操作系统和 Linux 操作系统。

2. 设计软件

设计软件是为了满足用户的共同需要而开发出来的，设计师常用的通用设计软件主要包括平面设计软件和三维建模软件，见表 1-1。

表 1-1 常用设计软件

软件类型	应用程序	简介
平面软件	CorelDRAW GRAPHICS SUITE 2019	主要用于图形绘制

续表

软件类型	应用程序	简介
平面软件	Photoshop CC; Painter 2019	主要用于图像处理
	InDesign CC; Adobe PageMaker 7.0	主要用于桌面排版
三维建模软件	Rhinoceros NURBS modeling for Windows; AUTODESK ALIAS; AUTODESK 3DS MAX; AUTODESK MAYA 2019	主要用于三维建模渲染、动画制作，具有较好的真实感、图形处理功能以及动画制作功能，但是生成的三维模型尺寸精度不高，大多不能直接用于后续的加工制造环节
	AUTODESK AUTOCAD; AUTODESK FUSION 360; SolidWorks Premium 2010; PTC creo; CATIA; Unigraphics NX	三维工程软件，一般采用基于特征的参数化三维建模，具有严格的尺寸精度，可绘制二维工程图，并直接支持后续的快速成型、NC 机床等加工设备，使设计、生产制造一体化

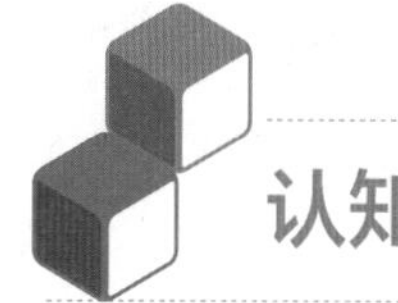

认知 2 计算机辅助设计相关技术

广义的计算机辅助设计系统是集各种计算机辅助技术于一体的高度集成系统，主要包括 CAD、CAE、CAPP、CAM、RE、RP 及 PDM 技术。

1-2 CAD 相关技术

一、CAD

CAD（computer aided design，计算机辅助设计）是广义计算机辅助设计系统中的一个基本任务，它有两个主要的功能。一是产品三维建模，主要构建零件的三维几何模型、产品及其部件的三维结构模型，并对产品或者部件的三维结构模型进行装配干涉检查分析和评价产品的可装配性，同时也可以对产品的零部件之间以及产品的零部件与周围环境之间，在运动时会不会有干涉碰撞进行仿真和分析。CAD 还可以动态地显示产品的三维模型，并通过渲染来提高产品三维模型的真实感。比如，可以对飞机机舱的三维模型进行材质、灯光等渲染，来模拟机舱的真实效果。

CAD 另一个主要的功能是工程绘图，工程图是一种产品设计表达的方法，也是后续生产和加工的依据。在三维软件中，可以将建立的产品和零件的三维模型直接投影导出二维图纸，从而保证二维图纸和三维模型的一致性和正确性。同时 CAD 软件还可以对导出的二维图纸进行编辑，从而生成满足后续加工和制造要求的工程图。

二、CAE

CAE（computer aided engineering）即计算机辅助工程分析。在设计当中往往要对关键零部件进行强度以及运动分析，以保证产品的可靠性和安全性，因此 CAE 是广义的计算机辅助设计系统中不可缺少的部分。计算机辅助工程分析技术就是基于三维软件创建的产品数字化模型，对产品或者零部件的静态强度、动态性能等进行仿真和分析，并且通过反馈的数据对设计方案或者结构进行修正和完善，以达到最佳的设计效果，保证设计质量。

三、CAPP

CAPP（computer aided process planning，计算机辅助工艺规划）是将产品的设计信息转化为加工制造管理信息的关键环节，是借助于计算机软硬件的技术和支撑环境，进行数值计算、逻辑判断和推理，帮助工艺人员根据产品的三维几何模型、生产要求、企业的资源条件，规划和设计产品制作工艺的过程，输出制造工艺指令。

四、CAM

CAM（computer aided manufacturing，计算机辅助制造）技术是辅助生产加工人员完成从产品设计到加工制造之间的所有生产准备活动，包括数控程序编制、加工过程的仿真、数控代码生成以及数控加工等。它是将设计信息转化为加工指令，从而驱动数控机床，代替人进行生产设备的精准操作和控制，以保证产品的加工质量。

五、RE

RE（reverse engineering）即逆向工程。有些产品外形非常复杂，如图 1-2 中的高尔夫球杆头部造型、鞋楦等，这些复杂的外形是由自由曲面组成的，运用三维设计软件很难满足精度要求。还有一些产品，如图 1-2 中的航空发动机的涡轮叶片，飞机的外形等，这些产品往往都需要经过实验测试，在实物上修改，根据实物定型。还有如图 1-2 中的艺术品和考古文物的修复和复制过程中，由于这些艺术品和考古文物大多是手工制品，具有非常复杂的外形，在进行修复和复制的时候，用三维软件很难达到设计的要求。这些情况下，要采用逆向工程技术来实现产品三维数字化模型创建。

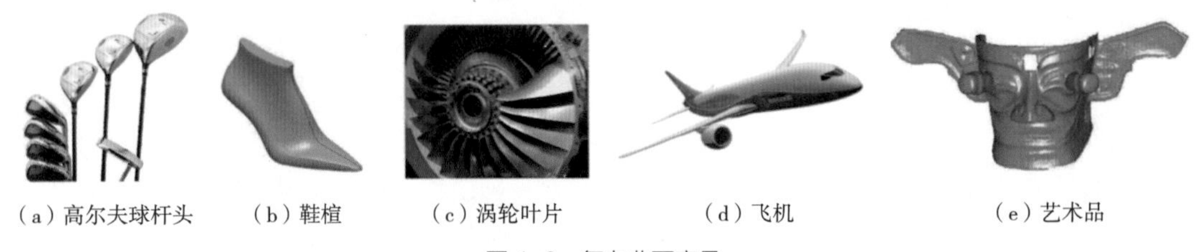

（a）高尔夫球杆头　（b）鞋楦　（c）涡轮叶片　（d）飞机　（e）艺术品

图 1-2　复杂曲面产品

逆向工程也称为反求工程，或反向工程，它就是根据现有的实物部件，通过一些测量方法构建产品的三维数字化模型，从而缩短复杂产品的设计和开发周期，保证设计质量。逆向工程技术的流程如图 1-3 所示，首先通过三坐标测量、激光扫描等技术对实物部件进行尺寸测量，通常测量的这些数据是以点云的形式存储。点云本身不及通常的三维模型直观，为了获得更加直观并能被其他应用软件识别的三维数字模型，通常可以利用三维扫描软件对点云数据进行处理，获取三维模型，用于运动分析、生产加工等环节。

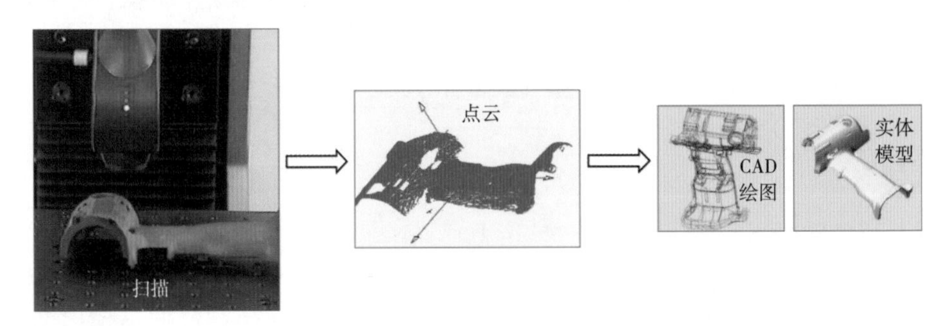

图 1-3　逆向工程流程

六、RP

RP（rapid prototyping）即快速成型。快速成型技术也称为 3D 打印技术，是 20 世纪 90 年代发展起来的一项技术，它可以直接利用三维建模软件中建立的产品的数字化模型，在无须准备模具、刀具以及工装卡具的情况下，快速制造出新产品的样件或模型，从而大大缩短新产品开发周期、降低开发的成本。同时快速成型技术可以制造任意复杂形状的三维实体（图 1-4），不受生产设备的限制，提高了产品设计在造型和结构上的灵活性。

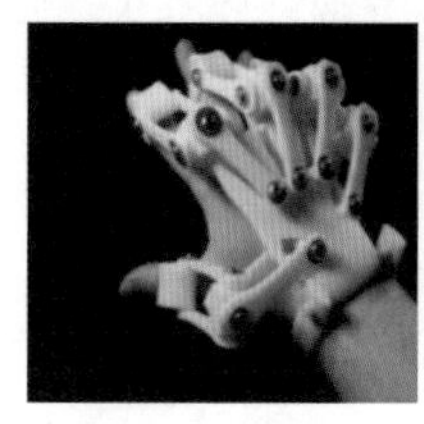 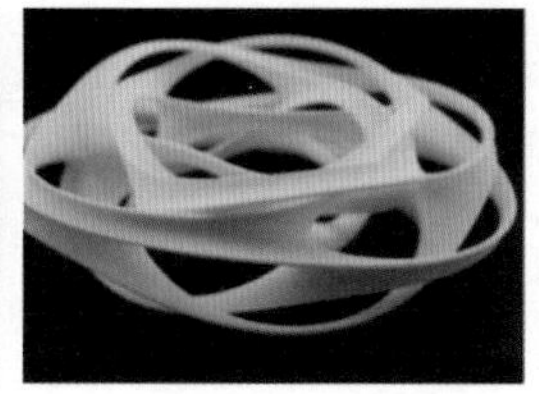 

图 1-4 快速成型产品

现在有很多不同种类的快速成型系统，这些快速成型系统的工作原理和成型材料各有不同。如 SLA（stereo lithography appearance，光立体固化）系统运用激光对光敏树脂进行固化；FDM（fused deposition modeling，熔融沉积造型）系统是将各种尼龙、PLA（聚乳酸）等丝材进行熔融堆积冷却固化；SLS（selective laser sintering，选择性激光烧结）系统是利用激光对金属和陶瓷粉末烧结。但是所有快速成型系统的基本原理都一样，就是将三维零件看作是许多等厚度的二维平面轮廓沿某一坐标方向叠加而成。因此可以将建模软件中建立的数字化三维模型，切分成一系列平面几何信息，得到各层截面的轮廓，然后“分层制造，逐层叠加”，最后得到样件。

快速成型工作流程如图 1-5 所示。首先在三维建模软件中建立起产品的三维模型，最好使用 AUTOCAD、Solidworks、Creo、UG、CATIA 等这些三维工程软件进行建模，可以较好地保证样件的质量。再利用三维软件中自带的数据接口进行文件转化，将三维模型进行离散化处理，生成 stl 文件。将生成的 stl 文件导入快速成型系统中，构建支撑，进行切片处理。在此基础上，在快速成型设备上分层制造，逐层叠加，完成样件的制造。利用不同的成型材料完成样件之后，要去除支撑、清理表面，最后得到与三维模型一样的样件。

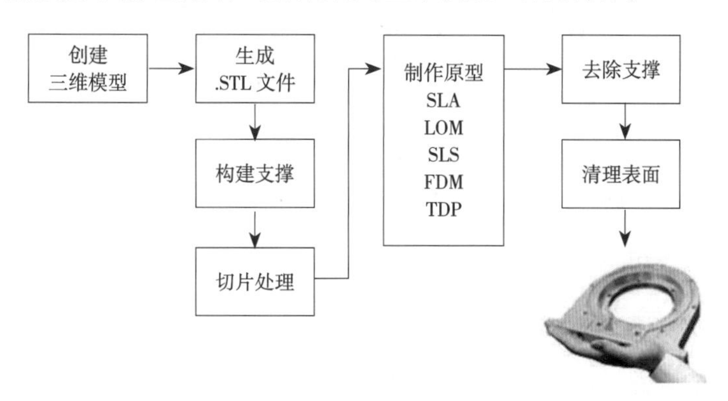

图 1-5 快速成型流程

七、PDM

PDM（product data management）即产品数据管理。广义的计算机辅助设计系统是一个高度集成的系统，系统运行过程中会产生很多的数据和信息，如设计数据、加工工艺信息、生产制造信息等，这些数据的完整性、准确性以及一致性非常重要。产品数据管理技术就是帮助设计人员和工程技术人员管理产品数据和产品研发过程的工具。PDM 管理所有与产品相关的信息（包括零件信息、部件信息、文档、CAD 文件、结构、权限信息等）以及所有与产品相关的过程。采用产品数据管理技术可以将产品信息的产生、审批、更改过程纳入统一的管理中，保证产品信息的完整、准确和安全。

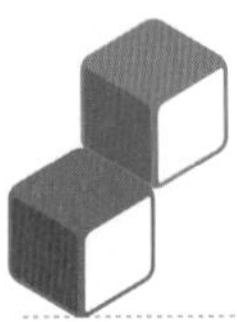

认知 3 产品三维建模技术

产品的三维模型是计算机辅助设计系统的基础，产品三维建模技术是计算机辅助设计系统的核心技术。所谓产品三维建模技术，就是研究产品的三维数据模型在计算机内部的建立方法以及采用的数据结构和算法。由于对于产品数据的描述方法、存储的内容、存储的结构不同，会有不同的建模技术和不同的数据模型。目前主要的产品建模技术主要有几何建模和特征建模两大类，几何建模根据描述方法以及存储几何信息、拓扑信息的不同，又可以分为线框建模、表面建模和实体建模，各种三维建模技术见表 1-2。

1-3 产品三维建模技术

表 1-2 产品三维建模技术

建模技术	说明	优缺点	图例
线框建模	计算机辅助系统中最早使用的三维建模方法，是二维图的直接延伸，即把原来平面上的直线、圆弧扩展到空间，使其具有立体感。 线框模型的基本几何元素是点、直线、圆弧和某些二次曲线，它表示的是物体的边，描述的是产品的轮廓外形，在计算机内部是以点表和边表来进行表达的	优点：所需要的信息最少，数据运算比较简单，所占的存储空间也非常小，硬件的要求不高，容易掌握，而且处理时间很短，具有很高的时效性。 缺点：只有离散的边，边和边之间没有关系，没有构成关于面的信息，因此不存在内、外表面的区别，会对物体形状的判断产生多义性	
表面建模	又称为曲面建模，是通过对物体的各种表面或曲面进行描述的一种三维建模的方法。它将物体分解成物体的表面、边线和顶点，在计算机的内部是用顶点、边线和表面的集合来表示和建立物体	优点：能够实现面与面之间的相交着色、表面积计算、消隐等，擅长构建不能用简单的数学模型来描述的复杂物体的表面，比如汽车、飞机，还有一些家电产品的外观表面。 缺点：它只能表示物体的表面以及边界，不能进行剖切，不能进行如质量、质心、惯性等物性计算	

续表

建模技术	说明	优缺点	图例
实体建模	利用一些基本体素，如长方体、圆柱体、球体、锥体、圆环体以及扫描体等通过布尔运算生成复杂形体的一种建模技术。主要包括两部分内容：体素的定义和描述以及体素间的布尔运算，包括和、差和积，基本体素或扫描体通过不同的布尔运算获得不同的新实体	优点：不仅定义了形体的表面，还定义了形体的内部形状。能完整地描述物体的所有几何信息和拓扑信息，包括物体的体、面、边和顶点的信息。 缺点：提供的造型手段不符合设计师的设计习惯，只提供了点、线、面或体素拼合这些初级构形手段，不能满足设计、制造对构形的需要	
特征建模	一种建立在实体建模的基础上，利用特征的概念面向整个产品设计和生产制造过程进行设计的建模方法。所谓的产品特征是为几何形状赋予了工程语义信息。以特征建模为主的 CAD 系统，设计过程均以特征为最小单元存储数据，并通过改变特征参数来改变零件的外形	不仅包含与生产有关的信息，而且能描述这些信息之间的关系	螺纹孔 加强筋

2 项目二

初识 Creo Parametric 软件

认知 1 Creo Parametric 软件概述

一、Creo Parametric 简介

2-1 Creo 概览

Creo 是美国 PTC 公司开发的设计软件。1988 年，PTC 公司推出了 Pro/ENGINEERING（又名 Pro/E）的第一个版本，此后，该软件不断改进和完善，陆续推出了 Pro/E 2001、Pro/E 2.0、Pro/E 3.0、Pro/E 4.0、Pro/E 5.0 等版本。2010 年 10 月，PTC 公司整合了 Pro/E 的参数化技术、CoCreate 的直接建模技术和 Product View 的三维可视化技术，推出了新型的计算机辅助设计软件包 Creo。它功能非常全面，集成了模型设计、装配设计、模具设计、钣金件设计、数控加工、逆向工程、机构仿真以及产品数据管理等一系列的功能，是一套由设计到生产的三维产品开发系统。作为最早应用参数化技术的三维建模软件，Creo 是现今主流的计算机辅助三维设计软件，在目前的三维造型软件领域中占有非常重要的地位，广泛地应用在机械设计、工业产品设计、模具制造、航空航天等领域。其中的 Creo Parametric 模块是必不可少的 3D 参数化 CAD 解决方案，是可靠且可扩展的 3D 产品设计工具集，其功能更强、更灵活和更快速，可帮助加快整个产品开发过程。

二、Creo Parametric 的设计特点

在学习 Creo Parametric 之前，首先需要了解它的特点，以便更好地理解软件的三维建模过程。Creo Parametric 有三个主要特点：

1. 基于特征建模

在 Creo Parametric 中，创建的每个零件都是由一个或多个特征组成，零件建模遵循一定的规律，即用户通过按顺序定义一系列易于理解的特征（每次创建的一个单独几何，包括基准、拉伸、旋转、孔、圆角等）来创建零件模型，零件的形状直接由这些特征控制。每个特征都基于先前的特征，并可以参考先前特征，从而能够使设计意图被构建到模型中。特征是三维模型的数据存取单元，通常，每个特征都比较简单，但添加到一起时，就可以形成复杂的模型。

以图 2-1 所示的凉水杯为例，该零件是通过以下特征创建的：

（1）创建一个旋转特征，形成凉水杯杯身的整体形状和尺寸；

（2）创建一个扫描特征，形成凉水杯把手的整体形状和尺寸；

（3）在凉水杯底部和杯身的两条边创建倒圆角；

（4）将凉水杯杯身抽壳；

（5）在杯身和把手连接边创建倒圆角；

（6）杯口边倒角。

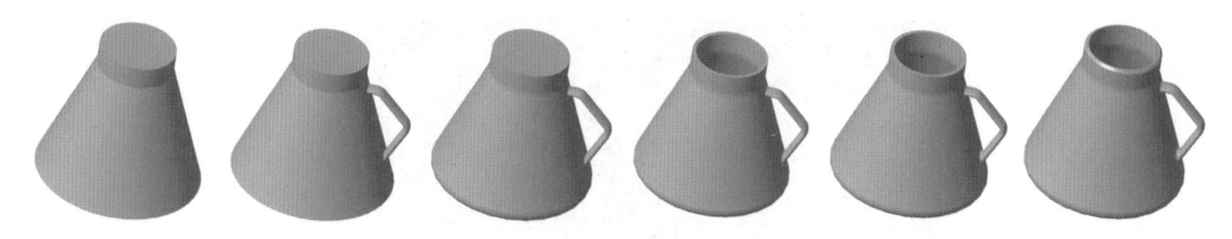

图 2-1 凉水杯特征

2. 参数化设计

参数化设计是 Creo Parametric 的一大特色，它可以保持零件的完整性和设计意图。Creo Parametric 中模型使用尺寸和参数来定义特征的尺寸和位置。如果修改特征尺寸值，则特征会相应地更新，而且此更改会自动传递到模型中相关的特征，并最终更新整个零件。因此，在创建特征时，应尽量选择稳固、不易被删除的特征和几何元素作为参考。

3. 相关性

Creo Parametric 具有不同的设计模式，如草绘模式、零件模式、装配体模式、工程图模式等，各模式下相应对象之间具有相关性。在任何模式下对对象所作的更改都会自动反映在每个相关模式中，从而有效保持设计意图，模型修改时不易出错。例如，在工程图模式下所作的更改会反映在绘图所使用的零件模型中，相同的更改也会反映在使用该零件模型的每个装配中。

提示

了解不同模式之间存在的关联性非常重要。因为装配体不是包含装配中每个零件的副本的大文件，而是包含指向装配中所使用的每个模型的关联文件，同样地，显示在绘图中的零件不会被复制到绘图中，而是被以关联的方式链接到绘图。

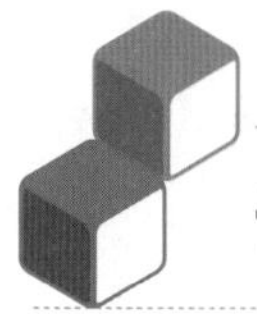

认知 2 Creo Parametric 软件界面

双击 Creo Parametric 图标启动软件后，系统经过图 2-2 所示的短暂启动画面后进入软件的初始工作界面（图 2-3）。

Creo Parametric 工作界面主要由标题栏、快速访问工具栏、功能区、导航区、浏览器和状态栏等组成。当新建或打开一个零件模型文件进入工作界面时，浏览器窗口关闭，出现显示模型的图形窗口，同时初始默认时图形窗口中还显示图形工具栏，如图 2-4 所示。用户可以根据需要通过单击状态栏中的 （显示浏览器）按钮来切换显示 Creo Parametric 浏览器或图形窗口。

图 2-2　Creo Parametric 启动画面

图 2-3　Creo Parametric 初始工作界面

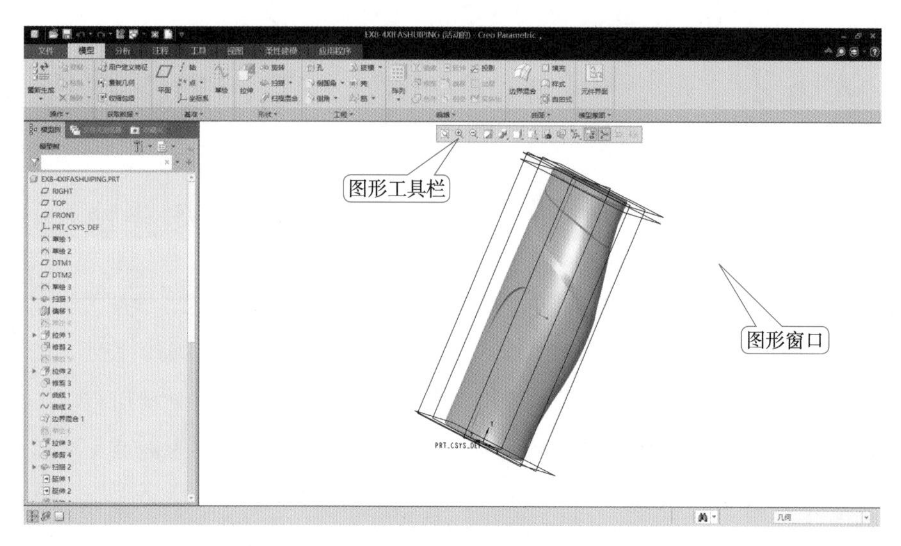

图 2-4　Creo Parametric 零件模式工作界面

一、标题栏

标题栏位于软件界面的顶部中间，其上显示了当前软件名称和版本。当新建或打开文件时，在标题栏还显示该文件的名称。如果该文件处于活动状态，则在该文件名称后面显示有“活动的”字样。当打开多个 Creo Parametric 文件时，每次只有一个文件是活动的，可以进行编辑。

二、快速访问工具栏

初始默认时，快速访问工具栏位于软件界面的顶部、标题栏的左部区域。快速访问工具栏提供了对最常用按钮的快速访问，如新建、打开、保存文件，撤销、重做以及关闭窗口、切换窗口等按钮。

用户可以根据需要自定义快速访问工具栏，具体操作步骤如下：

- 在快速访问工具栏中单击（自定义快速访问工具栏）命令按钮，打开命令列表（图 2–5）。
- 从命令列表中确定常用按钮是否添加到快速访问工具栏（打上钩的表示是要添加的按钮）。
- 如果要添加其他常用按钮，选择“更多命令”，在弹出的“Creo Parametric 选项”对话框（图 2–6）中，选择要添加的命令按钮，单击向右的箭头，将该命令按钮添加到快速访问工具栏。

图 2–5　自定义快速访问工具栏

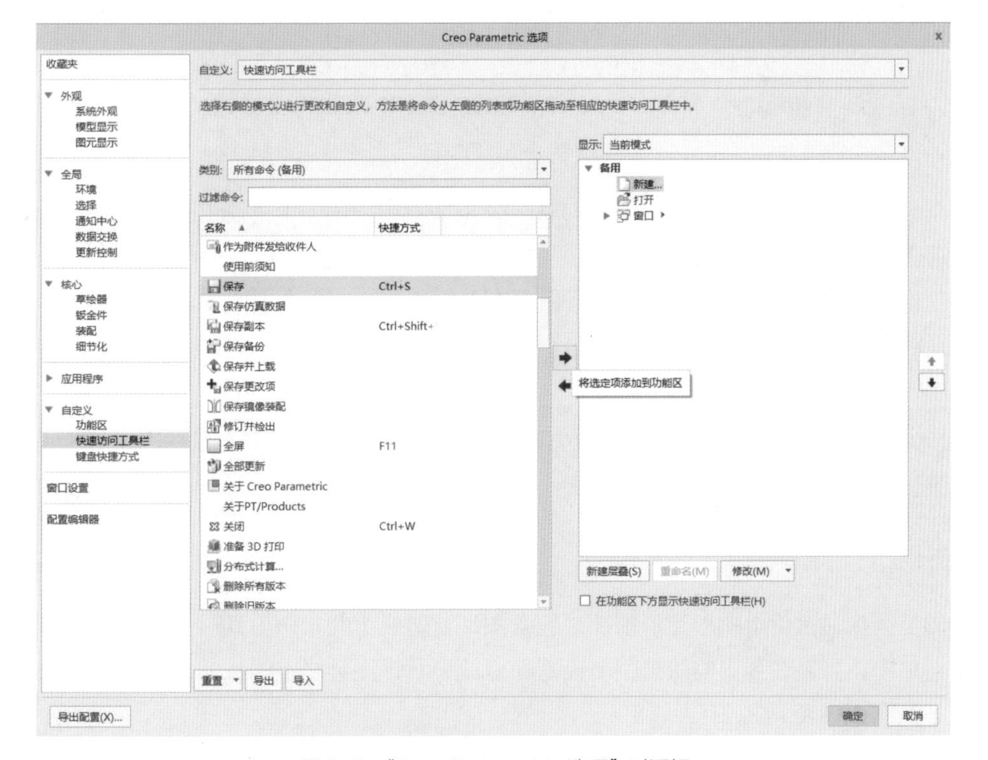

图 2–6　“Creo Parametric 选项”对话框

三、功能区

功能区包含若干个命令选项卡，不同模式下，功能区的命令选项卡会有所不同。图 2-7 是初始模式下的功能区命令选项卡。在每个选项卡上均提供了分组的相关按钮，而每个按钮由一个图标和一个标签组成。

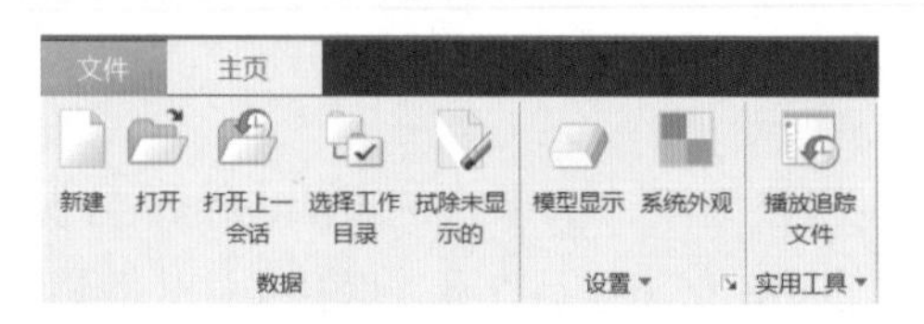

图 2-7 初始模式下功能区命令选项卡

四、导航区

导航区又称导航器，主要包括“模型树 / 层树”“文件夹浏览器”“收藏夹“3 个选项卡，如图 2-8 所示。

（a）模型树选项卡 （b）文件夹浏览器选项卡 （c）收藏夹选项卡

图 2-8 导航区

模型树是以树状结构形式表示模型的层次关系，利用该选项卡可以很直观便捷地管理模型特征。文件夹浏览器类似于 Windows 的资源管理器，可以浏览文件系统以及计算机上可供访问的其他位置。收藏夹可以添加和管理，以便有效地组织和管理个人资料。

五、图形窗口

图形窗口是 Creo 的工作区，用来显示和处理二维图形和三维模型，是软件的焦点区域。用户可以在图形窗口对模型和图形元素进行选择、放大、缩小、平移等操作。

六、图形工具栏

图形工具栏通常位于图形窗口顶部，包含图形窗口显示的常用工具与过滤器，对该工具栏进行右键单击，可以在弹出的快捷菜单设置隐藏或显示该工具栏上的按钮，也可以更改工具栏的位置，如图 2-9 所示。

图 2-9　设置图形工具栏

七、状态栏

状态栏位于 Creo Parametric 的底部，除了提供 （显示导航器）按钮、 （显示浏览器）按钮和 （全屏）按钮外，还包括信息提示区和选择过滤器等，如图 2-10 所示。

- 信息提示区：显示和当前窗口相关的提示或反馈信息。
- 选择过滤器：可以在选择过滤器下拉列表框（图 2-11）中选择可选项目类型，以方便、快速进行选择。例如，在操作复杂模型时，可以用选择过滤器缩小可选项目范围，有助于快速选取目标对象。

图 2-10　状态栏

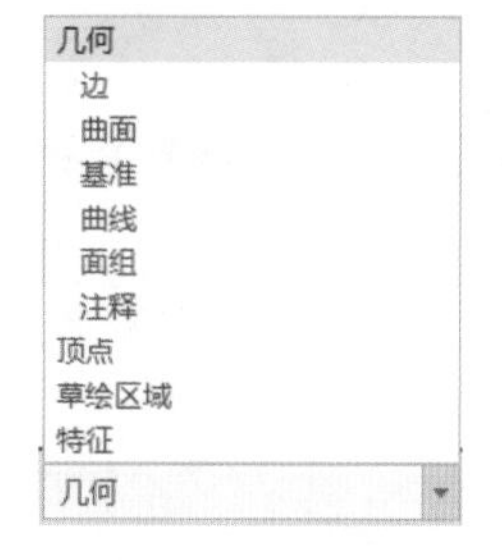

图 2-11　选择过滤器下拉列表框

任务 Creo Parametric 软件初体验

图 2-12　Creo Parametric 快捷方式操作菜单

图 2-13　设置 Creo Parametric 起始位置

一、学习目标

（1）理解 Creo 软件的零件设计思路。

（2）掌握 Creo 工作目录、环境设置方法。

（3）掌握三维模型的显示控制方式、视角改变方法、旋转缩放操作等。

2-2　使用前准备

二、相关知识点

（一）设置工作目录

工作目录是用于检索和存储文件的指定位置。通常情况下，默认工作目录是启动 Creo Parametric 的目录，在开始建模之前，为便于管理设计文档，简化文档的保存、搜索等工作，用户可以根据设计情况选择不同的工作目录，一般将同属于某设计项目的模型文件集中放置在同一个工作目录下。

通常有三种方法可以定义新的工作目录。

1. 通过设置 Creo Parametric 的属性指定默认的起始工作目录

- 在桌面中选择 Creo Parametric 图标，按下鼠标的右键，在弹出的快捷菜单中选择“属性”命令（图 2-12），弹出属性对话框。
- 在“快捷方式”选项卡下，在“起始位置”文本框中输入新的默认工作目录，如图 2-13 所示，单击“确定”按钮。

2. 利用“选择工作目录”命令

启动 Creo Parametric 软件后，在初始界面功能区单击（选择工作目录）命令按钮（图 2-14），或打

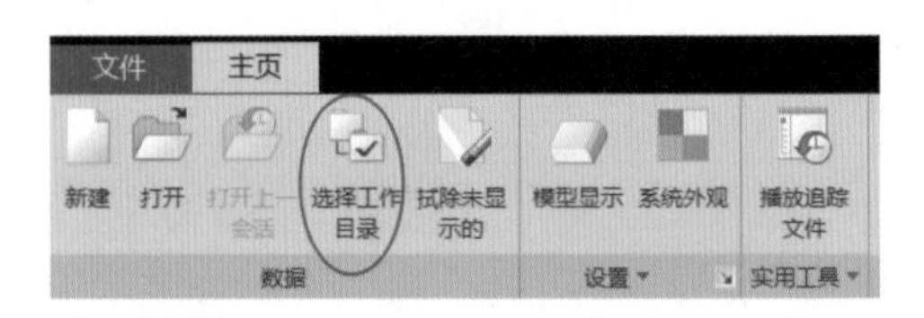

图 2-14　“选择工作目录”命令按钮

开文件选项卡单击“管理会话”中的“选择工作目录”命令（图 2−15），打开“选择工作目录”对话框（图 2−16），浏览并选择将成为新工作目录的文件夹，单击“确定”按钮。

3. 从“文件打开”对话框中选取工作目录

单击 （打开）命令按钮，在弹出的“文件打开”对话框中选择将成为新工作目录的文件夹，单击右键，在弹出的快捷菜单中单击“设置工作目录”命令，如图 2−17 所示。

4. 从文件夹导航器选取工作目录

在导航区单击 （文件夹浏览器）按钮，切换到“文件夹浏览器”，使用“文件夹树”选择将成为新工作目录的文件夹，单击右键，在弹出的快捷菜单中选择“设置工作目录”命令，如图 2−18 所示。

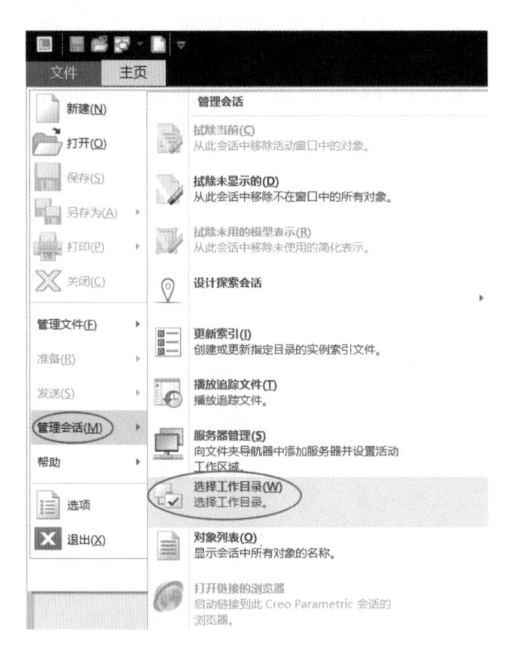

图 2−16 “选择工作目录”对话框

图 2−15 “选择工作目录”命令

图 2−17 “文件打开”对话框设置工作目录

图 2−18 文件浏览器设置工作目录

通过后面三个方法设置的工作目录，在退出 Creo Parametric 时，不会存储新工作目录的设置，也就是说，只有本次打开 Creo Parametric 设置的工作目录是有效的，下次打开软件时，软件仍然以启动目录作为工作目录。

（二）系统设置

为了符合每个人使用软件的习惯，便于管理模型文件以及建立的三维模型和工程图能够符合国内的设计标准，在使用 Creo Parametric 建模前，需要设置系统的运行环境，如系统颜色、单位、模型模板等。从“文件”选项卡的下拉菜单中选择“选项”命令，则弹出 Creo Parametric 选项对话框，如图 2-19 所示。

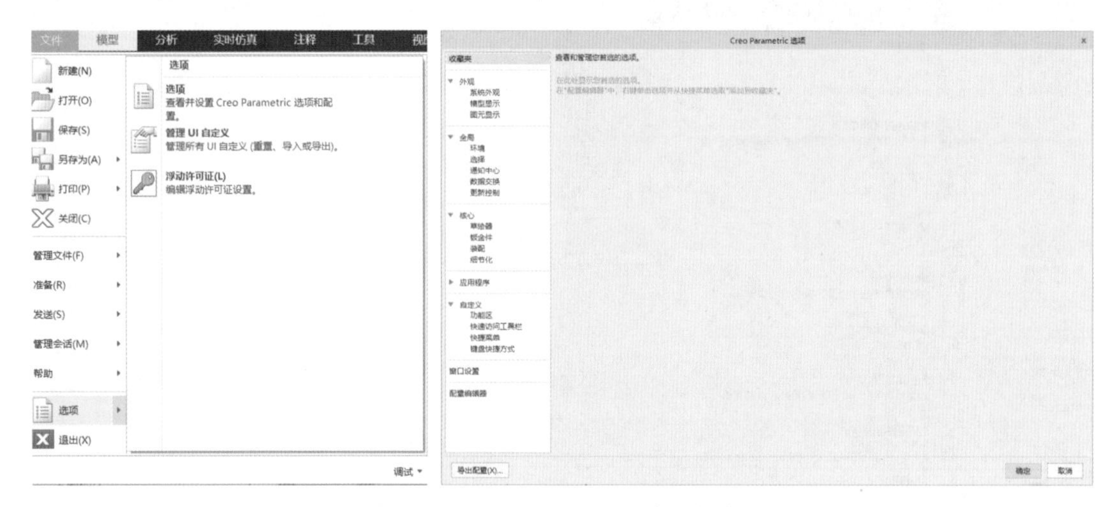

图 2-19 Creo Parametric 选项对话框

1. 系统外观设置

在 Creo Parametric 选项对话框左侧，选择“系统外观”选项，则可在右侧选择用户习惯的系统外观，如图 2-20 所示。

2. 配置编辑器

选择“配置编辑器”选项，则在右侧列出了 Creo Parametric 中的选项，如图 2-21 所示，用于查看和管理。其中，“显示”下拉列表框（图 2-22）用于确定配置选项列表框显示的配置选项范围。

（三）文件管理

Creo Parametric 软件中的文件管理和 Windows 系统以及 MAC 系统下应用程序的文件管理有所不同，除包含新建、打开、保存、另存为、打印、关闭文件等，还包含文件重命名、拭除文件、删除文件等多种文件管理形式。打开界面功能区的文件选项卡，在弹出的下拉菜单（图 2-23）中可以选择命令进行管理文件操作。

2-3 基本操作

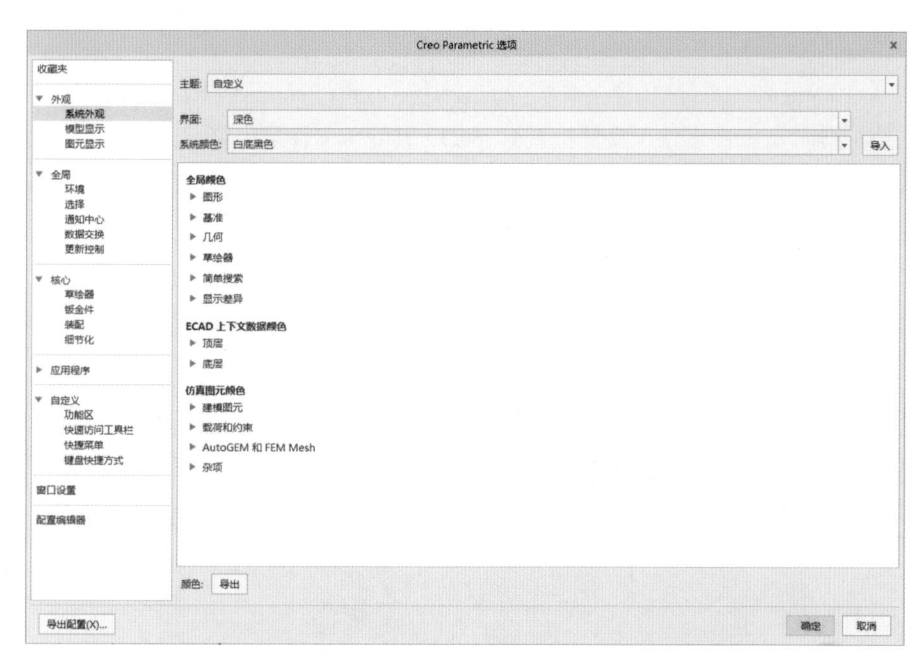

图 2-20　Creo Parametric 选项对话框——系统外观设置

图 2-21　Creo Parametric 选项对话框——配置编辑器

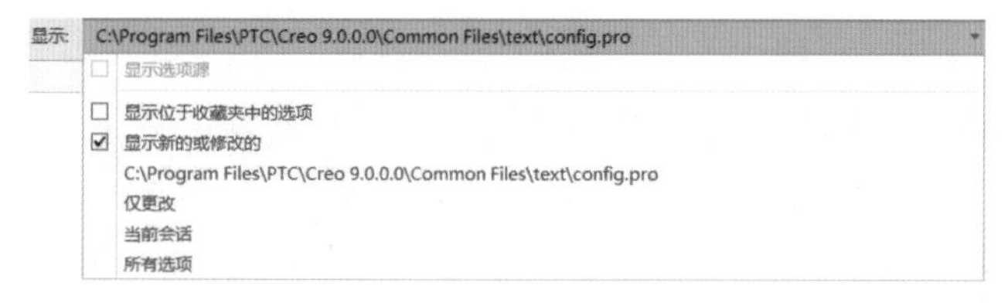

图 2-22　Creo Parametric 选项显示下拉列表框

1. 新建文件

在 Creo Parametric 中可以创建多种类型的文件。在进行产品三维数字化设计中，主要涉及草绘（文件扩展名 .sec）、零件（文件扩展名 .prt）、装配（文件扩展名 .asm）、绘图（文件扩展名 .drw）、格式（文件扩展名 .frm）这几种文件类型。新建文件的操作步骤如下：

- 在“快速访问”工具栏中单击 （新建）按钮，或者从“文件”选项卡的下拉菜单中选择“新建”命令，弹出新建对话框（图 2-24）；
- 在“类型”选项组中选择选择文件类型，在“子类型”选项组中选择文件子类型；
- 在文件名文本输入框输入新建文件名；
- 单击“确定”按钮。

图 2-23 文件管理下拉菜单

图 2-24 文件新建对话框

提示

Creo 中文件名限制在 31 个字符以内，文件名可以包含字母、数字字符以及下划线“_”和连字符“-”（连字符不能作为文件名的第一个字符），但是不能使用“[”、“]”、“(”、“)”、“{”、“}”、空格、标点符号及特定符号。

Creo 的文件全名除包含文件名称、代表文件类型的扩展名外，还有表示文件版本的数字编号，数字越大，表示版本越新。

2. 打开文件

在 Creo Parametric 中可以使用以下方法来打开文件：

- 在“快速访问”工具栏中单击 （打开）命令按钮，或者从“文件”选项卡的下拉菜单中选择“打开”命令，弹出“文件打开”对话框（图 2-25）。
- 在对话框中浏览选择文件（单击对话框中的“预览”按钮可以预览要打开的模型），然后双击文件，即可打开模型。

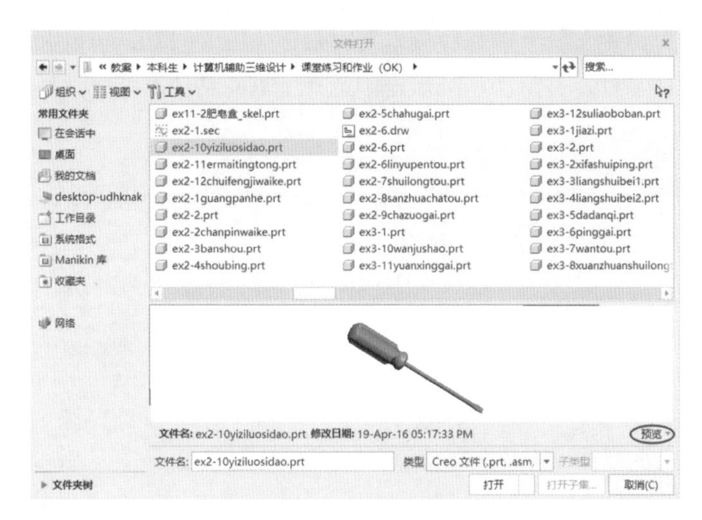

图 2-25　文件打开对话框

提 示

Creo Parametric 工作时，当前创建的或打开的模型文件都会存在于系统进程内存中，除非执行相关命令将其从进程内存中拭除，因此，Creo Parametric 不允许同时打开在不同文件夹中文件名相同的模型文件。

3. 保存文件

在 Creo 中，保存文件的命令主要有“保存”“保存副本”“保存备份”，其中“保存副本”和“保存备份”命令在文件选项卡中的“另存为”选项中。

- **保存**

“保存”命令可以以进程中的指定文件名来保存当前打开的模型，在“快速访问”工具栏中单击■（保存）命令按钮，或者从“文件”选项卡的下拉菜单中选择“保存”命令。对于新创建的模型文件，第一次执行“保存”命令，系统会弹出图 2-26 所示的“保存对象”对话框，这时可以使用该对话框设置文件存放的位置（不能重新设置文件名），然后单击“确定”按钮即可。

Creo 中每执行一次“保存”命令，保存的文件不会覆盖先前的文件，而是保存生成的该同名文件会在其扩展名的后面自动添加一个版本编号，如第一次保存的文件名为“EX1.PRT.1”，则第二次保存该文件的结果为“EX1.PRT.2”，以此类推。

- **保存副本**

“保存副本”命令可以将 Creo Parametric 文件设置输出为不同格式。从“文件”选项卡的下拉菜单中选择“另存

图 2-26　“保存对象”对话框

为”→“保存副本”命令，打开“保存副本”对话框（图 2-27），可以利用该对话框指定保存目录、设置新文件名称，并从类型列表框中选择所需的文件类型，然后单击“确定”按钮即可。

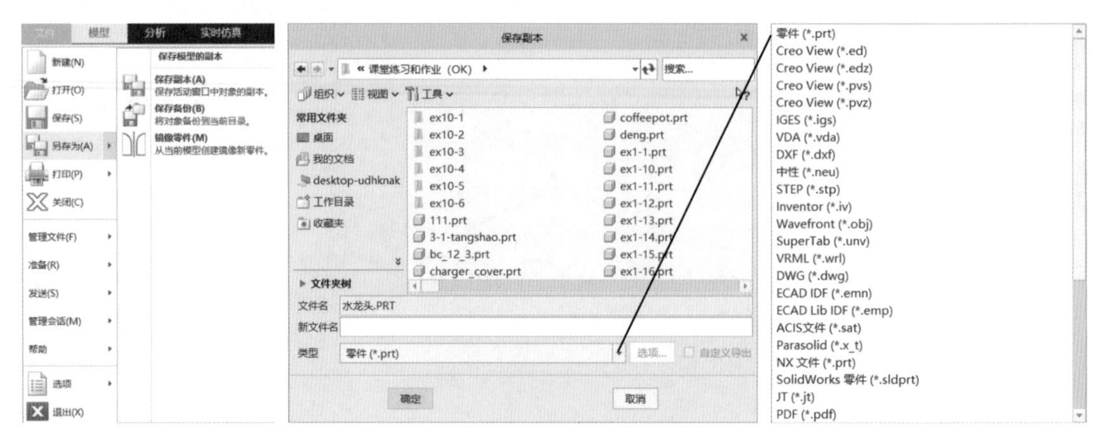

图 2-27 “保存副本”命令及对话框

● **保存备份**

对于一些重要文件，可以利用“保存备份”命令将其备份到指定的目录下，即用同样的文件名保存到不同的文件夹中。该命令不能修改文件名，只是在磁盘的另一个文件夹对文件进行了备份。从“文件”选项卡的下拉菜单中选择“另存为”→“保存备份”命令，打开“备份”对话框（图 2-28），在“文件名”文本框中将显示活动模型的名称，此时可以接受默认文件夹或浏览到一个新文件夹，或者在“备份到”文本框中输入文件夹名称，然后单击“确定”按钮即可。

图 2-28 “备份”对话框

4. 拭除文件

Creo Parametric 中当前创建的或打开的模型文件都会存在于系统进程内存中，通过拭除文件命令可以将文件从系统进程中清除，但不删除磁盘上的文件。拭除文件命令位于“文件”选项卡的“管理会话”菜单中，包括“拭除当前”命令和“拭除未显示的”命令，如图 2-29 所示。“拭除当前”命令将从进程内存中拭除当前活动窗口中的对象；当选择“拭除未显示的”命令时，系统会弹出图 2-30 所示的“拭除未显示的”对话框，列出将从当前会话进程中拭除的所有对象，其中包含已关闭窗口的所有对象，但不包含当前显示的对象以及显示对象所参照的全部对象（如装配体或工程图所参照的零件）。

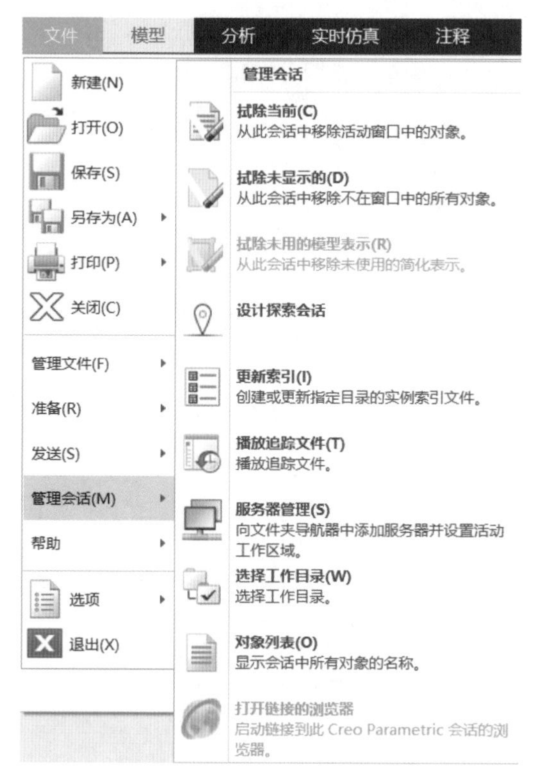

图 2-29　拭除文件命令

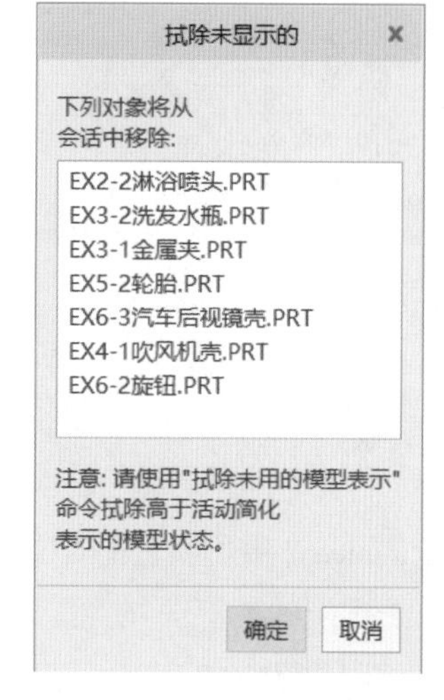

图 2-30　“拭除未显示的”对话框

5. 文件删除

Creo Parametric 中每执行一次“保存”命令，将生成一个新的文件。为释放磁盘空间，通过删除文件命令可以将旧版本的文件从磁盘中删除。删除文件命令位于“文件”选项卡的“管理文件”菜单中，包括“删除旧版本”命令和“删除所有版本”命令，如图 2-31 所示。“删除旧版本”命令只有在当前模型是从工作目录打开时才有效，否则将弹出如图 2-32 所示的提示框。选择“删除旧版本”命令，系统弹出如图 2-33 所示的提示框，单击“是”按钮，系统将从磁盘中删除指定对象除最新版本以外的所有旧版本。选择“删除所有版本”命令，系统弹出如图 2-34 所示的提示框，单击“是”按钮，系统将删除指定对象的所有版本，并关闭当前窗口。

图 2-31　删除文件命令

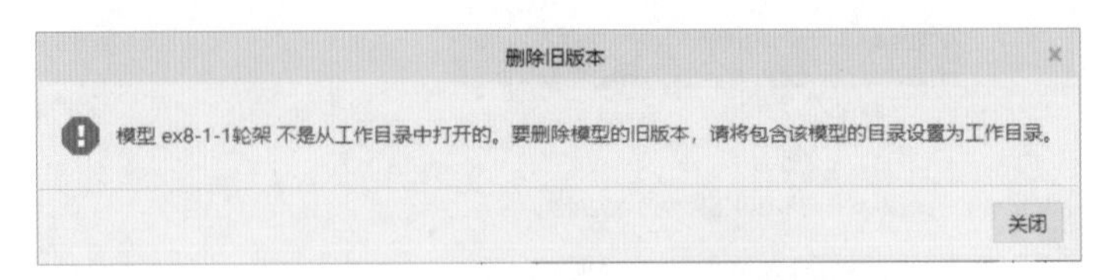

图 2-32 “删除旧版本”错误提示信息框

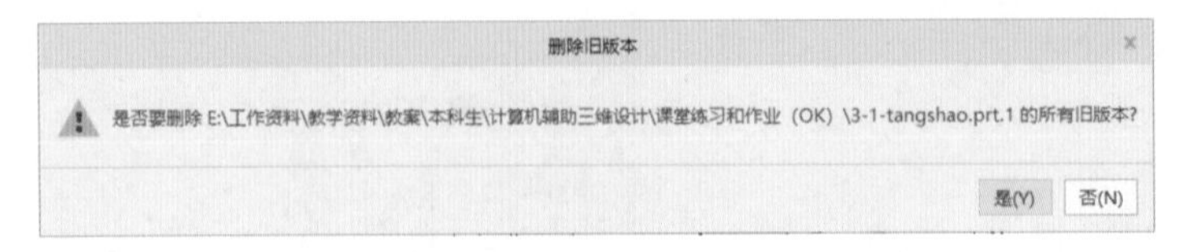

图 2-33 “删除旧版本”提示对话框

图 2-34 “删除所有确认”警告对话框

删除文件时要注意，因为在 Creo 中文件的删除无法撤销。

6. 文件重命名

Creo Parametric 中可以直接对文件进行重命名，命令位于“文件”选项卡的“管理文件”菜单中，选择“重命名”命令，系统弹出如图 2-35 所示的对话框，输入新文件名，选择重命名方法，单击“确定”按钮即可。

重命名文件有两种方法：

（1）在磁盘上和会话中重命名：系统在进程内容中和硬盘上重命名文件。

（2）在会话中重命名：系统仅在进程内容中重命名文件。

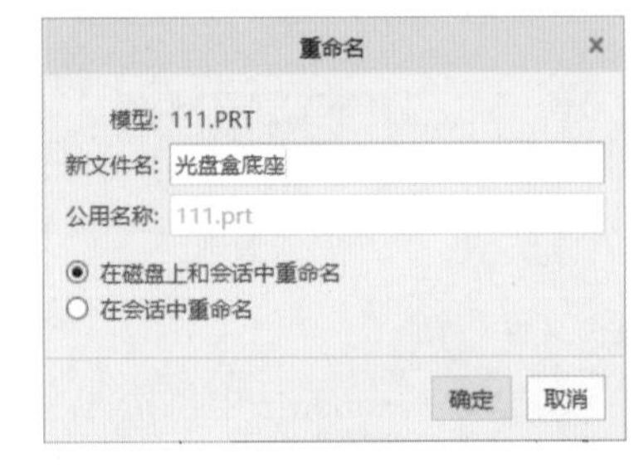

图 2-35 文件重命名对话框

（四）模型显示

1. 三维模型显示方式

在 Creo 软件中提供了 6 种模型显示方式，通过图形工具栏中的“显示样式”工具条的下拉菜单可以进行切换，如图 2-36 所示，表 2-1 列出了三维模型的 6 种显示方式图例。

图 2-36 三维模型的 6 种显示样式

表 2-1 三维模型的 6 种显示方式图例

显示方式	带反射着色	带边着色	着色
图例	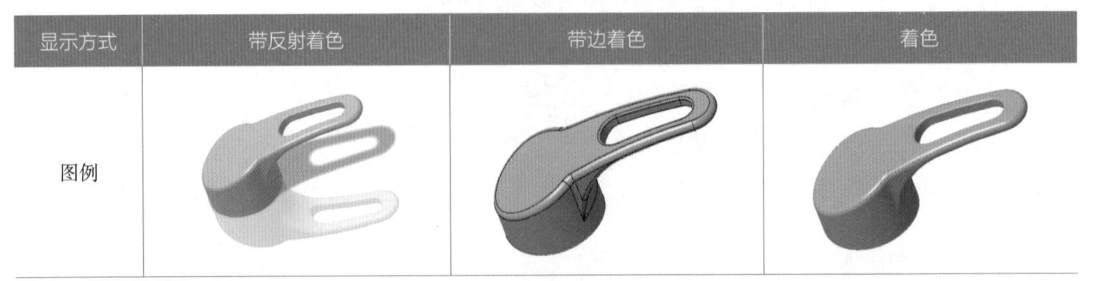		

续表

显示方式	消隐	隐藏线	线框
图例			

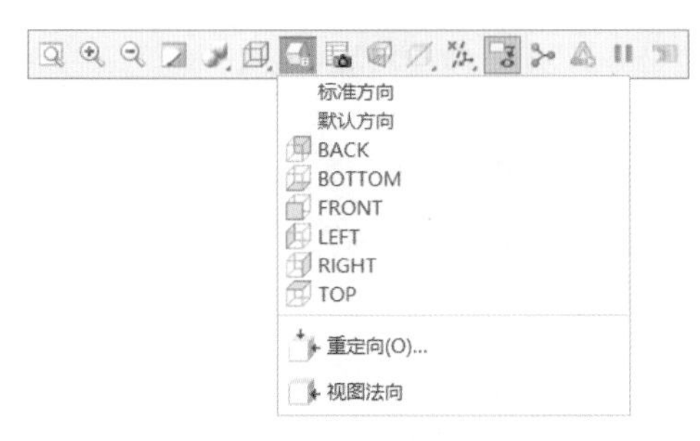

图 2-37　三维模型常用观察视角

2. 三维模型观察视角

在 Creo 软件中提供了几种模型视角控制方式，通过图形工具栏中的“已保存方向”工具条的下拉菜单可以进行切换，如图 2-37 所示。表 2-2 列出了三维模型常用观察视角图例。当然，用户也可以通过“重定向”和“视觉法向”按钮创建其他的观察视角。

表 2-2　三维模型常用的观察视角及图例

视角类型		图例
标准方向		
默认方向	TOP	
	BOTTOM	
	FRONT	
	BACK	

续表

视角类型		图例
默认方向	RIGHT	
	LEFT	

（五）鼠标操作

Creo Parametric 中可以通过鼠标中键（滚轮）和键盘的组合来旋转、平移和缩放模型，见表 2–3。

表 2–3　鼠标操作

功能键	操作	实现功能
中键（滚轮）	按下，移动鼠标	旋转
	前后滚动	缩放（向前：缩小，向后：放大）
Shift+ 中键（滚轮）	按住 Shift，按下中键（滚轮），移动鼠标	平移
	按住 Shift，前后滚动滚轮	精缩放
Ctrl+ 中键（滚轮）	按住 Ctrl，按下中键（滚轮），前后移动鼠标	缩放（向前：缩小，向后：放大）
	按住 Ctrl，按下中键（滚轮），左右移动鼠标	翻转
	双击按住 Ctrl，前后滚动滚轮	粗缩放

三、操作步骤

（一）设置工作目录

双击 Creo Parametric 图标，在初始界面功能区，单击（选择工作目录）快捷按钮，打开“选择工作目录”对话框，选择自己建立的文件夹作为工作目录，单击“确定”按钮。

（二）设置单位和模板

1. 设置长度单位

单击菜单“文件”选项卡的下拉菜单中选择“选项”命令，在弹出“Creo Parametric 选项”对话框选择“配置编辑器”。从“显示”下拉列表框中选择“当前对话”，选择配置选项“pro_unit_length”，从“值”下拉列表中选择“unit_mm”，如图 2–38 所示。

2. 设置质量单位

选择配置选项“pro_unit_mass”，从“值”下拉列表中选择“unit_gram”，如图 2–39 所示。

3. 设置零件模板

选择配置选项“template_solidpart”，双击“值”文本框，修改值为“$PRO_DIRECTORY\templates\mmns_part_solid_abs.prt”，如图 2–40 所示。

4. 设置装配体模板

选择配置选项“template_designasm”，双击“值”文本框，修改值为“$PRO_DIRECTORY\templates\mmns_asm_design_abs.asm”，如图 2–41 所示。

5. 保存配置文件

单击“确定”按钮，系统弹出如图 2–42 所示的提示对话框，单击“是”按钮，在弹出的“另存为”对话框（图 2–43）中，输入配置文件名称（通常选用默认的“config.pro”即可），单击“确定”按钮，即可保存配置文件。

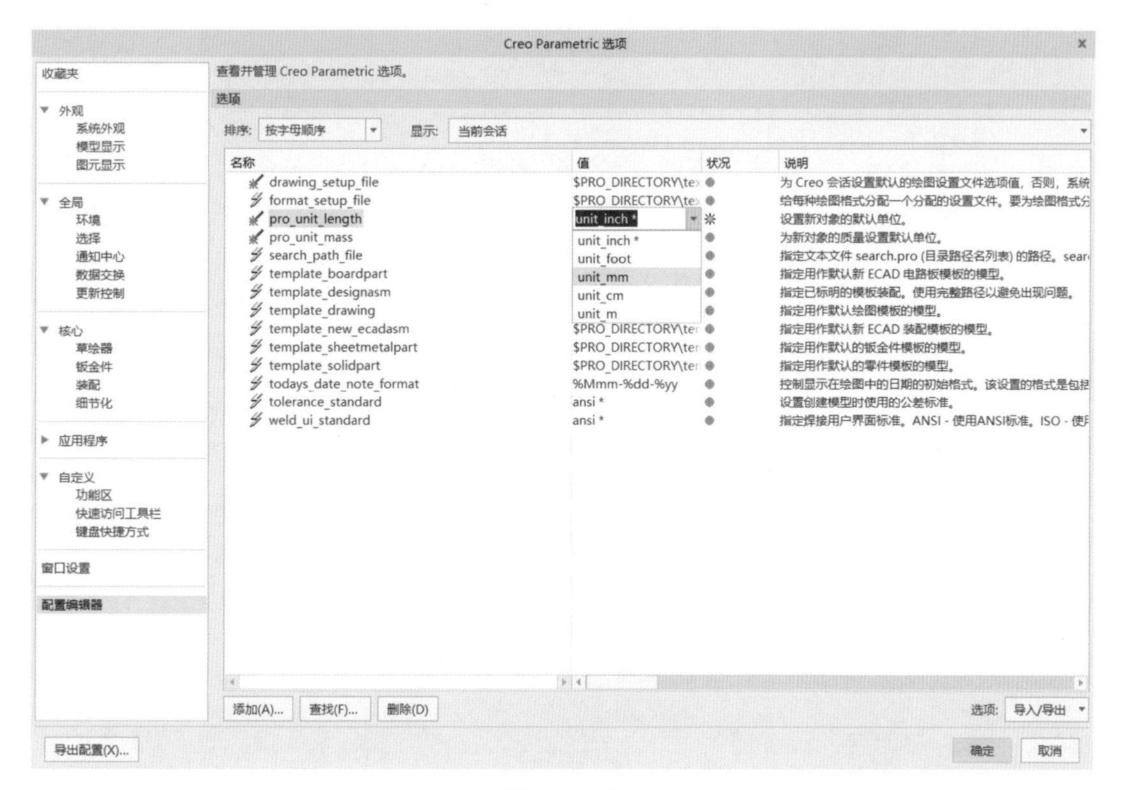

图 2–38 设置长度单位

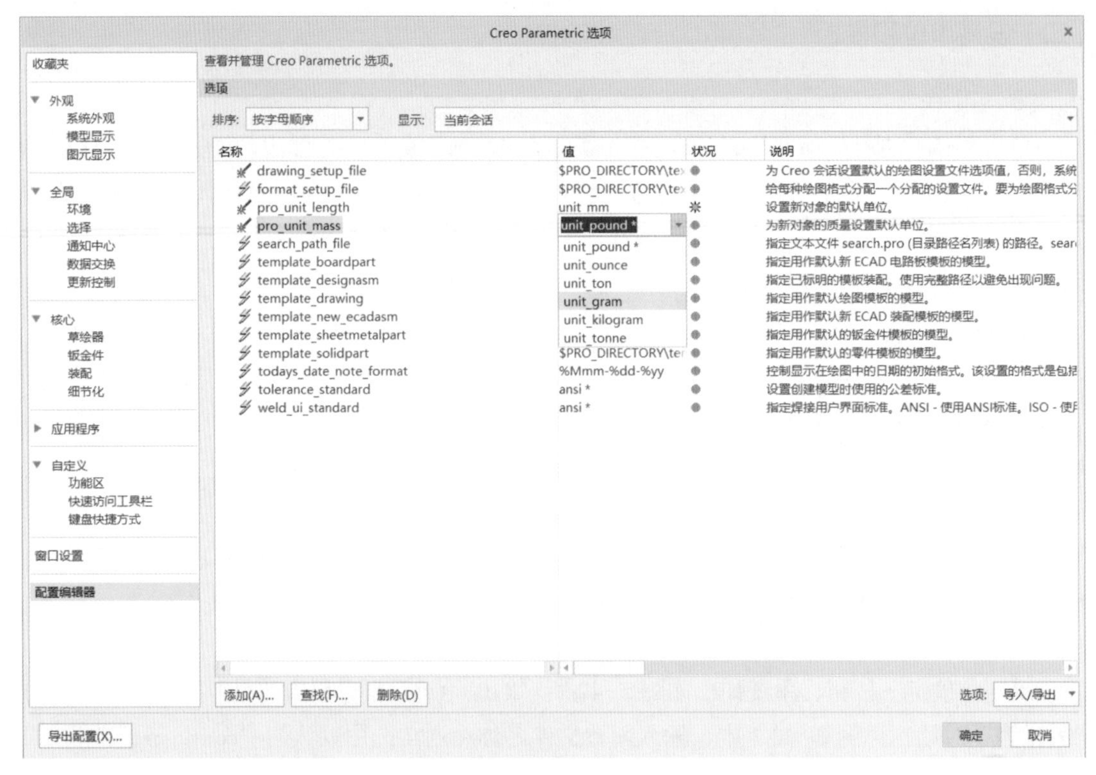

图 2-39　设置质量单位

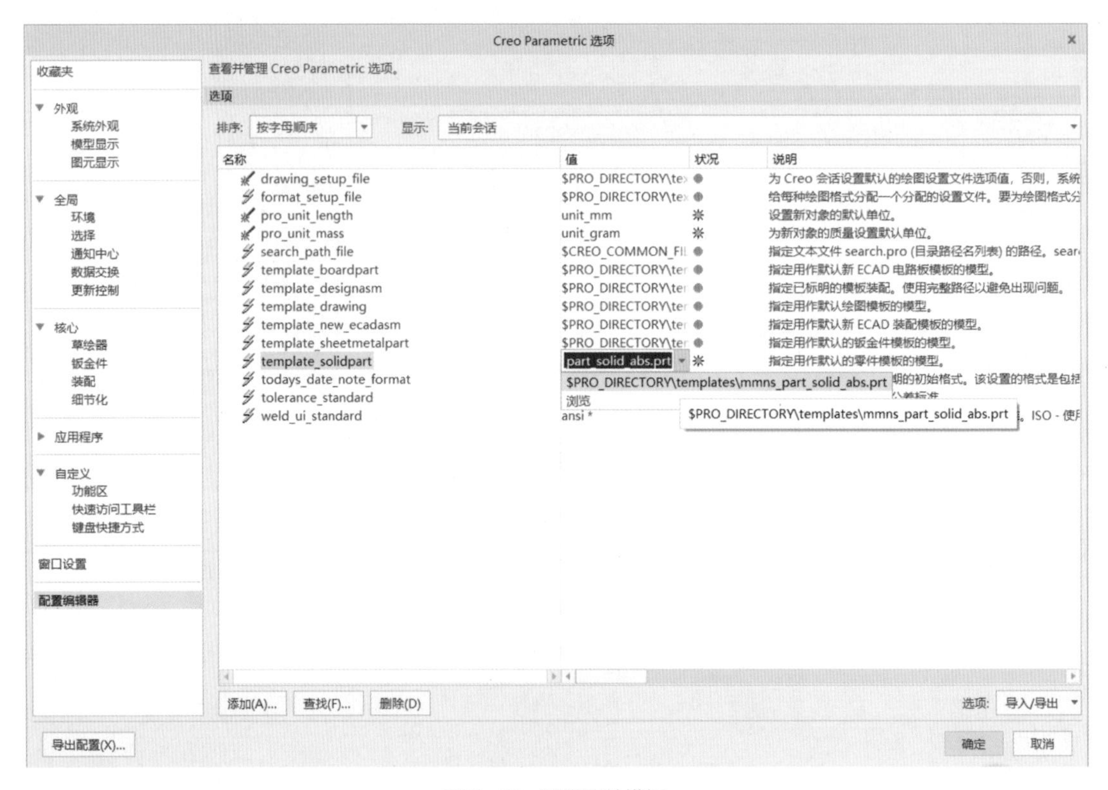

图 2-40　设置零件模板

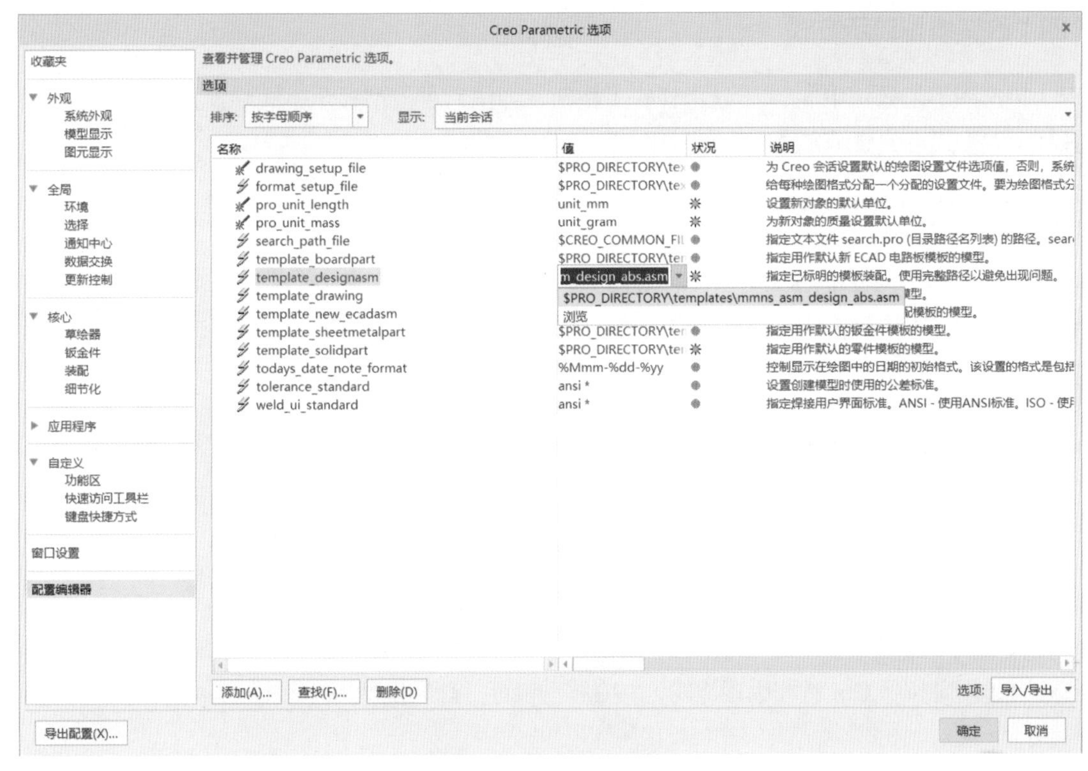

图 2-41　设置装配体模板

图 2-42　选项修改提示对话框

图 2-43　保存配置文件对话框

（三）打开文件

在“快速访问”工具栏中单击 （打开）命令按钮，或者从“文件”选项卡的下拉菜单中选择“打开”命令，弹出“文件打开”对话框，选择“model.prt”。

（四）改变模型显示方式

单击图形工具栏中的 （显示样式）按钮，弹出六种模型显示方式切换按钮，单击不同按钮，改变模型的显示方式。

（五）改变模型视角

单击图形工具栏中的 （已保存方向）按钮，弹出模型视角方向改变按钮，单击不同按钮，将绘图区中的模型转换到选定的视角。

（六）鼠标操作

（1）向前滚动鼠标滚轮，缩小零件模型。
（2）向后滚动鼠标滚轮，放大零件模型。
（3）按住鼠标滚轮，移动鼠标，旋转零件模型。
（4）同时按下 Shift 键和鼠标滚轮，移动鼠标，平移模型。
（5）同时按下 Ctrl 键和鼠标滚轮，前后移动鼠标，缩放模型。
（6）同时按下 Ctrl 键和鼠标滚轮，左右移动鼠标，翻转模型。

3 项目三

参数化二维草图绘制

通常情况下三维实体模型的设计都是从草图设计开始的，二维草图设计是创建大多数特征的基础，在 Creo Parametric 中，软件系统提供了一个专门用来绘制草图的“草绘器”。

认知 1 初识二维草图

3-1 参数化草图绘制

一、草绘的作用

在三维建模中，草图可以作为实体模型中的截面或者轨迹，如图 3-1 所示。

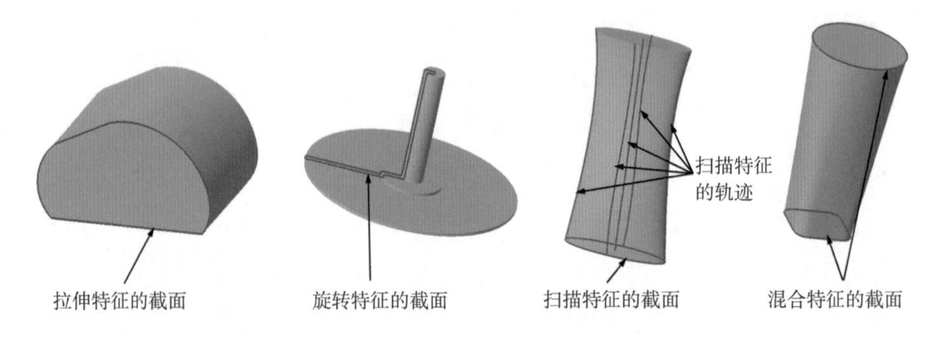

图 3-1 草绘的作用

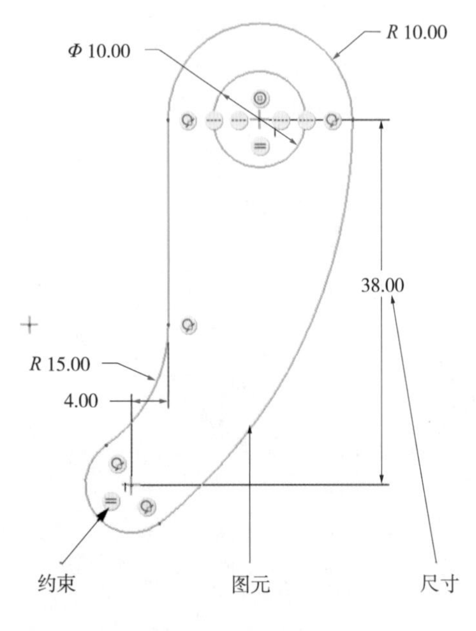

图 3-2 草绘的组成

二、草绘的组成

一个完整的二维草图包括几何图元、约束和尺寸等主要元素，如图 3-2 所示。

三、草绘相关术语

（1）草绘。由草绘平面、二维几何图元、尺寸标注、约束、参照元素以及参数关系构成的平面轮廓。

（2）图元。截面几何的任何元素，如直线、圆弧、矩形、圆、圆角、样条、点或坐标系等。

（3）尺寸。图元或图元之间关系的度量。其中绘制图元时，系统根据图元的位置和大小自动建立的尺寸是“弱”尺寸，不能手动删除，系统会自动删除多余的“弱”尺寸；由用户创建的尺寸或经过用户修改的“弱”尺寸是“强”尺寸，可以手动删除。

（4）约束。定义图元的条件或定义图元间关系的条件。约束符号出现在应用约束的图元旁边。其中在绘制图元的过程中，使用系统提示自动创建的是“弱”约束，用户定义的是“强”约束。

（5）冲突。两个或多个强尺寸或强约束之间发生矛盾。出现这种情况时，可移除尺寸或约束，直至冲突解除。

四、草绘模式

在 Creo 中，草图绘制共有三种模式：

（1）文件模式。创建一个草绘文件来绘制二维图形。这种模式创建的二维图形以文件形式保存，并且在创建特征时，可以在不同的零件模型中调用。

（2）特征模式。在零件建模过程中，选择 （草绘）命令按钮，进入内部草绘器绘制二维图形，这种模式创建的二维图形以特征形式存在于零件模型中，并且可以用在该零件的不同特征。

（3）从属特征模式。在零件建模过程中，创建相关特征时，进入内部草绘器绘制该特征的截面，这种模式创建的二维图形从属于该特征。

五、草绘界面

单击工具栏中的 （新建）命令按钮，在弹出的“新建”对话框（图 3-3）中选择“草绘”类型，在“文件名”文本框中输入新建的文件名称，单击“确定”按钮，进入文件模式的草绘设计环境，界面如图 3-4 所示。草绘设计环境的界面由标题栏、功能区、绘图区域、状态栏和导航区等几部分组成，功能区包含文件、草绘、分析、工具、视图 5 个选项卡，每个选项卡由功能类似的命令组成。

图 3-3 新建草绘

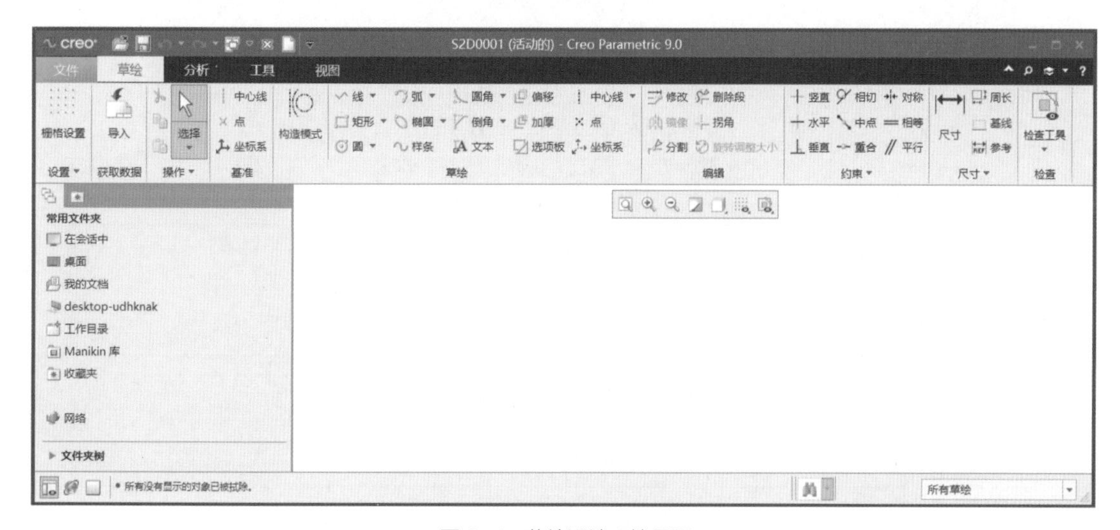

图 3-4 草绘设计环境界面

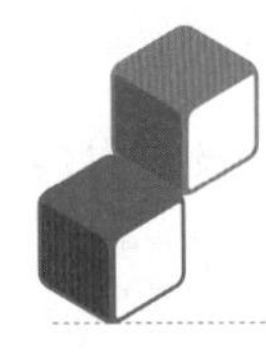

认知 2 二维草图绘制

图元是草绘中表达形状的元素，Creo Parametric“草绘”选项卡中包括了创建草绘的基本图元命令和修改编辑图元的命令，由设置、获取数据、操作、基准、草绘、编辑、约束、尺寸和检查等栏目按钮组成。

一、创建草绘过程

（1）要进行草绘，首先从“草绘”选项卡的草绘区域中选取“草绘”命令，在工作区中选择位置创建图元，绘制出截面形状。

（2）用户根据设计意图，添加或修改草图尺寸及约束。

提 示

在创建草绘初始，只需要绘制草图的大致形状，保证图元间的几何拓扑关系，之后可以通过添加修改尺寸及几何约束获得精确的草图。

二、鼠标操作

在草绘文件界面下，鼠标操作见表 3-1。

表 3-1 鼠标操作

鼠标功能键	操作	实现功能
左键	单击	选择命令按钮、图元（按住 Ctrl 键，可以同时选择多个图元）
	Ctrl+ 单击	同时选择多个图元
	按住移动	框选图元（完全在框内的被选中）
	双击	结束绘制图元
中键（滚轮）	前后滚动	缩放图形（向前：缩小，向后：放大）
	按住	移动图元
	单击	结束绘制图元；放置尺寸
右键	按住	显示相关快捷菜单

三、绘制图元

“草绘”选项卡主要由创建草绘的基本图元命令和修改编辑图元的命令组成，包括设置、获取数据、操作、基准、草绘、编辑、约束、尺寸和检查等栏目按钮。

当同一图元有不同的创建方法时，通常集中在一个工具条下面，通过下拉菜单可以选择相应工具按钮，草绘工具按钮如图 3-5 所示。

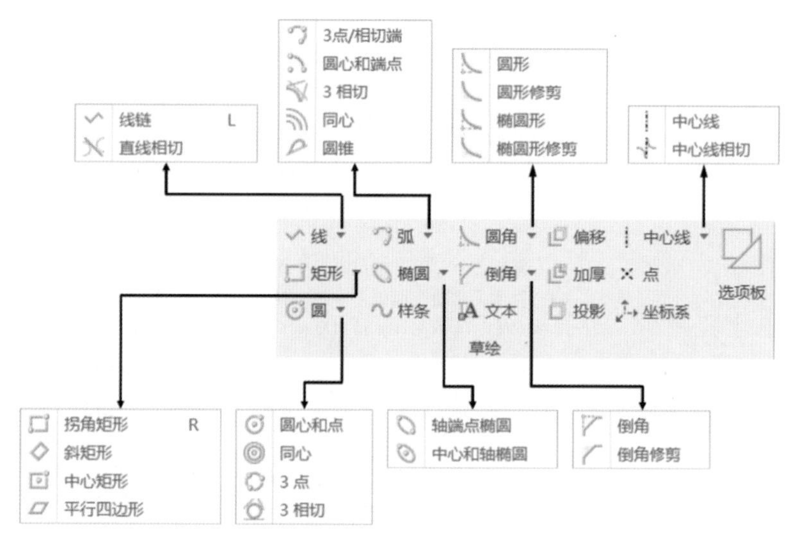

图 3-5　草绘工具按钮

各草绘工具按钮的含义与操作步骤见表 3-2。

表 3-2　各草绘工具按钮的含义与操作步骤

命令	按钮	说明	图例
线	线链	选择命令，单击左键定义起点，移动鼠标单击左键，确定终点位置，可以绘制出头尾相连的多条直线。双击左键或按下中键结束绘制	1　2
	直线相切	选择命令，单击左键依次选择两个所要相切的图元，可以绘制出与两个图元相切的直线。相切线的位置由选择图元时鼠标单击点的位置决定	1　2 1　2

续表

命令	按钮	说明	图例
矩形	拐角矩形	选择命令，单击左键定义矩形的一个顶点，移动鼠标单击左键，确定矩形的对角顶点，可以绘制出矩形	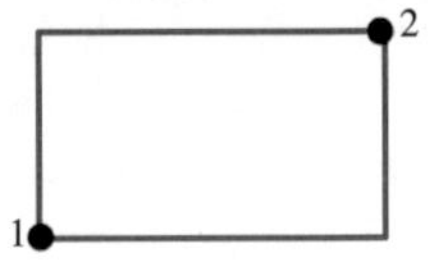 1 2
	斜矩形	选择命令，单击左键定义矩形的一个顶点，移动鼠标单击左键，确定矩形的倾斜角度及一个边长，再移动鼠标单击左键，确定矩形的另一个边长，可以绘制出矩形	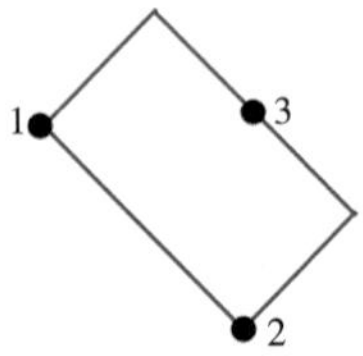 1 3 2
	中心矩形	选择命令，单击左键定义矩形的中心，移动鼠标单击左键，确定矩形的一个顶点，可以绘制出矩形	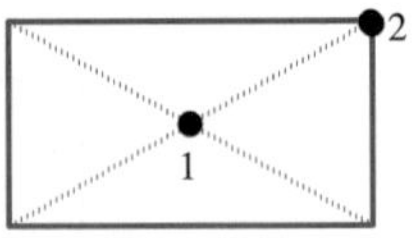 2 1
	平行四边形	选择命令，单击左键定义平行四边形的一个顶点，移动鼠标单击左键，确定平行四边形的第二个顶点，再移动鼠标单击左键，确定平行四边形的第三个顶点，可以绘制出平行四边形	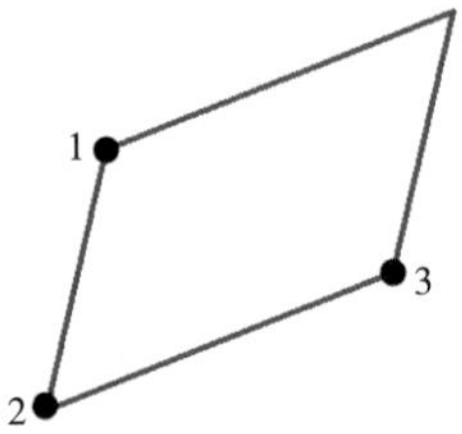 1 3 2
圆	圆心和点	选择命令，单击左键定义圆心，移动鼠标单击左键，确定圆周上的一点，可以绘制出圆	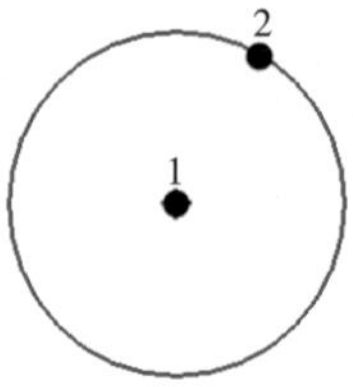 2 1
	同心	选择命令，单击左键选择已有的一个圆或圆弧定义圆心，移动鼠标单击左键，确定圆周上的一点，可以绘制出与已有圆或圆弧的圆心为同一点的圆	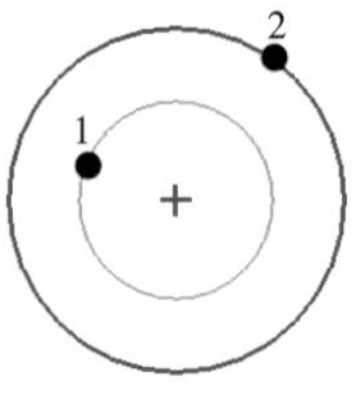 2 1
	3 点	选择命令，单击左键确定圆周上的一点，移动鼠标单击左键，确定圆周上的另一点，再移动鼠标单击左键，确定圆周上的第三个点，可以绘制出圆	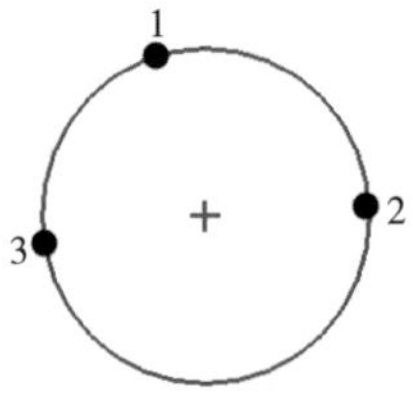 1 2 3

续表

命令	按钮	说明	图例
圆	3 相切	选择命令，单击左键依次选择要相切的三个图元，可以绘制出与三个图元相切的圆。相切圆的大小由选择图元时鼠标单击点的位置决定	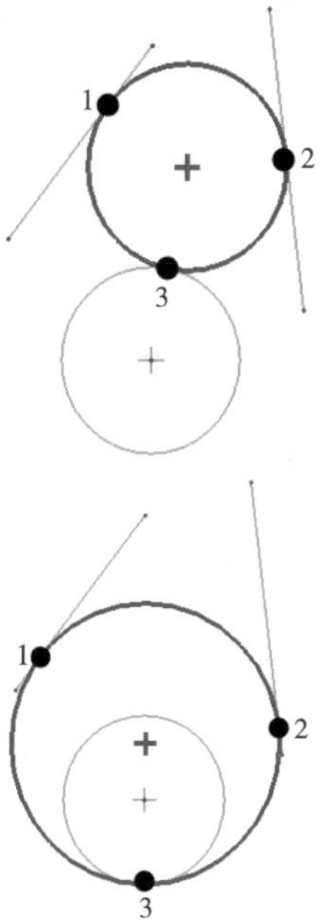 1 2 3 1 2 3
弧	3点/相切端	选择命令，单击左键确定圆弧起点，移动鼠标单击左键，确定圆弧终点，再移动鼠标单击左键，确定圆弧上的一个点，可以绘制出圆弧	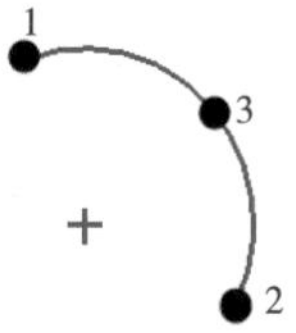 1 3 2
	圆心和端点	选择命令，单击左键确定圆弧的圆点，移动鼠标单击左键，确定圆弧起点，再移动鼠标单击左键，确定圆弧终点，可以绘制出圆弧	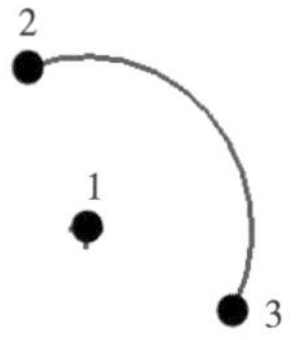 2 1 3
	3 相切	选择命令，单击左键依次选择要相切的三个图元，可以绘制出与三个图元相切的圆弧。相切圆弧的大小由选择图元时鼠标单击点的位置决定	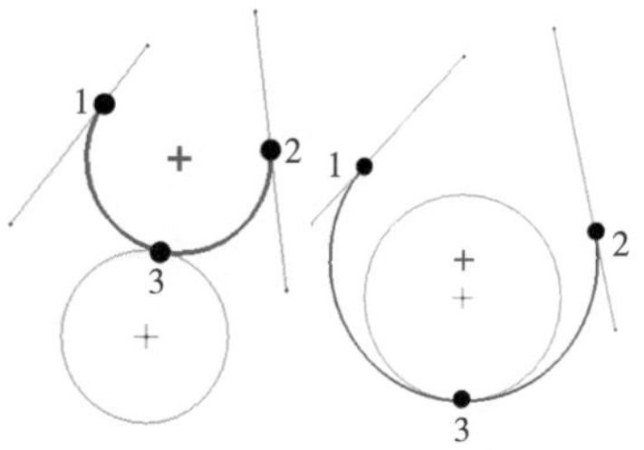 1 2 3 1 2 3

续表

命令	按钮	说明	图例
弧	同心	选择命令，单击左键选择已有的一个圆或圆弧定义圆心，移动鼠标单击左键，确定圆弧起点，再移动鼠标单击左键，确定圆弧终点，可以绘制出与已有圆或圆弧圆心为同一点的圆弧	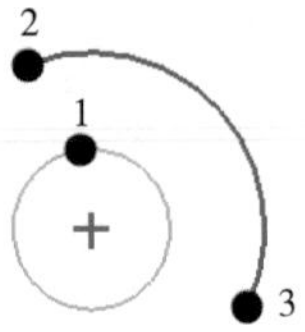 2 1 3
	圆锥	选择命令，单击左键确定圆锥弧的起点，移动鼠标单击左键，确定圆弧的终点，生成一条连接起点和终点的中心线，再移动鼠标单击左键，确定圆锥曲线上的一个点，可以绘制出圆锥弧	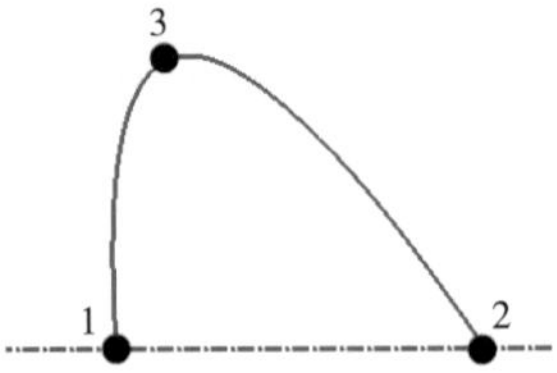 3 1 2
椭圆	轴端点椭圆	选择命令，单击左键确定椭圆的一个端点，移动鼠标单击左键，确定椭圆的一个轴的长度和倾斜角度，再移动鼠标单击左键，确定椭圆另一个轴的长度，可以绘制出椭圆	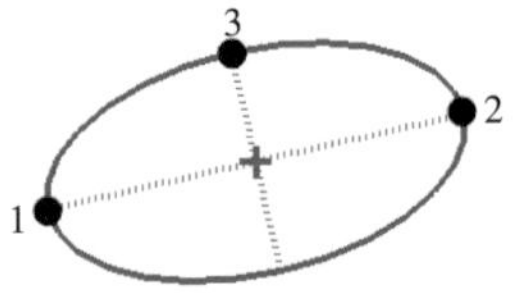 3 2 1
	中心和轴椭圆	选择命令，单击左键确定椭圆的中心点，移动鼠标单击左键，确定椭圆的一个轴的长度和倾斜角度，再移动鼠标单击左键，确定椭圆另一个轴的长度，可以绘制出椭圆	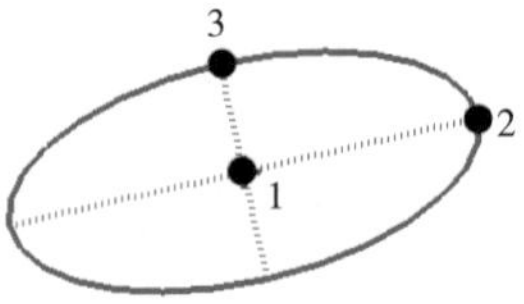 3 2 1
样条		选择命令，单击左键依次确定样条曲线的点，可以绘制出样条曲线。双击左键 / 按下中键结束绘制	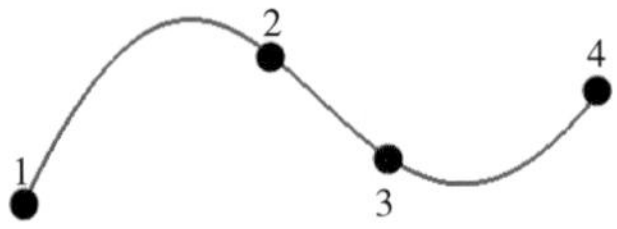 2 4 1 3
圆角	圆形	选择命令，单击左键依次选择两个已有图元，可以绘制出圆角，已有图元被圆角代替的部分变为虚线。 圆角的大小和鼠标点击的位置有关	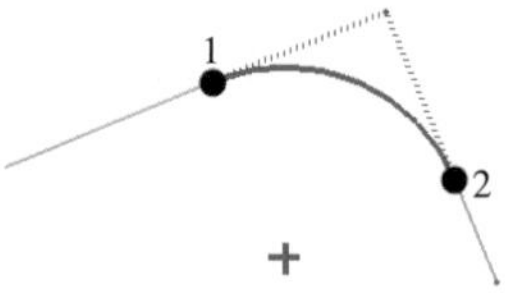 1 2

续表

命令	按钮	说明	图例
圆角	圆形修剪	选择命令，单击左键依次选择两个已有图元，可以绘制出圆角，已有图元被圆角代替的部分被修剪掉。 圆角的大小和鼠标点击的位置有关	
	椭圆形	选择命令，单击左键依次选择两个已有图元，可以绘制出椭圆角，已有图元被椭圆角代替的部分变为虚线。 椭圆角的大小和鼠标点击的位置有关	
	椭圆形修剪	选择命令，单击左键依次选择两个已有图元，可以绘制出椭圆角，已有图元被椭圆角代替的部分被修剪掉。 椭圆角的大小和鼠标点击的位置有关	
倒角	倒角	选择命令，单击左键依次选择两个已有图元，可以绘制出倒角，已有图元被倒角代替的部分变为虚线。 倒角的大小和鼠标点击的位置有关	
	倒角修剪	选择命令，单击左键依次选择两个已有图元，可以绘制出倒角，已有图元被倒角代替的部分被修剪掉。 倒角的大小和鼠标点击的位置有关	
文本		●选择命令，单击左键依次选取两点，创建一条直线（长度决定文本的高度，角度决定文本的倾斜角度，起始点决定文本的方向） ●直线绘制完成后，在弹出“文本”对话框中输入并设置文本	

续表

命令	按钮	说明	图例
偏移		●在已有模型或图元时，选择命令，弹出“选择”对话框 ●单击左键选择要偏移的图元或曲线（或者点击“属性”按钮，设置要偏移的曲线类型，再单击左键选择要偏移的图元或曲线） ●输入偏移值，如果按箭头方向偏移曲线，则输入正值；如果按相反方向偏移曲线，则输入负值。按 Enter 键，绘制出偏移图元	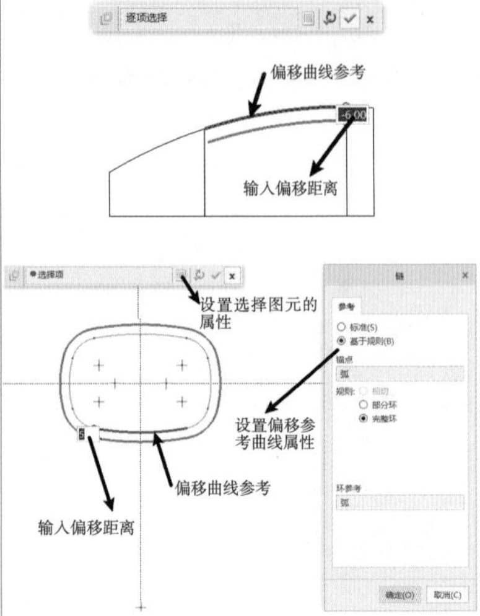 偏移曲线参考 输入偏移距离 设置选择图元的属性 设置偏移参考曲线属性 偏移曲线参考 输入偏移距离
加厚		●在已有模型或图元时，选择命令，弹出“类型选择”对话框 ●设置要加厚曲线类型及端封闭类型，单击左键选择要加厚的图元或曲线 ●输入加厚值，按 Enter 键，输入偏移值，按 Enter 键，绘制出加厚图元	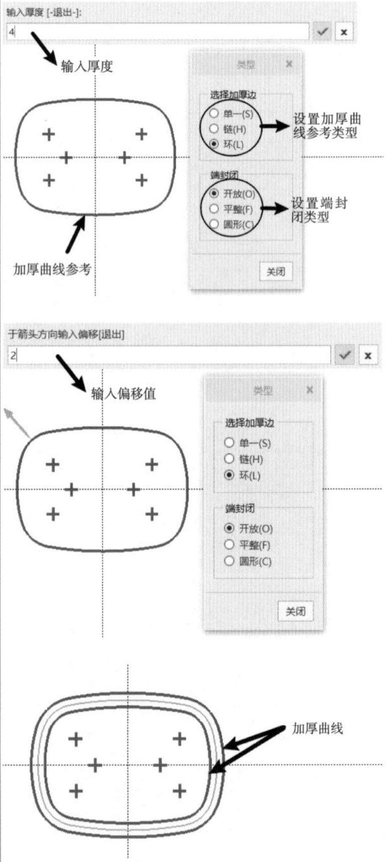 输入厚度 [-退出-]: 输入厚度 设置加厚曲线参考类型 设置端封闭类型 加厚曲线参考 于箭头方向输入偏移[退出] 输入偏移值 加厚曲线

续表

命令	按钮	说明	图例
投影		●在已有模型时，选择命令，弹出“类型选择”对话框 ●设置要投影曲线类型，单击左键选择要投影的曲线，绘制出投影图元	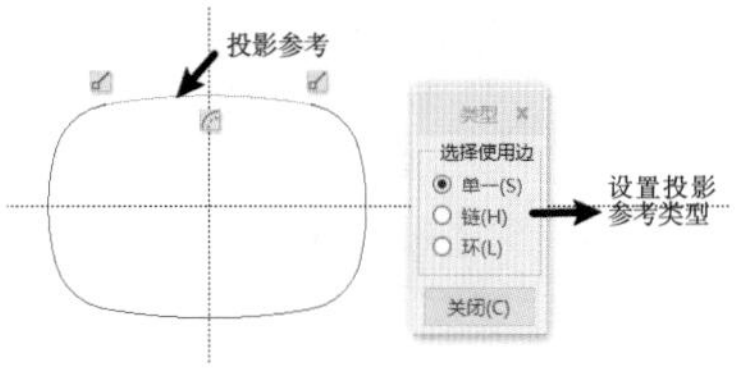 投影参考 类型 选择使用边 单一(S) 链(H) 环(L) 关闭(C) 设置投影参考类型
选项板		●选择命令，弹出“草绘器选项板”对话框 ●双击选择图形 ●在图形窗口单击左键，确定图形中心的放置位置 ●利用图形窗口的“缩放”“平移”“旋转”控制句柄编辑图形，或在“导入截面”选项卡中精确设置图形 ●单击“确定”按钮，绘制出选定图形	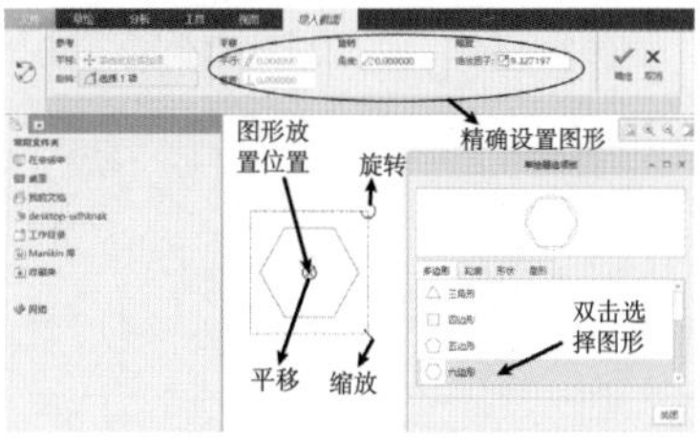 图形放置位置 旋转 精确设置图形 双击选择图形 平移 缩放
中心线	中心线	选择命令，单击左键定义起点，移动鼠标在终点位置单击左键，可以绘制出无穷长度的中心线	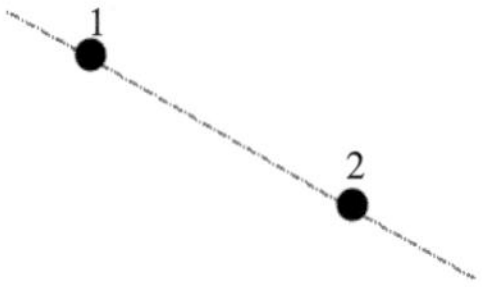 1 2
	中心线相切	选择命令，单击左键依次选择两个所要相切的图元，可以绘制出与两个图元相切的中心线	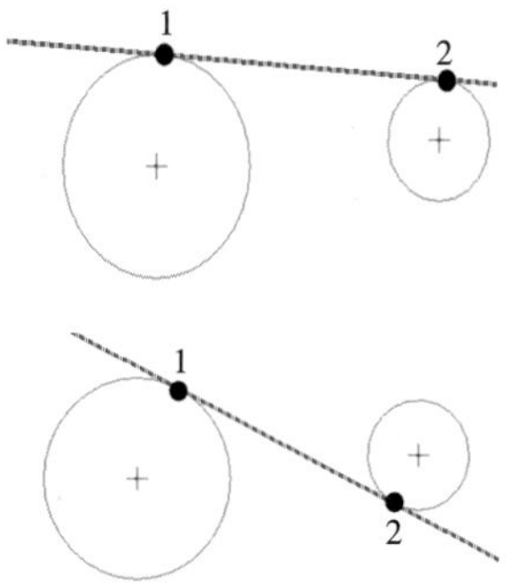 1 2 1 2
点		选择命令，单击左键可以绘制出一个点	1
坐标系		选择命令，单击左键可以绘制出一个坐标系	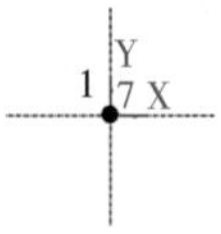 1 Y 7 X

四、编辑图元

编辑工具栏中的“命令”按钮可以对绘制的二维图形进行编辑，各工具按钮操作步骤及图例见表 3-3。

表 3-3 编辑图元工具按钮操作步骤及图例

按钮	说明	图例
修改	选择命令，单击左键选择尺寸（或单击左键选择尺寸，再选择命令），弹出“修改尺寸”对话框，可以修改尺寸	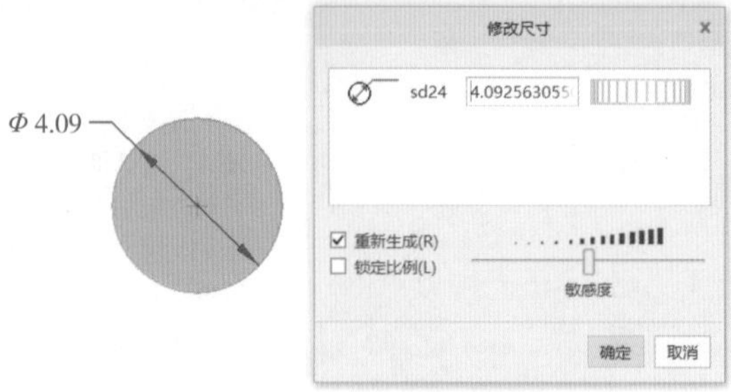
	选择命令，单击左键选择文本（或单击左键选择文本，再选择命令），弹出“文本”对话框，可以修改文本	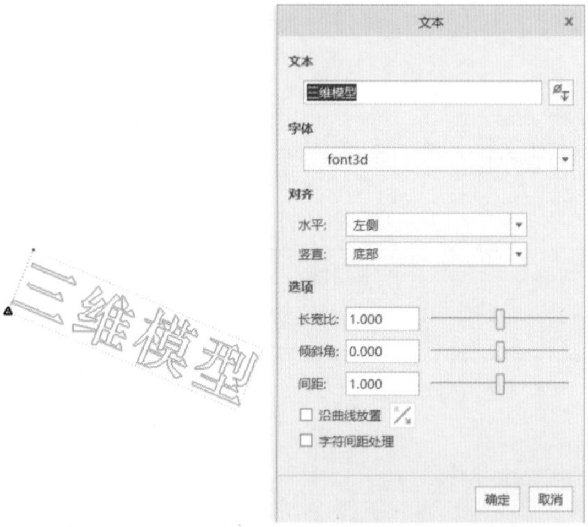
	选择命令，单击左键选择样条曲线（或单击左键选择样条曲线，再选择命令），出现样条选项卡，可以修改样条曲线	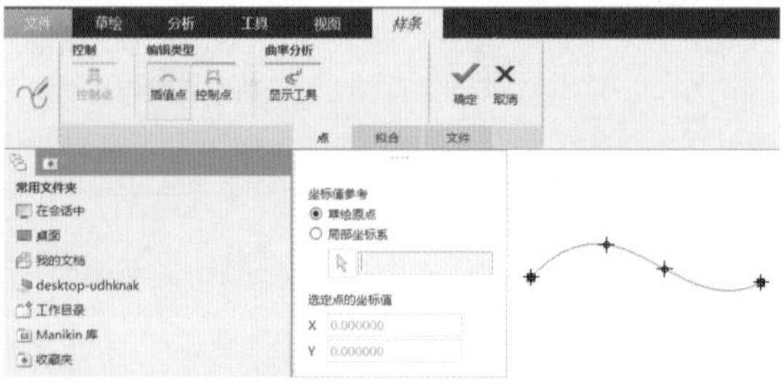
镜像	单击左键选择图元（镜像多个图元时，可以按住 Ctrl 键，依次选取），再选择命令，最后单击左键选择对称轴（中心线，需要提前绘制），可以在中心线另一边镜像出选中的图元	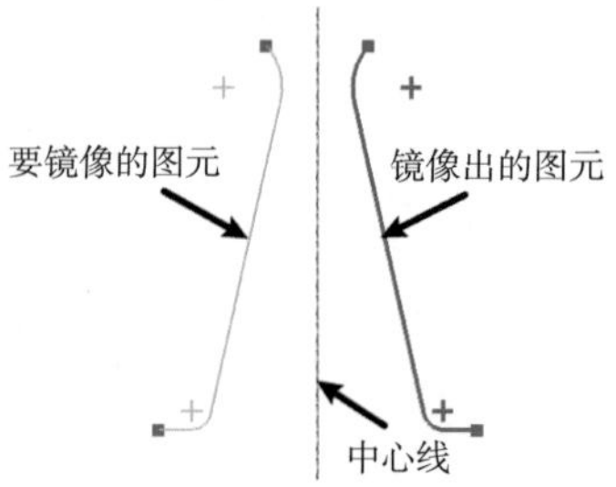

续表

按钮	说明	图例
分割	选择命令，在图元上要分割的位置单击，则在指定位置将图元进行分割	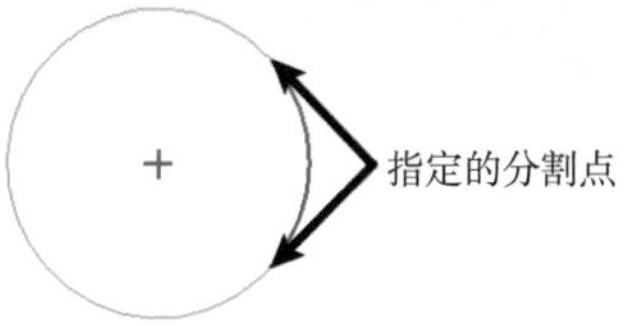 指定的分割点
删除段	选择命令，单击左键选择要删除的段，所选择的段即被删除掉。或者选择命令，按住 Ctrl 键，按下鼠标左键，移动鼠标，鼠标经过的段即被删除掉	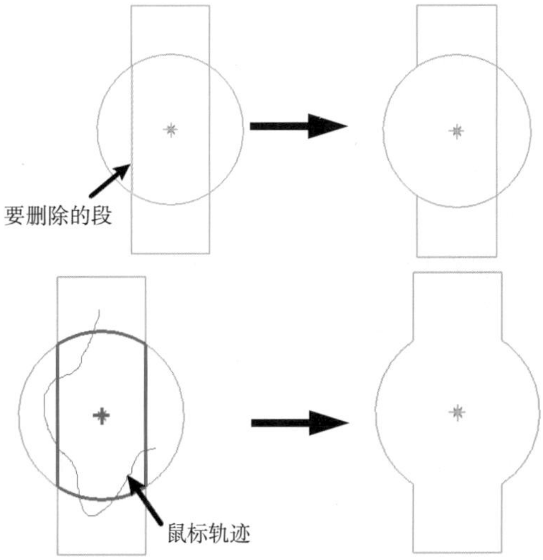 要删除的段 鼠标轨迹
拐角	选择命令，单击左键依次选择要形成拐角的两个图元，则所选择的图元修剪或延长至相交。 注意：单击图元的位置决定了要保留的部分	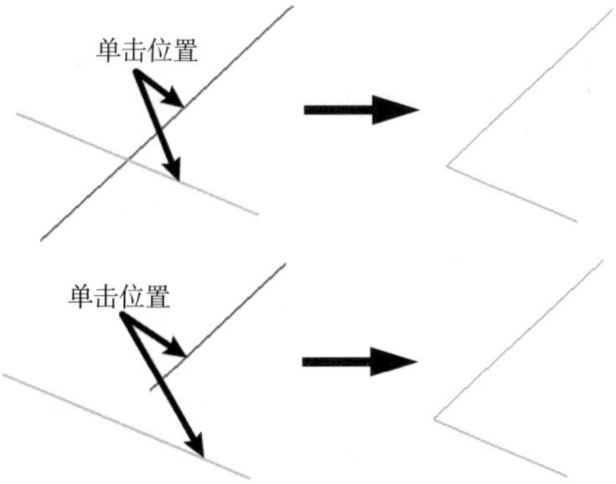 单击位置 单击位置
旋转调整大小	单击左键选择图元（旋转调整大小，多个图元时，可以按住 Ctrl 键，依次选取），再选择命令，则弹出“旋转调整大小”操作面板，可以利用图形窗口的“缩放”“平移”“旋转”控制句柄编辑图形，或在“导入截面”选项卡中精确设置图形	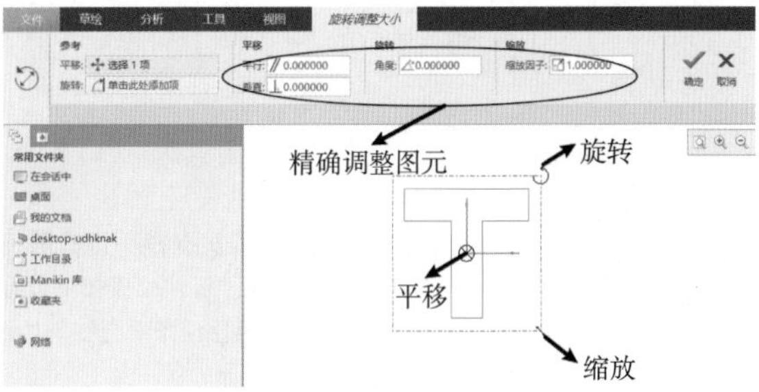 精确调整图元 旋转 平移 缩放

提 示

在草图绘制完成后，其尺寸一般不会与设计要求一致。修改尺寸时，若需要进行较大改动，为保持截面形状不变，可以框选上所有尺寸，单击选择（修改）按钮，勾选“锁定比例”选项，修改其中一个尺寸与设计要求一致，则其他所有尺寸自动按比例缩放（不能修改其他尺寸），确定后，再修改其他尺寸与设计要求一致。

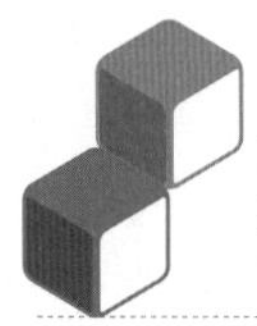

认知 3 设计意图表达

绘制草图时，系统会自动确定可添加的约束及自动标注几何尺寸，以确保在草图创建时可以充分约束和标注该草图，但这些约束和尺寸一般情况下无法完整准确地表达设计意图，因此必须通过修改、添加尺寸和约束，以获得符合设计意图的草图。

一、尺寸标注

在功能区“草绘”选项卡的“尺寸”组中提供了用于标注尺寸的命令按钮，如“尺寸”“周长”“参考”等，如图 3-6 所示。

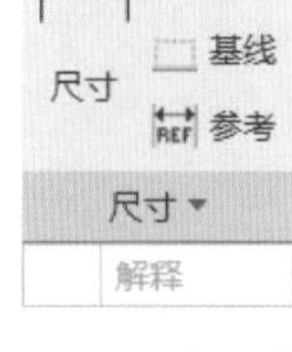

图 3-6 “尺寸”工具栏按钮

使用（尺寸）按钮可以创建基本尺寸。常用图元尺寸标注方法见表 3-4。

表 3-4 常用图元尺寸标注方法

尺寸类型	说明	图例
直线长度	选择命令，单击左键选择直线（1），移动鼠标，在尺寸标注位置按下鼠标中键（2），输入尺寸值，即可标注直线长度	输入值 8 2 1
点到直线距离	选择命令，单击左键依次选择点（1）、直线（2），移动鼠标，在尺寸标注位置按下鼠标中键（3），输入尺寸值，即可标注点到直线间的距离	1 2 4 3 输入值
两条平行线间距离	选择命令，单击左键依次选择平行的两条直线（1、2），移动鼠标，在尺寸标注位置按下鼠标中键（3），输入尺寸值，即可标注两条平行线间的距离	2 4 3 1 输入值

续表

尺寸类型	说明	图例
两点之间的距离	选择命令，单击左键依次选择两个点（1、2），移动鼠标，在尺寸标注位置按下鼠标中键（3），输入尺寸值，即可标注两点间的距离。 单击鼠标中键时鼠标所在位置不同，标注结果也不同 ●若在A区域按下鼠标中键，标注两点间的直线距离 ●若在B区域按下鼠标中键，标注两点间的垂直距离 ●若在C区域按下鼠标中键，标注两点间的水平距离	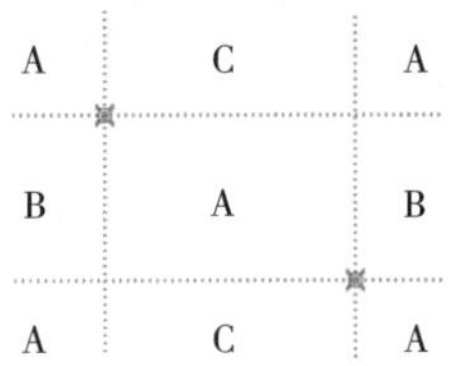 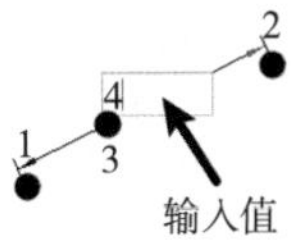 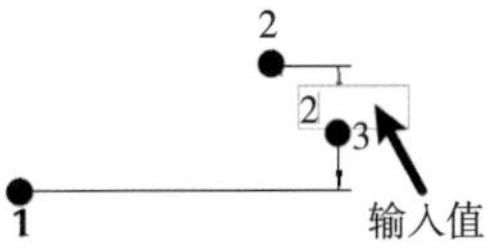 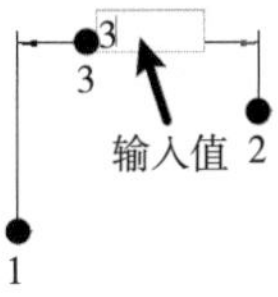 A C A B A B A C A 2 4 1 3 输入值 2 2 3 1 输入值 3 3 输入值 2 1
圆（弧）半径	选择命令，单击左键选择圆（弧）（1），移动鼠标，在尺寸标注位置按下鼠标中键（2），输入尺寸值，即可标注圆（弧）的半径	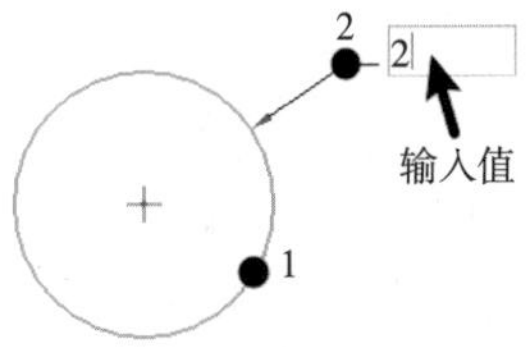 2 2 输入值 1
圆（弧）直径	选择命令，双击左键选择圆（弧）（1），移动鼠标，在尺寸标注位置按下鼠标中键（2），输入尺寸值，即可标注圆（弧）的直径	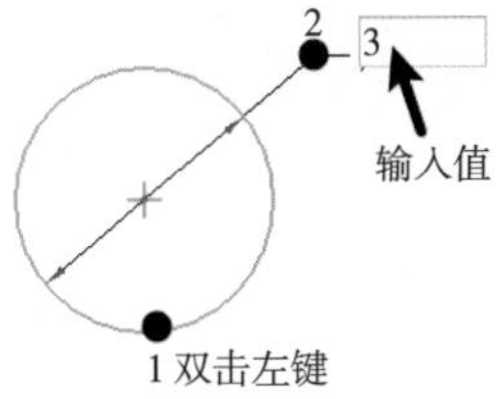 2 3 输入值 1 双击左键
圆弧弧长	选择命令，单击左键依次选择圆弧的两个端点及圆弧（1、2、3），移动鼠标，在尺寸标注位置按下鼠标中键（4），输入尺寸值，即可标注圆弧的弧长	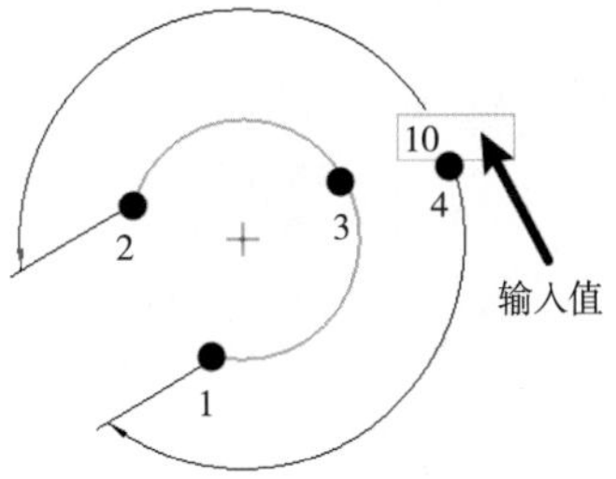 10 4 2 3 输入值 1

续表

尺寸类型	说明	图例
直线与圆（弧）距离	选择命令，单击左键依次选择直线、圆（弧）（1、2），移动鼠标，在尺寸标注位置按下鼠标中键（3），输入尺寸值，即可标注直线与圆（弧）间的距离。 在圆弧上单击时鼠标所在位置不同，标注结果也不同	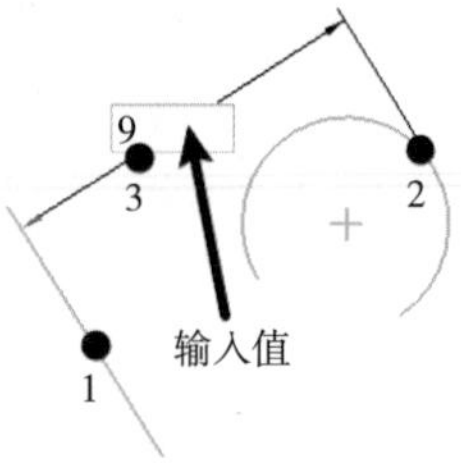 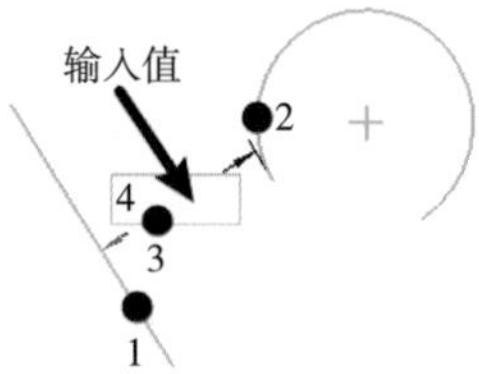
两圆（弧）距离	选择命令，单击左键依次选择两个圆（弧）（1、2），移动鼠标，在尺寸标注位置按下鼠标中键（3），输入尺寸值，即可标注两个圆（弧）间的距离。 在圆弧上单击时鼠标所在位置不同，标注结果也不同	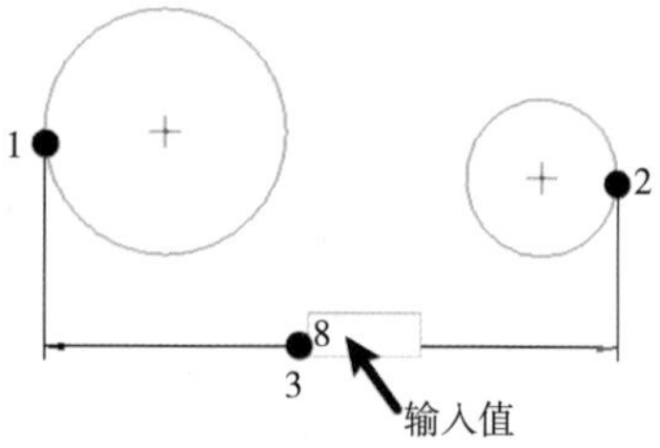 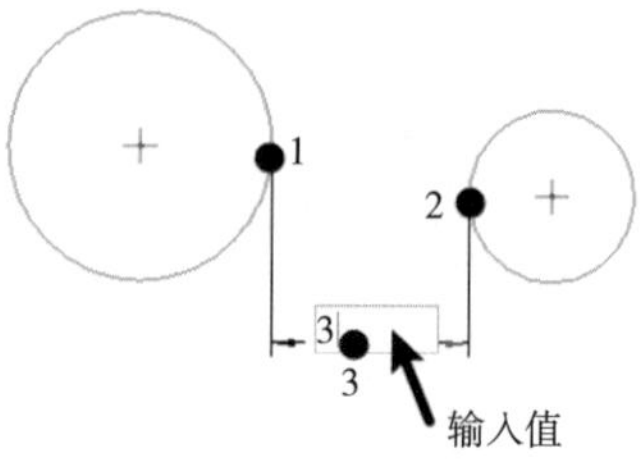 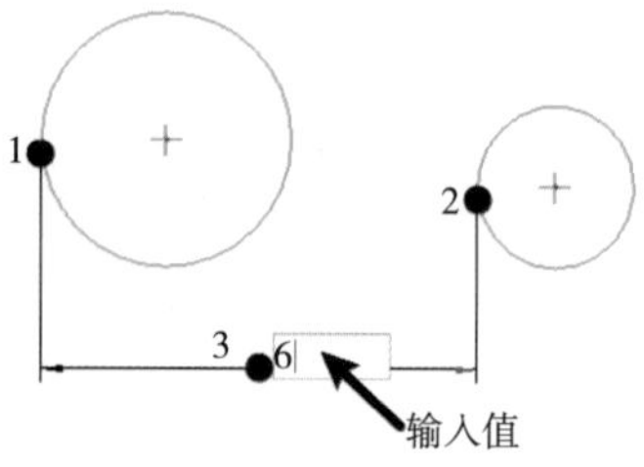
对称尺寸	选择命令，单击左键依次选择图元、几何中心线、图元（1、2、3），移动鼠标，在尺寸标注位置按下鼠标中键（4），输入尺寸值，即可标注出图元关于中心线的对称尺寸	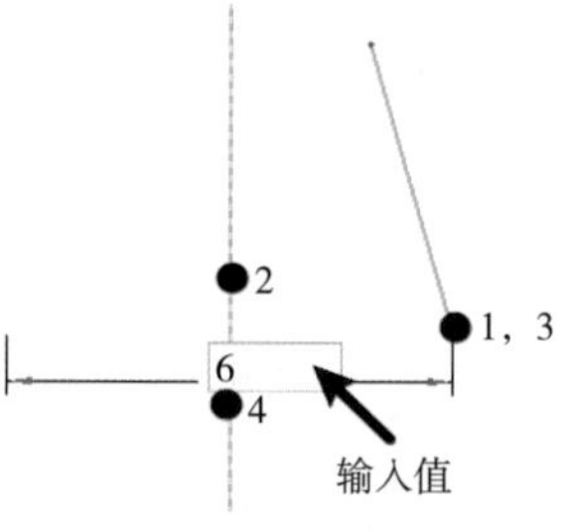

续表

尺寸类型	说明	图例
椭圆半径	选择命令，单击左键选择椭圆（弧）(1)，移动鼠标，在尺寸标注位置按下鼠标中键（2），在弹出的“椭圆半径选择”对话框中，选择“长轴”或“短轴”单选按钮，单击“接受”按钮，输入尺寸值，即可标注椭圆（弧）的长轴或短轴半径	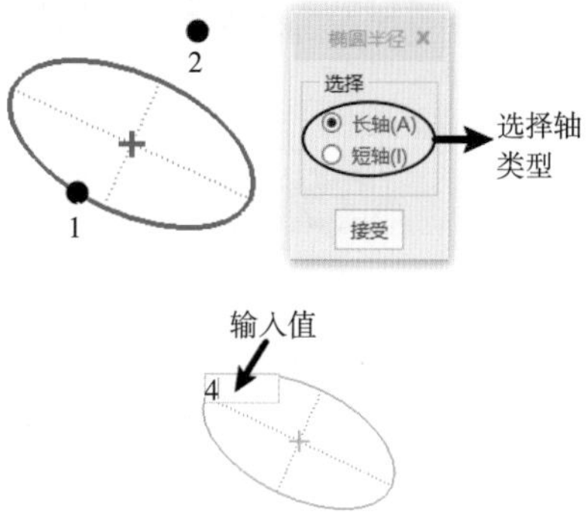
两直线夹角	选择命令，单击左键依次选择两条直线（1、2），移动鼠标，在尺寸标注位置按下鼠标中键（3），输入角度值，即可标注两直线间的角度。 单击鼠标中键时，鼠标所在位置不同，标注结果也不同	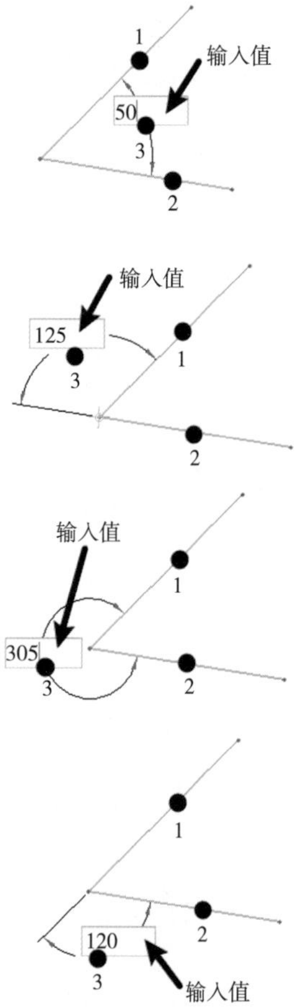
圆弧角度	选择命令，单击左键依次选择圆弧的一个端点、圆心、另一个端点（1、2、3），移动鼠标，在尺寸标注位置按下鼠标中键（4），输入角度值，即可标注圆弧的角度	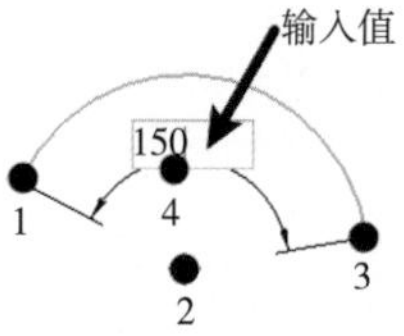

二、约束

约束工具栏中的“命令”按钮可以创建两个或多个图元之间的几何约束，减少过多的尺寸，使草绘更加准确。各工具按钮的操作说明及图例见表 3-5。

表 3-5 约束工具栏按钮的操作说明及图例

按钮	说明	图例
竖直	选择命令，单击左键选择线，使线竖直	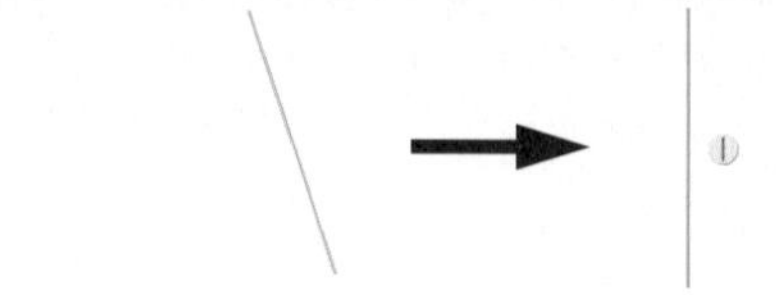
	或选择命令，单击左键依次选择两个顶点，使两个顶点沿竖直方向对齐	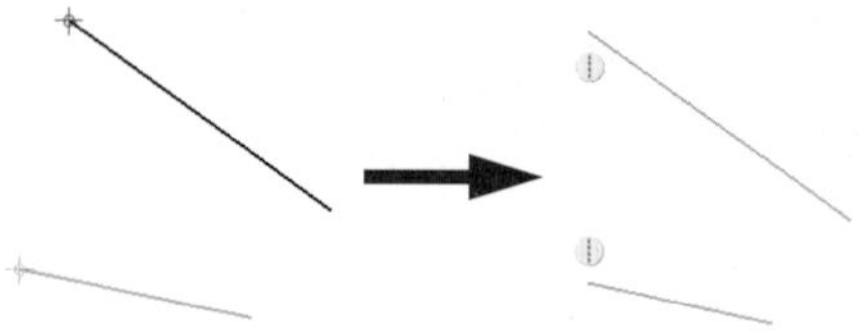
水平	选择命令，单击左键选择线，使线水平	
	或选择命令，单击左键依次选择两个顶点，使两个顶点沿水平方向对齐	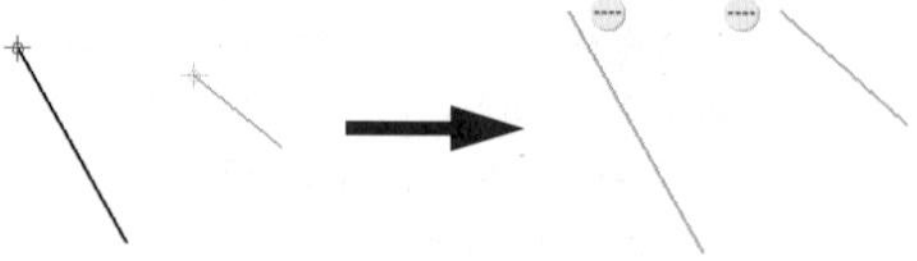
垂直	选择命令，单击左键依次选择两个图元，使两个图元垂直	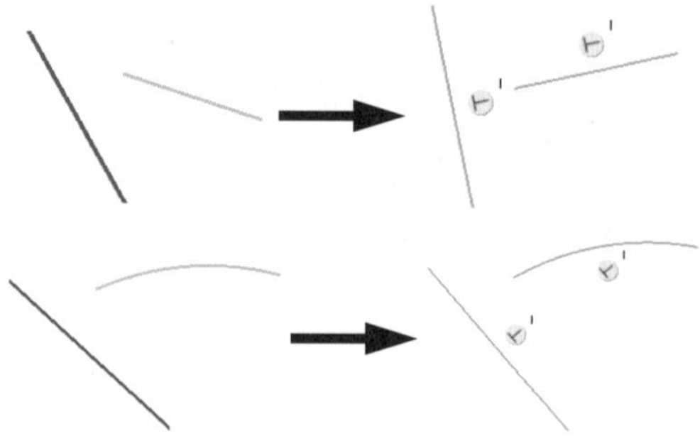
相切	选择命令，单击左键依次选择两个图元，使两个图元相切	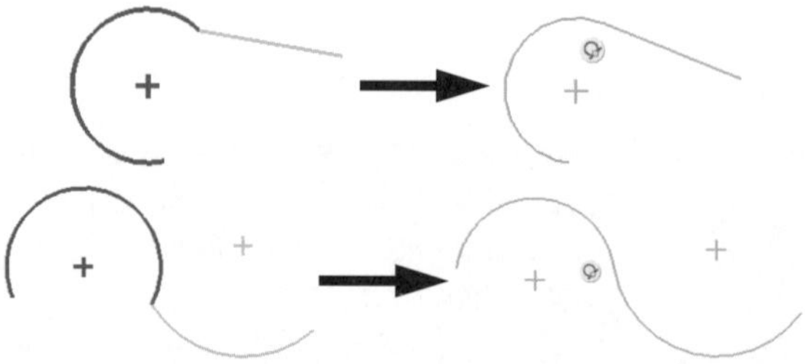

续表

按钮	说明	图例
中点	选择命令，单击左键依次选择一个顶点和一个图元（线或弧），使点在图元的中点	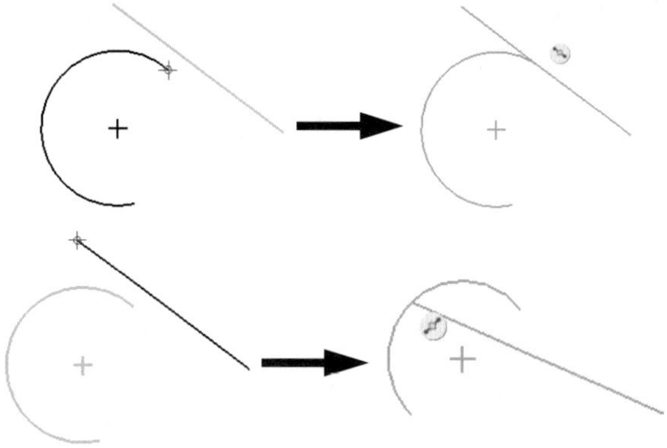
重合	选择命令，单击左键依次选择两个点，使两个点重合	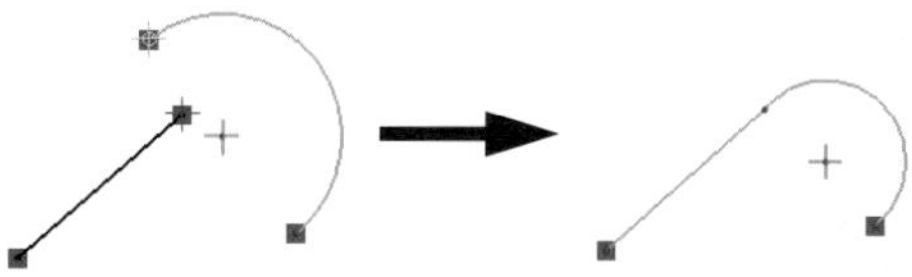
	选择命令，单击左键依次选择一个点和一个图元（线或弧），使点在图元上	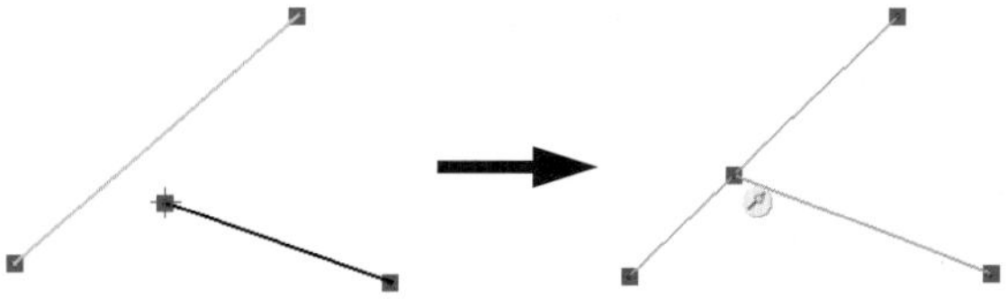
	选择命令，单击左键依次选择两条线，使两条线位于同一条直线上	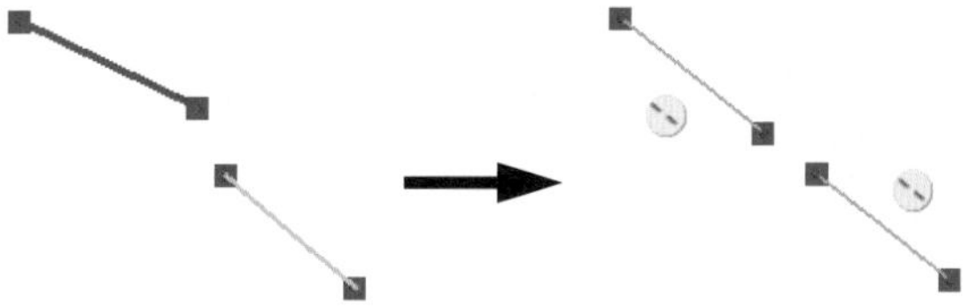
	选择命令，单击左键依次选择两个圆弧，使两个圆弧位于同一个圆上	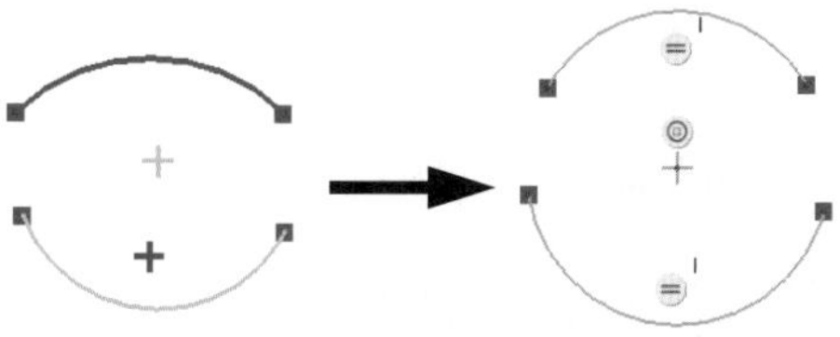
对称	选择命令，单击左键依次选择两个点及一条中心线，使点关于中心线对称	

续表

按钮	说明	图例
═ 相等	选择命令，单击左键依次选择两个或多个图元，使图元等长、等半径、等尺寸或相同曲率	等长 等半径 等尺寸 等曲率
// 平行	选择命令，单击左键依次选择两个或多个线，使线相互平行	

任务 绘制已知二维草图

在 Creo Parametric 中，绘制如图 3-7 所示的草图。

3-2 草绘练习

一、学习目标

（1）掌握基本图元的绘制与编辑方法。

（2）能够使用约束、尺寸标注使草图符合设计意图。

（3）提高设计作图的规范意识，树立严谨的设计作图态度，追求精益求精的工匠精神。

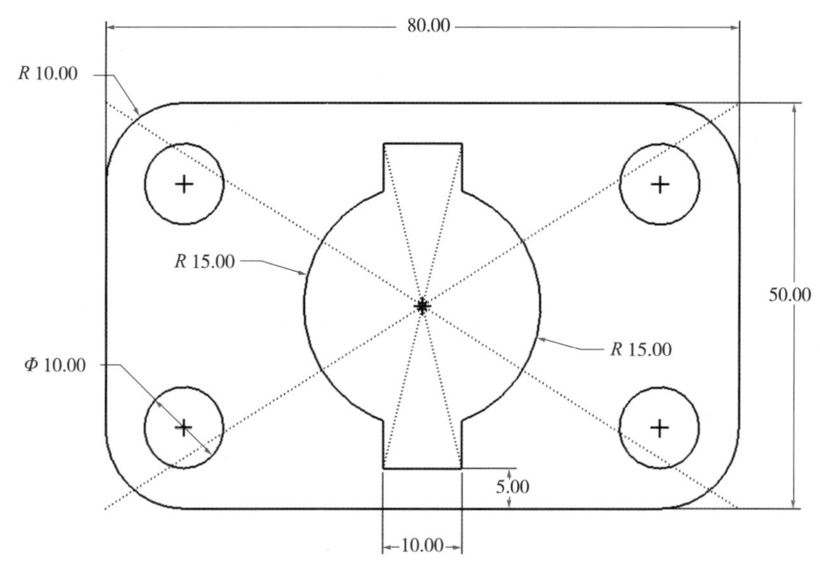

图 3-7 草绘图形

二、相关知识点

弱尺寸不能手动删除，手工标注尺寸（强尺寸）时，系统自动删除多余的弱尺寸。

三、任务分析

在进行草绘前，要先分析图形的整体构成，这样才能快速准确地绘制出草图。由图 3-7 可以看出，该草图是一个上下左右对称的图形，外轮廓是带圆角的矩形，中间是一个圆和一个矩形的并集，圆心、矩形中心与外轮廓矩形中心重合，矩形的 4 个角各有 1 个相同直径的圆，圆心与外轮廓圆角的圆心重合。

四、操作步骤

1. 新建文件

单击工具栏中的（新建）命令按钮，在弹出的“新建”对话框（图 3-8）“类型”选项组中选择“草绘”单选按钮，在“文件名”文本框中输入新建文件名，单击“确定”按钮，进入草绘模式。

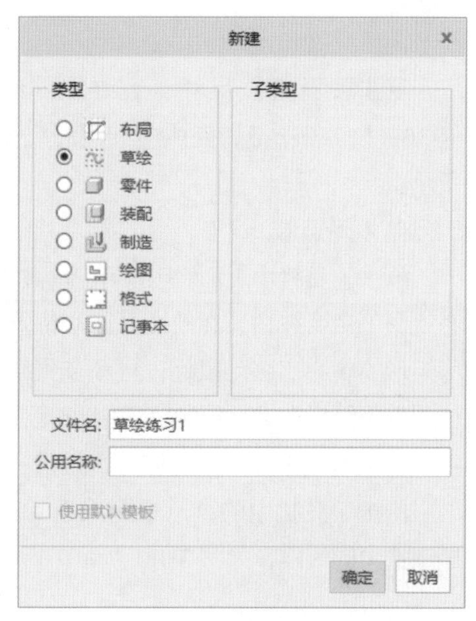

图 3-8 新建草绘文件

2. 设置草绘环境

单击主菜单“文件”→“选项”命令，弹出“Creo Parametric 选项”对话框，切换到“草绘器”选项卡，在草绘器约束假设中保留水平对齐、竖直对齐、等长、相等半径约束项，取消勾选其他选项，如图 3-9 所示。

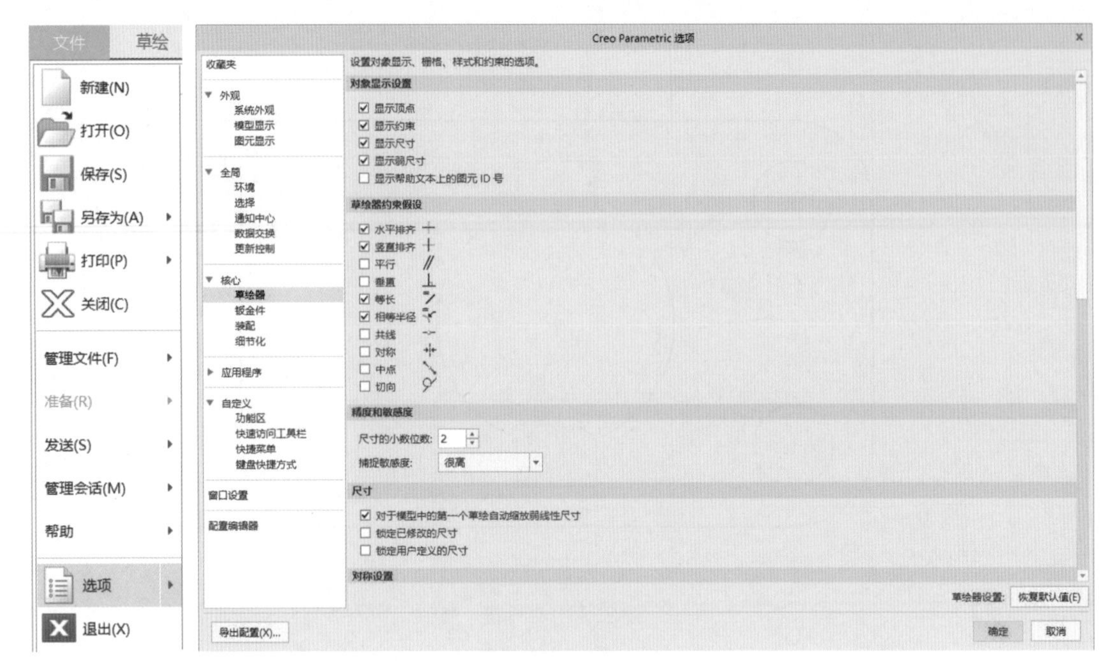

图 3-9 设置草绘环境

3. 绘制中心圆，以确定草图的大致位置

图形的中心也是中间圆的圆心，因此可以先绘制中间的圆。单击工具栏中（圆）工具条下拉菜单中（圆心和点）命令按钮，在绘图区合适位置单击鼠标左键，作为中心圆的圆心，移动鼠标，可预览到绘制的圆，在合适位置单击鼠标左键，绘制完成圆，单击鼠标中键结束圆的创建，如图 3-10 所示。

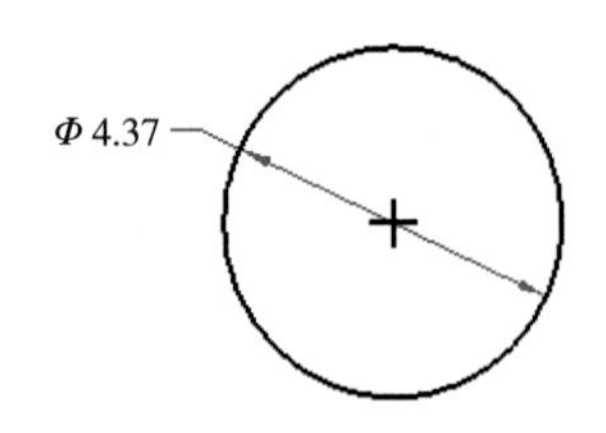

图 3-10 绘制中心圆

4. 修改中心圆尺寸

双击浅圆直径尺寸，在弹出的编辑框中输入直径值 30，按 Enter 键，完成中间圆的直径修改，如图 3-11 所示。

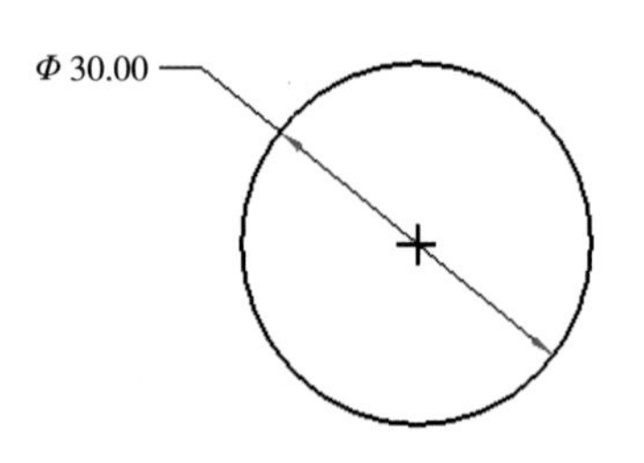

图 3-11 修改圆直径

5. 绘制中间矩形

单击工具栏中（矩形）工具条下拉菜单中（中心矩形）命令按钮，在绘图区圆心位置单击鼠标左键，作为矩形的中心，移动鼠标，可预览到绘制的矩形，在合适位置单击鼠标左键，绘制完成中间矩形，单击鼠标中键结束矩形的创建，如图 3-12 所示。

6. 删除多余线段

单击工具栏中的（删除段）命令按钮，在绘图区依次单击鼠标左键，选择多余线段，删除选中的线段，如图 3-13 所示。

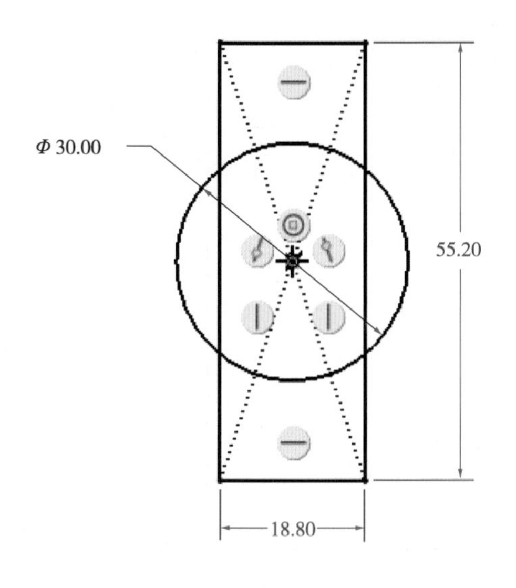

图 3-12 绘制中间矩形

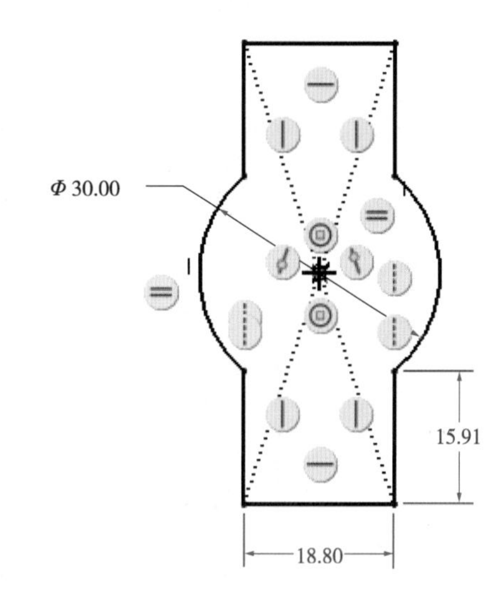

图 3-13 删除多余线段

7. 绘制外轮廓矩形

单击工具栏中（矩形）工具条下拉菜单中（中心矩形）命令按钮，在绘图区圆心位置单击鼠标左键，作为矩形的中心，移动鼠标，可预览到绘制的矩形，在合适位置单击鼠标左键，绘制完成外轮廓矩形，单击鼠标中键结束矩形的创建，如图 3-14 所示。

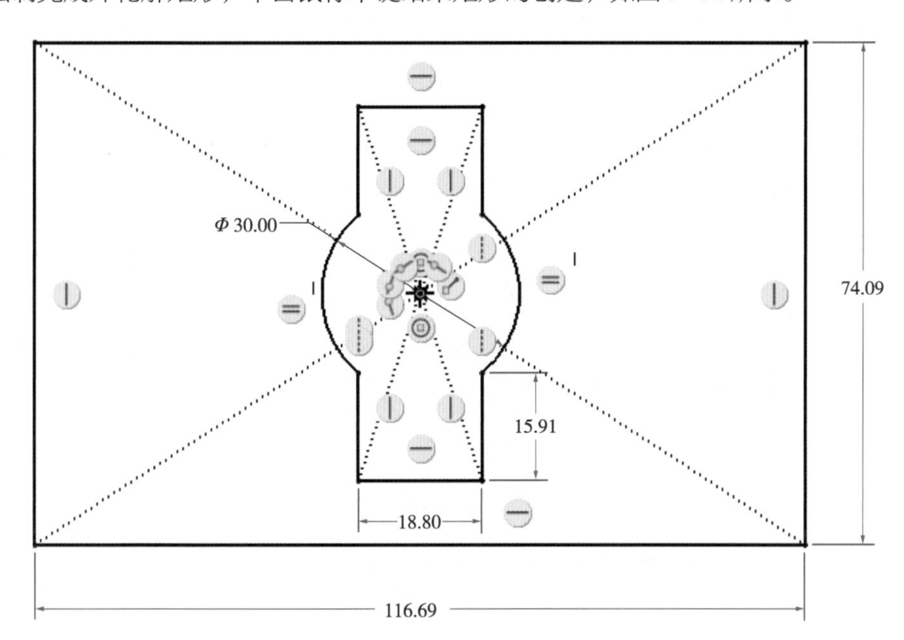

图 3-14 绘制外轮廓矩形

8. 绘制圆角

单击工具栏中（圆角）工具条下拉菜单中（圆形修剪）命令按钮，在绘图区单击鼠标左键，依次选择外轮廓矩形四个拐角的两条边，绘制出矩形的四个圆角，如图 3-15 所示。

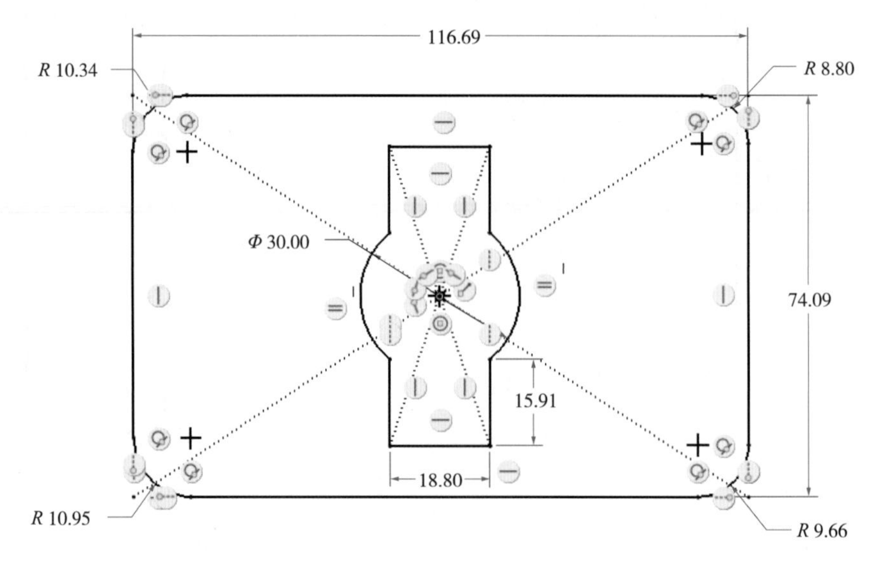

图 3-15 绘制矩形圆角

9. 添加约束

圆角的大小与鼠标点击的位置有关，因此矩形四个圆角的大小不一样。可以通过添加约束，使四个圆角半径相等。单击工具栏中的 ＝（相等）命令按钮，在绘图区依次选择矩形的四个圆角，系统会在每个圆弧上添加一个相等约束 ＝，如图 3-16 所示。

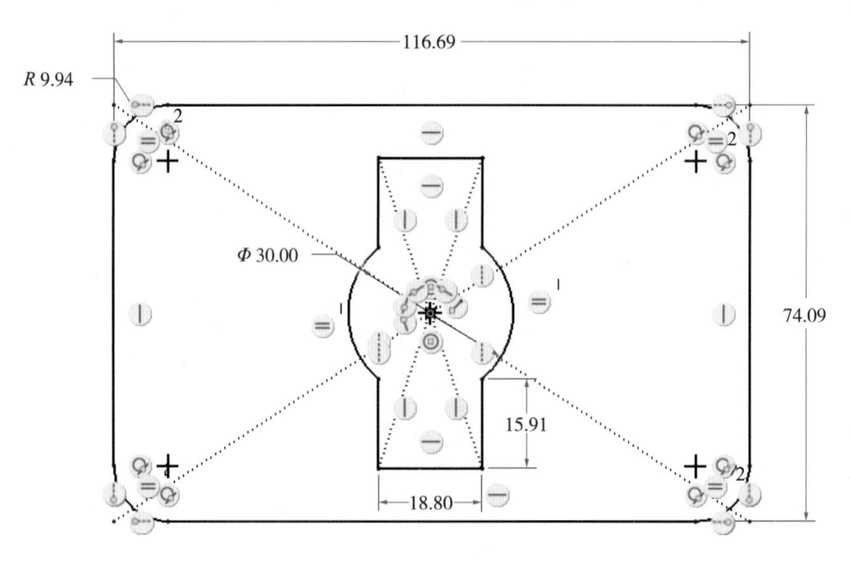

图 3-16 添加约束

10. 绘制一个小圆

小圆的圆心与矩形圆角的圆心重合，因此采用同心圆进行绘制。单击工具栏中 ○（圆）工具条下拉菜单中的 ◎（同心）命令按钮，在绘图区单击鼠标左键选择矩形的一个圆角，确定小圆的圆心，移动鼠标，可预览到绘制的圆，在合适位置单击鼠标左键，绘制完成小圆，单击鼠标中键结束圆的创建，如图 3-17 所示。

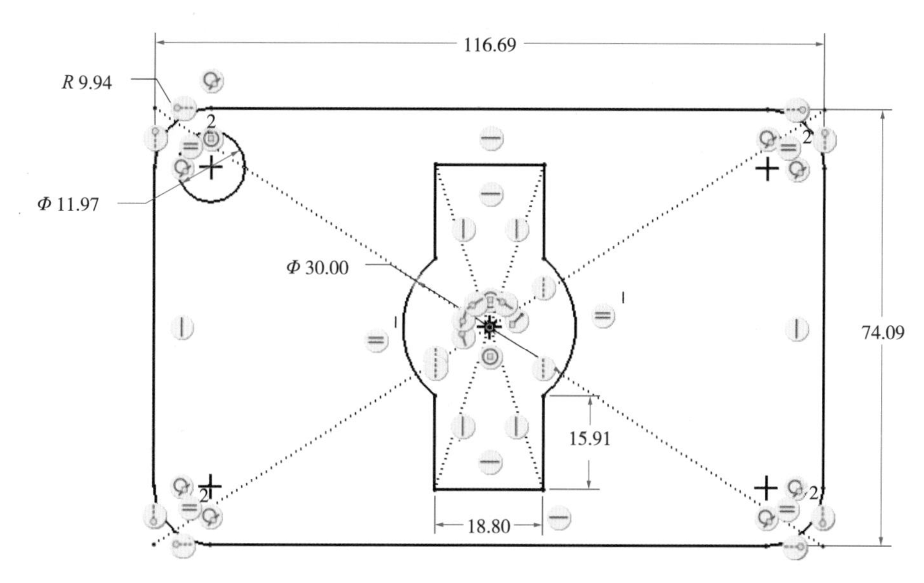

图 3-17　绘制一个小圆

11. 绘制其他小圆

在绘图区单击鼠标左键选择矩形的另一个圆角，确定小圆的圆心，移动鼠标，可预览到绘制的圆。当新绘制小圆与已有小圆大小相等时，圆上会显示一个相等约束 ═（与之相等的小圆变为红色显示），单击鼠标左键，绘制完成小圆，单击鼠标中键结束圆的创建。用同样的方式，绘制另外两个小圆，如图 3-18 所示。

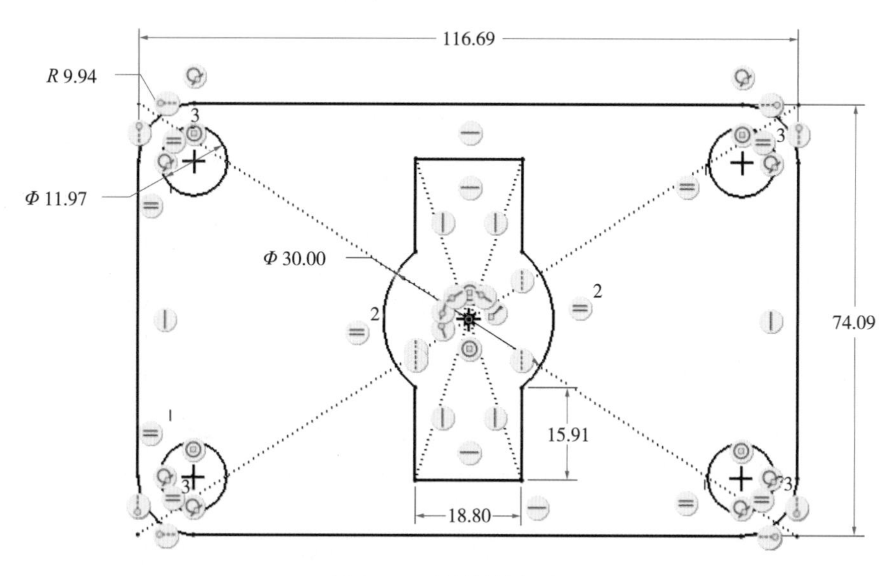

图 3-18　绘制其他小圆

12. 修改尺寸

依次双击浅蓝色系统自动标注的与草图要求不同的尺寸值，在弹出的编辑框中输入规定值，按 Enter 键，完成尺寸修改，如图 3-19 所示。

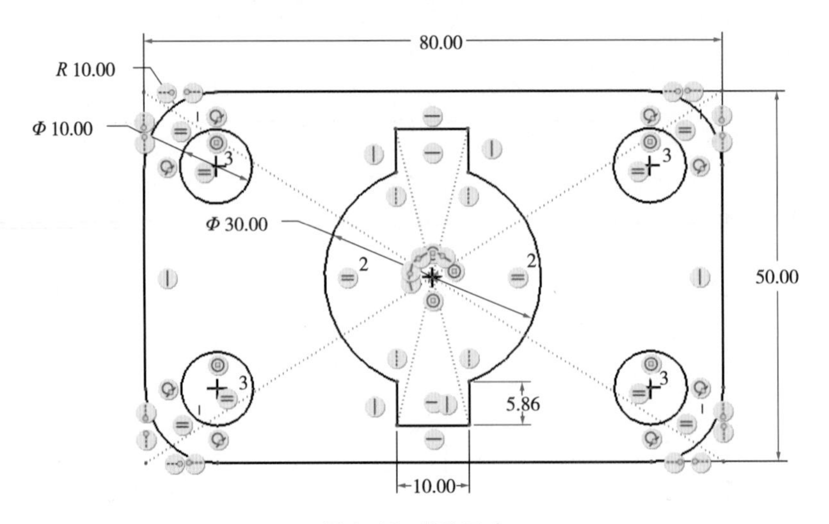

图 3-19 修改尺寸

提 示

若尺寸修改过程中，图形的形状发生了变化，可以通过移动图元调整。

13. 标注两个矩形边垂直距离

单击工具栏中的 ⟷（尺寸）命令按钮，在绘图区单击鼠标左键依次选择外轮廓矩形和中间矩形的水平边，在合适位置单击鼠标中键，在弹出的编辑框中输入尺寸值，标注出两个矩形边的垂直距离，如图 3-20 所示。

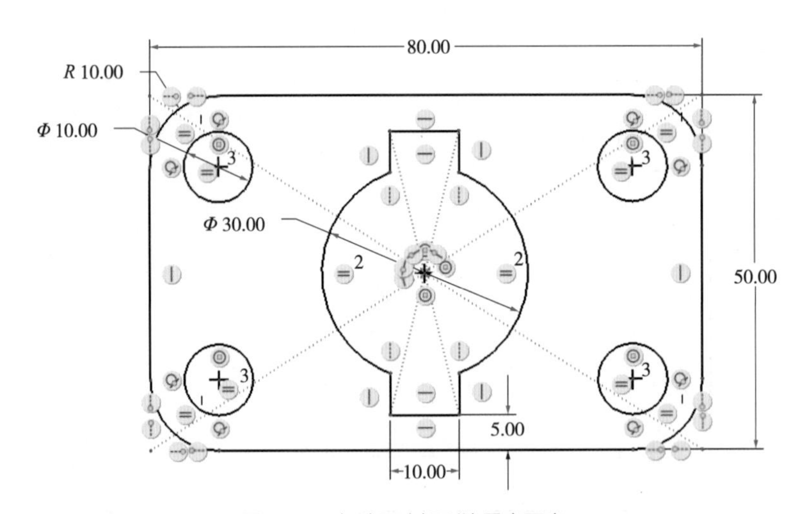

图 3-20 标注两个矩形边垂直距离

14. 文件保存

单击工具栏中的 （保存）命令按钮，保存当前草绘文件。

提 示

在退出草绘器之前一定要保存绘制的草图。

4

项目四

零件三维实体模型设计

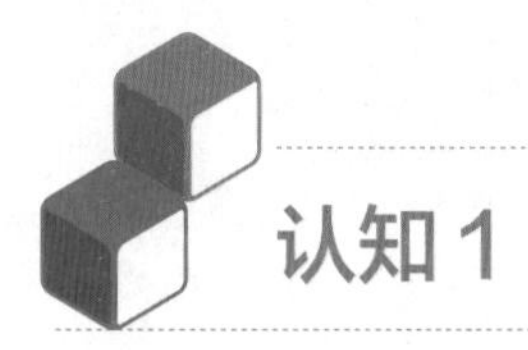

认知 1　Creo Parametric 特征

一、Creo Parametric 特征类型

4-1　实体特征建模基础知识

Creo Parametric 中包括三大类特征：形状特征、工程特征和基准特征。形状特征主要包括拉伸、旋转、扫描、螺旋扫描、混合、扫描混合、旋转混合等，通常需要定义所需的截面形状，由截面经过一定的方式构建零件的形状。工程特征主要包括孔、倒角、倒圆角、拔模、壳、筋、环形折弯、骨架折弯等，是系统预定义特征，通常是在形状特征的基础上创建的。基准特征主要包括基准平面、基准轴、基准点、基准坐标系草绘、基准曲线等，通常用来为其他特征提供定位参考，或者为零件装配提供必要的约束参考。Creo Parametric 中常用的特征如图 4-1 所示。

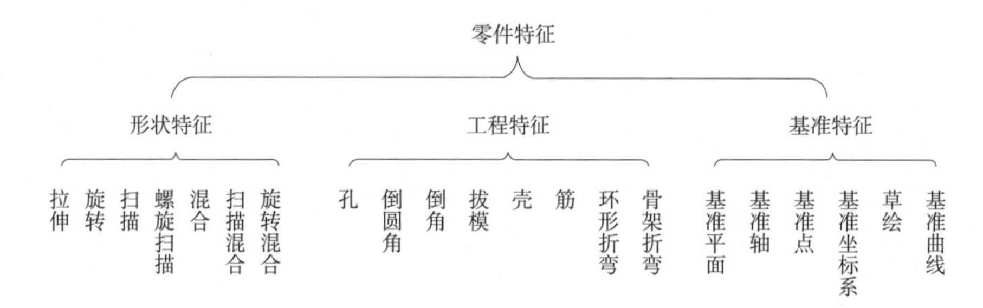

图 4-1　Creo Parametric 中常用的特征类型

二、特征父子关系

Creo Parametric 中创建特征时必须参考模型上已有的几何，如形状特征的草绘平面、尺寸标注的参考几何、工程特征放置的参考几何等，特征的创建顺序和为特征提供的参考会创建层级关系，这就是特征的父项 / 子项关系。模型在进行编辑修改时，父子关系扮演着重要的角色。当父特征被修改后，所有子项都会随之动态更新。如果隐含或删除父特征，系统会提示相关子特征的操作。

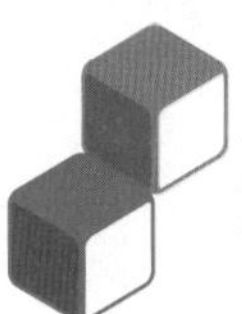

认知 2 Creo Parametric 零件实体建模

图 4-2 新建零件对话框

一、零件建模界面

单击工具栏中的 （新建）命令按钮，在弹出的“新建”对话框（图 4-2）中选择“零件”类型、“实体”子类型，在“文件名”文本框中输入新建文件名，单击“确定”按钮，即进入零件设计模式，界面如图 4-3 所示。零件设计环境的界面由标题栏、功能区、绘图区域、状态栏和导航区等几部分组成，功能区包含文件、模型、分析、实时仿真、注释、工具、视图、柔性建模、应用程序 9 个选项卡，每个选项卡由功能类似的命令组成。

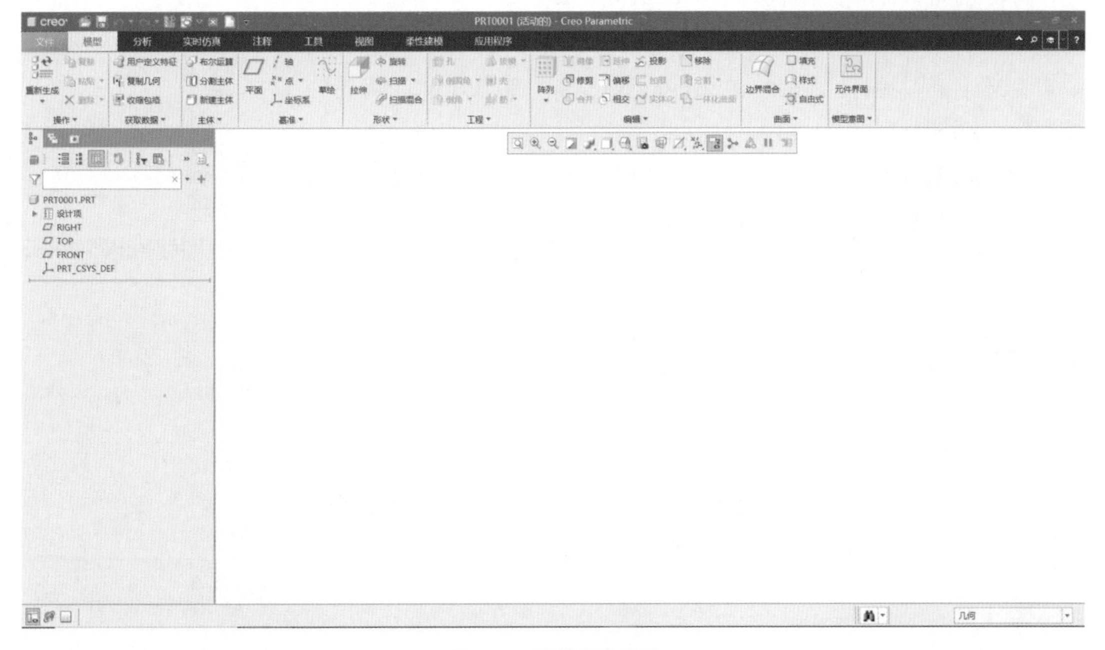

图 4-3 零件设计界面

二、零件实体特征建模过程

Creo Parametric 采用基于特征的参数化建模技术，创建的每个零件都是由一个或多个特征组成，零件的形状直接由这些特征控制。瓶子特征建模示例如图 4-4 所示。

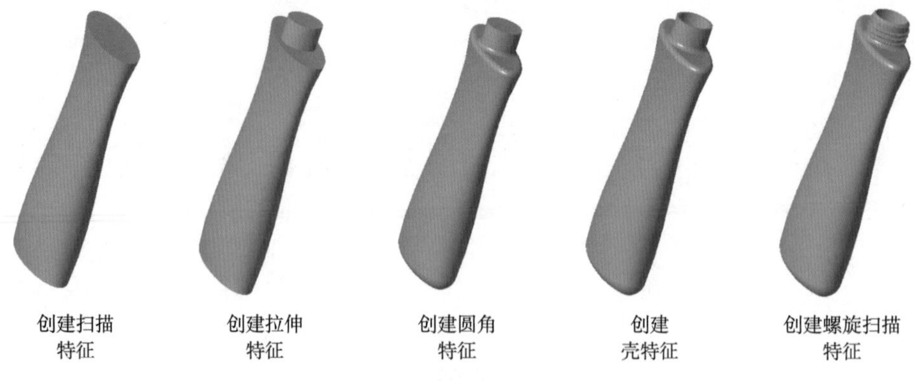

图 4-4　零件特征建模示例

三、模型树

零件设计模式中，默认状态下，导航区显示的是模型树选项卡。模型树是以“树”形式显示零件的每个特征，用于记录零件的特征创建过程，可以帮助用户更好地把握模型结构，并便于单个特征的编辑、添加等操作。

（1）编辑特征。在模型树上单击鼠标左键，选中要编辑的特征，即可在弹出的快捷菜单中选择相应的按钮进行编辑尺寸（ ）、编辑定义（ ）、编辑参考（ ）、阵列（ ）、镜像（ ）等特征操作，如图 4-5 所示。

图 4-5　利用模型树编辑特征

（2）添加特征。拖动模型树最下边的横线（这时鼠标变成手的形状），使其放置到要添加的位置，即可在此处添加特征，如图 4-6 所示。

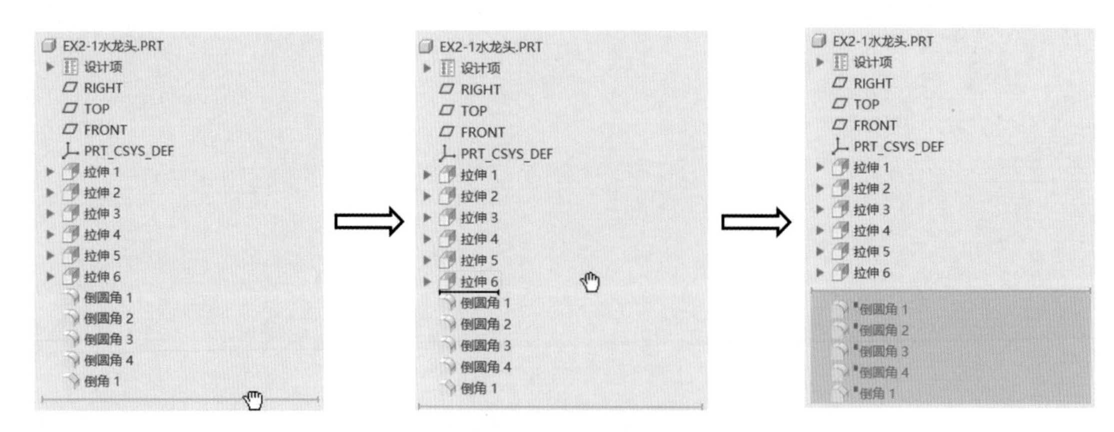

图 4-6　添加特征图例

（3）调整特征顺序。在模型树中单击鼠标左键选择特征，按住鼠标左键可以直接把特征上下拖动，调整特征顺序，如图 4-7 所示。注意：子特征不能拖动到父特征的前面。

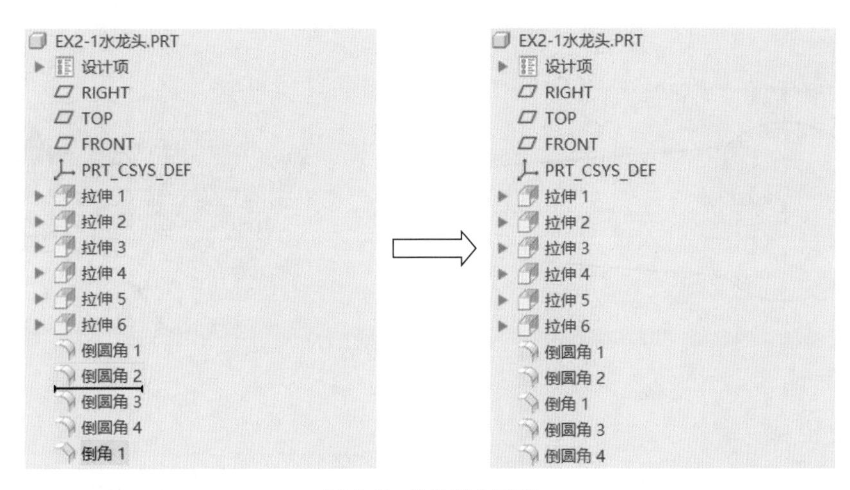

图 4-7 拖动特征图例

任务 1 创建水龙头三维模型

在 Creo Parametric 中，创建如图 4-8 所示的水龙头的三维模型。

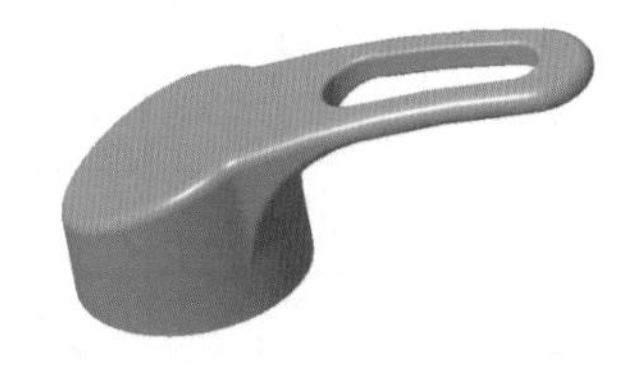

图 4-8 水龙头三维模型

4-2 拉伸特征

4-3 创建水龙头三维模型

一、学习目标

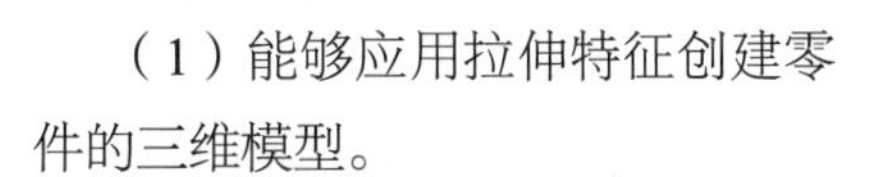

（1）能够应用拉伸特征创建零件的三维模型。

（2）能够应用倒圆角、倒角特征完成零件三维模型的细节设计。

（3）注重产品结构细节创建相应的产品三维模型，逐步树立建模的严谨性和精益求精的工匠精神。

二、相关知识点

（一）拉伸特征

1. 拉伸特征概述

拉伸特征是定义三维几何的一种基本方法，它是通过将二维截面在垂直于草绘平面的方向上以设定的距离拉伸而生成的。因此，拉伸特征主要应用于截面相等且拉伸方向与截面所在平面垂直的三维造型。

2. 拉伸特征的要素

从拉伸特征生成原理可以看出，拉伸特征的要素包括草绘平面、其上的二维截面、与草绘平面垂直的拉伸方向、拉伸的深度，如图 4-9 所示。

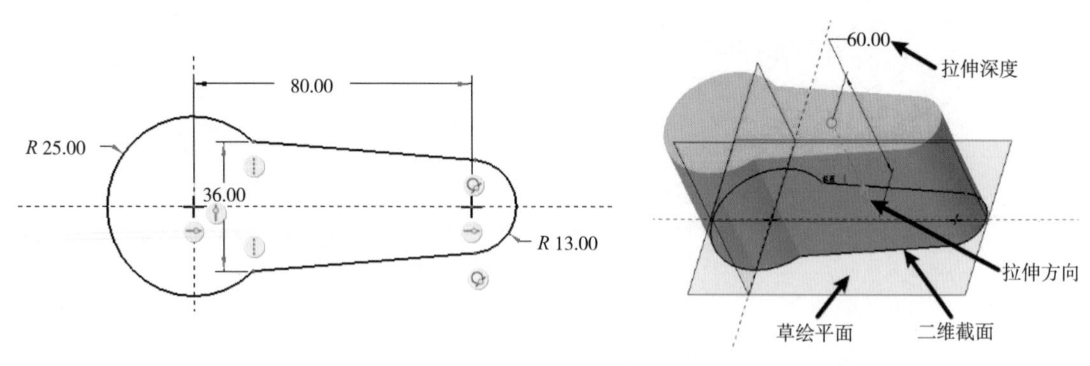

图 4-9 拉伸特征要素

3. 拉伸特征操作面板

单击 （拉伸）命令按钮，功能区则弹出拉伸特征操作面板，如图 4-10 所示，其中，“放置”面板可以创建或重定义特征截面；“选项”面板可以定义草绘平面每一侧的特征深度；“主体选项”面板用于设置是否创建新的主体；“属性”面板可以查看当前特征的信息，或者对特征重命名。

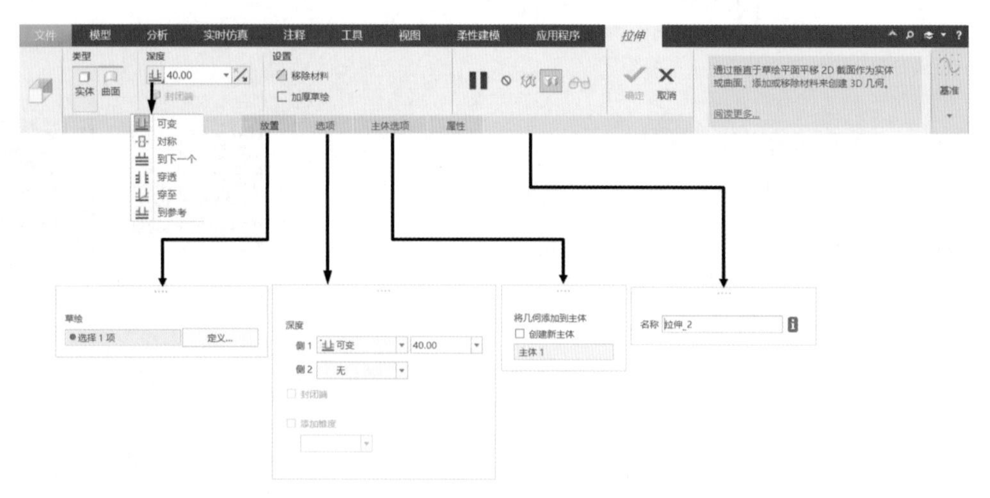

图 4-10 拉伸特征操作面板

4. 拉伸类型设置

Creo Parametric 提供了多种拉伸方式，表 4-1 列出了不同的拉伸特征类型。

表 4-1 拉伸特征类型

命令按钮	说明	图例
实体	拉伸为实体，截面必须是封闭的	

续表

命令按钮	说明	图例
曲面	拉伸为曲面，截面可以为封闭的也可以开放的轮廓	
实体 2.00	拉伸为薄壁件，截面可以为封闭的也可以开放的轮廓。薄壁的厚度方向有 3 种，可以通过按钮设置	向截面内侧加厚： 向截面外侧加厚： 向截面两侧加厚：
实体 移除材料	拉伸移除实体，移除材料的方向可以通过按钮设置	移除截面内材料： 移除截面外材料：

5. 拉伸深度设置

Creo Parametric 提供了不同的拉伸深度类型，各拉伸深度类型见表 4-2。

表 4-2 拉伸深度类型

拉伸深度类型	说明	图例	拉伸深度类型	说明	图例
可变	在草绘平面以指定深度值拉伸截面生成特征		穿透	从草绘平面拉伸截面，使截面与所有曲面相交	
对称	在草绘平面两侧各以指定深度值的一半拉伸截面生成特征		穿至	从草绘平面拉伸截面，使截面与选定曲面相交	选定曲面

续表

拉伸深度类型	说明	图例	拉伸深度类型	说明	图例
到下一个	从草绘平面拉伸截面至下一曲面，即在特征到达第一个曲面时终止		到参考	从草绘平面拉伸截面至选定的点、曲线、平面或曲面	选定曲线

（二）圆角特征

1. 倒圆角特征概述

倒圆角特征属于工程特征，它是一种边处理特征，通过向一条或多条边、边链或在曲面之间添加半径形成。零件设计中经常使用倒圆角特征使相邻的两个面之间形成光滑曲面，从而增加零件造型变化与美化外观，也可以优化产品的性能。

2. 倒圆角特征操作面板

单击 （倒圆角）命令按钮，功能区则弹出倒圆角特征操作面板，如图 4-11 所示。其中，“集”面板用来选择和设置圆角创建方法、截面形状以及圆角的其他相关参数；“过渡”面

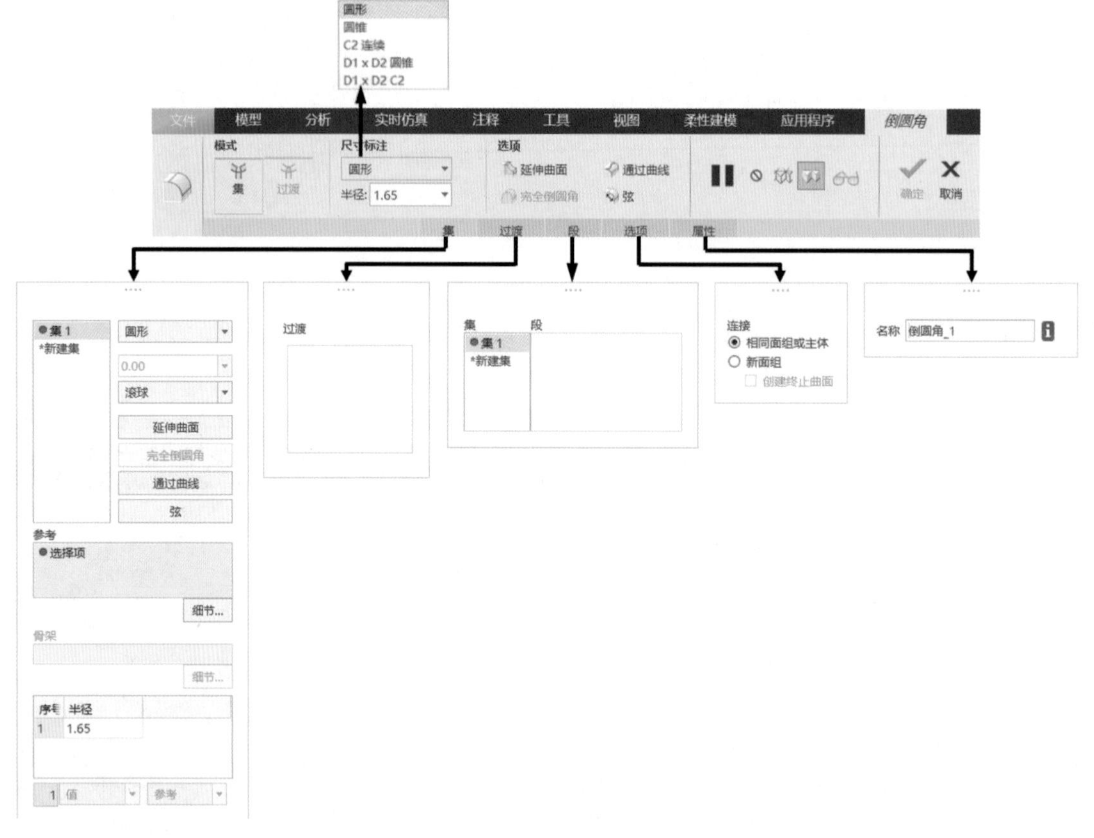

图 4-11 圆角特征操作面板

板在激活过渡模式时可以使用，可以修改过渡类型和指定相关参考；“段”面板可以查看圆角特征的全部圆角集，可以修剪、延伸或排除当前圆角集中的全部圆角段；“选项”面板用来设置圆角的连接类型；“属性”面板可以查看当前特征的信息，或者对特征重命名。

3. 圆角截面形状类型

圆角截面形状是定义圆角几何的一个重要方面。选择不同的圆角截面形状，将会生成不同的圆角几何。各种不同的圆角截面形状见表 4-3。

表 4-3 圆角截面形状

圆角截面形状	说明	图例
圆形	圆形截面，定义圆弧半径	
圆锥	圆锥截面形状，定义圆锥参数（0.05 ~ 0.95，控制圆锥形状的锐度）和一边的长度	
C2 连续	圆锥截面形状，定义圆锥参数（0.05 ~ 0.95，控制圆锥形状的锐度）和一边的长度，同时曲率延伸至相邻的曲面（即更顺滑）	
D1 x D2 圆锥	圆锥截面形状，定义圆锥参数（0.05 ~ 0.95，控制圆锥形状的锐度）和两边的长度	
D1 x D2 C2	圆锥截面形状，定义圆锥参数（0.05 ~ 0.95，控制圆锥形状的锐度）和两边的长度，同时曲率延伸至相邻的曲面（即更顺滑）	

4. 圆角类型

在 Creo Parametric 中，还可以定义不同的圆角类型，见表 4-4。

表 4-4 圆角类型及图例

圆角类型	说明	图例
恒定圆角	圆角形状相同	

续表

圆角类型	说明	图例
可变圆角	通过添加控制点及其半径，来生成半径不同的圆角	
完全圆角	在选定的两个参考间使用一个相切的圆弧面几何来代替已有的几何	
曲线驱动圆角	通过选定的曲线来驱动圆角的半径	

提示

①在指定倒圆角放置参考后，Creo Parametric 使用缺省属性、半径值以及最适合被参考几何对象的缺省过渡创建圆角特征。缺省设置适用于大多数情况。用户也可以定义不同的圆角类型、截面形状、过渡方式以获得满意的倒圆角几何。

②在设计中尽可能后添加倒圆角特征。

③按 Ctrl 键选定的参考可以放在一个几何集中，相同半径的圆角特征可以放在一个几何集中，便于保证后期修改的一致性。不同半径的圆角特征放在不同的几何集中，更方便生成与修改。

④为避免创建从属于倒圆角特征的子项，不要以圆角创建的边或相切边作为特征的几何参考。

（三）倒角特征

1. 倒角特征概述

倒角特征属于工程特征，是一类对边或拐角进行斜切削的特征，在零件设计中较为常用，可以合理地减少零件尖锐的边。

2. 倒角特征类型

在 Creo Parametric 中，倒角特征有两种类型：边倒角和拐角倒角，如图 4-12 所示。边倒角是在选定边处截掉一块平直剖面的材料，以在共有该选定边的两个原始曲面之间创建斜角面。拐角倒角是在零件的拐角（顶点）处移除材料。

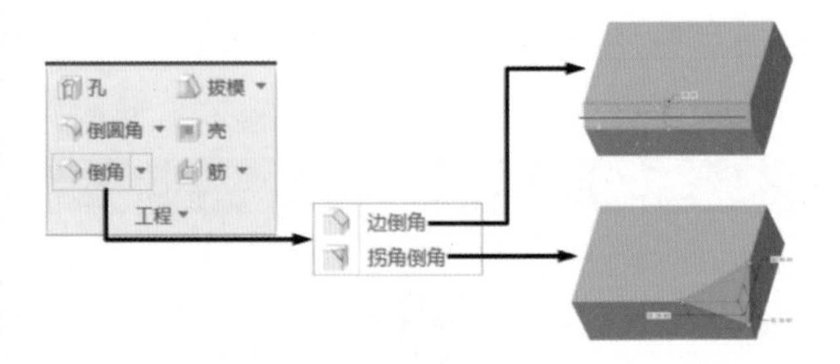

图 4-12 倒角特征类型

3. 边倒角特征操作面板

单击 （倒角）命令按钮，功能区则弹出边倒角特征的操作面板，如图 4-13 所示。其中，“集”面板用来选择和设置倒角的相关参数；“过渡”面板在激活过渡模式时可以使用，可以修改过渡类型和指定相关参考；“段”面板可以查看倒角特征的全部圆角集，当前倒角集中的全部倒角段，修剪、延伸或排除这些倒角段；“选项”面板用来设置倒角的连接类型；“属性”面板可以查看当前特征的信息，或者对特征重命名。

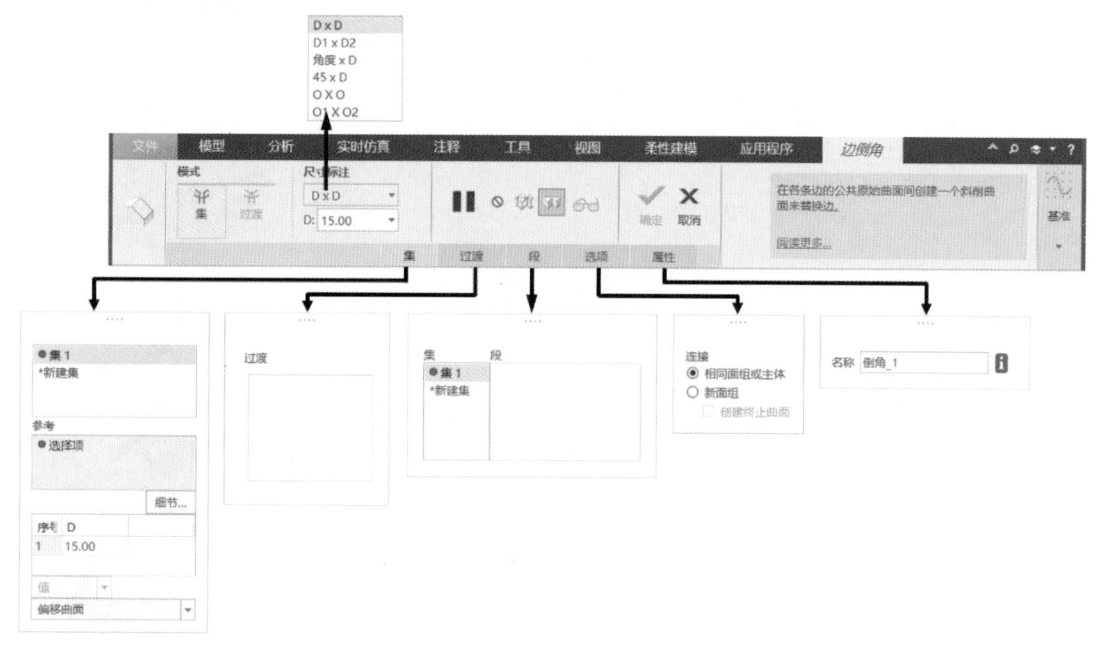

图 4-13　边倒角特征操作面板

4. 边倒角类型

Creo Parametric 中提供了不同的边倒角类型，各种边倒角类型的操作说明及图例见表 4-5。

表 4-5　边倒角类型及图例

边倒角类型	说明	图例
D × D	在各曲面上与选定边切线距离 D 处创建倒角	
D1 × D2	在一个曲面距选定边切线距离 D1、在另一个曲面距选定边切线距离 D2 处创建倒角	

续表

边倒角类型	说明	图例
角度 ×D	创建一个倒角，它距相邻曲面的选定边切线距离为 D，与该曲面的夹角为指定角度	30.0 5.00
45×D	创建一个倒角，它距相邻曲面的选定边切线距离为 D，且与两个曲面的夹角都呈 45° 只能应用在两个面是垂直的时候	5.00
O×O	在沿曲面上的边偏移距离 O 处创建倒角	5.00
O1×O2	在一个曲面距选定边的偏移距离 O1、在另一个曲面距选定边的偏移距离 O2 处创建倒角	5.00 8.00

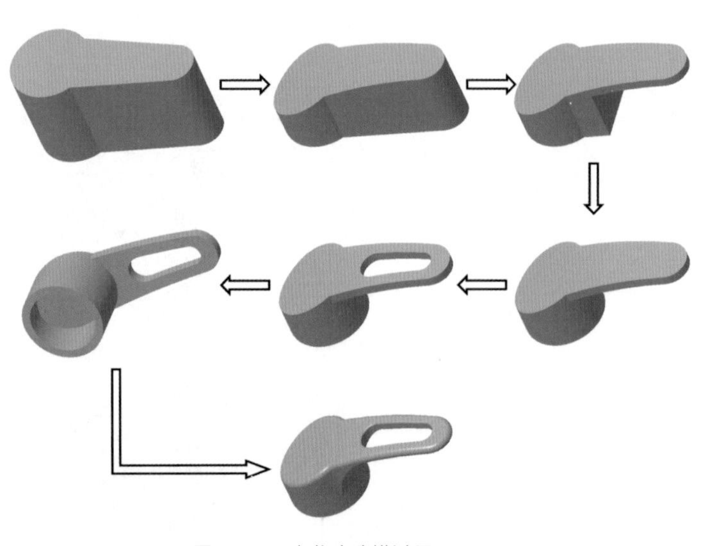

图 4-14　水龙头建模过程

三、建模分析

在进行零件建模前，要根据创建的零件三维造型，分析需要创建哪些特征，以及特征创建顺序。分析水龙头的三维造型，可以首先拉伸水龙头基本造型，再拉伸切除部分材料，得到水龙头基本造型，最后通过“倒圆角”命令将水龙头表面进行光滑处理完成模型创建，其建模过程如图 4-14 所示。

四、操作步骤

1. 新建文件

单击工具栏中 （新建）命令按钮，在弹出的“新建”对话框（图 4–15）“类型”选项组中选择“零件”单选按钮，“子类型”选项组中选择“实体”单选按钮，“文件名”文本框中输入新建文件名，单击“确定”按钮，进入零件模式。

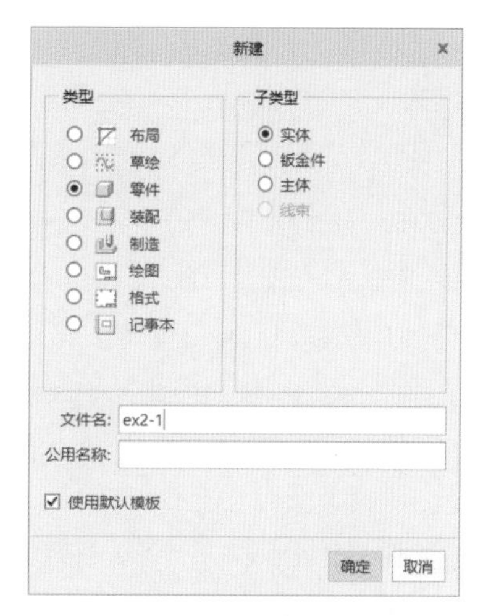

图 4–15 新建文件

2. 拉伸水龙头基体造型

（1）单击 （拉伸）命令按钮（图 4–16），系统弹出拉伸特征操作面板。

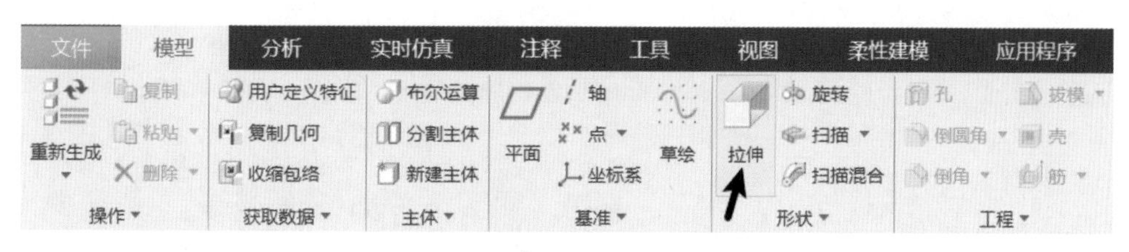

图 4–16 单击“拉伸”命令按钮

（2）确认拉伸类型为 （实体），如图 4–17 所示。

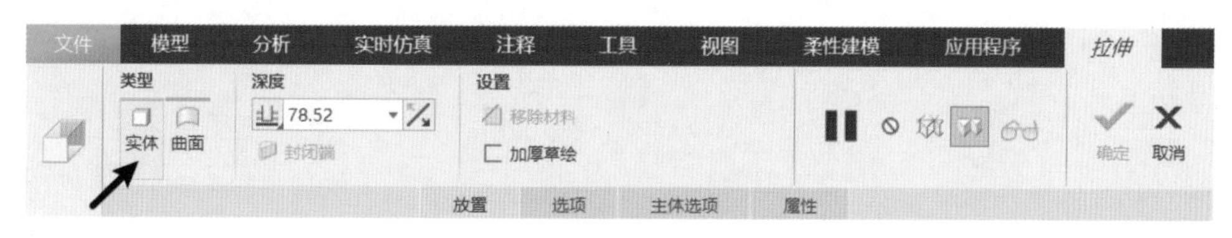

图 4–17 确认拉伸特征类型

（3）单击“放置”下滑面板中的“定义”按钮，打开“草绘”对话框，如图 4–18 所示。单击选择绘图区的 TOP 基准面作为草绘平面，草绘方向中的参考面及方向为默认值（参考为“RIGHT 基准面”，方向为“右”），如图 4–19 所示。单击对话框中的“草绘”按钮，系统自动进入草绘模式，并调整 TOP 基准面的方向与用户视线垂直。

图 4–18 拉伸特征操作面板设置

图 4–19 草绘平面与草绘方向设置

或直接单击选择绘图区的 TOP 基准面作为草绘平面（图 4-20），系统即可自动进入草绘模式。

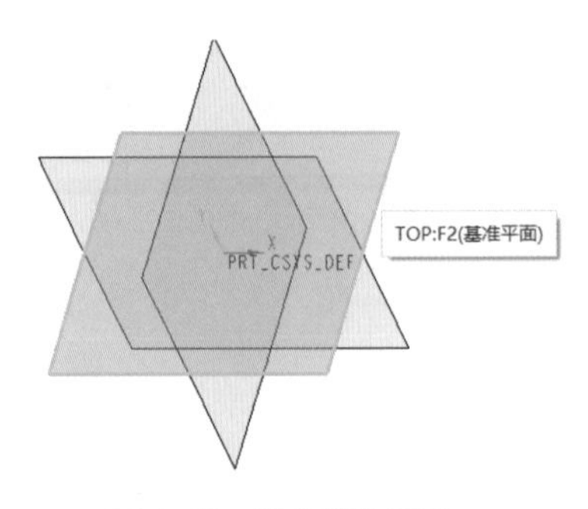

图 4-20 选择草绘平面

提 示

如果系统没有调整 TOP 草绘平面的方向，则可以通过选择视图管理器中的命令按钮进行设置，如图 4-21 所示。或者设置草绘器相关参数，具体方法如下：单击主菜单“文件”→“选项”命令，弹出“Creo Parametric 选项”对话框，切换到“草绘器”选项卡，在草绘器启动下，勾选“使草绘平面与屏幕平行”选项，如图 4-22 所示。

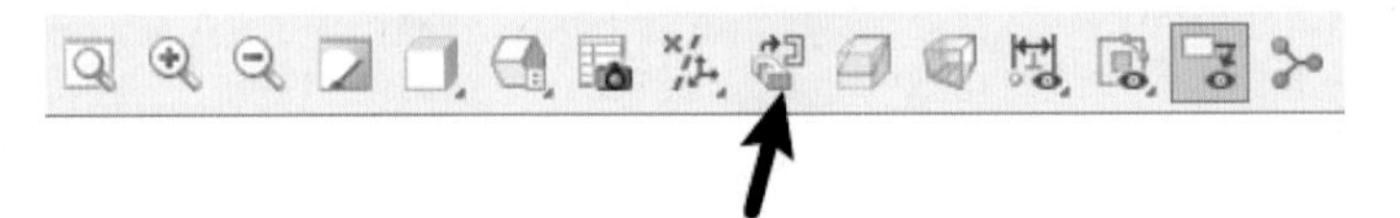

图 4-21 草绘视图方向切换

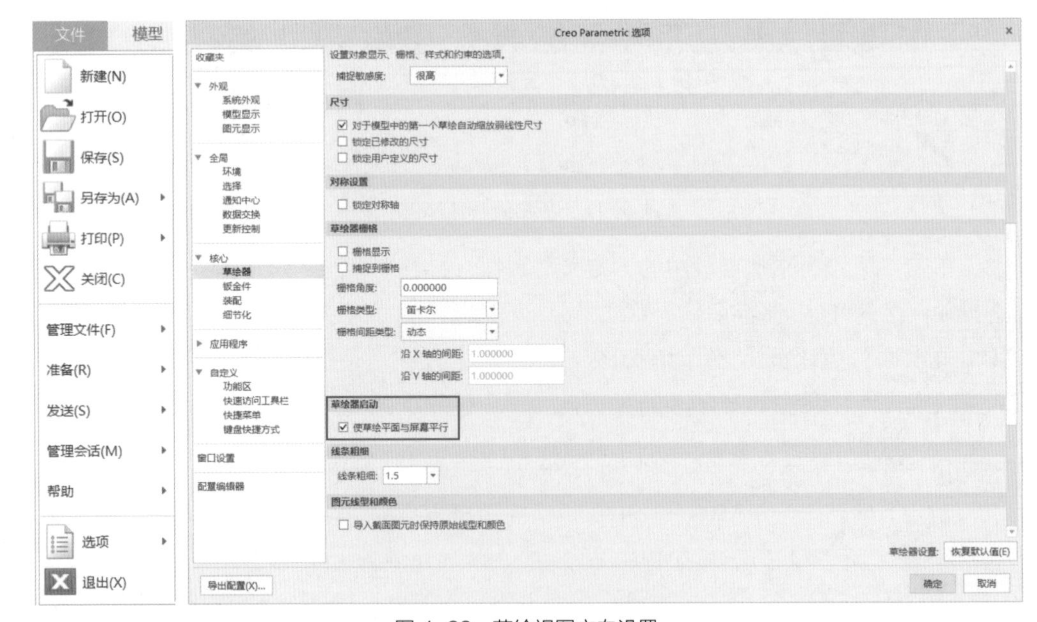

图 4-22 草绘视图方向设置

（4）绘制如图 4-23 所示的二维封闭图形。

（5）单击 ✔（确定）命令按钮，返回拉伸特征操作面板。

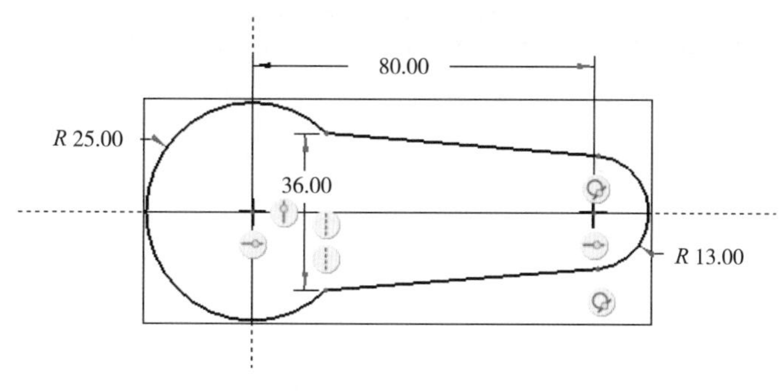

图 4-23 草绘截面

（6）调整视图方向为“标准方向”（图 4-24），在绘图区双击深度值，输入 60，或在控制面板的深度数值编辑框中输入 60（图 4-25），单击 ✔（确定）命令按钮，完成拉伸特征的创建，水龙头拉伸结果如图 4-26 所示。

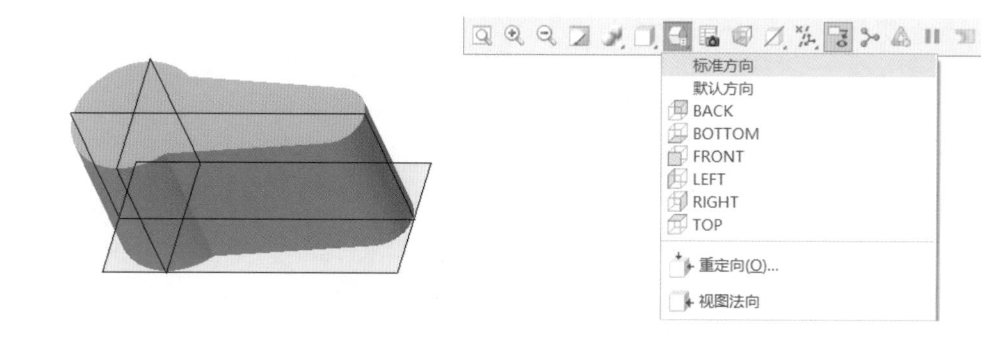

图 4-24 调整视图方向

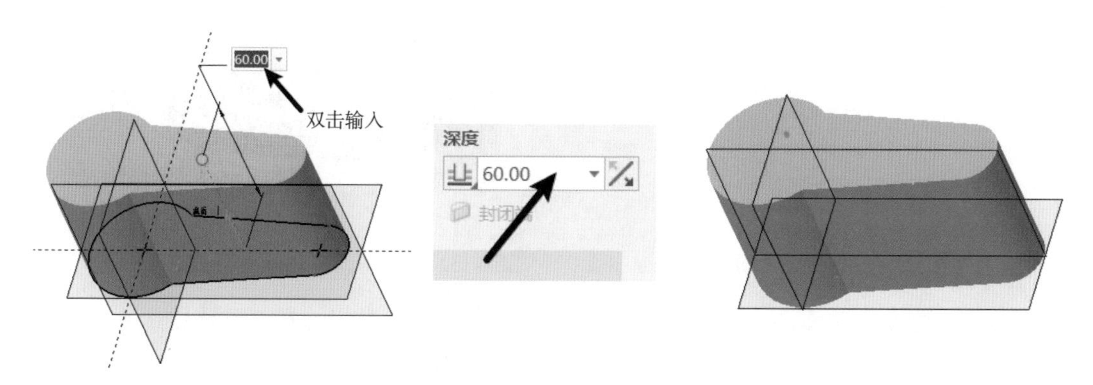

图 4-25 输入拉伸深度

图 4-26 水龙头基体拉伸结果

3. 拉伸切除水龙头上表面

（1）单击 （拉伸）命令按钮，系统弹出拉伸特征操作面板。

（2）确认拉伸类型为 （实体），单击 （移除材料）命令按钮，如图 4-27 所示。

（3）单击选择绘图区的 FRONT 基准面作为草绘平面（图 4-28），系统自动进入草绘模式，调整 FRONT 基准面的方向与用户视线垂直。

（4）绘制如图 4-29 所示的二维封闭图形。

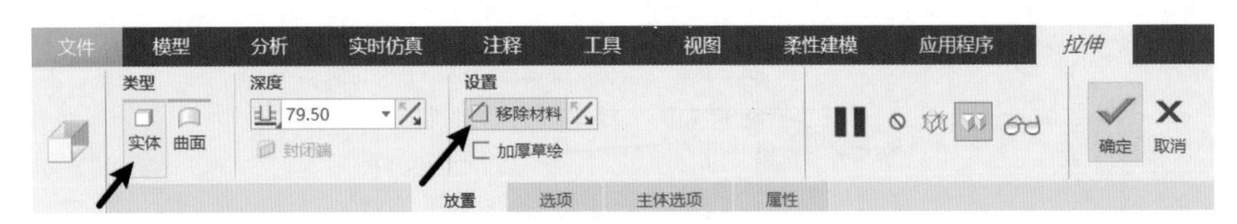

图 4-27 拉伸切除上表面操作面板

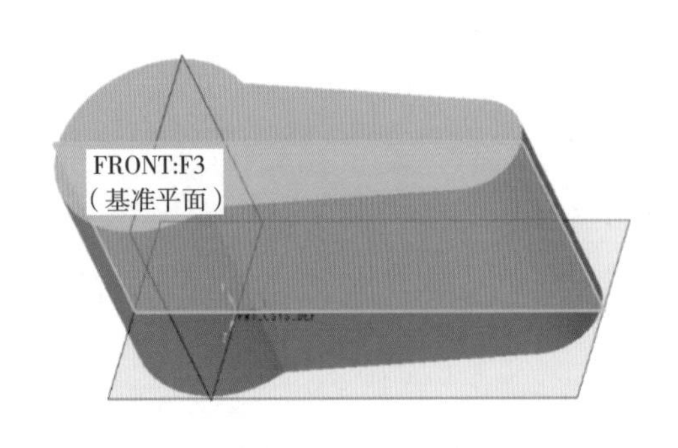

图 4-28 拉伸切除上表面草绘平面设置

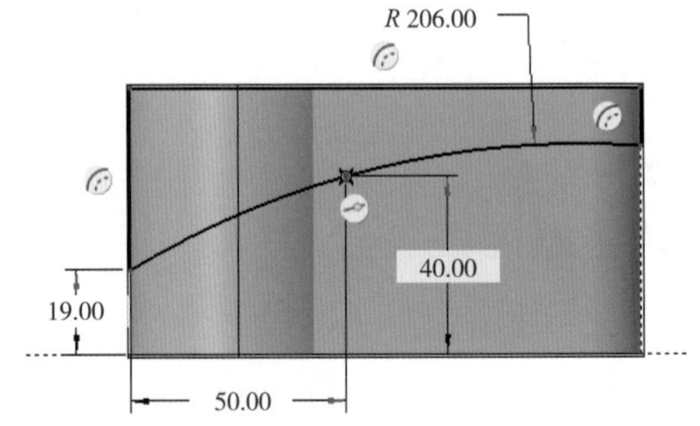

图 4-29 水龙头上表面拉伸截面

（5）单击 ✔（确定）命令按钮，返回拉伸特征操作面板。

（6）调整视图方向为“标准方向”，单击“选项”下滑面板，将两侧拉伸深度均设置为 ⫼（穿透）（图 4-30），单击 ✔（确定）命令按钮，完成拉伸特征的创建，结果如 4-31 所示。

图 4-30 水龙头上表面拉伸切除深度设置

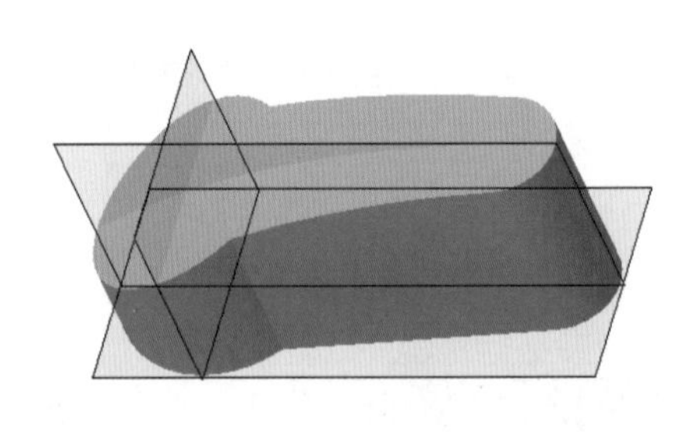

图 4-31 水龙头上表面拉伸切除结果

4. 拉伸切除水龙头下表面

（1）单击 （拉伸）命令按钮，系统弹出拉伸特征操作面板。

（2）确认拉伸类型为 □（实体），单击 （移除材料）命令按钮。

（3）单击选择绘图区的 FRONT 基准面作为草绘平面，系统自动进入草绘模式，调整 FRONT 基准面的方向与用户视线垂直。

（4）绘制如图 4-32 所示的封闭图形。

（5）单击 ✔（确定）命令按钮，返回拉伸特征操作面板。

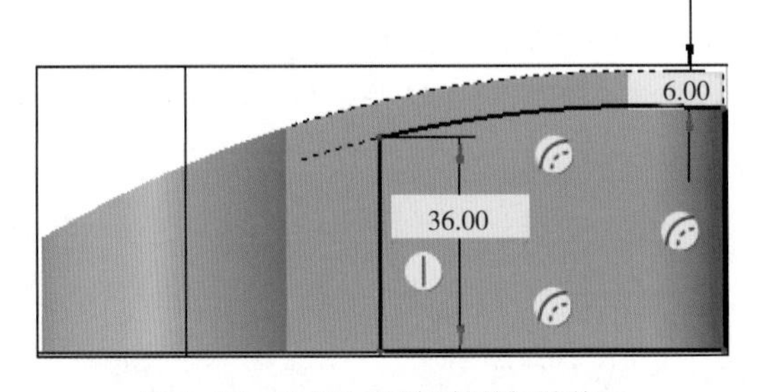

图 4-32 水龙头下表面拉伸切除截面

（6）调整视图方向为“标准方向”，单击“选项”下滑面板，将两侧拉伸深度均设置为 ⫼（穿透），单击 ✔（确定）命令按钮，完成拉伸特征的创建，结果如图 4-33 所示。

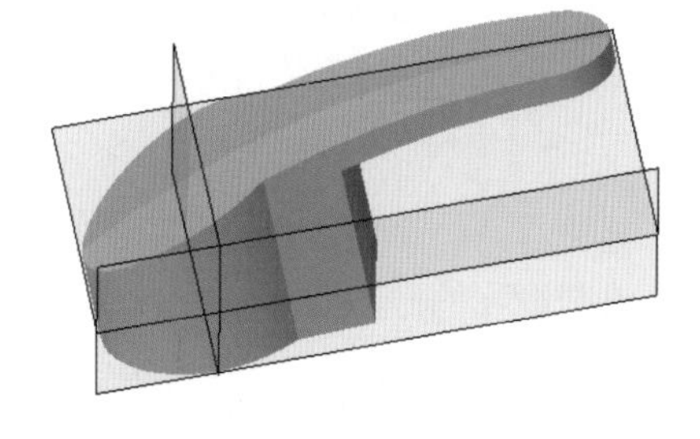

图 4-33　水龙头下表面拉伸切除结果

5. 拉伸切除水龙头圆柱面

（1）单击 ◨（拉伸）命令按钮，系统弹出拉伸特征操作面板。

（2）确认拉伸类型为 ▢（实体），单击 ◿（移除材料）命令按钮。

（3）单击选择绘图区特征拉伸 1 的底面作为草绘平面（图 4-34），系统自动进入草绘模式，并调整 TOP 基准面的方向与用户视线垂直。

（4）绘制如图 4-35 所示的圆。

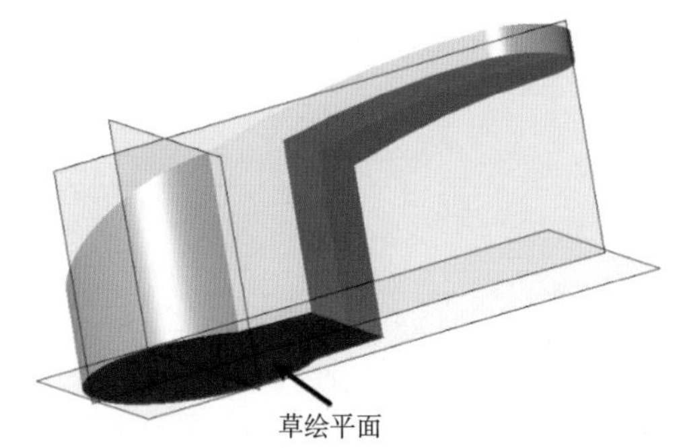

图 4-34　水龙头外圆柱面拉伸切除草绘平面设置

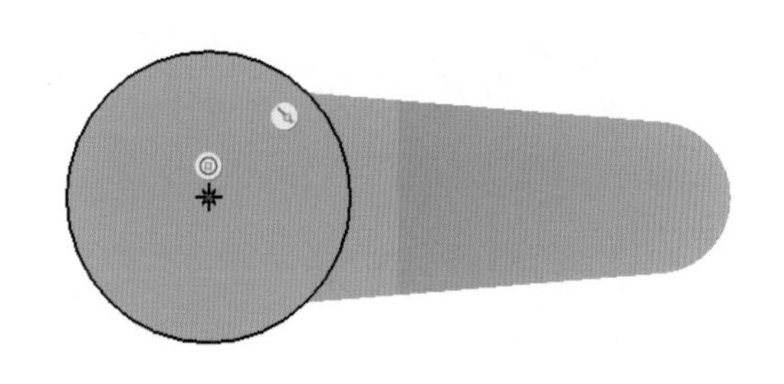

图 4-35　水龙头圆柱面拉伸切除截面

（5）单击 ✔（确定）命令按钮，返回拉伸特征操作面板。

（6）调整视图方向为“标准方向”，将拉伸深度均设置为 ⫡（到参考），选择水龙头下表面为参考平面，并调整拉伸切除方向和移除材料方向（图 4-36），单击 ✔（确定）命令按钮，完成拉伸特征的创建，结果如图 4-37 所示。

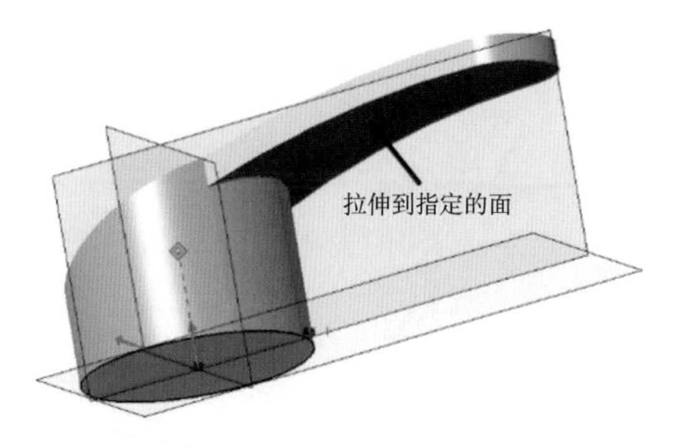

图 4-36　水龙头圆柱面拉伸切除深度设置

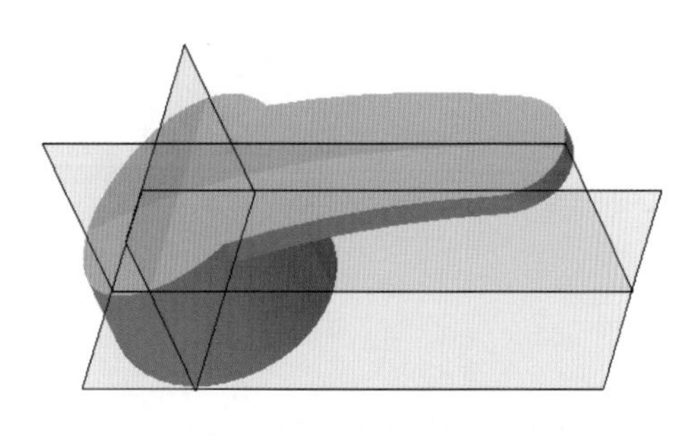

图 4-37　水龙头圆柱面拉伸切除结果

6. 拉伸切除水龙头通槽

（1）单击 （拉伸）命令按钮，系统弹出拉伸特征操作面板。

（2）确认拉伸类型为 （实体），单击 （移除材料）命令按钮。

（3）单击选择绘图区特征拉伸 1 的底面作为草绘平面，系统自动进入草绘模式，调整 TOP 基准面的方向与用户视线垂直。

（4）绘制如图 4-38 所示的二维封闭图形。

（5）单击 （确定）命令按钮，返回拉伸特征操作面板。

（6）调整视图方向为“标准方向”，单击“选项”下滑面板，将两侧拉伸深度均设置为 （穿透），单击 （确定）命令按钮，完成拉伸特征的创建，结果如图 4-39 所示。

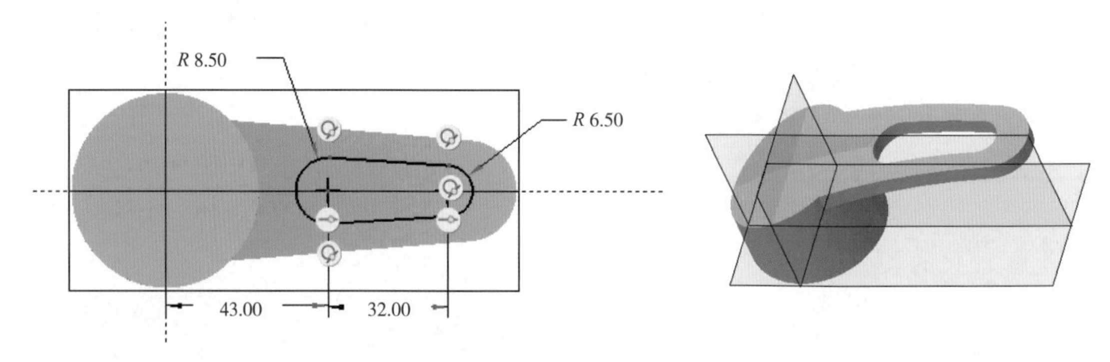

图 4-38　水龙头通槽拉伸切除截面　　图 4-39　水龙头通槽拉伸切除结果

7. 拉伸切除水龙头圆柱槽

（1）单击 （拉伸）命令按钮，系统弹出拉伸特征操作面板。

（2）确认拉伸类型为 （实体），单击 （移除材料）命令按钮。

（3）单击选择绘图区特征拉伸 1 的底面作为草绘平面，系统自动进入草绘模式，并调整 TOP 基准面的方向与用户视线垂直。

（4）绘制如图 4-40 所示直径为 40 的圆。

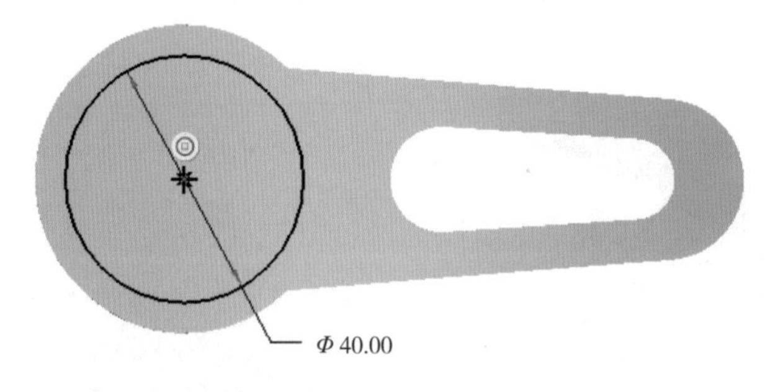

图 4-40　水龙头圆柱槽拉伸切除截面

（5）单击 （确定）命令按钮，返回拉伸特征操作面板。

（6）调整视图方向为“标准方向”，将两侧拉伸深度均设置为 （到参考），选择水龙头下表面为参考平面，并调整拉伸切除方向和移除材料方向（图 4-41），单击 （确定）命令按钮，完成拉伸特征的创建，结果如图 4-42 所示。

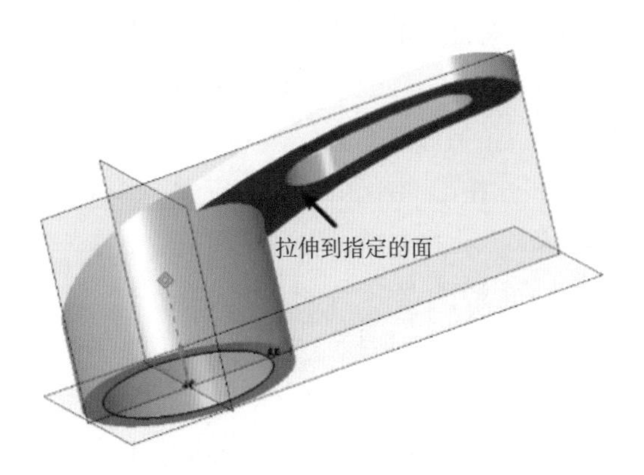

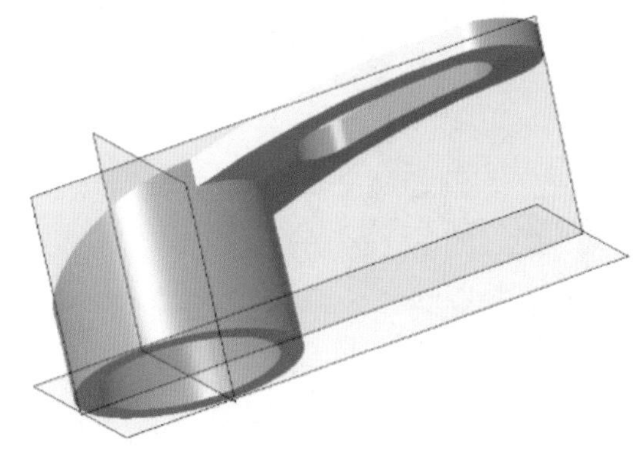

图 4-41 水龙头圆柱槽拉伸切除深度设置

图 4-42 水龙头圆柱槽拉伸切除结果

8. 水龙头表面倒圆角光滑过渡

（1）单击（倒圆角）命令按钮，系统弹出倒圆角特征操作面板。

（2）在绘图区按住 Ctrl 键依次选择如图 4-43 所示的两条边线，双击半径值输入 5，或在控制面板的半径编辑框中输入 5（图 4-44），单击（确定）命令按钮，完成倒圆角特征 1 的创建。

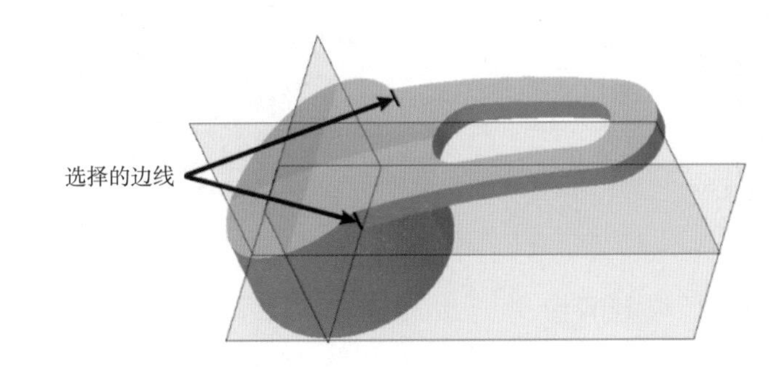

图 4-43 倒圆角 1 边线设置

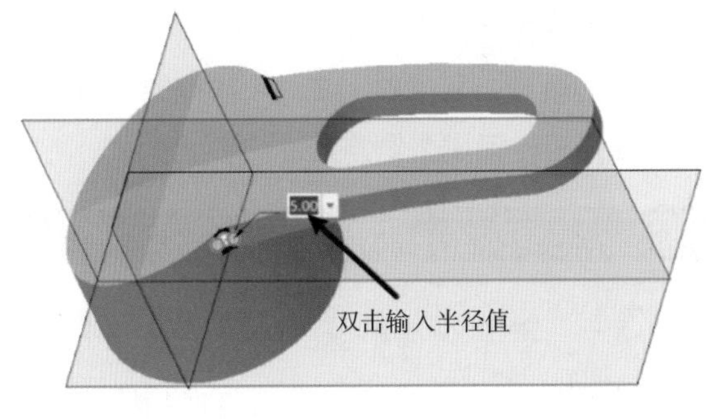

图 4-44 倒圆角 1 半径设置

（3）单击（倒圆角）命令按钮，系统弹出倒圆角特征操作面板。

（4）在绘图区选择如图 4-45 所示的边线，双击半径值输入 25，或在控制面板的半径编辑

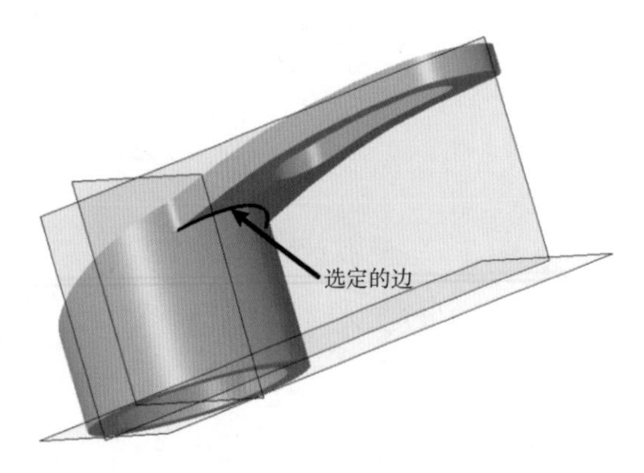

图 4-45 倒圆角 2 边线设置

框中输入 25，单击 ✔（确定）命令按钮，完成倒圆角特征 2 的创建。

（5）单击（倒圆角）命令按钮，系统弹出倒圆角特征操作面板。

（6）在绘图区按 Ctrl 键依次选择如图 4-46 所示的边链，双击半径值输入 3，或在控制面板的半径编辑框中输入 3，单击 ✔（确定）命令按钮，完成倒圆角特征 3 的创建。

（7）单击（倒圆角）命令按钮，系统弹出倒圆角特征操作面板。

（8）在绘图区按 Ctrl 键依次选择如图 4-47 所示的边链，双击半径值输入 1，或在控制面板的半径编辑框中输入 1，单击 ✔（确定）命令按钮，完成倒圆角特征 4 的创建。

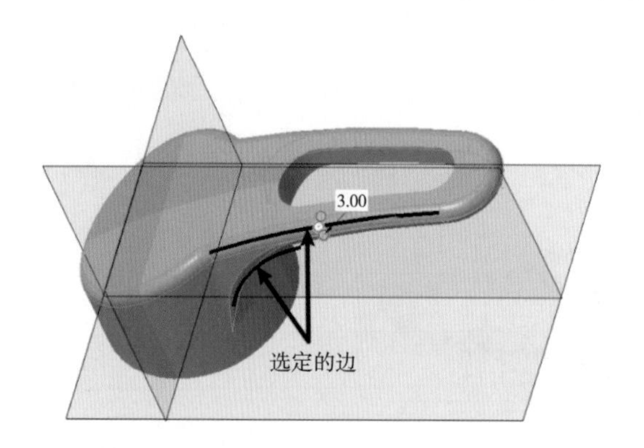

图 4-46 倒圆角 3 边线设置

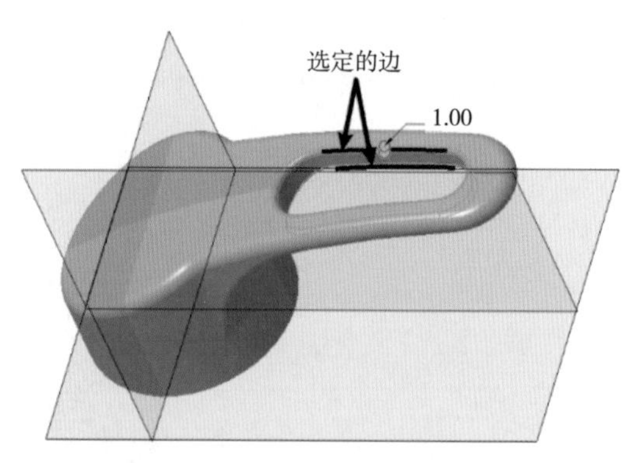

图 4-47 倒圆角 4 边线设置

9. 创建边倒角特征

（1）单击（倒角）命令按钮，系统弹出倒角特征操作面板。

（2）确认边倒角类型为 D×D，如图 4-48 所示。

（3）在绘图区选择如图 4-49 所示的边链，双击输入 2，或在控制面板的尺寸编辑框中输入 2（图 4-49），单击 ✔（确定）命令按钮，完成边倒角特征的创建。

图 4-48 边倒角类型

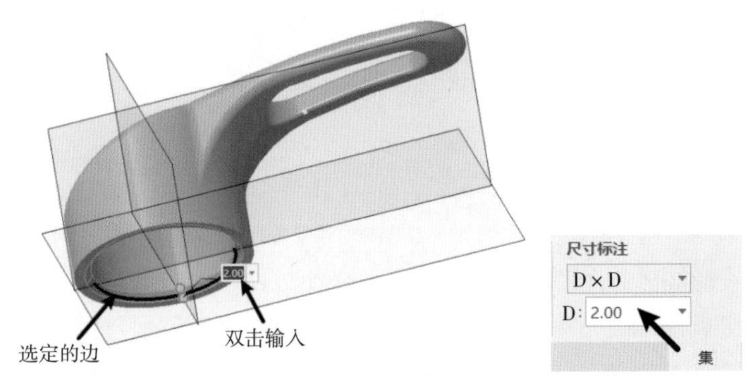

图 4-49　边倒角设置

10. 保存文件

单击工具栏中的 (保存) 命令按钮，保存当前模型文件。

五、知识拓展

(一) 拉伸特征创建失败的原因

在截面拉伸过程中，当出现如图 4-50 所示"未完成截面"提示对话框时，拉伸特征无法创建。这时需先点击"否"命令按钮，然后利用系统在信息提示栏中显示的信息及在截面上的提示点检查所创建的截面是否存在以下问题：①截面线条相互交叉；②截面轮廓中存在多余的线条；③截面中存在重复的线条。如图 4-51 所示。

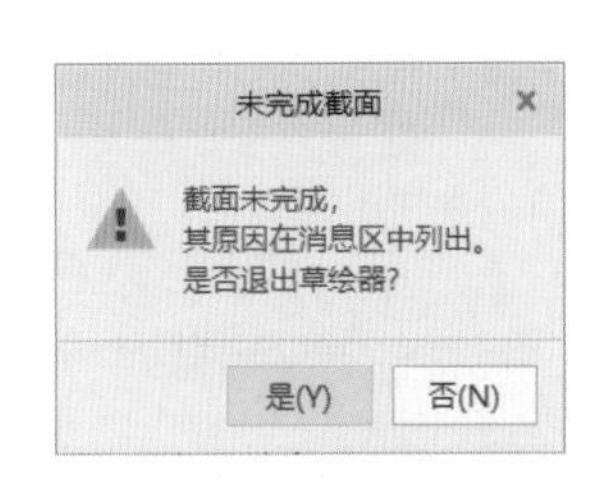

图 4-50　"未完成截面"对话框

当出现如图 4-52 所示"实体曲面切换选项"提示对话框时，将无法创建拉伸实体特征，这时需先点击"取消"命令按钮，然后利用系统在截面上的提示点检查所创建的截面是否封闭的截面，如图 4-53 所示。

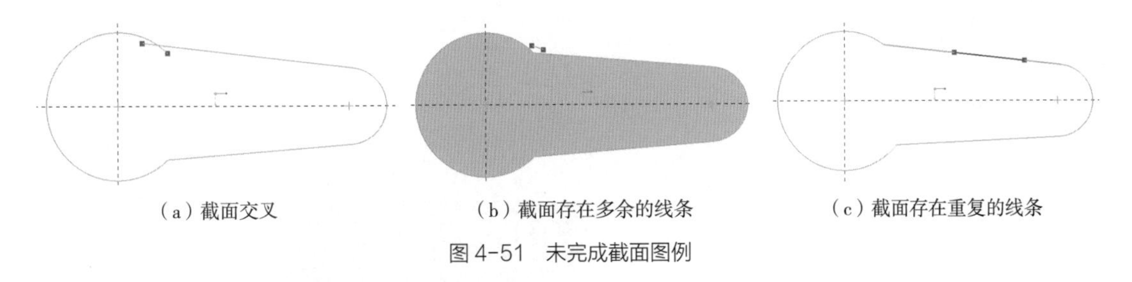

(a) 截面交叉　(b) 截面存在多余的线条　(c) 截面存在重复的线条

图 4-51　未完成截面图例

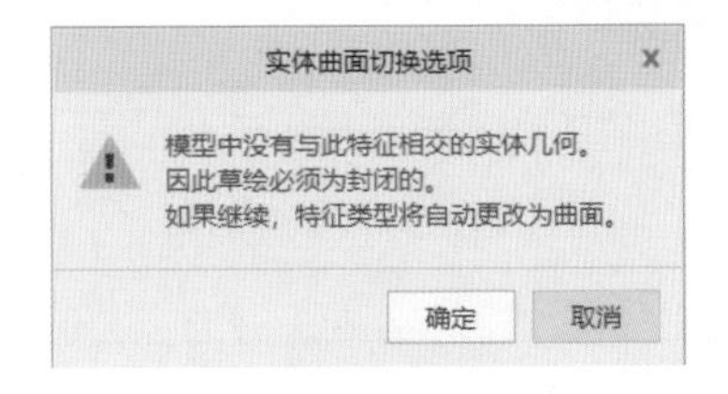

图 4-52　"实体曲面切换选项"对话框

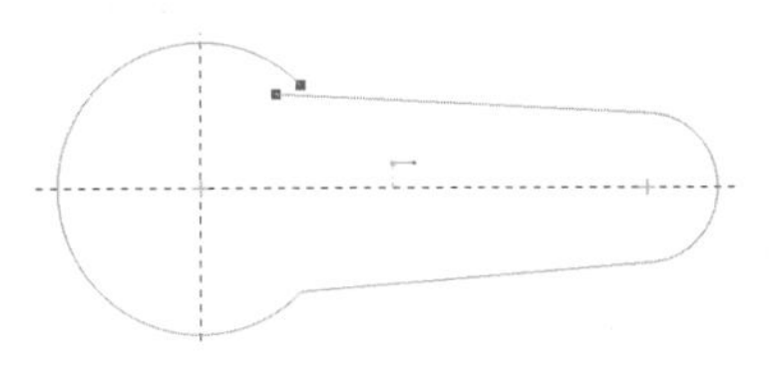

图 4-53　截面不封闭

（二）特征的编辑修改

当特征创建完成后，用户可以随时对特征进行修改，主要有两种方式：仅编辑特征尺寸值；修改特征属性或截面轮廓。

（1）仅编辑特征尺寸值。具体操作步骤如下：在零件的特征模型树上点击要修改的特征，然后在弹出的快捷菜单上选择其中的 （编辑尺寸）命令按钮（图 4-54），绘图区会显示该特征的尺寸值，在绘图区选择要修改的尺寸，双击修改（图 4-55）。

（2）修改特征属性或截面轮廓。具体操作步骤如下：在零件的特征模型树上点击要修改的特征，然后在弹出的快捷菜单上选择其中的 （编辑定义）命令按钮（图 4-56），即回到特征操作面板，可以对特征重新编辑定义（图 4-57）。

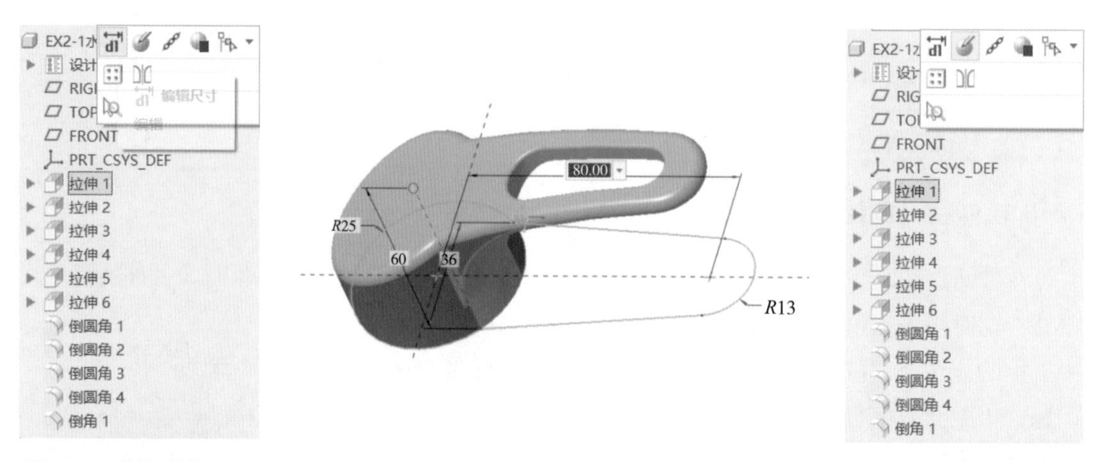

图 4-54 特征编辑尺寸　　图 4-55 特征编辑尺寸图例　　图 4-56 特征编辑定义

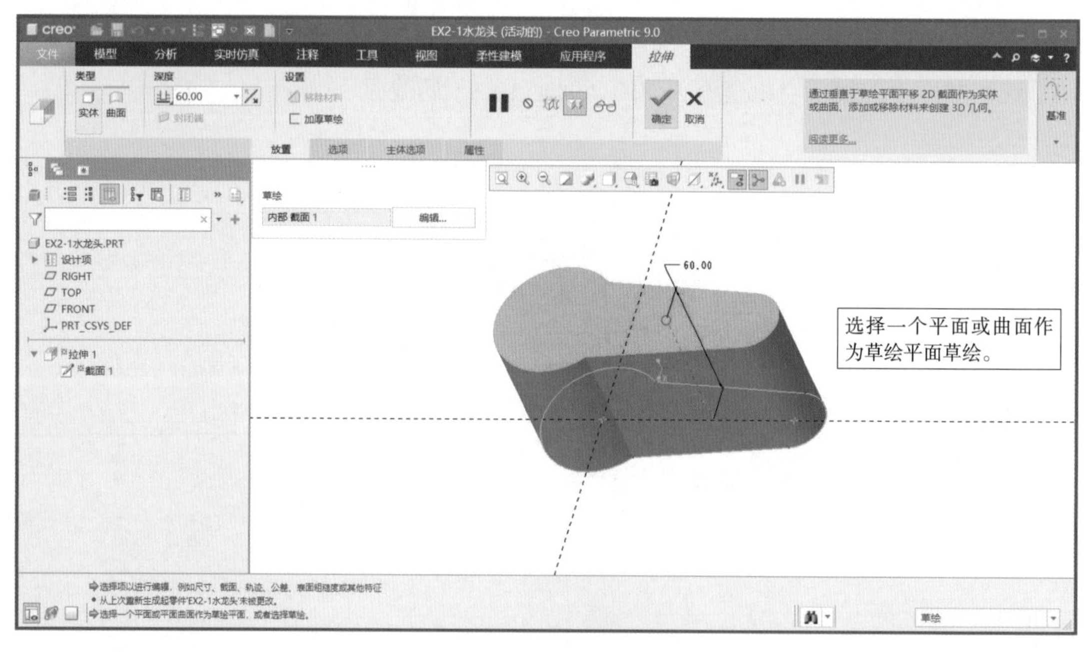

图 4-57 特征编辑定义图例

任务2 创建淋浴喷头面板三维模型

4-4 创建淋浴喷头面板三维模型

在 Creo Parametric 中，创建如图 4-58 所示的淋浴喷头面板的三维模型。

一、学习目标

（1）能够应用旋转特征创建零件的三维模型。

（2）能够应用特征轴阵列完成特征的复制。

（3）能够注重产品结构细节创建相应的产品三维模型，逐步树立建模的严谨性和精益求精的工匠精神。

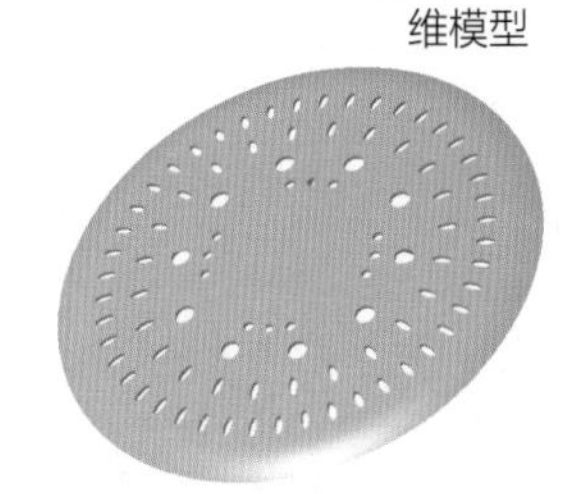

图 4-58 淋浴喷头面板三维模型

二、相关知识点

（一）旋转特征

1. 旋转特征概述

旋转特征也是定义三维几何的一种基本方法，它是通过将二维截面绕定义的中心线旋转设定的角度而生成的。因此，旋转特征主要应用于创建回转体三维造型。

2. 旋转特征的要素

从旋转特征生成原理可以看出，旋转特征的要素包括草绘平面、其上的二维截面、旋转轴、旋转方向、旋转角度，如图 4-59 所示。

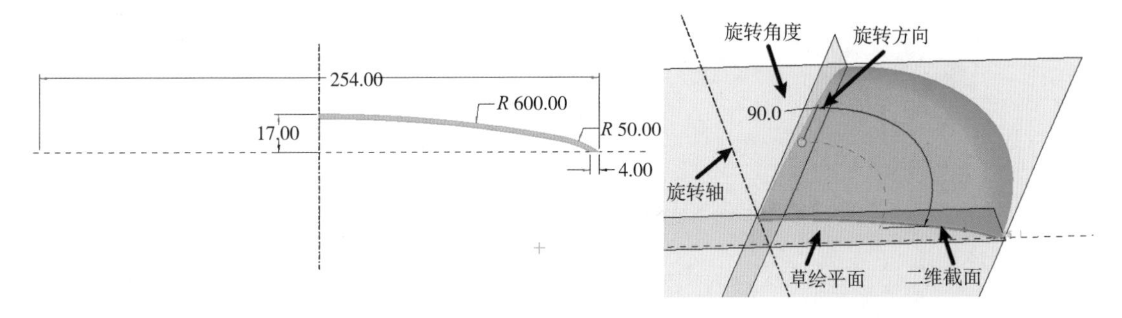

图 4-59 旋转特征要素

3. 旋转特征操作面板

单击 （旋转）命令按钮，功能区则弹出旋转特征操作面板，如图 4-60 所示。其中：“放置”面板可以创建或重定义特征截面；“选项”面板可以定义草绘平面每一侧的旋转角度；“主体选项”面板可以创建新的主体；“属性”面板可以查看当前特征的信息，或者对特征重命名。

4. 旋转类型设置

Creo Parametric 提供了多种的旋转方式，包括 （实体）、 （曲面）、 （实体薄壁）和 （移除实体），其命令按钮和功能与拉伸特征类似。

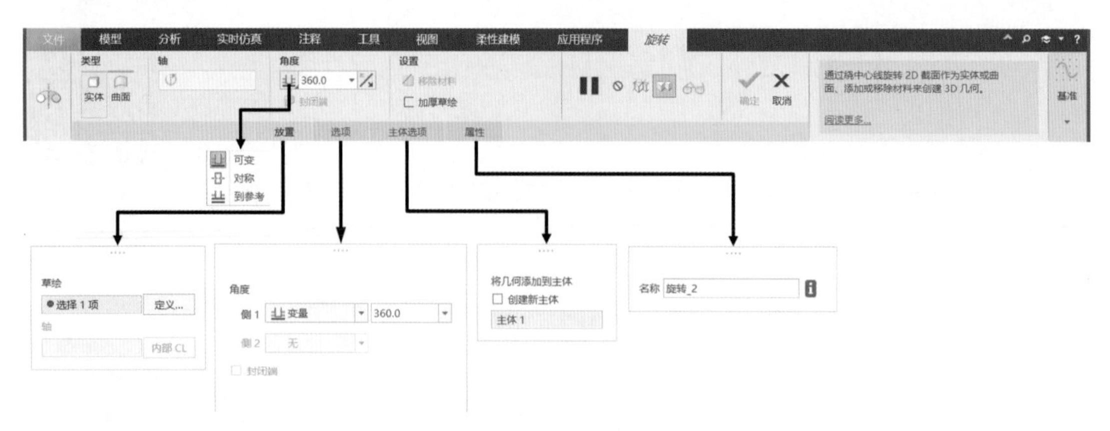

图 4-60 旋转特征操作面板

5. 旋转角度设置

Creo Parametric 提供了不同的旋转角度类型，各旋转角度的说明及图例见表 4-6。

表 4-6 旋转角度的说明及图例

旋转角度类型	说明	图例
可变	自草绘平面绕旋转轴以指定角度值旋转截面生成特征	截面 120.0
对称	在草绘平面两侧绕旋转轴各以指定角度值的一半旋转截面生成特征	120.0
到参考	从草绘平面绕旋转轴旋转截面至选定的点、曲线、平面或曲面	选定平面

（二）特征阵列

1. 特征阵列概述

特征阵列就是按照一定的排列方式复制特征。在创建阵列时，通过改变某些指定尺寸，可创建选定特征的实例，得到一个特征阵列。创建阵列是重新生成特征的快捷方式，可以提高设计效率。阵列是受参数控制的，通过改变阵列参数，可以修改阵列。在阵列中修改原始特征尺寸时，Creo Parametric 会自动更新整个阵列，修改更高效。

2. 特征阵列类型

Creo Parametric 共提供了 8 种特征阵列的方式，包括尺寸阵列、方向阵列、轴阵列、填充阵列、表阵列、参考阵列、点阵列、曲线阵列。表 4–7 列出了不同类型特征阵列的说明及图例。

表 4–7 特征阵列的说明及图例

特征阵列类型	说明	图例
尺寸	通过指定特征的尺寸作为驱动尺寸，并指定尺寸的增量、阵列数量来创建阵列	单向尺寸阵列： 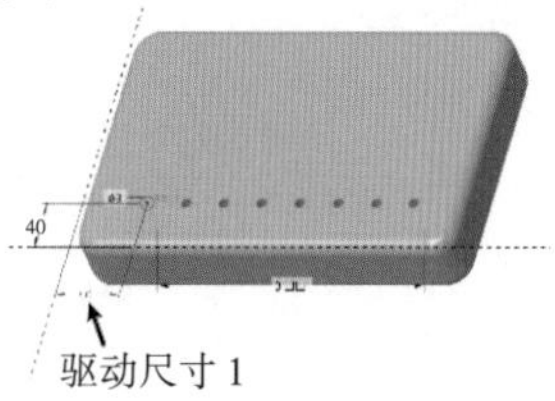 驱动尺寸 1 双向尺寸阵列： 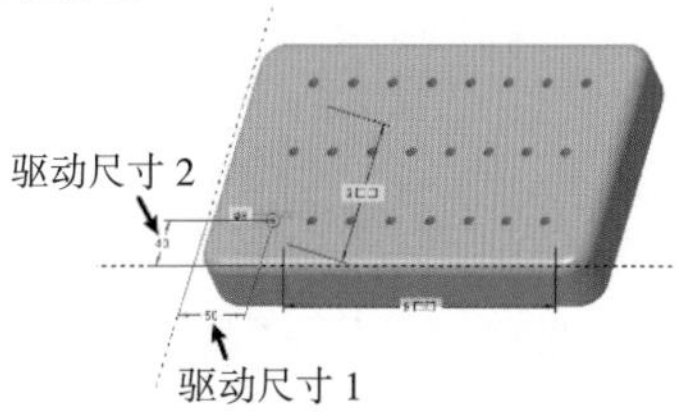 驱动尺寸 2 驱动尺寸 1
方向	通过指定特征的阵列方向，并指定尺寸的增量、阵列数量来创建阵列	单向方向阵列： 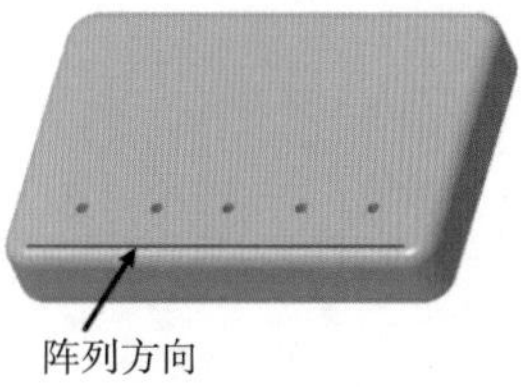 阵列方向 双向方向阵列： 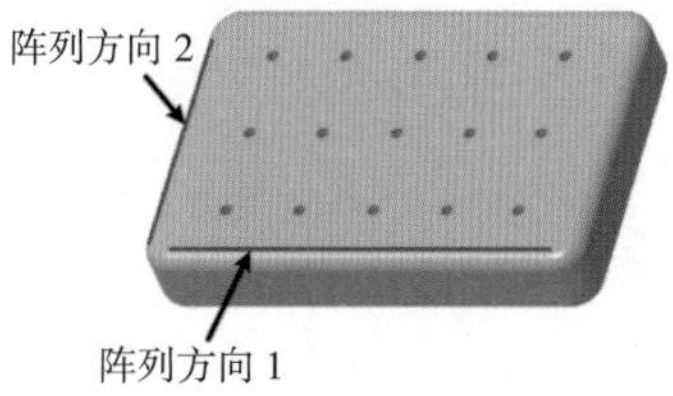 阵列方向 2 阵列方向 1

续表

特征阵列类型	说明	图例
轴	通过指定旋转中心轴、角度或尺寸增量及阵列数量在圆周上创建阵列	单向轴阵列： 双向轴阵列：
填充	通过指定填充区域、填充栅格类型等来创建阵列	填充区域
表	通过使用阵列表为每一个阵列实例指定尺寸来创建阵列。每个阵列实例形状可以不同	
参考	通过参考另一个阵列来创建阵列。增加的特征阵列需使用初始阵列的特征作为几何参考	原始阵列： 参考阵列：

续表

特征阵列类型	说明	图例
点	通过将阵列成员放置在点上来创建阵列	基准点
曲线	通过指定曲线、阵列增量及数量等来创建阵列	驱动曲线

3. 特征轴阵列操作面板

Creo Parametric 中特征阵列的类型不同，操控面板也不同。选择要阵列的特征，单击（阵列）命令按钮，功能区则弹出特征阵列操作面板，选择阵列类型为“轴”，特征轴阵列操作面板如图 4-61 所示。其中：“尺寸”面板用来定义驱动尺寸、尺寸增量等；“选项”面板可以定义阵列再生选项；“属性”面板可以查看当前阵列的信息，或者对阵列重命名。

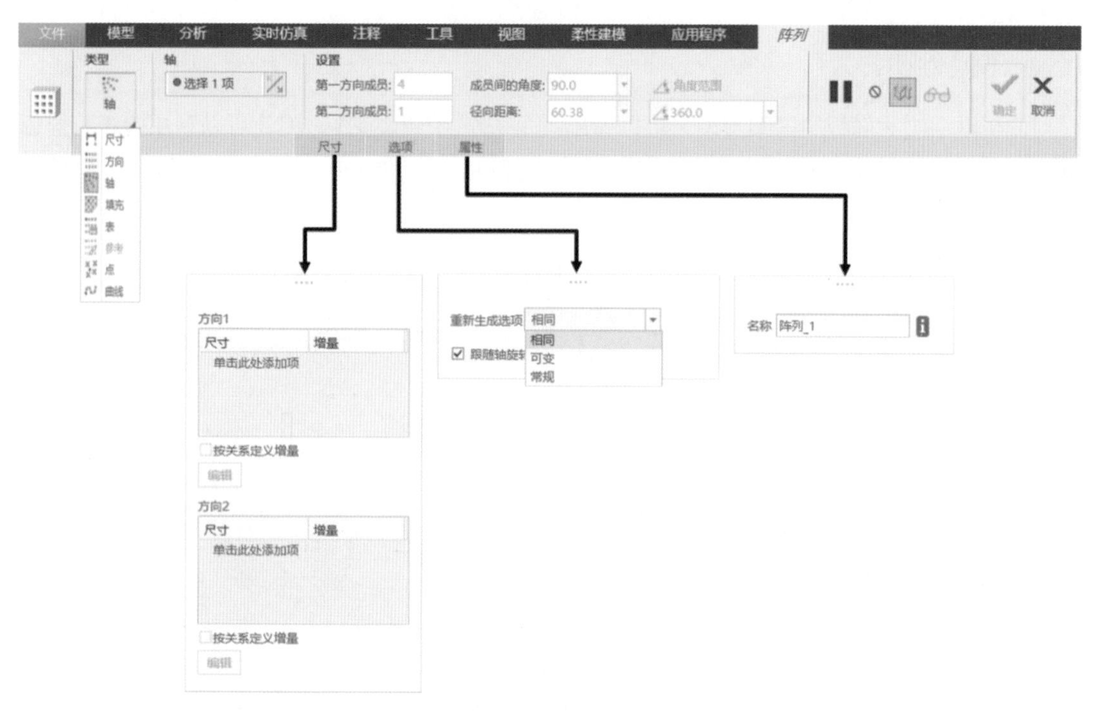

图 4-61　特征轴阵列操作面板

4. 特征阵列重生类型

Creo Parametric 中特征阵列的重生类型有三种：相同、可变和常规，如图 4-61 所示。选择不同的阵列重生类型可以获得不同的阵列几何，表 4-8 所示为不同特征阵列重生类型的说明及图例。

表 4-8　特征阵列重生类型的说明及图例

重生类型	实例特征大小可否变化	实例特征可否与放置平面的边缘相交	实例特征间可否交错重叠	实例特征可否在原始特征放置平面外	图例
相同	否	否	否	否	
可变	可以	可以	否	可以	
常规	可以	可以	可以	可以	

三、建模分析

分析淋浴喷头面板的三维造型，可以看出其是一个回转体零件，因此可以利用旋转特征创建其基本造型，而其上的出水孔是圆周分布的，可以利用拉伸特征和特征轴阵列创建，其建模过程如图 4-62 所示。

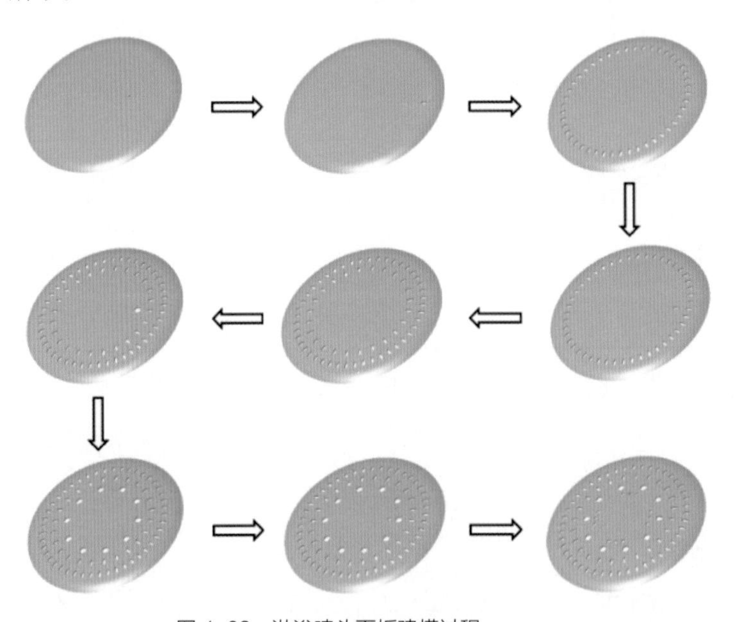

图 4-62　淋浴喷头面板建模过程

四、操作步骤

1. 新建文件

单击工具栏中 （新建）命令按钮，在弹出的“新建”对话框“类型”选项组中选择“零件”单选按钮，“子类型”选项组中选择“实体”单选按钮，“文件名”文本框中输入新建文件名，单击“确定”按钮，进入零件模式。

2. 淋浴喷头面板基体造型

（1）单击 （旋转）命令按钮（图 4–63），系统弹出旋转特征操作面板。

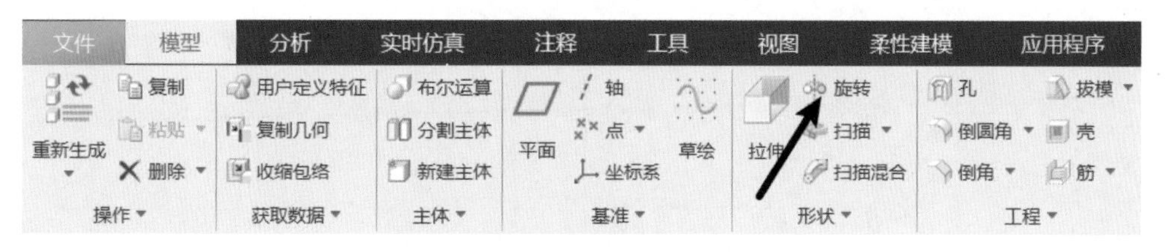

图 4–63 单击“旋转”命令按钮

（2）确认旋转类型为 （实体），如图 4–64 所示。

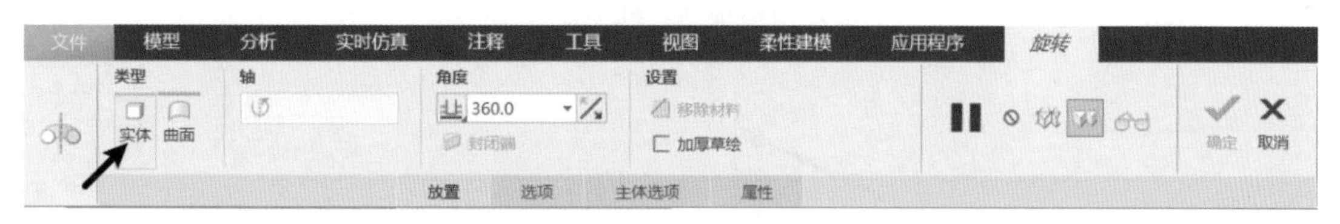

图 4–64 旋转特征操作面板设置

（3）单击选择绘图区的 FRONT 基准面作为草绘平面，如图 4–65 所示，系统自动进入草绘模式，调整 FRONT 基准面的方向与用户视线垂直。

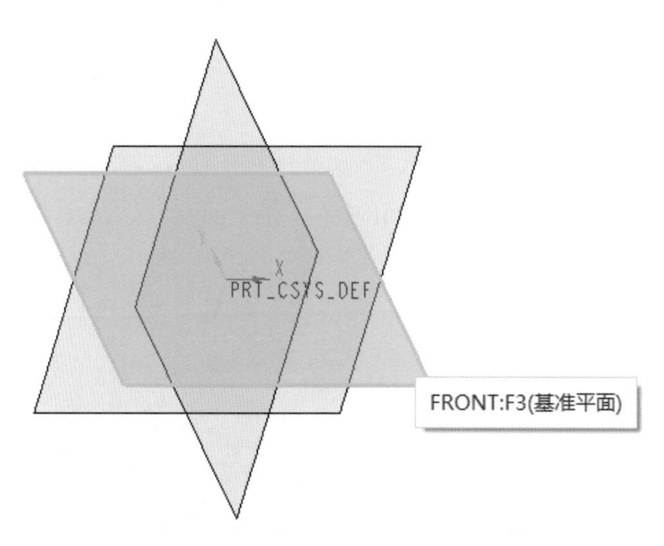

图 4–65 草绘平面设置

（4）选择“基准”命令组中的 ┆（中心线）命令按钮，在绘图区绘制一条竖直的中心线作为旋转轴，如图 4-66 所示。若截面中绘制有两条或两条以上的中心线，系统默认最先建立的中心线作为旋转轴。

（5）绘制如图 4-67 所示的二维封闭图形。

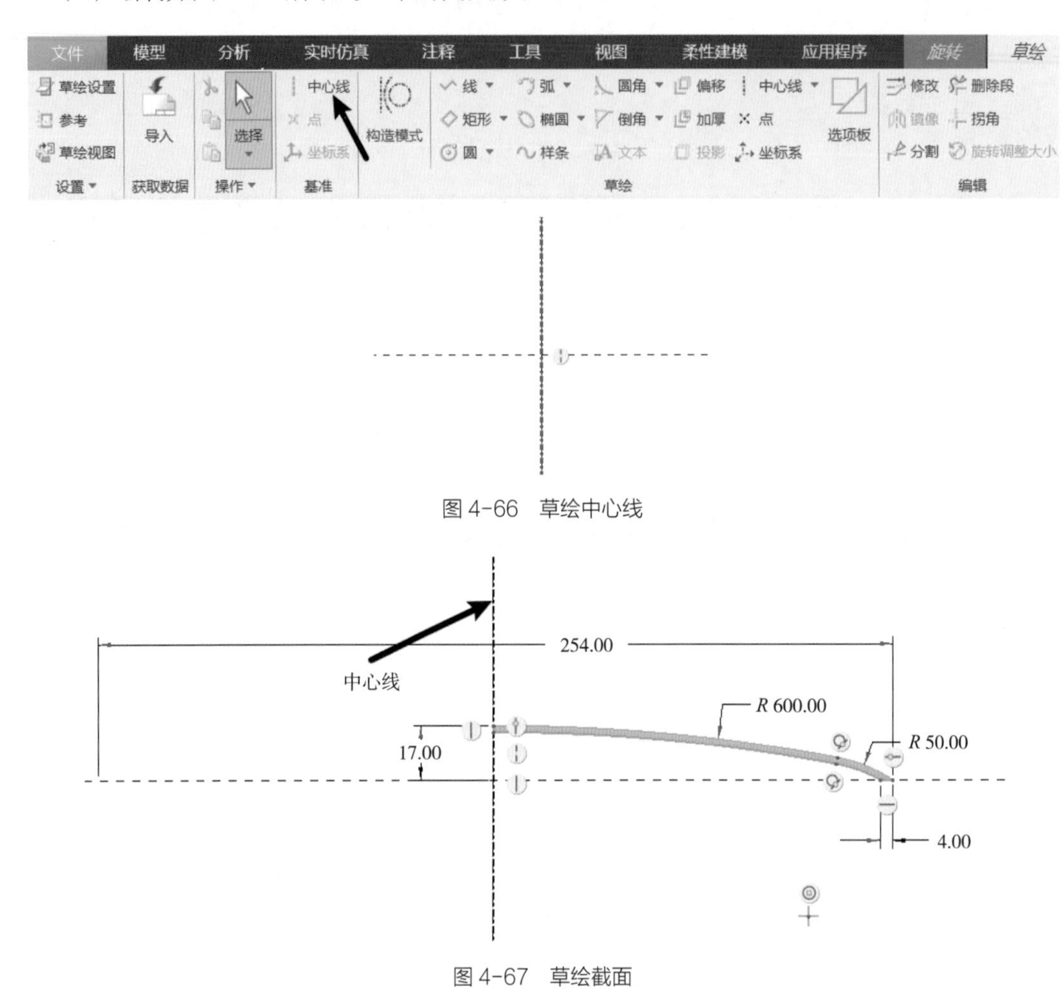

图 4-66　草绘中心线

图 4-67　草绘截面

（6）单击 ✓（确定）命令按钮，返回旋转特征操作面板。调整视图方向为“标准方向”，这时旋转角度的缺省值为 360（图 4-68），不需要修改。单击 ✓（确定）命令按钮，完成旋转特征的创建，结果如图 4-69 所示。

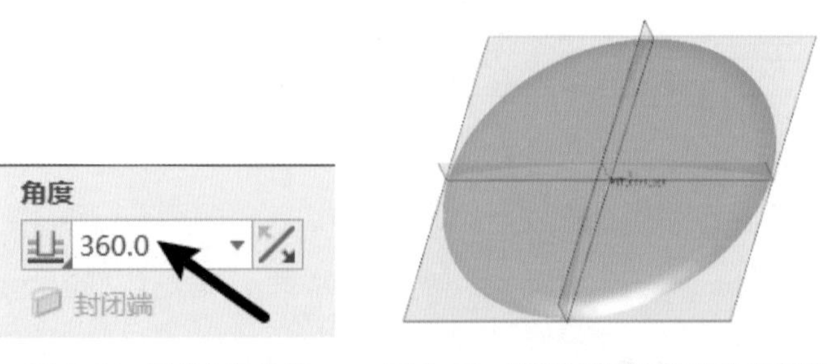

图 4-68　缺省旋转角度　　图 4-69　淋浴喷头面板基体旋转结果

3. 拉伸切除一个最外层出水孔

（1）单击 （拉伸）命令按钮，系统弹出拉伸特征操作面板。

（2）确认拉伸类型为 （实体），单击 （移除材料）命令按钮。

（3）单击选择绘图区的 TOP 基准面作为草绘平面，系统自动进入草绘模式，调整 TOP 基准面的方向与用户视线垂直。

（4）绘制如图 4-70 所示长轴直径为 10，短轴直径为 4 的椭圆。

（5）单击 （确定）命令按钮，返回拉伸特征操作面板。

（6）调整视图方向为“标准方向”，单击“选项”下滑面板，将两侧拉伸深度均设置为 （穿透），并调整拉伸方向，如图 4-71 所示。单击 （确定）命令按钮，完成拉伸特征的创建，结果如图 4-72 所示。

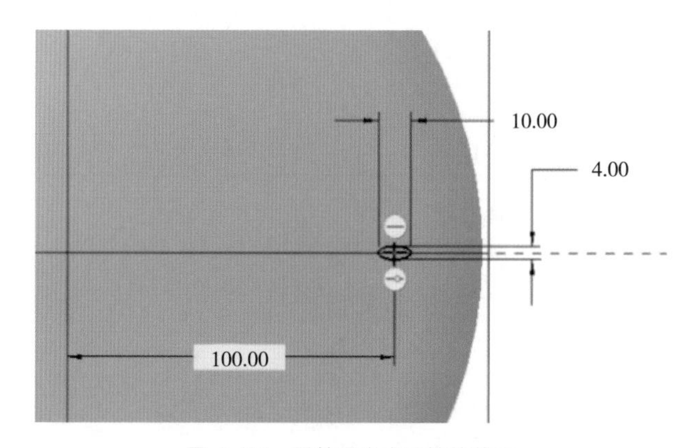

图 4-70 最外层出水孔拉伸截面

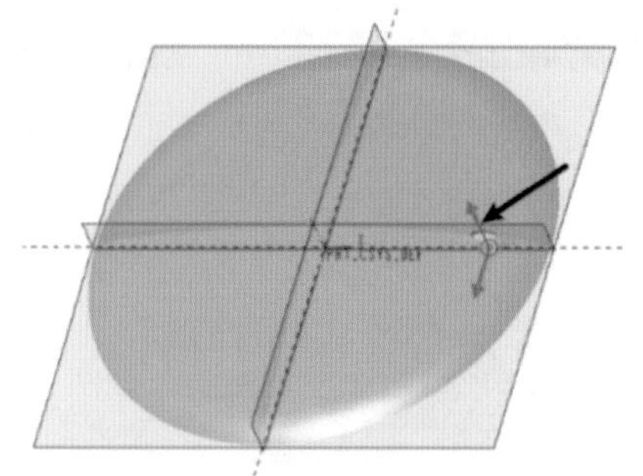

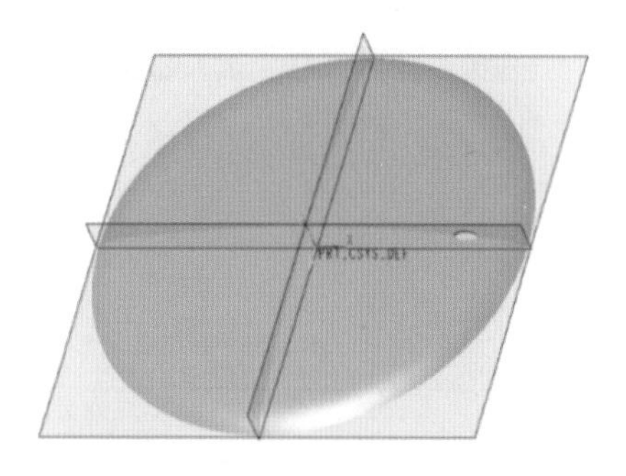

图 4-71 最外层出水孔拉伸切除深度设置

图 4-72 最外层出水孔拉伸切除结果

4. 阵列最外层出水孔

（1）在模型树上选择拉伸切除的最外层出水孔特征，在弹出的快捷菜单中单击 （阵列）命令按钮，如图 4-73 所示，或者在功能区选择 （阵列）命令按钮，系统弹出阵列特征操作面板。

图 4-73 选择阵列特征

（2）选择阵列类型为“轴”，如图 4-74 所示。

图 4-74　设置阵列类型

（3）单击选择旋转特征 1 的轴作为轴阵列的旋转中心轴，如图 4-75 所示。

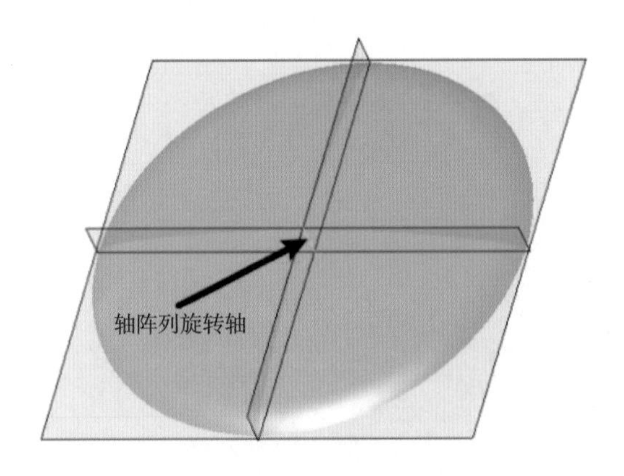

图 4-75　设置轴阵列旋转轴

（4）输入阵列的特征数量为 45，阵列特征的角度范围为 360，如图 4-76 所示。

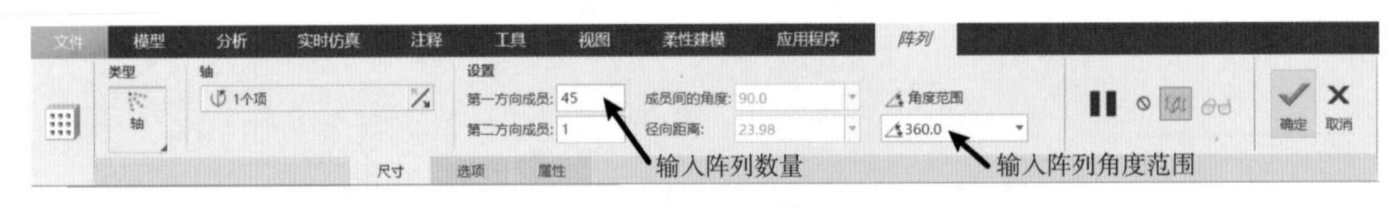

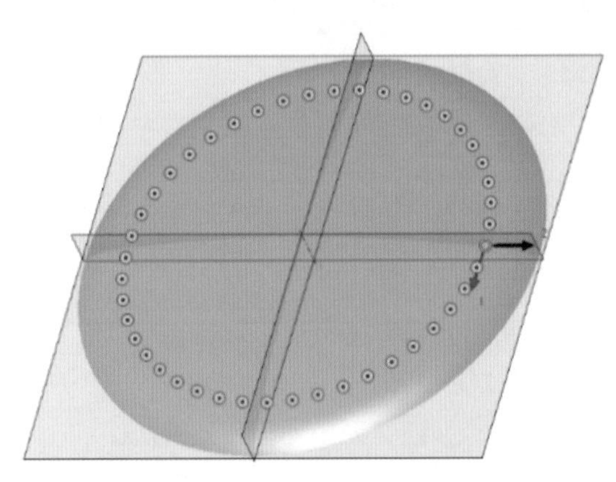

图 4-76　输入阵列特征数量和角度范围

（5）单击✔（确定）命令按钮，完成最外层出水孔的特征阵列，结果如图 4-77 所示。

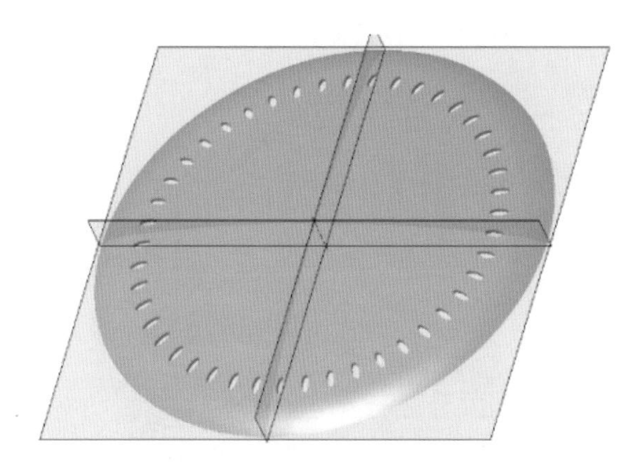

图 4-77 最外层出水孔阵列结果

5. 拉伸切除一个第二层出水孔

（1）单击 （拉伸）命令按钮，系统弹出拉伸特征操作面板。

（2）确认拉伸类型为 （实体），单击 （移除材料）命令按钮。

（3）单击选择绘图区的 TOP 基准面作为草绘平面，系统自动进入草绘模式，调整 TOP 基准面的方向与用户视线垂直。

（4）绘制如图 4-78 所示的长轴直径为 10，短轴直径为 4 的椭圆。

（5）单击 （确定）命令按钮，返回拉伸特征操作面板。

（6）调整视图方向为“标准方向”，单击“选项”下滑面板，将两侧拉伸深度均设置为 （穿透），并调整拉伸方向。单击 （确定）命令按钮，完成拉伸特征的创建，结果如图 4-79 所示。

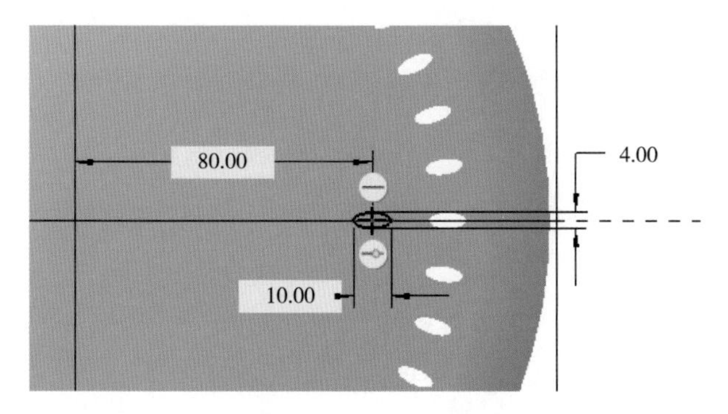

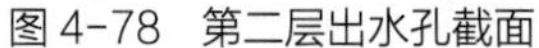
图 4-78 第二层出水孔截面

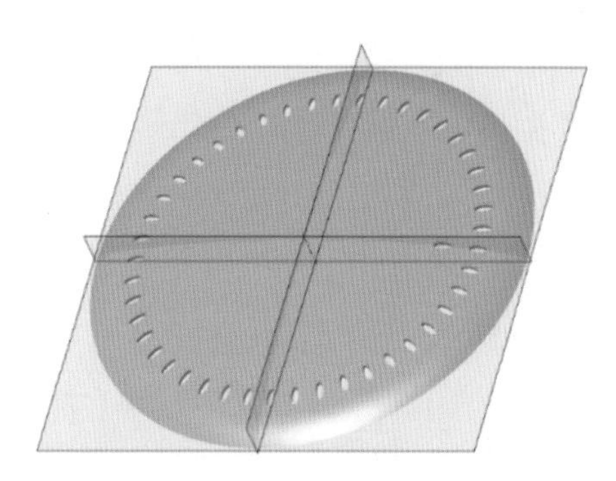

图 4-79 第二层出水孔拉伸切除结果

6. 阵列第二层出水孔

（1）在模型树上选择拉伸切除的第二层出水孔特征，在弹出的快捷菜单中单击 （阵列）命令按钮，或者在功能区选择 （阵列）命令按钮，系统弹出阵列特征操作面板。

（2）选择阵列类型为“轴”。

（3）单击选择旋转特征 1 的轴作为轴阵列的旋转中心轴。

（4）输入阵列的特征数量为 24，阵列特征的角度范围为 360，如图 4-80 所示。

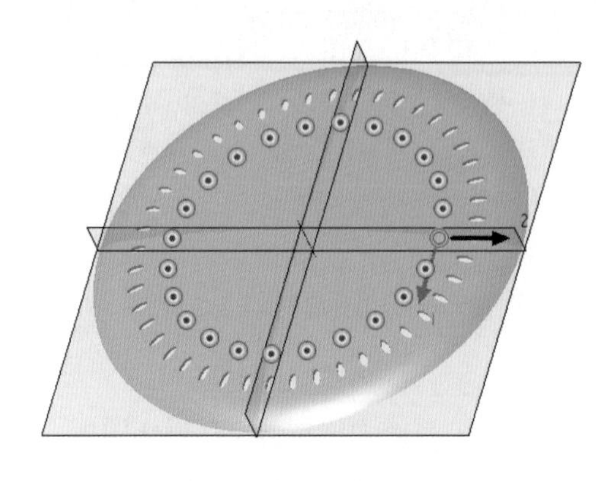

图 4-80　输入阵列特征数量和角度范围

（5）单击 ✔（确定）命令按钮，完成第二层出水孔的特征阵列，结果如图 4-81 所示。

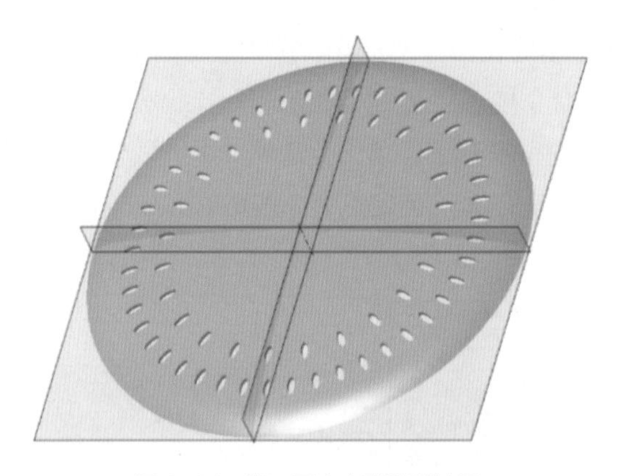

图 4-81　第二层出水孔阵列结果

7. 拉伸切除一个第三层出水孔

（1）单击（拉伸）命令按钮，系统弹出拉伸特征操作面板。

（2）确认拉伸类型为（实体），单击（移除材料）命令按钮。

（3）单击选择绘图区的 TOP 基准面作为草绘平面，系统自动进入草绘模式，调整 TOP 基准面的方向与用户视线垂直。

（4）绘制如图 4-82 所示的直径为 10 的圆。

（5）单击 ✔（确定）命令按钮，返回拉伸特征操作面板。

（6）调整视图方向为“标准方向”，单击“选项”下滑面板，将两侧拉伸深度均设置为（穿透），并调整拉伸方向。单击 ✔（确定）命令按钮，完成拉伸特征的创建，结果如图 4-83 所示。

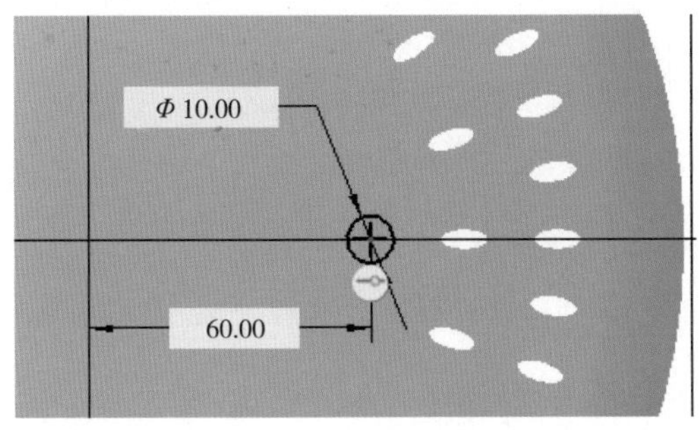

图 4-82 第三层出水孔截面

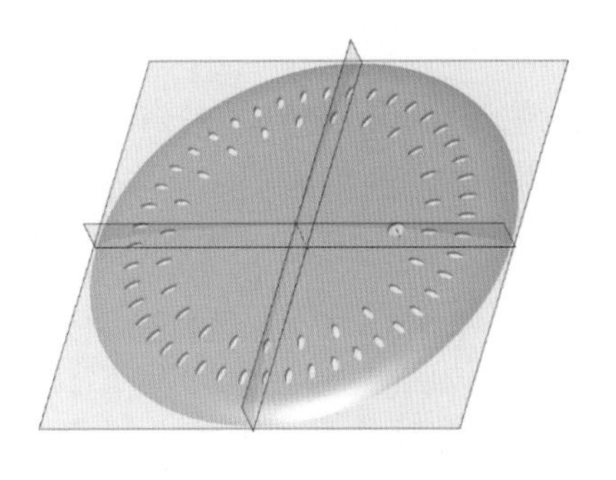

图 4-83 第三层出水孔拉伸切除结果

8. 阵列第三层出水孔

（1）在模型树上选择拉伸切除的第三层出水孔特征，在弹出的快捷菜单中单击 ⊞（阵列）命令按钮，或者在功能区选择 ⊞（阵列）命令按钮，系统弹出阵列特征操作面板。

（2）选择阵列类型为“轴”。

（3）单击选择旋转特征 1 的轴作为轴阵列的旋转中心轴。

（4）输入阵列的特征数量为 10，阵列特征的角度范围为 360，如图 4-84 所示。

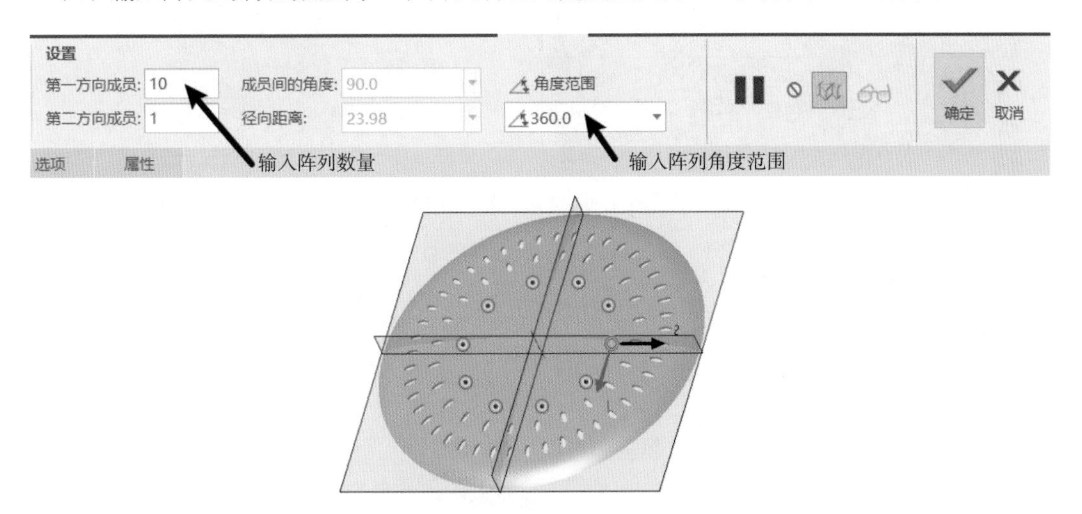

图 4-84 输入阵列特征数量和角度范围

（5）单击 ✔（确定）命令按钮，完成第三层出水孔的特征阵列，结果如图 4-85 所示。

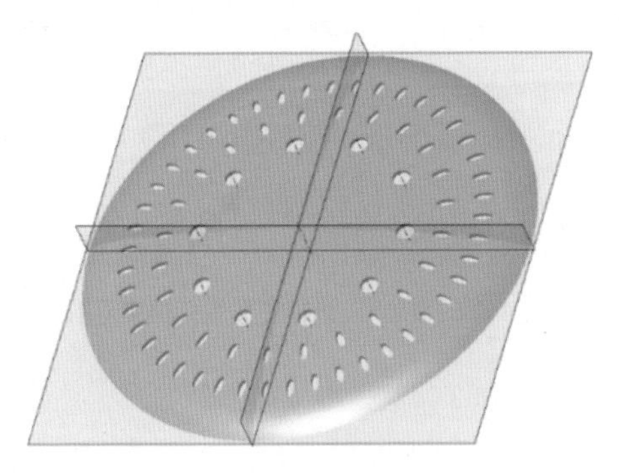

图 4-85 第三层出水孔阵列结果

9. 拉伸切除一个最内层出水孔

（1）单击 （拉伸）命令按钮，系统弹出拉伸特征操作面板。

（2）确认拉伸类型为 （实体），单击 （移除材料）命令按钮。

（3）单击选择绘图区的 TOP 基准面作为草绘平面，系统自动进入草绘模式，调整 TOP 基准面的方向与用户视线垂直。

（4）绘制如图 4-86 所示的直径为 5 的圆。

（5）单击 （确定）命令按钮，返回拉伸特征操作面板。

（6）调整视图方向为“标准方向”，单击“选项”下滑面板，将两侧拉伸深度均设置为 （穿透），并调整拉伸方向。单击 （确定）命令按钮，完成拉伸特征的创建，结果如图 4-87 所示。

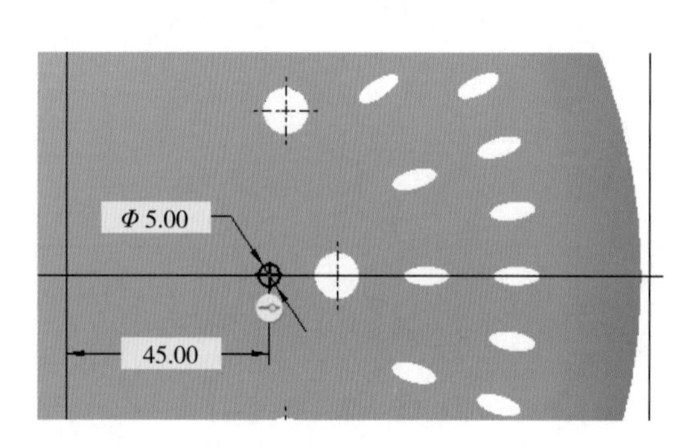

图 4-86　最内层出水孔截面

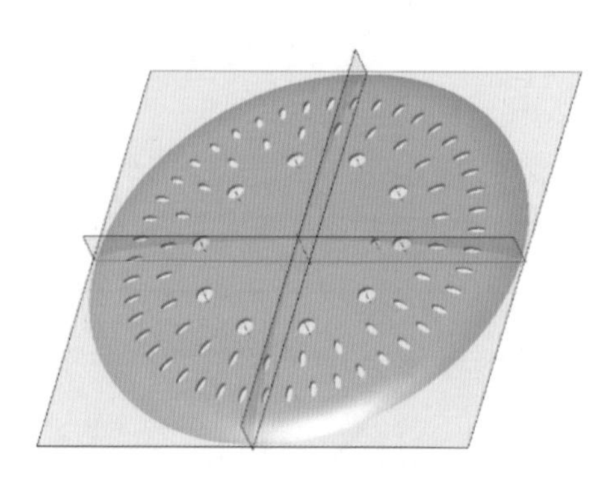
图 4-87　最内层出水孔拉伸切除结果

10. 阵列最内层出水孔

（1）在模型树上选择拉伸切除的最内层出水孔特征，在弹出的快捷菜单中单击 （阵列）命令按钮，或者在功能区选择 （阵列）命令按钮，系统弹出阵列特征操作面板。

（2）选择阵列类型为“轴”。

（3）单击选择旋转特征 1 的轴作为轴阵列的旋转中心轴。

（4）输入阵列的特征数量为 24，阵列特征的角度范围为 360，如图 4-88 所示。在绘图区，点击如图 4-89 所示位置的点，排除这些位置的阵列成员（如果要恢复这些被排除的阵列成员，再次单击该位置即可）。

（5）单击 （确定）命令按钮，完成最内层出水孔的特征阵列，结果如图 4-90 所示。

图 4-88　输入阵列特征数量和角度范围

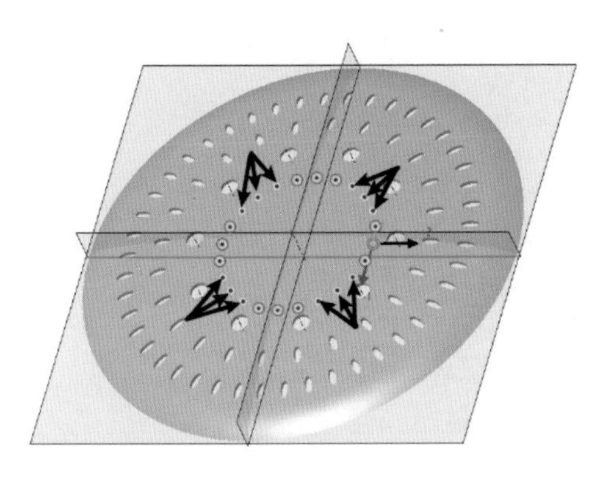

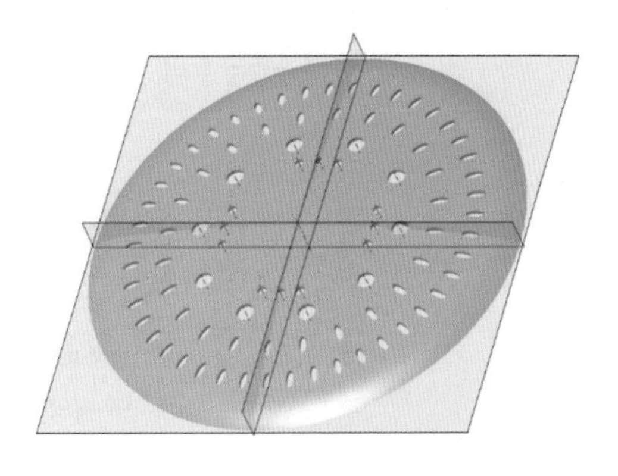

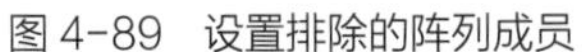

图 4-89　设置排除的阵列成员

图 4-90　最内层出水孔阵列结果

11. 保存文件

单击工具栏中的（保存）命令按钮，保存当前模型文件。

五、知识拓展

（一）旋转实体特征创建失败的原因

当无法创建旋转实体特征时，需检查是否存在以下问题：①截面线条相互交叉；②截面轮廓中存在多余的线条；③所有截面图元未位于旋转中心线的同一侧，存在跨越中心线的图元；④截面未封闭；⑤未选择旋转中心轴（该旋转中心轴可以在草绘截面中绘制，也可以选择已有的轴线）。

（二）阵列特征的一些典型处理

在模型树上选择阵列特征，点击鼠标右键，弹出图 4-91 所示的快捷菜单，利用该快捷菜单可以对选定的阵列特征执行“删除阵列”“删除”“重命名”等操作。

如果选择“删除阵列”命令，选定的阵列特征从模型中被删除，而保留用于创建该阵列的原始特征，完成该命令操作后的模型树显示如图 4-92（a）所示。如果选择“删除”命令，则删除选定的阵列特征和用于创建该阵列的原始特征，完成该命令操作后的模型树显示如图 4-92（b）所示。

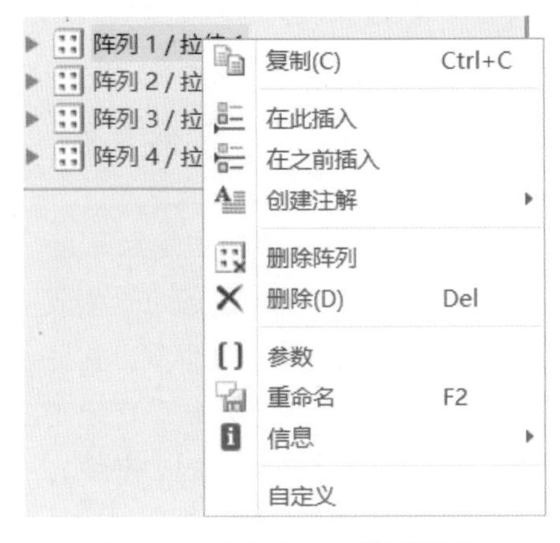

图 4-91　阵列特征右键快捷菜单

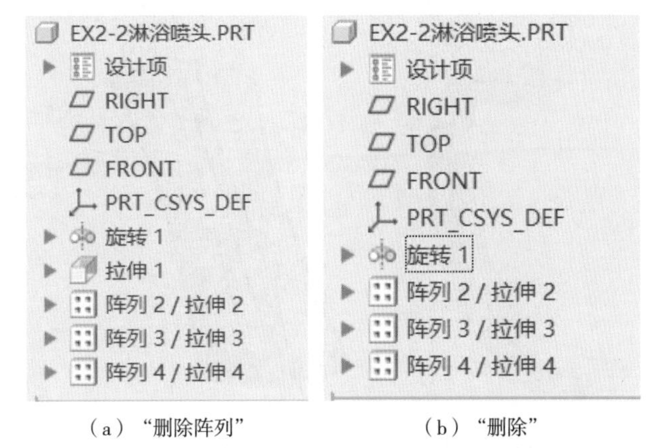

（a）“删除阵列”　（b）“删除”

图 4-92　执行不同命令后的模型树

任务 3 创建金属夹三维模型

4-5 拉伸金属片　4-6 基准平面　4-7 镜像特征　4-8 恒定截面扫描

在 Creo Parametric 中，创建如图 4-93 所示的金属夹的三维模型。

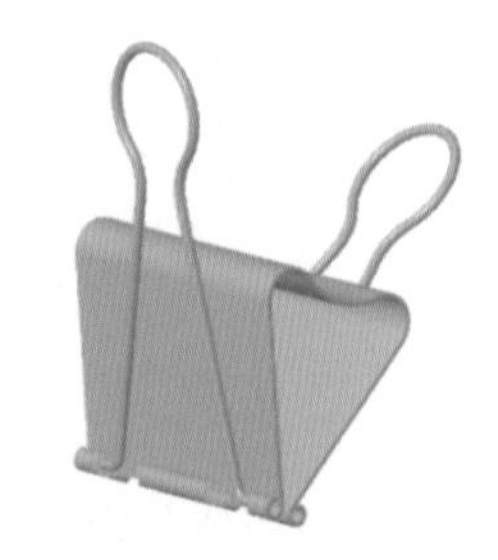

图 4-93 金属夹三维模型

一、学习目标

（1）能够应用恒定截面扫描特征创建零件的三维造型。

（2）能够应用基准面、基准轴特征创建零件的参考。

（3）能够应用镜像特征完成特征的复制。

（4）能够注重产品结构细节创建相应的产品三维模型，逐步树立建模的严谨性和精益求精的工匠精神。

二、相关知识点

（一）扫描特征

1. 扫描特征概述

扫描特征是通过将二维截面沿一条或多条轨迹运动而生成的。其中，只有一条轨迹线的扫描特征为恒定截面扫描特征，具有多条轨迹线的扫描特征为可变截面扫描特征。可变截面扫描特征的创建一般要定义一条原点轨迹线和若干条轨迹链，其中原点轨迹线是截面扫描的路径，轨迹链用于控制截面的形状变化。

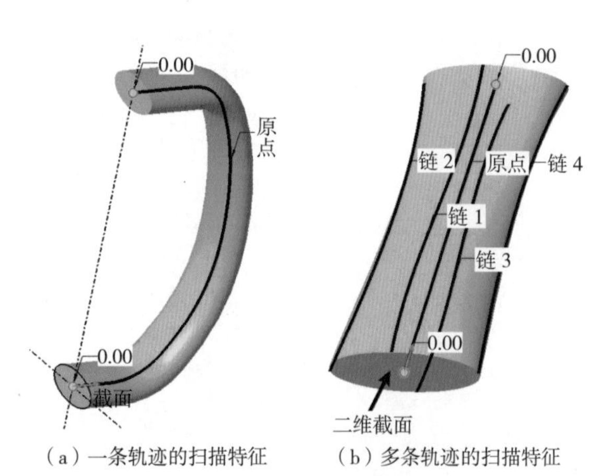

（a）一条轨迹的扫描特征　（b）多条轨迹的扫描特征

图 4-94 扫描特征要素

2. 扫描特征的要素

从扫描特征生成原理可以看出，扫描特征的要素包括二维截面、一条或多条轨迹线，如图 4-94 所示。

注：扫描特征不需要用户定义草绘平面，系统会自动在扫描轨迹的起点处生成草绘平面，该草绘平面与轨迹线垂直，并且会自动生成两条相互垂直的参考线。在绘制扫描截面时，可以参照系统给定的参考线。

3. 扫描特征操作面板

单击 （扫描）命令按钮，功能区则

弹出扫描特征操作面板，如图 4–95 所示。其中：“参考”面板可以创建或重定义选定的轨迹、截面控制等相关参数；“选项”面板主要用来设置是否将实体扫描特征的端点连接到邻近的实体曲面而不留间隙等；“相切”面板可以设定如何用相切轨迹控制曲面；“主体选项”面板用于设置是否创建新的主体；“属性”面板可以查看当前特征的信息，或者对特征重命名。

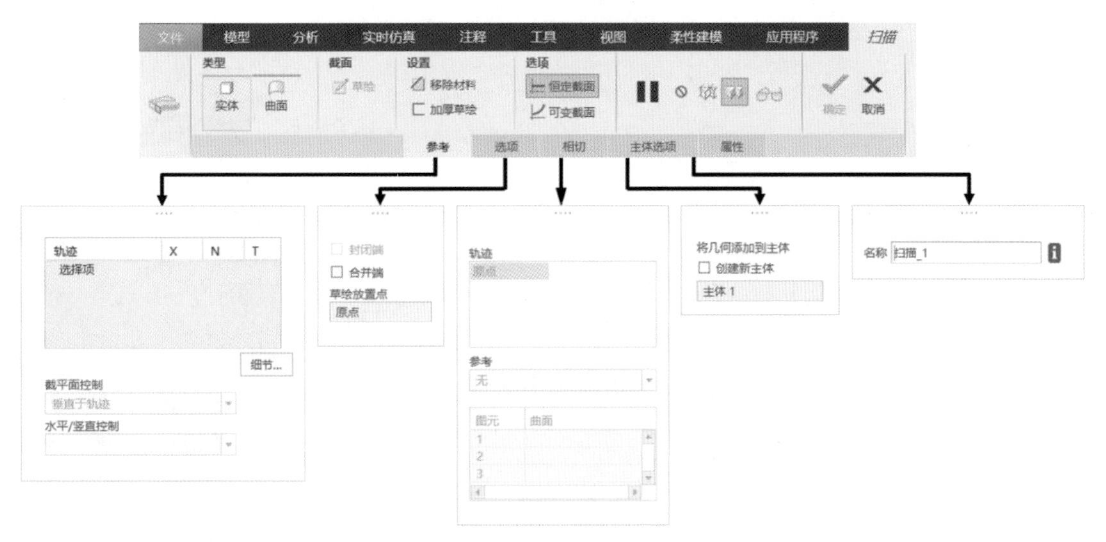

图 4–95 扫描特征操作面板

4. 扫描特征类型设置

Creo Parametric 提供了多种扫描特征类型方式，包括 ▢（实体）、▢（曲面）、▢（实体薄壁）和 ▢（移除实体），其命令按钮和功能与拉伸特征相类似。

5. 截面控制选项设置

Creo Parametric 提供了不同的截面控制选项，各选项的说明及图例见表 4–9。

表 4–9 截面控制选项的说明及图例

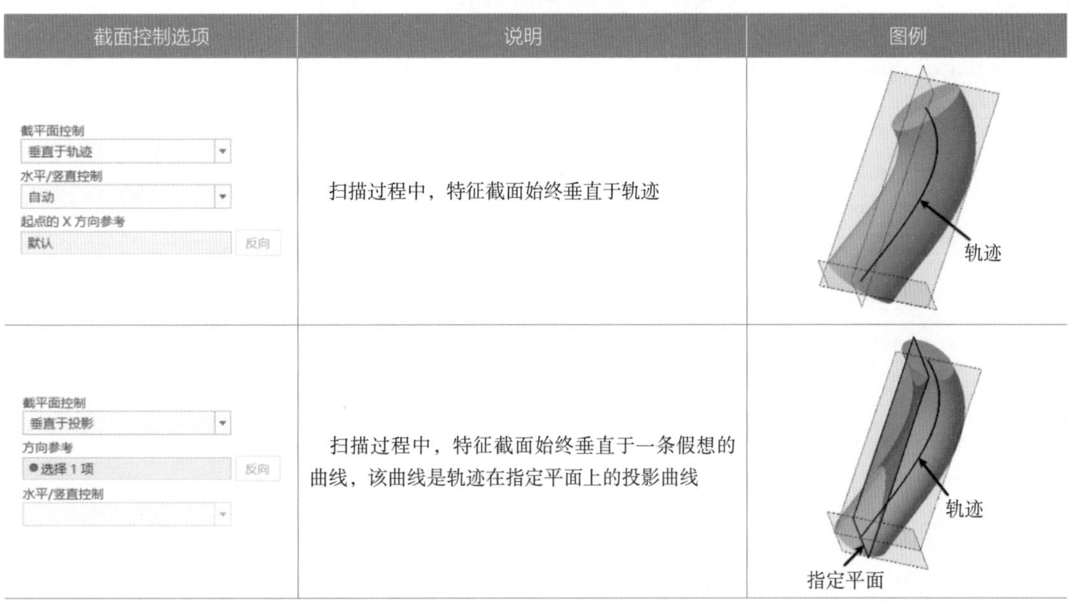

截面控制选项	说明	图例
截平面控制 垂直于轨迹 水平/竖直控制 自动 起点的 X 方向参考 默认 反向	扫描过程中，特征截面始终垂直于轨迹	轨迹
截平面控制 垂直于投影 方向参考 ●选择 1 项 反向 水平/竖直控制	扫描过程中，特征截面始终垂直于一条假想的曲线，该曲线是轨迹在指定平面上的投影曲线	轨迹 指定平面

续表

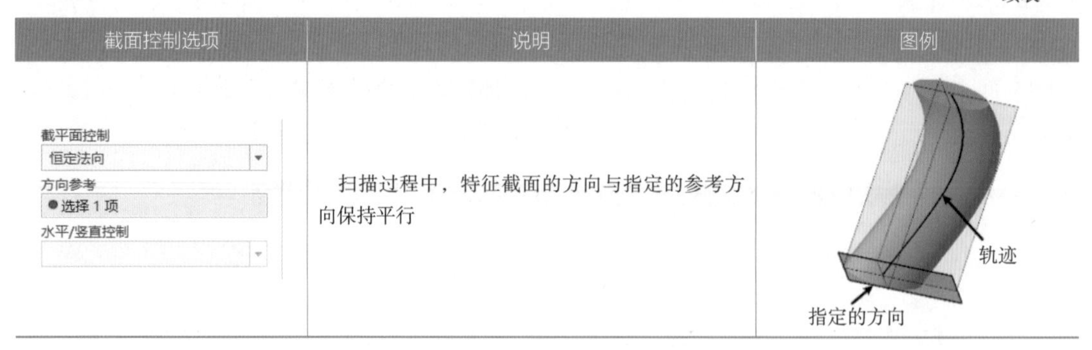

截面控制选项	说明	图例
截平面控制 恒定法向 方向参考 ●选择 1 项 水平/竖直控制	扫描过程中，特征截面的方向与指定的参考方向保持平行	轨迹 指定的方向

6. 扫描特征选项

当扫描特征的轨迹为开放的草图，且轨迹至少一个端点在实体模型表面时，可以通过选项下滑面板中的“合并端”选项来定义实体扫描模型在实体模型表面的端点处是否连接到邻近的实体曲面而不留间隙，如图 4-96 所示。

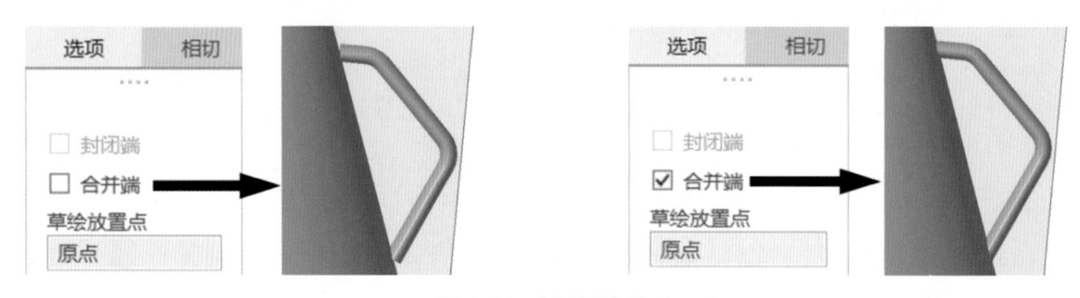

图 4-96 “合并端”选项

（二）基准平面

1. 基准平面概述

基准平面属于基准特征，是零件建模过程中使用最为频繁，同时也是最重要的基准特征。基准平面与实体特征不同，它没有厚度，并且在空间上无限延伸。

2. 基准平面的作用

（1）作为特征建立的草绘平面或参考平面。

（2）作为工程特征的放置平面。

（3）作为尺寸标注的参考。

（4）作为定向的参照或装配约束的参考。

（5）作为镜像特征的对称平面。

3. 基准平面对话框

单击 ▱（平面）命令按钮，系统则弹出“基准平面”对话框（图 4-97）。其中“放置”选项卡用于选取和显示现有参考，并为每个参考设置约束类型及数值。选取多个参考时，需按住 Ctrl 键。必须定义足够的约束条件，生成唯一确定的基准平面，才能选择“确定”按钮，完成基准平面创建。“显示”选项卡用于反转基准平面的法向，调整轮廓复选框用于调整基准平面轮廓显示尺寸。“属性”选项卡用于查看当前基准平面特征的信息，或者对基准平面重命名。

图 4-97　“基准平面”对话框

4. 基准平面的创建方法

在 Creo Parametric 中可以采用多种方法创建基准平面，表 4-10 列出了常用的基准平面创建方法及图例。

表 4-10　基准平面常用创建方法及图例

参考	说明	图例
基准平面或平面	生成与参考偏移指定距离的基准平面	偏移量 20.00 基准平面 约束类型 参考
（1）一个基准轴或草绘线或边 （2）一个基准平面或平面	生成穿过轴（或边）与基准平面（或平面）偏移指定角度（或垂直）的基准平面	偏移角度 基准平面 45.0 参考 2：边 参考 1：面 参考 1：面 参考 2：边 基准平面

续表

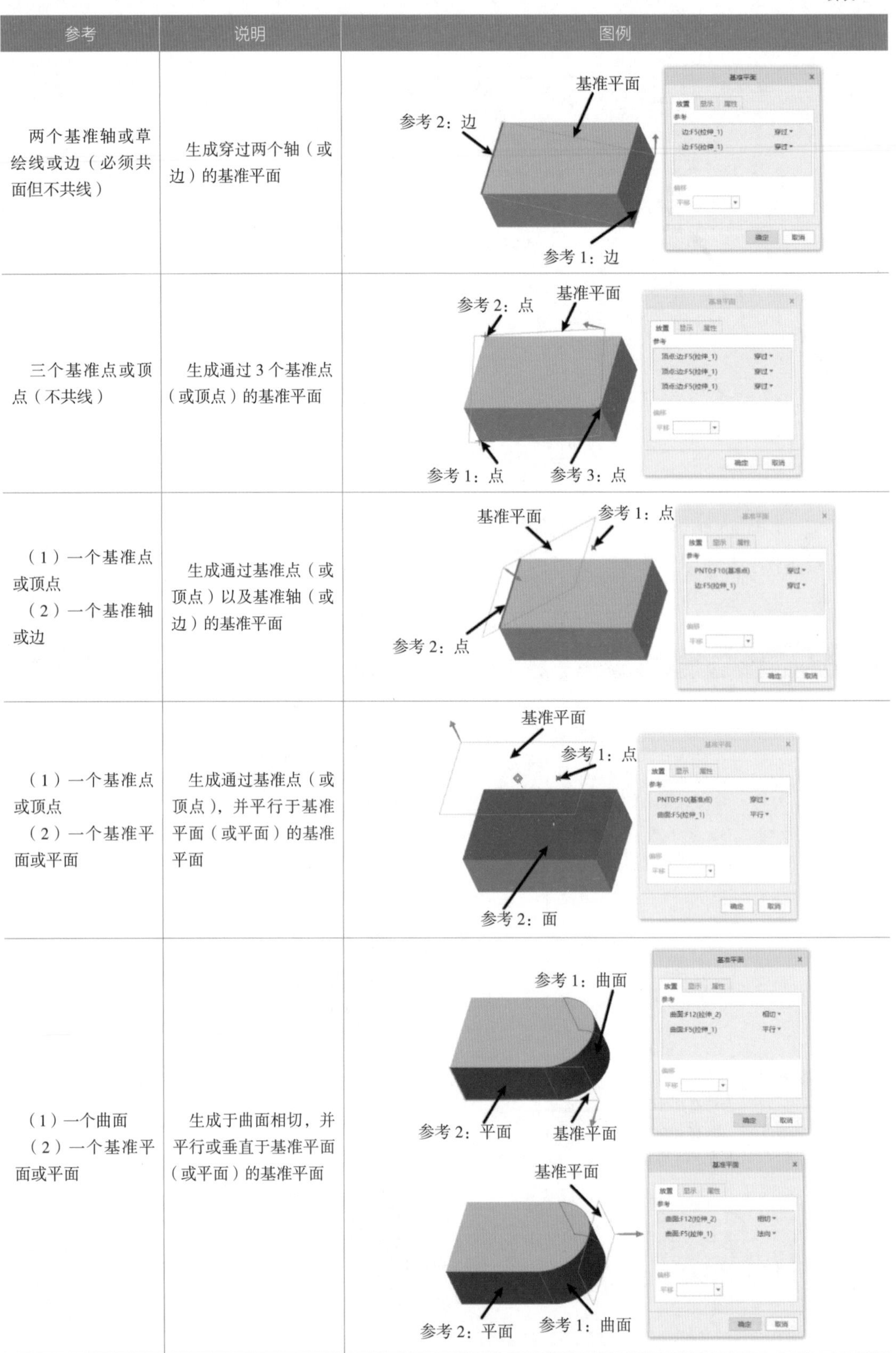

参考	说明	图例
两个基准轴或草绘线或边（必须共面但不共线）	生成穿过两个轴（或边）的基准平面	基准平面 参考 2：边 参考 1：边
三个基准点或顶点（不共线）	生成通过 3 个基准点（或顶点）的基准平面	参考 2：点 基准平面 参考 1：点 参考 3：点
（1）一个基准点或顶点 （2）一个基准轴或边	生成通过基准点（或顶点）以及基准轴（或边）的基准平面	基准平面 参考 1：点 参考 2：点
（1）一个基准点或顶点 （2）一个基准平面或平面	生成通过基准点（或顶点），并平行于基准平面（或平面）的基准平面	基准平面 参考 1：点 参考 2：面
（1）一个曲面 （2）一个基准平面或平面	生成于曲面相切，并平行或垂直于基准平面（或平面）的基准平面	参考 1：曲面 参考 2：平面 基准平面 基准平面 参考 2：平面 参考 1：曲面

（三）基准轴

1. 基准轴概述

基准轴属于基准特征，在零件建模过程中经常会用到。基准轴与特征轴不同，基准轴是独立的特征，可以被重定义、重命名、隐含或删除，可以显示在模型树中。而特征轴是在创建旋转特征、孔特征、拉伸圆柱等特征时自动产生的，如果将这些特征删除，则其内部的特征轴也随之被删除。

2. 基准轴的作用

（1）作为基准平面的放置参考。

（2）作为孔特征的同轴放置参考。

（3）作为轴阵列的旋转中心轴。

（4）作为装配约束的参考。

3. 基准轴对话框

单击 / （轴）命令按钮，系统则弹出“基准轴”对话框（图 4-98）。其中“放置”选项卡用于选取和显示现有参考以及偏移参考，并为每个参考设置约束类型及数值，为每个偏移参考设置偏移数值。选取多个参考或偏移参考时，需按住 Ctrl 键。必须定义足够的约束条件，生成唯一确定的基准轴，才能选择“确定”按钮，完成基准轴创建。“显示”选项卡用于调整基准轴轮廓显示尺寸。“属性”选项卡用于查看当前基准轴特征的信息，或者对基准轴重命名。

图 4-98 “基准轴”对话框

4. 基准轴的创建方法

在 Creo Parametric 中可以采用多种方法创建基准轴，表 4-11 列出了常用的基准轴创建方法及图例。

表 4-11 基准轴常用创建方法及图例

参考	说明	图例
一个直边或轴	生成通过参考直边或轴的基准轴	基准轴 参考边

续表

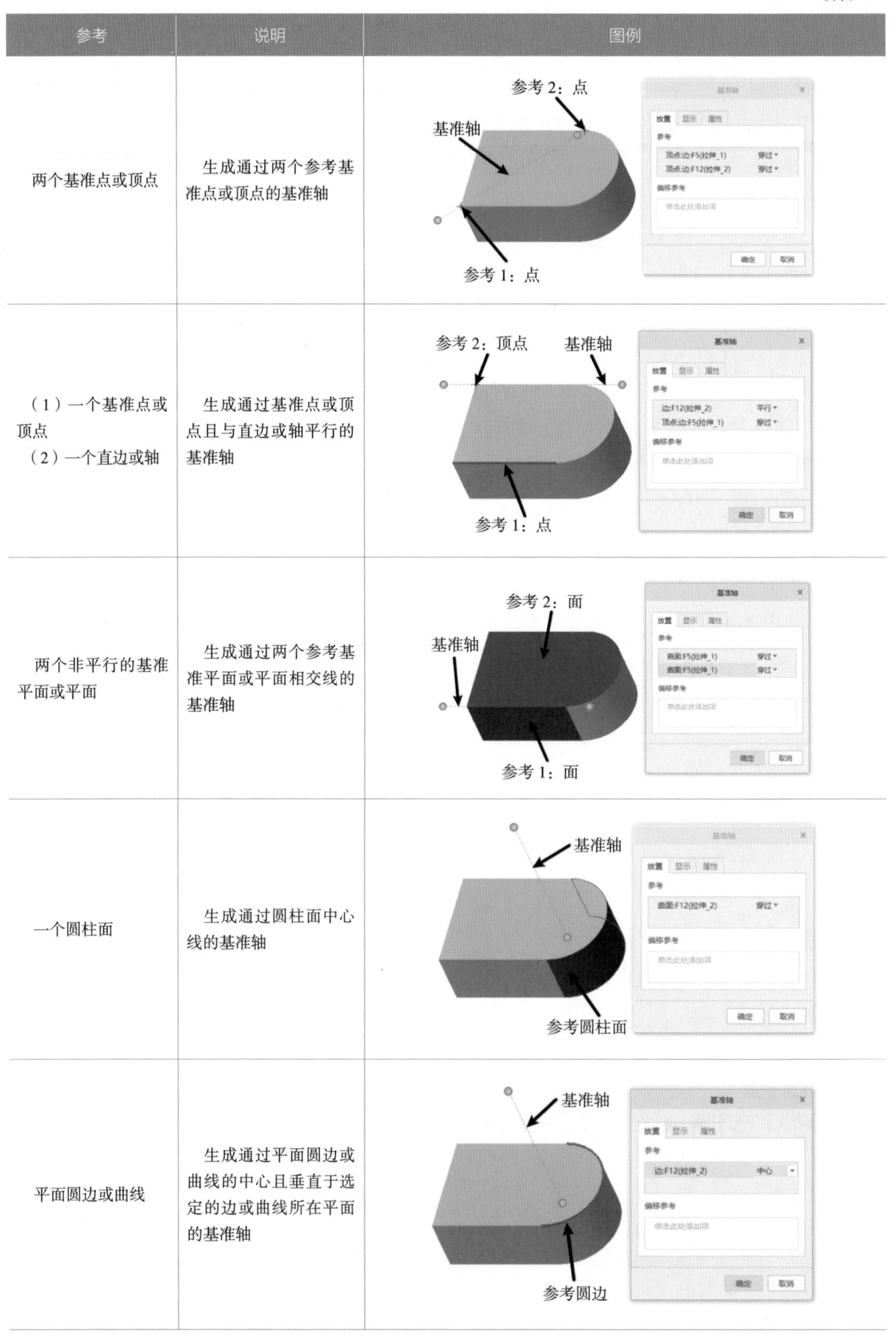

参考	说明	图例
两个基准点或顶点	生成通过两个参考基准点或顶点的基准轴	参考 2：点；基准轴；参考 1：点
（1）一个基准点或顶点 （2）一个直边或轴	生成通过基准点或顶点且与直边或轴平行的基准轴	参考 2：顶点；基准轴；参考 1：点
两个非平行的基准平面或平面	生成通过两个参考基准平面或平面相交线的基准轴	参考 2：面；基准轴；参考 1：面
一个圆柱面	生成通过圆柱面中心线的基准轴	基准轴；参考圆柱面
平面圆边或曲线	生成通过平面圆边或曲线的中心且垂直于选定的边或曲线所在平面的基准轴	基准轴；参考圆边

续表

参考	说明	图例
（1）一个平面圆边或曲线 （2）一个基准点或顶点	生成与平面圆边或曲线相切且通过基准点或顶点的基准轴	参考 1：圆边 参考 2：顶点 基准轴
（1）一个基准点或顶点 （2）一个基准平面或平面	生成通过基准点或顶点且与基准平面或平面垂直的基准轴	基准轴 参考 2：平面 参考 1：顶点
（1）一个基准平面或平面 （2）两个直边或轴（偏移参考）	生成与基准平面或平面垂直，且与两个直边或轴偏移一定距离的基准轴	偏移参考 2：边 基准轴 参考面 30.00 偏移距离 2 偏移距离 1 偏移参考 1：边

（四）特征镜像

1. 特征镜像概述

特征镜像就是根据指定的平面来创建特征的几何副本。通过特征镜像生成的特征副本通常被称为镜像特征。在很多设计场合，使用镜像特征可以快速地得到一些具有对称关系的模型效果，显著提升设计效率。

2. 特征镜像操作面板

选择要镜像的特征，单击 （镜像）命令按钮，功能区则弹出特征镜像操作面板，如图 4–99 所示。其中：“参考”面板用来定义镜像平面和要镜像的特征；“选项”面板用来定义镜像的副本是否从属于原始特征；“属性”面板可以查看当前镜像的信息，或者对镜像重命名。

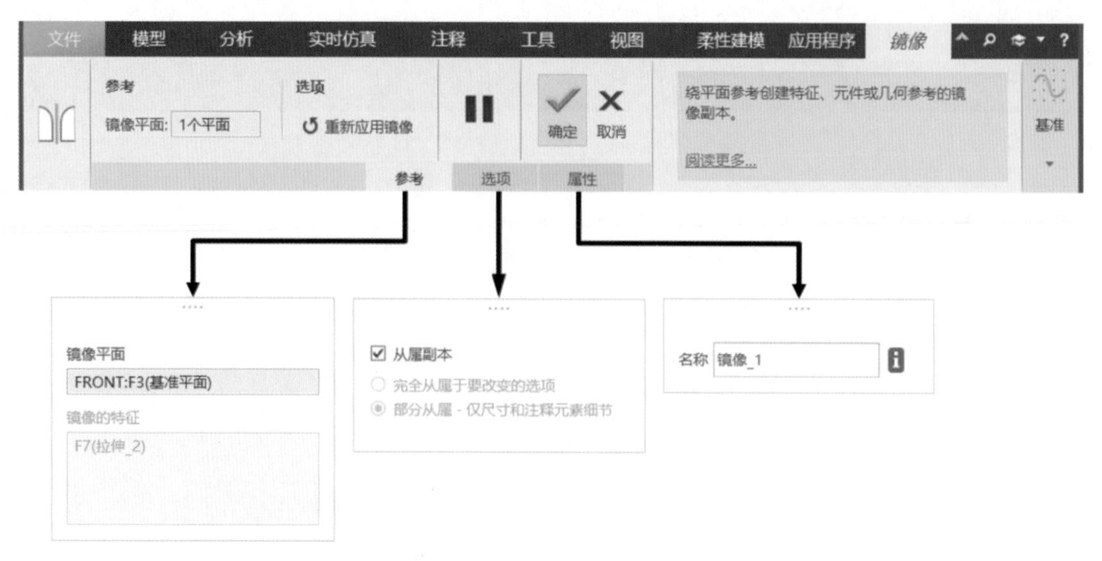

图 4-99　特征镜像操作面板

三、建模分析

分析金属夹的三维造型，可以看到金属夹是由薄壁金属片和金属丝构成，其中金属片的截面形状一致，且拉伸方向与截面相垂直，而金属丝截面形状一样，是沿特定的轨迹扫描而成的。因此可以利用拉伸薄壁特征创建金属片，再利用扫描特征创建金属丝。同时金属夹是完全对称的造型，可以创建一半后利用特征镜像完成模型创建，其建模过程如图 4-100 所示。

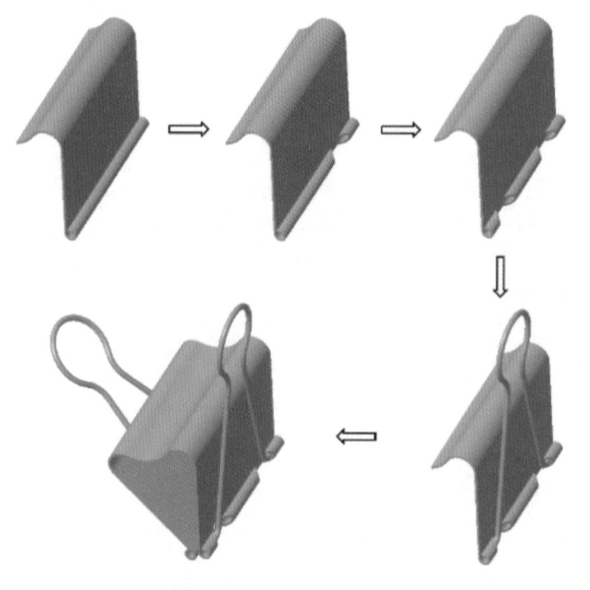

图 4-100　金属夹建模过程

四、操作步骤

1. 新建文件

单击工具栏中 （新建）命令按钮，在弹出的“新建”对话框“类型”选项组中选择“零件”单选按钮，“子类型”选项组中选择“实体”单选按钮，“文件名”文本框中输入新建文件名，单击“确定”按钮，进入零件模式。

2. 拉伸金属片

（1）单击 （拉伸）命令按钮，系统弹出拉伸特征操作面板。

（2）确认拉伸类型为 （实体）、 （加厚草绘），如图 4-101 所示。

图 4-101 拉伸特征操作面板设置

（3）单击选择绘图区的 FRONT 基准面作为草绘平面，系统自动进入草绘模式，调整 FRONT 基准面的方向与用户视线垂直。

（4）绘制如图 4-102 所示的二维开放轮廓。

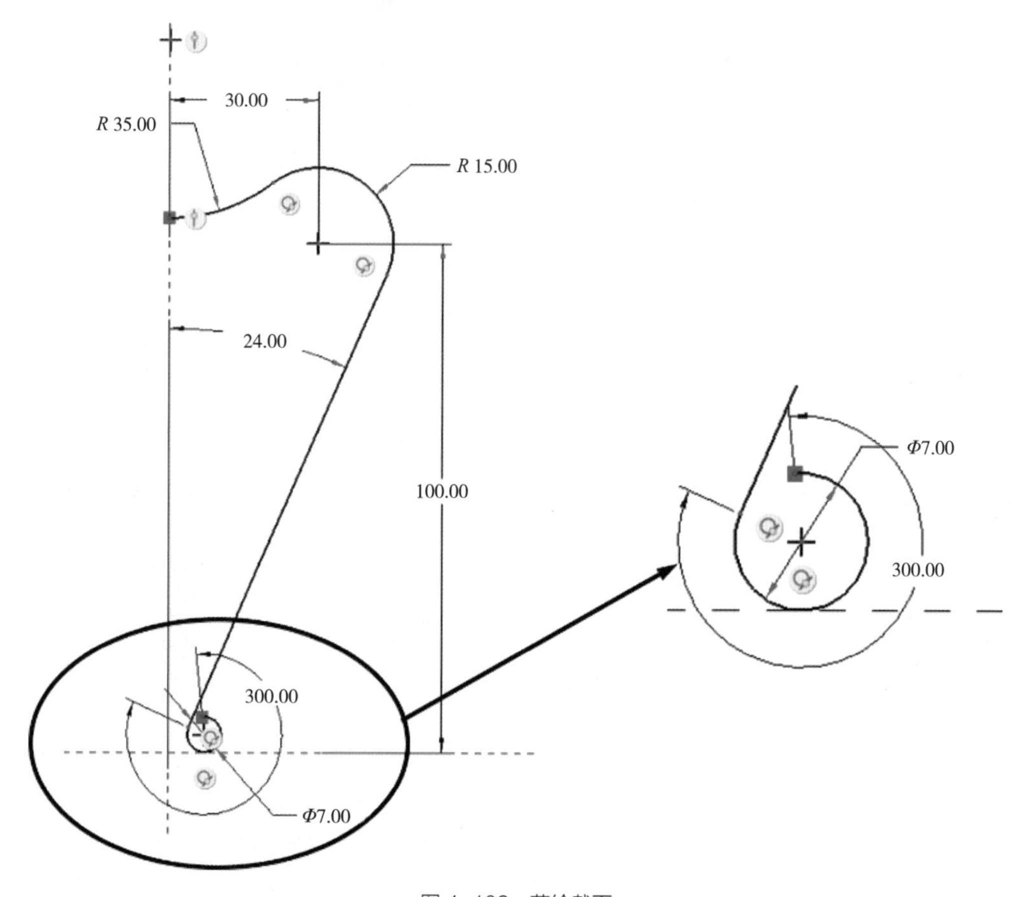

图 4-102 草绘截面

（5）单击 ✔（确定）命令按钮，返回拉伸特征操作面板。

（6）调整视图方向为“标准方向”，将拉伸深度设置为（对称），深度数值编辑框中输入 150，或在绘图区双击深度值输入 150（图 4-103）。

（7）在加厚草绘厚度数值编辑框中输入 2，或在绘图区双击厚度值输入 2，并调整厚度方向为向草绘内侧，如图 4-104 所示。

（8）单击 ✔（确定）命令按钮，完成拉伸特征的创建，结果如图 4-105 所示。

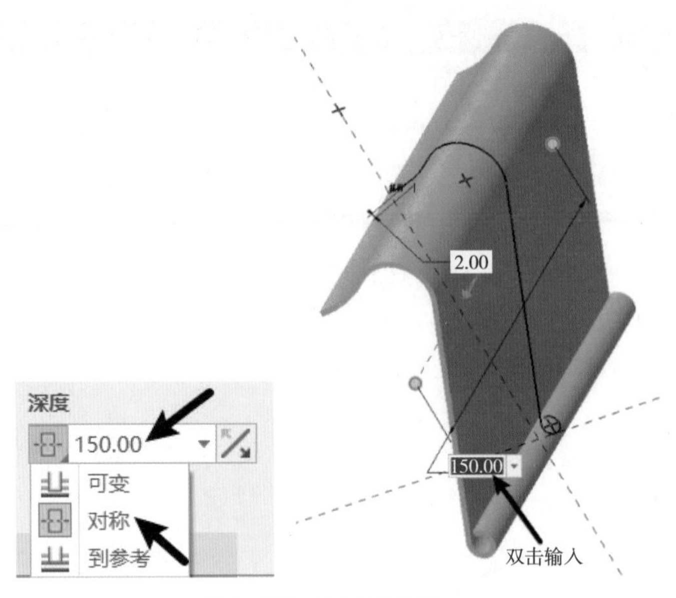

图 4-103　输入拉伸深度

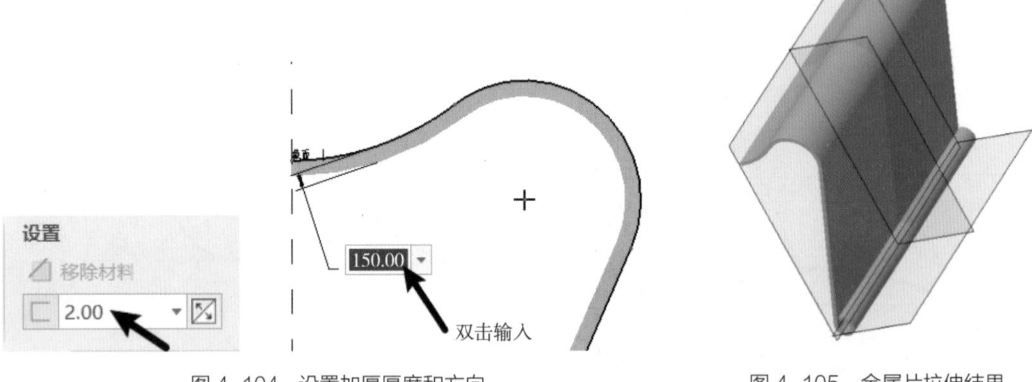

图 4-104　设置加厚厚度和方向

图 4-105　金属片拉伸结果

3. 拉伸切除金属片上一侧切口

（1）单击 ▱（平面）命令按钮，系统弹出“基准平面”对话框，如图 4-106 所示。

（2）在绘图区按 Ctrl 键依次选择如图 4-107 所示的边和平面，并分别设置约束类型为“穿过”和“法向”，单击 ✔（确定）命令按钮，得到基准平面 DTM1，如图 4-108 所示。

（3）单击（拉伸）命令按钮，系统弹出拉伸特征操作面板。

（4）确认拉伸类型为（实体），单击（移除材料）命令按钮。

（5）单击选择之前创建的基准平面 DTM1 作为草绘平面，系统自动进入草绘模式，调整基准平面 DTM1 的方向与用户视线垂直。

（6）绘制如图 4-109 所示的等腰梯形。

（7）单击 ✔（确定）命令按钮，返回拉伸特征操作面板。

图 4-106 “基准平面”对话框

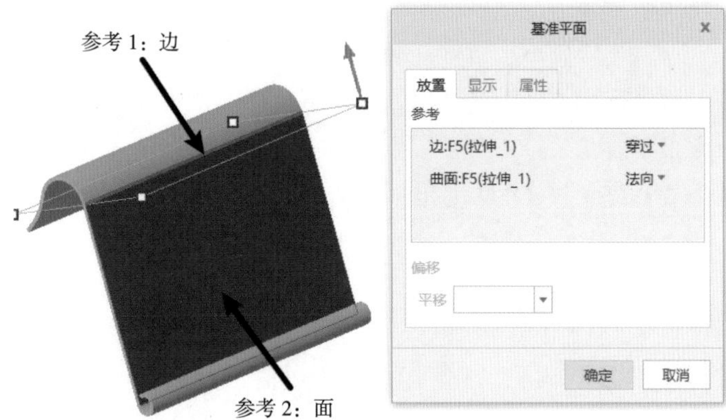

图 4-107 设置基准平面 DTM1 参考和约束类型

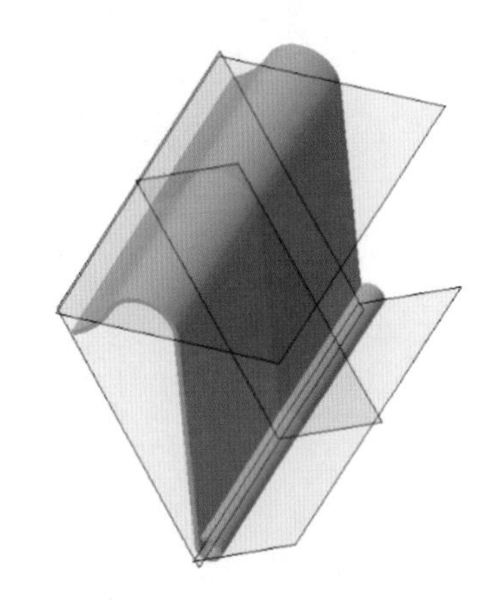

图 4-108 基准平面 DTM1

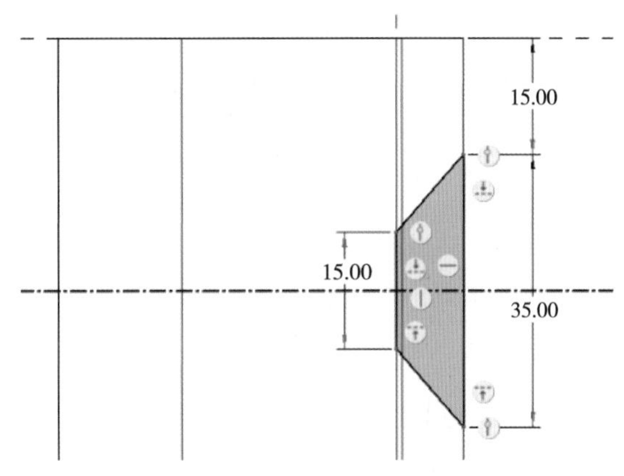

图 4-109 金属片切口拉伸截面

（8）调整视图方向为“标准方向”，设置拉伸深度为 ⫼（穿透），确认拉伸方向，如图 4-110 所示。单击 ✔（确定）命令按钮，完成拉伸特征的创建，结果如图 4-111 所示。

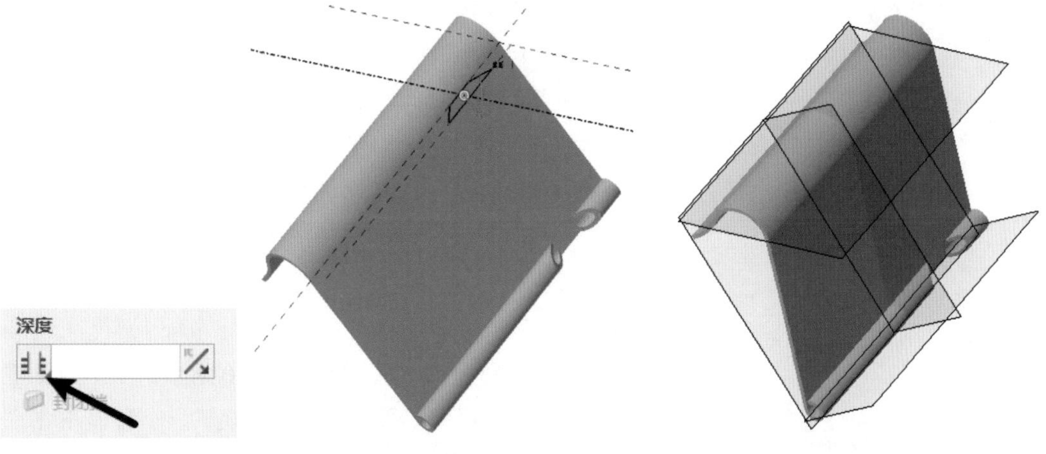

图 4-110 金属片缺口拉伸切除深度设置

图 4-111 金属片切口拉伸切除结果

4. 镜像金属片切口

（1）在模型树上选择拉伸切除的金属片一侧切口特征，在弹出的快捷菜单中单击 ▯▯（镜像）命令按钮，如图 4-112 所示，或者在功能区选择 ▯▯（镜像）命令按钮，系统弹出特征镜像操作面板。

（2）选择 FRONT 基准面作为镜像平面，如图 4-113 所示，

（3）单击 ✔（确定）命令按钮，完成切口的特征镜像，结果如图 4-114 所示。

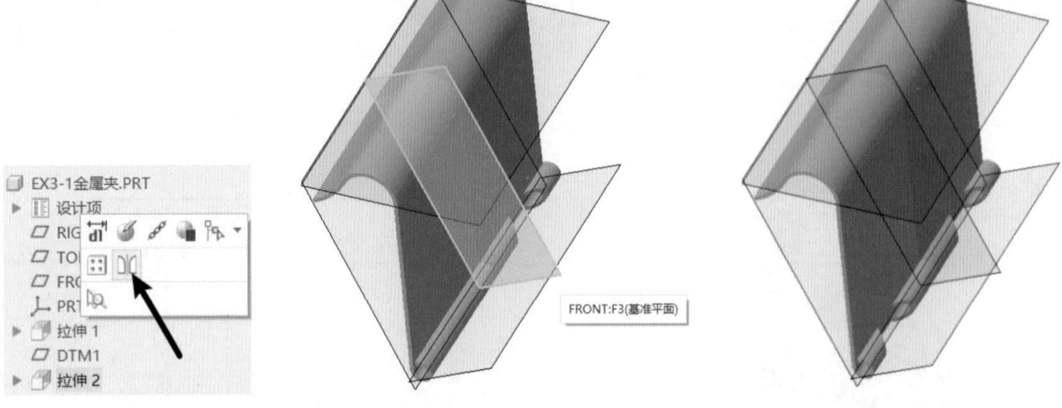

图 4-112　选择镜像特征　　图 4-113　设置镜像平面　　图 4-114　金属片切口特征镜像结果

5. 草绘金属丝轨迹线

（1）单击 /（轴）命令按钮，系统弹出“基准轴”对话框，如图 4-115 所示。

（2）在绘图区选择如图 4-116 所示的拉伸特征圆柱面，并设置约束类型为“穿过”，单击 ✔（确定）命令按钮，得到基准轴 A_1，如图 4-117 所示。

图 4-115 “基准轴”对话框

（3）单击 ▱（平面）命令按钮，系统弹出“基准平面”对话框。

（4）在绘图区按 Ctrl 键依次选择之前创建的基准轴和拉伸金属片表面，并分别设置约束类型为“穿过”和“平行”，如图 4-118 所示。单击 ✔（确定）命令按钮，得到基准平面 DTM2，如图 4-119 所示。

（5）单击 ∿（草绘）命令按钮，系统弹出“草绘”对话框，在绘图区选择之前创建的基准平面 DTM2 作为草绘平面，参考为“特征拉伸 _1 的曲面”，方向为“右”，如图 4-120 所示，单击对话框中的“草绘”按钮，进入草绘模式，调整基准平面 DTM2 的方向与用户视线垂直。

图 4-116 设置基准轴 A_1 参考和约束类型

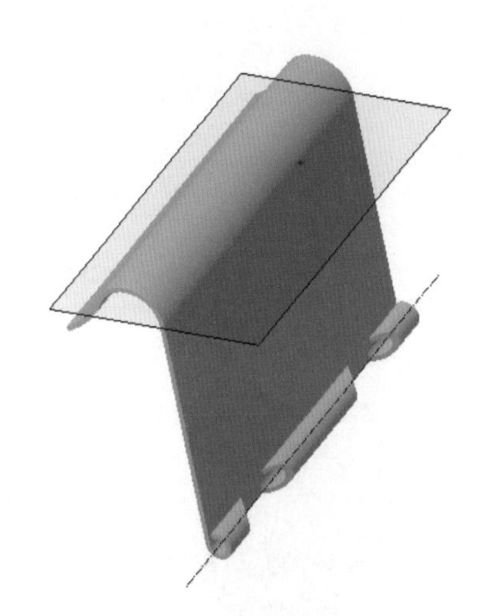

图 4-117 基准轴 A_1

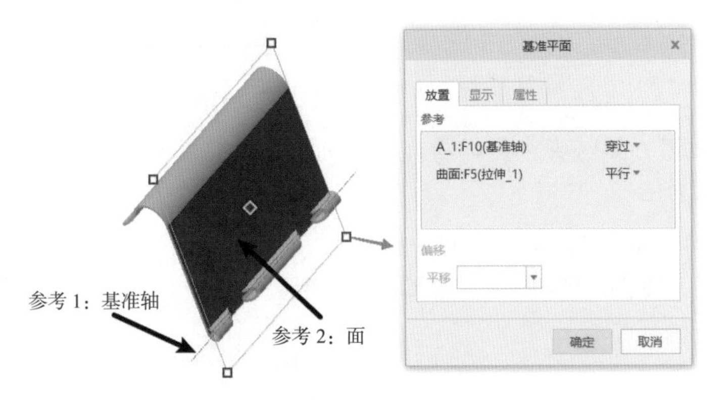

图 4-118 设置基准平面 2 参考和约束类型

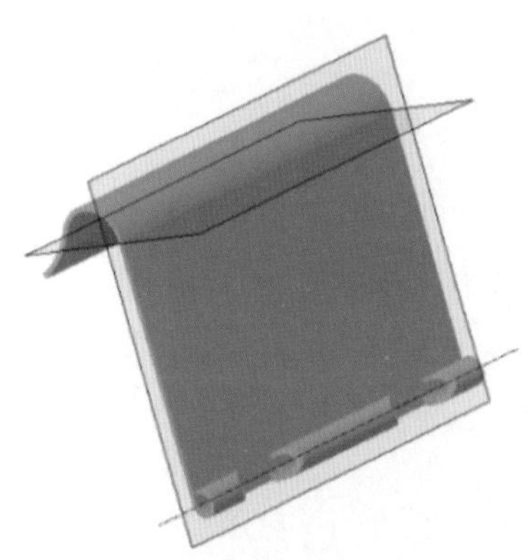

图 4-119 创建基准平面 DTM2

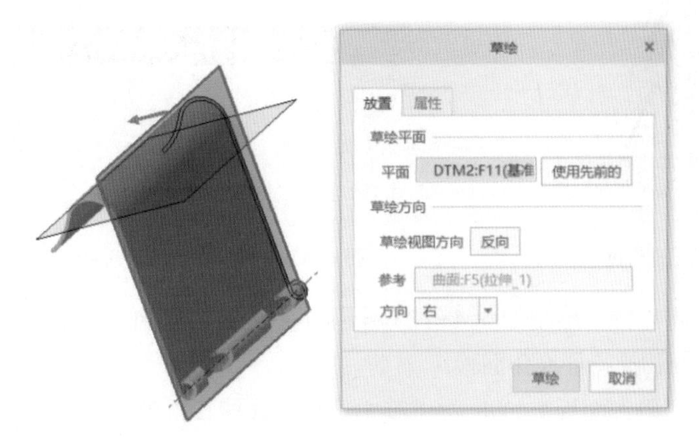

图 4-120 设置草绘平面

（6）绘制如图 4-121 所示的扫描轨迹线。单击 ✔（确定）命令按钮，得到草绘特征，如图 4-122 所示。

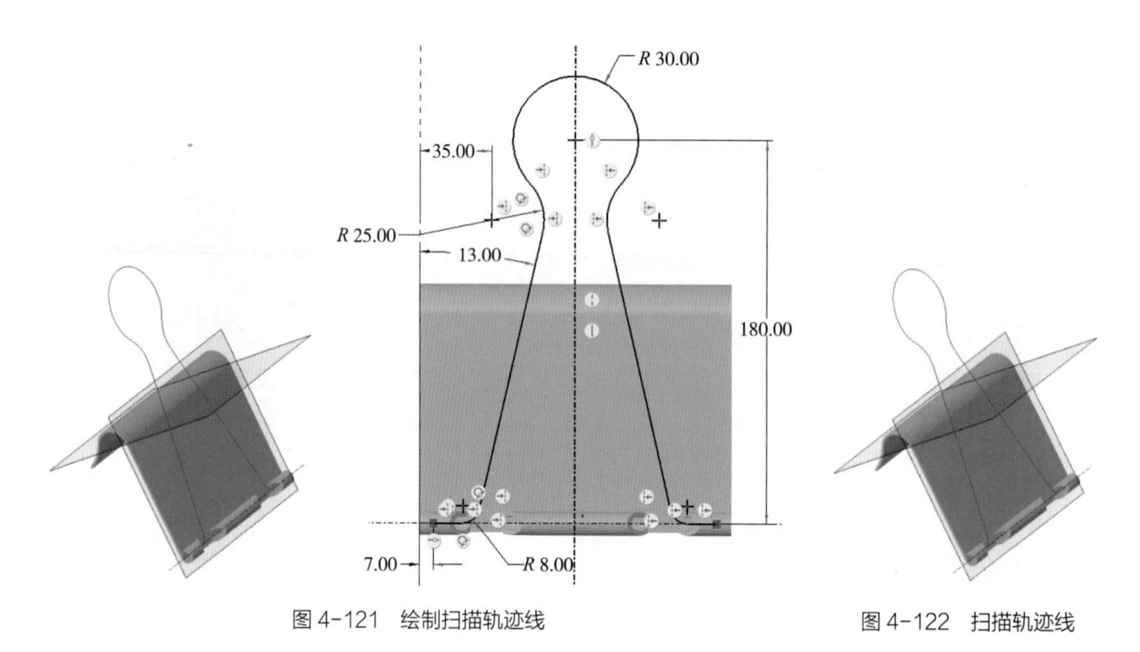

图 4-121　绘制扫描轨迹线　　　　图 4-122　扫描轨迹线

6. 扫描金属丝

（1）单击 （扫描）命令按钮，系统弹出扫描特征操作面板。确认拉伸类型为 （实体）。

（2）在绘图区选择草绘特征作为扫描轨迹，如图 4-123 所示。

（3）单击 （草绘）命令按钮，如图 4-124 所示，进入内部草绘器。

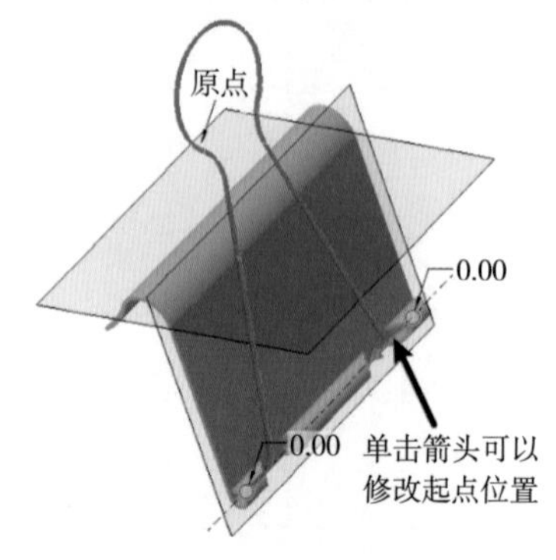

图 4-123　设置扫描轨迹

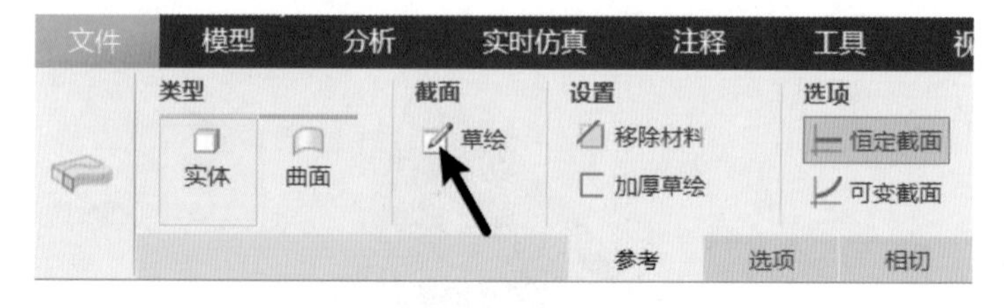

图 4-124　选择截面草绘命令

（4）在轨迹线起点位置绘制如图 4-125 所示的直径为 5 的圆作为扫描截面，单击 （确定）命令按钮，返回扫描特征操作面板。

（5）在扫描特征操作面板上单击 （确定）命令按钮，得到扫描的金属丝，如图 4-126 所示。

7. 镜像另一半金属片和金属丝

（1）在模型树上按 Ctrl 键依次选择如图 4-127 所示的特征，在弹出的快捷菜单中单击 （镜像）命令按钮，或者在功能区选择 （镜像）命令按钮，系统弹出特征镜像操作面板。

（2）选择 RIGHT 基准面作为镜像平面，如图 4-128 所示。

（3）单击✔（确定）命令按钮，完成特征镜像，结果如图 4-129 所示。

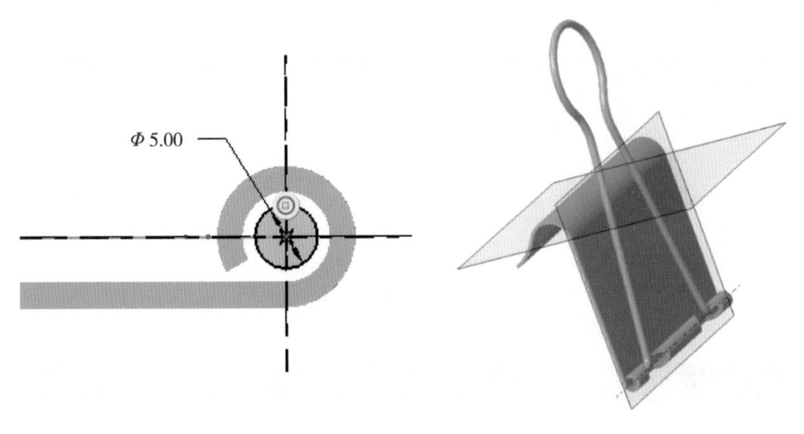

图 4-125　绘制扫描截面　　　　图 4-126　金属丝扫描结果

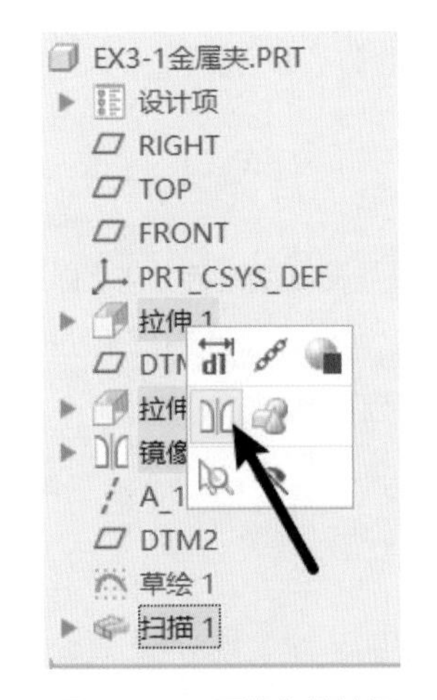

图 4-127　要镜像的特征

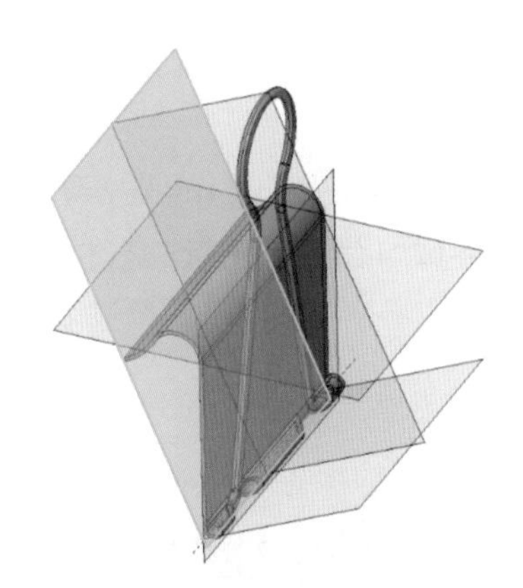

图 4-128　设置镜像平面

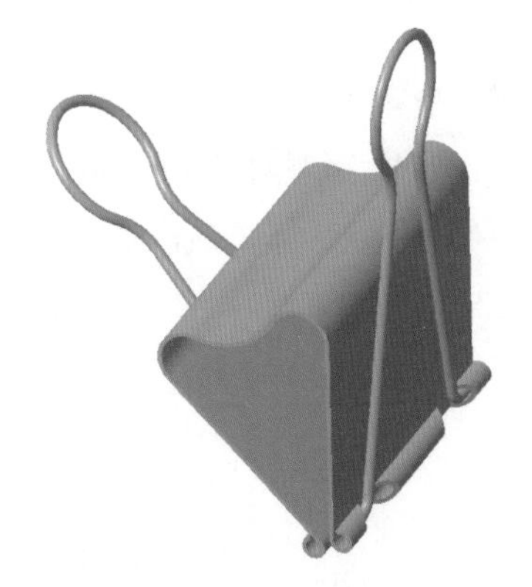

图 4-129　特征镜像结果

8. 保存文件

单击工具栏中的💾（保存）命令按钮，保存当前模型文件。

五、知识拓展

1. 扫描特征轨迹线

在创建扫描特征时，轨迹线可以是模型的边线、草绘特征、曲线，也可以在扫描特征操作面板中创建扫描轨迹线，具体操作如下：

（1）在功能区的右侧打开“基准”下拉列表，单击 （草绘）命令按钮，如图 4-130 所示。

（2）弹出“草绘”对话框，选择草绘平面，单击“草绘”按钮，进入草绘器中。

（3）绘制草图后，单击✔（确定）命令按钮。

（4）在扫描特征操作面板上单击出现的▶（退出暂停模式，继续使用此工具）按钮，如

图 4-131 所示。

（5）绘制的草图即被默认为原点轨迹。

图 4-130　选择“草绘”命令按钮

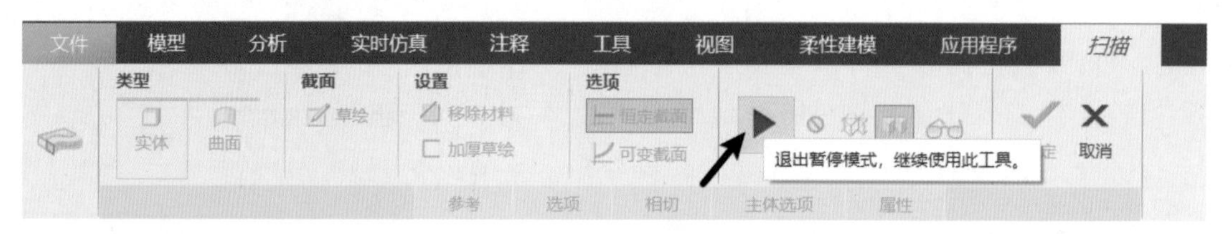

图 4-131　退出暂停模式，继续使用“扫描”工具

2. 扫描实体特征创建失败的原因

当无法创建扫描实体特征时，需检查是否存在以下问题：①截面相互交叉、未封闭或存在多余的线条；②扫描轨迹自身相交；③截面沿轨迹扫描时有自相交现象，如相对于扫描截面的大小，扫描轨迹中的弧或样条半径太小，导致扫描特征在经过该弧时会自身相交。

任务 4　创建洗发水瓶三维模型

4-9　可变截面扫描特征　　4-10　壳特征　　4-11　螺纹（螺旋扫描特征）

在 Creo Parametric 中，创建如图 4-132 所示的洗发水瓶三维模型。

图 4-132　洗发水瓶三维模型

一、学习目标

（1）能够应用可变截面扫描特征创建零件的三维造型。

（2）能够应用壳特征创建薄壳零件。

（3）能够应用螺旋扫描特征创建螺纹等造型。

（4）能够注重产品结构细节创建相应的产品三维模型，逐步树立建模的严谨性和精益求精的工匠精神。

二、相关知识点

（一）壳特征

1. 壳特征概述

壳特征属于工程特征，是将实体的内部掏空，留下一定壁厚的壳。创建壳特征时，可以指定要移除的一个或多个曲面；如果未指定要移除的面，则将创建一个封闭的壳。另外，可以为不同的面设置不同的壳厚度，以及指定从壳中排除的面，即不被抽壳的面。

2. 壳特征操作面板

单击▣（壳）命令按钮，功能区则弹出壳特征操作面板，如图 4-133 所示。其中“参考”面板包含壳特征中所使用的参考收集器，用来指定要移除的面、不同厚度的面，并设置每个选定面的单独厚度值。“选项”面板包含从壳特征中排除面的选项，用于收集不进行抽壳的面。“属性”面板可以查看当前特征的信息，或者对特征重命名。

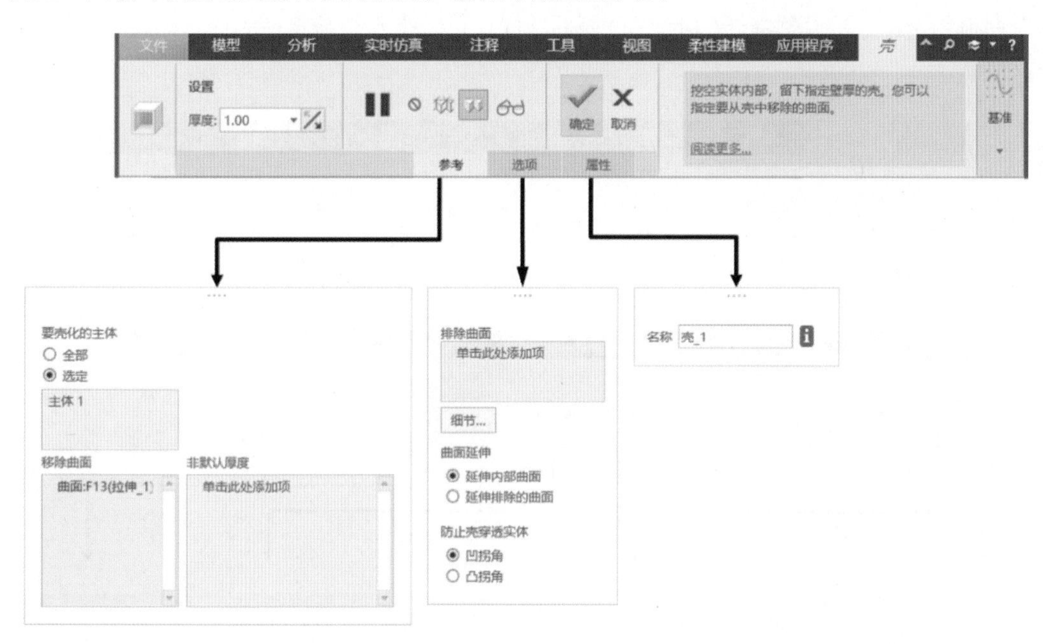

图 4-133　壳特征操作面板

（二）螺旋扫描特征

1. 螺旋扫描特征概述

螺旋扫描特征是将一个截面沿着假想的螺旋轨迹线进行扫描而生成。其中轨迹是由旋转曲面的轮廓与螺距定义。

2. 螺旋扫描特征的要素

从螺旋扫描特征生成原理可以看出，螺旋扫描特征的要素包括二维截面、螺旋扫描中心轴线、螺旋轮廓、螺距，如图 4-134 所示。

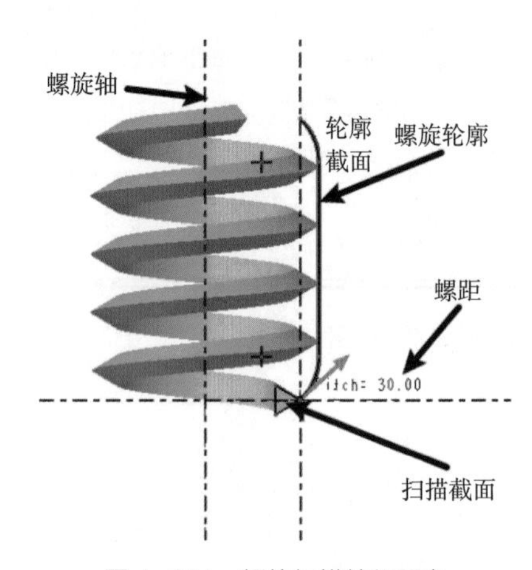

图 4-134 螺旋扫描特征要素

提 示

螺旋轮廓的草绘图元必须形成一个开放环，而不允许封闭，且草绘图元任意点处的切线不可与中心线正交。

3. 螺旋扫描特征操作面板

单击“扫描”特征命令按钮右下角的箭头，在弹出的面板中选择（螺旋扫描）命令按钮，功能区则弹出螺旋扫描特征操作面板，如图 4-135 所示。其中（左手定则）命令按钮表示使用左手定则设置螺旋扫描方向，（右手定则）命令按钮表示使用右手定则设置螺旋扫描方向。“参考”面板可以定义螺旋扫描轮廓、旋转轴及截面方向。“间距”面板可以通过添加间距（螺距），创建螺距变化的实体特征。“选项”面板可以定义截面是否可变。“主体选项”面板用于设置是否创建新的主体。“属性”面板可以查看当前特征的信息，或者对特征重命名。

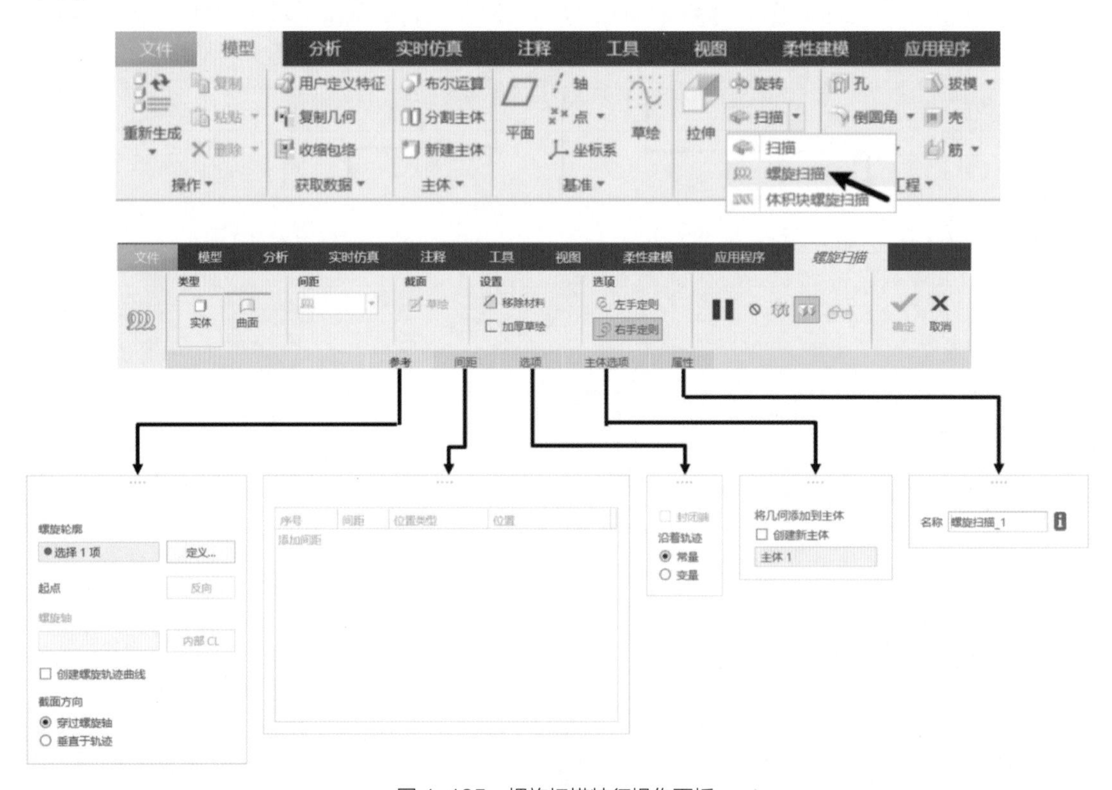

图 4-135 螺旋扫描特征操作面板

4. 螺旋扫描特征类型设置

Creo Parametric 提供了多种螺旋扫描特征类型，包括（实体）、（曲面）、（实体薄壁）和（移除实体），其命令按钮和功能与拉伸特征相类似。

5. 螺旋扫描特征螺距

在 Creo Parametric 中可以生成恒定螺距螺旋扫描特征和可变螺距螺旋扫描特征，如图 4-136 所示。

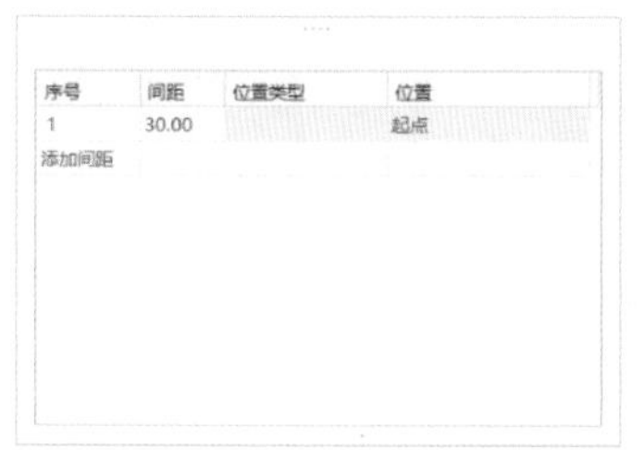

序号	间距	位置类型	位置
1	30.00		起点

添加间距

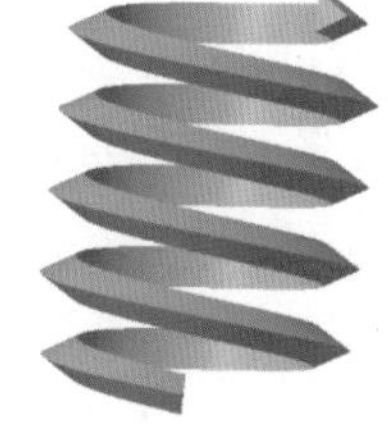

（a）恒定螺距

序号	间距	位置类型	位置
1	40.00		起点
2	30.00		终点
3	15.00	按比率	0.50

添加间距

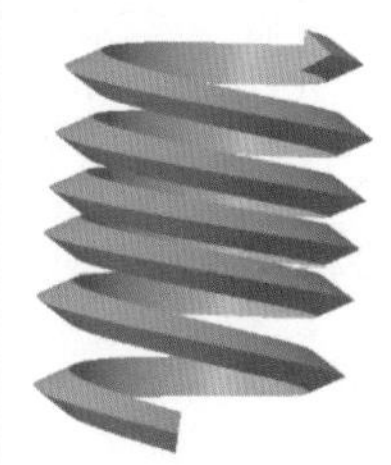

（b）可变螺距

图 4-136 螺旋扫描特征类型

三、建模分析

分析洗发水瓶的三维造型，可以看到洗发水瓶是一个壳体零件，瓶口处有螺纹。瓶身和瓶口造型不同，瓶口是圆柱体，瓶身的每个截面都是椭圆，但椭圆的长轴和短轴不同。因此在造型时，可以利用可变截面扫描特征创建瓶身造型，用拉伸特征创建瓶口造型，通过倒圆角使整体造型顺滑后抽壳，再在瓶口处采用螺旋扫描特征创建螺纹，其建模过程如图 4-137 所示。

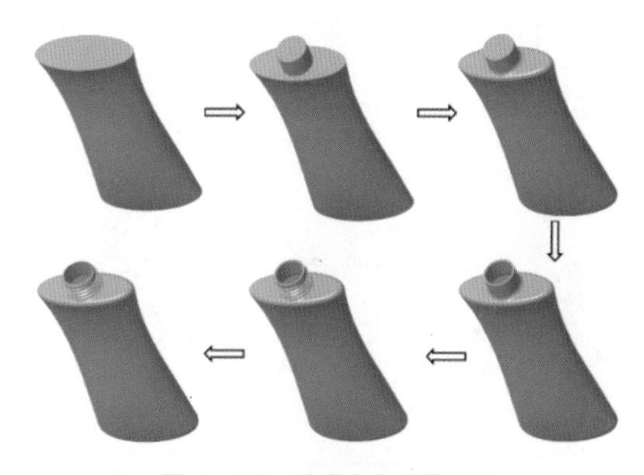

图 4-137 洗发水瓶建模过程

四、操作步骤

1. 新建文件

单击工具栏中（新建）命令按钮，在弹出的“新建”对话框“类型”选项组中选择“零件”单选按钮，“子类型”选项组中选择“实体”单选按钮，“文件名”文本框中输入新建文件名，单击“确定”按钮，进入零件模式。

2. 草绘瓶身轨迹线

（1）单击（草绘）命令按钮，系统弹出“草绘”对话框，在绘图区选择基准平面 FRONT 作为草绘平面，参考为“RIGHT 基准面”，方向为“右”，如图 4-138 所示，单击对话框中的“草绘”命令按钮，进入草绘模式，调整基准平面 FRONT 的方向与用户视线垂直。

（2）绘制如图 4-139 所示的竖直线。单击 ✔（确定）命令按钮，得到草绘特征，如图 4-140 所示。

（3）单击 （草绘）命令按钮，系统弹出“草绘”对话框，在绘图区选择基准平面 FRONT 作为草绘平面，参考为“RIGHT 基准面”，方向为“右”。单击对话框中的“草绘”命令按钮，进入草绘模式，调整基准平面 FRONT 的方向与用户视线垂直。

（4）绘制如图 4-141 所示的样条曲线。单击 ✔（确定）命令按钮，得到草绘特征，如图 4-142 所示。

（5）在模型树上选择绘制的轨迹链 1，在弹出的快捷菜单中单击 （镜像）命令按钮，或者在功能区选择 （镜像）命令按钮，系统弹出特征镜像操作面板。选择 RIGHT 基准面作为镜像平面，单击 ✔（确定）命令按钮，完成特征镜像，结果如图 4-143 所示。

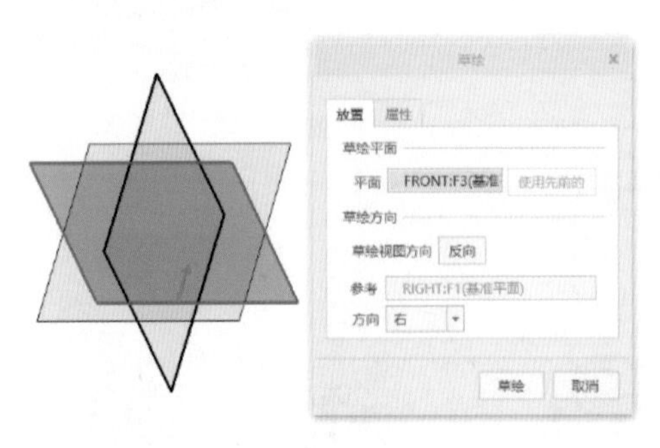

图 4-138 设置原点轨迹线草绘平面

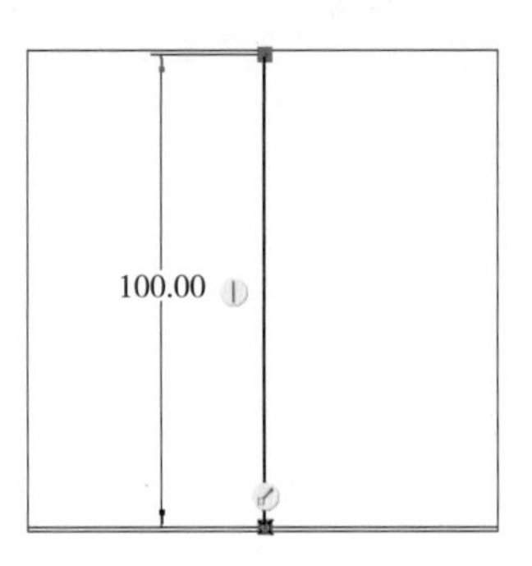

图 4-139 绘制原点轨迹线

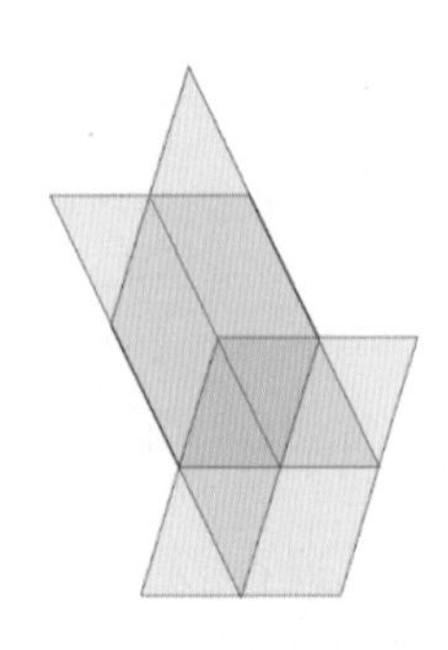

图 4-140 原点轨迹线

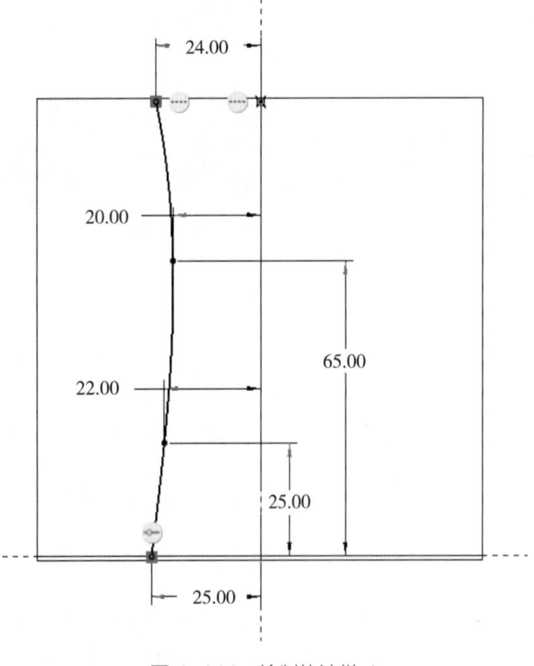

图 4-141 绘制轨迹链 1

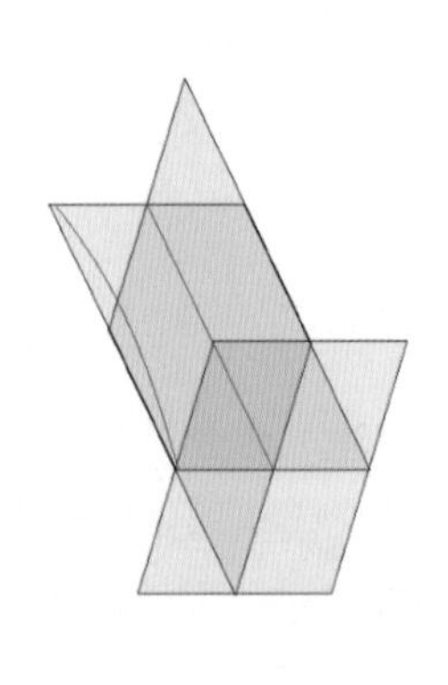

图 4-142 轨迹链 1

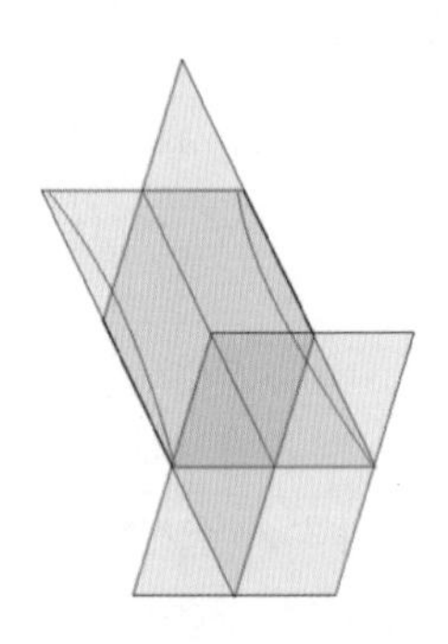

图 4-143 轨迹链 1 镜像结果

（6）单击 （草绘）命令按钮，系统弹出“草绘”对话框，在绘图区选择基准平面 RIGHT 作为草绘平面，参考为“TOP 基准面”，方向为“左”，如图 4-144 所示，单击对话框中的“草绘”命令按钮，进入草绘模式，调整基准平面 RIGHT 的方向与用户视线垂直。

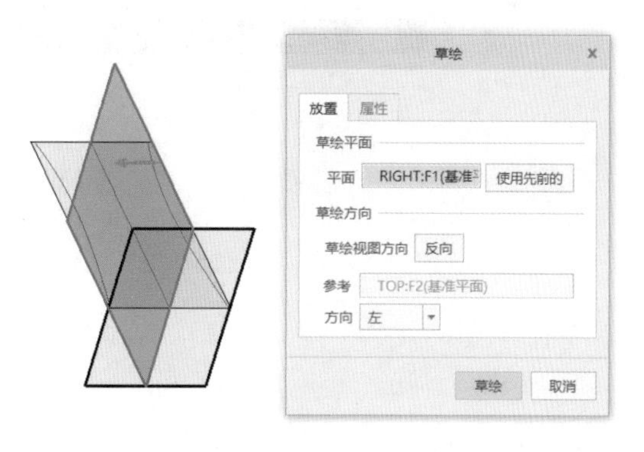

图 4-144　设置轨迹链 3 草绘平面

（7）绘制如图 4-145 所示的样条曲线。单击 （确定）命令按钮，得到草绘特征，如图 4-146 所示。

（8）在模型树上选择绘制的轨迹链 3，在弹出的快捷菜单中单击 （镜像）命令按钮，或者在功能区选择 （镜像）命令按钮，系统弹出特征镜像操作面板。选择 FRONT 基准面作为镜像平面，单击 （确定）命令按钮，完成特征镜像，结果如图 4-147 所示。

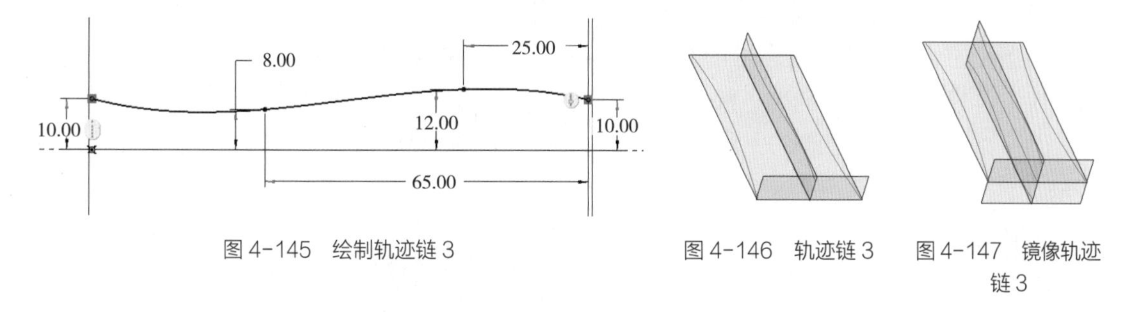

图 4-145　绘制轨迹链 3　　图 4-146　轨迹链 3　　图 4-147　镜像轨迹链 3

3. 扫描洗发水瓶身

（1）单击 （扫描）命令按钮，系统弹出扫描特征操作面板。

（2）确认拉伸类型为 （实体）。

（3）在绘图区选择如图 4-148 所示的原点轨迹线。

（4）按 Ctrl 键在绘图区依次选择如图 4-149 所示的 4 条轨迹链，这时系统自动将扫描特征选项调整为 （可变截面），“参考”面板的“轨迹”栏显示原点轨迹线和多条轨迹链，如图 4-150 所示。

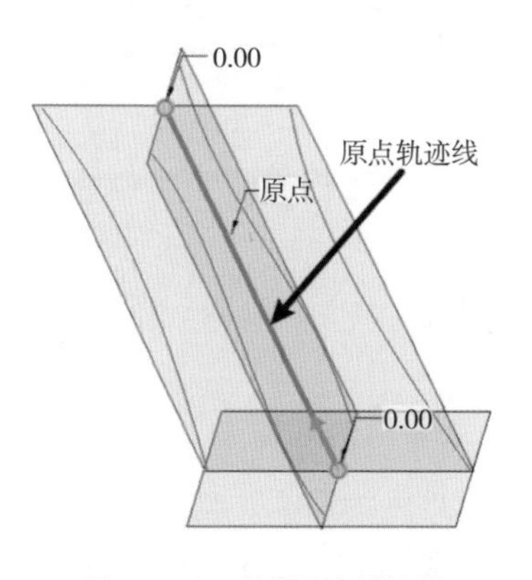

图 4-148　设置原点轨迹线

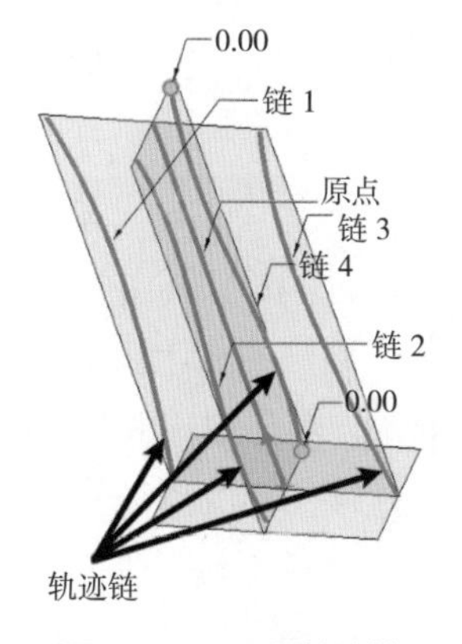

图 4-149　设置轨迹链

图 4-150 可变截面扫描特征控制面板

（5）单击 （草绘）命令按钮，进入内部草绘器。

（6）在原点轨迹线的起点位置绘制如图 4-151 所示的椭圆，绘制时，注意椭圆长轴和短轴的端点要分别与轨迹链的端点重合。单击 （确定）命令按钮，返回扫描特征操作面板。

（7）在扫描特征操作面板上单击 （确定）命令按钮，得到洗发水瓶身造型，如图 4-152 所示。

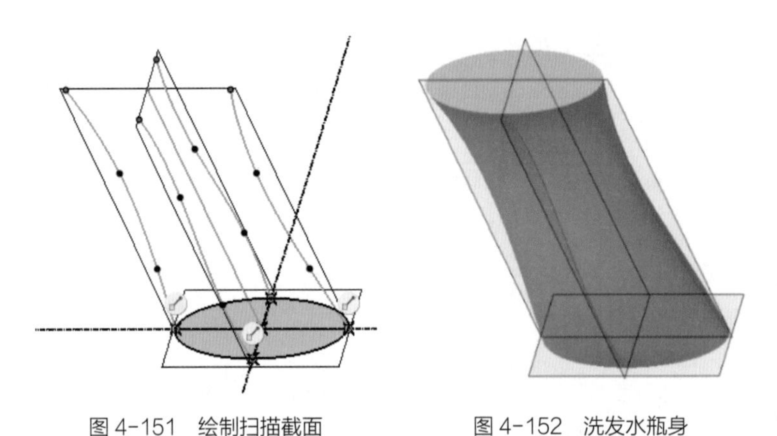

图 4-151 绘制扫描截面　　图 4-152 洗发水瓶身

4. 拉伸洗发水瓶口

（1）单击 （拉伸）命令按钮，系统弹出拉伸特征操作面板。

（2）确认拉伸类型为 （实体）。

（3）单击选择绘图区瓶身的上表面作为草绘平面，如图 4-153 所示，系统自动进入草绘模式，调整草绘平面的方向与用户视线垂直。

（4）绘制如图 4-154 所示的直径为 15 的圆作为瓶口拉伸截面。

（5）单击 （确定）命令按钮，返回拉伸特征操作面板。

（6）设置拉伸深度为 10，单击 （确定）命令按钮，完成瓶口的造型，如图 4-155 所示。

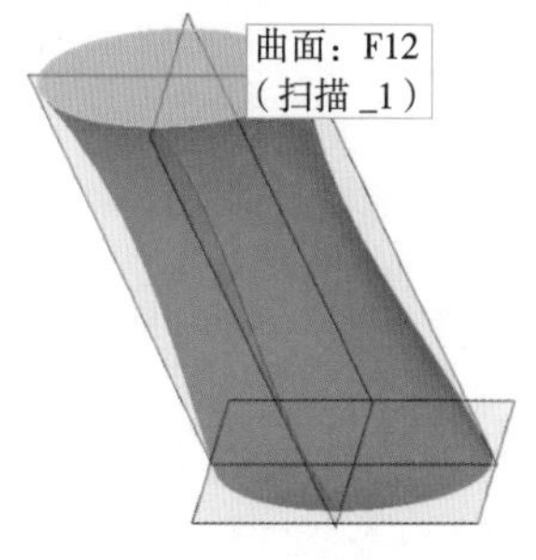

图 4-153　洗发水瓶口草绘平面

图 4-154　瓶口拉伸截面

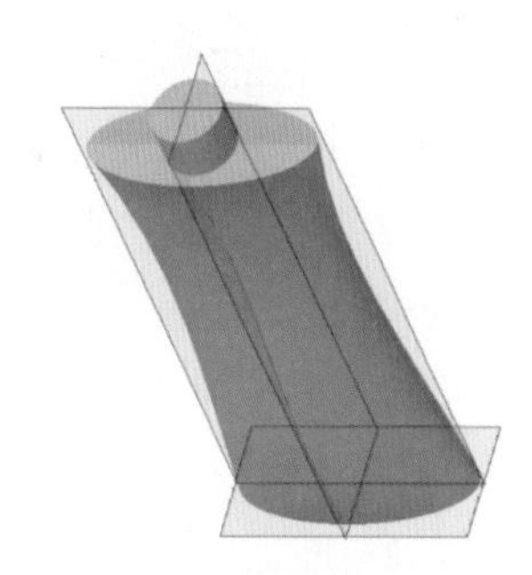

图 4-155　拉伸瓶口

5. 瓶口倒角

（1）单击（倒角）命令按钮，系统弹出倒角特征操作面板。

（2）确认边倒角类型为 45×D，在绘图区选择如图 4-156 所示的边链，设置倒角值为 1，单击（确定）命令按钮，完成瓶口倒角。

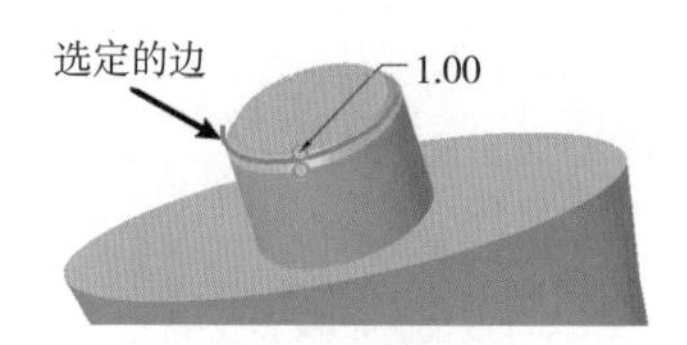

图 4-156　边倒角设置

6. 洗发水瓶倒圆角光滑过渡

（1）单击（倒圆角）命令按钮，系统弹出倒圆角特征操作面板。

（2）在绘图区选择如图 4-157 所示的边链，设置圆角半径为 5，单击（确定）命令按钮，完成倒圆角特征 1 的创建。

（3）单击（倒圆角）命令按钮，系统弹出倒圆角特征操作面板。

（4）在绘图区选择如图 4-158 所示的边链，设置圆角半径为 2，单击（确定）命令按钮，完成倒圆角特征 2 的创建。

（5）单击（倒圆角）命令按钮，系统弹出倒圆角特征操作面板。

（6）在绘图区选择如图 4-159 所示的边链，设置圆角半径为 2，单击（确定）命令按钮，完成倒圆角特征 3 的创建，洗发水瓶造型如图 4-160 所示。

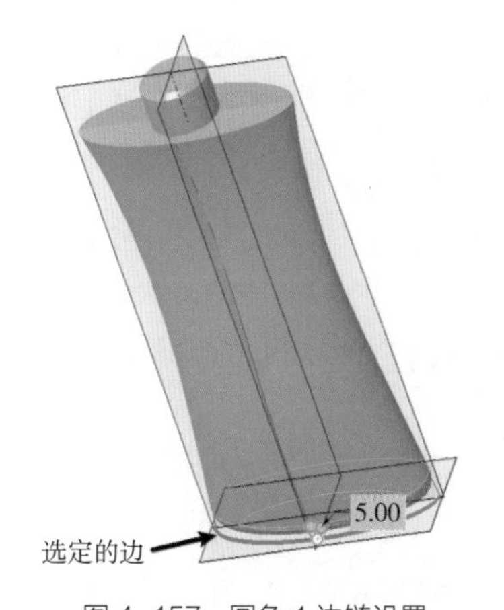

图 4-157　圆角 1 边链设置

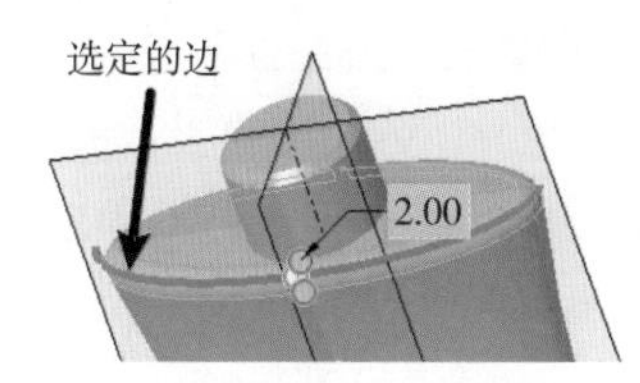

图 4-158　圆角 2 边链设置

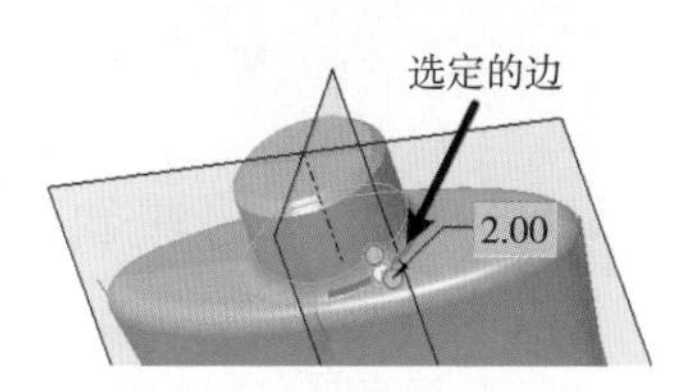

图 4-159　圆角 3 边链设置

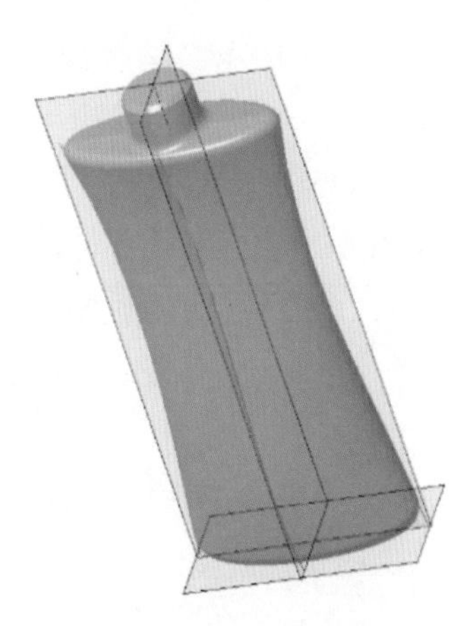

图 4-160　倒圆角结果

7. 洗发水瓶抽壳

（1）单击 （壳）命令按钮，系统弹出壳特征操作面板。

（2）在绘图区选择如图 4-161 所示的瓶口上表面为要移除的面，双击厚度值输入 1，或在控制面板的厚度编辑框中输入 1，如图 4-162 所示。

（3）单击 （确定）命令按钮，完成壳特征的创建，如图 4-163 所示。

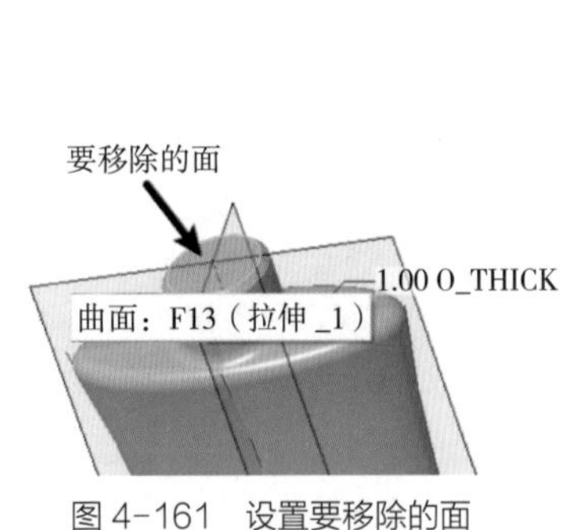

图 4-161 设置要移除的面

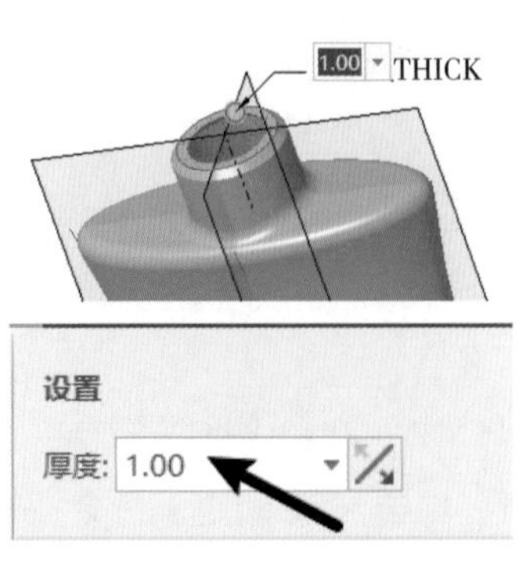

图 4-162 设置壳厚度

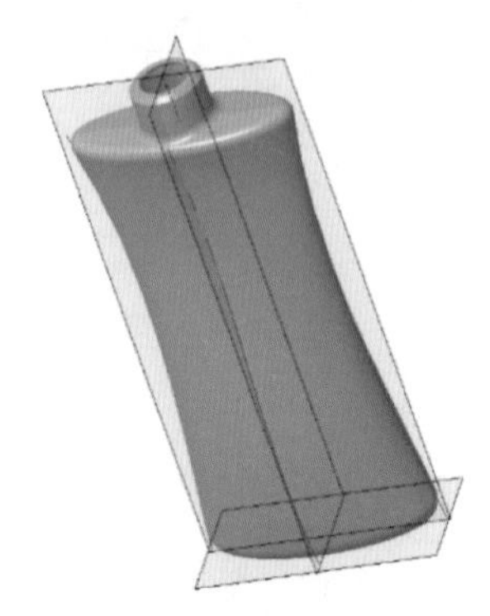

图 4-163 洗发水瓶抽壳

8. 创建瓶口螺纹

（1）单击“扫描”特征命令按钮右下角的箭头，在弹出的面板中选择 （螺旋扫描）命令按钮（图 4-164），系统弹出螺旋扫描特征操作面板。

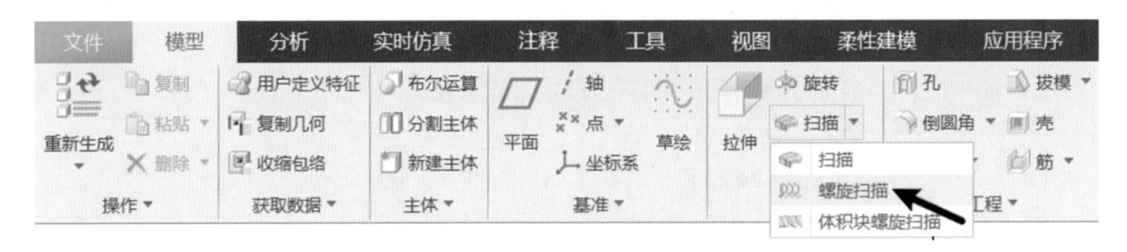

图 4-164 “螺旋扫描”特征命令按钮

（2）确认螺旋扫描类型为 （实体）， （右手定则）。

（3）单击“参考”下滑面板中的“定义”按钮，打开“草绘”对话框，单击选择绘图区的 FRONT 基准面作为草绘平面（螺旋轮廓的草绘平面即为螺旋扫描特征开始面），参考为“RIGHT 基准面”，方向为“右”，如图 4-165 所示。单击对话框中的“草绘”按钮，系统自动进入草绘器，并调整 FRONT 基准面的方向与用户视线垂直。

（4）绘制如图 4-166 所示的二维截面，单击 （确定）命令按钮，返回螺旋扫描特征操作面板。

（5）单击“参考”面板的“螺旋轴”收集器，在绘图区选择旋转特征的轴线作为螺旋轴，如图 4-167 所示。

（6）在绘图区双击输入螺距值 2，或在控制面板的间距编辑框中输入 2，并确保螺纹的方向，如图 4-168 所示。

（7）单击 （草绘）命令按钮，进入内部草绘器。

（8）在螺旋轮廓起点处绘制如图 4-169 所示的等边三角形。

（9）单击 ✓（确定）命令按钮，返回螺旋扫描特征操作面板。单击 ✓（确定）命令按钮，完成螺旋扫描特征的创建，结果如图 4-170 所示。

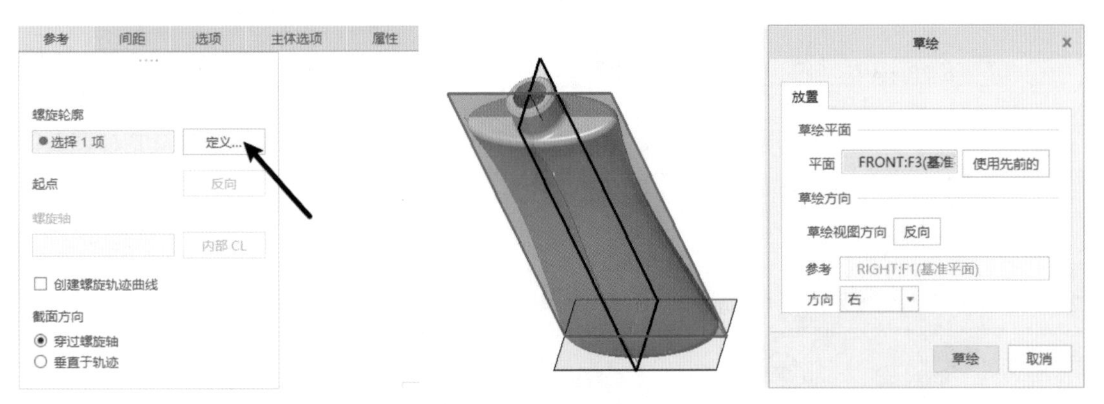

图 4-165　设置螺旋轮廓草绘平面

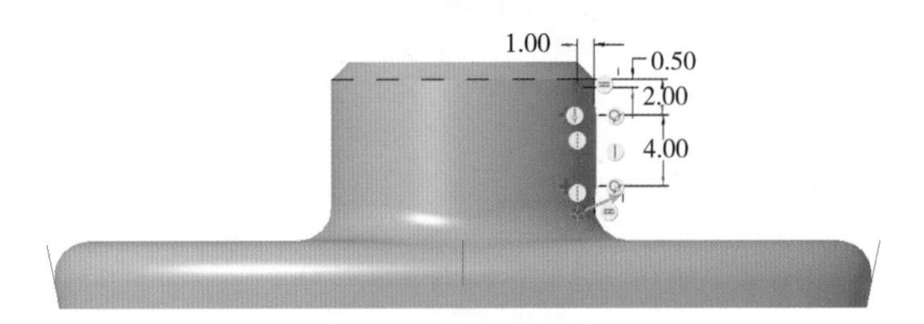

图 4-166　螺旋轮廓

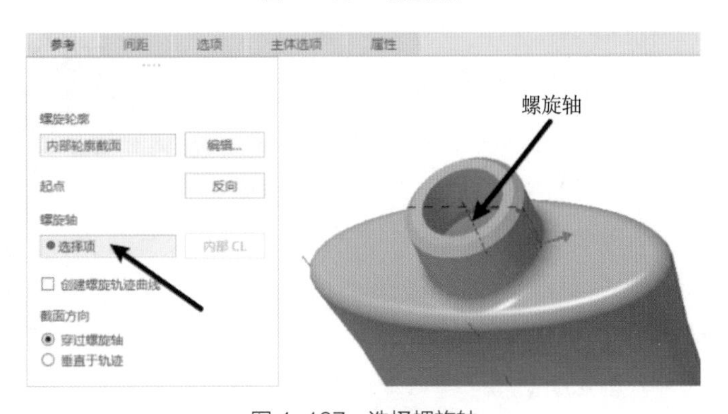

图 4-167　选择螺旋轴

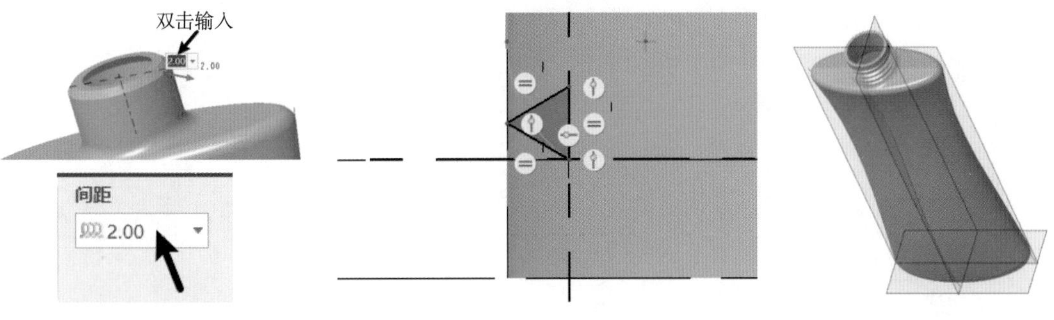

图 4-168　设置螺距值　　图 4-169　螺旋扫描特征截面　　图 4-170　螺旋扫描特征

9. 保存文件

单击工具栏中的 （保存）命令按钮，保存当前模型文件。

五、知识拓展

（一）可变截面扫描特征创建失败的原因

在创建可变截面扫描特征时，若出现特征轮廓未符合选定的轨迹链，可以检查扫描截面草绘时，相关的草绘图元是否约束到了相应的轨迹链，如图 4-171 所示。

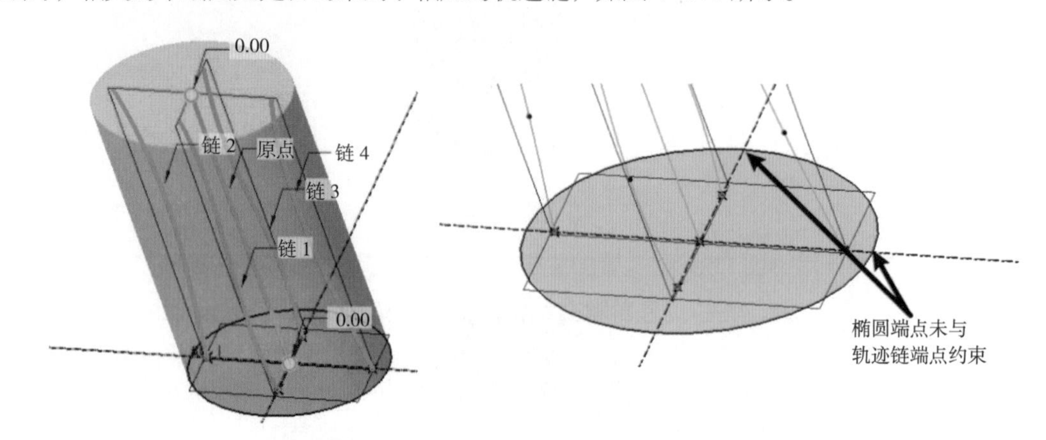

图 4-171　可变截面扫描特征失败

（二）壳特征创建失败的原因

在大部分情况下，壳特征的创建过程实际就是外观面组的等距离偏移过程，因此壳特征是否能创建成功基本取决于曲面组的偏移能否成功。常见的壳特征失败的原因主要有：

1. 存在最小半径过小的曲面

如果在模型的外观面组中存在曲面最小半径（在偏移方向上）小于壳特征厚度（偏移值）的情况时，就会导致薄壳特征的失败。例如，洗发水瓶上曲面最小半径为 2mm，因此无法创建厚度大于 2 的壳特征。

2. 相邻曲面偏移后无法相交

如果模型的外观面组中存在有两个相邻曲面偏移后无法相交，也会导致壳特征的失败。如图 4-172 所示的相邻两个圆柱面偏移壳特征厚度后，偏移面无法相交，因此无法创建壳特征。

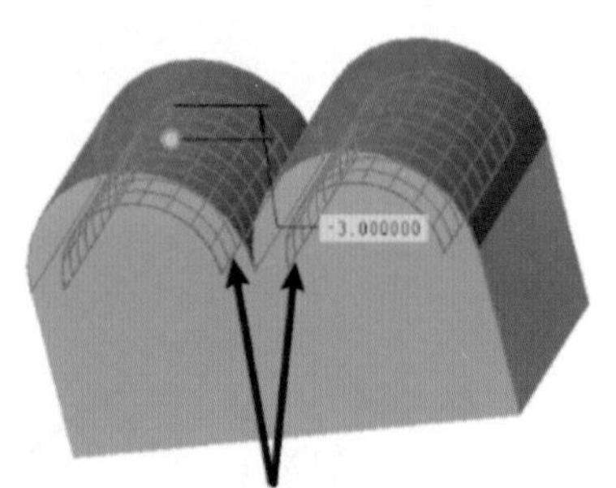

两偏移面不相交

几何：
曲面:F5(拉伸_1)
曲面:F5(拉伸_1)
偏移：-3.00
数量：10　10
质量：40.00
40.00
ANALYSIS_OFFSET_1

图 4-172　两个相邻面偏移后无法相交

（三）壳特征的创建顺序

在创建壳特征时，特征的创建顺序不同，抽壳结果也不同，如图 4-173 所示。

(a) 先打孔后抽壳

(b) 先抽壳后打孔

(c) 先倒圆角后抽壳

(d) 先抽壳后倒圆角

图 4-173 壳特征顺序

任务 5 创建吹风机壳三维模型

4-12 混合特征　4-13 旋转特征　4-14 扫描混合特征　4-15 填充阵列

在 Creo Parametric 中，创建如图 4-174 所示的吹风机壳三维模型。

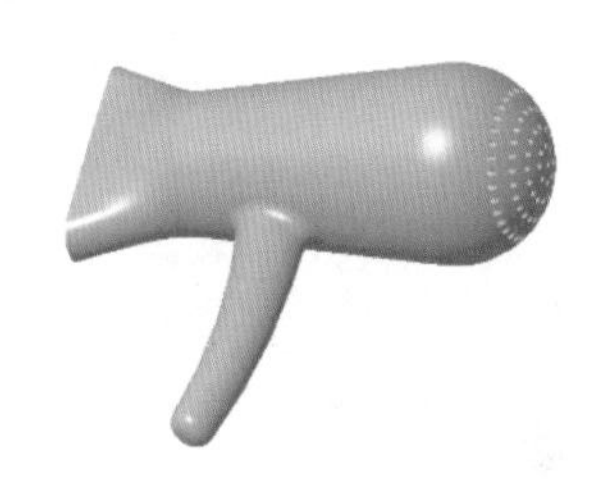

图 4-174 吹风机壳三维模型

一、学习目标

（1）能够应用混合描特征创建零件的三维造型。

（2）能够应用壳征创建薄壳零件。

（3）能够应用特征填充阵列完成特征的复制。

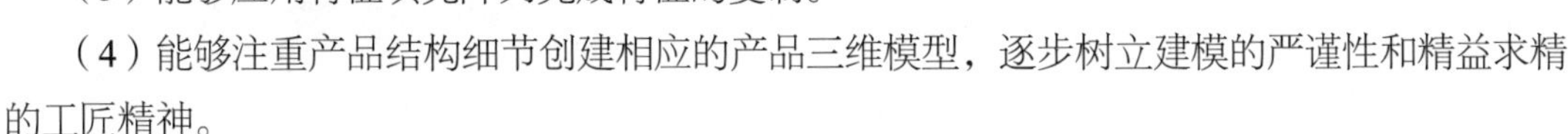

（4）能够注重产品结构细节创建相应的产品三维模型，逐步树立建模的严谨性和精益求精的工匠精神。

二、相关知识点

（一）混合特征

1. 混合特征概述

混合特征是将两个或两个以上的平面截面图形，通过在其边处用过渡曲面依次连接而成。各截面之间是渐变的，混合特征可以满足在一个实体中出现多个不同截面的要求。

2. 混合特征的要素

从混合特征生成原理可以看出，混合特征的要素包括：两个或两个以上的平行截面、截面间的距离，如图 4-175 所示。

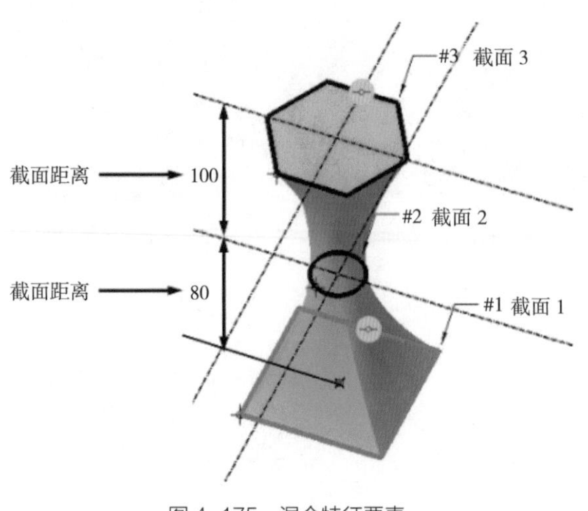

图 4-175 混合特征要素

混合特征的截面有以下要求：

（1）可以使用选定截面，也可以使用内部草绘截面。如果混合中的第一个截面是一个内部草绘，那么混合中的其余截面必须为内部草绘。如果第一个截面是通过选择截面定义的，那么其余截面也必须通过选择截面定义。

（2）每个特征截面的线段数量（或顶点数）必须相等。如果各截面的顶点数不相等，则必须按照“以少变多”的原则产生新的顶点数：在草绘器中，单击（分割）命令按钮，直接在截面图形上新增所需的分割点，如图 4-176 所示；或者点击截面上的顶点，按鼠标右键，在弹出的快捷菜单选择“混合顶点”命令，将该顶点设置为混合顶点，相邻截面上的多个顶点会同时连接至该指定的混合顶点，如图 4-177 所示。混合的第一个截面或最后一个截面可以是单个点，如图 4-178 所示。

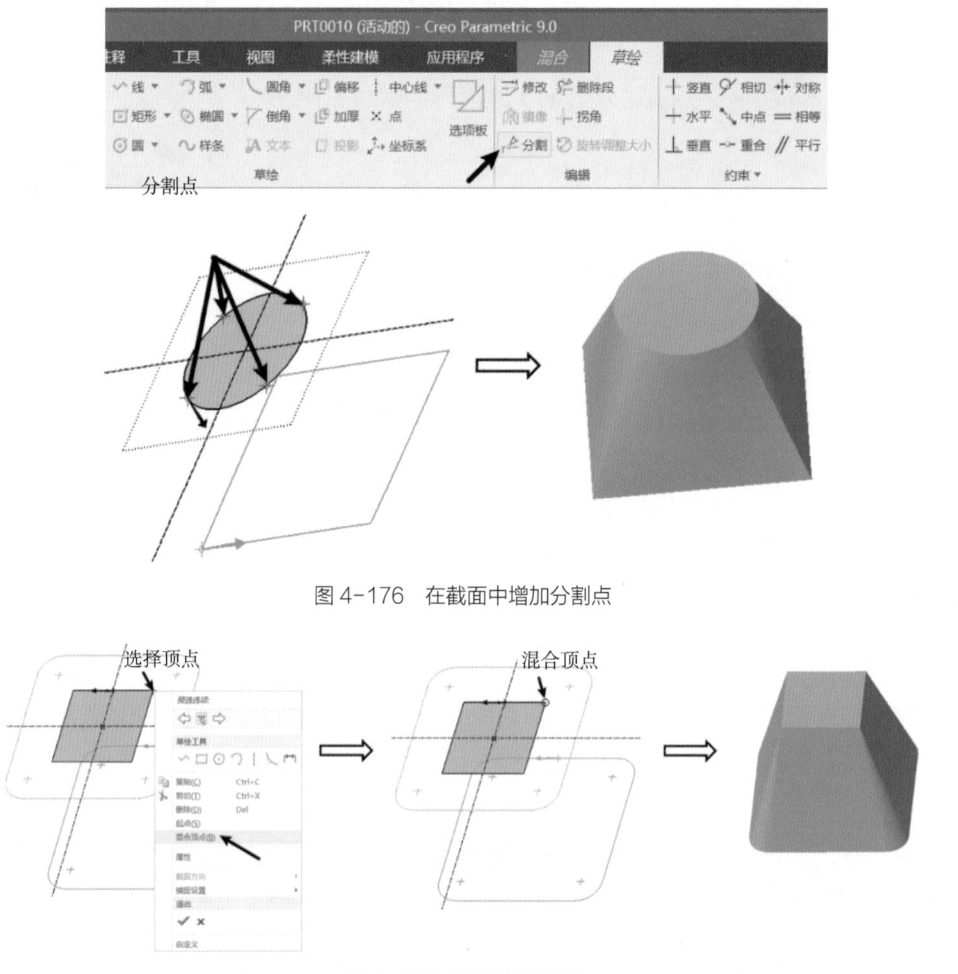

图 4-176 在截面中增加分割点

图 4-177 建立混合顶点

（3）要合理确定每个截面的起点位置和方向，如果某截面的起点位置不对，可以在截面图形上重新选定顶点，然后选择右键快捷菜单中的“起点”命令修改，如图 4-179 所示。如果某截面的起点位置方向不对，可以在截面图形上重新选定起点，然后选择右键快捷菜单中的“起点”命令修改方向，如图 4-180 所示。

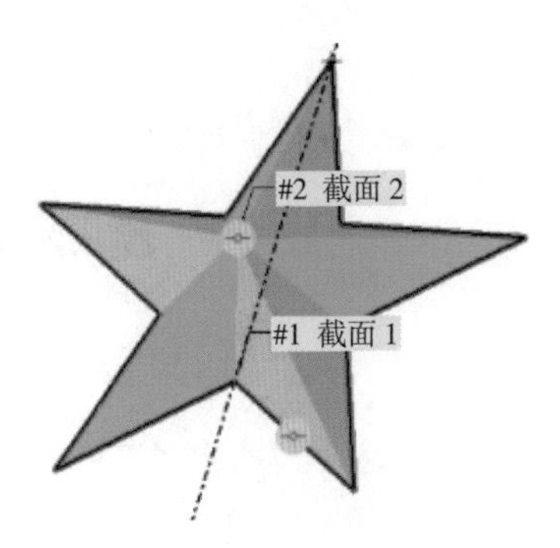

图 4-178　最后一个截面是单点

3. 混合特征操作面板

单击功能区的“形状”组名称，在弹出的面板中选择 （混合）命令按钮，功能区则弹出混合特征操作面板，如图 4-181 所示。其中“截面”面板用于定义混合截面，截面可以是选定的，也可以是草绘的。“选

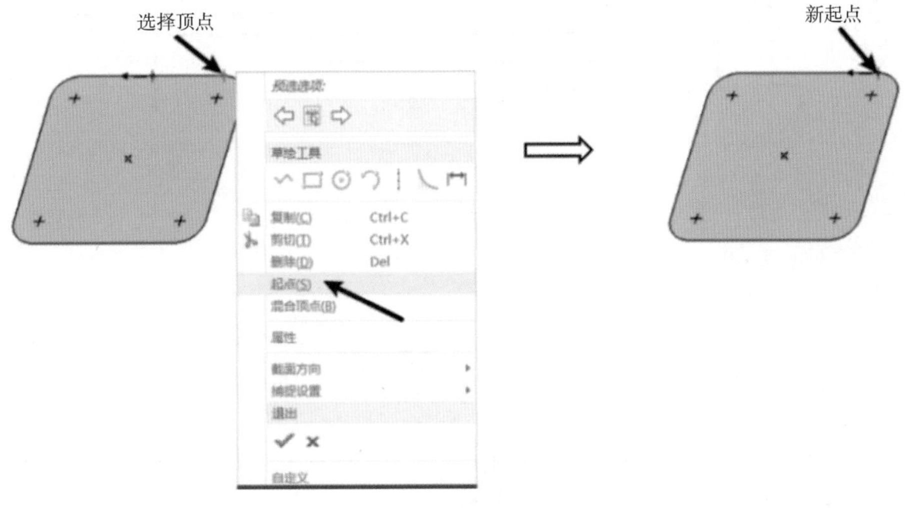

图 4-179　修改截面的起点位置

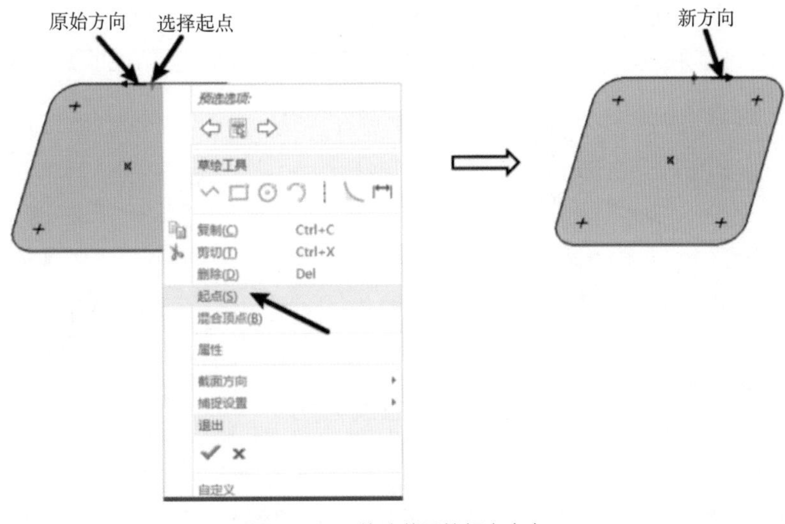

图 4-180　修改截面的起点方向

项”面板用于定义截面间过渡形式等。“相切”面板用于定义和相邻模型几何间的关系。“主体选项”面板用于设置是否创建新的主体。“属性”面板可以查看当前特征的信息，或者对特征重命名。

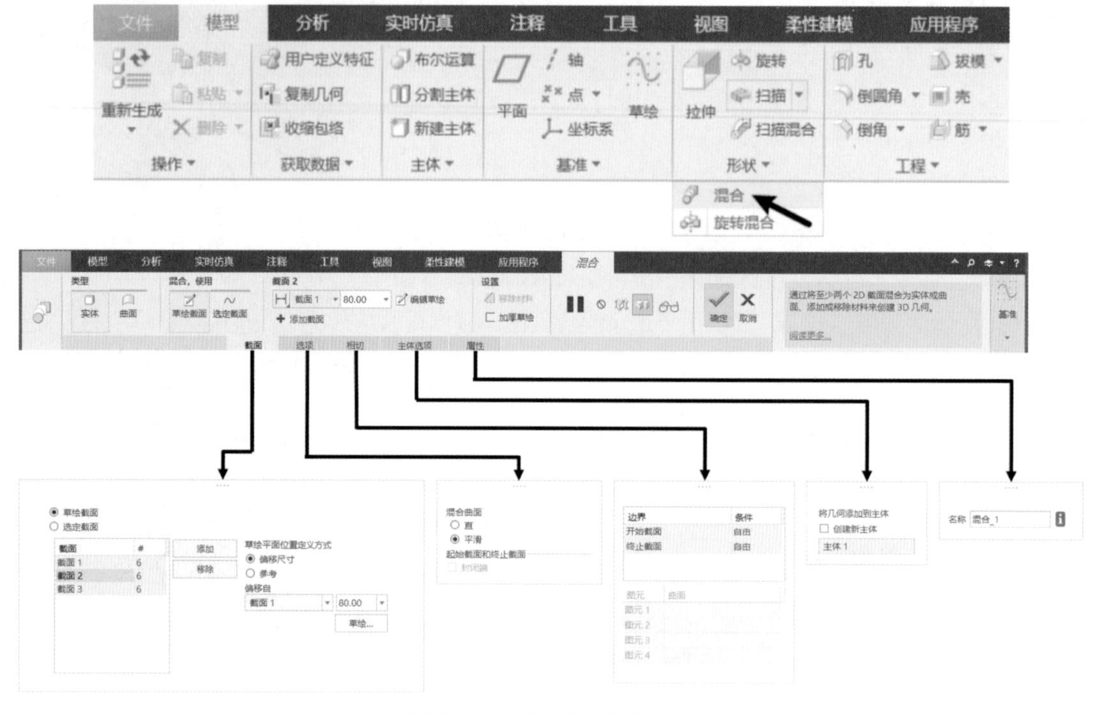

图 4-181 混合特征操作面板

4. 混合类型设置

Creo Parametric 提供了多种混合特征类型，包括 □（实体）、□（曲面）、□（实体薄壁）和 ◿（移除实体），其命令按钮和功能与拉伸特征相类似。

5. 混合特征截面间连接方式

在“选项”面板中提供了两种不同的截面间连接方式：直、平滑，可以获得不同的混合特征造型，其中“直”选项在截面间形成直面，“平滑”选项在截面间形成平滑曲面，如图 4-182 所示。

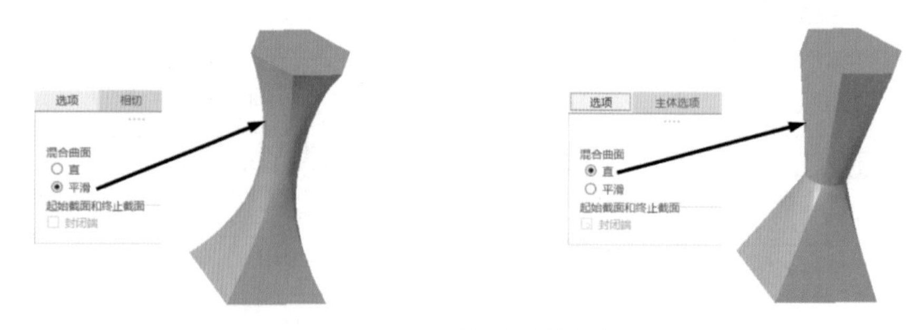

图 4-182 截面间连接方式

6. 混合特征起始截面连接形式

在“相切”面板中提供了混合特征不同的起始截面与相邻模型几何间的连接形式：自由、垂直、相切，各连接形式的说明及图例见表 4-12。

表 4-12 混合特征起始截面连接形式的说明及图例

连接形式	说明	图例
自由	起始截面不受曲面参考的影响	#1 截面 1 #2 截面 2
相切	起始截面与曲面参考相切	#1 截面 1 #2 截面 2
垂直	起始截面与曲面参考垂直	#1 截面 1 #2 截面 2

（二）扫描混合特征

1. 扫描混合特征概述

扫描混合特征是将一组截面的边用过渡（渐变）曲面沿某一条轨迹线连接而成。它既具有扫描特征的特点，又有混合特征的特点，是扫描和混合两种建模方式的综合，即在扫描的同时进行混合的建模方式。

2. 扫描混合特征的要素

从扫描混合特征生成原理可以看出，扫描混合特征的要素包括：两个或两个以上的二维截面、轨迹线，如图 4-183 所示。

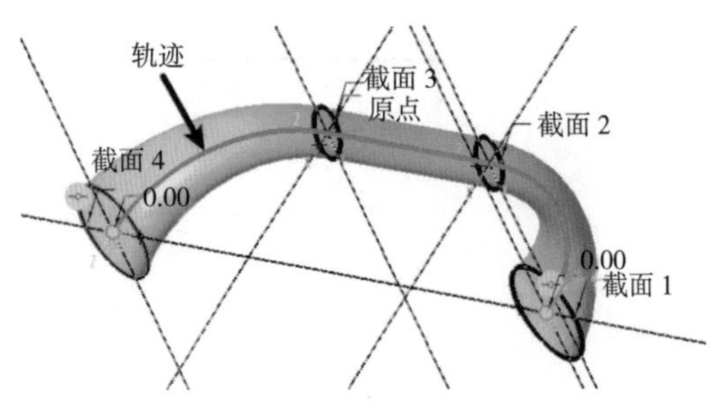

图 4-183 扫描混合特征要素

3. 扫描混合特征操作面板

单击（扫描混合）命令按钮，功能区则弹出扫描混合特征的操作面板，如图 4-184 所示。其中“参考”面板可以创建或重定义选定的轨迹、截平面控制等相关参数。“截面”面板用于定义混合截面。“相切”面板可以定义扫描混合的端面和相邻模型几何间的连接关系。“选项”面板可以设置扫描混合面积和周长控制选项。“主体选项”面板用于设置是否创建新的主体。“属性”面板可以查看当前特征的信息，或者对特征重命名。

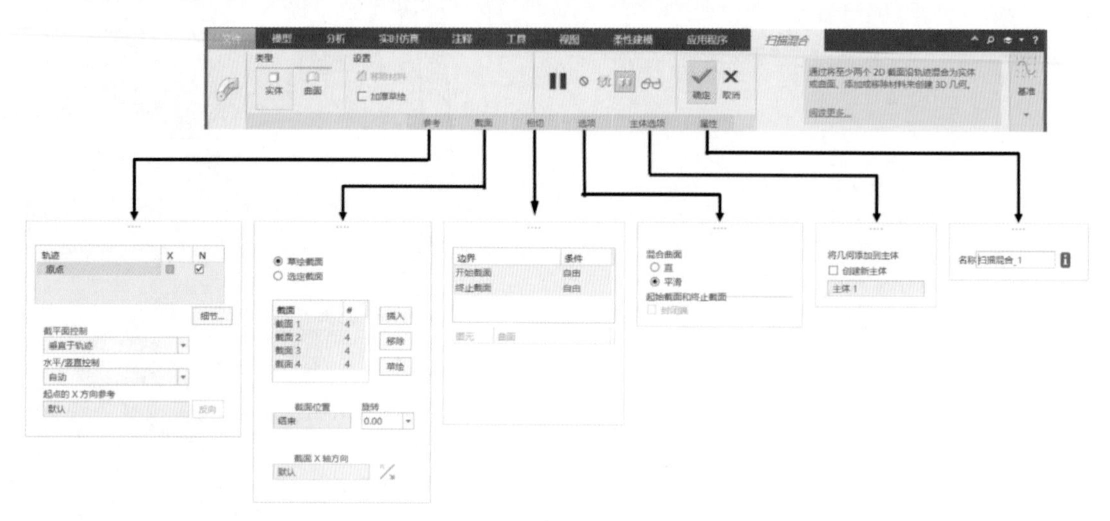

图 4-184 扫描混合特征操作面板

（三）特征填充阵列

1. 特征填充阵列操作面板

特征填充阵列是通过根据选定栅格来填充指定填充区域的阵列，选择要阵列的特征，单击 ⊞（阵列）命令按钮，功能区则弹出特征阵列操作面板，选择阵列类型为“填充”，特征填充阵列操作面板如图 4-185 所示。其中“参考”面板用来定义阵列进行填充的区域。“选项”面板用来定义阵列再生选项。“属性”面板可以查看当前阵列的信息，或者对阵列重命名。

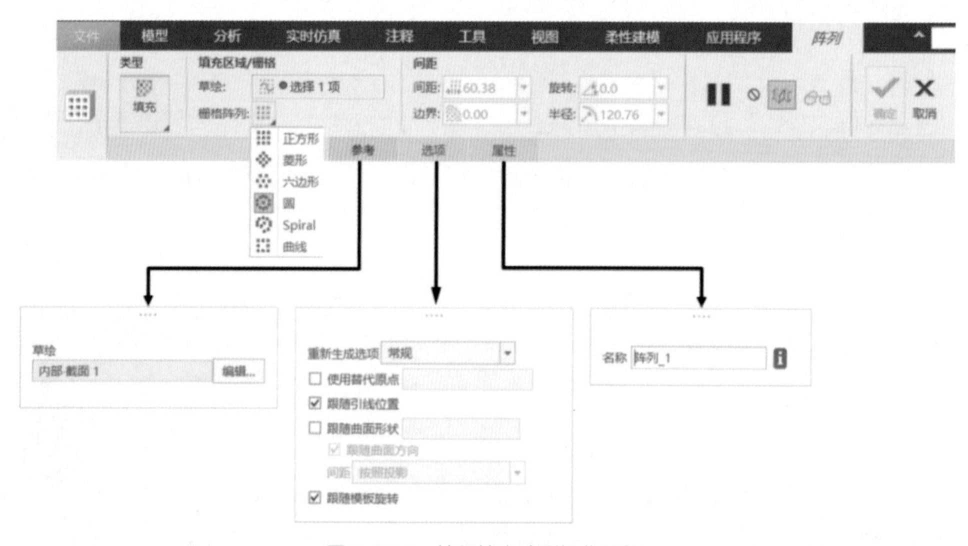

图 4-185 特征填充阵列操作面板

2. 填充阵列栅格类型

填充阵列提供了不同的栅格类型，各栅格类型的说明及图例见表 4-13。

表 4-13 各种栅格类型的说明及图例

栅格类型	说明	图例
正方形	以正方形阵列	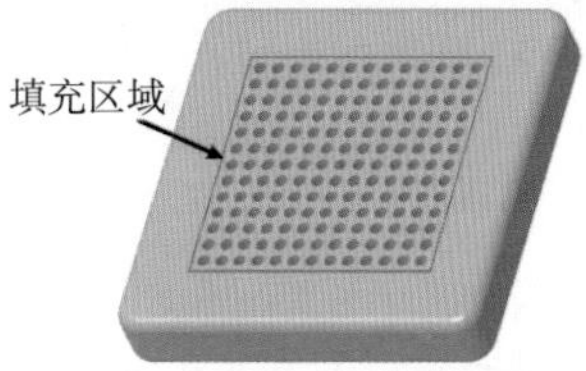 填充区域
菱形	以菱形阵列	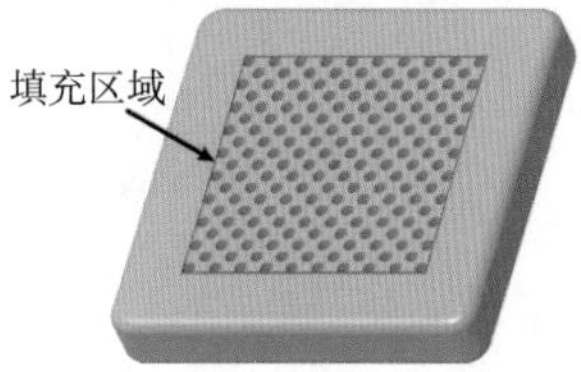 填充区域
六边形	以六边形阵列	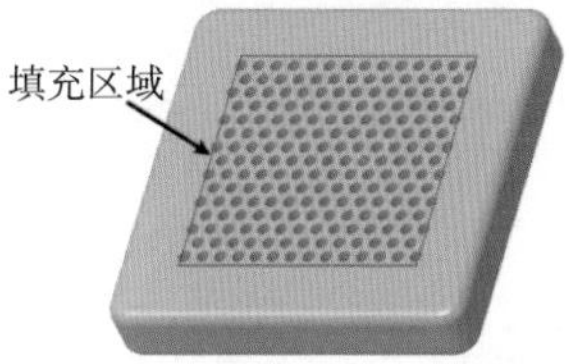 填充区域
圆	以同心圆阵列	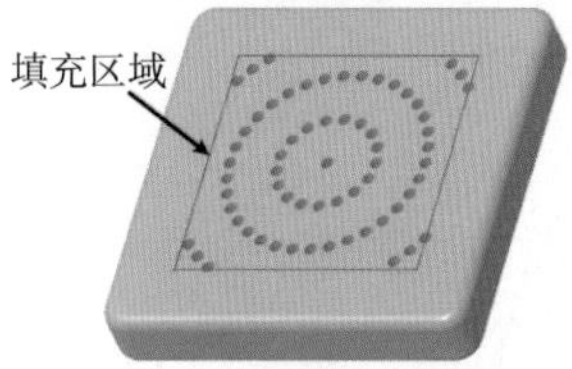 填充区域
Spiral	沿着螺旋线阵列	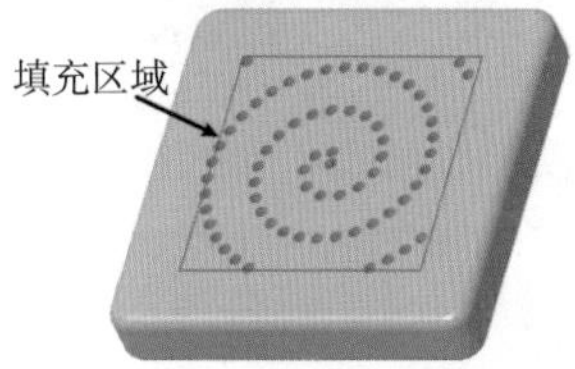 填充区域
曲线	沿着草绘曲线阵列	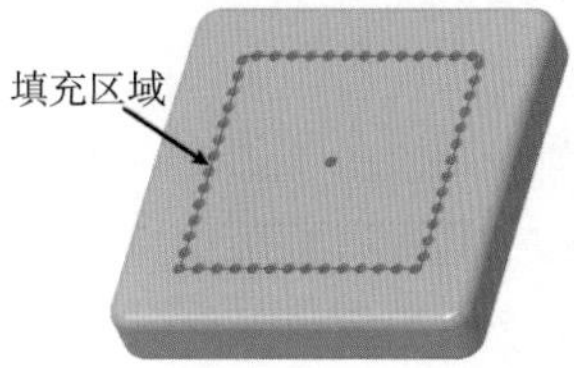 填充区域

三、建模分析

分析吹风机外壳的三维造型，可以看到它是一个壳体零件，机身部分是一个回转体结构，吹嘴部分由圆形光滑过渡到长圆形，而把手是由一个小的椭圆截面沿轨迹变化成一个大的椭圆截面，进风孔以同心圆的形式均匀阵列。因此在造型时，可以利用混合特征创建吹嘴部分，再利用旋转特征创建机身，之后用扫描混合特征创建把手，通过倒圆角使整体造型顺滑后抽壳，最后拉伸切除并阵列进风孔，其建模过程如图 4-186 所示。

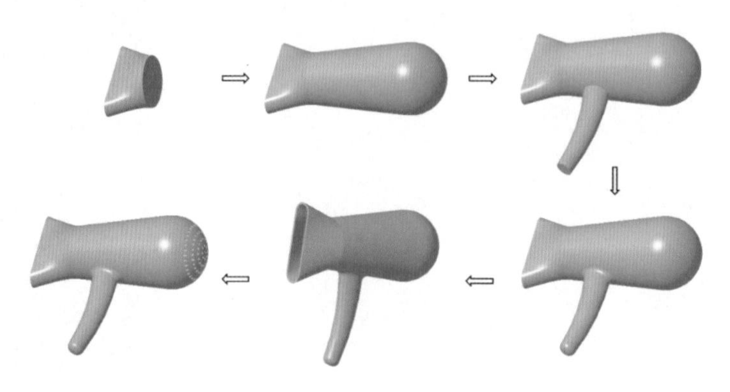

图 4-186　吹风机壳建模过程

四、操作步骤

1. 新建文件

单击工具栏中 （新建）命令按钮，在弹出的“新建”对话框“类型”选项组中选择“零件”单选按钮，“子类型”选项组中选择“实体”单选按钮，“文件名”文本框中输入新建文件名，单击“确定”按钮，进入零件模式。

2. 混合吹嘴造型

（1）单击功能区的“形状”组名称，在弹出的面板中选择 （混合）命令按钮（图 4-187），系统弹出混合特征操作面板。

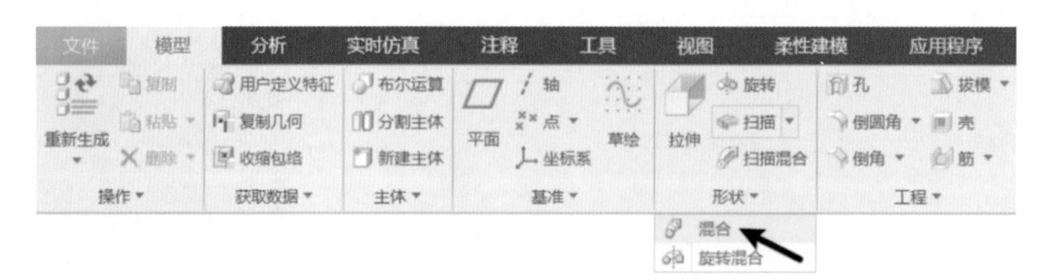

图 4-187　“混合”命令按钮

（2）确认混合类型为 （实体）。

（3）在“截面”面板中单击“定义”命令按钮，弹出“草绘”对话框，在绘图区选择基准平面 RIGHT 作为草绘平面，参考为“TOP 基准面”，方向为“左”如图 4-188 所示，单击对话框中的“草绘”按钮，进入草绘模式，调整基准平面 RIGHT 的方向与用户视线垂直。

（4）绘制如图 4-189 所示的长圆形封闭图形。单击 ✔（确定）命令按钮，回到扫描混合特征操作面板。

（5）单击控制面板的 ✎（编辑草绘）命令按钮，或“截面”面板的“草绘”命令按钮，进入内部草绘器绘制第二个截面。

（6）绘制如图 4-190 的直径为 50 的圆。为保证绘制的圆的顶点数与第一个截面的顶点数一致，在绘制的圆上增加 4 个分割点，并调整起点位置和方向，如图 4-191 所示。

（7）调整视图方向为“标准方向”，在绘图区双击截面间距值输入 40，或在控制面板的间距编辑框中输入 40（图 4-192），单击 ✔（确定）命令按钮，完成混合特征的创建，结果如图 4-193 所示。

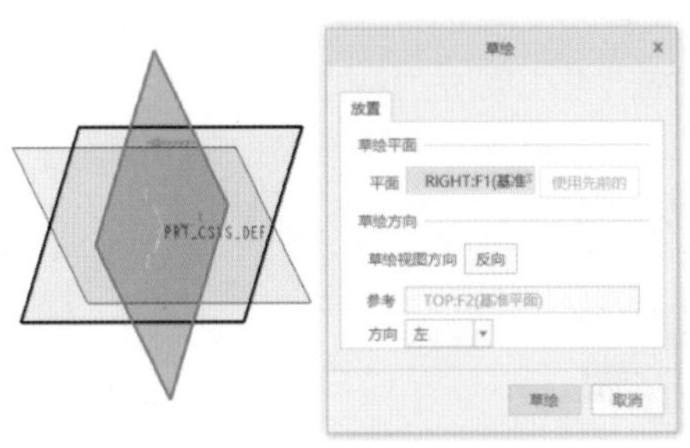

图 4-188　截面 1 草绘平面

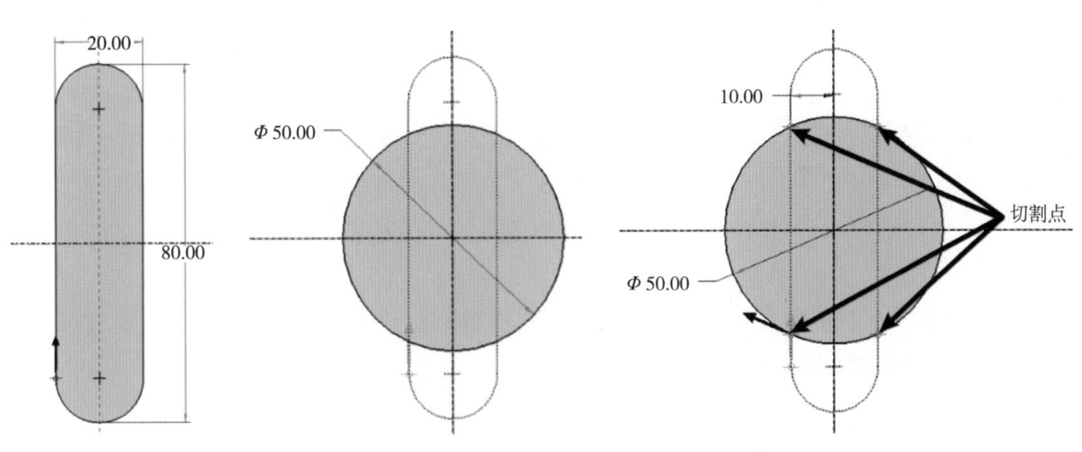

图 4-189　绘制第一个截面　　图 4-190　绘制第二个截面的圆　　图 4-191　增加分割点

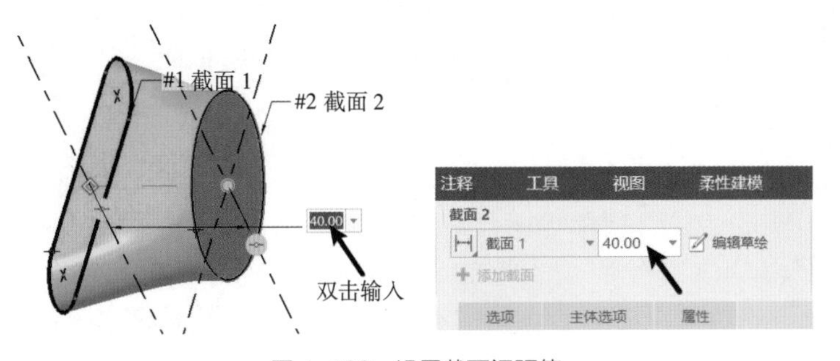

图 4-192　设置截面间距值

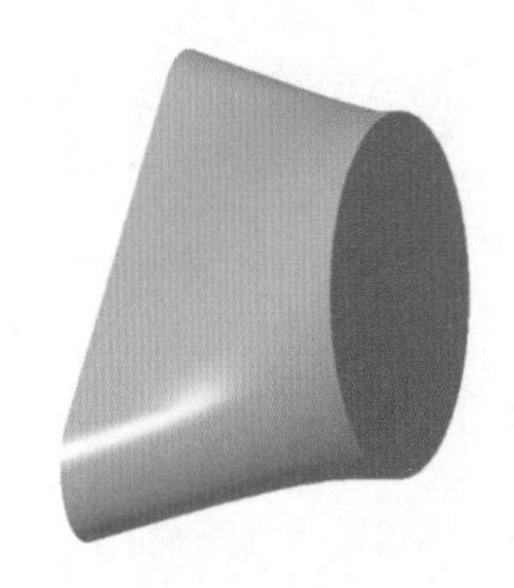

图 4-193　吹风机吹嘴造型

3. 旋转吹风机机身

（1）单击（旋转）命令按钮，系统弹出旋转特征操作面板。

（2）确认旋转类型为（实体）。

（3）单击选择绘图区的 FRONT 基准面作为草绘平面，系统自动进入草绘模式，调整 FRONT 基准面的方向与用户视线垂直。

（4）选择“基准”命令组中的（中心线）命令按钮，在绘图区绘制一条水平的中心线作为旋转轴，如图 4–194 所示。

（5）绘制如图 4–195 所示的二维封闭图形。

（6）单击（确定）命令按钮，返回旋转特征操作面板。调整视图方向为“标准方向”，这时旋转角度的缺省值为 360，不需要修改，单击（确定）命令按钮，完成旋转特征的创建，如图 4–196 所示。

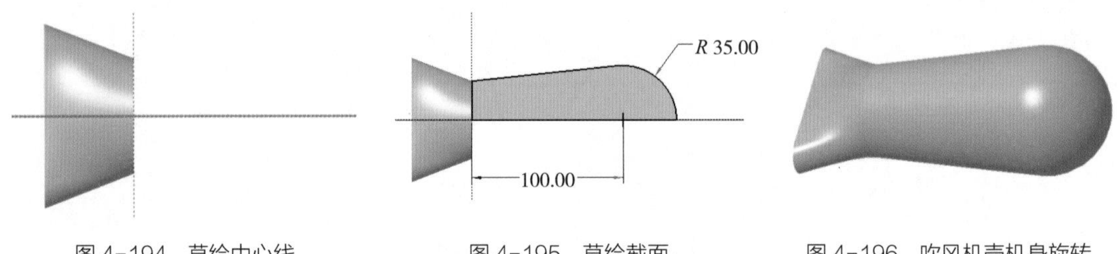

图 4–194 草绘中心线 图 4–195 草绘截面 图 4–196 吹风机壳机身旋转

4. 扫描混合吹风机把手

（1）单击（草绘）命令按钮，系统弹出“草绘”对话框，在绘图区选择基准平面 FRONT 作为草绘平面，参考为“RIGHT 基准面”，方向为“右”。单击对话框中的“草绘”按钮，进入草绘模式，调整基准平面 FRONT 的方向与用户视线垂直。

（2）绘制如图 4–197 所示的圆弧。单击（确定）命令按钮，得到草绘特征，如图 4–198 所示。

（3）单击（扫描混合）命令按钮，系统弹出扫描混合特征操作面板。

（4）确认拉伸类型为（实体）。

（5）在绘图区选择如图 4–199 所示的原点轨迹线。

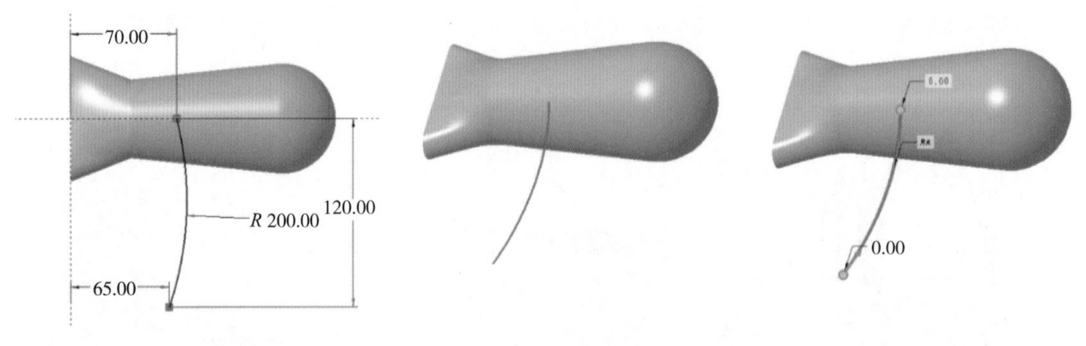

图 4–197 绘制扫描混合轨迹线 图 4–198 扫描混合轨迹线 图 4–199 设置原点轨迹线

（6）打开“截面”面板，选择“草绘”命令按钮（图 4-200），进入内部草绘器。

（7）在原点轨迹线的起点位置绘制如图 4-201 所示的直径为 16 的圆。

（8）单击 ✔（确定）命令按钮，返回扫描混合特征操作面板。在“截面”面板先选择“插入”命令按钮（图 4-202），再选择“草绘”命令按钮，进入内部草绘器。

（9）在原点轨迹线的终点位置绘制如图 4-203 所示的长轴直径为 30、短轴直径为 20 的椭圆。

（10）单击 ✔（确定）命令按钮，返回扫描混合特征操作面板。在扫描特征操作面板上单击 ✔（确定）命令按钮，得到把手造型，如图 4-204 所示。

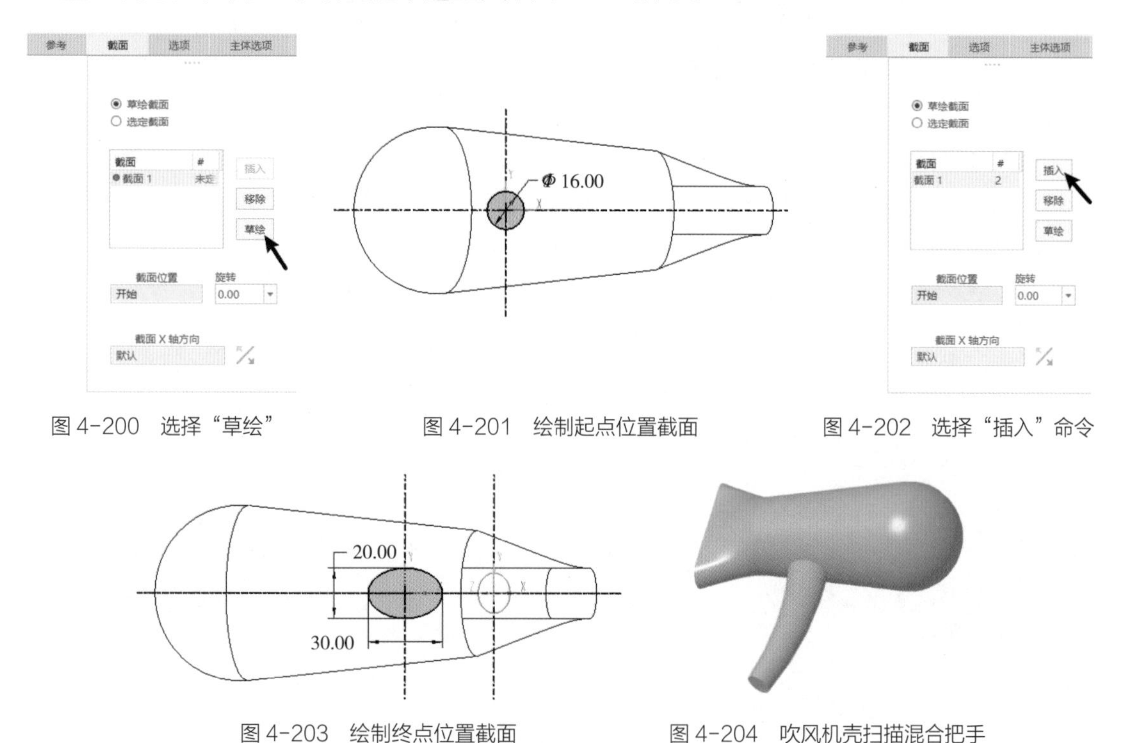

图 4-200　选择“草绘”　　图 4-201　绘制起点位置截面　　图 4-202　选择“插入”命令

图 4-203　绘制终点位置截面　　图 4-204　吹风机壳扫描混合把手

5. 倒圆角

（1）单击（倒圆角）命令按钮，系统弹出倒圆角特征操作面板。

（2）在绘图区按 Ctrl 键依次选择如图 4-205 所示的边链，设置圆角半径为 6，单击 ✔（确定）命令按钮，完成倒圆角特征的创建，结果如图 4-206 所示。

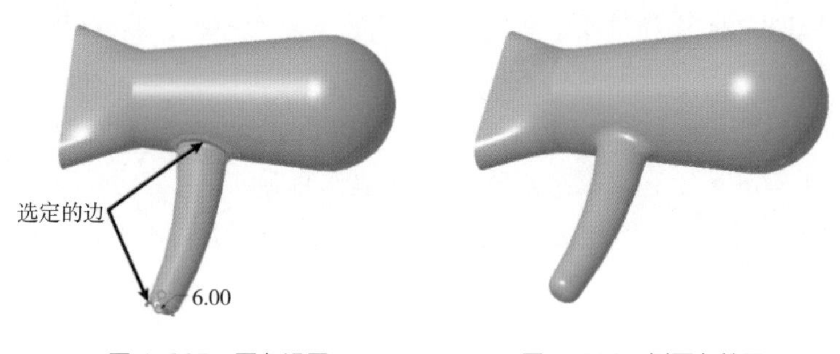

图 4-205　圆角设置　　图 4-206　倒圆角结果

6. 吹风机壳体抽壳

（1）单击 （壳）命令按钮，系统弹出壳特征操作面板。

（2）在绘图区选择如图 4-207 所示的吹嘴表面为要移除的面，设置厚度值为 2。

（3）单击 （确定）命令按钮，完成壳特征的创建，如图 4-208 所示。

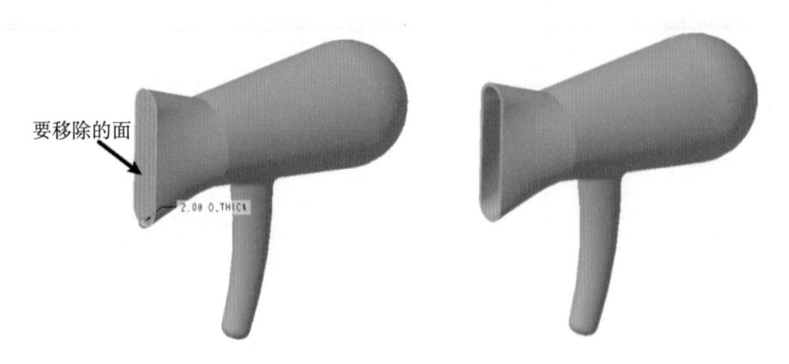

图 4-207　设置要移除的面　　　　图 4-208　抽壳

7. 拉伸切除进风口

（1）单击 （平面）命令按钮，系统弹出“基准平面”对话框。

（2）在绘图区选择如图 4-209 所示的边，并设置约束类型为“穿过”，单击 （确定）命令按钮，得到基准平面 DTM1，如图 4-210 所示。

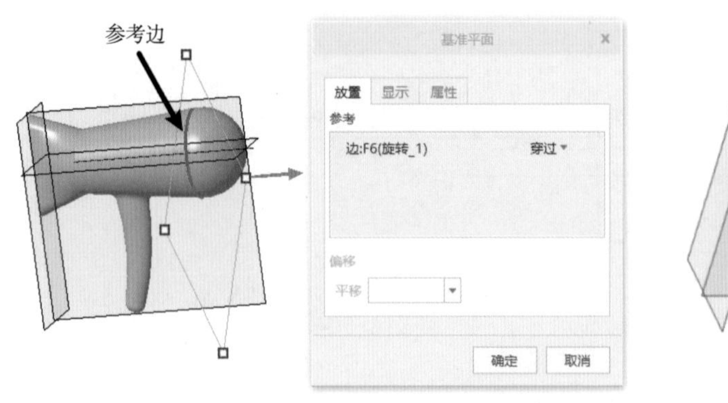

图 4-209　设置基准平面 DTM1 参考和约束类型

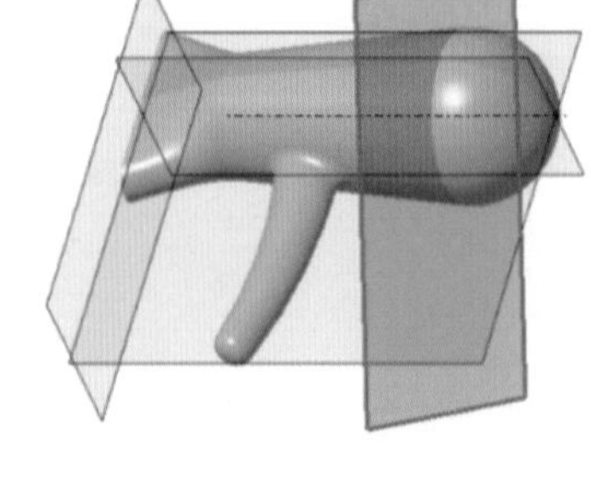

图 4-210　创建基准平面 DTM1

（3）单击 （拉伸）命令按钮，系统弹出拉伸特征操作面板。

（4）确认拉伸类型为 （实体）。

（5）单击选择 DTM1 作为草绘平面，系统自动进入草绘模式，调整草绘平面的方向与用户视线垂直。

（6）绘制如图 4-211 所示的直径为 2.5 的圆。

（7）单击 （确定）命令按钮，返回拉伸特征操作面板。

（8）设置拉伸深度为 （穿透），单击 （确定）命令按钮，切出一个进风孔，如图 4-212 所示。

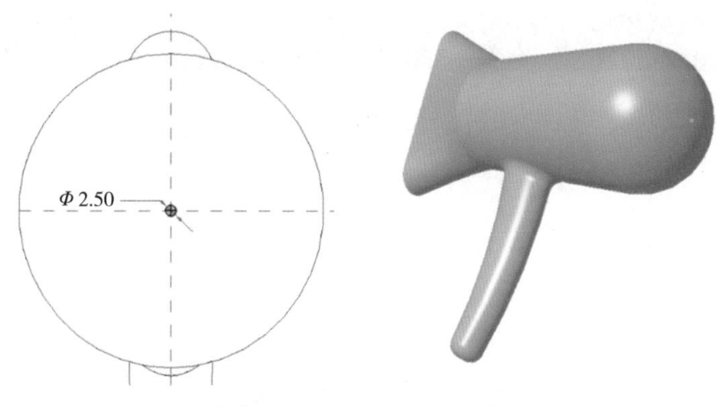

图 4-211　拉伸截面　　　　图 4-212　拉伸切除一个进风孔结果

（9）在模型树上选择拉伸切除的进风孔，在弹出的快捷菜单中单击 （阵列）命令按钮，或者在功能区选择 （阵列）命令按钮，系统弹出阵列特征操作面板。

（10）选择阵列类型为“填充”，如图 4-213 所示。

图 4-213　设置阵列类型

（11）如图 4-214 所示，打开“参考”面板，单击“定义”按钮，系统弹出“草绘”对话框，在绘图区选择基准平面 DTM1 作为草绘平面，参考为“TOP 基准面”，方向为“左”。单击对话框中的“草绘”按钮，进入草绘模式。

（12）绘制如图 4-215 所示的直径为 60 的圆。单击 （确定）命令按钮，回到特征填充阵列操作面板。

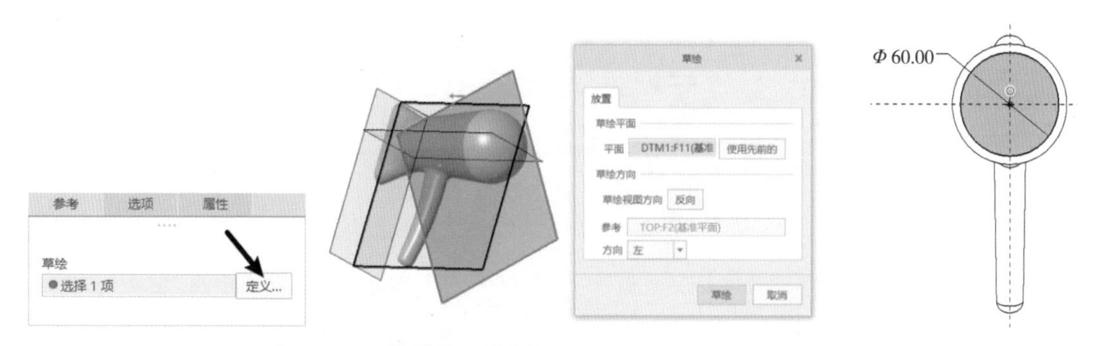

图 4-214　设置填充区域草绘平面　　　　图 4-215　绘制填充区域

（13）设置栅格类型为 （圆），输入阵列间距为 5，半径为 6，如图 4-216 所示。

（14）单击 （确定）命令按钮，完成进风孔的特征填充阵列，如图 4-217 所示。

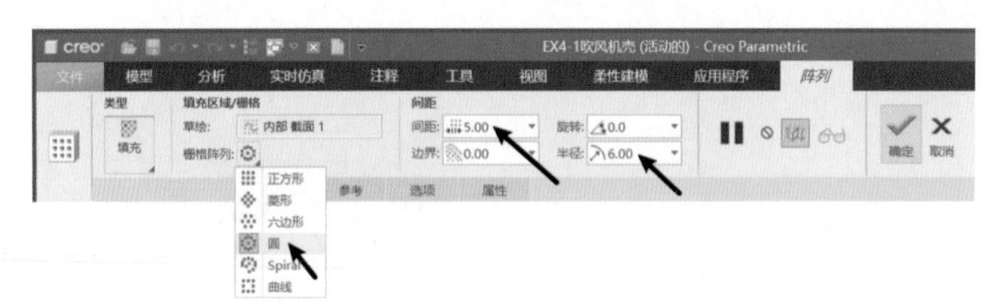

图 4-216 设置填充阵列栅格类型及参数

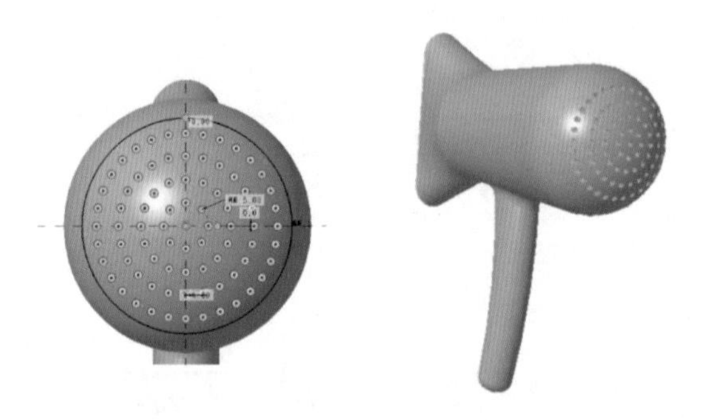

图 4-217 阵列进风孔

8. 保存文件

单击工具栏中的（保存）命令按钮，保存当前模型文件。

五、知识拓展

混合特征、扫描混合特征创建失败的原因

在创建混合特征和扫描混合特征时，若截面的起始位置和方向不对，会导致生成的特征产生扭曲或无法创建，如图 4-218 所示。这时可以调整截面的起始位置和方向，获得符合造型的特征，如图 4-219 所示。

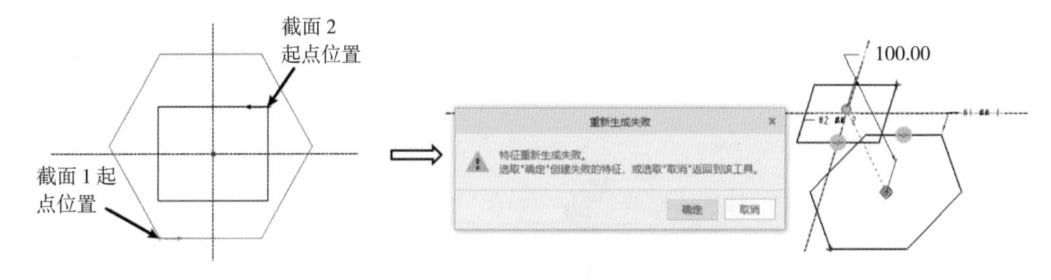

图 4-218 特征创建失败

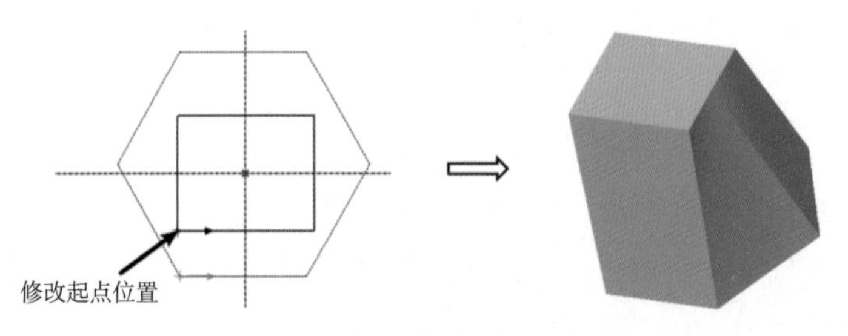

图 4-219 修改起始位置

任务 6 创建圆盘零件三维模型

4-16　简单孔特征　4-17　圆柱面上孔特征　4-18　标准孔特征

在 Creo Parametric 中，创建如图 4-220 所示的圆盘零件三维模型。

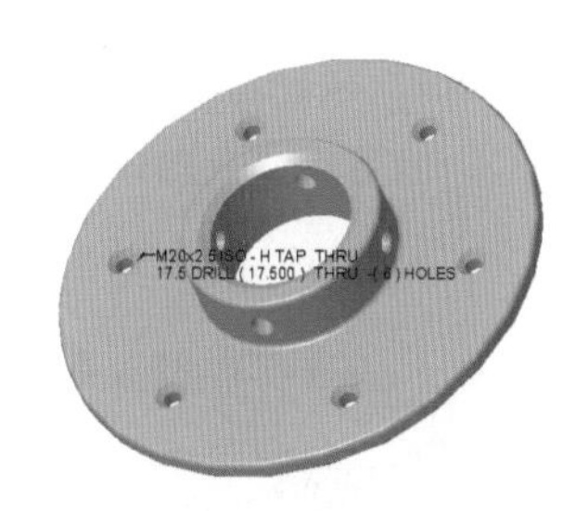

图 4-220　圆盘零件三维模型

一、学习目标

（1）能够正确创建零件的孔特征。

（2）能够注重产品结构细节创建相应的产品三维模型，逐步树立建模的严谨性和精益求精的工匠精神。

二、相关知识点

1. 孔特征概述

孔特征是一种经常用到的工程特征，在 Creo Parametric 中，可以使用孔特征在模型中创建简单孔、基于行业标准的标准孔或草绘孔。创建孔特征时，一般需要定义孔的放置参考和孔的具体特性。

2. 孔特征操作面板

不同类型的孔特征，其操作面板也有不同。单击（孔）命令按钮，功能区则默认弹出直孔操作面板，如图 4-221 所示。选择（标准）命令按钮后，操作面板如图 4-222 所示。

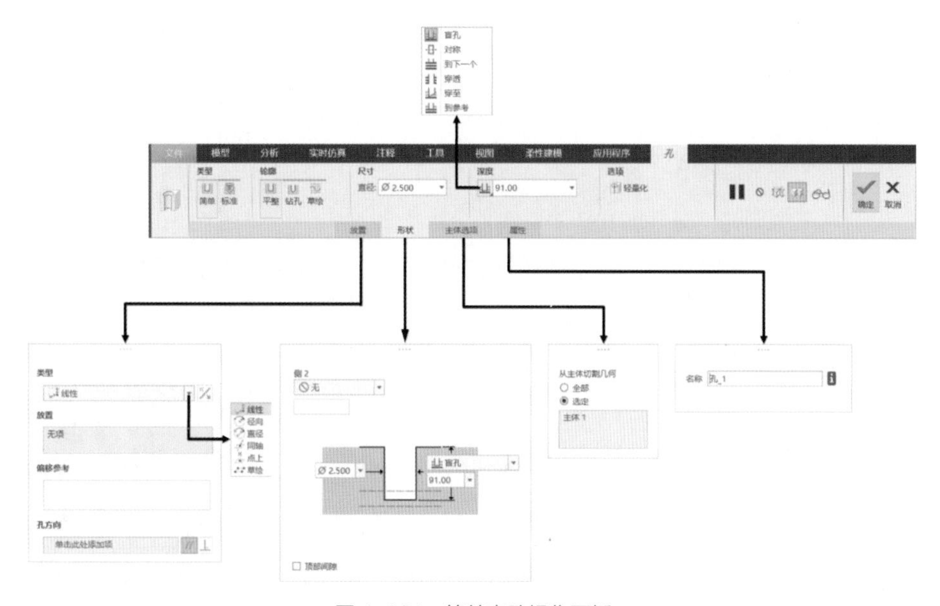

图 4-221　简单直孔操作面板

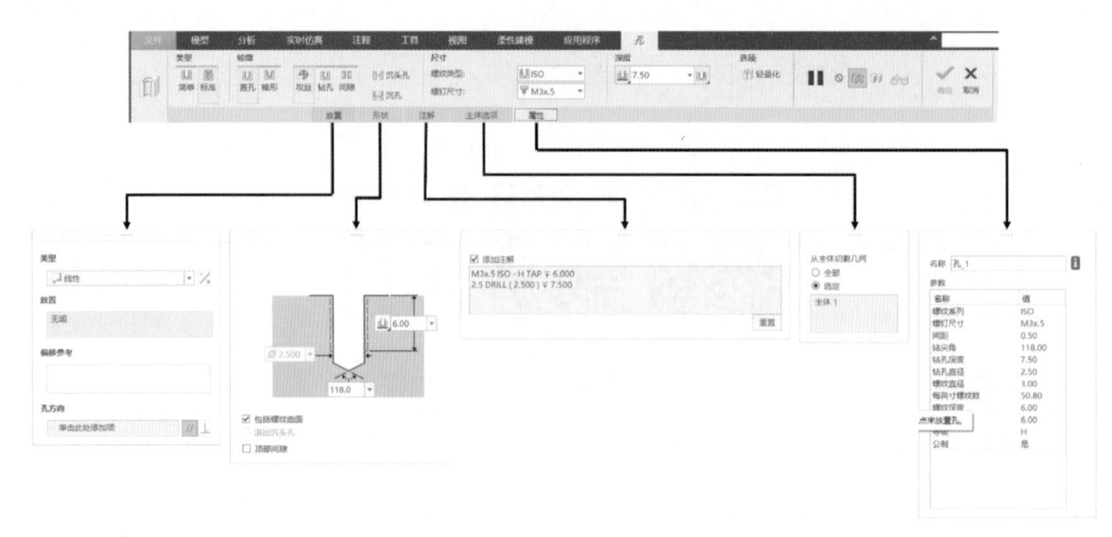

图 4-222　标准孔操作面板

其中“放置”面板用于确定孔特征在模型上的放置位置。“形状”面板用于确定孔特征的形状。“注解”面板用于设置是否在创建的孔特征中显示注解信息。“主体选项”面板用于设置是否创建新的主体。“属性”面板可以查看当前孔特征的信息，或者对孔特征重命名。

3. 孔特征类型

在 Creo Parametric 中，选择不同的孔操作面板上的命令按钮，可以获得不同形状的孔特征，具体见表 4-14。

表 4-14　各种孔形状

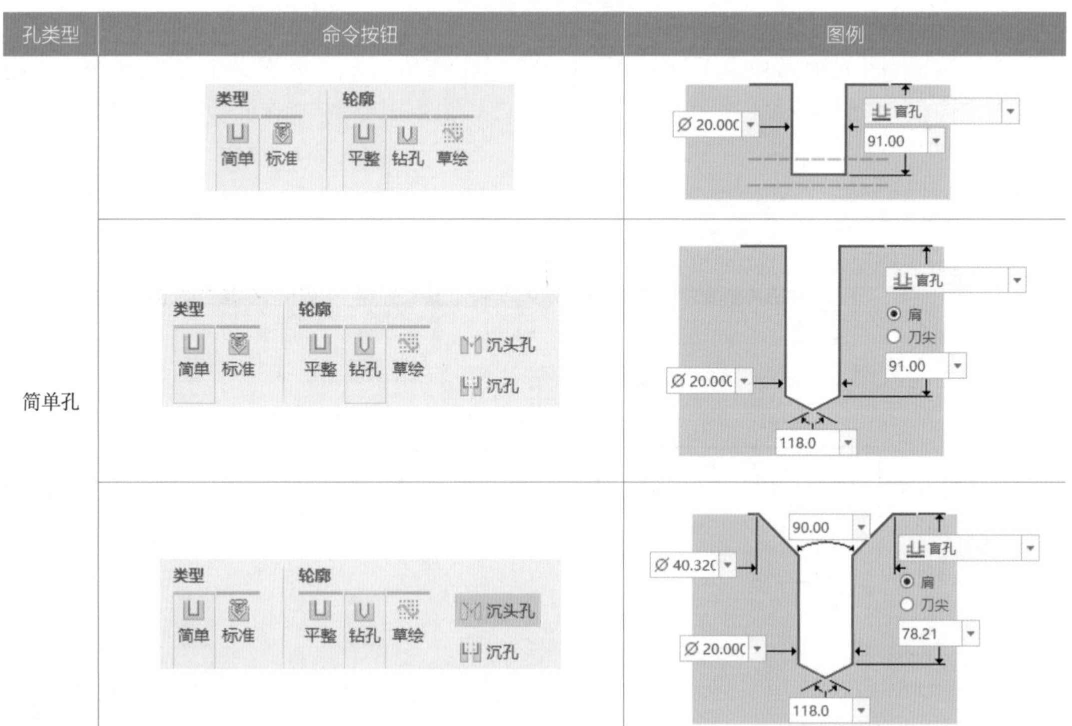

孔类型	命令按钮	图例
简单孔	类型：简单、标准；轮廓：平整、钻孔、草绘	Ø 20.000；盲孔；91.00
	类型：简单、标准；轮廓：平整、钻孔、草绘；沉头孔；沉孔	盲孔；肩；刀尖；91.00；Ø 20.000；118.0
	类型：简单、标准；轮廓：平整、钻孔、草绘；沉头孔；沉孔	90.00；盲孔；Ø 40.320；肩；刀尖；78.21；Ø 20.000；118.0

续表

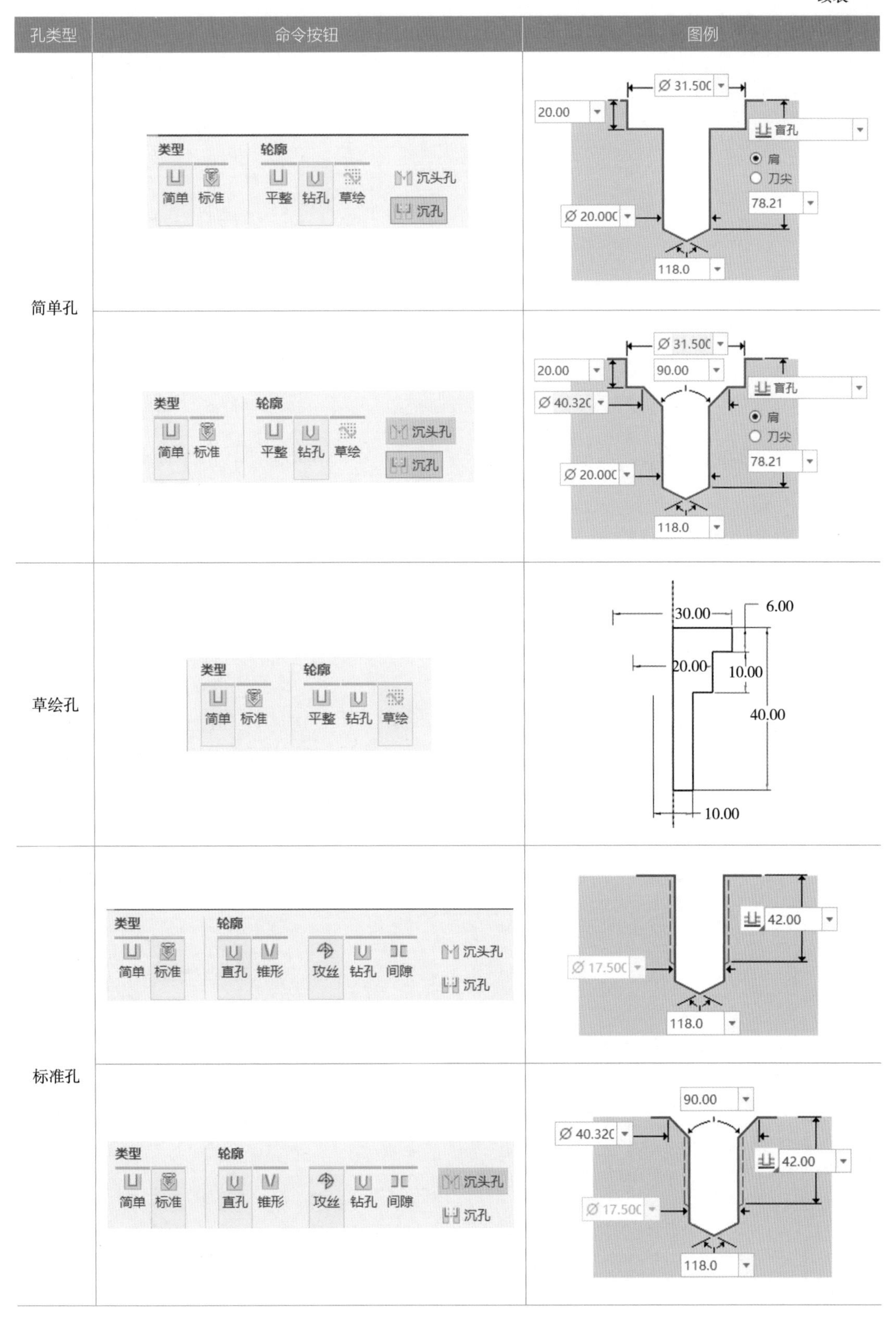
孔类型
命令按钮
图例
简单孔
类型
轮廓
简单
标准
平整
钻孔
草绘
沉头孔
沉孔
Ø 31.500
20.00
盲孔
肩
刀尖
78.21
Ø 20.000
118.0
90.00
Ø 40.320
草绘孔
30.00
6.00
20.00
10.00
40.00
10.00
标准孔
直孔
锥形
攻丝
钻孔
间隙
42.00
Ø 17.500
118.0
90.00
Ø 40.320

续表

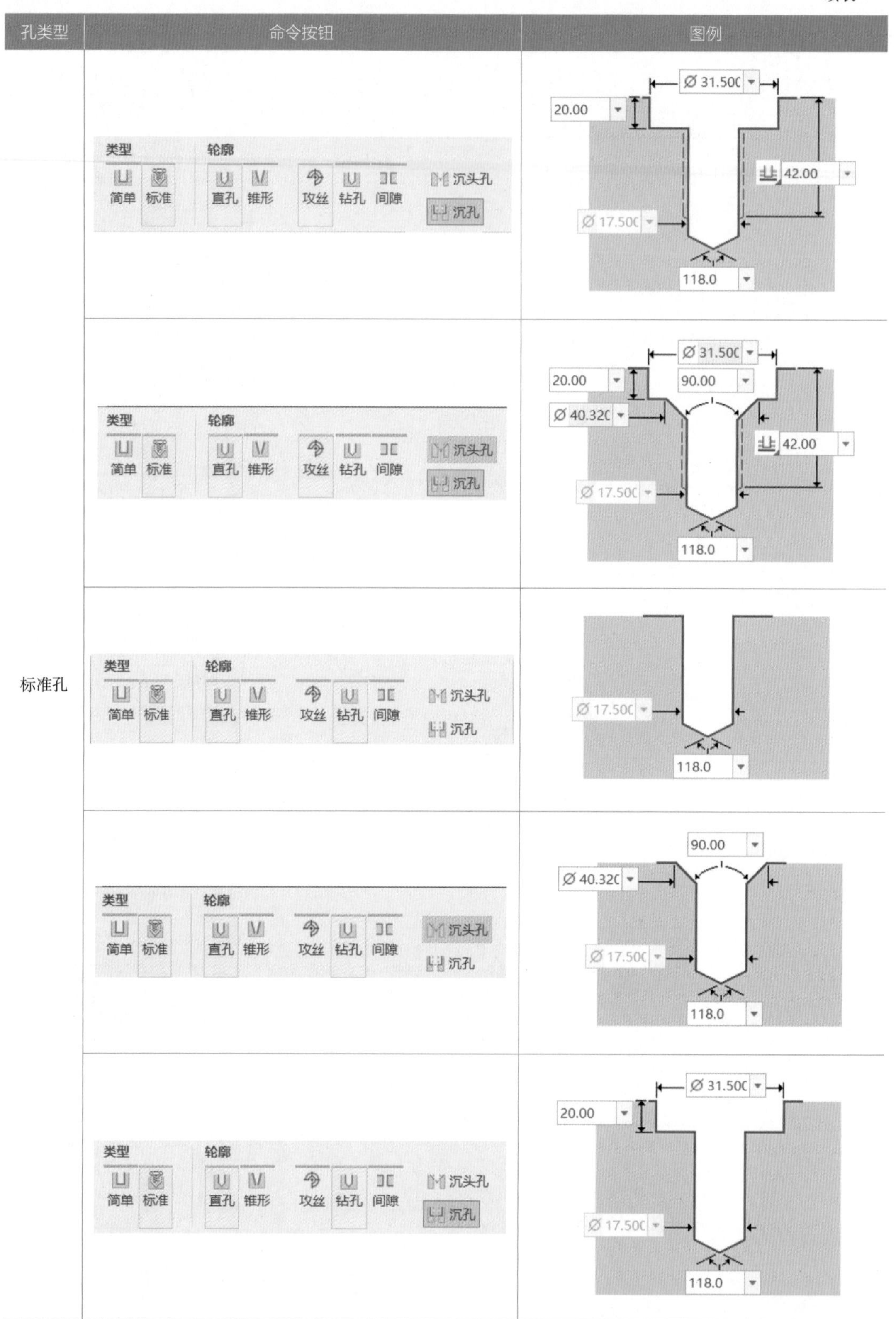

孔类型	命令按钮	图例
标准孔		

续表

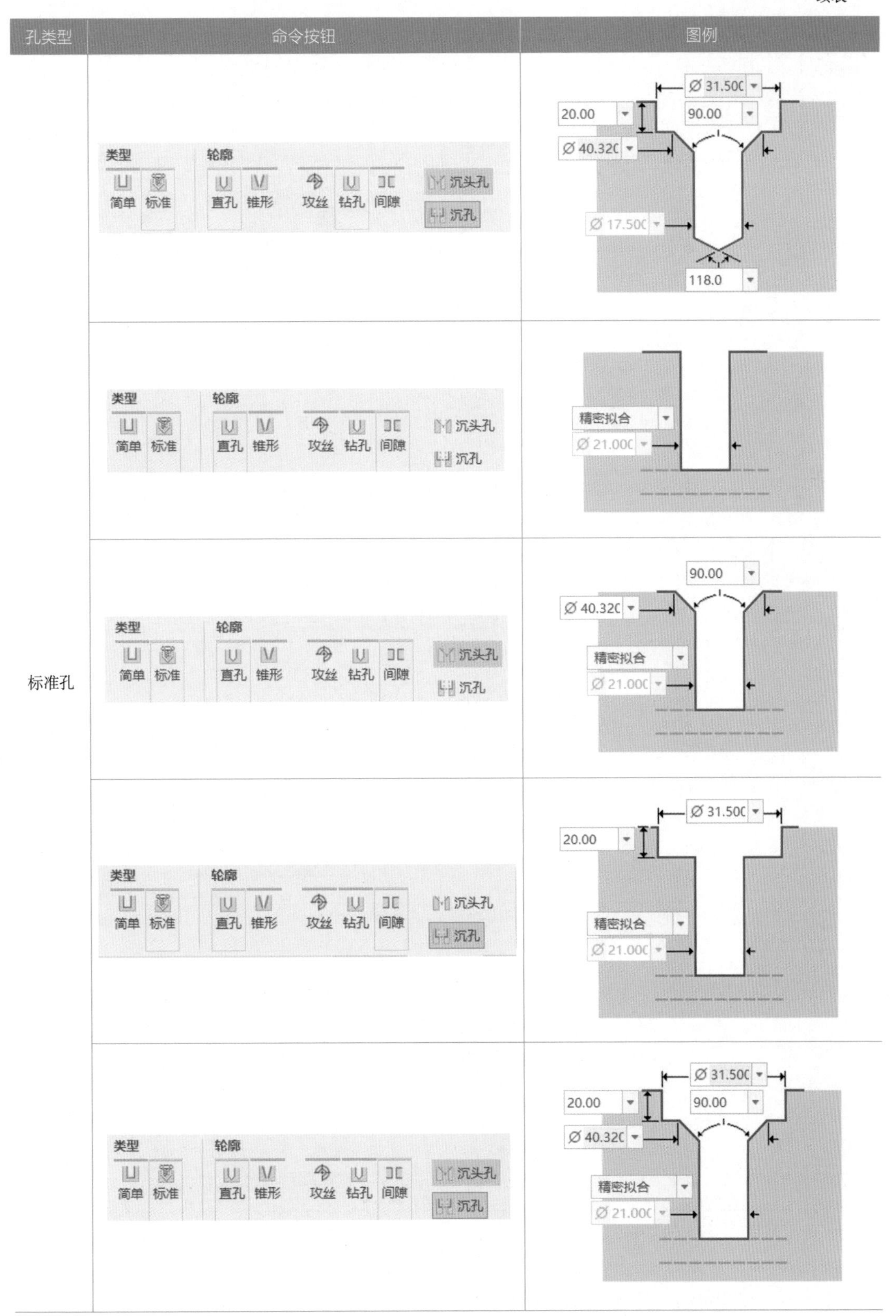

孔类型	命令按钮	图例
标准孔		

续表

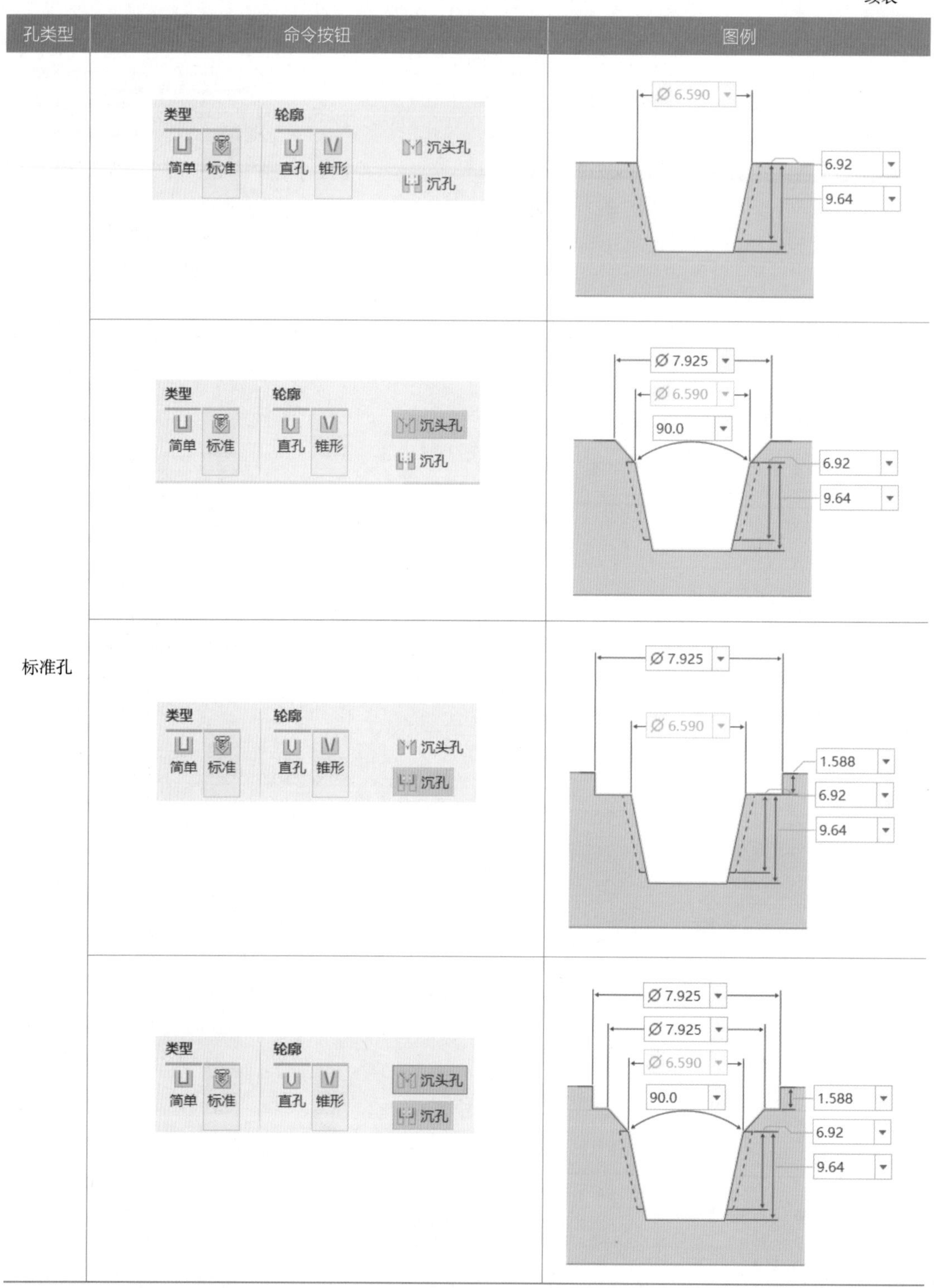

孔类型	命令按钮	图例
标准孔		

4. 孔深度类型

孔特征的深度类型与拉伸特征深度类型相类似。

5. 孔特征定位形式

建立孔特征时，必须标定孔轴的位置，即放置孔，其通过孔特征操控板的“放置”下滑面板来实现，其中放置参照定义孔特征的起点位置，当选择多个放置参考或偏移参考时，必须按住 Ctrl 键。

孔特征的放置类型有 6 种：线性、径向、直径、同轴、点上和草绘。前 3 种都必须先选取平面、曲面、基准轴或边作为放置参照，然后选取偏移参照来约束孔相对于所选参照的位置。采用“同轴”方式定位，需要同时选取平面或曲面和轴作为放置参照，无须定义偏移参照。采用“点上”方式定位，仅需选取基准点作为放置参照，无须定义偏移参照。采用“草绘”方式定位，需选取草绘点、端点和中点作为放置参照。表 4-15 列出了各种孔特征放置类型及其说明和图例。

表 4-15　孔特征放置类型及其说明和图例

放置类型	说明	图例
线性	放置参考：平面，孔特征的起点； 偏移参考：两个，基准平面或曲面、边、基准轴（定义孔轴到两个偏移参照的线性尺寸） 注意：在选取第 2 个偏移参照时，必须按住 Ctrl 键	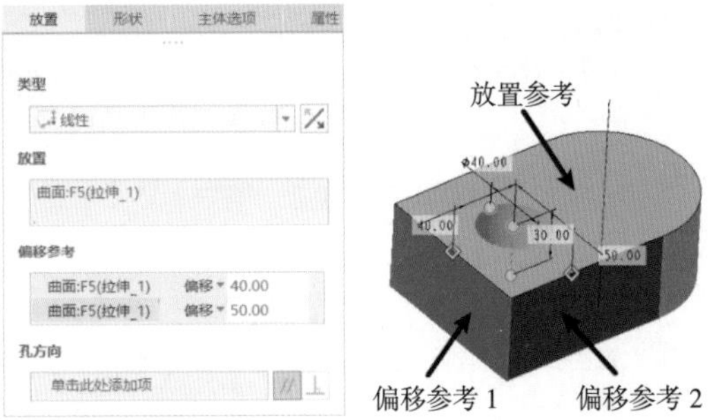
径向	放置参考：平面 偏移参考：一个基准轴（定义孔轴到偏移参照轴的半径距离） 一个平面（定义孔轴和偏移参照轴的连线及偏移参照平面间的夹角来标定孔轴的位置）	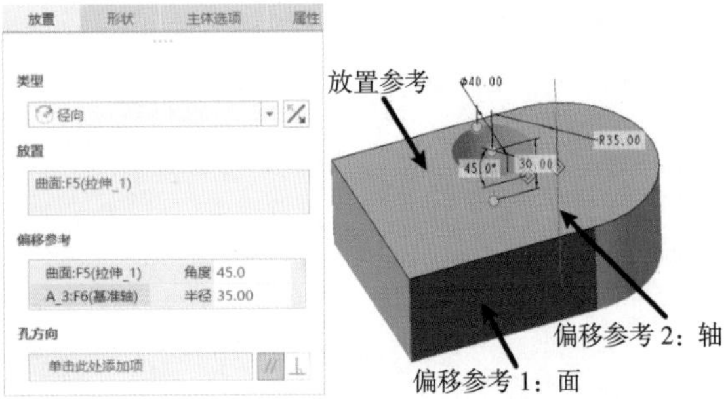
	放置参考：圆柱面 偏移参考：一个平面（定义孔轴到偏移参照面的半径距离） 一个平面（定义孔轴和偏移参照轴的连线与偏移参照平面间的夹角）	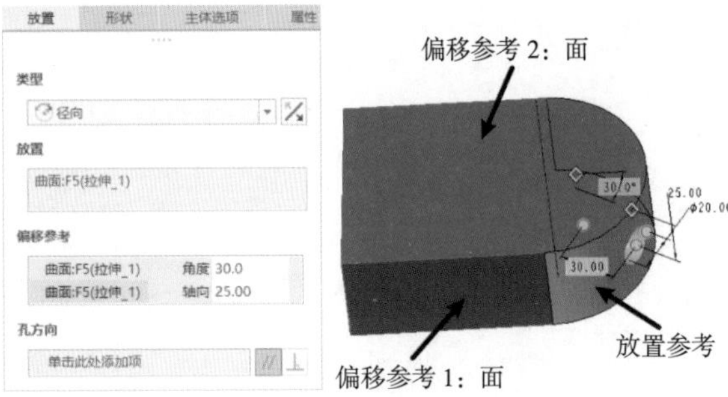

续表

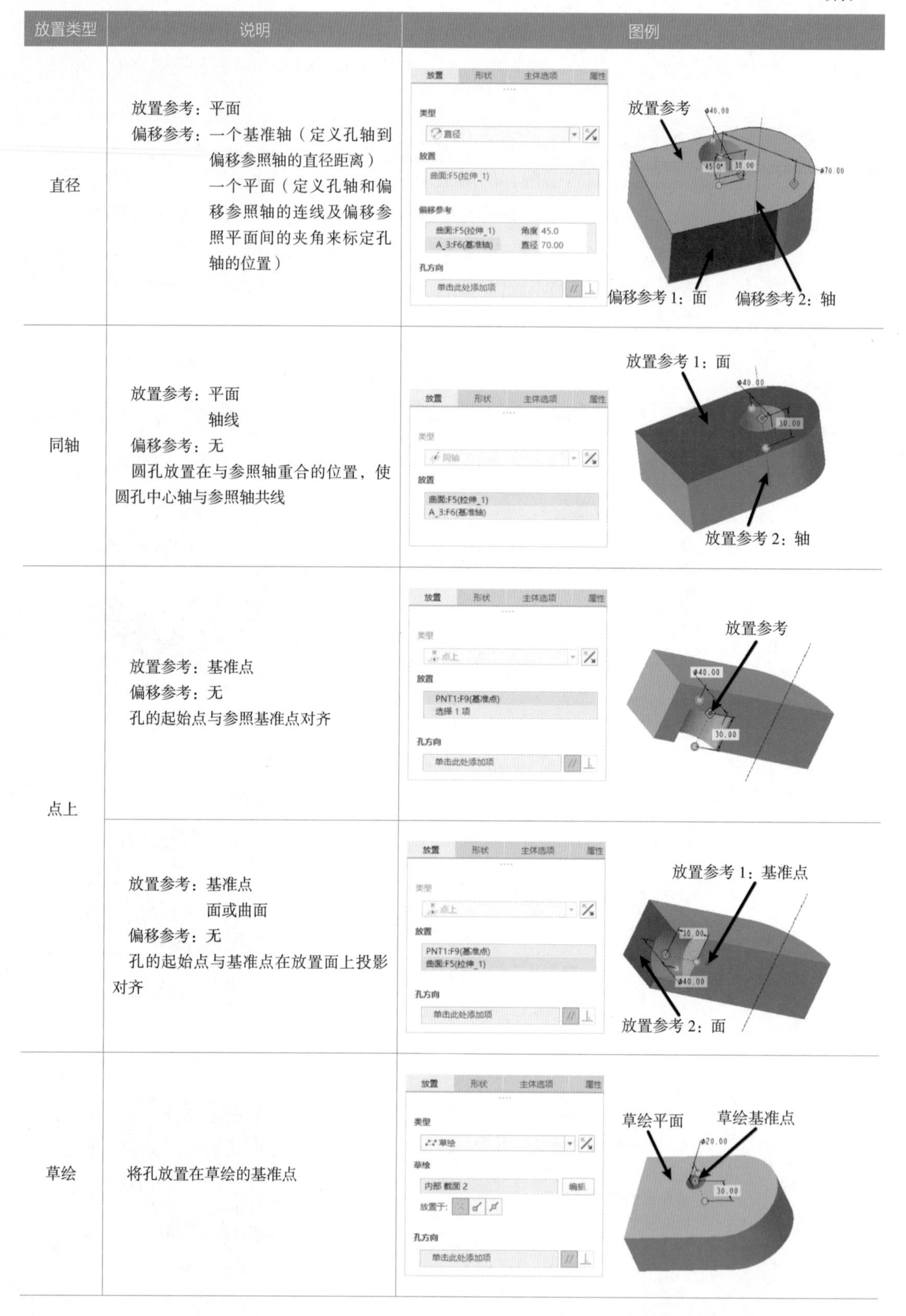

放置类型	说明	图例
直径	放置参考：平面 偏移参考：一个基准轴（定义孔轴到偏移参照轴的直径距离） 一个平面（定义孔轴和偏移参照轴的连线及偏移参照平面间的夹角来标定孔轴的位置）	
同轴	放置参考：平面 轴线 偏移参考：无 圆孔放置在与参照轴重合的位置，使圆孔中心轴与参照轴共线	
点上	放置参考：基准点 偏移参考：无 孔的起始点与参照基准点对齐	
	放置参考：基准点 面或曲面 偏移参考：无 孔的起始点与基准点在放置面上投影对齐	
草绘	将孔放置在草绘的基准点	

续表

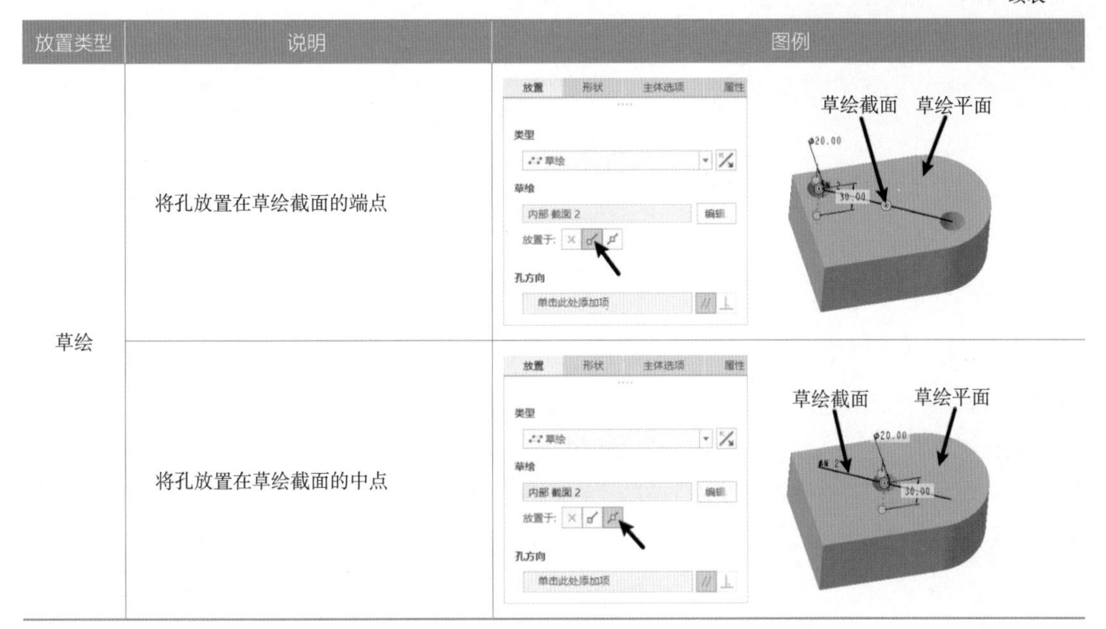

放置类型	说明	图例
草绘	将孔放置在草绘截面的端点	
	将孔放置在草绘截面的中点	

三、建模分析

分析圆盘零件的三维造型，可以看到它整体是一个回转体零件，其上均布有不同的孔。因此在造型时，可以利用旋转特征创建整体造型，再利用孔特征打孔，最后通过倒圆角使整体造型顺滑，其建模过程如图 4-223 所示。

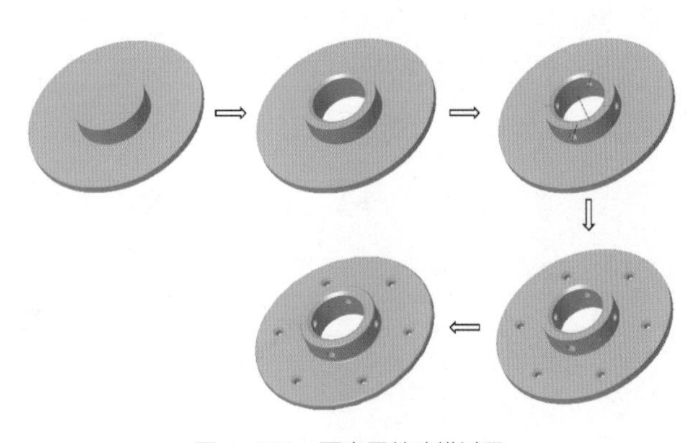

图 4-223　圆盘零件建模过程

四、操作步骤

1. 新建文件

单击工具栏中 （新建）命令按钮，在弹出的“新建”对话框“类型”选项组中选择“零件”单选按钮，“子类型”选项组中选择“实体”单选按钮，“文件名”文本框中输入新建文件名，单击“确定”按钮，进入零件模式。

2. 圆盘零件整体造型

（1）单击 （旋转）命令按钮，系统弹出旋转特征操作面板。

（2）确认旋转类型为 （实体）。

（3）单击选择绘图区的 FRONT 基准面作为草绘平面，系统自动进入草绘模式，FRONT 基准面的方向与用户视线垂直。

（4）选择“基准”命令组中的 （中心线）命令按钮，在绘图区绘制一条竖直的中心线作为旋转轴，如图 4-224 所示。

（5）绘制如图 4-225 所示的二维封闭图形。

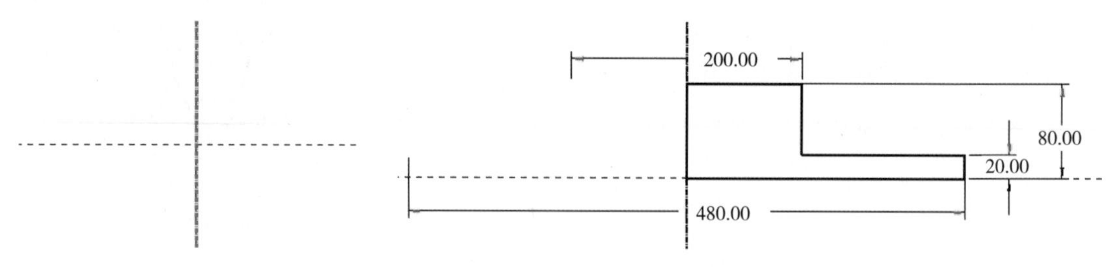

图 4-224　草绘中心线

图 4-225　草绘截面（二维封闭图形）

（6）单击 ✔（确定）命令按钮，返回旋转特征操作面板。调整视图方向为“标准方向”，这时旋转角度的缺省值为 360，不需要修改，单击 ✔（确定）命令按钮，完成旋转特征的创建，结果如图 4-226 所示。

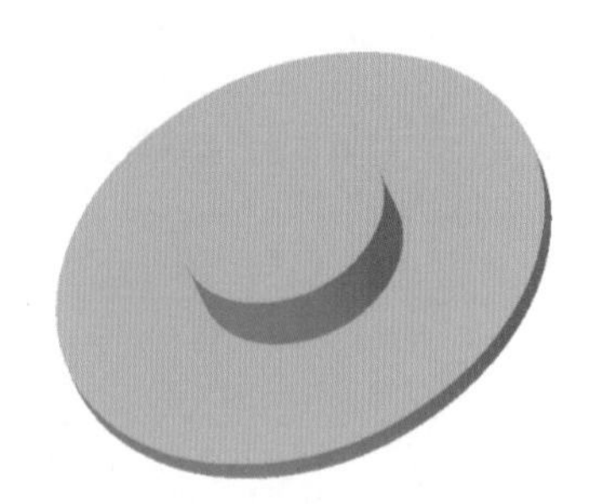

图 4-226　圆盘零件旋转结果

3. 创建中间圆孔

（1）单击（孔）命令按钮，系统弹出孔特征操作面板。

（2）修改孔类型为“简单”“钻孔”“沉头孔”，如图 4-227 所示。

（3）在绘图区域按 Ctrl 键依次选择轴 A_1 和圆盘零件上表面设置孔的位置，这时系统自动将孔的放置类型调整为“同轴”，如图 4-228 所示。

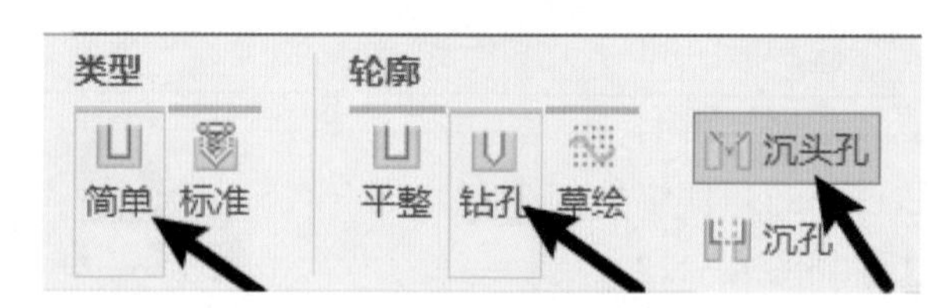

图 4-227　设置孔特征类型

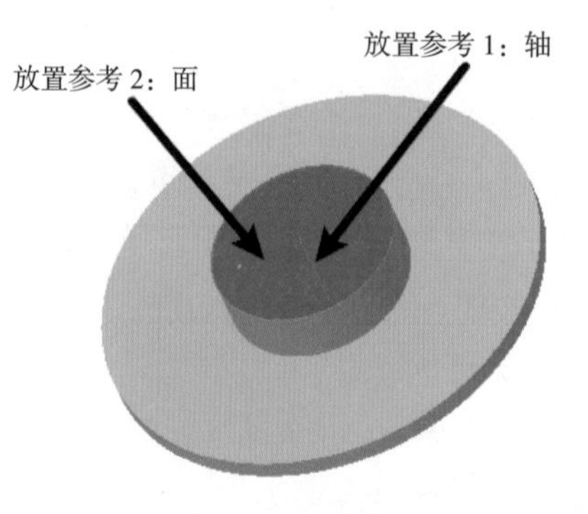

图 4-228　设置孔的放置位置及类型

（4）打开“形状”面板，设置孔的直径为 140，沉头孔夹角为 120°，沉头直径为 160，孔的深度类型为“穿透”，如图 4–229 所示。

（5）单击 ✔（确定）命令按钮，完成孔特征 1，如图 4–230 所示。

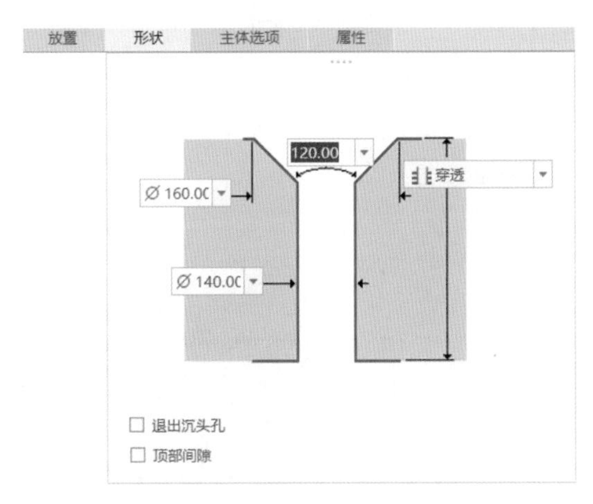

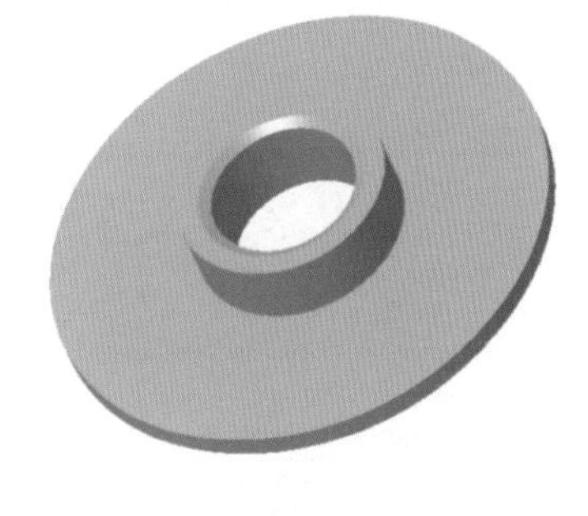

图 4–229　设置孔的定形参数　　　图 4–230　孔特征 1

4. 创建圆柱面上孔特征

（1）单击（孔）命令按钮，系统弹出孔特征操作面板。

（2）修改孔类型为“简单”“钻孔”“沉头孔”。

（3）在绘图区域选择圆柱面作为放置参考，这时系统自动将孔的放置类型调整为“径向”，如图 4–231 所示。

（4）单击“偏移参考”收集器，在绘图区域按 Ctrl 键依次选取 RIGHT 参考面和圆盘零件的上表面作为偏移参考，设置角度值为 0°，轴向距离为 30，如图 4–232 所示。

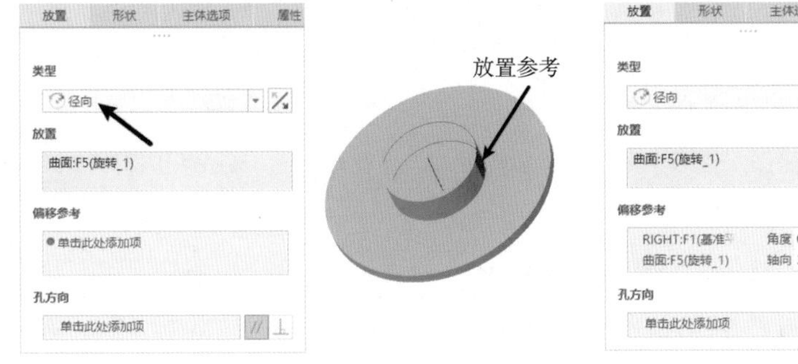

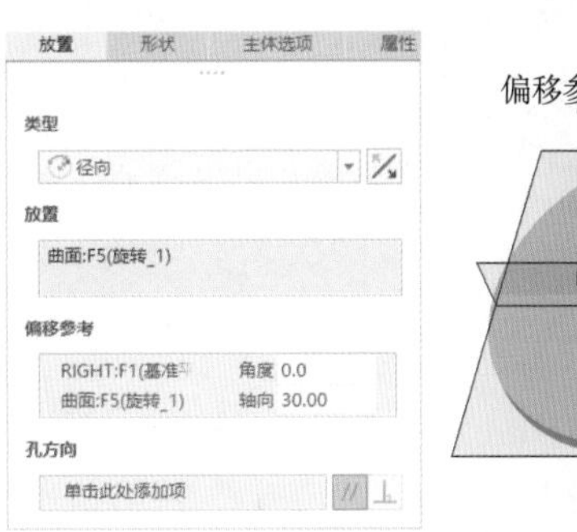

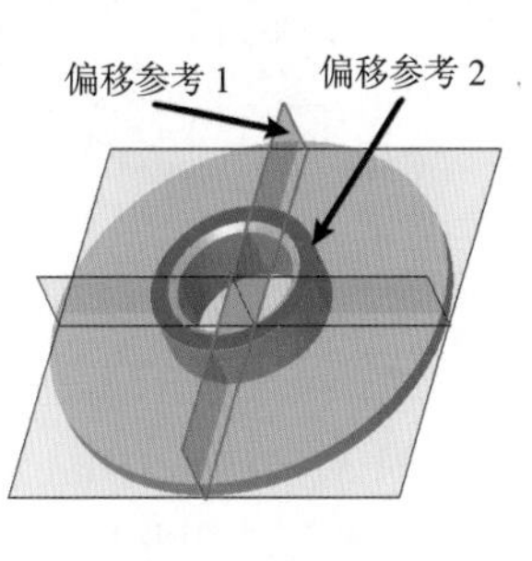

图 4–231　设置孔的放置参考和类型　　　图 4–232　设置孔的偏移参考及参数

（5）打开“形状”面板，设置孔的直径为 20，沉头孔夹角为 90° ，沉头直径为 24，孔的深度类型为“到下一个”，如图 4–233 所示。

（6）单击 ✔（确定）命令按钮，完成孔特征 2，如图 4–234 所示。

（7）在模型树上选择孔特征 2，在弹出的快捷菜单中单击（阵列）命令按钮，或者在功能区选择（阵列）命令按钮，系统弹出阵列特征操作面板。

（8）选择阵列类型为“轴”。

（9）单击选择旋转 1 的轴作为轴阵列的旋转中心轴，如图 4-235 所示。

（10）输入阵列的特征数量为 4，阵列特征的角度范围为 360。

（11）单击 ✔（确定）命令按钮，完成圆柱面上的孔特征 2 阵列，结果如图 4-236 所示。

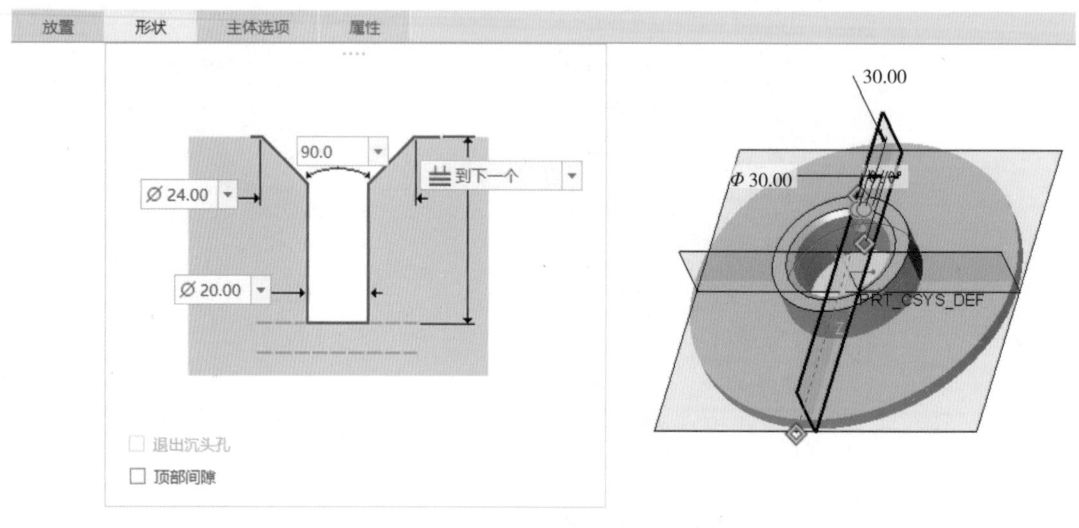

图 4-233 设置孔的定形参数

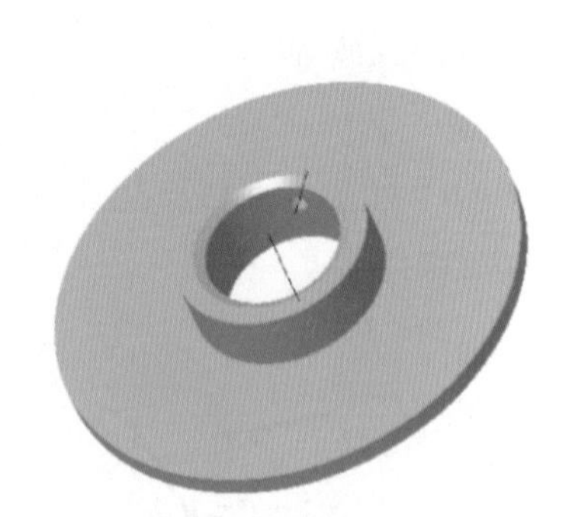

图 4-234 孔特征 2

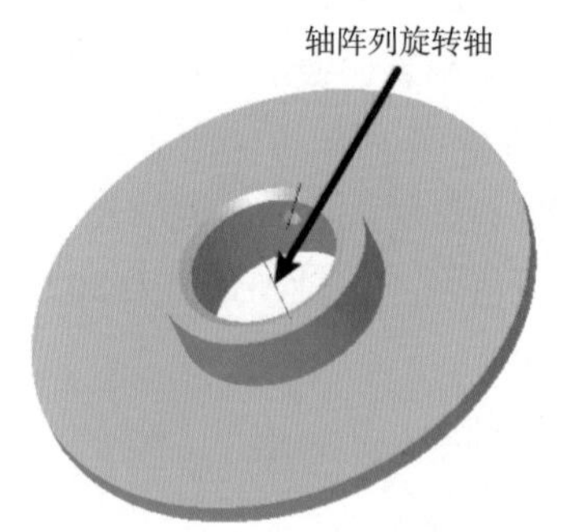

图 4-235 设置轴阵列旋转轴

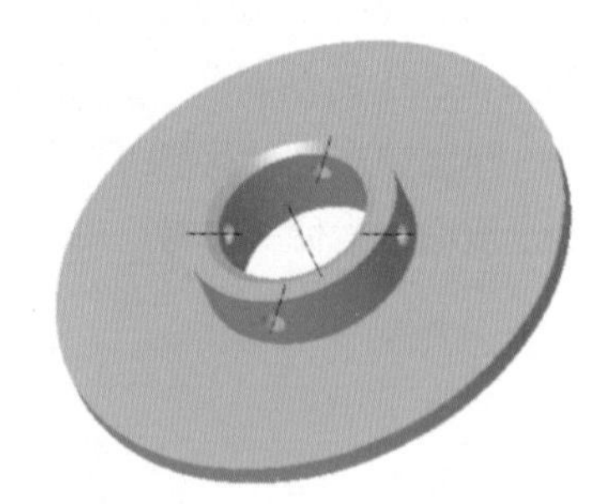

图 4-236 圆柱面上孔阵列结果

5. 创建标准孔特征

（1）单击 ▣（孔）命令按钮，系统弹出孔特征操作面板。

（2）修改孔类型为“标准”“直孔”“攻丝”“沉头孔”，如图 4-237 所示。

（3）在绘图区域选择如图 4-238 所示的表面作为放置参考，将孔的放置类型调整为“直径”。

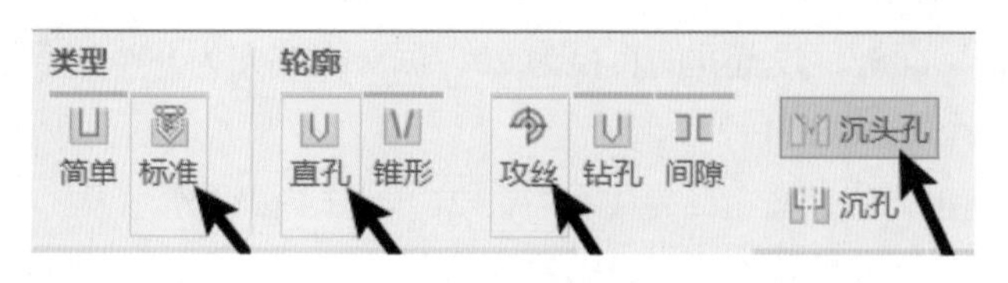

图 4-237 设置孔的类型

（4）单击“偏移参考”收集器，在绘图区域按 Ctrl 键依次选取旋转 1 的轴线和 FRONT 参考面作为偏移参考，设置直径为 360，角度值为 0°，如图 4-239 所示。

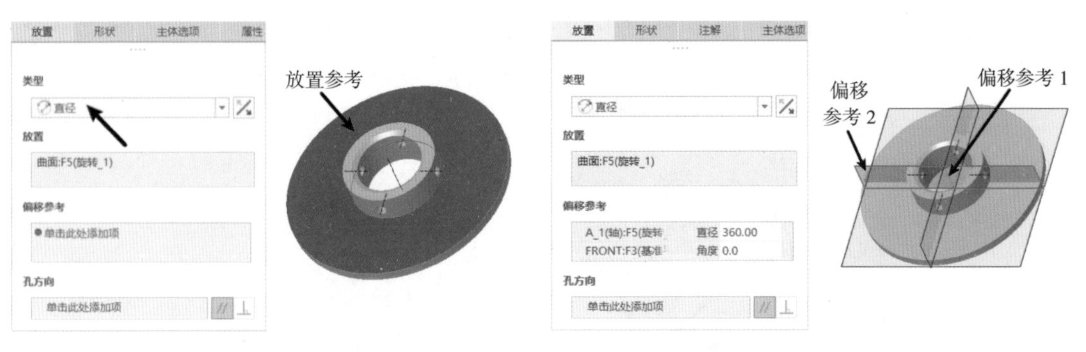

图 4-238　设置孔的放置参考和类型　　图 4-239　设置孔的偏移参考及参数

（5）设置螺纹类型为 ISO，螺钉尺寸为 M20 × 2.5，孔的深度类型为“穿透”。打开“形状”面板，沉头孔夹角为 90°，沉头直径为 30，螺纹类型为“全螺纹”，如图 4-240 所示。

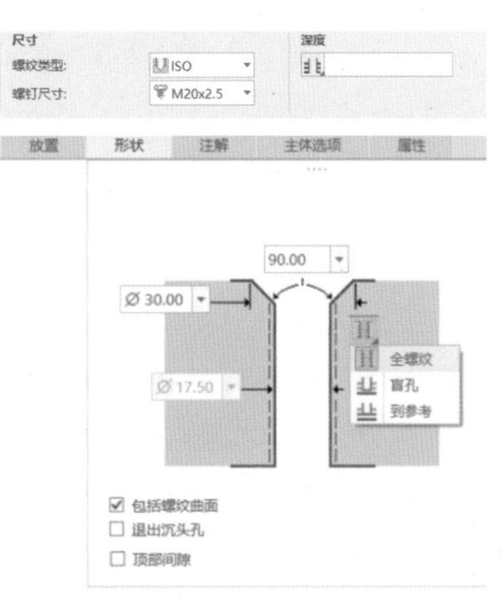

图 4-240　设置标准孔的定形参数

（6）单击 ✔（确定）命令按钮，完成孔特征 3，如图 4-241 所示。

（7）在模型树上选择孔特征 3，在弹出的快捷菜单中单击 ⊞（阵列）命令按钮，或者在功能区选择 ⊞（阵列）命令按钮，系统弹出阵列特征操作面板。

（8）选择阵列类型为“轴”。

（9）单击选择旋转 1 的轴作为轴阵列的旋转中心轴。

（10）输入阵列的特征数量为 6，阵列特征的角度范围为 360。

（11）单击 ✔（确定）命令按钮，完成圆柱面上的孔的特征阵列，结果如图 4-242 所示。

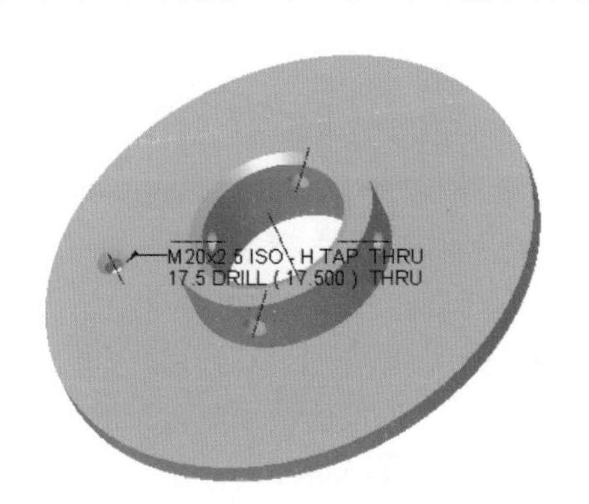

图 4-241　孔特征 3

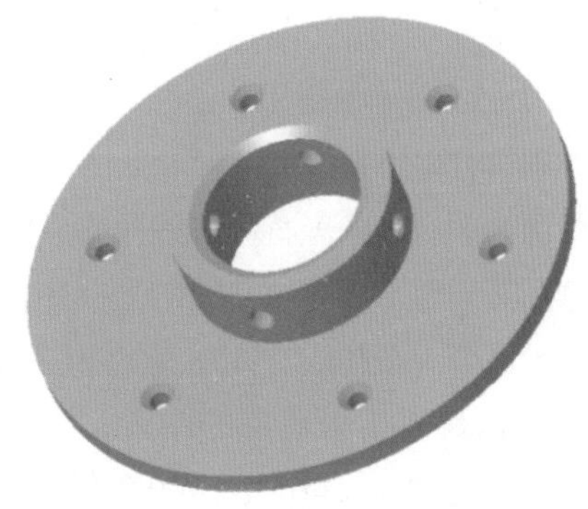

图 4-242　孔特征 3 阵列

6. 创建倒圆角特征

（1）单击 （倒圆角）命令按钮，系统弹出圆角特征操作面板。

（2）在绘图区按 Ctrl 键依次选择如图 4–243 所示的边链，设置圆角半径为 5，单击 （确定）命令按钮，完成圆角特征的创建，结果如图 4–244 所示。

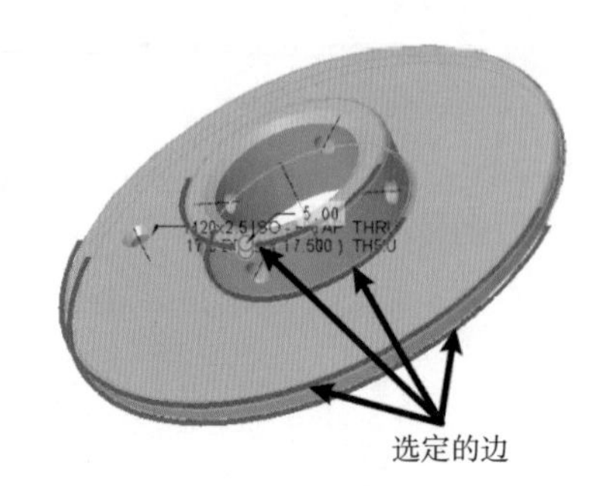

图 4–243 圆角设置

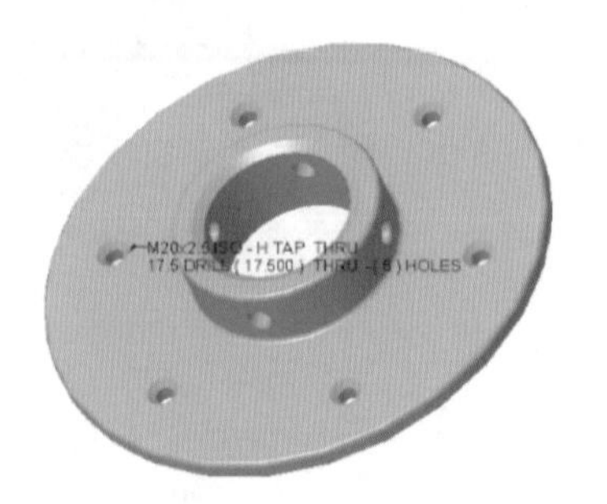

图 4–244 倒圆角

7. 保存文件

单击工具栏中的 （保存）命令按钮，保存当前模型文件。

五、知识拓展

1. 标准孔与螺旋扫描特征

在 Creo Parametric 中标准孔特征无实际的螺纹切口，仅绘制出其内径和外径所在的圆柱，属于修饰特征。使用螺旋扫描建立的特征，可生成有实际牙型的螺孔，如图 4–245 所示。

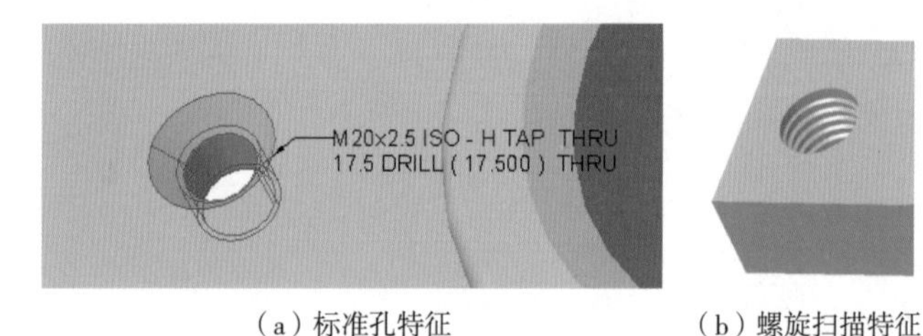

（a）标准孔特征　　（b）螺旋扫描特征

图 4–245 标准孔特征模型与螺旋扫描特征模型

2. 草绘孔剖面要求

在 Creo Parametric 中使用草绘孔可以创建阶梯孔或者形状更加复杂的孔特征。对于草绘孔的截面，必须符合以下要求：

（1）截面必须有一条竖直中心线作为旋转轴。

（2）草图必须位于竖直中心线的同一侧，无相交图元，且必须是封闭的。

（3）最少需要一个与中心线垂直的草图图元（即水平线），用于对齐放置平面。

（4）系统以垂直于中心线的图元，对齐“主参照”选取的平面放置圆孔，不管草图为图 4–246（a）还是图 4–246（b）的形式，系统只会产生一种如图 4–246（c）的孔特征。

（5）若有多个与中心线垂直的图元，系统会以最上面的图元对齐至所选孔放置平面（图 4–247）。

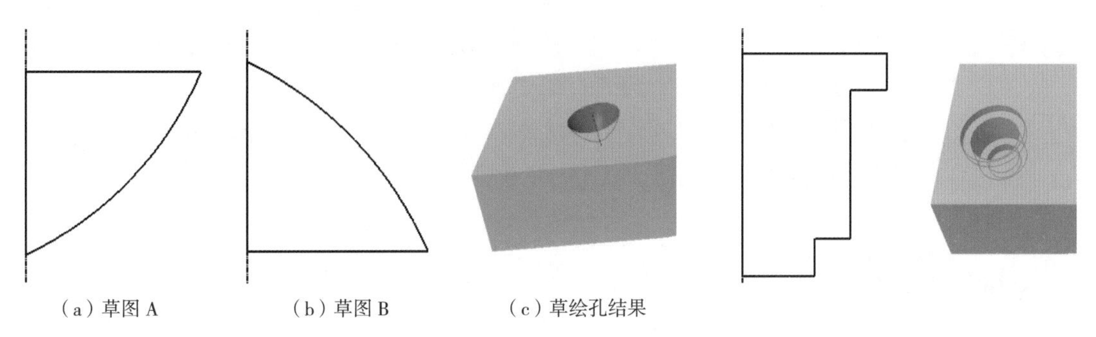

图 4-246 草绘孔截面与草绘孔　　图 4-247 多个水平图元的草绘孔截面

任务 7 创建 U 盘盖三维模型

4-19 U 盘盖基本外形

4-20 拔模特征 1

4-21 拔模特征 2

4-22 轮廓筋特征

在 Creo Parametric 中，创建如图 4-248 所示的 U 盘盖三维模型。

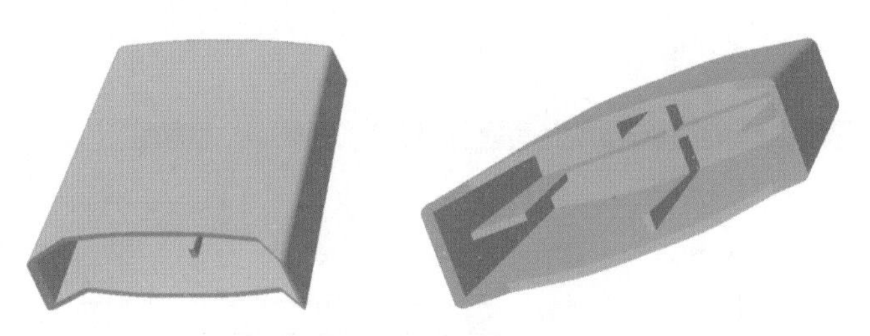

图 4-248 U 盘盖三维模型

一、学习目标

（1）能够应用拔模特征创建零件的拔模面。

（2）能够应用轮廓筋特征创建零件的加强筋。

（3）能够注重产品结构细节创建相应的产品三维模型，逐步树立建模的严谨性和精益求精的工匠精神。

二、相关知识点

（一）拔模特征

1. 拔模特征概述

在注塑件和铸件等类型的零件中，通常需要拔模斜面来改善零件制造工艺，便于顺利脱模，

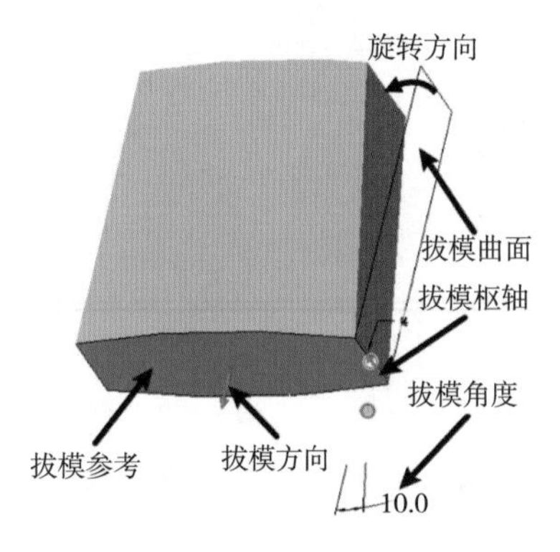

图 4-249 拔模特征相关术语

Creo Parametric 中可以用拔摸特征来创建模型的拔摸斜面。

2. 拔模特征相关术语

在学习拔模特征前，需要理解和掌握与拔模特征相关的专业术语。各专业术语如图 4-249 所示。

（1）拔模曲面：要进行拔模的模型曲面。

（2）拔模枢轴：拔模曲面旋转中心。拔模枢轴可以是平面，拔模时不变。拔模曲面可绕着该平面与拔模曲面的交线旋转而形成拔模斜面。拔模枢轴也可以是曲线，必须在要拔模的曲面上。拔模时拔模曲面可绕着该曲线旋转而形成拔模斜面。

（3）拔模参考：用于确定拔模方向的平面、轴和模型的边。

（4）拔模方向：拔模方向总是垂直于拔模参考平面，或平行于拔模参考轴或参考边。

（5）拔模角度：拔模方向与生成的拔模曲面之间的角度。

（6）旋转方向：拔模曲面绕枢轴平面或枢轴曲线旋转的方向。

3. 拔模特征操作面板

单击 （拔模）命令按钮，功能区则弹出拔模特征操作面板，如图 4-250 所示。其中 （传播拔模曲面）命令按钮将拔模自动传播到所选拔模曲面相切的面，如图 4-251 所示。 （保留内部倒圆角）命令按钮保留用作圆角的内部圆角曲面，不进行拔模。如图 4-252 所示。“截面”面板用于拔模特征中所使用的参考。“分割”面板用于定义分割选项。“角度”面板用于定义拔模角度值和位置。“选项”面板用于定义拔模几何的选项。“属性”面板可以查看当前特征的信息，或者对特征重命名。

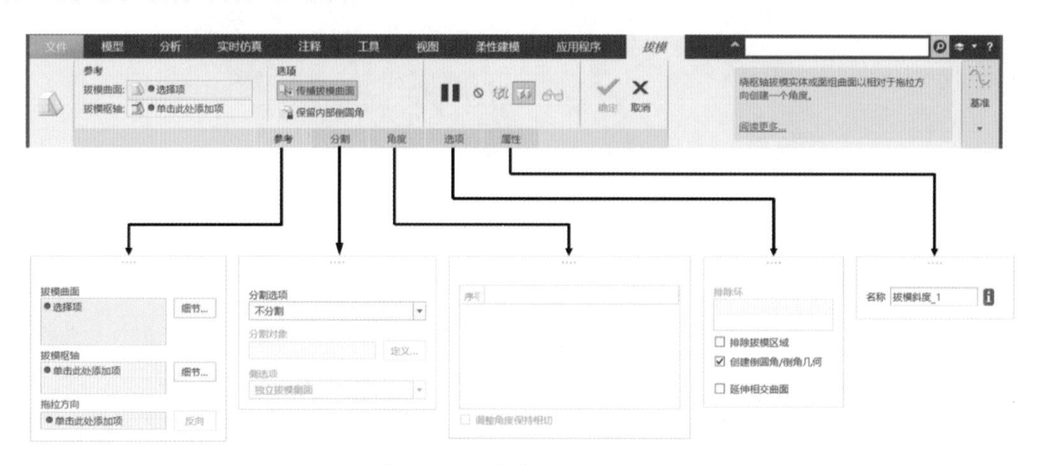

图 4-250 拔模特征操作面板

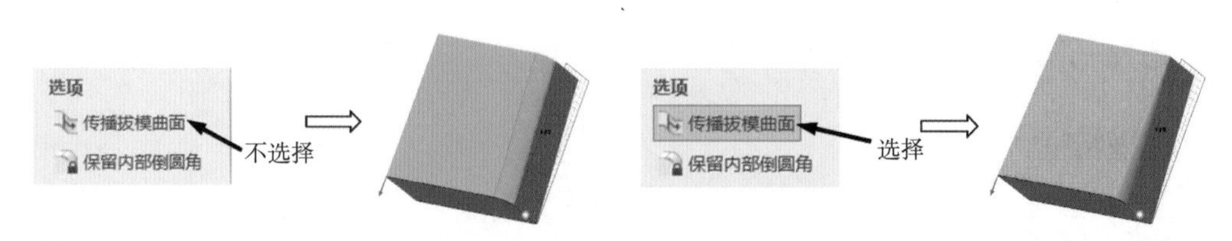

图 4-251 “传播拔模曲面”选项

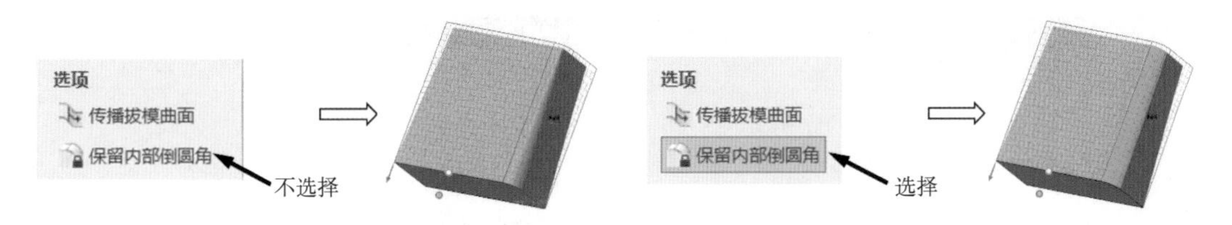

图 4-252 “保留内部倒圆角”选项

4. 拔模特征类型

在 Creo Parametric 中，除了可以创建恒定角度的拔模特征，还可以创建根据拔模枢轴分离的拔模特征（图 4-253）和根据分割对象分离的拔模特征（图 4-254）。

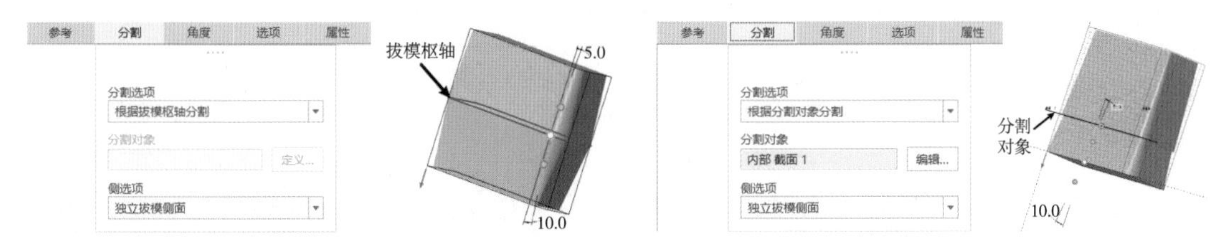

图 4-253 根据拔模枢轴分割的拔模特征

图 4-254 根据分割对象分割的拔模特征

（二）筋特征

1. 筋特征概述

筋特征是连接到实体表面的薄翼或腹板伸出项，通常用来加固设计中的零件，也常用来防止零件上出现不需要的结构弯曲变形。

2. 筋特征类型

筋特征分为轮廓筋和轨迹筋两种。轮廓筋是通过定义筋的轮廓截面，沿轮廓截面方向拉伸到模型表面。轨迹筋是通过定义筋的轨迹，沿轨迹截面垂直方向拉伸到模型表面，如图 4-255 所示。

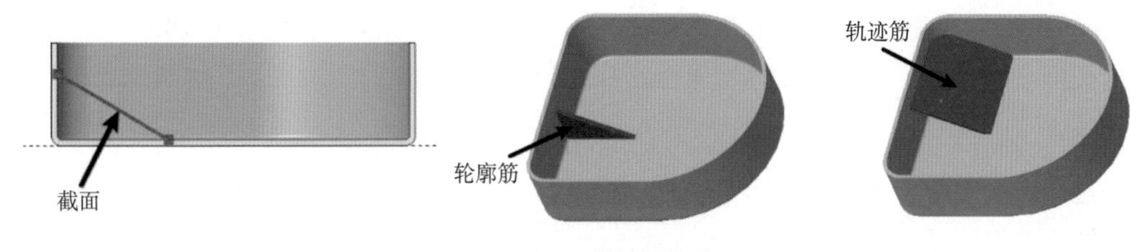

图 4-255 筋特征类型

3. 轮廓筋特征操作面板

单击“筋”特征命令按钮右下角的箭头，在弹出的面板中选择 （轮廓筋）命令按钮，功能区则弹出轮廓筋特征的操作面板，如图 4-256 所示。其中“参考”面板可以创建或重定义筋的轮廓截面。“主体选项”面板用于选择特征主体。“属性”面板可以查看当前特征的信息，或者对特征重命名。

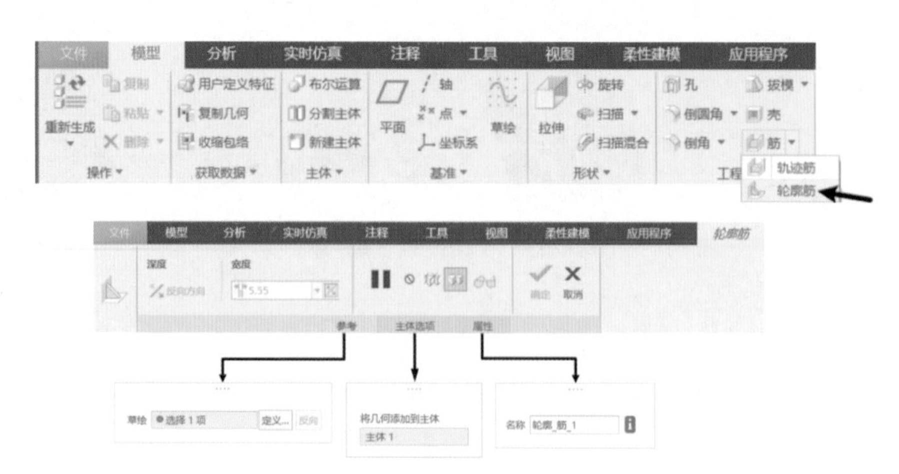

图 4-256　轮廓筋特征操作面板

4. 轮廓筋截面要求

（1）必须是单一的开放环。

（2）必须是连续的非相交草绘图元。

（3）草绘端点必须与形成封闭区域的连接曲面对齐。

5. 轮廓筋类型

轮廓筋又可以分为直的轮廓筋和旋转轮廓筋。前者是拉伸到直面，其厚度是沿草绘平面向一侧拉伸或关于草绘平面对称拉伸，其只能用作线性阵列。后者是拉伸到旋转曲面，该类加强筋的草绘平面必须通过附着曲面的轴线，相当于绕父项的中心轴旋转截面，在草绘平面的一侧或绕草绘平面对称地生成楔，然后用两个平行于草绘面的平面修剪该楔，其只能用作旋转阵列（图 4-257）。

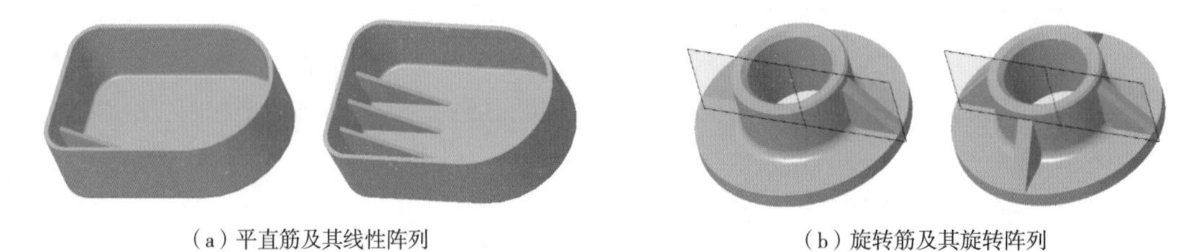

（a）平直筋及其线性阵列　　（b）旋转筋及其旋转阵列

图 4-257　轮廓筋类型

6. 轮廓筋厚度延伸方向

通过单击操作面板上宽度编辑框右侧的按钮可以修改轮廓筋的厚度延伸方向，共有三种类型，如图 4-258 所示。

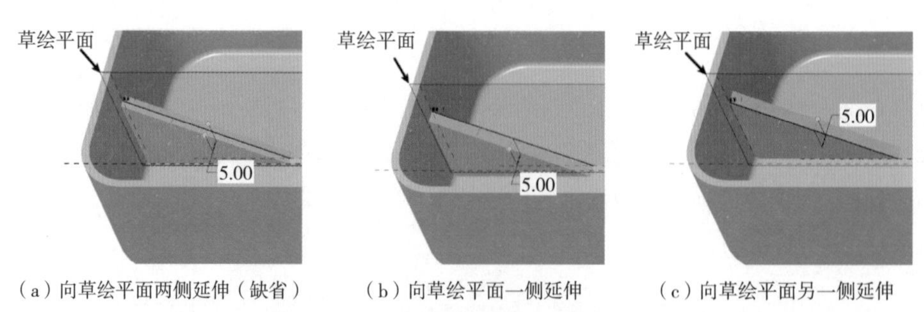

（a）向草绘平面两侧延伸（缺省）　（b）向草绘平面一侧延伸　（c）向草绘平面另一侧延伸

图 4-258　轮廓筋厚度延伸方向

三、建模分析

分析 U 盘盖的三维造型，可以看到它是一个壳体零件，并带有拔模斜面，内部有四条加强筋。因此在造型时，可以利用拉伸特征创建整体造型，倒圆角后再利用拔模特征生成斜面，之后用筋特征添加内部的加强筋，最后拉伸切出缺口。其建模过程如图 4-259 所示。

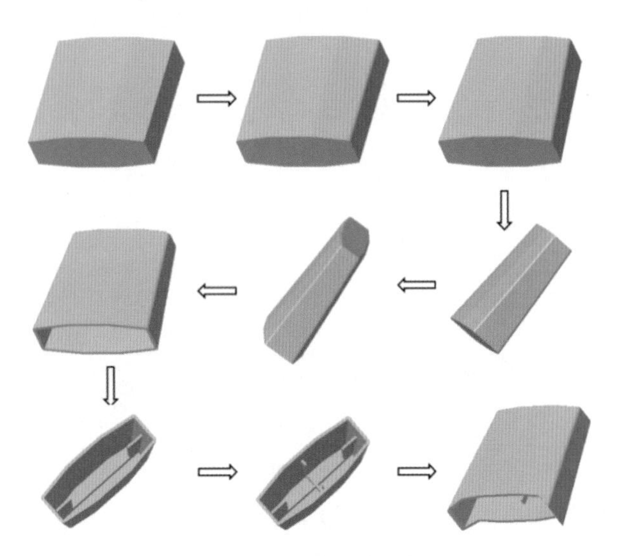

图 4-259　U 盘盖建模过程

四、操作步骤

1. 新建文件

单击工具栏中 （新建）命令按钮，在弹出的“新建”对话框“类型”选项组中选择“零件”单选按钮，“子类型”选项组中选择“实体”单选按钮，“文件名”文本框中输入新建文件名，单击“确定”按钮，进入零件模式。

2. 拉伸整体造型

（1）单击 （拉伸）命令按钮，系统弹出拉伸特征操作面板。

（2）确认拉伸类型为 （实体）。

（3）单击选择绘图区的 FRONT 基准面作为草绘平面，系统自动进入草绘模式，调整 FRONT 基准面的方向与用户视线垂直。

（4）绘制如图 4-260 所示的上下、左右都对称的二维截面。

（5）单击 （确定）命令按钮，返回拉伸特征操作面板。

（6）调整视图方向为“标准方向”，将拉伸深度类型设置为 （对称），深度值为 20。

（7）单击 （确定）命令按钮，完成拉伸特征的创建，结果如图 4-261 所示。

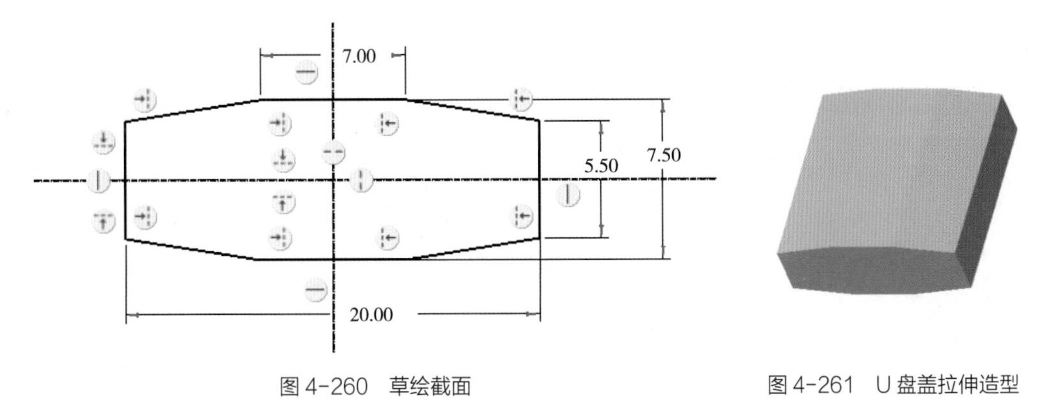

图 4-260　草绘截面　　图 4-261　U 盘盖拉伸造型

3. 竖直棱边倒圆角

（1）单击（倒圆角）命令按钮，系统弹出倒圆角特征操作面板。

（2）在绘图区按 Ctrl 键依次选择如图 4-262 所示的边线，设置倒圆角半径值为 0.5，单击（确定）命令按钮，完成倒圆角特征 1 的创建。

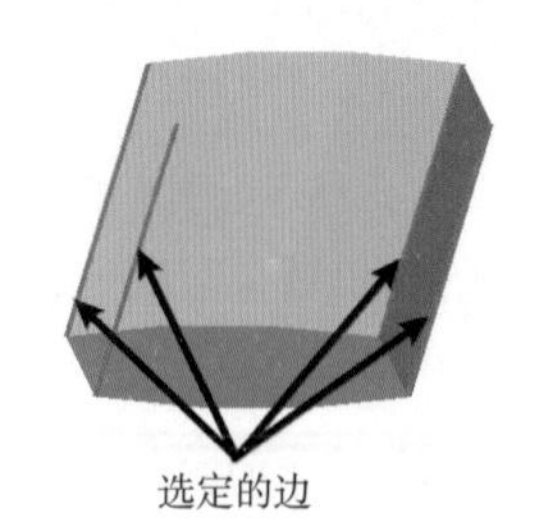

图 4-262 倒圆角特征 1 边线设置

4. 左右侧面拔模斜面

（1）单击（拔模）命令按钮，系统弹出拔模特征操作面板。

（2）在绘图区按 Ctrl 键依次选取如图 4-263 所示的拉伸特征的左右两个侧面作为要拔模的曲面。

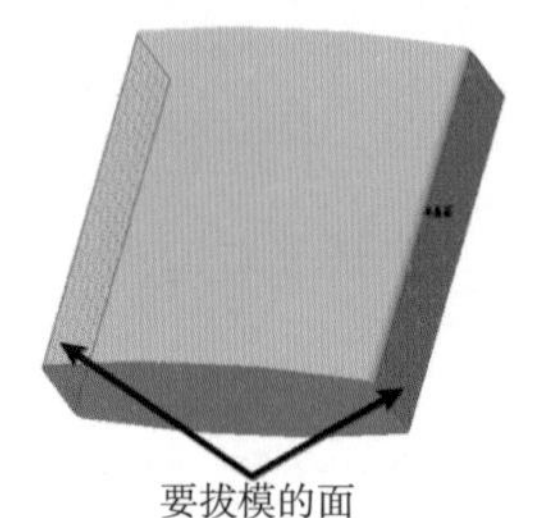

图 4-263 设置左右要拔模的面

（3）在操作面板单击拔模枢轴收集器，或在“参考”面板单击拔模枢轴收集器，在绘图区选取拉伸特征的下表面作为拔模枢轴平面，并确认拔模方向，如图 4-264 所示。

（4）确认拔模选项，在拔模角度数值编辑框中输入 5，或在绘图区双击拔模角度值输入 5，并确认旋转方向，如图 4-265 所示。

（5）单击（确定）命令按钮，完成左右侧面的拔模，结果如图 4-266 所示。

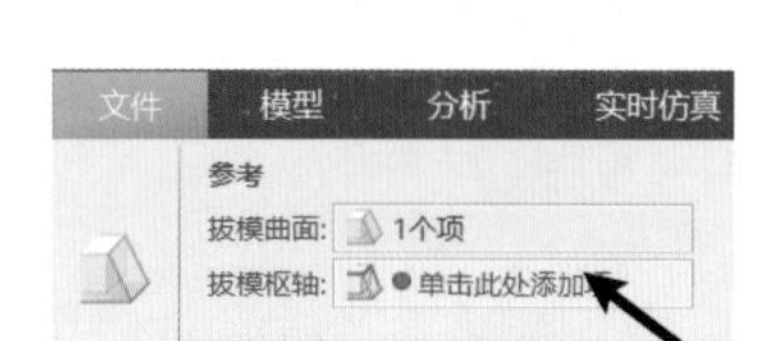

图 4-264 设置拔模枢轴和拔模方向

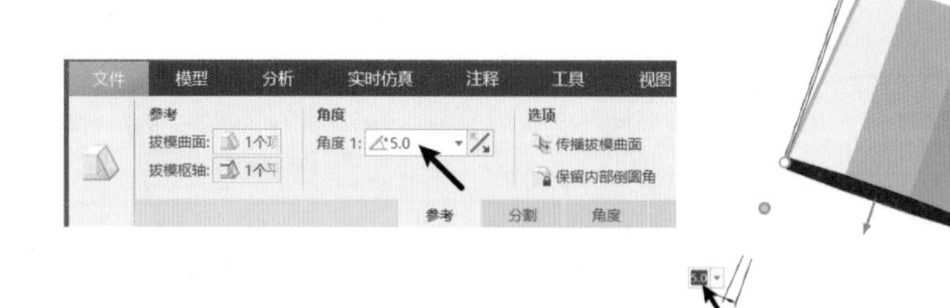

图 4-265 设置拔模角度和拔模选项

图 4-266 左右侧面拔模

5. 前后侧面拔模斜面

（1）单击（拔模）命令按钮，系统弹出拔模特征操作面板。

（2）在绘图区按 Ctrl 键依次选取如图 4–267 所示的拉伸特征的前后六个侧面作为要拔模的面。

（3）在操作面板单击“拔模枢轴收集器”，或在“参考”面板单击“拔模枢轴收集器”，在绘图区选取拉伸特征的下表面作为拔模枢轴平面，并确认拔模方向与左右侧面拔模方向一样。

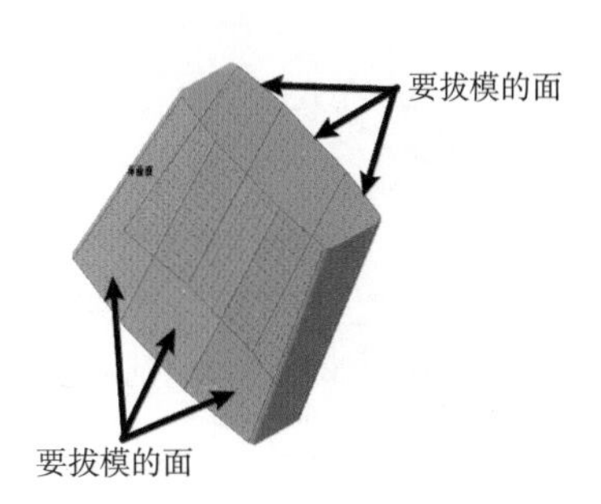

图 4–267 设置前后要拔模的面

（4）确认拔模选项，在拔模角度数值编辑框中输入 3，或在绘图区双击拔模角度值输入 3，并确认旋转方向，如图 4–268 所示。

（5）单击（确定）命令按钮，完成前后侧面的拔模，结果如图 4–269 所示。

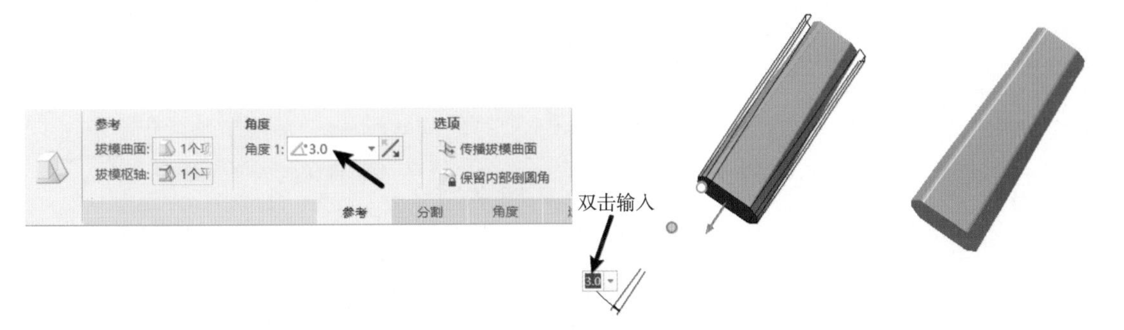

图 4–268 设置拔模角度和拔模选项

图 4–269 前后侧面拔模

6. 倒圆角

（1）单击（倒圆角）命令按钮，系统弹出倒圆角特征操作面板。

（2）在绘图区按 Ctrl 键依次选择如图 4–270 所示的边线，设置倒圆角半径为 5，单击（确定）命令按钮，完成倒圆角特征 2 的创建。

（3）单击（倒圆角）命令按钮，系统弹出倒圆角特征操作面板。

（4）在绘图区按 Ctrl 键依次选择如图 4–271 所示的边线，设置圆角半径为 0.5，单击（确定）命令按钮，完成倒圆角特征 3 的创建，结果如图 4–272 所示。

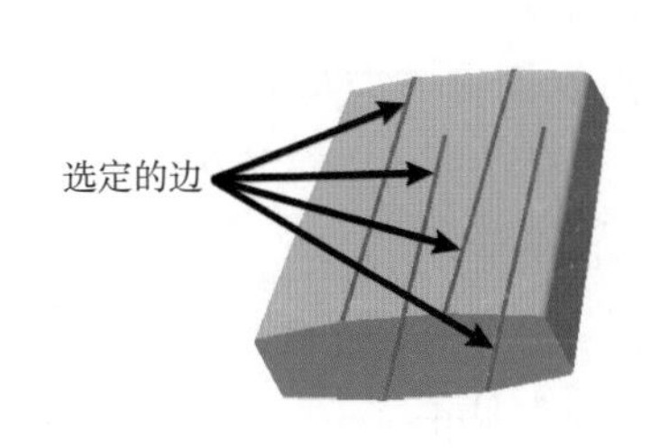

图 4–270 倒圆角特征 2 设置

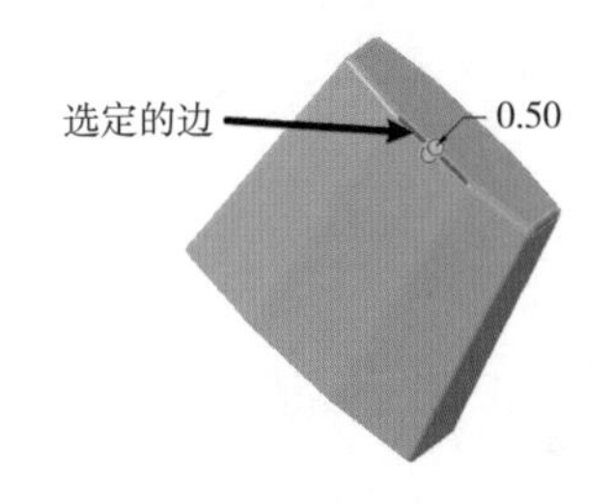

图 4–271 倒圆角特征 3 设置

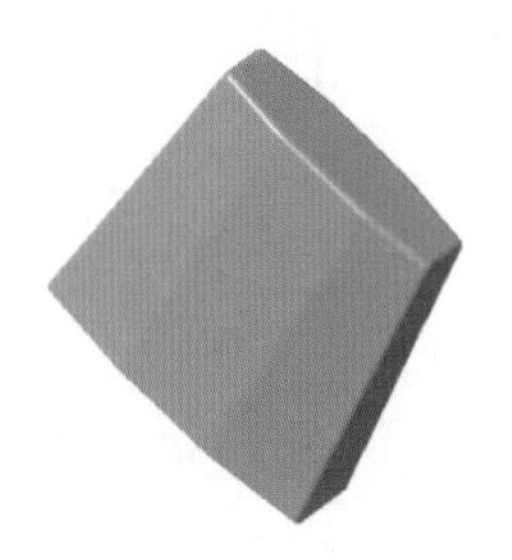

图 4–272 倒圆角特征 3

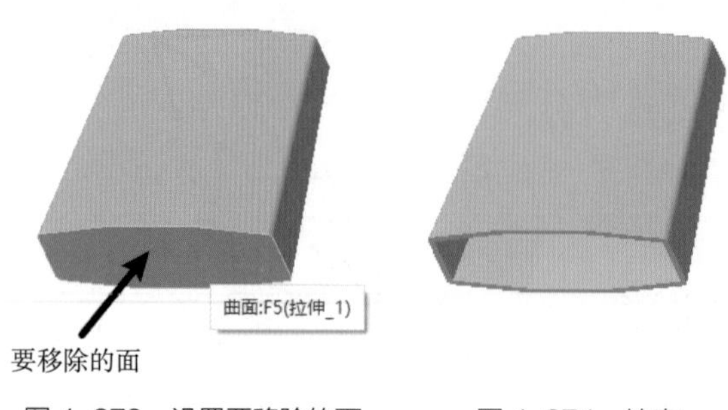

图 4-273 设置要移除的面　　图 4-274 抽壳

7.U 盘盖抽壳

（1）单击（壳）命令按钮，系统弹出壳特征操作面板。

（2）在绘图区选择如图 4-273 所示的瓶口上表面为要移除的面，设置厚度值为 0.5。

（3）单击（确定）命令按钮，完成壳特征的创建，如图 4-274 所示。

8. 创建轮廓筋 1

（1）点击“筋”特征命令按钮右下角的箭头，在弹出的面板中选择（轮廓筋）命令按钮，系统弹出轮廓筋特征的操作面板，如图 4-275 所示。

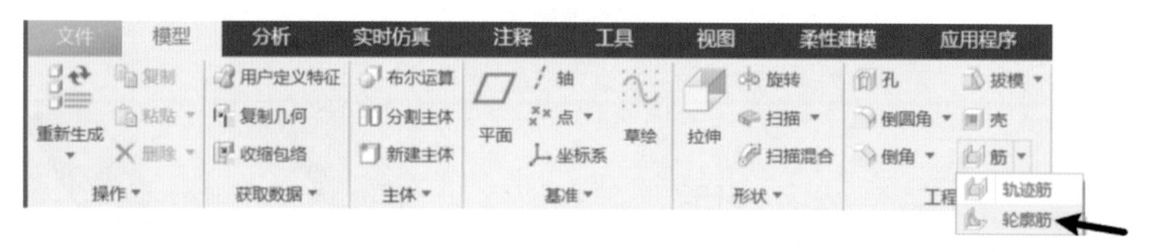

图 4-275 轮廓筋命令按钮

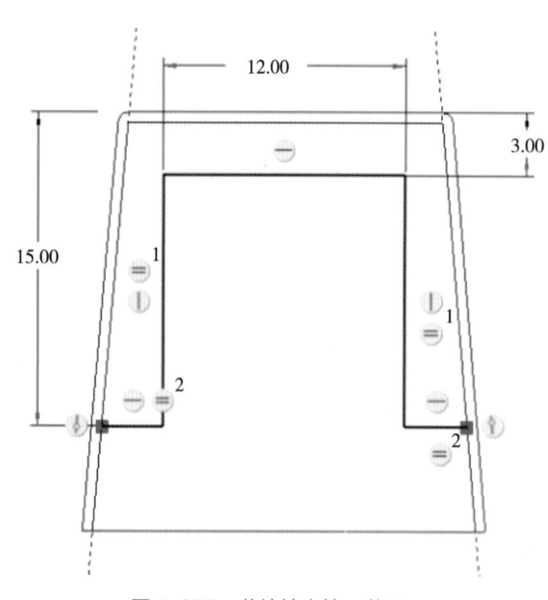

图 4-276 草绘轮廓筋 1 截面

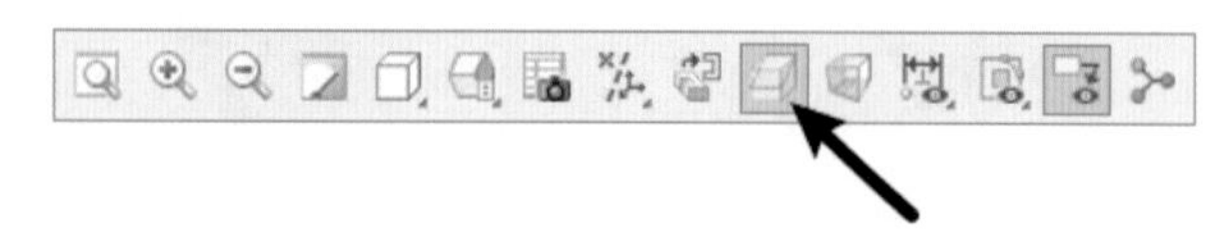

图 4-277 “修剪模型”命令按钮

（2）单击选择绘图区的 TOP 基准面作为草绘平面，系统自动进入草绘模式，调整 TOP 基准面的方向与用户视线垂直。

（3）绘制如图 4-276 所示的开放的轮廓筋的二维截面，并确保开放的端点位于壳体的内表面上。为更清晰地找到壳体的内表面，可以单击选择视图管理器上的（修剪模型）按钮，如图 4-277 所示。

（4）单击（确定）命令按钮，返回轮廓筋特征操作面板。

（5）确认深度方向指向 U 盘盖内部，在宽度数值编辑框中输入 0.4，或在绘图区双击深度值输入 0.4。如图 4-278 所示。若深度方向与图示相反，单击深度反向方向箭头即可。

（6）单击（确定）命令按钮，完成轮廓筋的创建，结果如图 4-279 所示。

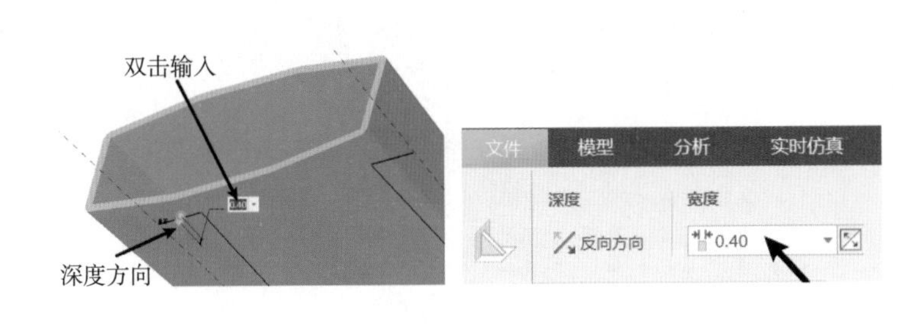

图 4-278 确认轮廓筋 1 深度方向及宽度值

图 4-279 U 盘盖轮廓筋 1 造型

9. 创建轮廓筋 2

（1）单击 （轮廓筋）命令按钮，系统弹出轮廓筋特征的操作面板。

（2）单击选择绘图区的 RIGHT 基准面作为草绘平面，系统自动进入草绘模式，调整 RIGHT 基准面的方向与用户视线垂直。

（3）绘制如图 4-280 所示的开放的轮廓筋的二维截面，并确保开放的端点位于壳体的内表面上。

（4）单击 ✓（确定）命令按钮，返回轮廓筋特征操作面板。

（5）确认深度方向指向 U 盘盖内部，在宽度数值编辑框中输入 0.4，或在绘图区双击深度值输入 0.4. 若深度方向与图示相反，双击深度反向方向箭头即可。

（6）单击 ✓（确定）命令按钮，完成轮廓筋的创建，结果如图 4-281 所示。

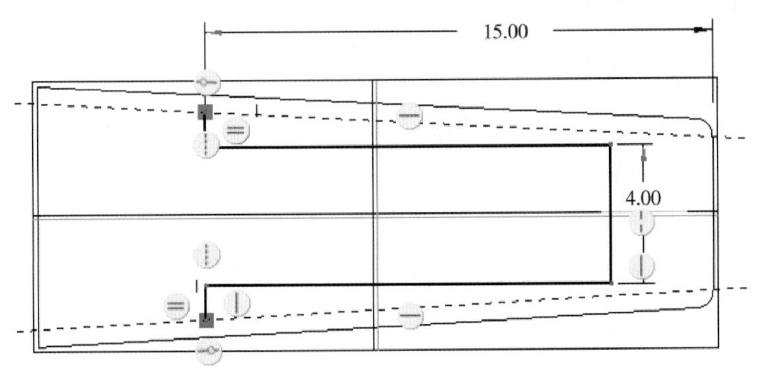

图 4-280 草绘轮廓筋 2 截面

图 4-281 U 盘盖轮廓筋 2 造型

10. 拉伸切除缺口

（1）单击 （拉伸）命令按钮，系统弹出拉伸特征操作面板。

（2）确认拉伸类型为 （实体）、 （移除材料）。

（3）单击选择绘图区的 FRONT 基准面作为草绘平面，系统自动进入草绘模式，调整 FRONT 基准面的方向与用户视线垂直。

（4）绘制如图 4-282 所示的二维截面。

（5）单击 ✓（确定）命令按钮，返回拉伸特征操作面板。

（6）调整视图方向为“标准方向”，单击“选项”下滑面板，将两侧拉伸深度均设置为“穿透”，确认拉伸切除方向。

（7）单击 ✔（确定）命令按钮，完成拉伸切除特征的创建，结果如图 4-283 所示。

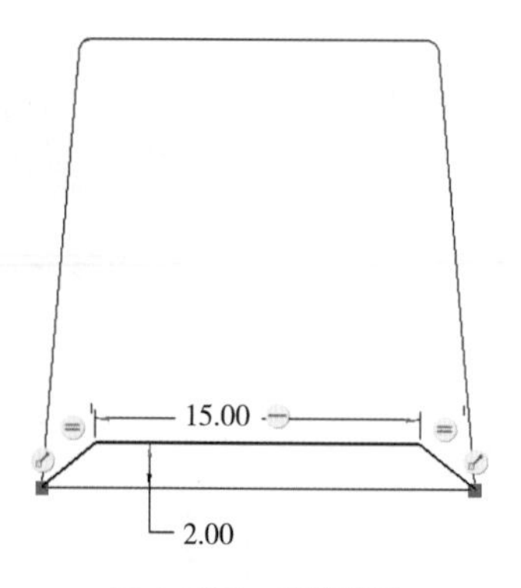

图 4-282　草绘截面

图 4-283　U 盘盖最终造型

11. 保存文件

单击工具栏中的 ▣（保存）命令按钮，保存当前模型文件。

任务 8　创建轮胎三维模型

在 Creo Parametric 中，创建如图 4-284 所示的轮胎三维模型。

一、学习目标

（1）能够应用特征尺寸阵列完成特征的复制。

（2）能够应用特征方向阵列完成特征的复制。

（3）能够应用环形折弯特征创建零件的三维模型。

（4）能够注重产品结构细节创建相应的产品三维模型，逐步树立建模的严谨性和精益求精的工匠精神。

图 4-284　轮胎三维模型

二、相关知识点

（一）特征尺寸阵列操作面板

特征尺寸阵列是通过使用驱动定位尺寸并指定阵列数量及增量变化来控制的阵列，可以为单向的，也可以为双向的。选择要阵列的特征，单击▦（阵列）命令按钮，功能区则弹出特征阵列操作面板，选择阵列类型为“尺寸”，特征尺寸阵列操作面板如图 4-285 所示。其中“尺寸”面板用来定义驱动尺寸、尺寸增量等。“选项”面板可以定义阵列再生选项。“属性”面板可以查看当前阵列的信息，或者对阵列重命名。

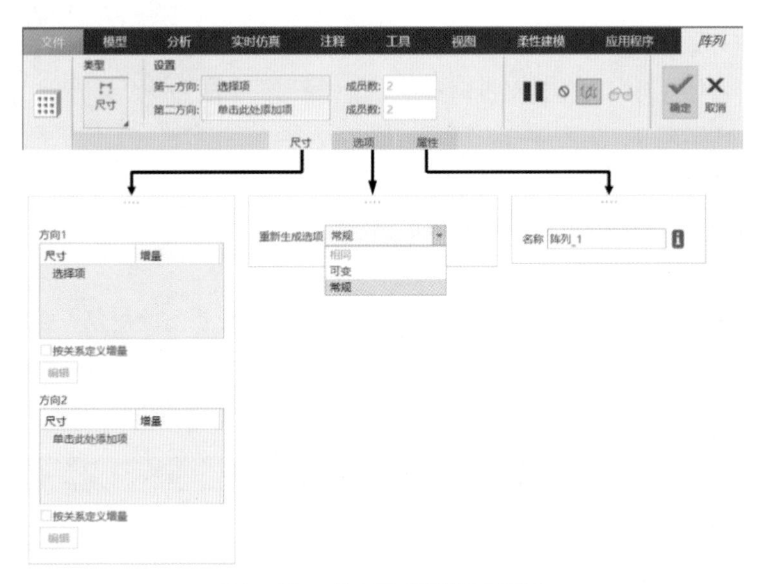

图 4-285　特征尺寸阵列操作面板

（二）特征方向阵列操作面板

特征方向阵列是通过指定方向、阵列数量及增量变化来控制的阵列，既可以为单向的，也可以为双向的。选择要阵列的特征，单击▦（阵列）命令按钮，功能区则弹出特征阵列操作面板，选择阵列类型为“方向”，特征方向阵列操作面板如图 4-286 所示。其中“尺寸”面板用来定义驱动尺寸、尺寸增量等。“选项”面板可以定义阵列再生选项。“属性”面板可以查看当前阵列的信息，或者对阵列重命名。

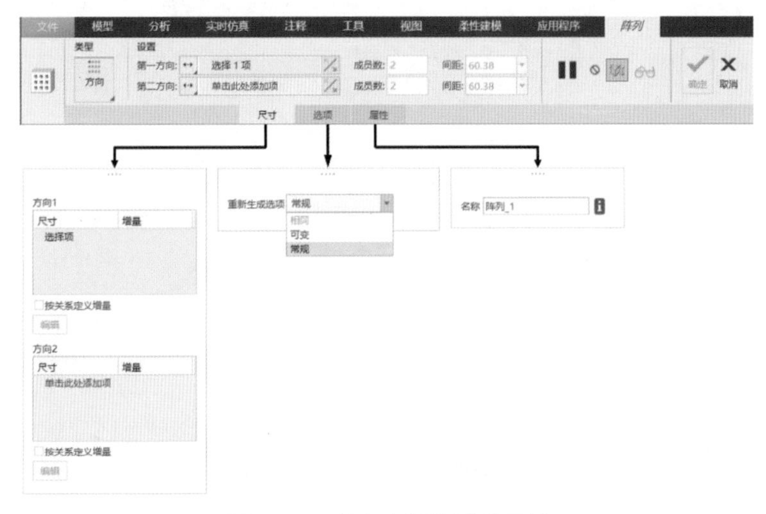

图 4-286　特征方向阵列操作面板

（三）环形折弯特征

1. 环形折弯特征概述

环形折弯特征是指将实体、非实体曲面或基准曲线折弯成环形（旋转）形状。

2. 环形折弯特征要素

定义环形折弯特征时，需要定义折弯对象、旋转折弯的轮廓截面及折弯半径等，如图 4-287 所示。

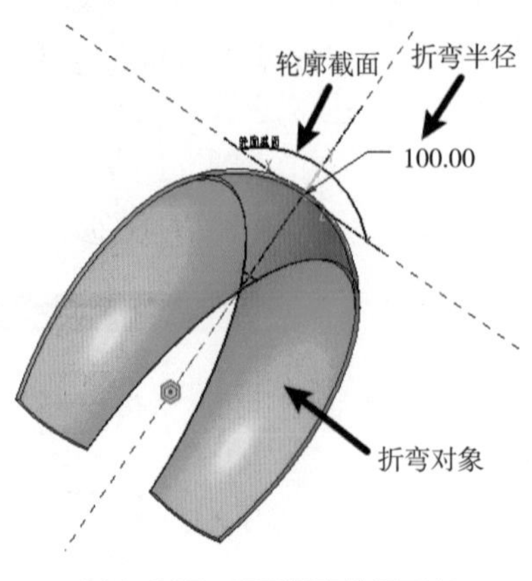

图 4-287　环形折弯特征要素

3. 环形折弯特征操作面板

单击功能区的“工程”组名称，在弹出的面板中选择（环形折弯）命令按钮，功能区则弹出环形折弯特征操作面板，如图 4-288 所示。其中“参考”面板用于指定环形折弯的对象（面组或实体主体以及曲线）和轮廓截面。“选项”面板可以定义折弯的选项。“属性”面板可以查看当前特征的信息，或者对特征重命名。

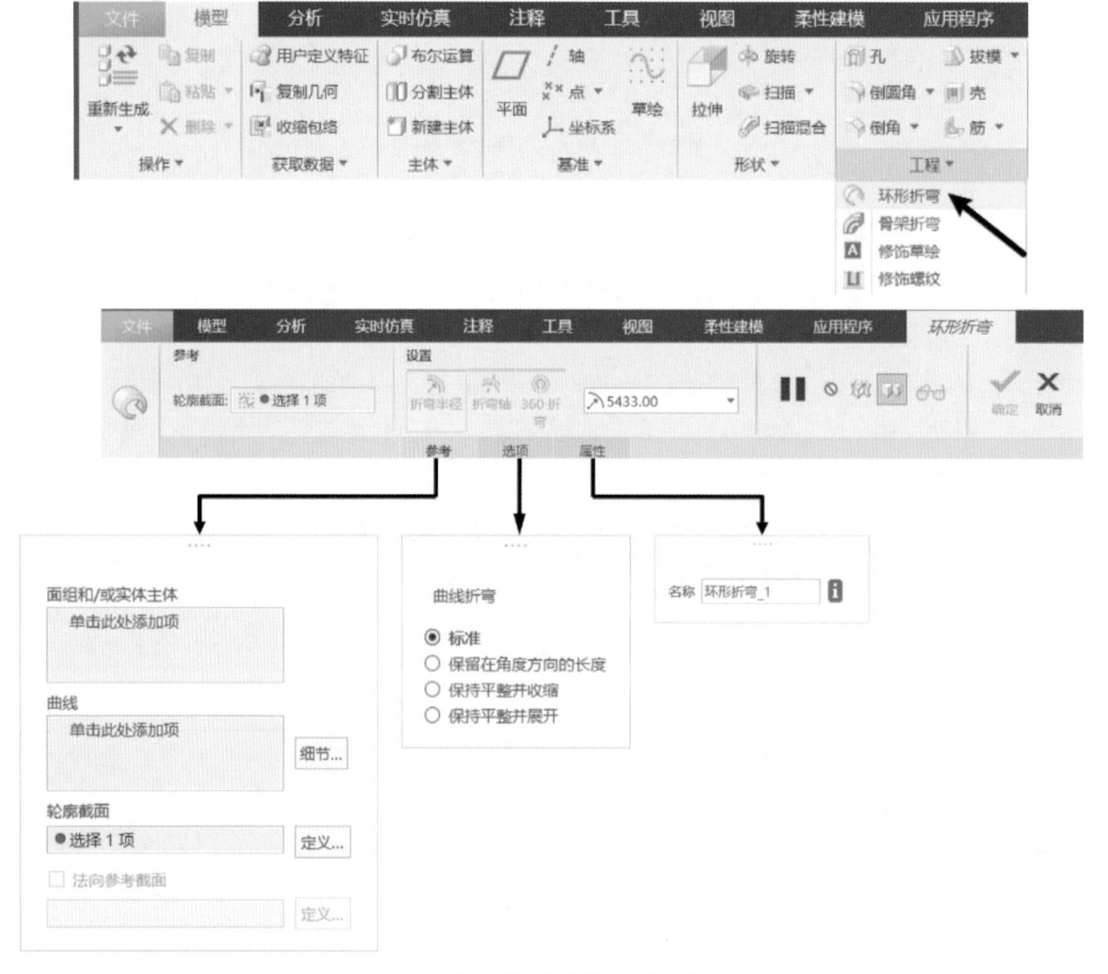

图 4-288　环形折弯特征操作面板

三、建模分析

分析轮胎的三维造型，可以看到它是一个表面带有花纹的环形零件。因此在造型时，可以先创建出平整的零件造型，并切出花纹，最后用将其环形折弯。其建模过程如图 4-289 所示。

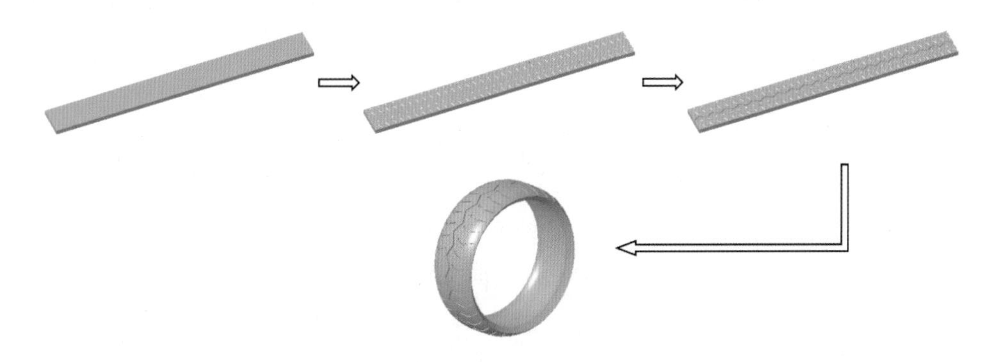

图 4-289　轮胎建模过程

四、操作步骤

1. 新建文件

单击工具栏中 （新建）命令按钮，在弹出的“新建”对话框“类型”选项组中选择“零件”单选按钮，“子类型”选项组中选择“实体”单选按钮，“文件名”文本框中输入新建文件名，单击“确定”按钮，进入零件模式。

2. 拉伸平整造型

（1）单击 （拉伸）命令按钮，打开拉伸特征操作面板。

（2）确认拉伸类型为 （实体）。

（3）单击选择绘图区的 TOP 基准面作为草绘平面，系统自动进入草绘模式，调整 TOP 基准面的方向与用户视线垂直。

（4）绘制如图 4-290 所示的中心矩形。

（5）单击 （确定）命令按钮，返回拉伸特征操作面板。

（6）调整视图方向为“标准方向”，设置拉伸深度设置为 15。单击 （确定）命令按钮，完成拉伸特征的创建，结果如图 4-291 所示。

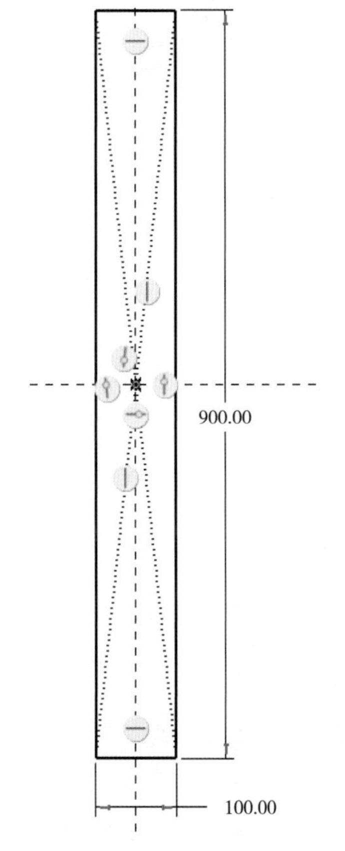

图 4-290　草绘截面（中心矩形）

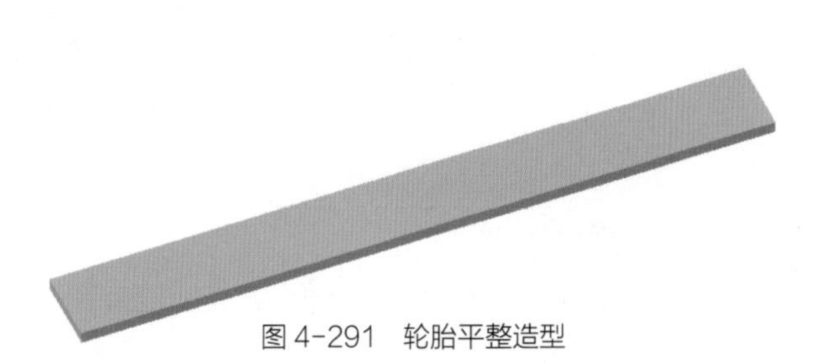

图 4-291　轮胎平整造型

3. 拉伸切除轮胎表面两侧花纹

（1）单击 （拉伸）命令按钮，系统弹出拉伸特征操作面板。

（2）确认拉伸类型为 （实体），单击 （移除材料）命令按钮。

（3）单击选择绘图区的轮胎上表面作为草绘平面，系统自动进入草绘模式，调整上表面的方向与用户视线垂直。

（4）绘制如图 4-292 所示的左右对称二维图形。

（5）单击 （确定）命令按钮，返回拉伸特征操作面板。

（6）调整视图方向为“标准方向”，设置拉伸深度为 3，确认拉伸切除方向。单击 （确定）命令按钮，完成拉伸切除特征的创建，结果如图 4-293 所示。

（7）在模型树上选择拉伸切除出的特征拉伸 2，在弹出的快捷菜单中单击 （阵列）命令按钮，或者在功能区选择 （阵列）命令按钮，系统弹出阵列特征操作面板。

（8）确认阵列类型为“尺寸”。

（9）在绘图区单击选择拉伸特征 2 的尺寸“5”作为第一方向的驱动尺寸，设置阵列增量为 60，阵列数量也就是成员数为 2，如图 4-294 所示。

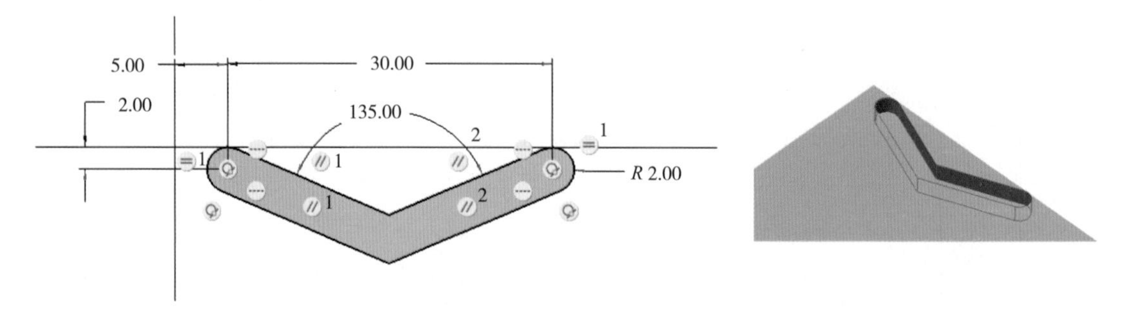

图 4-292 拉伸切除截面

图 4-293 轮胎表面拉伸切除

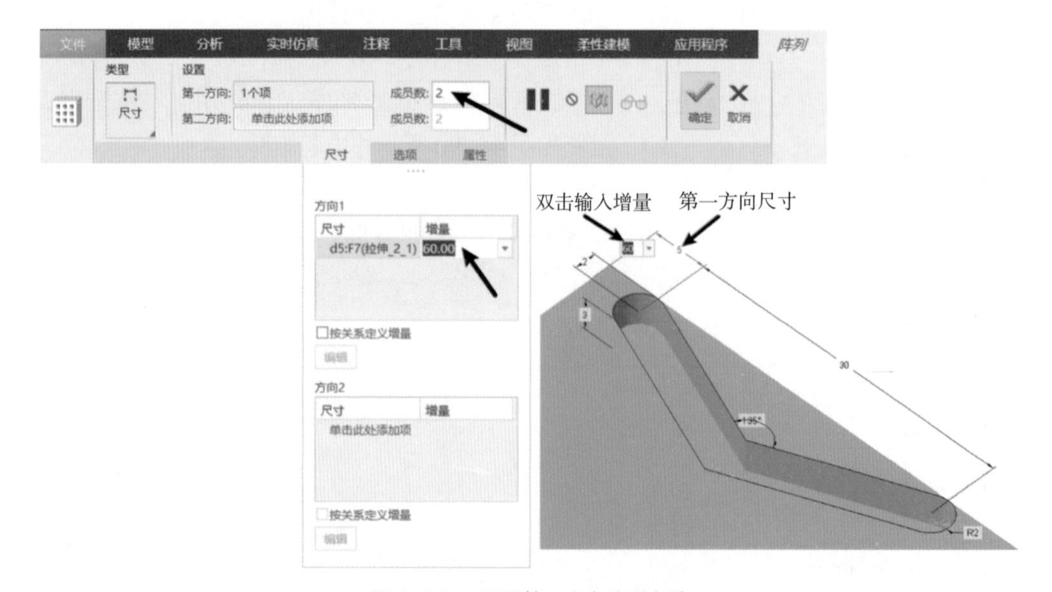

图 4-294 设置第一方向阵列参数

（10）在阵列操作面板上单击“第二方向”收集器，或在“尺寸”面板上单击“方向 2”收集器。如图 4–295 所示。

（11）在绘图区单击选择拉伸特征 2 的尺寸“2”作为第二方向的驱动尺寸，设置阵列增量为 25，阵列数量即成员数为 36，如图 4–296 所示。

（12）单击 ✔（确定）命令按钮，完成轮胎表面两侧花纹特征阵列，结果如图 4–297 所示。

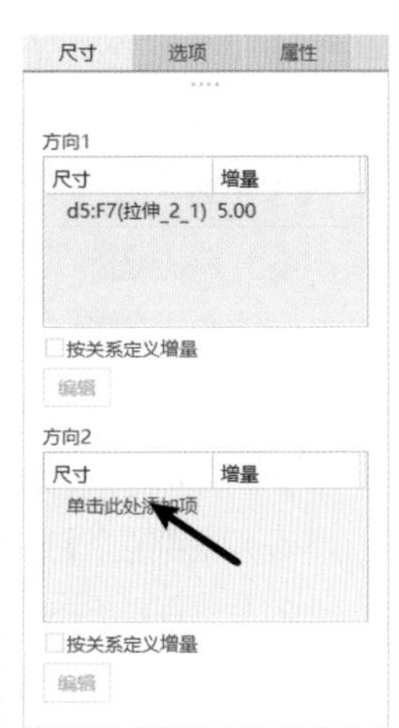

图 4–295　选择第二方向

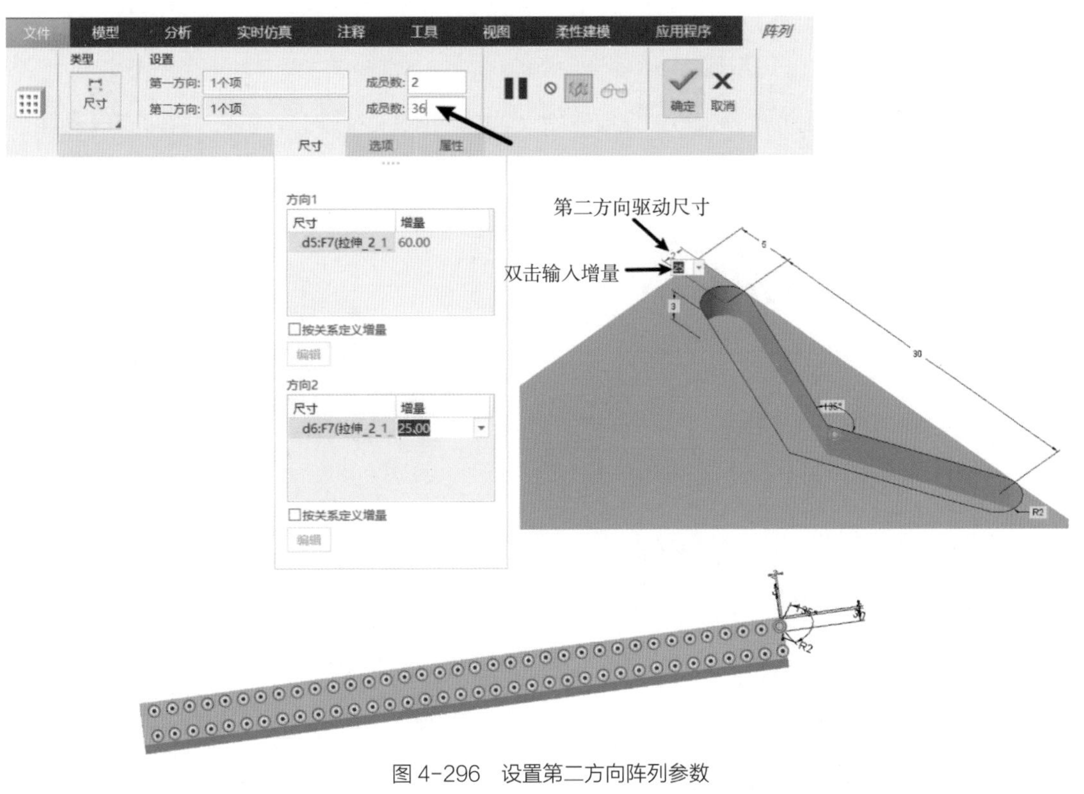

图 4–296　设置第二方向阵列参数

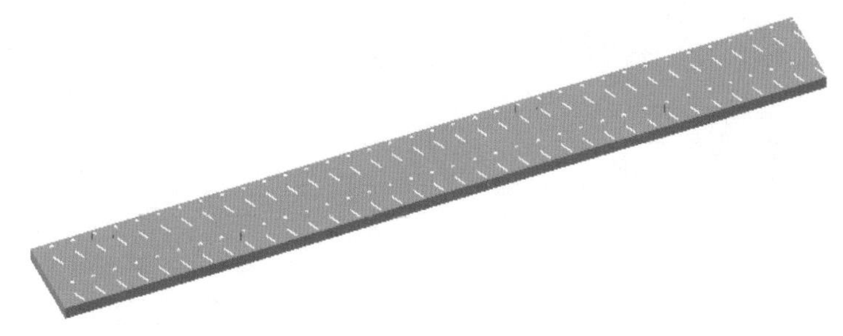

图 4–297　轮胎表面两侧花纹特征尺寸阵列

4. 拉伸切除轮胎表面中间花纹

（1）单击 （拉伸）命令按钮，系统弹出拉伸特征操作面板。

（2）确认拉伸类型为 （实体），单击 （移除材料）命令按钮。

（3）单击选择绘图区的轮胎上表面作为草绘平面，系统自动进入草绘模式，调整上表面的方向与用户视线垂直。

（4）绘制如图 4-298 所示的二维截面。

（5）单击 （确定）命令按钮，返回拉伸特征操作面板。

（6）调整视图方向为"标准方向"，设置拉伸深度为 3。单击 （确定）命令按钮，完成拉伸切除特征的创建，结果如图 4-299 所示。

（7）在模型树上选择拉伸切除出的特征拉伸 3，在弹出的快捷菜单中单击 （阵列）命令按钮，或者在功能区选择 （阵列）命令按钮，系统弹出阵列特征操作面板。

（8）修改阵列类型为"方向"。

（9）如图 4-300 所示，在绘图区单击选择的棱边作为阵列第一方向，设置阵列间距为 45，阵列数量为 20。

（10）单击 （确定）命令按钮，完成轮胎表面中间花纹特征阵列，结果如图 4-301 所示。

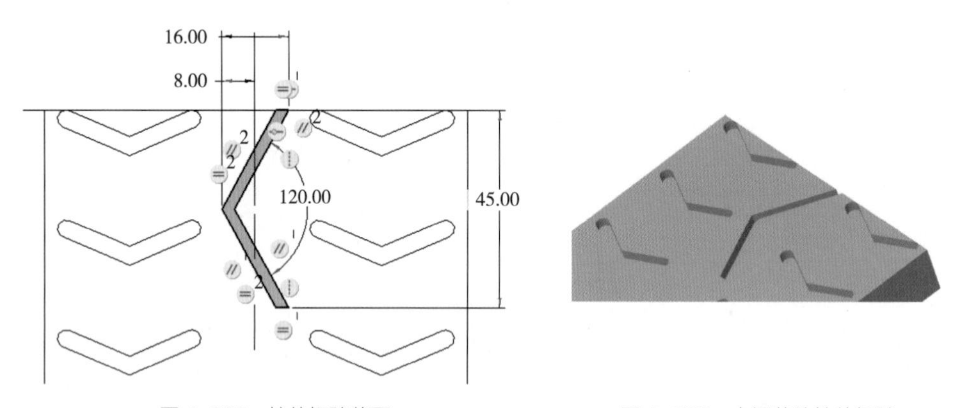

图 4-298　拉伸切除截面　　图 4-299　中间花纹拉伸切除

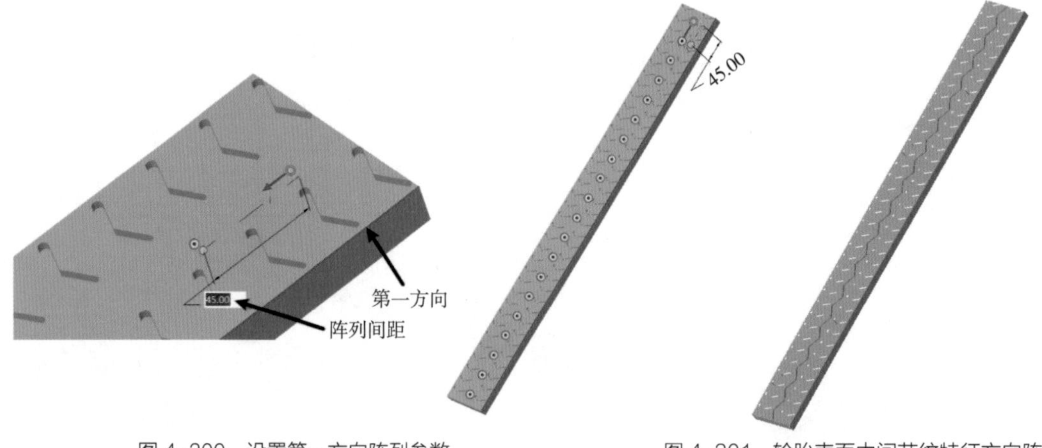

图 4-300　设置第一方向阵列参数　　图 4-301　轮胎表面中间花纹特征方向阵列

5. 环形折弯轮胎

（1）单击功能区的“工程”组名称，在弹出的面板中选择 （环形折弯）命令按钮，打开环形折弯特征操作面板。

（2）单击“参考”面板中的“面组和 / 或实体主体”收集器，在绘图区选取轮胎实体作为折弯对象，如图 4-302 所示。

（3）单击“参考”面板的“定义”命令按钮，弹出“草绘”对话框。在绘图区选择如图 4-303 所示的平面作为草绘平面，参考为“特征拉伸 _1 的曲面”（轮胎底面），方向为“下”。单击对话框中的“草绘”按钮，进入草绘模式，调整草绘平面与用户视线垂直。

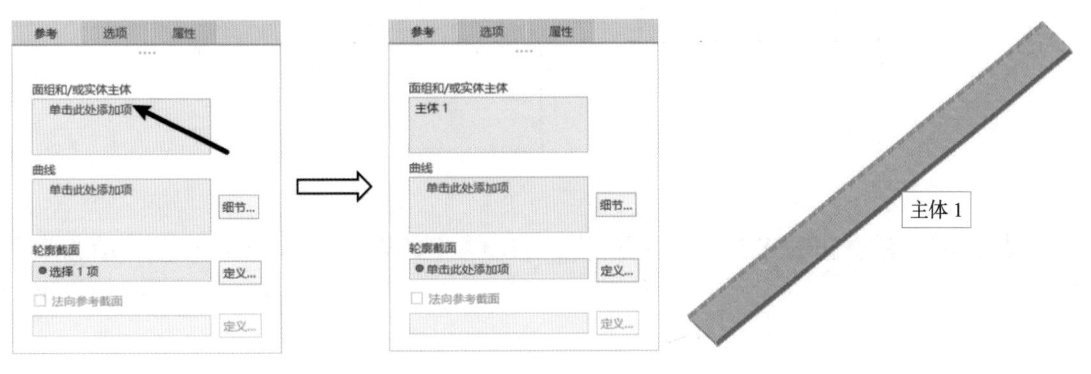

图 4-302　设置折弯对象

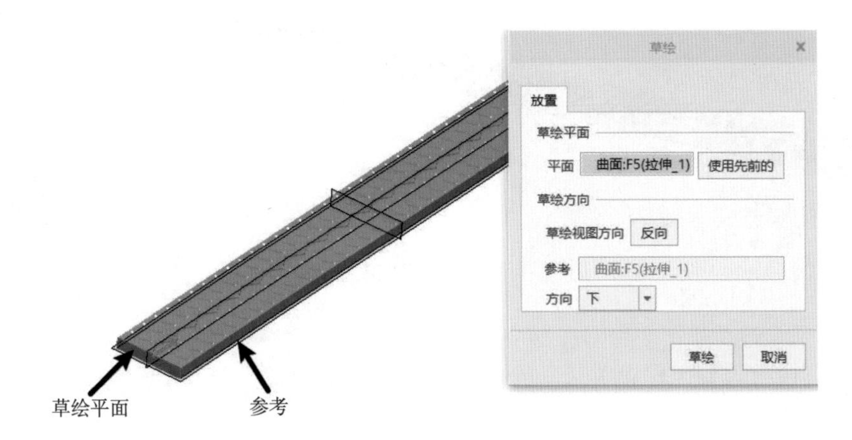

图 4-303　设置轮廓截面的草绘平面

（4）在“基准”组中单击 （坐标系）命令按钮，绘制一个几何坐标系，再绘制如图 4-304 所示的二维截面。单击 （确定）命令按钮，返回环形折弯特征操作面板。

（5）在操作面板上选择 （360 折弯）命令按钮，如图 4-305 所示。

（6）在绘图区分别选择如图 4-306 所示的相互平行的实体平面 1 和平面 2。

（7）单击 （确定）命令按钮，完成轮胎的环形折弯，结果如图 4-307 所示。

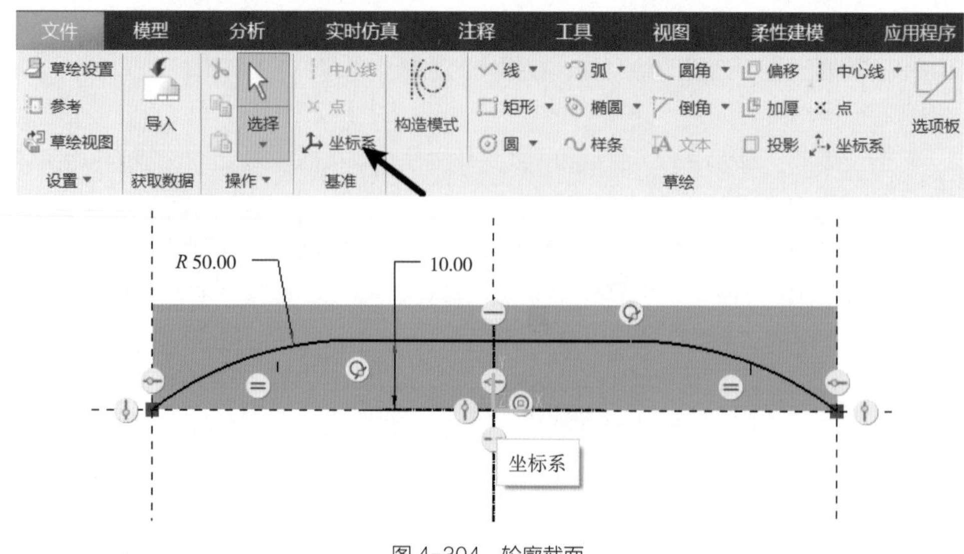

图 4-304 轮廓截面

图 4-305 “360 折弯”按钮

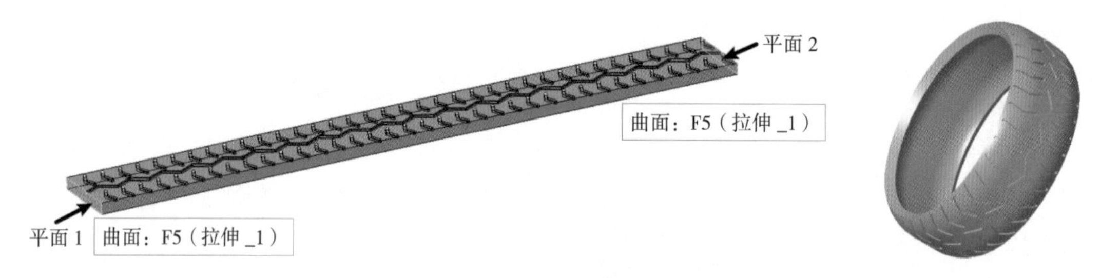

图 4-306 选择平行面定义折弯长度

图 4-307 轮胎环形折弯

6. 保存文件

单击工具栏中的 (保存) 命令按钮，保存当前模型文件。

任务 9 创建扳手三维模型

4-25 扳手基本形状 4-26 骨架折弯特征

在 Creo Parametric 中，创建如图 4-308 所示的扳手三维模型。

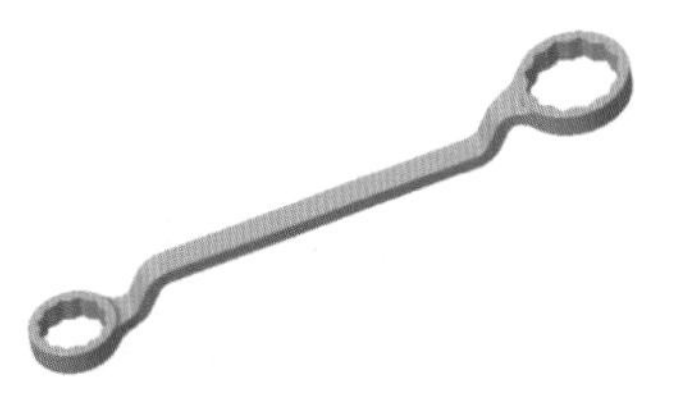
图 4-308 扳手三维模型

一、学习目标

（1）能够应用骨架折弯特征创建零件的三维模型。

（2）能够注重产品结构细节创建相应的产品三维模型，逐步树立建模的严谨性和精益求精的工匠精神。

二、相关知识点

（一）骨架折弯特征

1. 骨架折弯特征概述

骨架折弯特征是以具有一定形状的曲线作为参照，将创建的实体或曲面沿曲线连续弯曲而成。

2. 骨架折弯特征要素

定义骨架折弯特征时，需要定义折弯对象、折弯曲线等，如图 4-309 所示。

3. 骨架折弯特征操作面板

单击功能区的“工程”组名称，在弹出的面板中选择（骨架折弯）命令按钮，功能区则弹出骨架折弯特征操作面板，如图 4-310 所示。其中“折弯几何”收集器用于选择要折弯的实体几何或面组。“参考”面板用于选择折弯曲线或边链。“选项”面板用于设置由骨架折弯进行控制的横截面属性以及设置是否移除折弯区域以外的几何。“属性”面板可以查看当前特征的信息，或者对特征重命名。

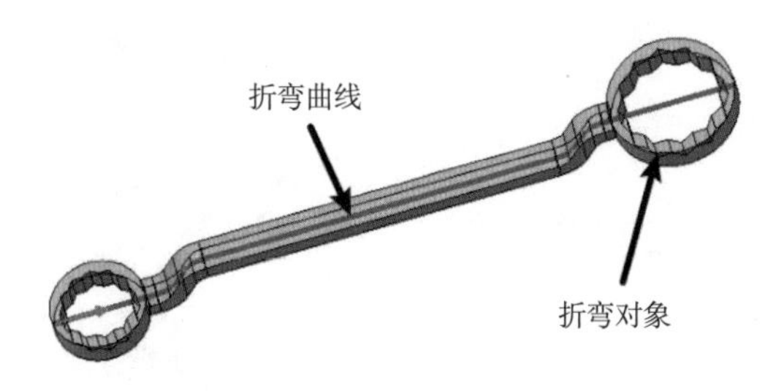

图 4-309 骨架折弯特征要素

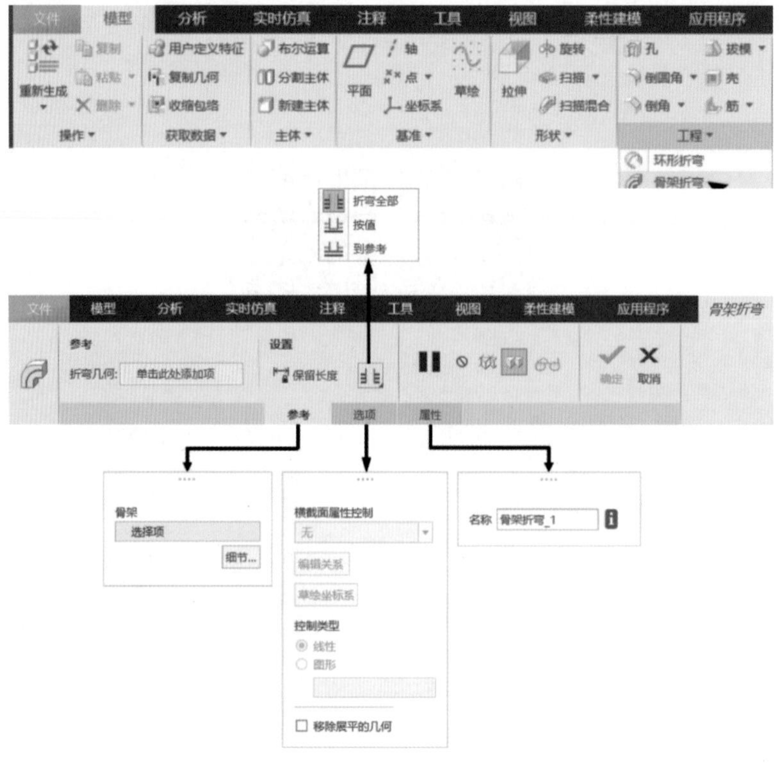

图 4-310　骨架折弯特征操作面板

4. 折弯长度类型

在 Creo Parametric 中，可以指定折弯的长度类型，具体见表 4-16。

表 4-16　折弯的长度类型

类型	说明	图例
折弯全部	从骨架线起点折弯整个选定几何	
按值	从骨架线起点折弯至指定长度	
到参考	从骨架线起点折弯至指定参考	指定参考

（二）自动倒圆角特征

1. 自动倒圆角特征概述

自动倒圆角特征是在实体几何或零件或组件的面组上创建恒定半径的圆角几何。需要注意的是，自动倒圆角特征最多只能有两个半径尺寸：凹边与凸边各一个。

在实际设计中，自动倒圆角特征需要较长时间进行计算，有时会导致系统崩溃，尤其是对于复杂结构零件，因此建模时若要使用自动倒圆角特征，要先保存模型文件，以防止模型信息丢失。

2. 自动倒圆角特征操作面板

单击“倒圆角”特征命令按钮右下角的箭头，在弹出的面板中选择 （自动倒圆角）命令按钮，功能区则弹出自动倒圆角特征操作面板，如图 4-311 所示。其中“范围”面板用于定义是在模型所有主体、选定的主体或面组、选定的边上倒圆角，以及是否在凸边或凹边上倒圆角。“排除”面板用于定义排除在自动圆角之外的一个或多个边（或边链）。“选项”面板用于创建一组常规圆角特征，而非自动圆角特征。“属性”面板可以查看当前特征的信息，或者对特征重命名。

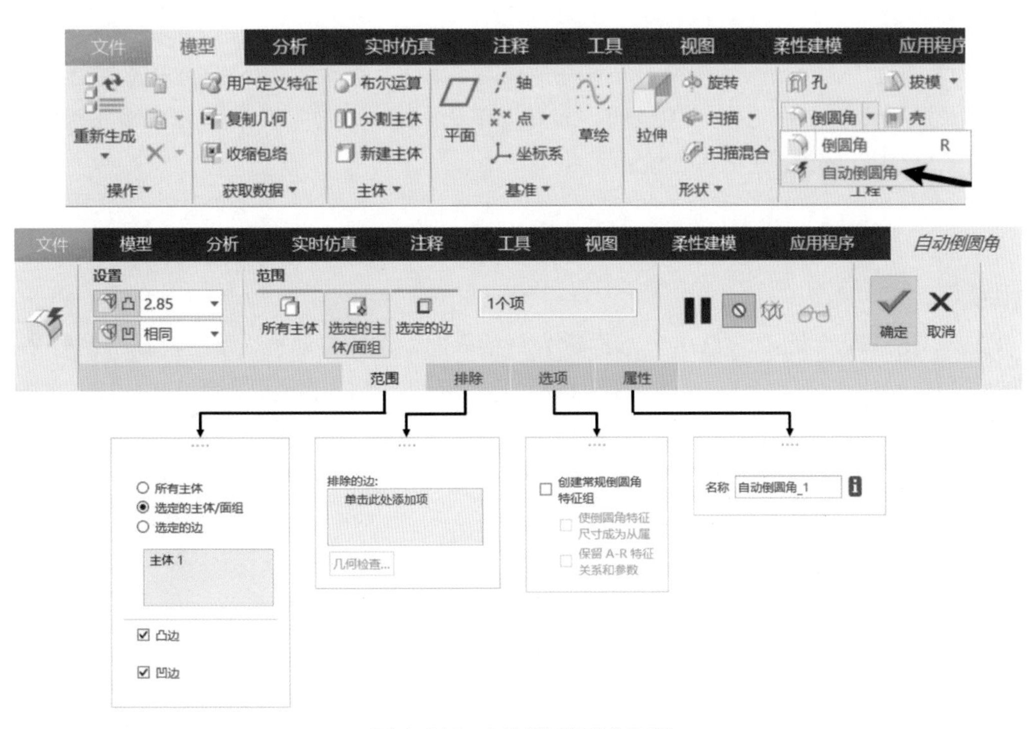

图 4-311　自动倒圆角操作面板

三、建模分析

分析扳手的三维造型，可以看到它是一个沿曲线折弯的零件。因此在造型时，可以先创建出平整的零件造型，再将其按照曲线折弯，最后倒圆角使模型顺滑。其建模过程如图 4–312 所示。

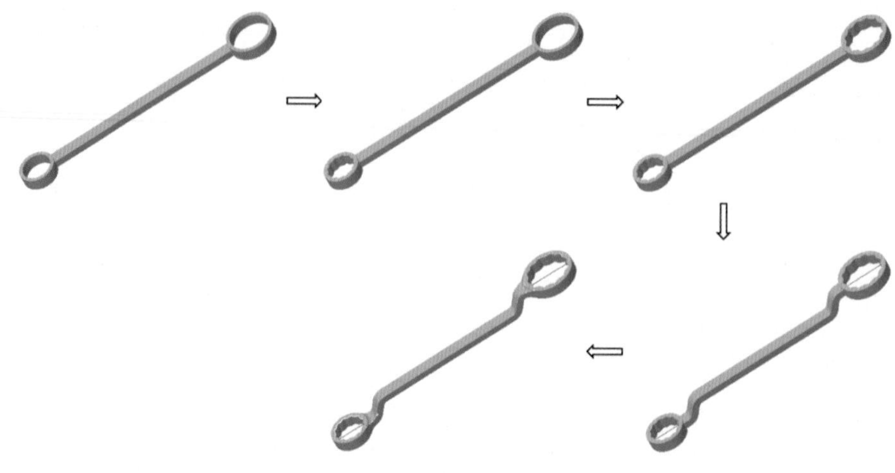

图 4–312　轮胎建模过程

四、操作步骤

1. 新建文件

单击工具栏中 （新建）命令按钮，在弹出的“新建”对话框“类型”选项组中选择“零件”单选按钮，“子类型”选项组中选择“实体”单选按钮，“文件名”文本框中输入新建文件名，单击“确定”按钮，进入零件模式。

2. 拉伸平整造型

（1）单击 （拉伸）命令按钮，系统弹出拉伸特征操作面板，确认拉伸类型为 （实体）。

（2）单击选择绘图区的 TOP 基准面作为草绘平面，系统自动进入草绘模式，调整 TOP 基准面的方向与用户视线垂直。绘制如图 4–313 所示的两个圆，直径分别是 30、40。

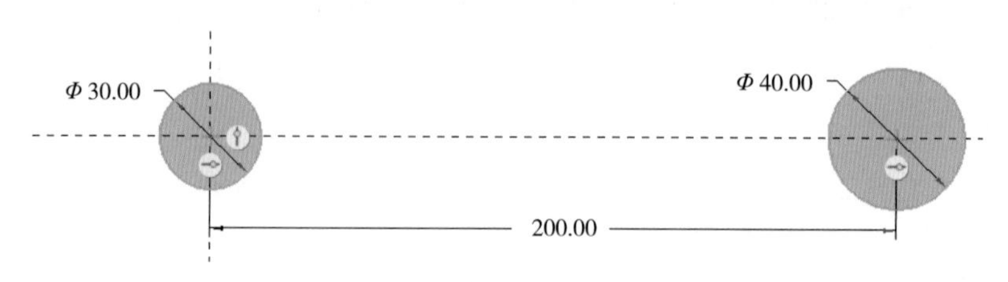

图 4–313　拉伸特征 1 截面

（3）单击 （确定）命令按钮，返回拉伸特征操作面板。调整视图方向为“标准方向”，将拉伸深度类型设置为 （对称），深度值为 10。单击 （确定）命令按钮，完成拉伸特征 1 的创建，结果如图 4–314 所示。

（4）单击 （拉伸）命令按钮，系统弹出拉伸特征操作面板，确认拉伸类型为 （实体）。

（5）单击选择绘图区的 TOP 基准面作为草绘平面，系统自动进入草绘模式，调整 TOP

基准面的方向与用户视线垂直。绘制如图 4-315 所示的二维截面。

（6）单击 ✔（确定）命令按钮，返回拉伸特征操作面板。调整视图方向为“标准方向”，将拉伸深度类型设置为 ⊟（对称），深度值为 6。单击 ✔（确定）命令按钮，完成拉伸特征 2 的创建，结果如图 4-316 所示。

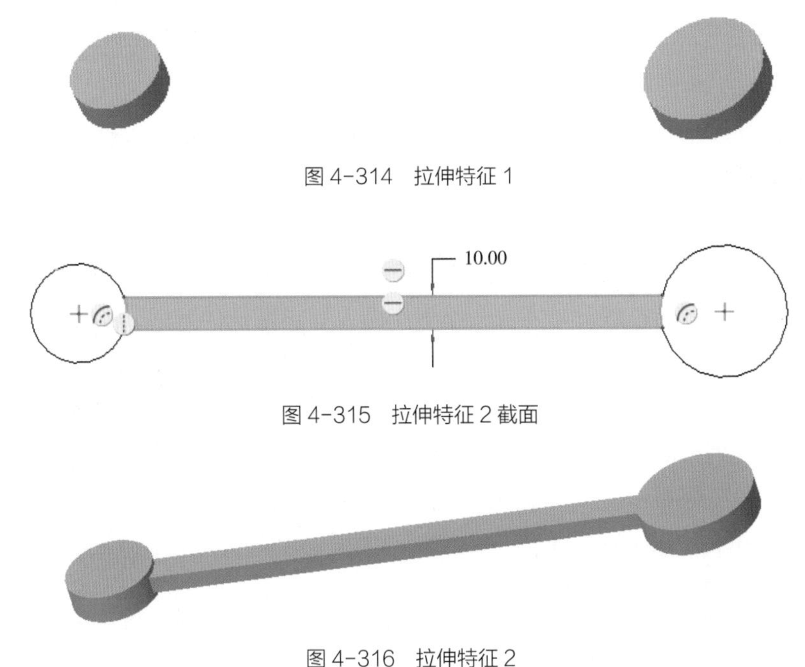

图 4-314　拉伸特征 1

图 4-315　拉伸特征 2 截面

图 4-316　拉伸特征 2

3. 创建两侧圆孔

（1）单击 ⊡（孔）命令按钮，系统弹出孔特征操作面板。确认孔类型为“简单”“平整”。

（2）在绘图区域按 Ctrl 键依次选择轴 A_1 和零件上表面设置孔的位置，这时系统自动将孔的设置类型调整为“同轴”，如图 4-317 所示。

（3）设置孔的直径为 24，孔的深度类型为 ⫼（穿透），单击 ✔（确定）命令按钮，完成孔特征 1，结果如图 4-318 所示。

（4）单击 ⊡（孔）命令按钮，系统弹出孔特征操作面板。确认孔类型为“简单”“平整”。

（5）在绘图区域按 Ctrl 键依次选择轴 A_2 和零件上表面设置孔的位置，这时系统自动将孔的设置类型调整为“同轴”，如图 4-319 所示。

（6）设置孔的直径为 34，孔的深度类型为 ⫼（穿透），单击 ✔（确定）命令按钮，完成孔特征 2，结果如图 4-320 所示。

图 4-317　设置孔 1 的放置位置及类型　　图 4-318　孔 1

图 4-319　设置孔 2 的放置位置及类型　　　　图 4-320　孔 2

4. 拉伸阵列左侧圆环内部纹理

（1）单击（拉伸）命令按钮，系统弹出拉伸特征操作面板。确认拉伸类型为（实体）。

（2）单击选择绘图区的零件上表面作为草绘平面，系统自动进入草绘模式，调整上表面的方向与用户视线垂直。在左侧圆环绘制如图 4-321 所示的扇形。

（3）单击（确定）命令按钮，返回拉伸特征操作面板。调整视图方向，将拉伸深度均设置为（到参考），选择圆环下表面为参考平面，并调整拉伸方向，如图 4-322 所示，单击（确定）命令按钮，完成拉伸特征 3 的创建，结果如图 4-323 所示。

（4）在模型树上选择拉伸特征 3，在弹出的快捷菜单中单击（阵列）命令按钮，或者在功能区选择（阵列）命令按钮，系统弹出阵列特征操作面板。选择特征阵列类型为“轴”。

（5）单击选择左侧圆环的轴线轴 A_1 作为轴阵列的旋转中心轴。输入阵列的特征数量为 12，阵列特征的角度范围为 360。单击（确定）命令按钮，完成拉伸 3 的特征阵列，结果如图 4-324 所示。

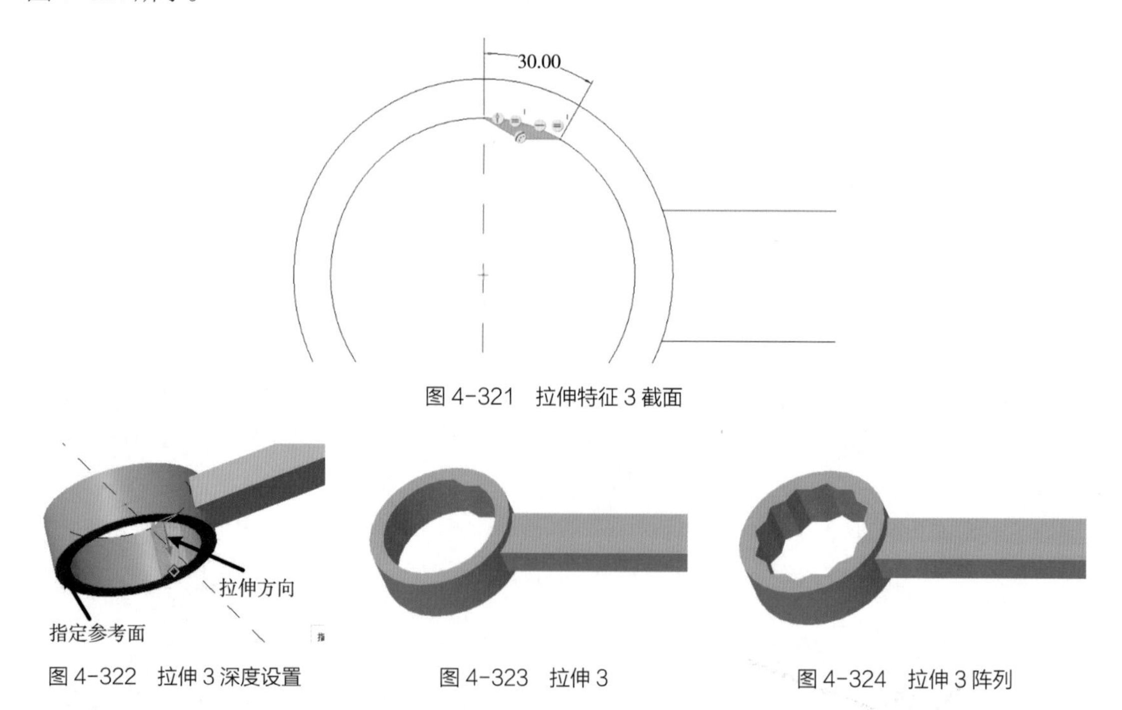

图 4-321　拉伸特征 3 截面

图 4-322　拉伸 3 深度设置　　图 4-323　拉伸 3　　图 4-324　拉伸 3 阵列

5. 拉伸阵列右侧圆环内部纹理

（1）单击（拉伸）命令按钮，系统弹出拉伸特征操作面板。确认拉伸类型为（实体）。

（2）单击选择绘图区的零件上表面作为草绘平面，系统自动进入草绘模式，调整上表面的方向与用户视线垂直。在右侧圆环绘制如图 4–325 所示的扇形。

（3）单击 （确定）命令按钮，返回拉伸特征操作面板。调整视图方向，将拉伸深度均设置为 （到参考），选择圆环下表面为参考平面，并调整拉伸方向，单击 （确定）命令按钮，完成拉伸特征 4 的创建，结果如图 4–326 所示。

（4）在模型树上选择拉伸特征 4，在弹出的快捷菜单中单击 （阵列）命令按钮，或者在功能区选择 （阵列）命令按钮，系统弹出阵列特征操作面板。选择特征阵列类型为“轴”。

（5）单击选择右侧圆环的轴线轴 A_2 作为轴阵列的旋转中心轴。输入阵列的特征数量为 12，阵列特征的角度范围为 360。单击 （确定）命令按钮，完成拉伸 4 的特征阵列，结果如图 4–327 所示。

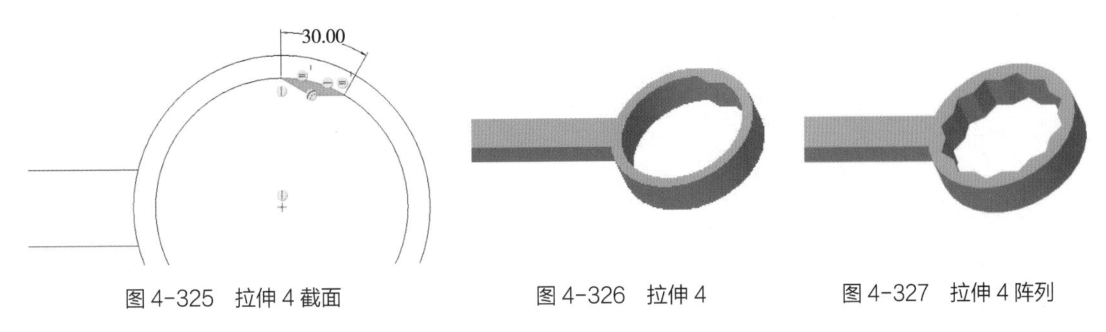

图 4–325 拉伸 4 截面　　图 4–326 拉伸 4　　图 4–327 拉伸 4 阵列

6. 草绘折弯曲线

（1）单击 （草绘）命令按钮，弹出“草绘”对话框，在绘图区选择基准平面 FRONT 作为草绘平面，参考为“RIGHT 基准面”，方向为“右”。单击对话框中的“草绘”命令按钮，进入草绘模式，调整基准平面 FRONT 的方向与用户视线垂直。

（2）绘制如图 4–328 所示的曲线。单击 （确定）命令按钮，得到草绘特征，如图 4–329 所示。

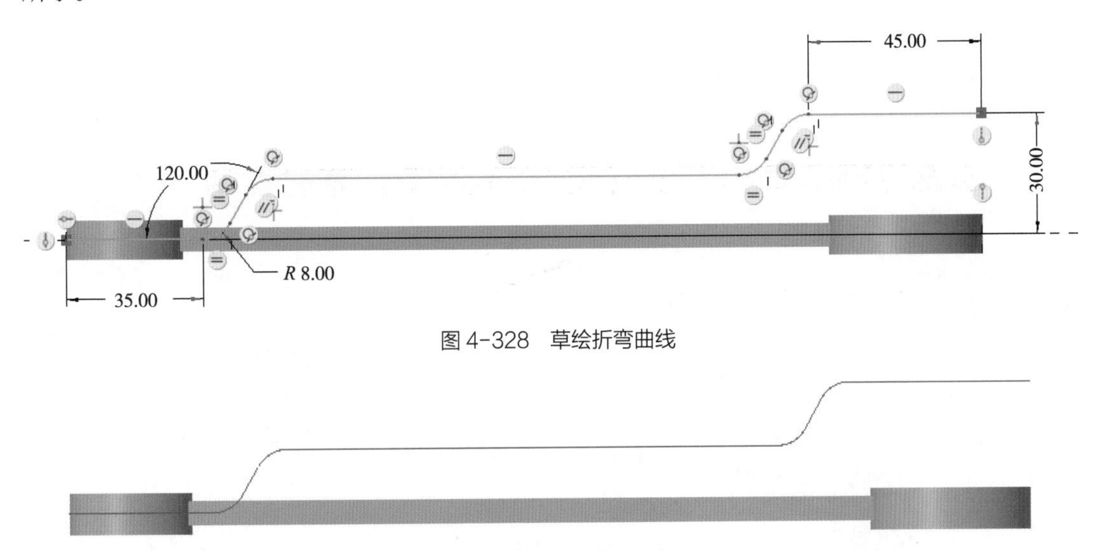

图 4–328 草绘折弯曲线

图 4–329 折弯曲线

7. 折弯扳手

（1）单击功能区的“工程”组名称，在弹出的面板中选择 （骨架折弯）命令按钮，系统弹出骨架折弯特征操作面板。

（2）单击操作面板中“折弯几何”收集器，在绘图区选取主体 1 作为折弯对象，如图 4-330 所示。

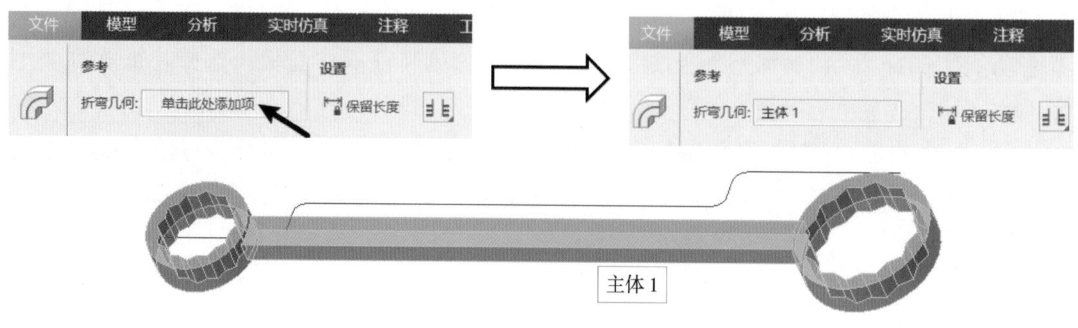

图 4-330　设置折弯对象

（3）单击“参考”面板的“骨架”收集器，在绘图区选取草绘 _1 作为骨架，如图 4-331 所示。

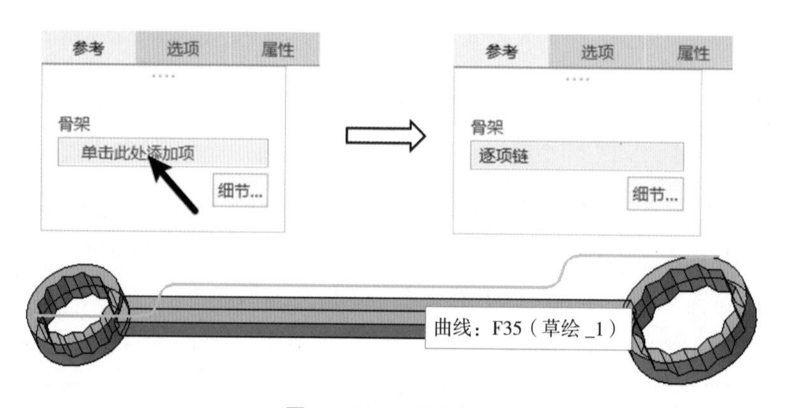

图 4-331　设置骨架

（4）确认折弯长度设置为 （折弯全部），单击 （确定）命令按钮，完成扳手的骨架折弯，结果如图 4-332 所示。

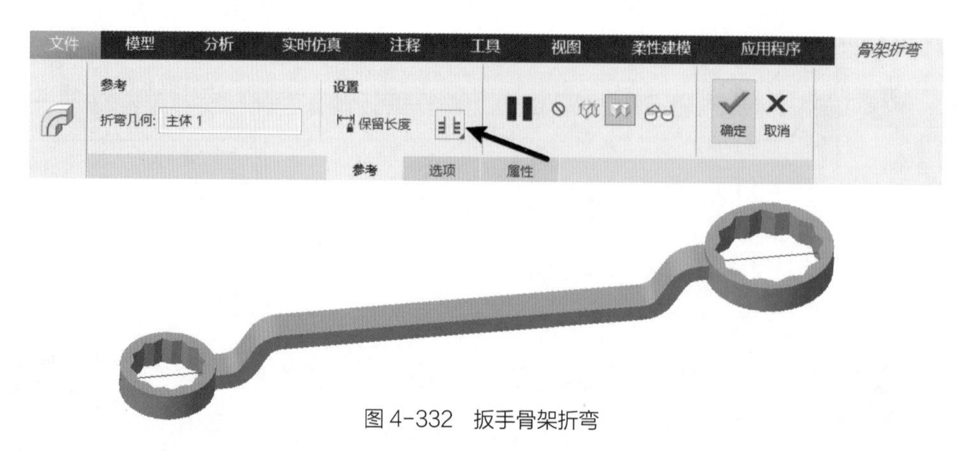

图 4-332　扳手骨架折弯

8. 扳手光滑过渡

（1）单击 （倒圆角）命令按钮，系统弹出倒圆角特征操作面板。

（2）在绘图区调整模型角度，按住 Ctrl 键依次选择如图 4-333 所示的 4 条边链，设置圆角半径值为 20。单击 （确定）命令按钮，完成倒圆角特征 1 的创建。

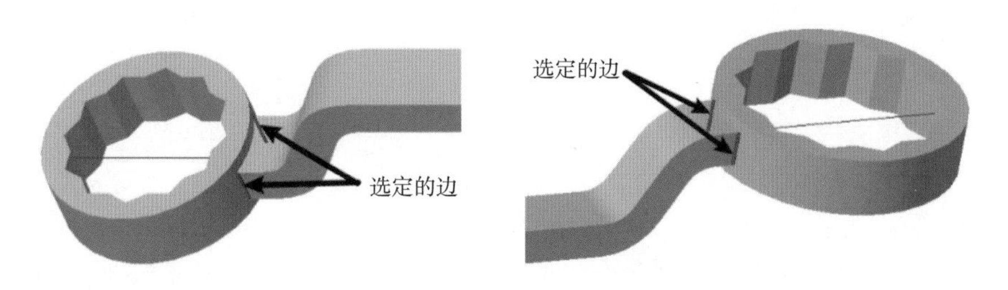

图 4-333 倒圆角特征 1 边线设置

（3）单击 （倒圆角）命令按钮，系统弹出倒圆角特征操作面板。

（4）在绘图区调整模型角度，按住 Ctrl 键依次选择如图 4-334 所示的 4 条边链，设置圆角半径值为 3。单击 （确定）命令按钮，完成倒圆角特征 2 的创建。

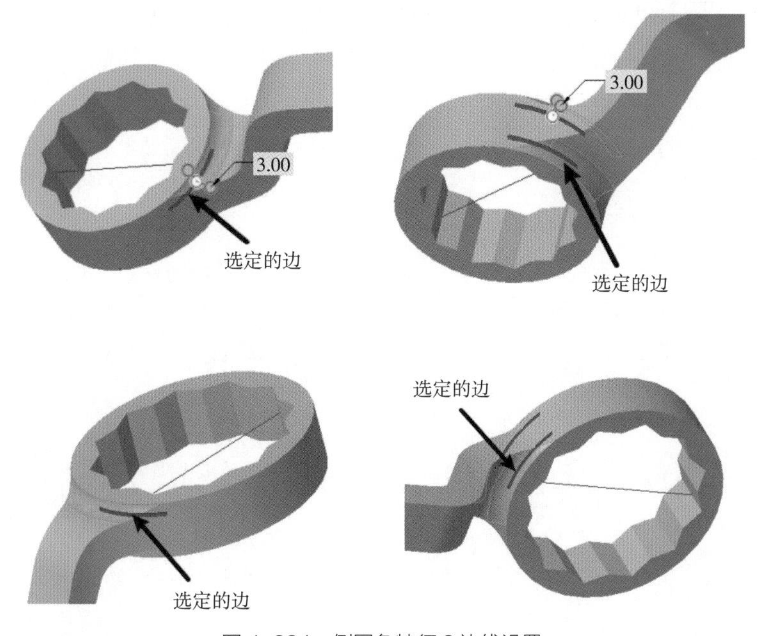

图 4-334 倒圆角特征 2 边线设置

（5）单击“倒圆角”特征命令按钮右下角的箭头，在弹出的面板中选择 （自动倒圆角）命令按钮，系统弹出自动倒圆角特征的操作面板。

（6）设置自动倒圆角范围为“所有圆角”，凸边与凹边圆角半径相同，都为 0.5。单击 （确定）命令按钮，完成自动倒圆角特征的创建，如图 4-335 所示。

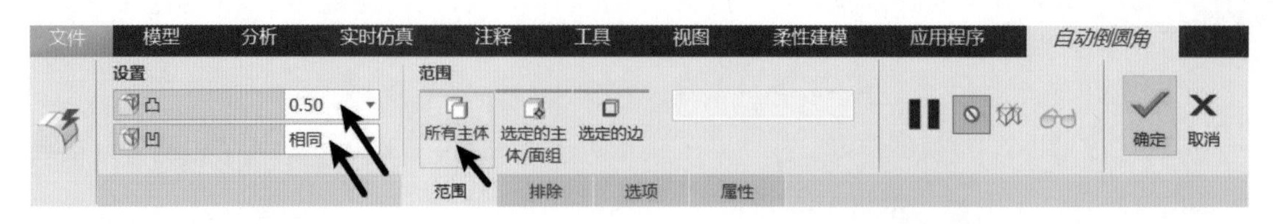

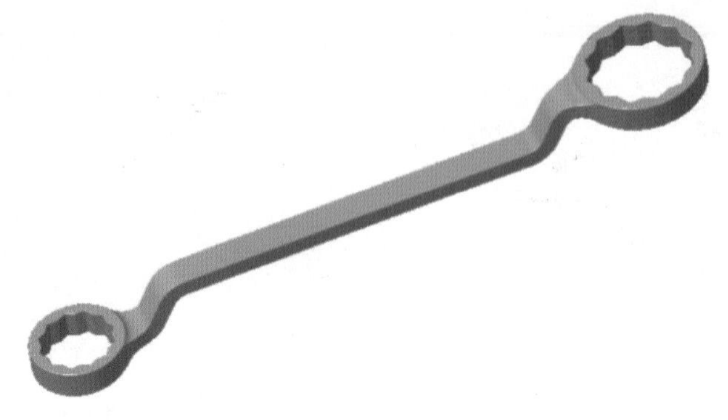

图 4-335　扳手模型

9. 保存文件

单击工具栏中的 （保存）命令按钮，保存当前模型文件。

5 项目五

零件三维曲面模型设计

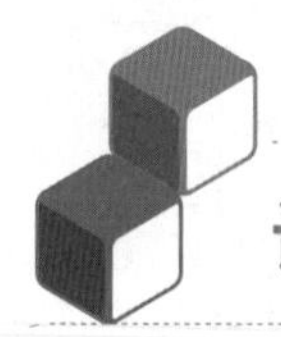

认知 1　Creo Parametric 曲面特征

一、曲面概念

一般对较规则的 3D 零件来说，直接通过实体特征就可以迅速且方便地创建零件的三维模型，但对于一些具有复杂形状物体的造型设计，仅使用实体特征来建立三维模型就很困难了，因此曲面特征应运而生，在 Creo Parametric 中，曲面是一种没有厚度的几何特征。

二、曲面类型

在 Creo Parametric 中有基本形状曲面和高级曲面两大类，如图 5-1 所示。

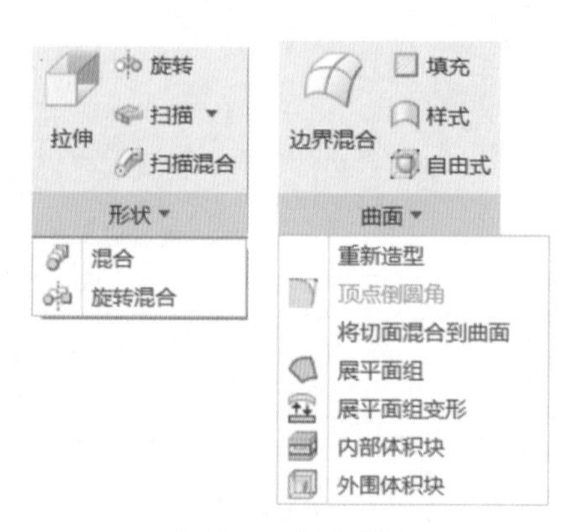

图 5-1　曲面类型

基本形状曲面是利用 Creo Parametric 中的形状特征工具直接创建的曲面，该类曲面的创建方式与创建实体特征中的形状特征方式大致相同，只是将操作面板中的（实体）特征类型按钮改为（曲面）特征类型按钮，但曲面更加灵活，可操作性强。需要注意的是，基本形状曲面的草绘截面可以是开放的轮廓线，但不能有多于一个开放环。当草绘截面是封闭轮廓时，可以勾选“选项”面板中的“封闭端”来封闭拉伸曲面，如图 5-2 所示。

高级曲面包括边界混合曲面、填充曲面、样式曲面、自由式曲面等。样式曲面也称交互式曲面（interactive surface design extension，ISDX），它将艺术性和技术性完美地结合在一起，将工业设计的自由曲面造型工具并入设计环境中，使设计师能在同一个设计环境中完成产品设计，避免外形结构设计与部件结构设计的脱节。

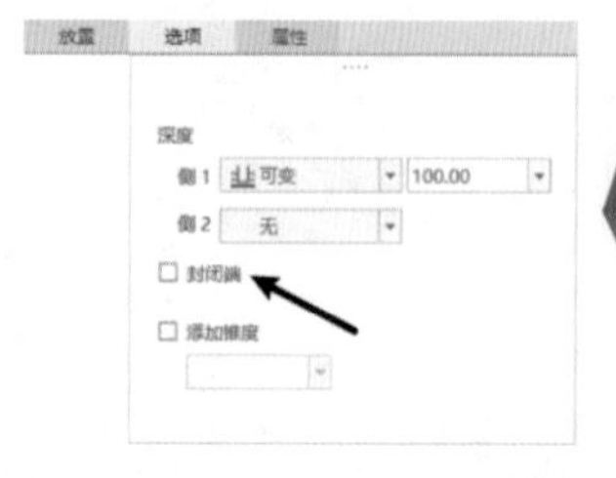

（a）不封闭拉伸曲面

（b）封闭拉伸曲面

图 5-2　封闭端选项

自由式曲面提供了使用多边形控制网格快速简单地创建光滑且正确定义的 B 样条曲面的命令。可以操控和以递归方式分解控制网格的面、边或顶点来创建新的顶点和面。新顶点在控制网格中的位置基于附近旧顶点的位置来计算。此过程会生成一个比原始网格更密的控制网格，合成几何称为自由式曲面。

三、曲面显示控制

在创建复杂的模型时，曲面的数量比较多，容易造成视图显示混乱，影响作图的准确性。将曲面设置为网格显示，可以加大曲面的显示差异，提高图形的显示效果。曲面网格显示的操作过程如下：打开“分析”菜单栏，单击（网格化曲面）按钮，系统弹出“网格”对话框，在绘图区选择要网格显示的曲面，在对话框中设置两个方向的网格间距，如图 5-3 所示。

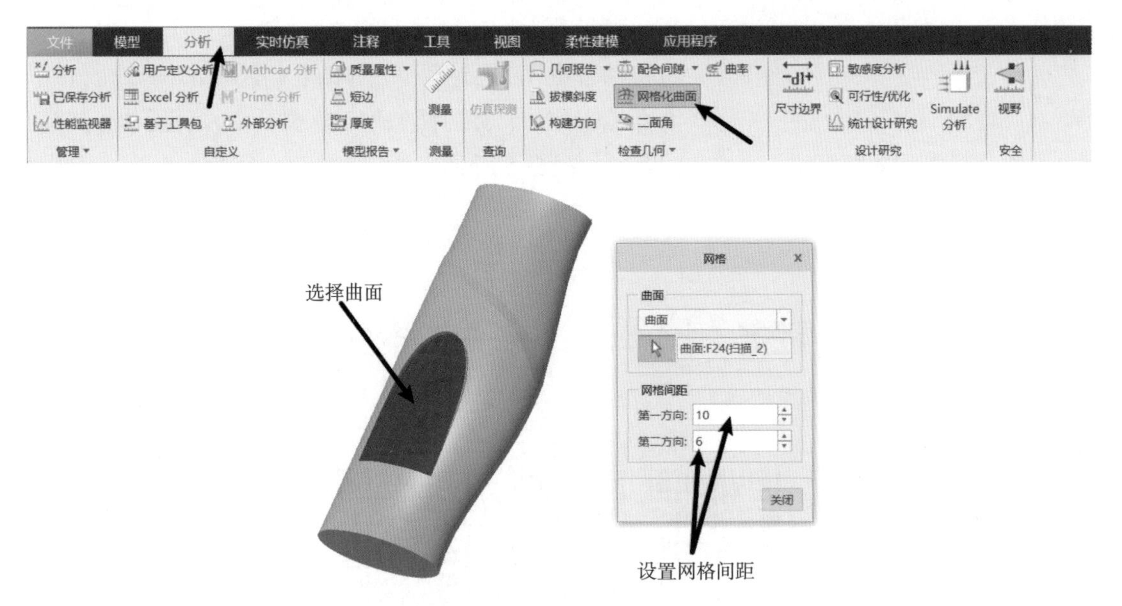

图 5-3 网格显示曲面

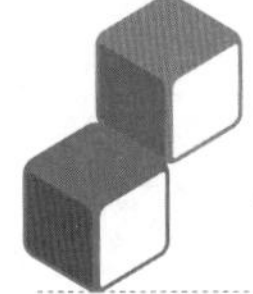

认知 2 Creo Parametric 零件曲面建模

一、曲面建模过程

Creo Parametric 中通过曲面创建形状复杂的实体模型时，一般需要以下过程（图 5-4）：

（1）创建数个定义实体模型表面形状的单独曲面。

（2）对单独的曲面进行裁剪和合并等操作，从而创建模型的面组。

（3）利用加厚或实体化工具将面组转化为实体。

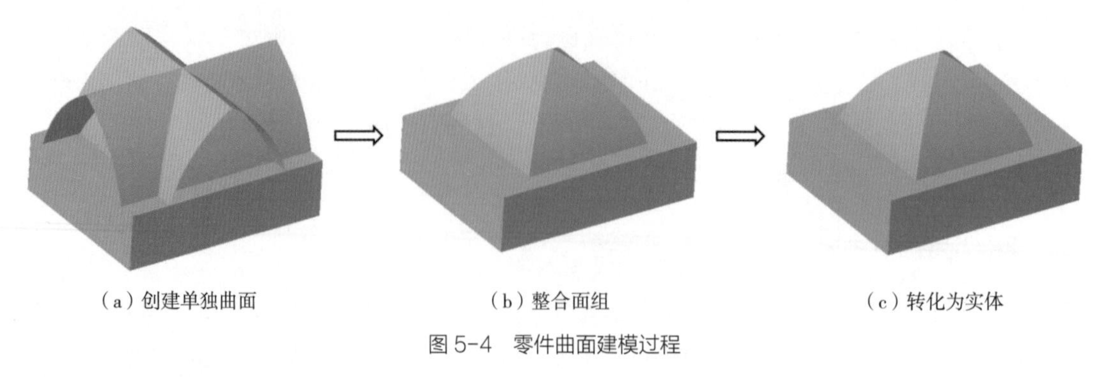

（a）创建单独曲面　　（b）整合面组　　（c）转化为实体

图 5-4　零件曲面建模过程

图 5-5　曲面编辑方法

二、曲面编辑

当创建了曲面后，所得到的曲面可能不一定满足用户要求，这时就需要对曲面进行编辑修改。Creo Parametric 提供了多种曲面编辑方法，如曲面偏移、修剪、合并、延伸、加厚、实体化等，如图 5-5 所示。

任务 1　创建铲子三维模型

5-1　扫描曲面、修剪曲面　　5-2　扫描混合曲面

5-3　合并、加厚曲面

在 Creo Parametric 中，创建如图 5-6 所示的铲子的三维模型。

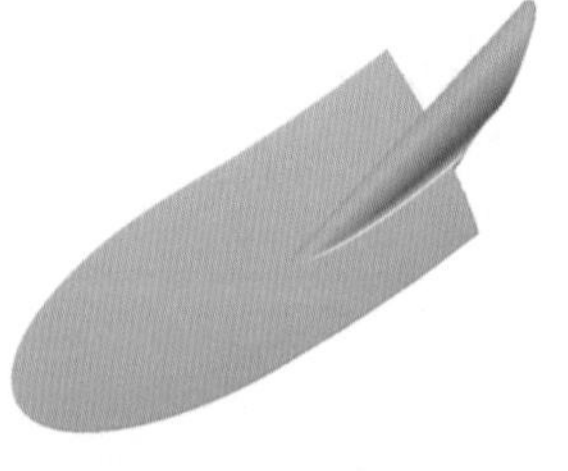

图 5-6　铲子三维造型

一、学习目标

（1）学会应用拉伸曲面、扫描曲面、扫描混合曲面、曲面修剪、曲面合并、曲面加厚等基本曲面创建与编辑方法创建三维零件模型。

（2）能够运用曲面建模技术构建三维零件模型。

（3）能够注重产品结构细节创建相应的产品三维模型，逐步树立建模的严谨性和精益求精的工匠精神。

二、相关知识点

（一）修剪曲面方法

曲面的修剪就是通过新生成的曲面或是利用曲线、基准平面等来切割修剪已存在的曲面。常用的修剪方法有：用曲面特征中的“移除材料”命令修剪曲面（图 5-7）、用曲面修剪曲面（图 5-8）、用曲面上的线修剪曲面（图 5-9）等。

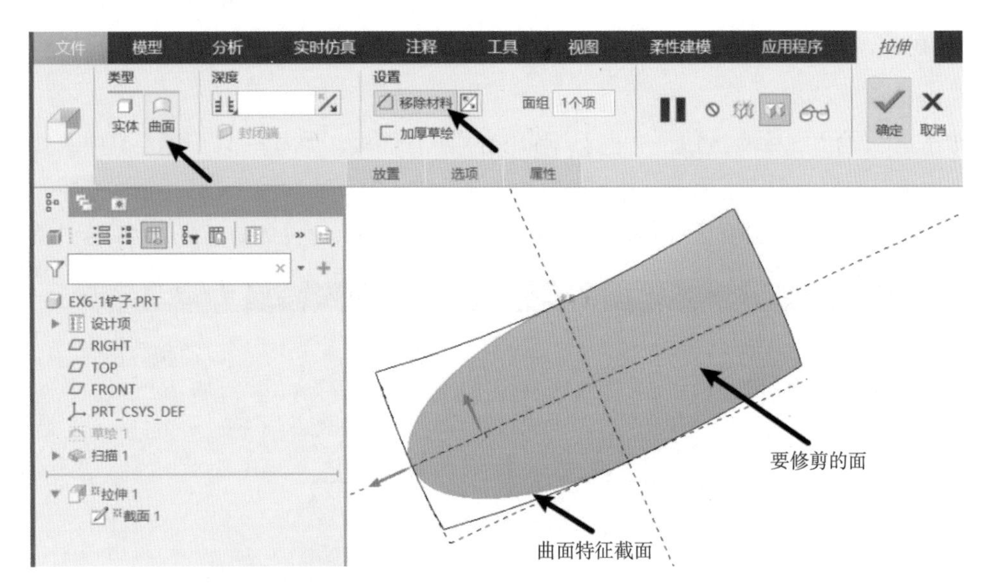

图 5-7　用曲面特征中的“移除材料”命令修剪曲面

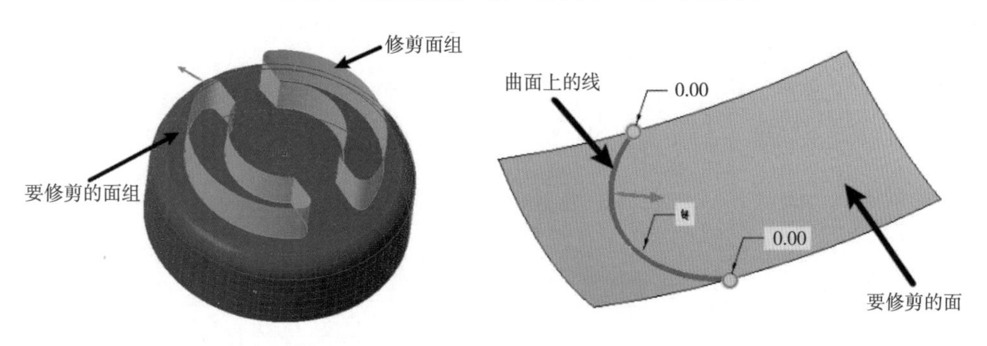

图 5-8　用曲面修剪曲面　　　　图 5-9　用曲面上的线修剪曲面

（二）合并曲面

1. 合并曲面概述

可以通过相交或连接方式来合并两个曲面，或是通过连接两个以上面组来合并两个以上曲面，如图 5-10 所示。需要注意的是，合并两个以上连接的面组时，所选取的两个以上的面组，它们的单侧边应该彼此邻接，即只有在所选面组的边均彼此邻接且不重叠的情况下，同时选择面组时按照面连接的顺序依次选择，才能合并两个以上的面组。另外，如果删除合并的面组，原始面组仍会保留。

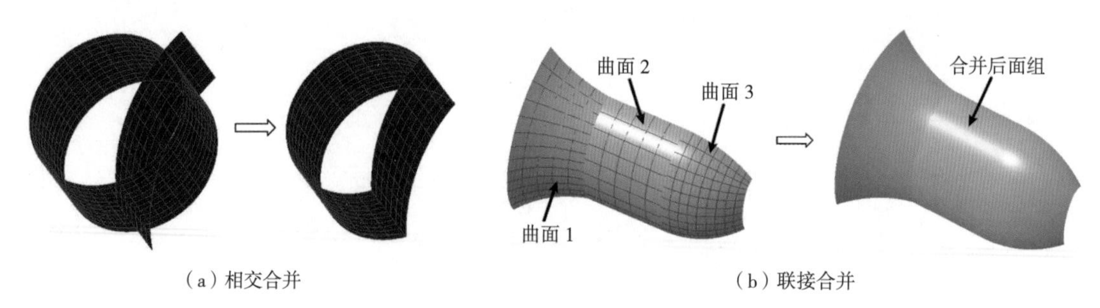

（a）相交合并　　（b）联接合并

图 5-10　合并曲面

2. 合并操控面板

单击 ◻（合并）命令按钮，功能区则弹出合并操作面板，如图 5-11 所示。其中“参考”面板的“面组”收集器列出了用于合并的面组，在选择合并曲面时，需按 Ctrl 键依次选择。“选项”面板用来定义合并方式是相交还是联接。“属性”面板可以查看合并的信息，或者对合并重命名。

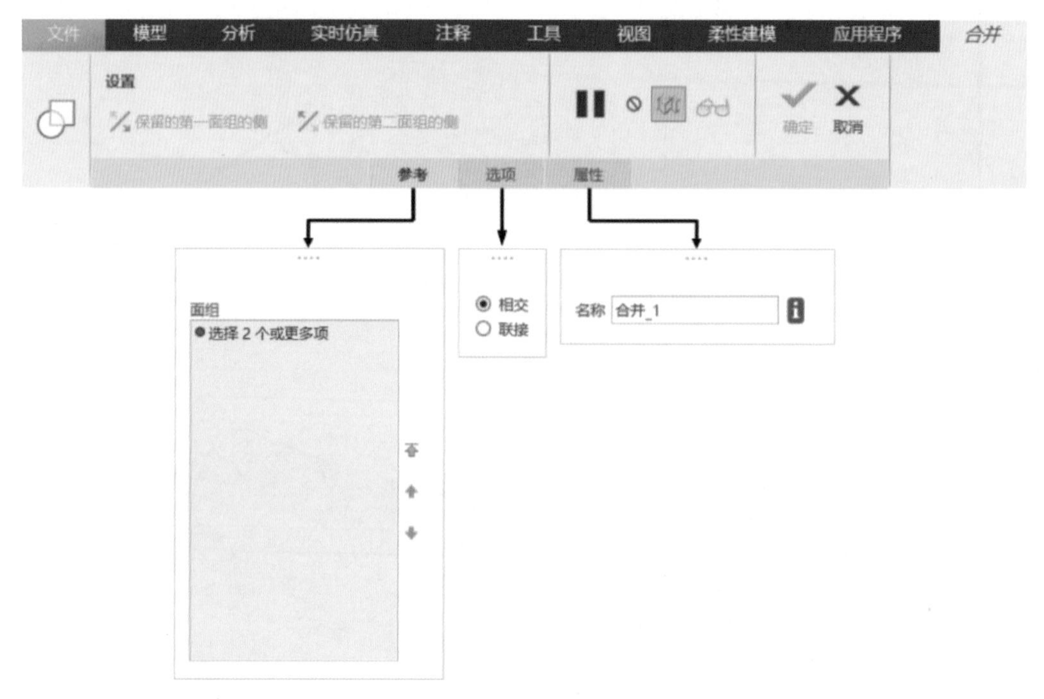

图 5-11　合并操作面板

（三）加厚曲面

1. 加厚曲面概述

曲面从理论上来讲，是没有厚度的。因此，如果以曲面为参考，产生薄壁实体，就要用到曲面加厚的功能。

2. 加厚操作面板

单击 ◻（加厚）命令按钮，功能区则弹出加厚操作面板，如图 5-12 所示。其中“参考”面板的“面组”收集器列出了用于加厚的面组。“选项”面板用来选择加厚方式及不进行加厚的曲面，加厚方式包括：垂直于曲面（在垂直于曲面的方向上加厚曲面）、自动拟合（自动确定缩放坐标系并沿三个轴拟合来加厚曲面）和控制拟合（用特定的缩放坐标系和受控制的拟合运动来加厚曲面）。“主体选项”面板用于设置是否创建新的主体。“属性”面板可以查看加厚特征的信息，或者对加厚特征重命名。

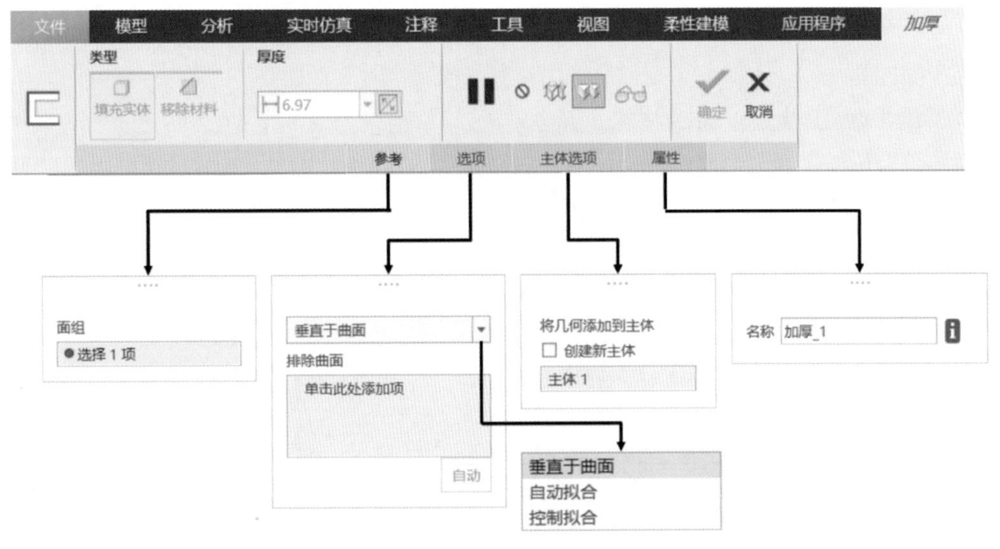

图 5-12　加厚操作面板

三、建模分析

分析铲子的三维造型，可以看出铲子是一个薄壳零件，由铲面和把手构成，因此在造型时可以分别创建铲身和把手所在的曲面，合并后再加厚成薄壳，其建模过程如图 5-13 所示。

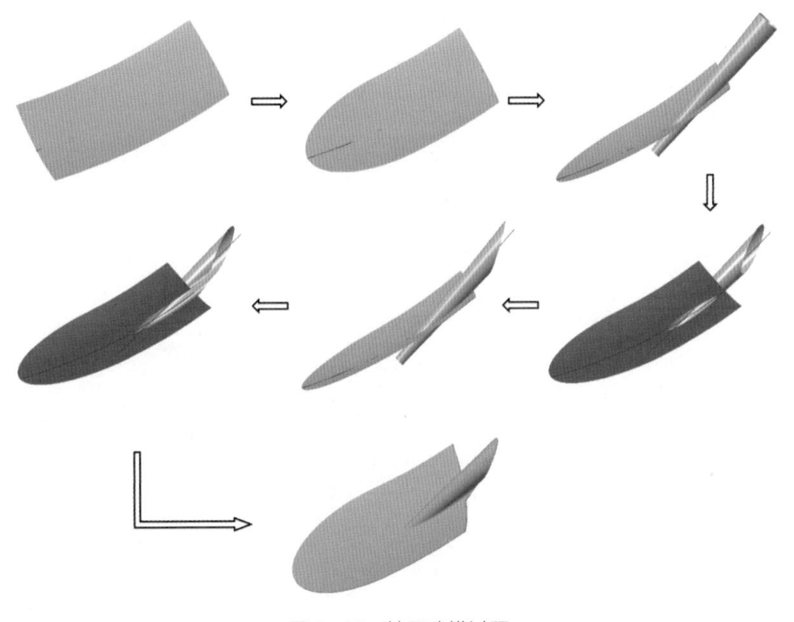

图 5-13　铲子建模过程

四、操作步骤

1. 新建文件

单击工具栏中 （新建）命令按钮，在弹出的“新建”对话框“类型”选项组中选择“零件”单选按钮，“子类型”选项组中选择“实体”单选按钮，“文件名”文本框中输入新建文件名，单击“确定”按钮，进入零件模式。

2. 扫描铲面曲面

（1）单击 （草绘）命令按钮，系统弹出“草绘”对话框，在绘图区选择基准平面 FRONT 作为草绘平面，参考为“RIGHT 基准面”，方向为“右”。单击对话框中的“草绘”按钮，进入草绘模式，调整基准平面 FRONT 的方向与用户视线垂直。

（2）绘制如图 5-14 所示的圆弧，保证圆弧的中心与竖直参考线重合。单击 （确定）命令按钮，得到草绘特征 1，如图 5-15 所示。

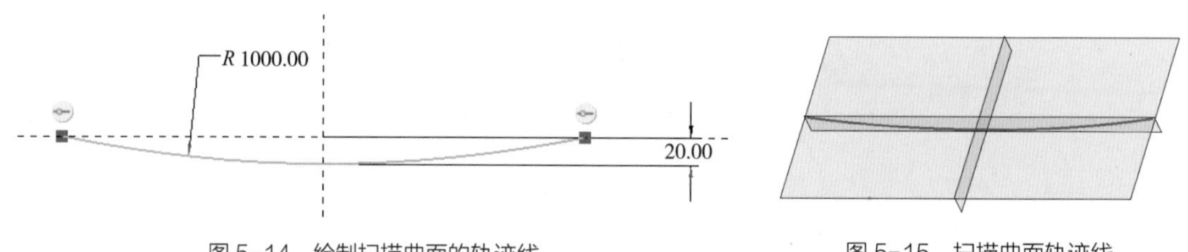

图 5-14 绘制扫描曲面的轨迹线　　图 5-15 扫描曲面轨迹线

（3）单击 （扫描）命令按钮，系统弹出扫描特征操作面板，确认扫描类型为 （曲面）。

（4）在绘图区选择草绘 1 作为扫描轨迹。单击 （草绘）命令按钮，进入内部草绘器。

（5）在轨迹线起点位置绘制如图 5-16 所示的圆弧作为扫描截面，注意保证圆弧的圆心与水平参考线重合。单击 （确定）命令按钮，返回扫描特征操作面板。

（6）在扫描特征操作面板上单击 （确定）命令按钮，得到扫描曲面，如图 5-17 所示。

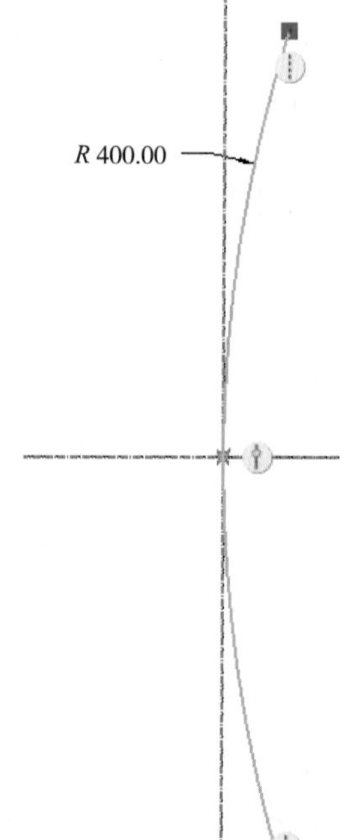

图 5-16 绘制扫描截面

图 5-17 铲面扫描曲面

3. 修剪铲面曲面

（1）单击 （拉伸）命令按钮，系统弹出拉伸特征操作面板。确认拉伸类型为 （曲面），单击 （移除材料）命令按钮。

（2）单击“放置”面板的“定义”按钮，弹出“草绘”对话框，在绘图区选择基准平面 TOP 作为草绘平面，参考为“RIGHT 基准面”，方向为“右”。单击对话框中的“草绘”按钮，进入草绘模式，调整基准平面 TOP 的方向与用户视线垂直。

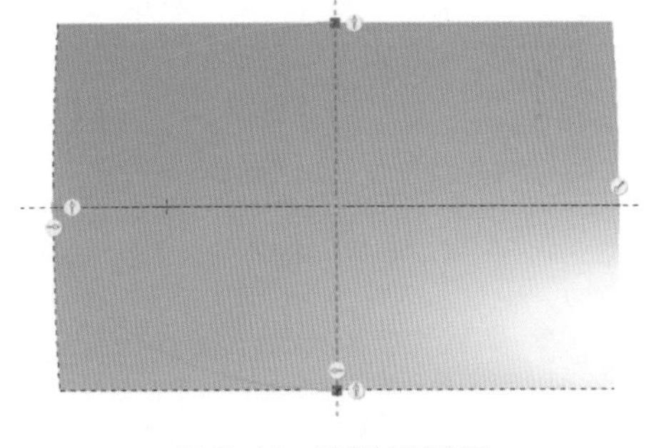

图 5-18 修剪铲面截面

（3）绘制如图 5-18 所示的椭圆圆弧。

（4）单击 （确定）命令按钮，返回拉伸特征操作面板。

（5）调整视图方向为“标准方向”，如图 5-19 所示，在绘图区选择扫描的铲面作为要修剪的面，设置拉伸类型为 （穿透），并确认切除方向。单击 （确定）命令按钮，完成铲面的修剪，结果如图 5-20 所示。

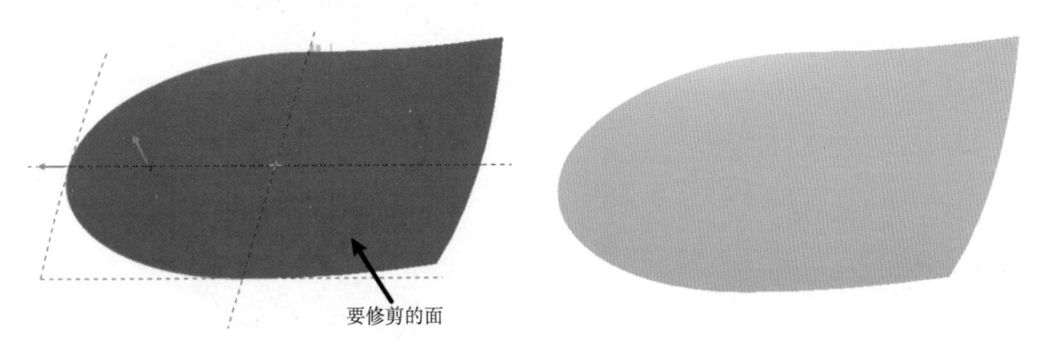

图 5-19 设置要修剪的面和方向　　图 5-20 修剪铲面

4. 扫描混合铲子把手曲面

（1）单击 （草绘）命令按钮，系统弹出“草绘”对话框，在绘图区选择基准平面 FRONT 作为草绘平面，参考为“RIGHT 基准面”，方向为“右”。单击对话框中的“草绘”按钮，进入草绘模式，调整基准平面 FRONT 的方向与用户视线垂直。

（2）绘制如图 5-21 所示的直线。单击 （确定）命令按钮，得到草绘特征 2，如图 5-22 所示。

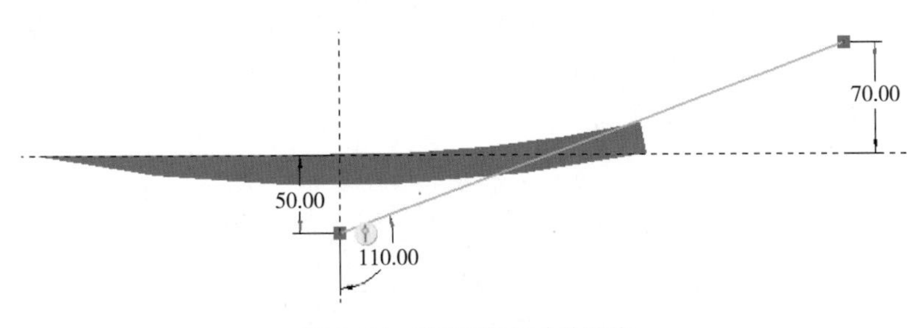

图 5-21 绘制扫描混合轨迹线

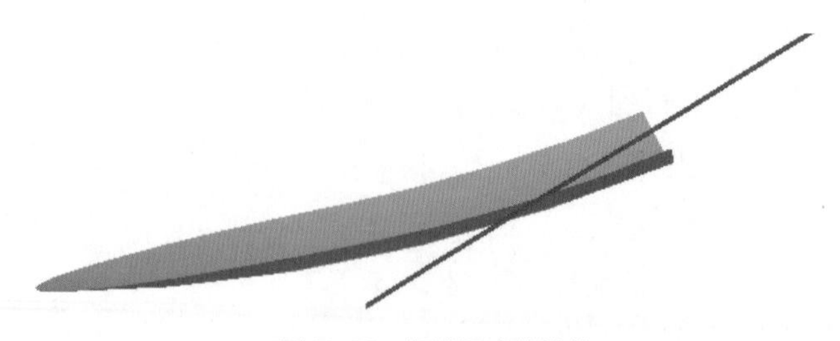

图 5-22 扫描混合轨迹线

（3）单击 （扫描）命令按钮，系统弹出扫描混合特征操作面板。确认扫描混合特征类型为 （曲面）。

（4）在绘图区选择草绘 2 的直线作为原点轨迹线。打开“截面”面板，选择“草绘”命令按钮，进入内部草绘器。在原点轨迹线的起点位置绘制如图 5-23 所示直径为 50 的圆。

（5）单击 （确定）命令按钮，返回扫描混合特征操作面板。在“截面”面板先选择“插入”命令按钮，再选择“草绘”命令按钮，进入内部草绘器。在原点轨迹线的终点位置绘制如图 5-24 所示直径为 20 的圆。

（6）单击 （确定）命令按钮，返回扫描混合特征操作面板。在扫描特征操作面板上单击 （确定）命令按钮，得到把手造型，如图 5-25 所示。

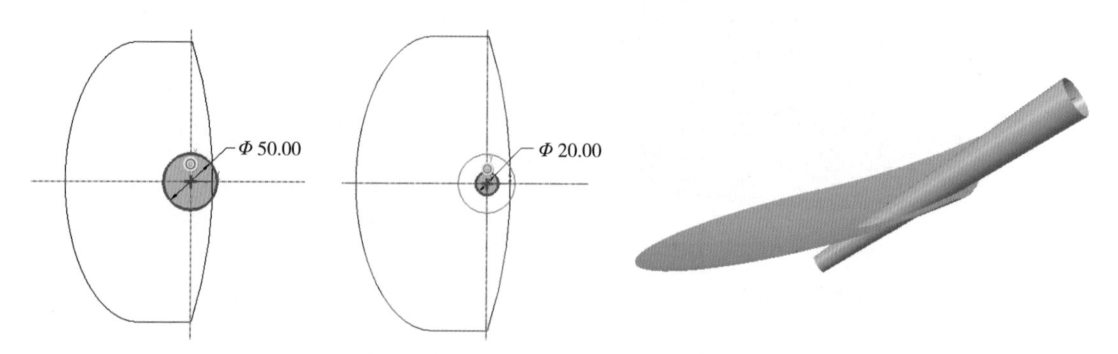

图 5-23 绘制起点位置截面　图 5-24 绘制终点位置截面　图 5-25 扫描混合铲子把手曲面

5. 修剪铲子把手曲面

（1）单击 （拉伸）命令按钮，系统弹出拉伸特征操作面板。确认拉伸类型为 （曲面），单击 （移除材料）命令按钮。

（2）单击“放置”面板的“定义”按钮，弹出“草绘”对话框，在绘图区选择基准平面 FRONT 作为草绘平面，参考为“RIGHT 基准面”，方向为“右”。单击对话框中的“草绘”按钮，进入草绘模式，调整基准平面 FRONT 的方向与用户视线垂直。

（3）绘制如图 5-26 所示的椭圆圆弧。

（4）单击 （确定）命令按钮，返回拉伸特征操作面板。

（5）调整视图方向为“标准方向”，如图 5-27 所示，在绘图区选择扫描的铲面作为要修剪的面，单击“选项”下滑面板，将两侧拉伸深度均设置为 （穿透），并确认切除方向。单击 （确定）命令按钮，完成铲子把手的修剪，结果如图 5-28 所示。

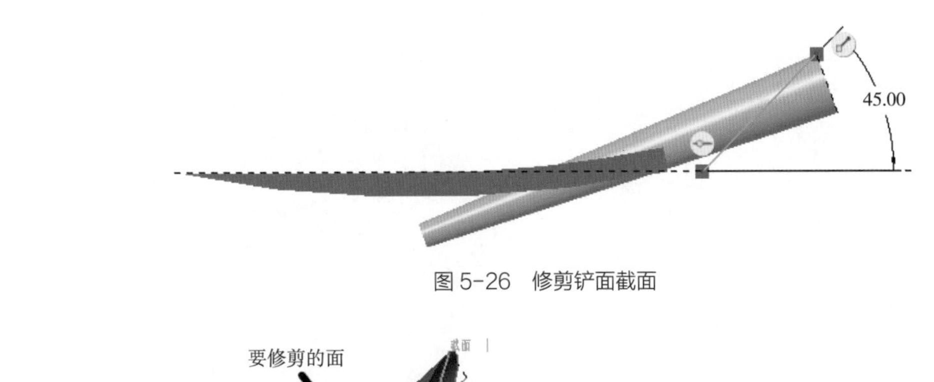

图 5-26　修剪铲面截面

图 5-27　设置要修剪的面和方向　　图 5-28　修剪铲子把手曲面

6. 合并铲面和铲子把手曲面

（1）单击 （合并）命令按钮，打开合并操作面板。

（2）在绘图区按 Ctrl 键依次选择铲面曲面和铲子把手曲面，并调整保留曲面箭头方向（单击箭头即可调整方向）如图 5-29 所示，铲面保留两个曲面相交线外侧曲面，铲子把手保留两个曲面相交线上半部分曲面。单击 （确定）命令按钮，完成两个曲面的合并，结果如图 5-30 所示。

图 5-29　设置合并后保留的曲面　　图 5-30　铲身和把手曲面合并

7. 曲面连接处倒圆角光滑过渡

（1）单击 （倒圆角）命令按钮，系统弹出倒圆角特征操作面板。

（2）在绘图区选择如图 5-31 所示的两个曲面的相交线，设置圆角半径为 6，单击 （确定）命令按钮，完成倒圆角特征的创建，结果如图 5-32 所示。

8. 加厚曲面形成薄壳零件

（1）单击 （加厚）命令按钮，系统弹出加厚操作面板。

（2）在绘图区选择合并后的面组，设置厚度值为 2，确认加厚方向（单击箭头可以调整加厚方向），如图 5-33 所示。单击 （确定）命令按钮，完成曲面的加厚，结果如图 5-34 所示。

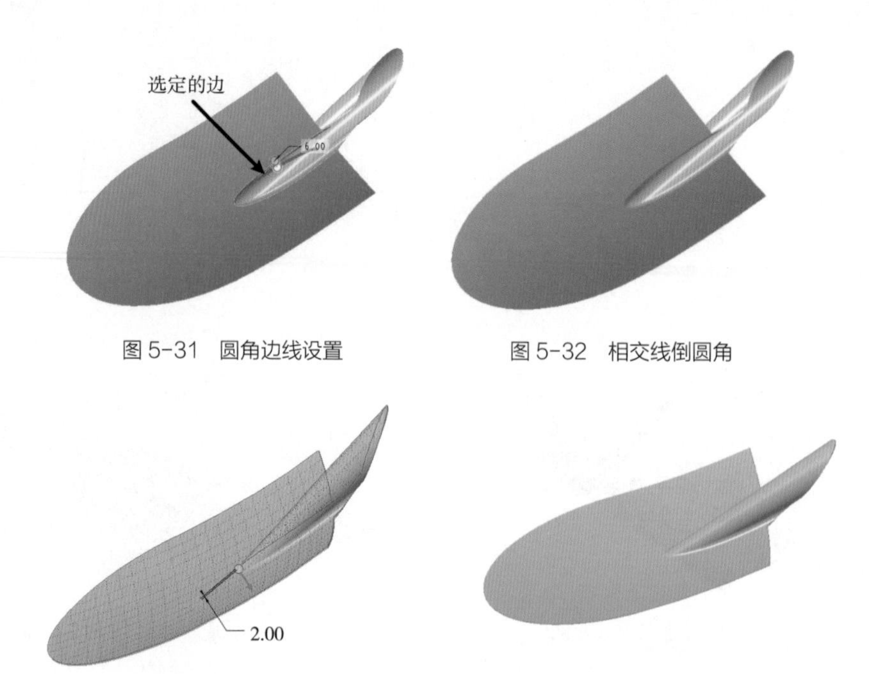

图 5-31 圆角边线设置　　图 5-32 相交线倒圆角

图 5-33 设置加厚曲面、厚度值和加厚方向　　图 5-34 铲子实体造型

9. 保存文件

单击工具栏中的 ▣（保存）命令按钮，保存当前模型文件。

任务 2 创建旋钮三维模型

5-4 创建旋钮各曲面

5-5 合并、加厚旋转各曲面

在 Creo Parametric 中，创建如图 5-35 所示的旋钮的三维模型。

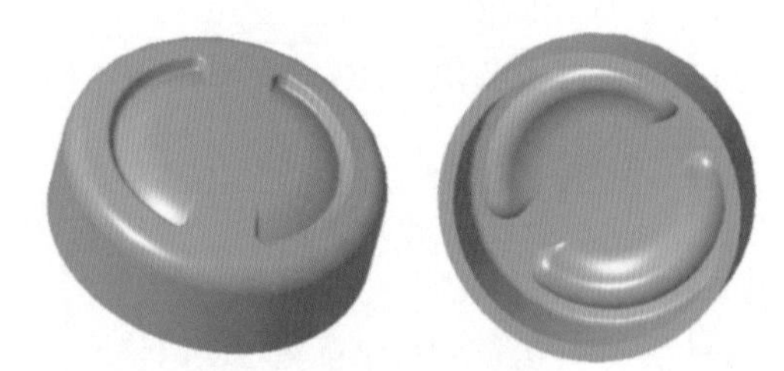

图 5-35 旋钮三维造型

一、学习目标

（1）学会应用旋转曲面、曲面修剪、曲面延伸等基本曲面创建与编辑方法创建三维零件模型。

（2）能够运用曲面建模技术构建较复杂表面三维零件模型。

（3）能够注重产品结构细节创建相应的产品三维模型，逐步树立建模的严谨性和精益求精的工匠精神。

二、相关知识点

（一）修剪操作面板

用曲面来修剪其他曲面时，选择（修剪）命令按钮，功能区则弹出修剪编辑命令操作面板，如图 5-36 所示。其中“参考”面板用来选择和设置修剪的面组或曲线和修剪对象。“选项”面板用来定义修剪方式，其中“加厚修剪”可以设置厚度值，并选择加厚修剪的方式：垂直于曲面（在垂直于曲面的方向上加厚曲面）、自动拟合（自动确定缩放坐标系并沿三个轴拟合来加厚曲面）和控制拟合（用特定的缩放坐标系和受控制的拟合运动来加厚曲面）。“属性”面板可以查看修剪的信息，或者对修剪重命名。

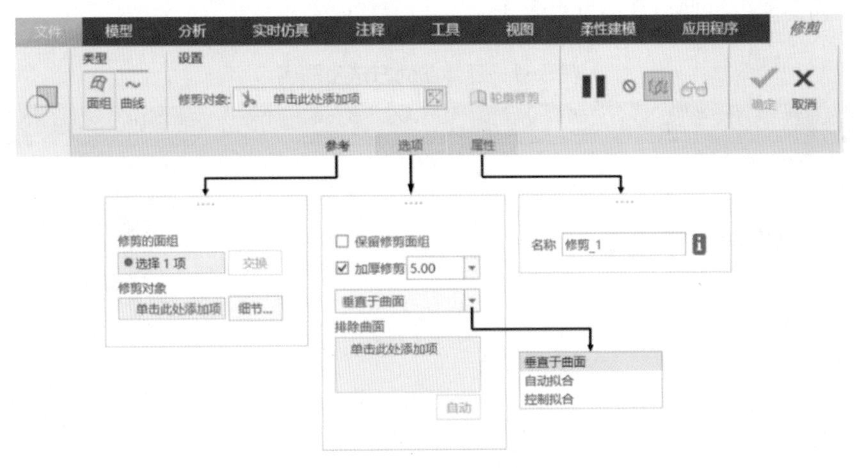

图 5-36 修剪操作面板

（二）延伸曲面

1. 延伸曲面概述

延伸曲面就是将曲面延长某一距离或延伸到某一平面，延伸部分的曲面与原始曲面类型可以相同，也可以不同。

2. 延伸操控面板

延伸的操作面板如图 5-37 所示。其中“参考”面板的“边界边”收集器列出了要延伸曲面的边链。“属性”面板可以查看延伸特征的信息，或者对延伸特征重命名。当操作面板选中“沿初始曲面”命令按钮后，会出现“测量”面板和“选项”面板。“测量”面板可以通过沿选定的边链并调整测量点来创建可变延伸，另外，还可以指定测量延伸的方法：（沿延伸曲面测量延伸距离）或（在选定基准平面中测量延伸距离）。“选项”面板可以设置曲面延伸方法（相同、相切或逼近）及延伸方向（沿着或垂直于边界边）。

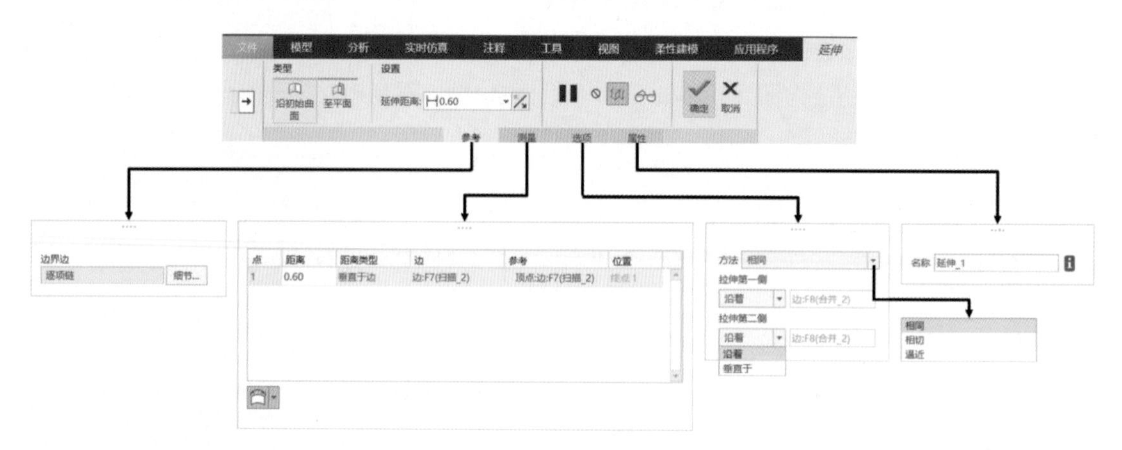

图 5-37 延伸操作面板

3. 延伸曲面方法

延伸曲面的方法包括 4 种：同一曲面类型的延伸、延伸曲面到指定的平面、与原曲面相切延伸和与原曲面逼近延伸，具体见表 5-1。

表 5-1 延伸曲面方法及图例

方法	说明	图例
选项 属性 方法 相同	保证连续曲率变化延伸原始曲面	100.00
	将曲面延伸到参考平面	选定的延伸边界边 原始曲面 延伸参考平面 延伸曲面
选项 属性 方法 相切	建立的延伸曲面与原始曲面相切	100.00
选项 属性 方法 逼近	在原始曲面和延伸边之间，以边界混合的方式延伸曲面	100.00

三、建模分析

分析旋钮的三维造型，可以看出它是一个回转体薄壳零件，其上表面有两个沟槽。因此在造型时可以先创建旋钮的整体造型表面，之后将上表面沟槽部分的表面修剪掉，再创建沟槽的表面，最后合并加厚成薄壳零件，其建模过程如图 5-38 所示。

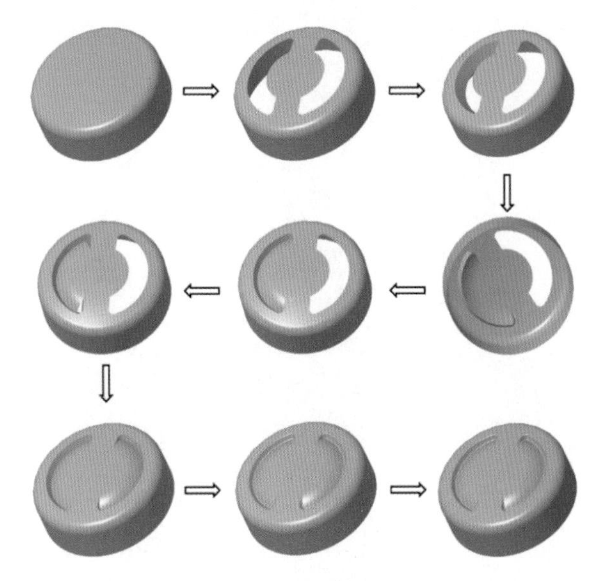

图 5-38 旋钮建模过程

四、操作步骤

1. 新建文件

单击工具栏中 （新建）命令按钮，在弹出的“新建”对话框“类型”选项组中选择“零件”单选按钮，“子类型”选项组中选择“实体”单选按钮，“文件名”文本框中输入新建文件名，单击“确定”按钮，进入零件模式。

2. 旋钮基体造型表面

（1）单击 （旋转）命令按钮，系统弹出旋转特征操作面板。确认旋转类型为 （曲面）。

（2）单击选择绘图区的 FRONT 基准面作为草绘平面，系统自动进入草绘模式，调整 FRONT 基准面的方向与用户视线垂直。

（3）选择“基准”命令组中的 （中心线）命令按钮，在绘图区绘制一条竖直的中心线作为旋转轴。绘制如图 5-39 所示的二维截面。

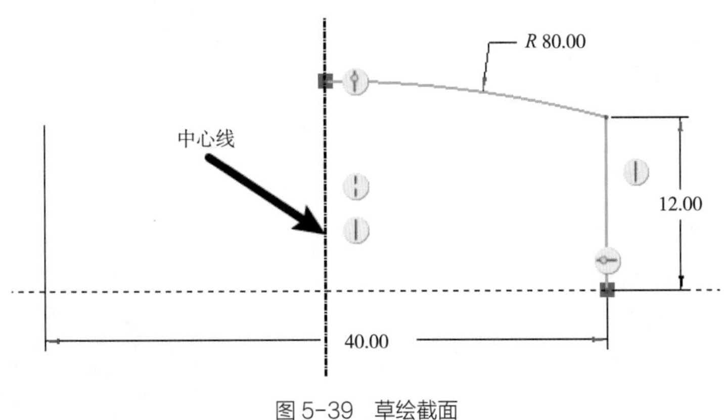

图 5-39 草绘截面

（4）单击 （确定）命令按钮，返回旋转特征操作面板。旋转角度为 360°。单击 （确定）命令按钮，完成旋转曲面特征的创建，如图 5-40 所示。

（5）单击 （倒圆角）命令按钮，系统弹出倒圆角特征操作面板。

（6）在绘图区选择如图 5-41 所示的边链，设置圆角半径为 3，单击 ✓（确定）命令按钮，完成倒圆角特征 1 的创建。

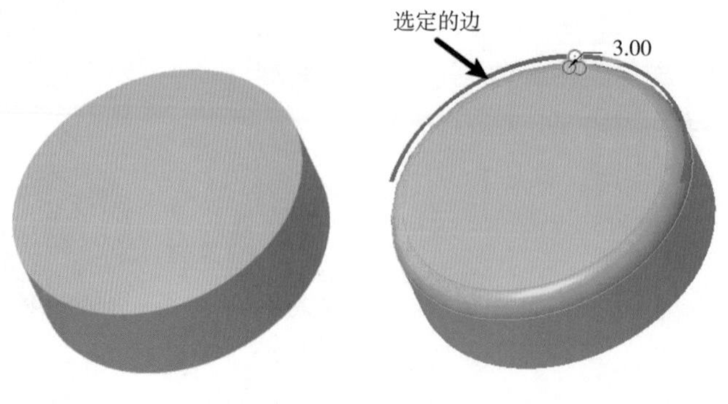

图 5-40 旋钮基体表面　　图 5-41 倒圆角 1 边线设置

3. 拉伸修剪曲面

（1）单击（拉伸）命令按钮，系统弹出拉伸特征操作面板。确认拉伸类型为（曲面）。

（2）在绘图区选择基准平面 TOP 作为草绘平面，进入草绘模式，调整基准平面 TOP 的方向与用户视线垂直。绘制如图 5-42 所示的二维截面。

（3）单击 ✓（确定）命令按钮，返回拉伸特征操作面板。设置拉伸深度为 20。单击 ✓（确定）命令按钮，完成修剪曲面创建，结果如图 5-43 所示。

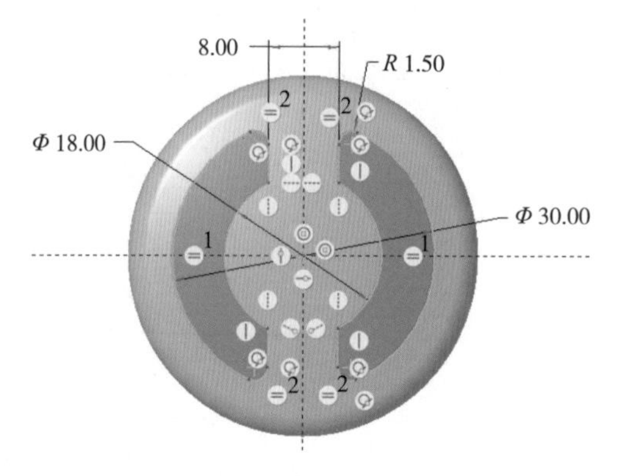

图 5-42 拉伸曲面截面

图 5-43 拉伸修剪曲面

4. 修剪旋钮上曲面

（1）单击（修剪）命令按钮，系统弹出修剪操作面板。确认修剪类型为（曲面）。

（2）在绘图区选择旋转曲面作为要修剪的面组，如图 5-44 所示。

（3）单击操作面板上或“参考”面板中的“修剪对象”收集器，在绘图区选择拉伸曲面作为修剪对象，并确定修剪保留曲面箭头方向，如图 5-45 所示。

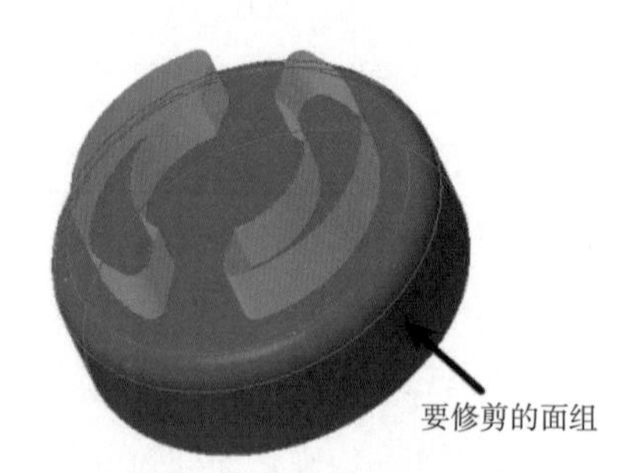

图 5-44 选择要修剪的面组

图 5-45 设置修剪对象及修剪方向

（4）单击 ✔（确定）命令按钮，完成旋钮上表面的修剪，结果如图 5-46 所示。

5. 扫描上表面沟槽一个侧面

（1）单击 （扫描）命令按钮，系统弹出扫描特征操作面板。确认拉伸类型为 （曲面）。

（2）在绘图区选择如图 5-47 的模型边线。

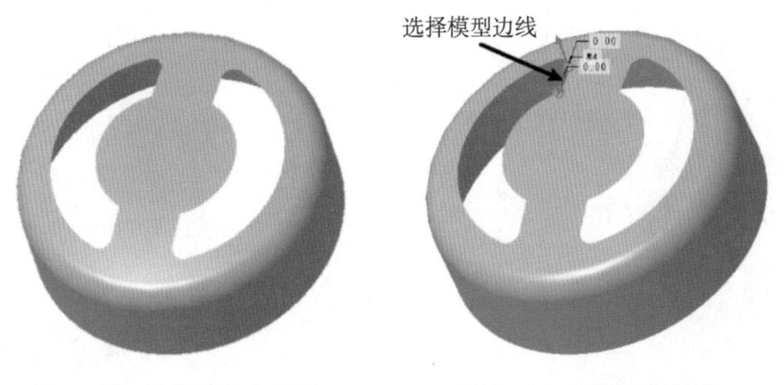

图 5-46 修剪旋钮上表面　　　　图 5-47 选择模型边线

（3）单击“参考”面板上的“细节”命令按钮，弹出“链”对话框，如图 5-48 所示。

图 5-48 打开“链”对话框

（4）在绘图区按 Ctrl 键依次选取如图 5-49 所示的模型的边线。单击“链”对话框中的“确定”命令按钮，关闭“链”对话框，完成扫描轨迹链细节设置。

（5）单击 （草绘）命令按钮，进入内部草绘器。在轨迹线起点位置绘制如图 5-50 所示的直线作为扫描截面。单击 （确定）命令按钮，返回扫描特征操作面板。

（6）在扫描特征操作面板上单击 （确定）命令按钮，得到扫描曲面 1，如图 5-51 所示。

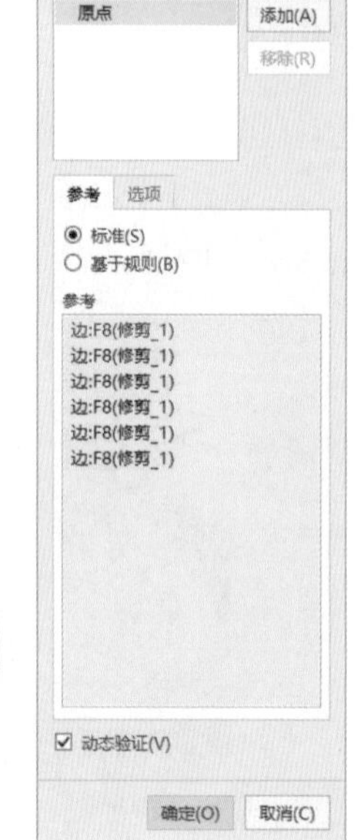

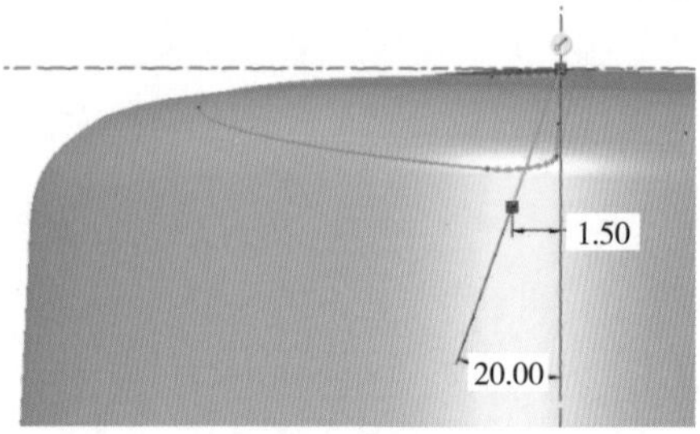

图 5-50 绘制扫描截面

图 5-49 确定原点轨迹链细节

图 5-51 扫描沟槽的一个侧面

6. 扫描上表面沟槽另一个侧面

（1）单击 （扫描）命令按钮，系统弹出扫描特征操作面板。确认拉伸类型为 （曲面）。

（2）在绘图区选择如图 5-52 所示的模型边线。

（3）单击“参考”面板上的“细节”命令按钮，弹出“链”对话框。按 Ctrl 键依次选取如图 5-53 所示的模型的边线。单击“链”对话框中的“确定”命令按钮，关闭“链”对话框，完成扫描轨迹链细节设置。

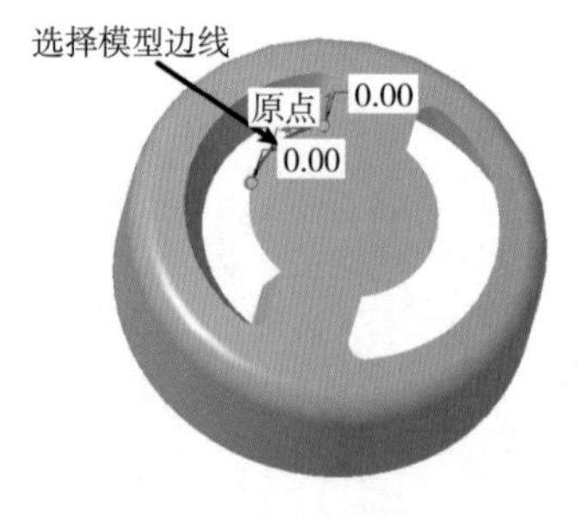

图 5-52 选择模型边线

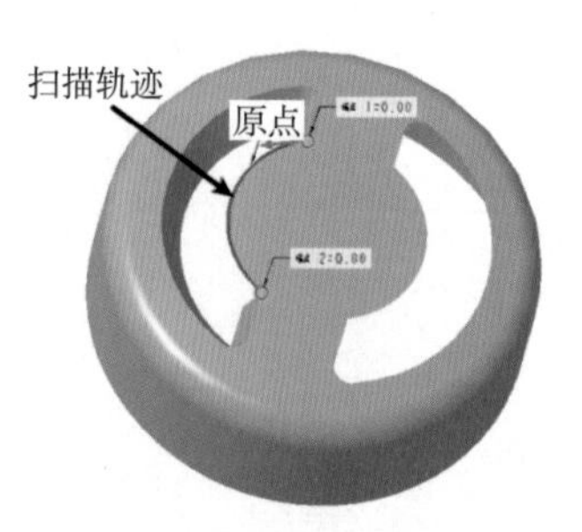

图 5-53 确定原点轨迹链细节

（4）单击（草绘）命令按钮，进入内部草绘器。在轨迹线起点位置绘制如图 5-54 所示的圆弧作为扫描截面，注意保证圆弧的圆心与竖直参考线重合。单击（确定）命令按钮，返回扫描特征操作面板。

（5）在扫描特征操作面板上单击（确定）命令按钮，得到扫描曲面 2，如图 5-55 所示。

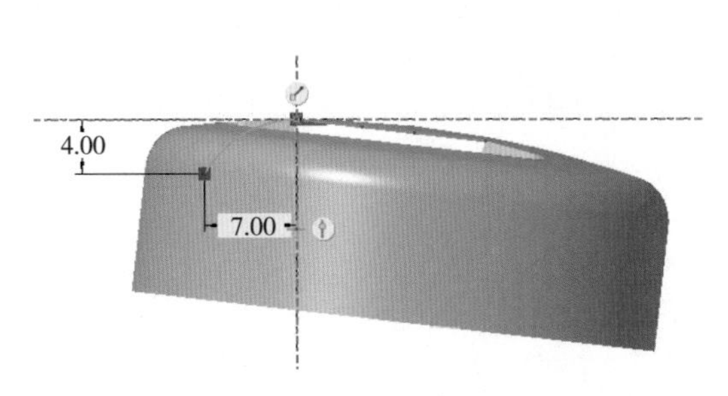

图 5-54 绘制扫描截面

图 5-55 扫描沟槽的另一个侧面

7. 延伸扫描曲面

（1）单击（延伸）命令按钮，系统弹出延伸操作面板。确认延伸类型为（沿初始曲面）。

（2）在绘图区选择如图 5-56 所示扫描曲面的边线，设置延伸距离为 3。

（3）单击（确定）命令按钮，完成曲面一侧的延伸，结果如图 5-57 所示。

（4）单击（延伸）命令按钮，系统弹出延伸操作面板。确认延伸类型为（沿初始曲面）。

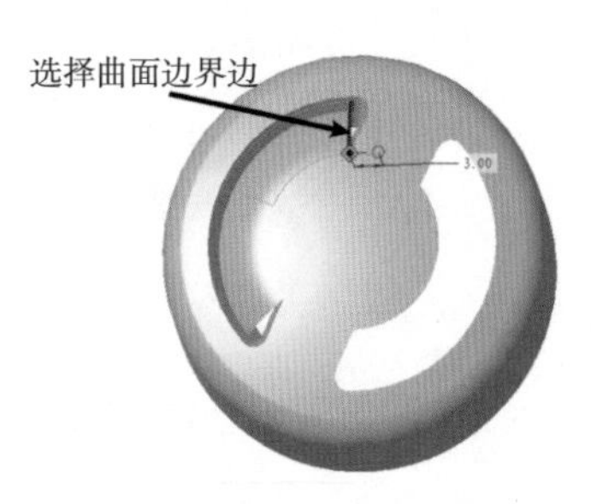

图 5-56 选择曲面延伸边界边

（5）在绘图区选择如图 5-58 所示扫描曲面的边线，设置延伸距离为 3。

（6）单击（确定）命令按钮，完成曲面一侧的延伸，结果如图 5-59 所示。

图 5-57 扫描曲面一侧延伸

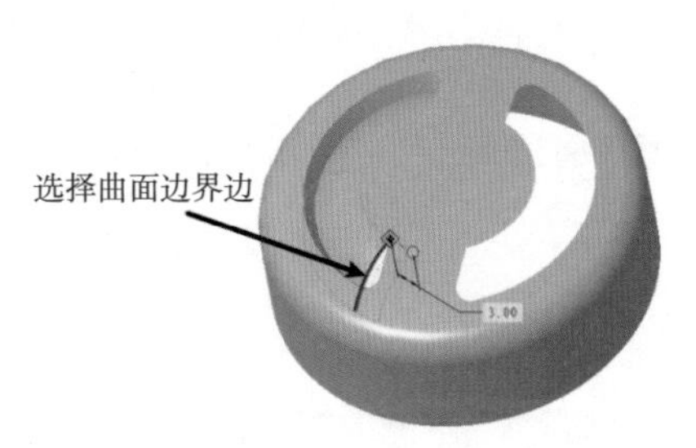

图 5-58 选择曲面延伸边界边

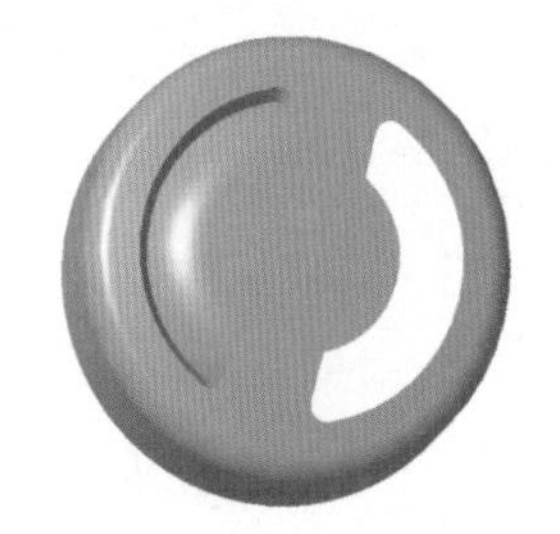

图 5-59 扫描曲面另一侧延伸

8. 合并上表面沟槽的两个侧面

（1）单击（合并）命令按钮，系统弹出合并操作面板。

（2）在绘图区按 Ctrl 键依次选择旋钮上表面沟槽的两个侧面，并调整保留曲面箭头方向，如图 5-60 所示。单击（确定）命令按钮，完成两个曲面的合并，结果如图 5-61 所示。

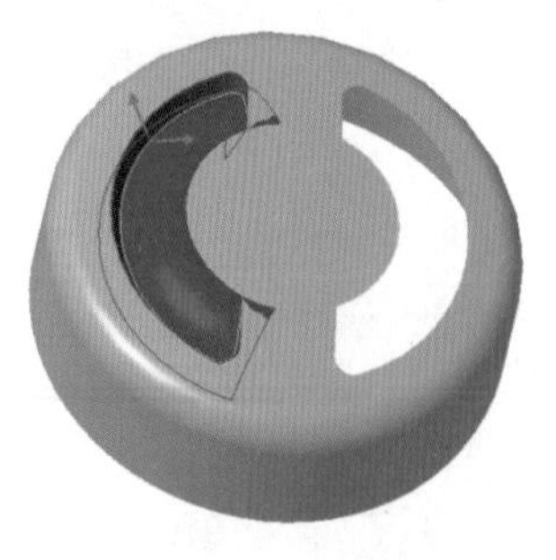

图 5-60　设置合并后保留的曲面

图 5-61　旋钮上表面沟槽侧面合并

9. 镜像另一侧沟槽表面

（1）在模型树上按 Ctrl 键依次选择如图 5-62 所示的曲面，在弹出的快捷菜单中单击 （镜像）命令按钮，或者在功能区选择 （镜像）命令按钮，系统弹出阵列特征镜像操作面板。

（2）选择 RITGHT 基准面作为镜像平面。单击 （确定）命令按钮，完成曲面镜像，结果如图 5-63 所示。

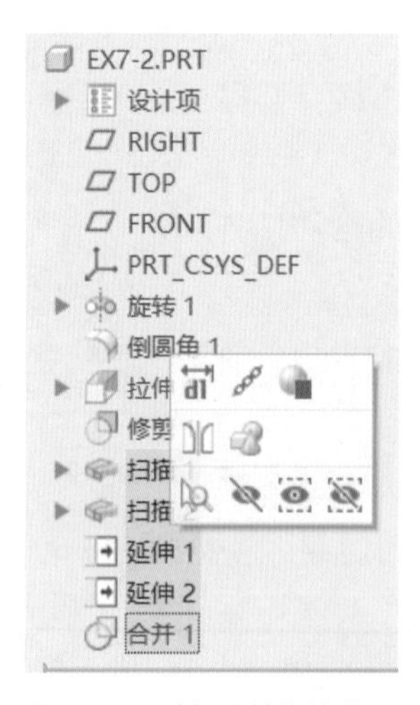

图 5-62　选择要镜像的曲面

图 5-63　曲面镜像结果

10. 合并所有曲面

（1）单击 （合并）命令按钮，系统弹出合并操作面板。

（2）在绘图区按 Ctrl 键依次选择如图 5-64 所示的旋钮旋转曲面、上表面两个沟槽侧面（注意曲面选择顺序）。单击 （确定）命令按钮，完成三个曲面的合并。

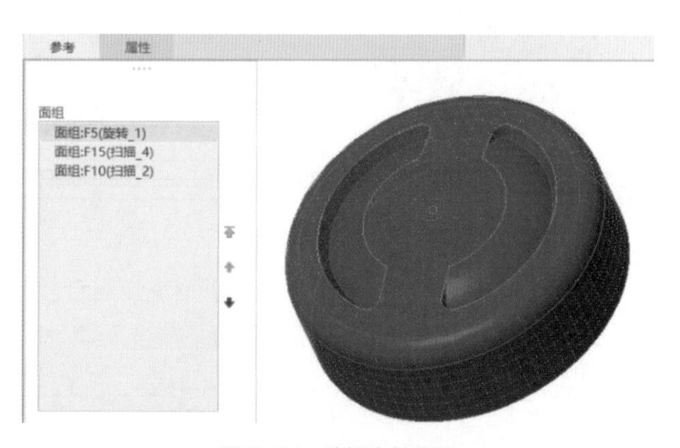

图 5-64　选择合并曲面

11. 曲面连接处倒圆角光滑过渡

（1）单击 （倒圆角）命令按

钮，系统弹出倒圆角特征操作面板。

（2）在绘图区按 Ctrl 键依次选择如图 5-65 所示的两条边链，设置圆角半径为 0.5，单击 ✔（确定）命令按钮，完成倒圆角特征 2 的创建。

（3）单击 ↘（倒圆角）命令按钮，系统弹出倒圆角特征操作面板。

（4）在绘图区按 Ctrl 键依次选择如图 5-66 所示的两条边链，设置圆角半径为 0.5，单击 ✔（确定）命令按钮，完成倒圆角特征 3 的创建。

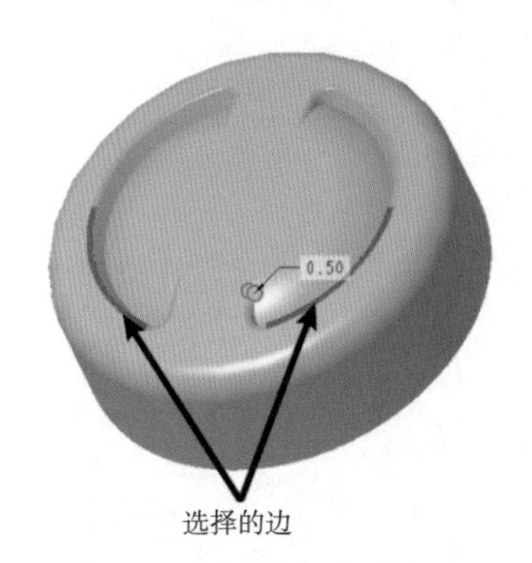

图 5-65 倒圆角 2 边线设置

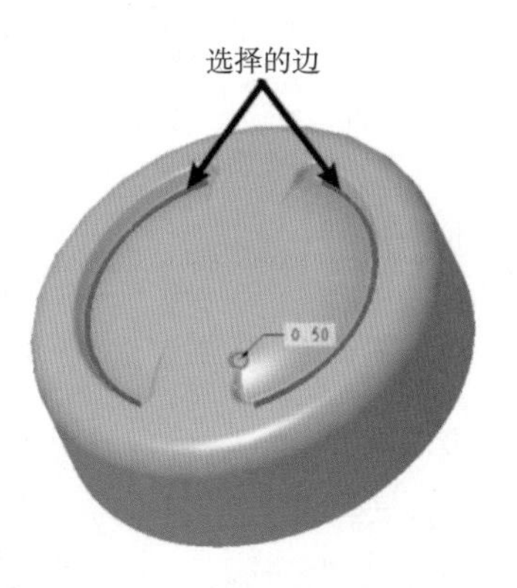

图 5-66 倒圆角 3 边线设置

12. 加厚曲面形成薄壳零件

（1）单击 ▭（加厚）命令按钮，打开加厚操作面板。

（2）在绘图区选择合并后的面组，设置厚度值为 2，确认加厚方向，如图 5-67 所示。单击 ✔（确定）命令按钮，完成曲面的加厚，结果如图 5-68 所示。

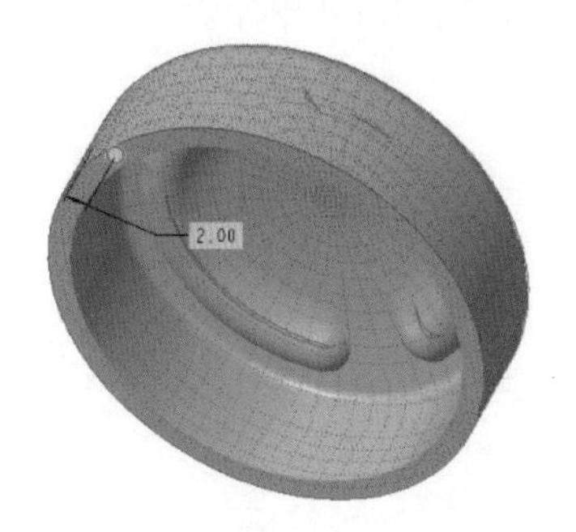

图 5-67 设置加厚曲面、厚度值和加厚方向

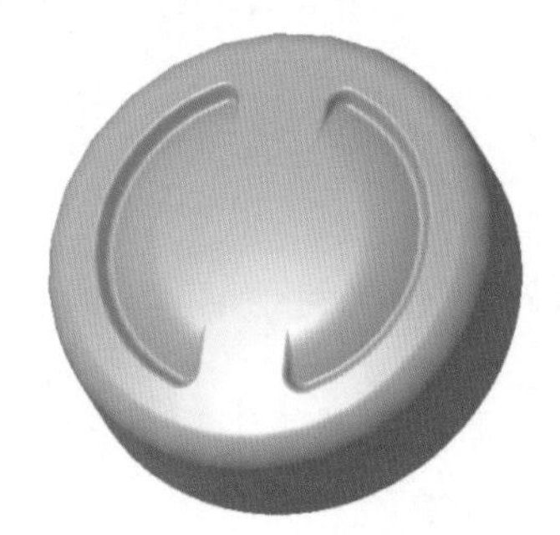

图 5-68 旋钮实体造型

13. 保存文件

单击工具栏中的 ▣（保存）命令按钮，保存当前模型文件。

任务 3 创建汽车后视镜壳体三维模型

5-6 边界混合曲面

5-7 填充曲面、曲面实体化

5-8 轨迹筋特征

在 Creo Parametric 中，创建如图 5-69 所示的汽车后视镜壳体三维模型。

图 5-69 汽车后视镜壳体三维模型

一、学习目标

（1）学会应用边界混合曲面、填充曲面、曲面实体化等基本曲面创建与编辑方法创建三维零件模型。

（2）能够运用曲面建模技术构建较复杂曲面的三维零件模型。

（3）能够应用基准点创建零件的参考。

（4）能够正确应用轨迹筋特征创建零件的加强筋。

（5）能够注重产品结构细节创建相应的产品三维模型，逐步树立建模的严谨性和精益求精的工匠精神。

二、相关知识点

（一）基准点

1. 基准点概述

基准点属于基准特征，在零件建模过程中经常用到，通常用创建的基准点作为构造元素，为其他特征几何的创建提供定位参考。在 Creo Parametric 中，可以创建 3 种类型的基准点：（一般基准点，在图元上或偏离图元创建的基准点）、（偏移坐标系基准点，自选定坐标系偏移创建基准点）和（域基准点，在“行为建模”中用于分析的点，一个域点标识一个几何域）。

2. 基准点的作用

（1）作为基准平面、基准轴、曲线的放置参考。

（2）作为孔特征的放置参考。

（3）作为倒圆角半径的控制点。

（4）作为尺寸标注的参考。

（5）作为装配约束的参考。

3. 一般基准点对话框

单击 （一般基准点）命令按钮，系统则弹出“基准点”对话框（图 5-70）。其中“放置”选项卡用于选取和显示现有参考，并为每个参考设置约束类型及数值。选取多个参考时，需按住 Ctrl 键，必须定义足够的约束条件，生成唯一确定的基准点，才能选择“确定”按钮，完成一般基准点创建。“属性”选项卡用于查看当前基准点的信息，或者对基准点重命名。

（a）放置参考——面 （b）放置参考——线

（c）放置参考——点 （d）属性选项卡

图 5-70 基准点对话框

4. 一般基准点的创建方法

在 Creo Parametric 中可以采用多种方法创建一般基准点，表 5-2 列出了常用的基准点创建方法。

表 5-2　一般基准点常用创建方法

参考	说明	图例
放置参考：面 偏移参考：两个平面或两条边	生成在参考面上，与指定偏移参考偏移指定距离的基准点	
放置参考：面 偏移参考：两个平面或两条边	生成与参考面偏移指定距离，与指定偏移参考偏移指定距离的基准点	
放置参考：3 个面	生成位于 3 个面（包括实体面、基准面）交错处的基准点	
放置参考：曲线或边	生成位于放置曲线上，距离曲线末端给定距离或比率的基准点	
放置参考：曲线或边 偏移参考：面或边	生成位于放置曲线上，距离偏移参考给定距离的基准点	

续表

参考	说明	图例
放置参考：曲线或边、面	生成位于放置曲线和放置面交点处的基准点	放置参考 2 放置参考 1
放置参考：两条曲线或边	生成位于两条放置曲线交点处的基准点	放置参考 1 放置参考 2
放置参考：边或曲线的端点或顶点	生成位于放置点处的基准点	放置参考

（二）边界混合曲面

1. 边界混合曲面概述

边界混合曲面是由若干个参考图元（它们在一个或两个方向上定义曲面）来控制曲面形状，且每个方向上选定的第一个和最后一个图元为曲面的边界，如图 5-71 所示，图上 1~4 为参考图元。添加更多的参考图元（如控制点和边界）可以更精确、更完整地定义曲面形状。注意：定义两个方向上的边界混合曲面时，外部边界曲线必须构成闭环。

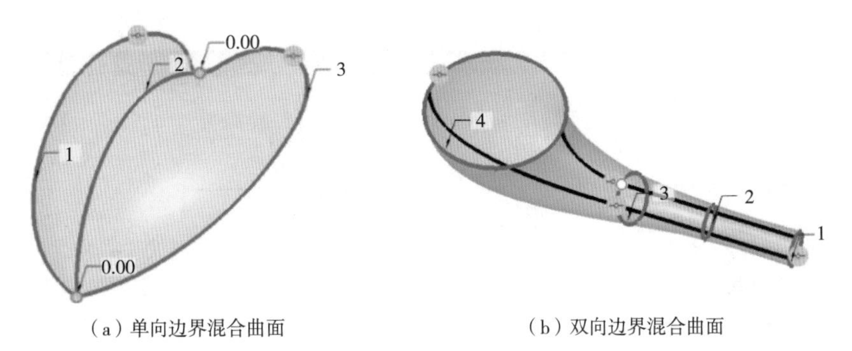

（a）单向边界混合曲面　　（b）双向边界混合曲面

图 5-71　边界混合曲面

2. 边界混合曲面操作面板

单击 （边界混合）命令按钮，功能区则弹出边界混合曲面操作面板，如图 5-72 所示。其中“曲线”面板中的“第一方向”和“第二方向”收集器用来选择各方向的曲线，并可以控制选择顺序。在单个方向有三条及三条以上的边界曲线时，可以勾选曲面“闭合混合”复选框将最后一条曲线与第一条曲线混合来形成封闭环曲面。“约束”面板用来控制边界条件：自由、相切、曲率还是垂直。“控制点”面板用来通过在输入曲线上映射位置来添加控制点并形成曲面。“选项”面板用来选择曲线链来影响混合曲面的形状或逼近方向。“属性”面板可以查看边界混合曲面的信息，或者对曲面重命名。

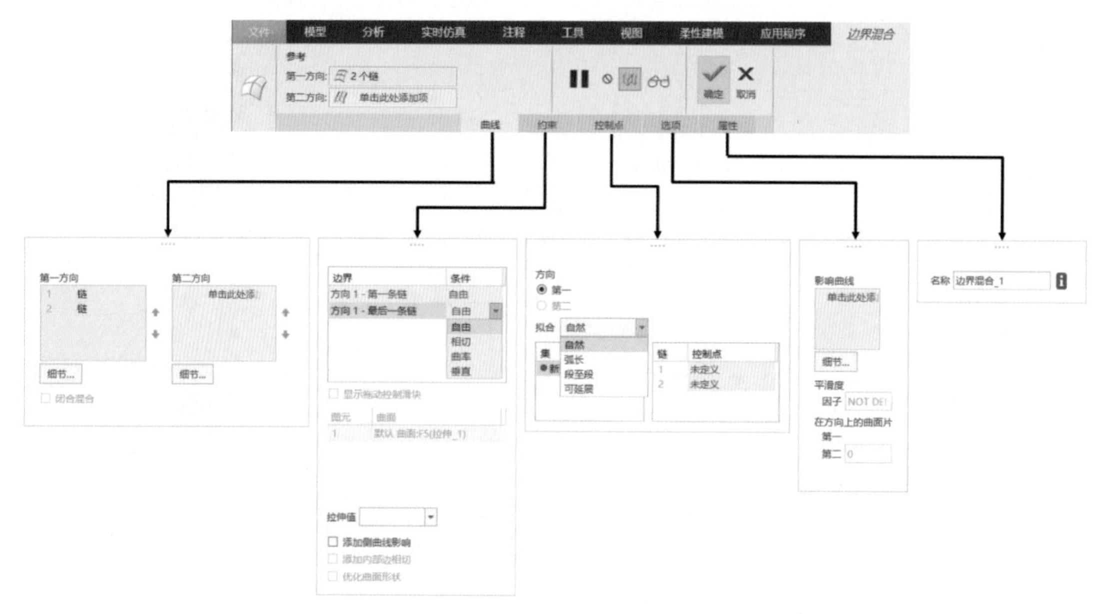

图 5-72　边界混合曲面操作面板

（三）填充曲面

1. 填充曲面概述

填充曲面是指在指定的平面上绘制一个封闭的草图，或者利用已经存在的模型的边线来形成封闭草图以生成的平整平面。注意：填充曲面的截面必须是封闭的。

2. 填充曲面操控面板

单击 （填充）命令按钮，功能区则弹出填充曲面操作面板，如图 5-73 所示。其中“参考”面板用来定义填充曲面的二维截面。“属性”面板可以查看填充曲面的信息，或者对填充曲面重命名。

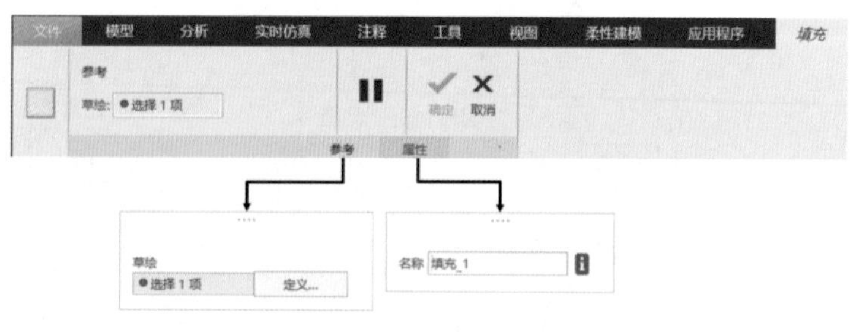

图 5-73　填充曲面操作面板

（四）实体化曲面

1. 实体化曲面概述

实体化曲面就是将前面设计的面组转化为实体几何。在实际设计中，可以使用实体化添加、移除或替换实体材料。

2. 实体化曲面操控面板

单击 （实体化）命令按钮，功能区则弹出实体化曲面操作面板如图 5-74 所示。其中“参考”面板用来选择和显示要实体化的面组。“主体选项”面板用于设置是否创建新的主体。“属性”面板可以查看实体化特征的信息，或者对实体化特征重命名。

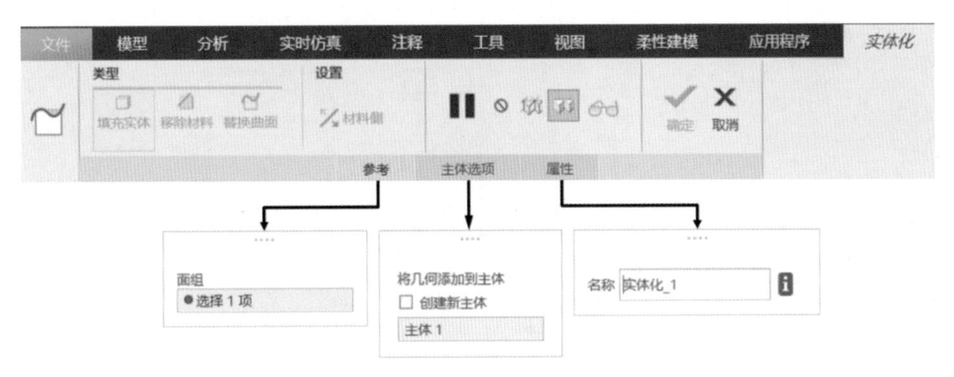

图 5-74　实体化曲面操作面板

3. 实体化特征类型

Creo Parametric 中，提供了 3 种实体化特征类型选项，具体见表 5-3。

表 5-3　实体化特征类型及图例

实体化类型	说明	图例
填充实体	使用曲面特征或面组几何作为边界来添加实体材料。面组必须构成封闭空间	
移除材料	使用曲面特征或面组几何作为边界来移除材料。面组必须与实体完全相交	
替换曲面	使用曲面特征或面组几何替换指定的曲面部分。选定的曲面或面组边界必须位于实体几何上	

（五）轨迹筋

1. 轨迹筋概述

轨迹筋是通过定义轨迹来生成设定参数的筋特征。

2. 轨迹筋特征操作面板

点击“筋”特征命令按钮右下角的箭头，在弹出的面板中选择 （轨迹筋）命令按钮，功能区则弹出轨迹筋特征操作面板，如图 5-75 所示。其中“放置”面板可以创建或重定义筋的轨迹。“形状”面板用来定义轨迹筋的形状和参数。“主体选项”面板用于选择筋特征主体。“属性”面板可以查看当前特征的信息，或者对特征重命名。

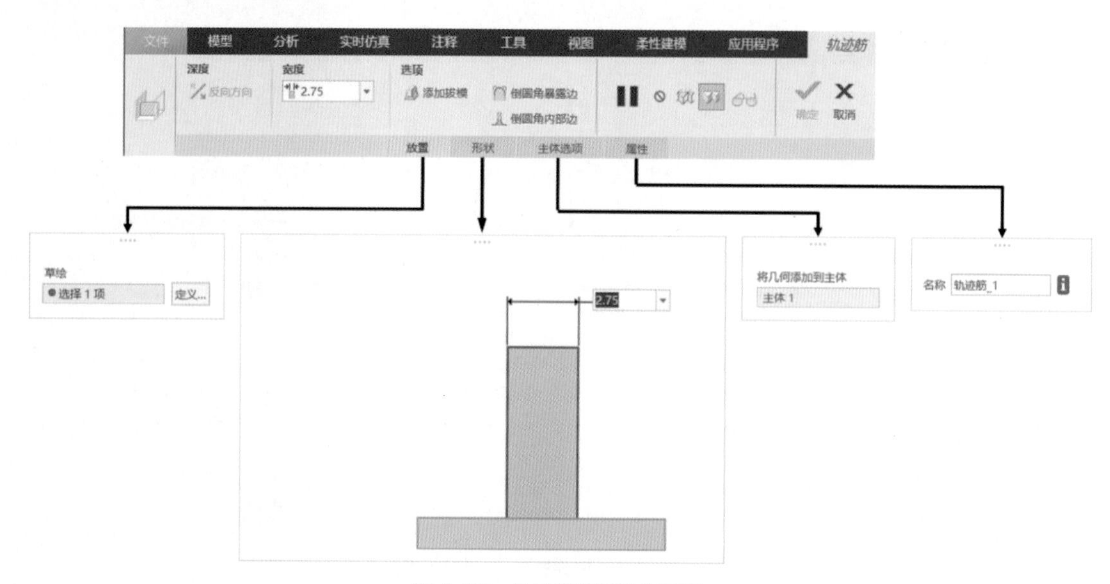

图 5-75 轨迹筋特征操作面板

三、建模分析

分析汽车后视镜外壳的三维造型，可以看出它是一个薄壳零件，其上表面在两个方向上有不同的边界线，上面有孔。侧面为一个拉伸曲面，壳体内部有加强筋。因此，在造型时可以先创建外表面的边界线，利用边界混合截面创建其表面，再创建其他表面，合并实体化后打孔、抽壳，最后创建加强筋。其建模过程如图 5-76 所示。

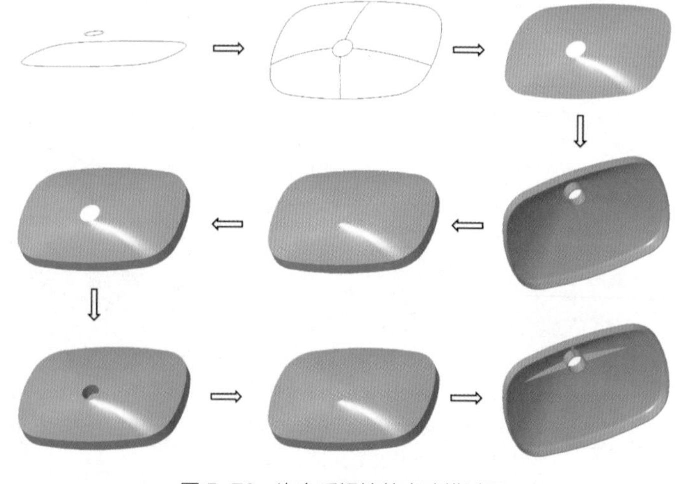

图 5-76 汽车后视镜外壳建模过程

四、操作步骤

1. 新建文件

单击工具栏中 （新建）命令按钮，在弹出的“新建”对话框“类型”选项组中选择“零件”单选按钮，“子类型”选项组中选择“实体”单选按钮，“文件名”文本框中输入新建文件名，单击“确定”按钮，进入零件模式。

2. 草绘第一方向边界曲线

（1）单击 （草绘）命令按钮，系统弹出“草绘”对话框，在绘图区选择基准平面 TOP 作为草绘平面，参考为“RIGHT 基准面”，方向为“右”。单击对话框中的“草绘”按钮，进入草绘模式，调整基准平面 TOP 的方向与用户视线垂直。

（2）绘制如图 5-77 所示的对称截面，保证截面相对于水平和垂直参考线对称，半径为 250 的圆弧的圆心在竖直参考线上，半径为 90 的圆弧的圆心在水平参考线上。单击 （确定）命令按钮，得到草绘特征 1，如图 5-78 所示。

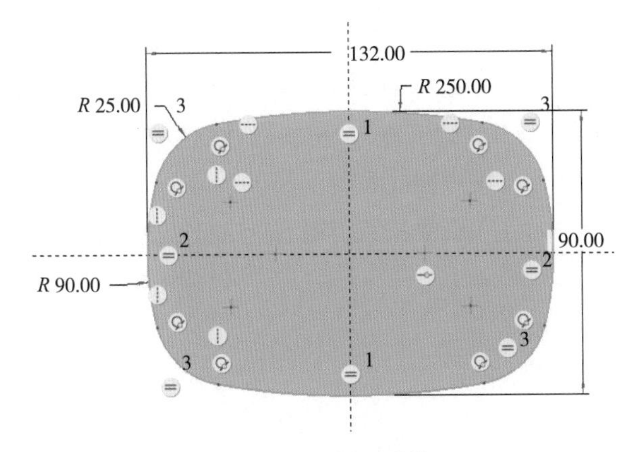

图 5-77 绘制边界曲线 1

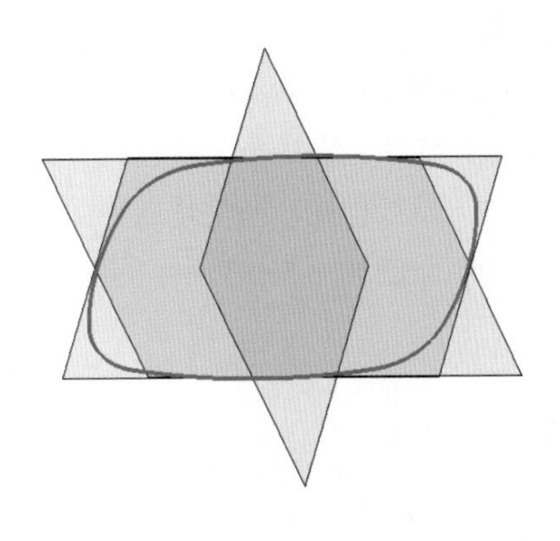

图 5-78 边界曲线 1

（3）单击 （平面）命令按钮，系统弹出“基准平面”对话框。在绘图区选择 TOP 基准面为放置参考，并设置约束类型为“偏移”，输入偏移值为 20，如图 5-79 所示。单击 （确定）命令按钮，得到基准平面 DTM1，如图 5-80 所示。

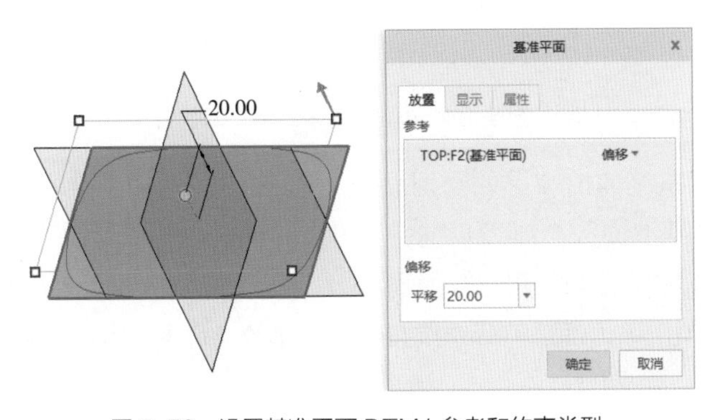

图 5-79 设置基准平面 DTM1 参考和约束类型

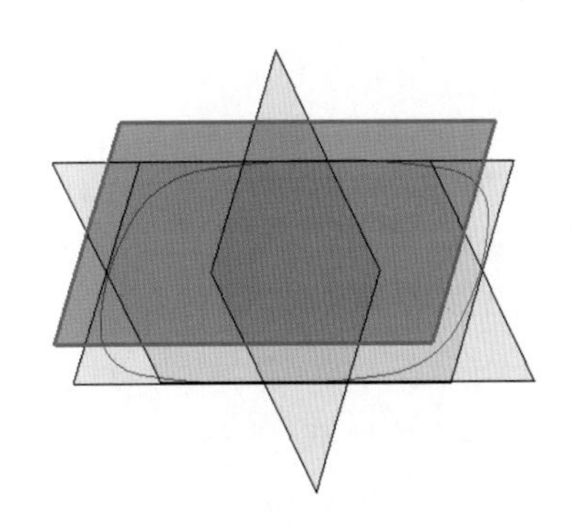

图 5-80 基准平面 DTM1

（4）单击 （草绘）命令按钮，系统弹出“草绘”对话框，在绘图区选择基准平面 DTM1 作为草绘平面，参考为“RIGHT 基准面”，方向为“右”。单击对话框中的“草绘”按钮，进入草绘模式，调整基准平面 DTM1 的方向与用户视线垂直。

（5）绘制如图 5-81 所示的圆。单击 （确定）命令按钮，得到草绘特征 2，如图 5-82 所示。

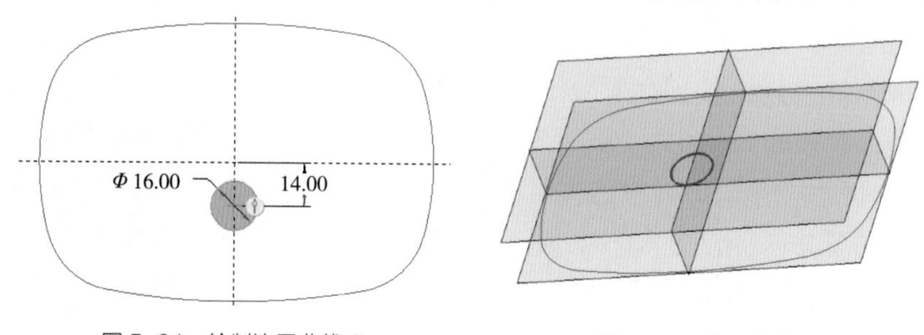

图 5-81　绘制边界曲线 2　　　图 5-82　边界曲线 2

3. 草绘第二方向边界曲线

（1）单击 （草绘）命令按钮，系统弹出“草绘”对话框，在绘图区选择基准平面 RIGHT 作为草绘平面，参考为“TOP 基准面”，方向为“左”。单击对话框中的“草绘”按钮，进入草绘模式，调整基准平面 RIGHT 的方向与用户视线垂直。

（2）绘制如图 5-83 所示的圆弧。单击 （确定）命令按钮，得到草绘特征 3，如图 5-84 所示。

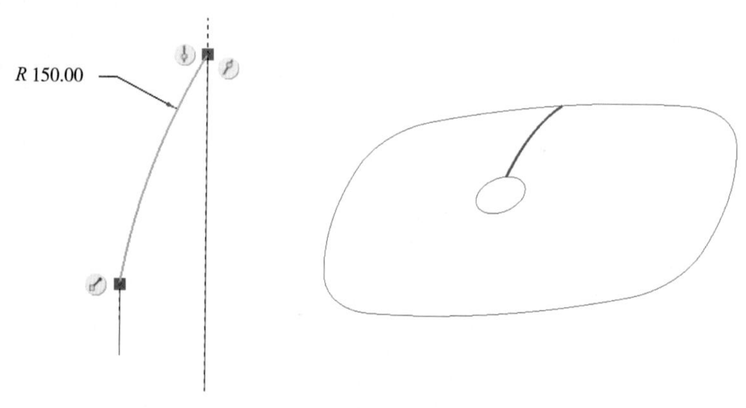

图 5-83　绘制边界曲线 3　　　图 5-84　边界曲线 3

（3）单击 （草绘）命令按钮，系统弹出“草绘”对话框，在绘图区选择基准平面 RIGHT 作为草绘平面，参考为“TOP 基准面”，方向为“左”。单击对话框中的“草绘”按钮，进入草绘模式，调整基准平面 RIGHT 的方向与用户视线垂直。

（4）绘制如图 5-85 所示的圆弧。单击 （确定）命令按钮，得到草绘特征 4，如图 5-86 所示。

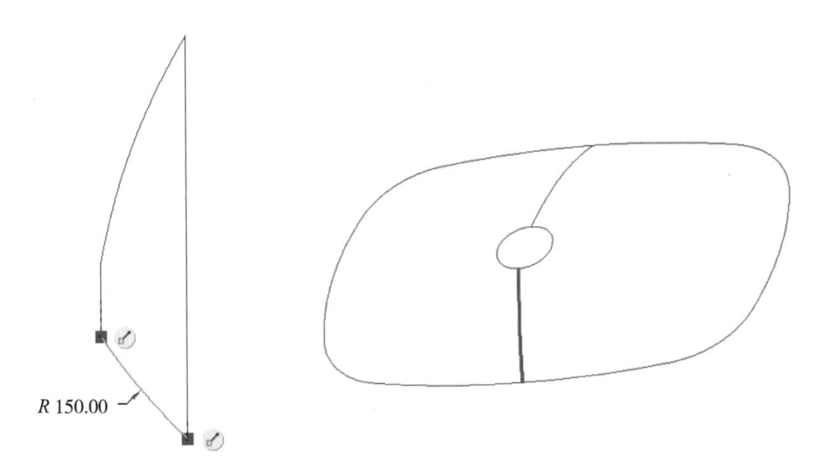

图 5-85 绘制边界曲线 4　　图 5-86 边界曲线 4

（5）单击 ▱（平面）命令按钮，系统弹出“基准平面”对话框。在绘图区选择 FRONT 基准面为放置参考，并设置约束类型为“偏移”，输入偏移值为 14，如图 5-87 所示。单击 ✔（确定）命令按钮，得到基准平面 DTM2，如图 5-88 所示。

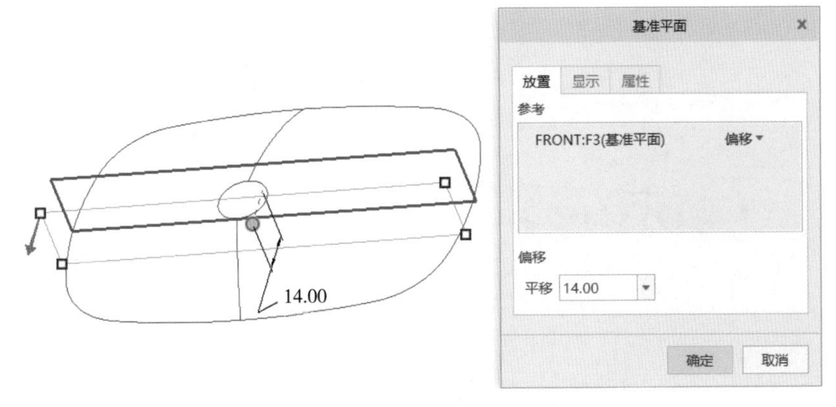

图 5-87 设置基准平面 DTM2 参考和约束类型

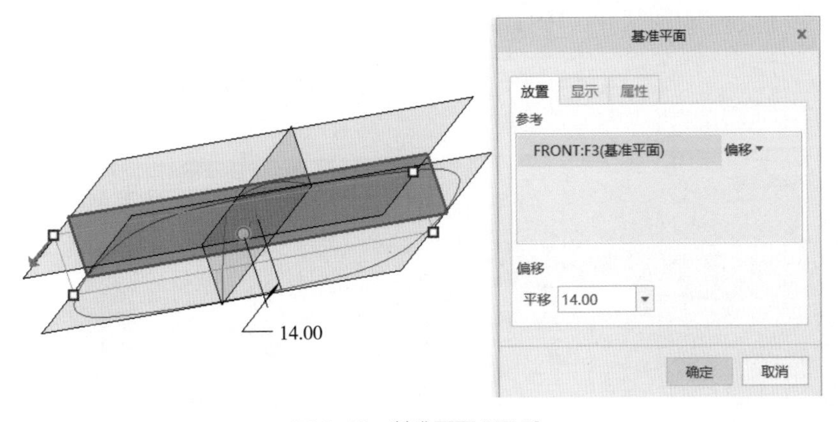

图 5-88 基准平面 DTM2

（6）单击 （点）命令按钮，系统弹出“基准点”对话框。在绘图区按 Ctrl 键依次选择草绘特征 1 的边线和基准 DTM2 作为放置参考，如图 5-89 所示，得到基准点 PNT0。

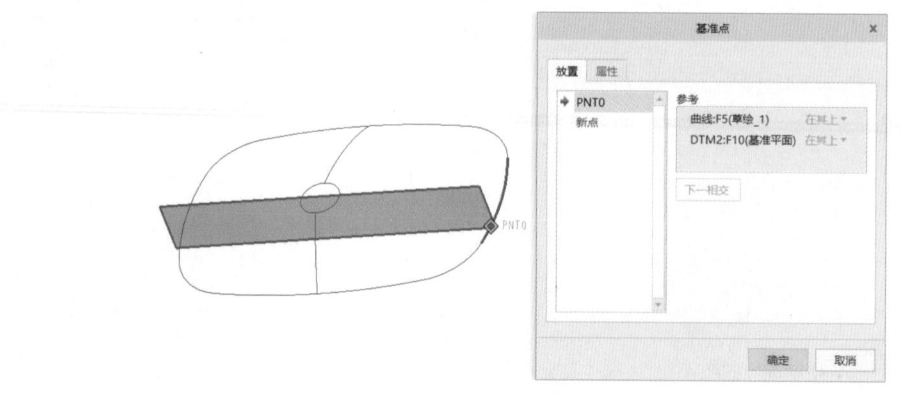

图 5-89 设置基准点 PNT0 的参考

（7）单击“新点”，在绘图区按 Ctrl 键依次选择草绘特征 2 的边和基准 DTM2 作为放置参考，如图 5-90 所示，得到基准点 PNT1。

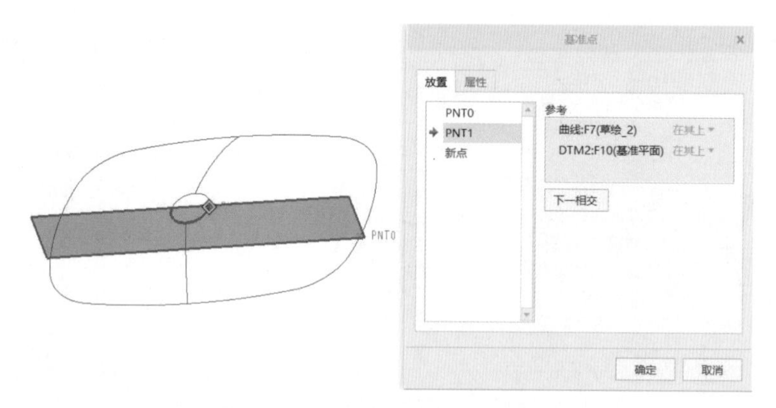

图 5-90 设置基准点 PNT1 的参考

（8）单击“新点”，在绘图区按 Ctrl 键依次选择草绘特征 2 的边和基准 DTM2 作为放置参考，如图 5-91 所示，得到基准点 PNT2。

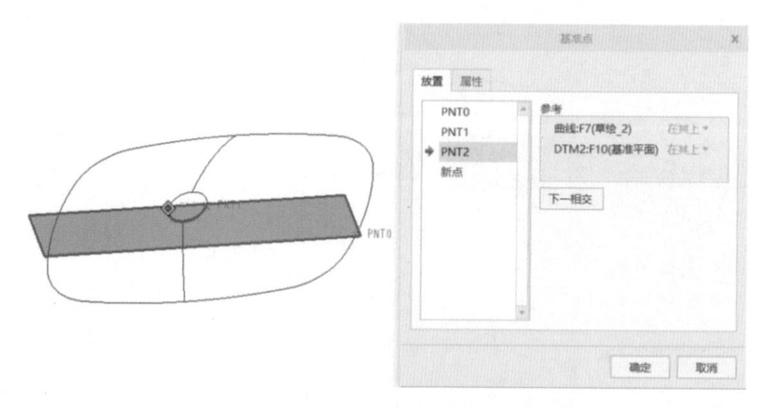

图 5-91 设置基准点 PNT2 的参考

（9）单击“新点”，在绘图区按 Ctrl 键依次选择草绘特征 1 的边和基准 DTM2 作为放置参考，如图 5-92 所示，得到基准点 PNT3。单击 ✔（确定）命令按钮，关闭“基准点”对话框。

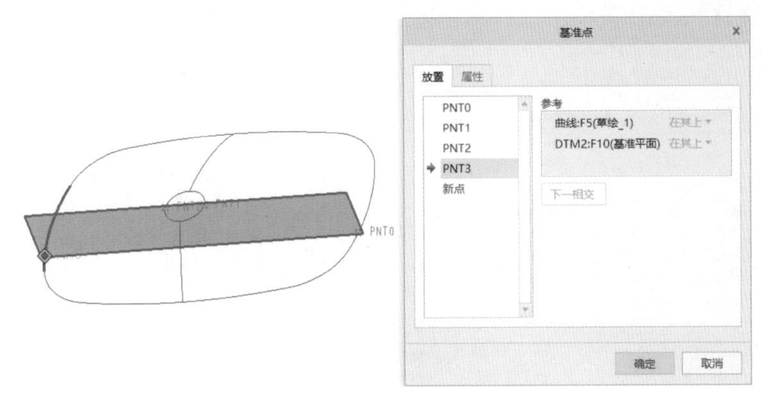

图 5-92　设置基准点 PNT3 的参考

（10）单击（草绘）命令按钮，系统弹出“草绘”对话框，在绘图区选择基准平面 DTM2 作为草绘平面，参考为“RIGHT 基准面”，方向为“右”。单击对话框中的“草绘”按钮，进入草绘模式，调整基准平面 DTM2 的方向与用户视线垂直。

（11）绘制如图 5-93 所示的圆弧，保证圆弧的两个端点分别与基准点 PNT0 和 PNT1 重合。单击 ✔（确定）命令按钮，得到草绘特征 5，如图 5-94 所示。

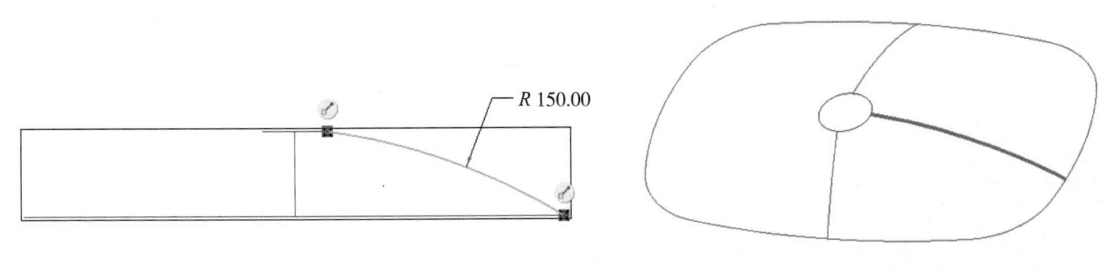

图 5-93　绘制边界曲线 5

图 5-94　边界曲线 5

（12）单击（草绘）命令按钮，系统弹出“草绘”对话框，在绘图区选择基准平面 DTM2 作为草绘平面，参考为“RIGHT 基准面”，方向为“右”。单击对话框中的“草绘”按钮，进入草绘模式，调整基准平面 DTM2 的方向与用户视线垂直。

（13）绘制如图 5-95 所示的圆弧，保证圆弧的两个端点分别与基准点 PNT2 和 PNT3 重合。单击 ✔（确定）命令按钮，得到草绘特征 6，如图 5-96 所示。

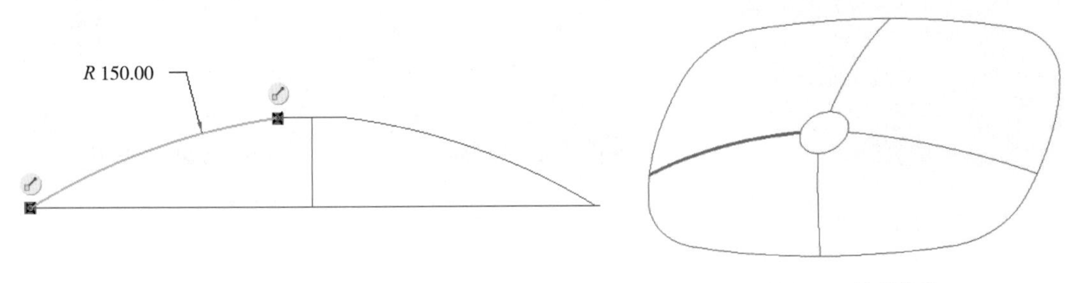

图 5-95　绘制边界曲线 6

图 5-96　边界曲线 6

4. 创建边界混合曲面

（1）单击 （边界混合）命令按钮，系统弹出边界混合操作面板。

（2）在绘图区按 Ctrl 键依次选择第一方向上的四条边界曲线，注意曲线的选择顺序，如图 5-97 所示。

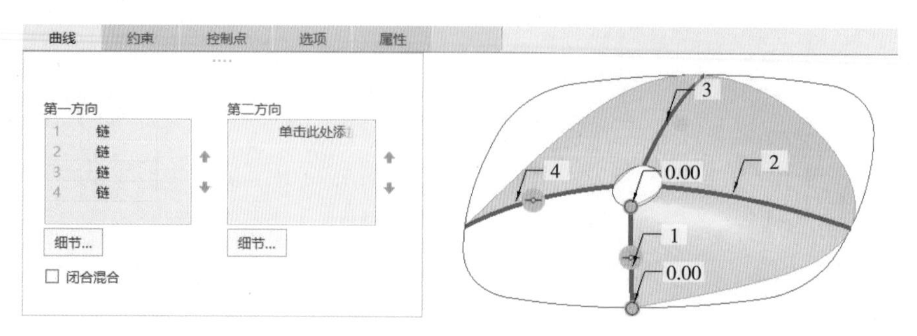

图 5-97　选择第一方向边界曲线

（3）单击“第二方向”收集器，在绘图区按 Ctrl 键依次选择第二方向上的两条边界曲线，如图 5-98 所示。

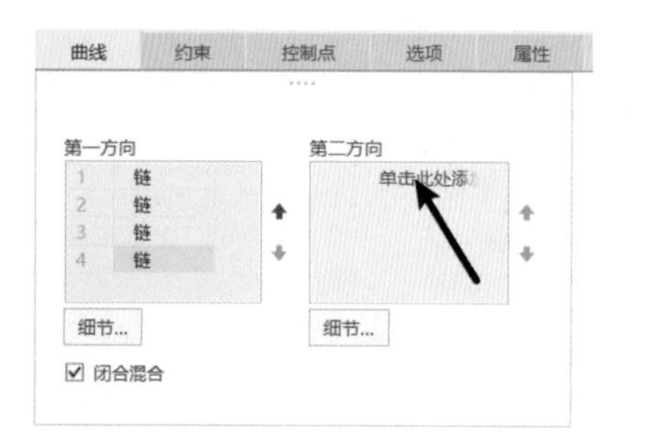

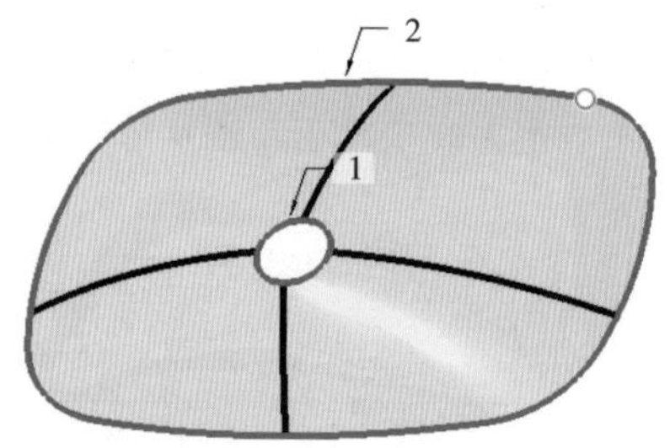

图 5-98　选择第二方向边界曲线

（4）单击 （确定）命令按钮，完成边界混合曲面，结果如图 5-99 所示。

5. 拉伸侧面曲面

（1）单击 （拉伸）命令按钮，系统弹出拉伸特征操作面板。确认拉伸类型为 （曲面）。

（2）在模型树或绘图区选择草绘 1 作为拉伸曲面的截面。调整拉伸方向，并设置拉伸深度为 20，如图 5-100 所示。

（3）单击 （确定）命令按钮，完成侧面拉伸曲面创建，结果如图 5-101 所示。

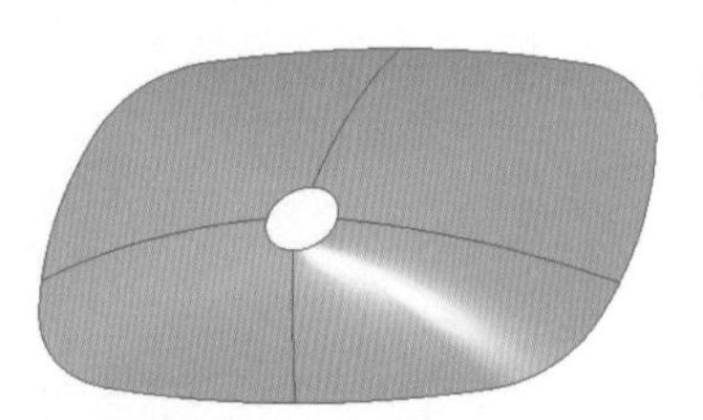

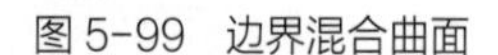

图 5-99　边界混合曲面

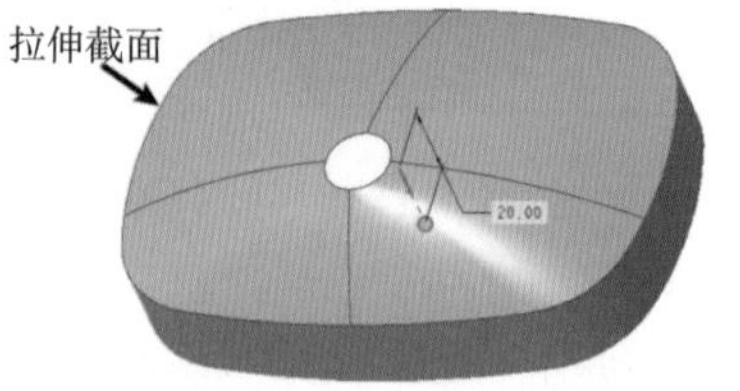

图 5-100　拉伸曲面截面

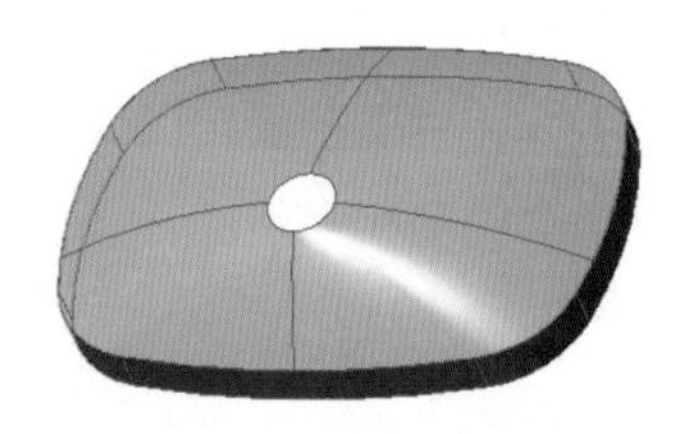

图 5-101　拉伸侧面曲面

6. 填充曲面

（1）单击 □（填充）命令按钮，系统弹出填充操作面板。

（2）在绘图区选择草绘 2 作为填充曲面的草绘截面，如图 5-102 所示。

（3）单击 ✓（确定）命令按钮，创建填充曲面 1，结果如图 5-103 所示。

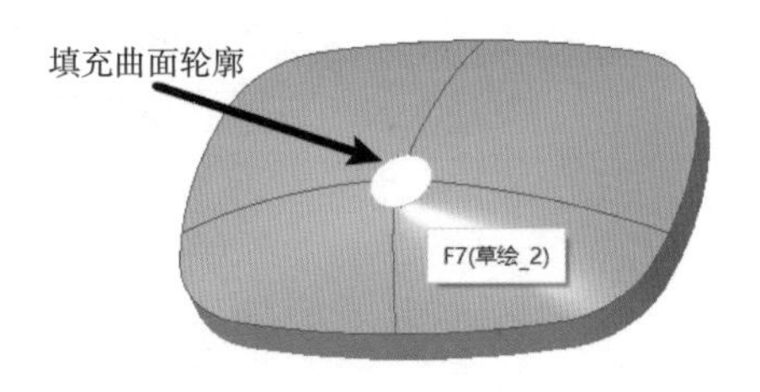

图 5-102 选取填充曲面轮廓

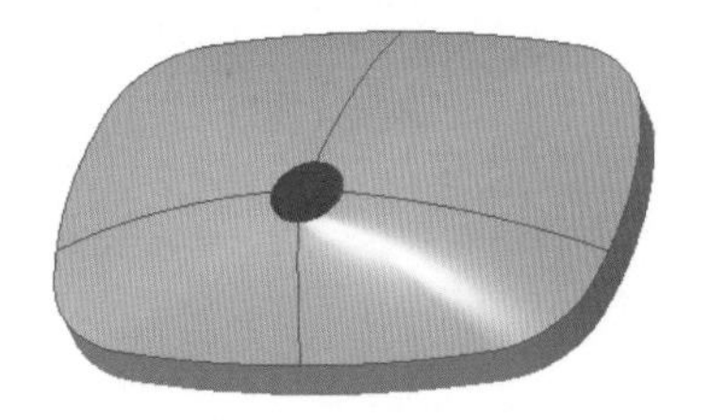

图 5-103 填充曲面 1

（4）单击 ▱（平面）命令按钮，系统弹出“基准平面”对话框。在绘图区选择 TOP 基准面为放置参考，并设置约束类型为“偏移”，输入偏移值为 -10（因为要创建的基准平面与偏移箭头方向相反，所以输入负值，向偏移箭头相反方向偏移），如图 5-104 所示。单击 ✓（确定）命令按钮，得到基准平面 DTM3，如图 5-105 所示。

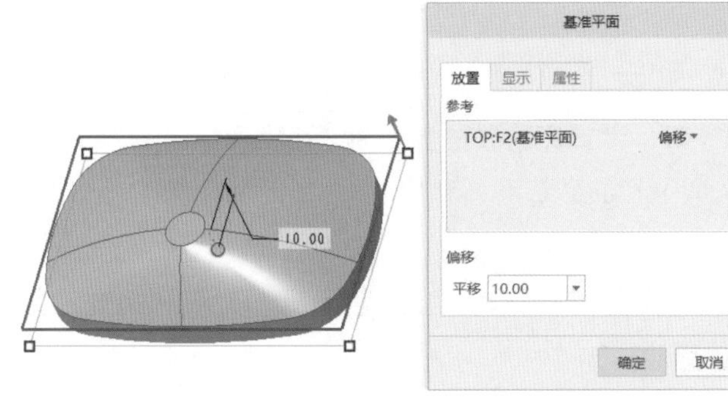

图 5-104 设置基准平面 DTM3 参考和约束类型

图 5-105 基准平面 DTM3

（5）单击 □（填充）命令按钮，系统弹出填充操作面板。

（6）单击“参考”面板的“定义”按钮，弹出“草绘”对话框，在绘图区选择基准平面 DTM3 作为草绘平面，参考为“RIGHT 基准面”，方向为“右”。单击对话框中的“草绘”按钮，进入草绘模式，调整基准平面 DTM3 的方向与用户视线垂直。

（7）单击草绘器中的 □（投影）命令按钮，选取拉伸侧面在 DTM3 基准平面上的投影链作为填充曲面区域，如图 5-106 所示。

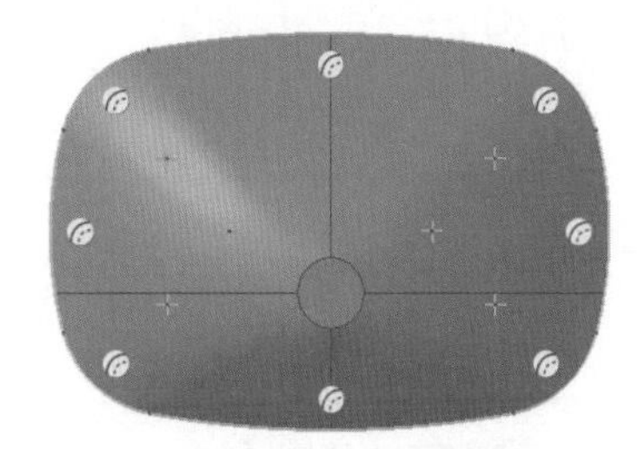

图 5-106 草绘填充曲面轮廓

（8）单击 ✓（确定）命令按钮，返回填充曲面操作面板。单击 ✓（确定）命令按钮，完成填充曲面 2，结果如图 5-107 所示。

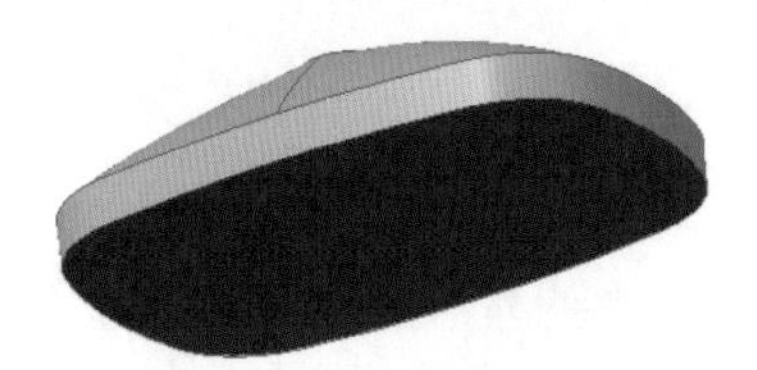

图 5-107 填充曲面 2

7. 合并所有曲面

（1）单击（合并）命令按钮，系统弹出合并操作面板。

（2）在绘图区按 Ctrl 键依次选择如图 5-108 所示的填充曲面 2、拉伸曲面、边界混合曲面以及填充曲面 1（注意曲面选择顺序）。单击（确定）命令按钮，完成所有曲面的合并。

图 5-108　选择合并曲面

8. 实体化曲面

（1）单击（实体化）命令按钮，系统弹出实体化操作面板。

（2）在绘图区选择合并的面组，如图 5-109 所示，单击（确定）命令按钮，完成曲面实体化。

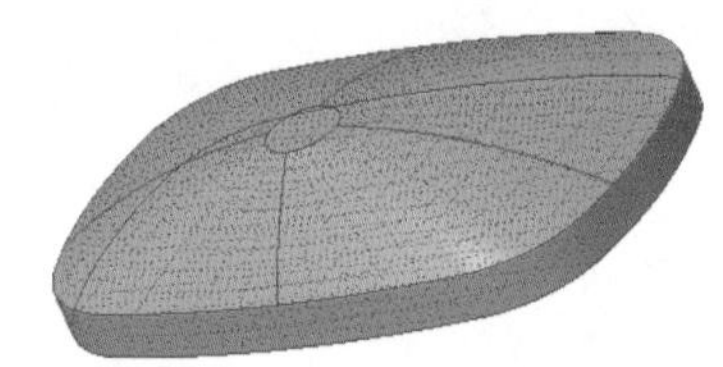

图 5-109　实体化曲面

9. 创建孔

（1）单击（孔）命令按钮，系统弹出孔特征操作面板。设置孔类型为“简单”“平整”。

（2）在绘图区域选择上表面作为放置参考，设置孔的放置类型为“线性”。单击“偏移参考”收集器，在绘图区域按 Ctrl 键依次选取 RIGHT 基准面和 DTM2 基准面作为偏移参考，设置偏移值均为 0，如图 5-110 所示。

（3）设置孔径为 13.6，孔的深度为 10。单击（确定）命令按钮，完成孔特征，如图 5-111 所示。

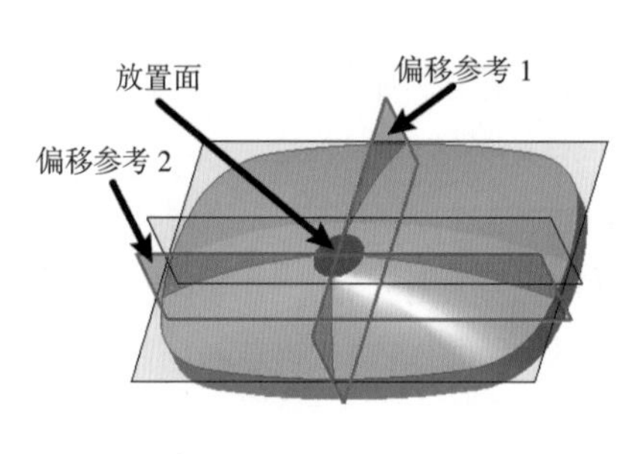

图 5-110　设置孔的放置参考和类型

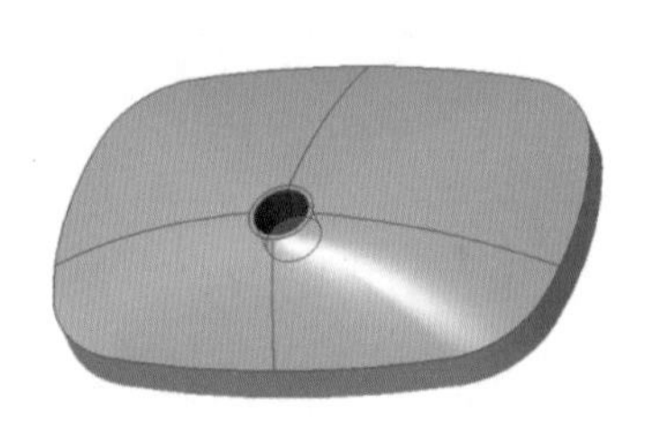

图 5-111　孔特征

10. 倒圆角光滑过渡

（1）单击（倒圆角）命令按钮，系统弹出倒圆角特征操作面板。

（2）在绘图区按 Ctrl 键依次选择如图 5-112 所示的两条边链，设置圆角半径为 5，单击（确定）命令按钮，完成倒圆角特征的创建。

11. 后视镜实体抽壳

（1）单击（壳）命令按钮，系统弹出壳特征操作面板。

（2）在绘图区按 Ctrl 键依次选择如图 5-113 所示的两个表面为要移除的面，设置厚度值为 0.8。

（3）单击（确定）命令按钮，完成壳特征的创建，如图 5-114 所示。

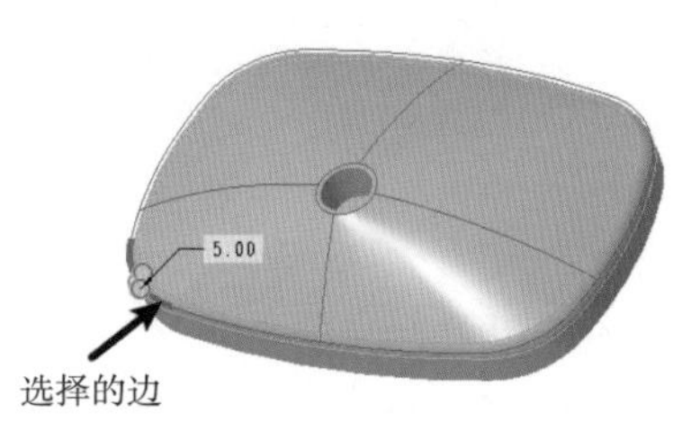

图 5-112 倒圆角边线设置

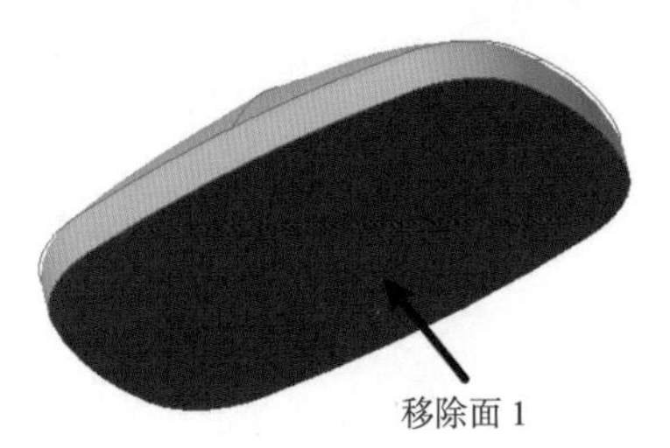

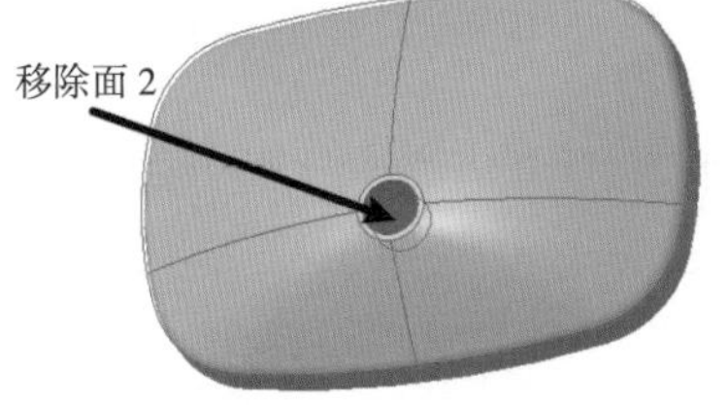

图 5-113 设置要移除的面

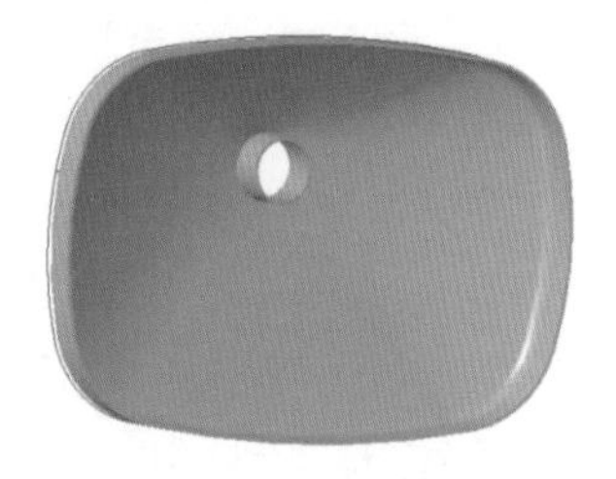

图 5-114 抽壳

12. 创建轨迹筋

（1）单击（轨迹筋）命令按钮，系统弹出轨迹筋操作面板。

（2）单击“放置”面板的“定义”按钮，弹出“草绘”对话框，在绘图区选择如图 5-115 所示平面作为草绘平面，单击对话框中的“草绘”按钮，进入草绘模式，调整草绘平面与用户视线垂直。

（3）绘制如图 5-116 所示的三条直线。单击（确定）命令按钮，返回轨迹筋操作面板。

（4）设置筋的厚度为 0.8，单击（确定）命令按钮，完成轨迹筋，结果如图 5-117 所示。

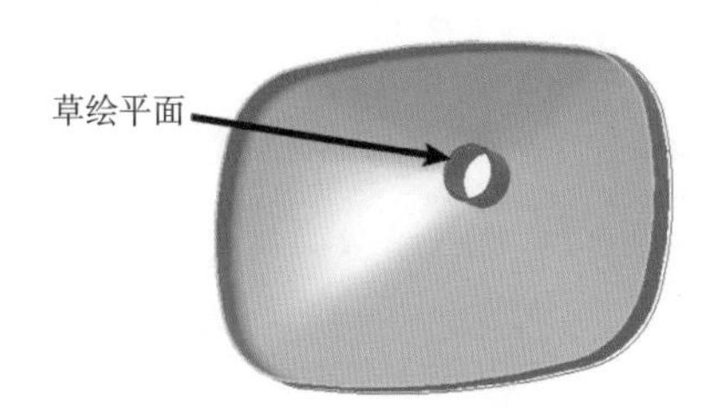

图 5-115 设置草绘平面

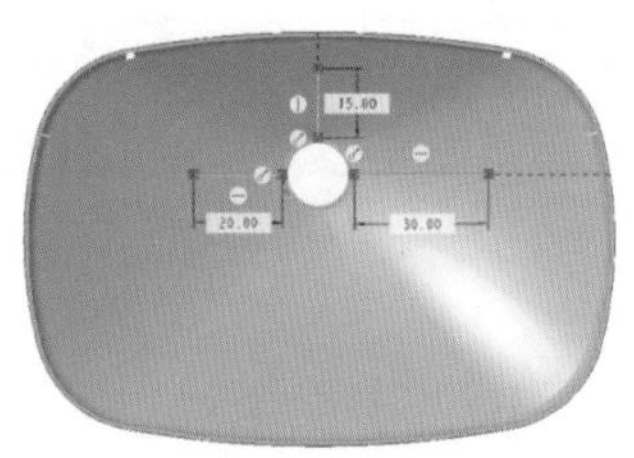

图 5-116 草绘筋轨迹线

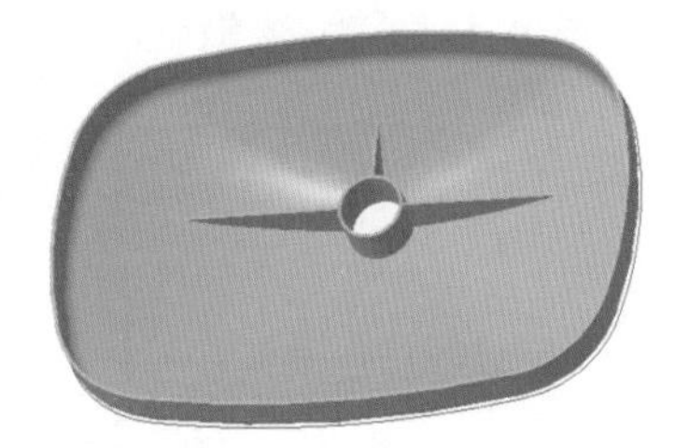

图 5-117 轨迹筋

13. 保存文件

单击工具栏中的（保存）命令按钮，保存当前模型文件。

任务 4 创建面板三维模型

5-9 创建面板三维模型

在 Creo Parametric 中，创建如图 5-118 所示的面板三维模型。

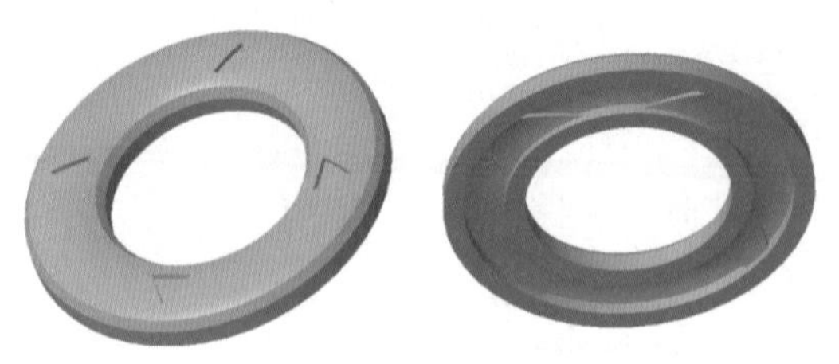

图 5-118 面板三维模型

一、学习目标

（1）学会应用偏移曲面完成曲面编辑。

（2）能够注重产品结构细节创建相应的产品三维模型，逐步树立建模的严谨性和精益求精的工匠精神。

二、相关知识点

1. 偏移工具概述

偏移是将一个曲面或一条曲线偏移恒定的距离或可变的距离。偏移曲面通常用于构建产品造型。而偏移曲线可以构建一组可以在以后用来创建曲面的曲线。

2. 偏移操作面板

单击（偏移）命令按钮，功能区则弹出偏移操作面板，如图 5-119 所示。其中“参考”面板用来选择和显示偏移曲面。“选项”面板用来设置偏移曲面的方式：垂直于曲面（垂直于原始曲面偏移曲面）、自动拟合（系统根据自动决定的坐标系缩放相关的曲面）和控制拟合（在指定坐标系下，将原始曲面进行缩放或沿指定轴移动）。“属性”面板可以查看偏移特征的信息，或者对偏移特征重命名。

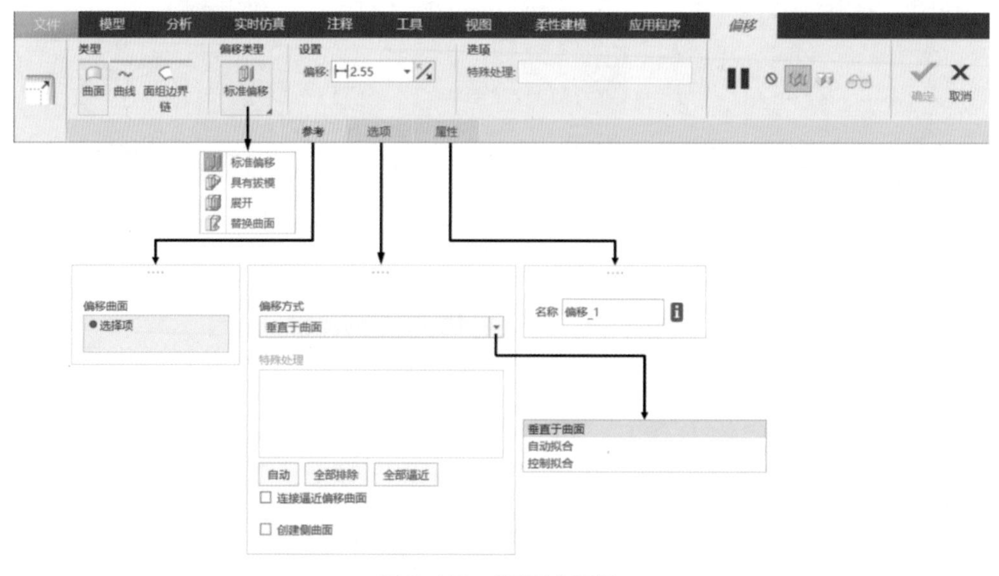

图 5-119 偏移操作面板

3. 偏移类型

使用偏移工具可以创建不同类型的偏移特征，具体见表 5-4。

表 5-4 偏移类型及其图例

偏移类型	说明	图例
标准偏移	偏移一个面组、曲面或实体面	
具有拔模	偏移包括在草绘内部的面组或曲面区域，并拔模侧曲面	
展开	在封闭面组或实体草绘的选定面之间创建一个连续体积块	
替换曲面	使用基准平面或面组替换实体上指定的曲面	

三、建模分析

分析面板的三维造型，可以看出它是一个回转体薄壳零件，其上表面有四个带有拔模斜度的凹槽。因此在造型时可以先旋转创建其整体造型，再利用具有拔模偏移的曲面创建上表面凹槽，实体化后抽壳，其建模过程如图 5-120 所示。

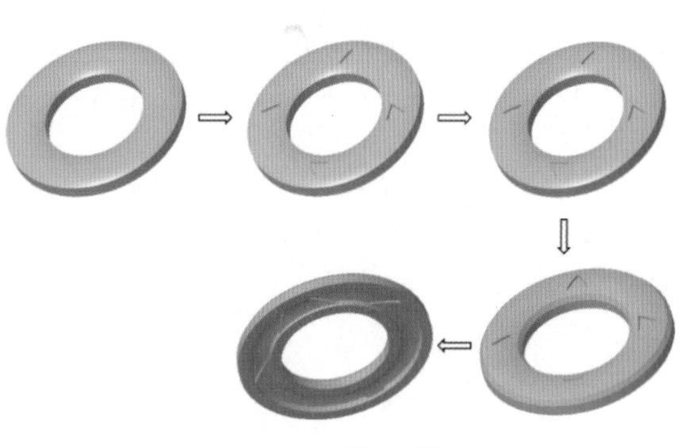

图 5-120 面板建模过程

四、操作步骤

1. 新建文件

单击工具栏中 （新建）命令按钮，在弹出的“新建”对话框“类型”选项组中选择“零件”单选按钮，“子类型”选项组中选择“实体”单选按钮，“文件名”文本框中输入新建文件名，单击“确定”按钮，进入零件模式。

2. 面板基体造型表面

（1）单击 （旋转）命令按钮，系统弹出旋转特征操作面板。确认旋转类型为 （曲面）。

（2）单击选择绘图区的 FRONT 基准面作为草绘平面，系统自动进入草绘模式，调整 FRONT 基准面的方向与用户视线垂直。

（3）选择“基准”命令组中的 （中心线）命令按钮，在绘图区绘制一条竖直的中心线作为旋转轴。绘制如图 5–121 所示的二维截面。

（4）单击 （确定）命令按钮，返回旋转特征操作面板。旋转角度为 360°。单击 （确定）命令按钮，完成旋转曲面特征的创建，如图 5–122 所示。

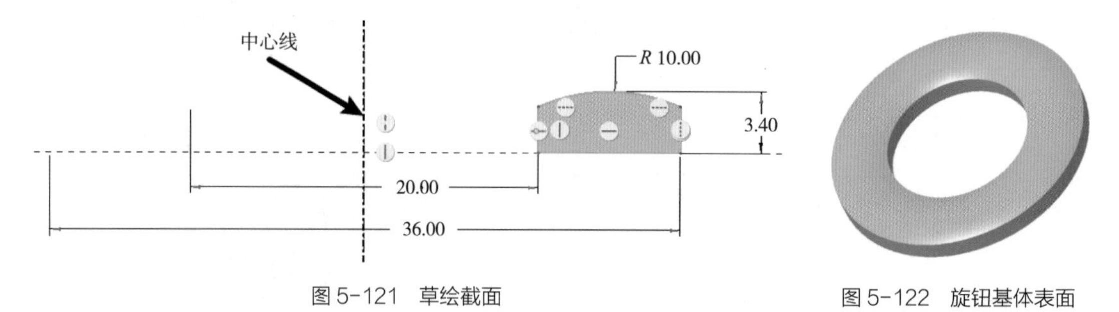

图 5–121　草绘截面

图 5–122　旋钮基体表面

3. 创建偏移曲面

（1）单击 （偏移）命令按钮，系统弹出偏移操作面板。

（2）确认偏移类型为“曲面”“具有拔模”，如图 5–123 所示。

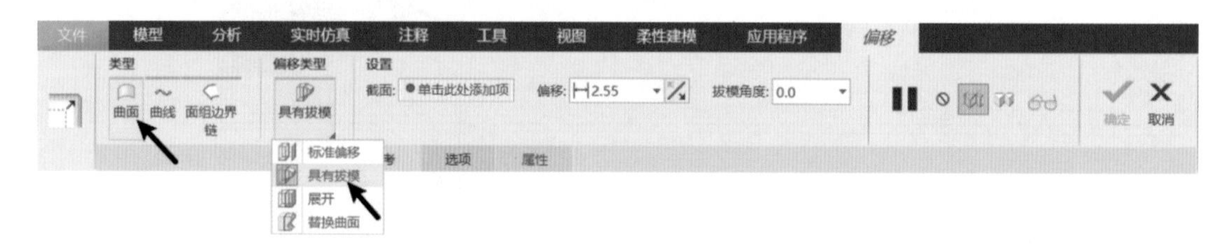

图 5–123　选择偏移类型

（3）在绘图区选择面板上表面，如图 5–124 所示。

（4）单击“参考”面板的“定义”按钮，弹出“草绘”对话框，在绘图区选择基准平面 TOP 作为草绘平面，参考为“RIGHT 基准面”，方向为“右”，如图 5–125 所示。单击“草绘”对话框中的“草绘”按钮，进入草绘模式，调整基准平面 TOP 的方向与用户视线垂直。

（5）绘制如图 5-126 所示的边长为 4 的等边三角形。单击 ✔（确定）命令按钮，返回偏移操作面板。

（6）确认偏移方向，设置偏移量为 0.5，拔模角度为 4°，如图 5-127 所示。

图 5-124　选择偏移曲面　　　　图 5-125　设置偏移区域草绘平面

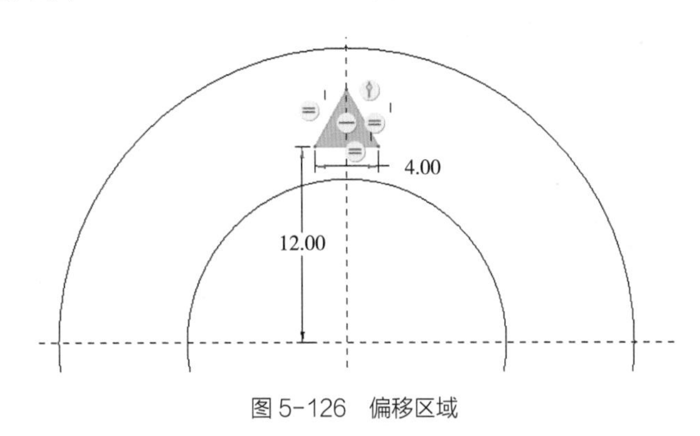

图 5-126　偏移区域

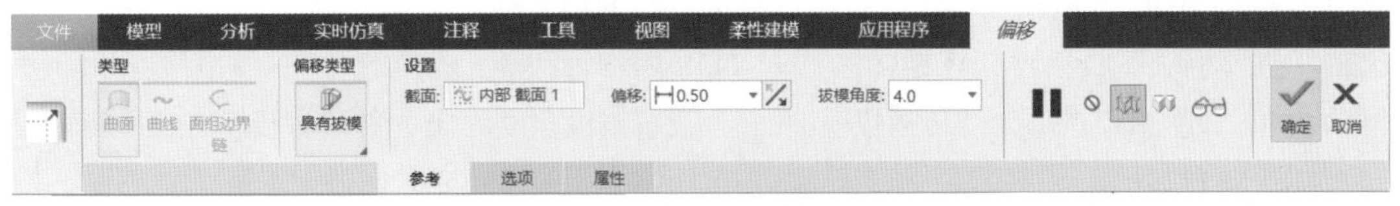

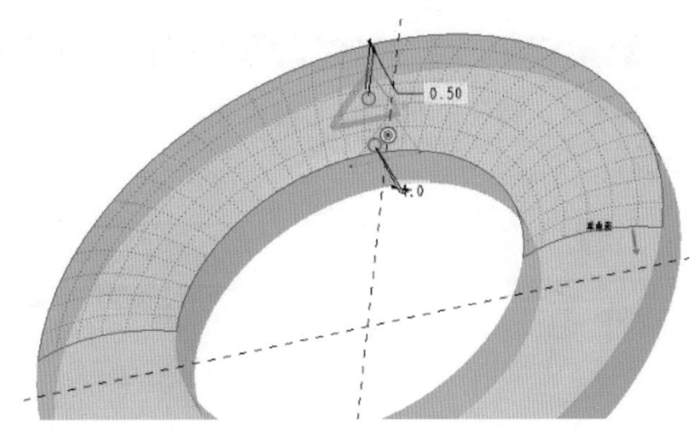

图 5-127　设置偏移参数

（7）单击 ✔（确定）命令按钮，完成曲面偏移，结果如图 5-128 所示。

（8）在模型树上选择偏移特征，在弹出的快捷菜单中单击 ⊞（阵列）命令按钮，或者在功能区选择 ⊞（阵列）命令按钮，系统弹出阵列特征操作面板。选择阵列类型为“轴”。

（9）单击选择旋转特征 1 的轴作为轴阵列的旋转中心轴，如图 5–129 所示。输入阵列的特征数量为 4，阵列特征的角度范围为 360°。

（10）单击 ✔（确定）命令按钮，完成偏移曲面阵列，结果如图 5–130 所示。

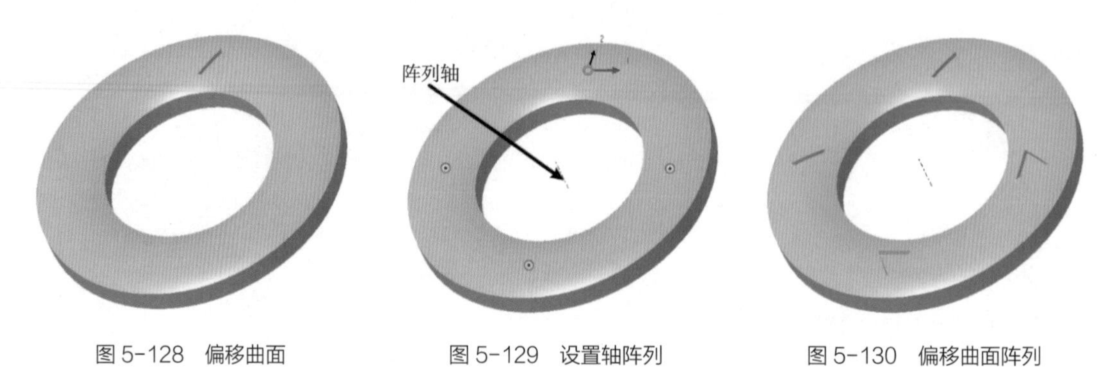

图 5–128　偏移曲面　　图 5–129　设置轴阵列　　图 5–130　偏移曲面阵列

4. 实体化曲面

（1）单击（实体化）命令按钮，系统弹出实体化操作面板。

（2）在绘图区选择面组，如图 5–131 所示，单击 ✔（确定）命令按钮，完成曲面实体化。

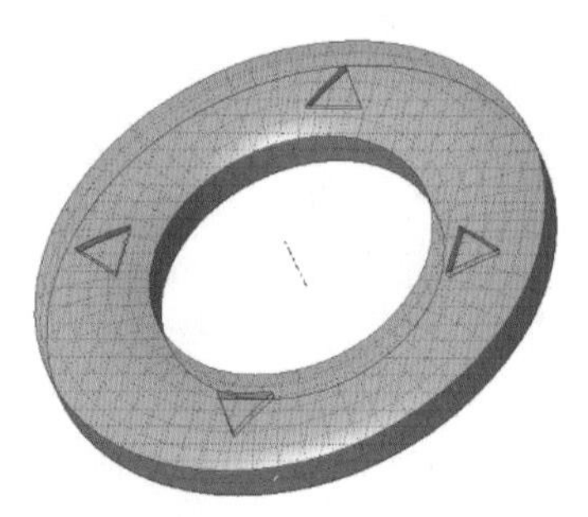

图 5–131　实体化曲面

5. 拔模侧面

（1）单击（拔模）命令按钮，系统弹出拔模特征操作面板。

（2）在绘图区选取侧面作为要拔模的曲面。在操作面板单击“拔模枢轴”收集器，在绘图区选取 TOP 面作为拔模枢轴平面。设置拔模选项为“传播拔模曲面”，设置拔模角度为 3°，并确认拔模方向和旋转方向，如图 5–132 所示。

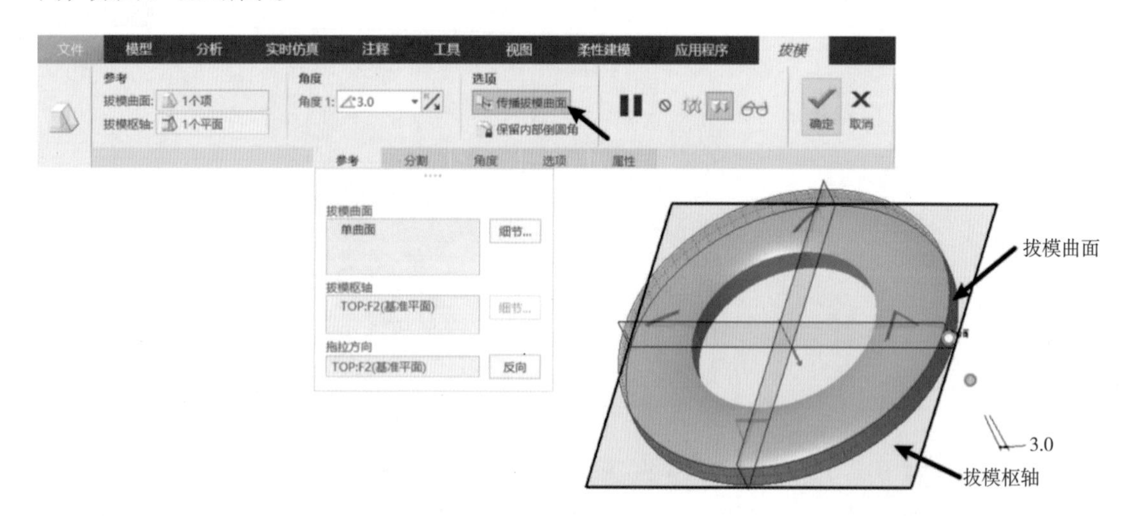

图 5–132　设置拔模特征参数

（3）单击 ✓（确定）命令按钮，完成侧面拔模，结果如图 5-133 所示。

6. 棱边倒角

（1）单击（倒角）命令按钮，系统弹出倒角特征操作面板。

（2）确认边倒角类型为 O×O，在绘图区按 Ctrl 键依次选择如图 5-134 所示的两条边线，设置倒角值为 1。单击 ✓（确定）命令按钮，完成倒角。

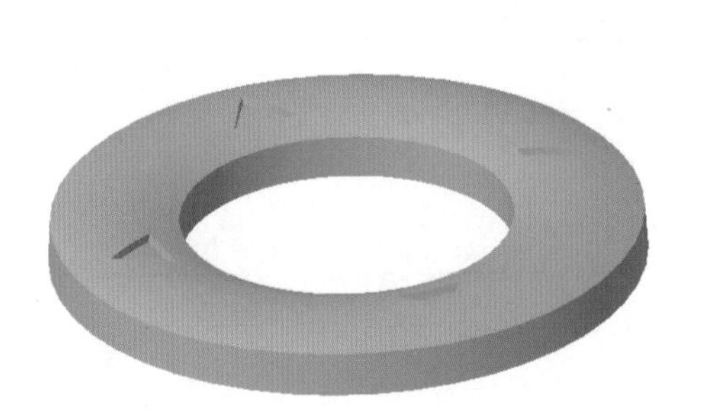

图 5-133　侧面拔模

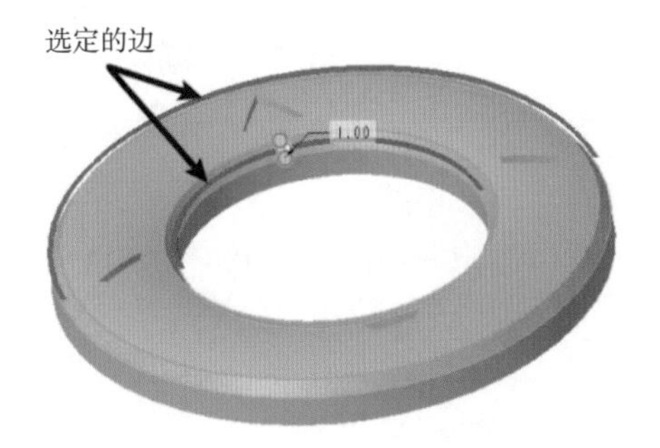

图 5-134　边倒角设置

7. 面板抽壳

（1）单击（壳）命令按钮，系统弹出壳特征操作面板。

（2）在绘图区选择如图 5-135 所示的表面为要移除的面，设置厚度值为 2。

（3）单击 ✓（确定）命令按钮，完成壳特征的创建，如图 5-136 所示。

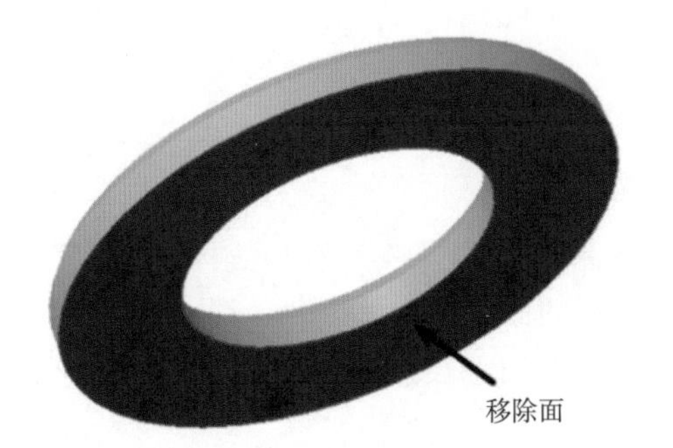

图 5-135　设置要移除的面

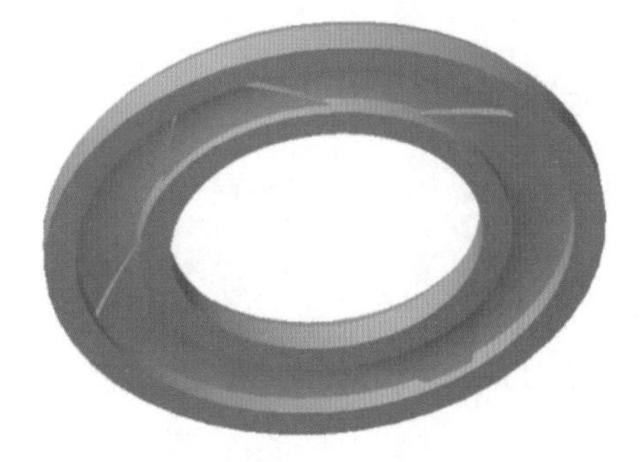

图 5-136　抽壳

8. 保存文件

单击工具栏中的（保存）命令按钮，保存当前模型文件。

任务 5 创建勺子三维模型

5-10 创建勺子三维模型 1　5-11 创建勺子三维模型 2

在 Creo Parametric 中，创建如图 5-137 所示的勺子三维模型。

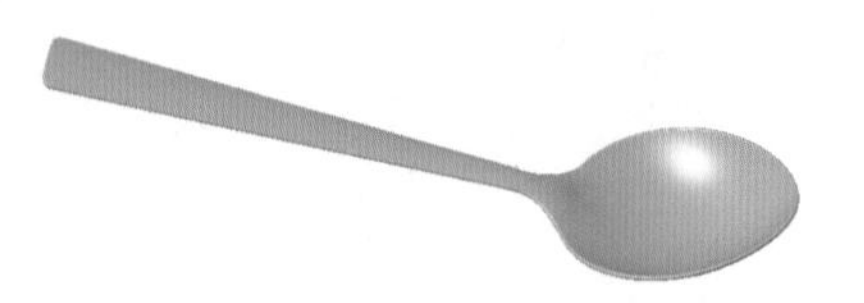

图 5-137 勺子三维模型

一、学习目标

（1）学会应用投影、通过点的曲线工具创建空间曲线。

（2）能够运用曲面建模技术构建较复杂曲面的三维零件模型。

（3）能够注重产品结构细节创建相应的产品三维模型，逐步树立建模的严谨性和精益求精的工匠精神。

二、相关知识点

（一）空间曲线

空间曲线可以用来作为扫描特征的轨迹线、边界混合曲面的边界线等。在 Creo Parametric 中，选择“基准”下拉菜单中的曲线命令，可以通过四种方式来创建空间曲线，如图 5-138 所示。除此之外，还可以利用“投影”和“相交”编辑工具创建空间曲线。表 5-5 列出了常用的空间曲线创建方法。

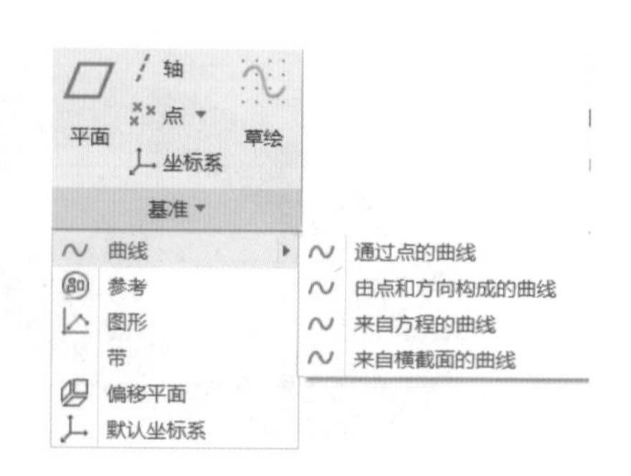

图 5-138 曲线命令面板

表 5-5 空间曲线创建方法及图例

创建方法	说明	图例
通过点的曲线	通过一系列基准点（最少两点）、边顶点或曲线顶点创建曲线	空间曲线 基准点

续表

创建方法	说明	图例
由点和方向构成的曲线	通过定义起点和方向在曲面上创建测地线	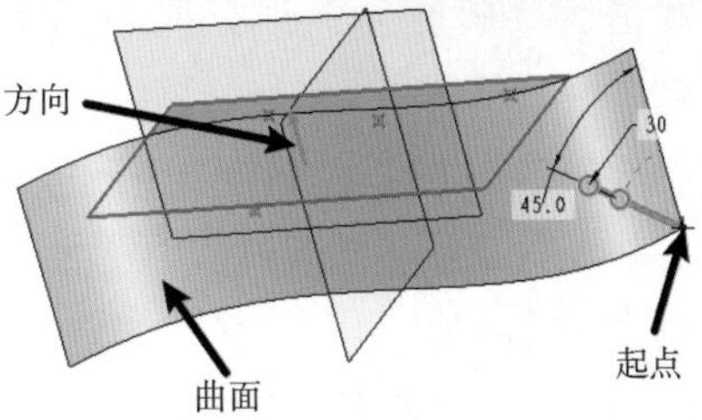
来自方程的曲线	通过曲线的参数方程来创建曲线	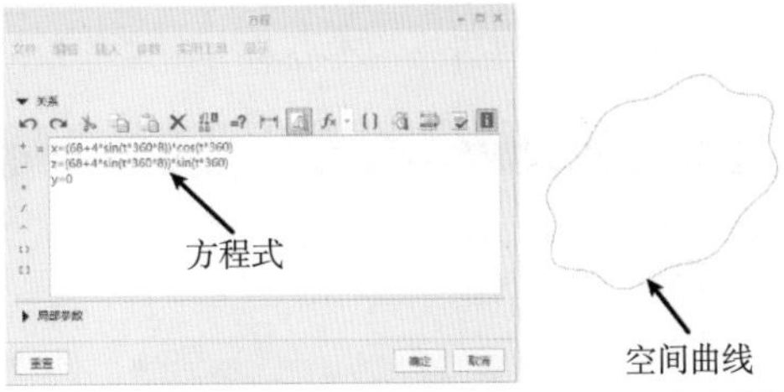
来自横截面的曲线	通过横截面，也就是曲面和平面相交创建曲线，可以从实体或曲面模型创建横截面曲线	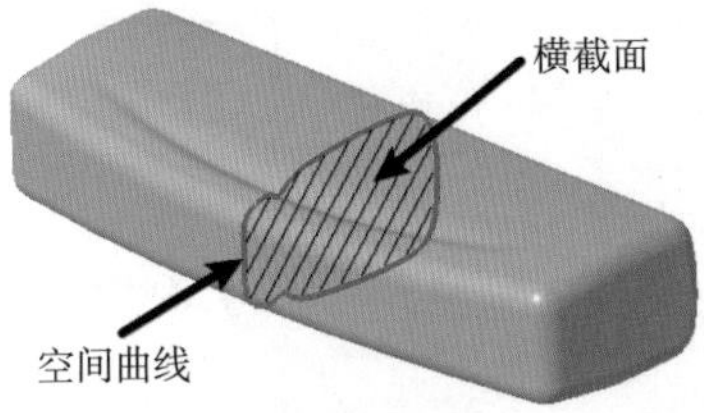
投影	将所选曲线垂直于参考平面投影到曲面或曲面集上创建曲线	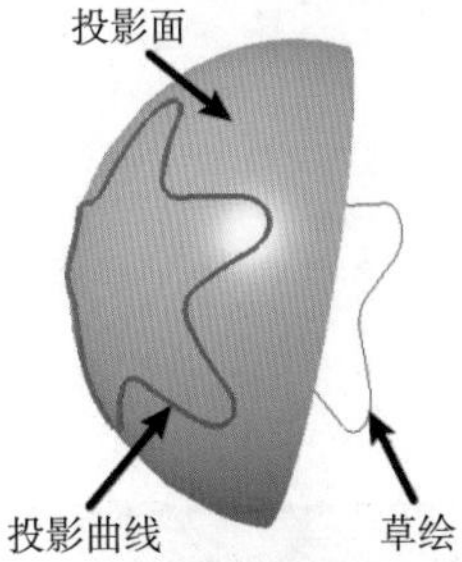
相交	在曲面与其他曲面或基准平面相交处创建曲线，或者在两个草绘或草绘后的基准曲线（被拉伸后成为曲面）相交位置处创建曲线	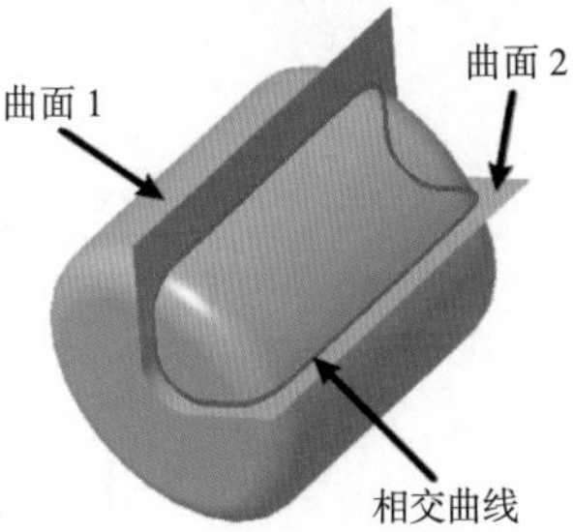

（二）投影

1. 投影概述

利用投影工具可以在实体上和非实体曲面、面组或基准平面上投影链、草绘或修饰草绘。

根据曲面的形状和平面的角度，投影曲线的长度可相对于原始曲线增加或减少。

2. 投影曲线操作面板

单击（投影）命令按钮，功能区则弹出投影曲线操作面板。投影曲线的类型有三种：投影链、投影草绘和投影修饰草绘，不同的投影曲线类型，操作面板也不同。其中投影链是通过选择要投影的曲线或链在曲面上进行投影，其操作面板如图 5-139 所示。投影草绘是创建草绘或将现有草绘复制到模型中在曲面上进行投影，其操作面板如图 5-140 所示。操作面板中投影方向有两种：沿方向（沿指定的方向投影）和垂直于曲面（垂直于曲线平面或指定的平面、曲面投影）。“参考”面板用来设置投影类型、要投影的草绘或链、投影到的面及投影方向板。“属性”面板可以查看投影曲线的信息，或者对投影曲线重命名。

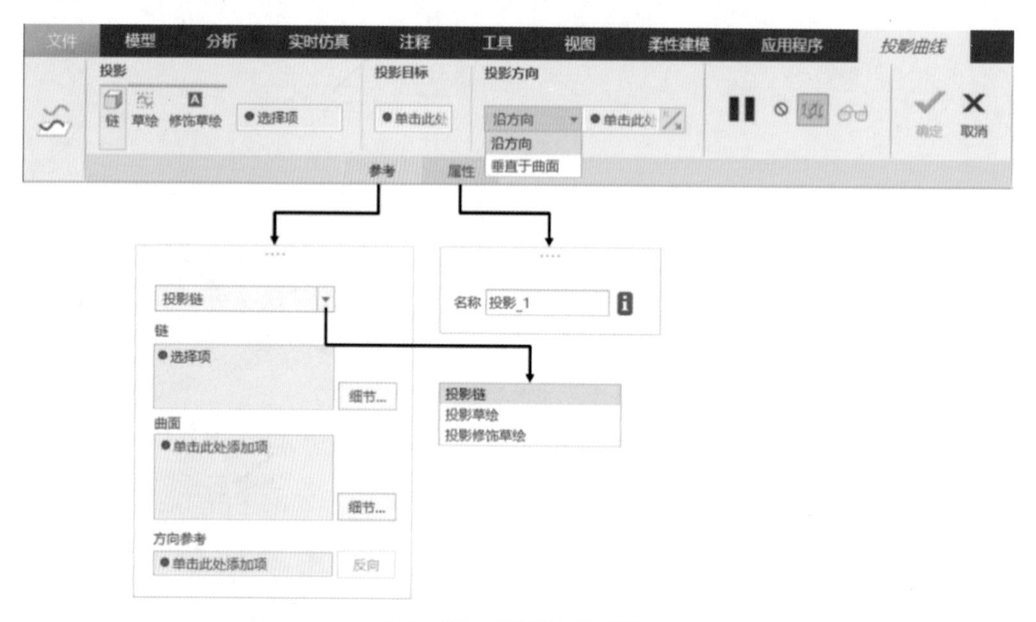

图 5-139 投影链操作面板

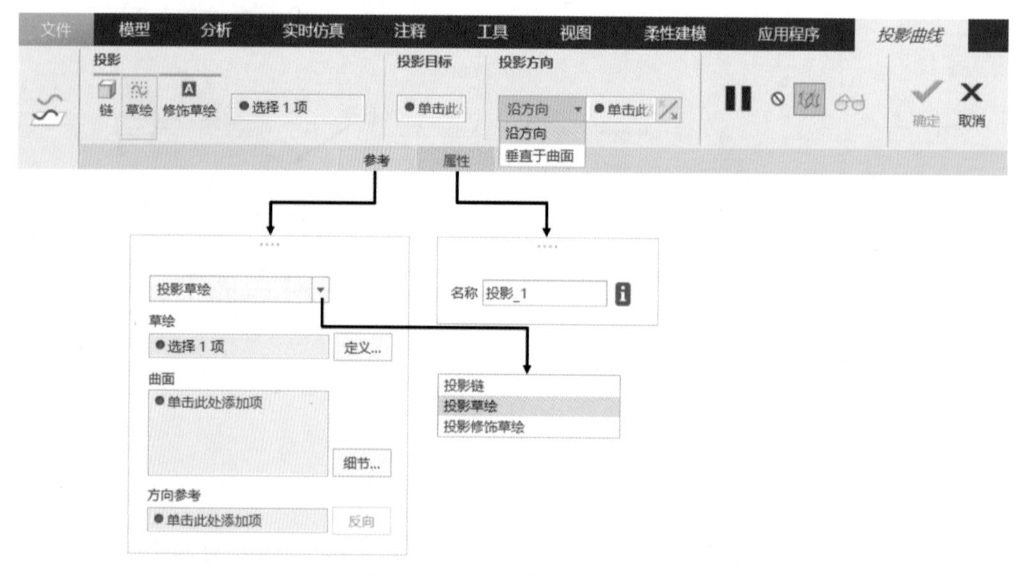

图 5-140 投影草绘操作面板

三、建模分析

分析勺子的三维造型，可以看出勺子的曲面是由两个方向的空间边界曲线来定义的。因此在造型时可以先创建曲面两个方向上的边界线，然后利用边界混合曲面特征创建其表面，最后加厚形成实体并倒圆角光滑过渡，其建模过程如图 5-141 所示。

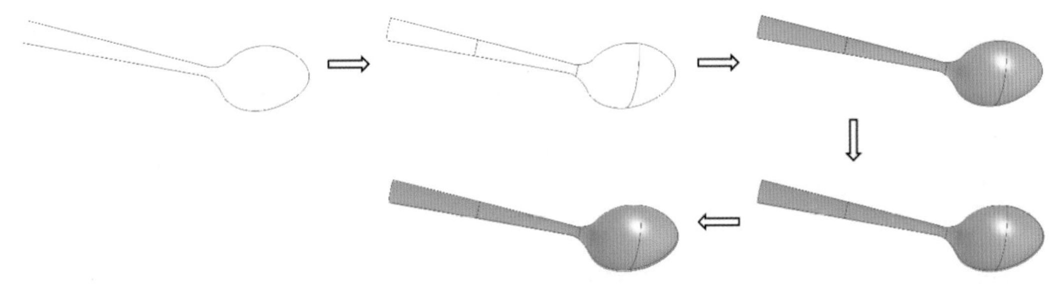

图 5-141 勺子建模过程

四、操作步骤

1. 新建文件

单击工具栏中 （新建）命令按钮，在弹出的“新建”对话框“类型”选项组中选择“零件”单选按钮，“子类型”选项组中选择“实体”单选按钮，“文件名”文本框中输入新建文件名，单击“确定”按钮，进入零件模式。

2. 创建第一方向边界曲线

（1）单击 （草绘）命令按钮，系统弹出“草绘”对话框，在绘图区选择基准平面 FRONT 作为草绘平面，参考为“RIGHT 基准面”，方向为“右”。单击对话框中的“草绘”按钮，进入草绘模式，调整基准平面 FRONT 的方向与用户视线垂直。

（2）绘制如图 5-142 所示的草绘，其中样条曲线与斜线和圆锥曲线相切。单击 （确定）命令按钮，得到草绘特征 1 作为勺子对称面的边界曲线，如图 5-143 所示。

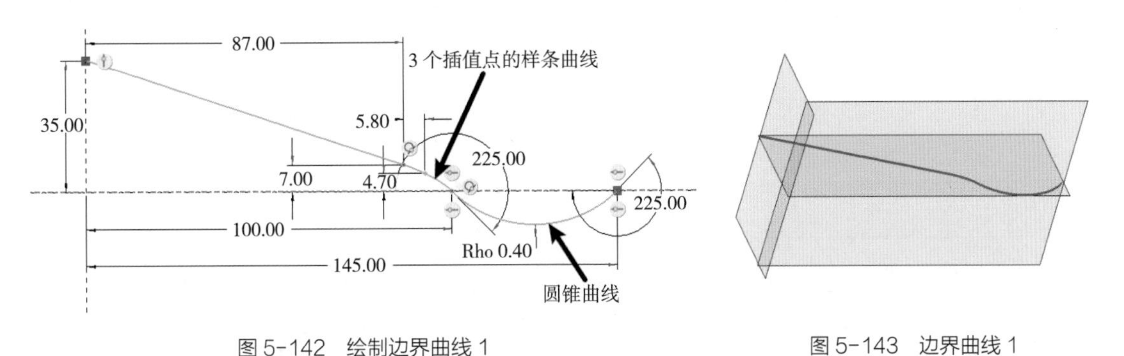

图 5-142 绘制边界曲线 1

图 5-143 边界曲线 1

（3）单击 （平面）命令按钮，系统弹出“基准平面”对话框。在绘图区选择 FROTN 基准面为放置参考，并设置约束类型为“偏移”，输入偏移值为 25，如图 5-144 所示。单击 （确定）命令按钮，得到基准平面 DTM1，如图 5-145 所示。

（4）单击 （草绘）命令按钮，系统弹出“草绘”对话框，在绘图区选择基准平面 DTM1 作为草绘平面，参考为“RIGHT 基准面”，方向为“右”。单击对话框中的“草绘”按钮，进入草绘模式，调整基准平面 DTM1 的方向与用户视线垂直。

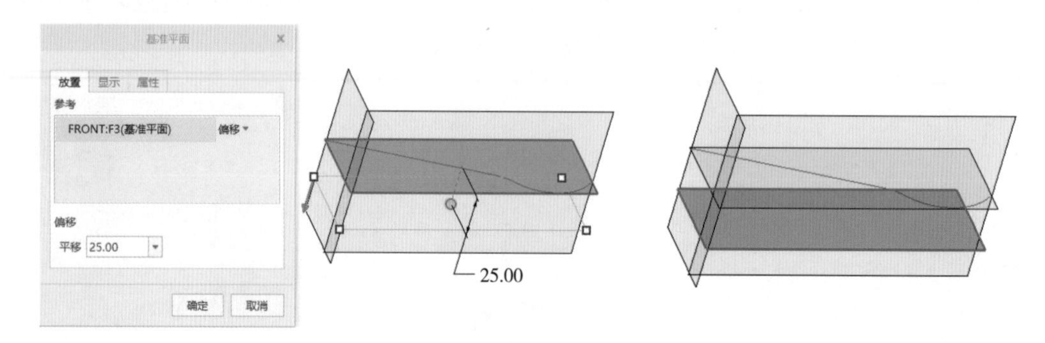

图 5-144 设置基准平面 DTM1 参考和约束类型　　图 5-145 基准平面 DTM1

（5）绘制如图 5-146 所示的草绘，其中样条曲线与斜线和水平直线相切。单击 （确定）命令按钮，得到草绘特征 2，如图 5-147 所示。

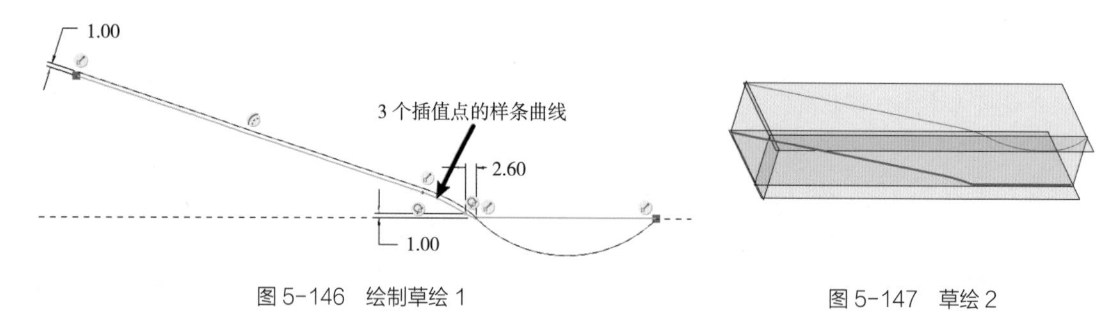

图 5-146 绘制草绘 1　　图 5-147 草绘 2

（6）单击 （拉伸）命令按钮，系统弹出拉伸特征操作面板。确认拉伸类型为 （曲面）。

（7）在绘图区选择基准平面 TOP 作为草绘平面，进入草绘模式，调整基准平面 TOP 的方向与用户视线垂直。绘制如图 5-148 所示的截面，其中中间的样条曲线与斜线和右边的样条曲线相切，右边的样条曲线与竖直参考线相切。

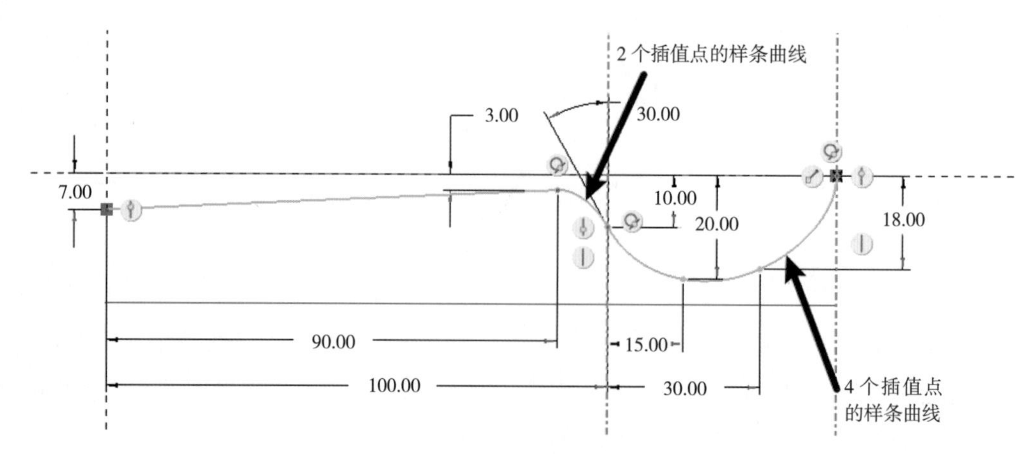

图 5-148 拉伸曲面截面

（8）单击 ✔（确定）命令按钮，返回拉伸特征操作面板。设置拉伸深度为 40。单击 ✔（确定）命令按钮，完成投影曲面创建，结果如图 5-149 所示。

（9）单击 （投影）命令按钮，系统弹出投影操作面板。确认投影类型为“链”。

（10）在绘图区选择草绘 2 作为投影链，绘制如图 5-150 所示。

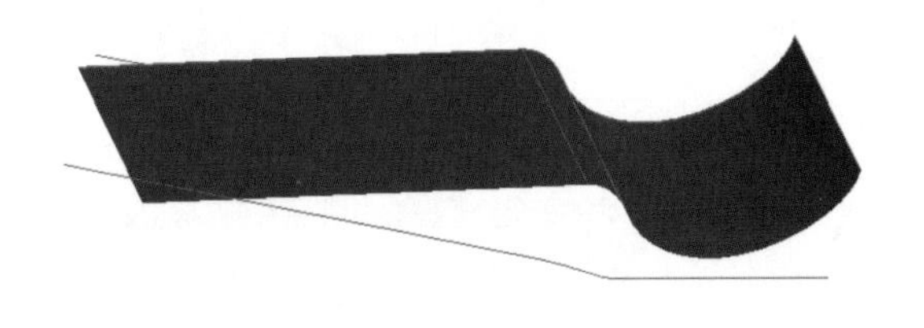

图 5-149 拉伸曲面

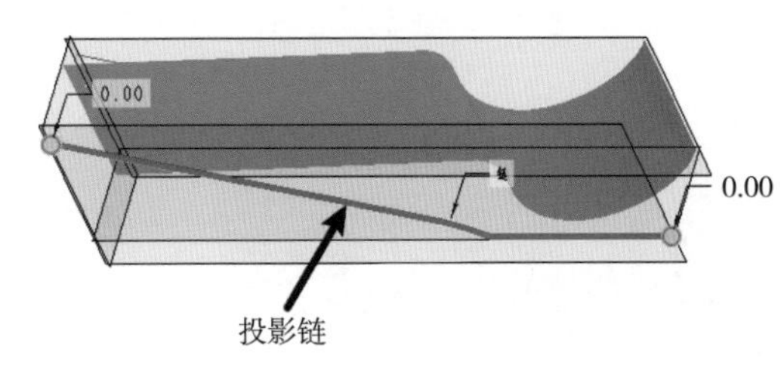

图 5-150 选择投影链

（11）单击操作面板上的“投影目标”收集器，或“参考”面板的“曲面”收集器，在绘图区按 Ctrl 键依次选择拉伸曲面，如图 5-151 所示。

（12）单击操作面板上的“投影方向”收集器，或“参考”面板的“方向参考”收集器，在绘图区选择基准平面 FRONT 作为投影方向参考，确认投影方向，如图 5-152 所示。

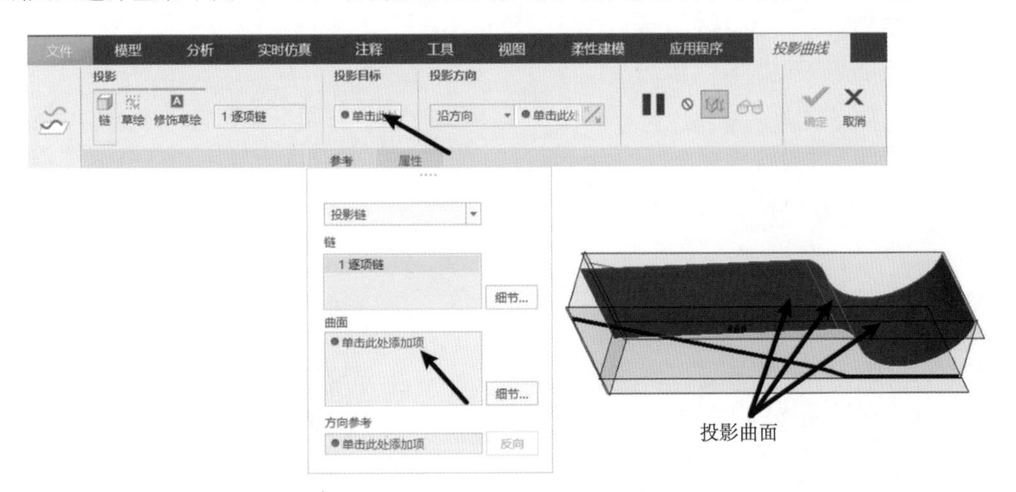

图 5-151 选择投影曲面

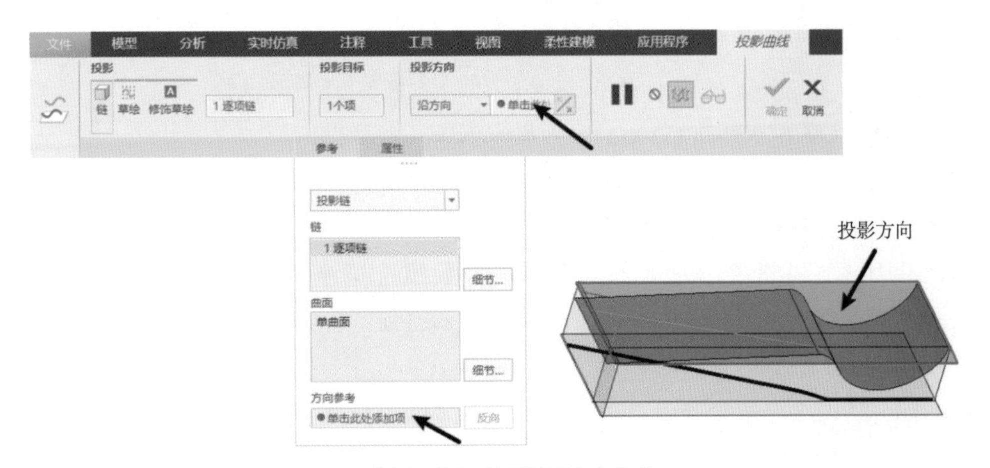

图 5-152 选择投影方向参考

（13）单击 ✔（确定）命令按钮，得到投影曲线，如图 5-153 所示。

（14）在模型树上选择拉伸曲面，在弹出快捷菜单中选择 （隐藏）命令按钮，将拉伸曲面隐藏，如图 5-154 所示。

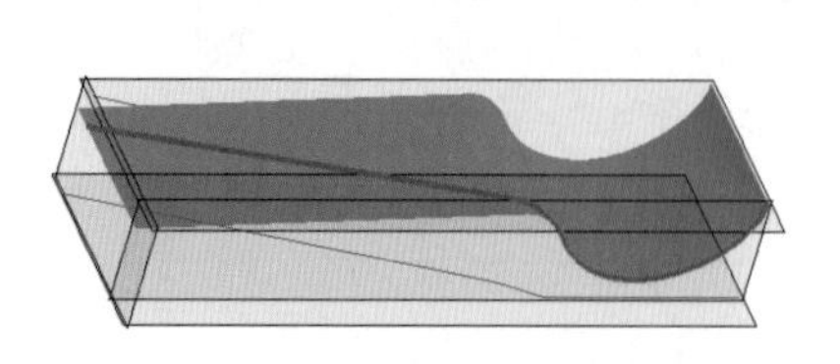

图 5-153　投影曲线

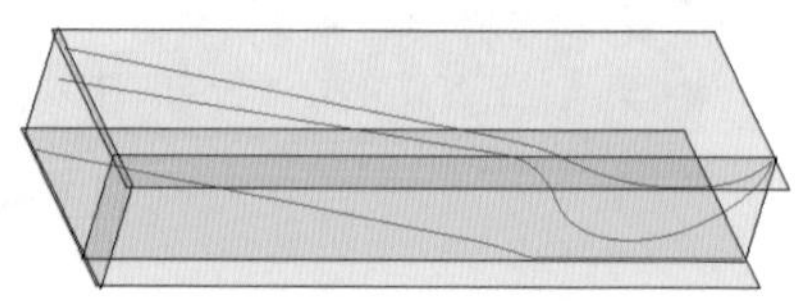

图 5-154　隐藏拉伸曲面

（15）在模型树上选择投影曲线，在弹出的快捷菜单中单击 （镜像）命令按钮，或者在功能区选择 （镜像）命令按钮，系统弹出阵列特征镜像操作面板。选择 FRONT 基准面作为镜像平面，单击 ✔（确定）命令按钮，完成投影曲线镜像，结果如图 5-155 所示。

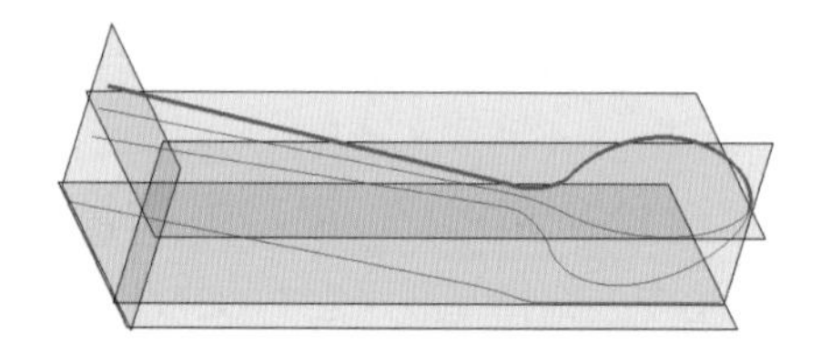

图 5-155　投影曲线镜像

3. 创建第二方向边界曲线

（1）单击 （平面）命令按钮，系统弹出“基准平面”对话框。在绘图区按 Ctrl 键依次选择曲线的端点，并设置约束类型均为“穿过”，如图 5-156 所示。单击 ✔（确定）命令按钮，得到基准平面 DTM2，如图 5-157 所示。

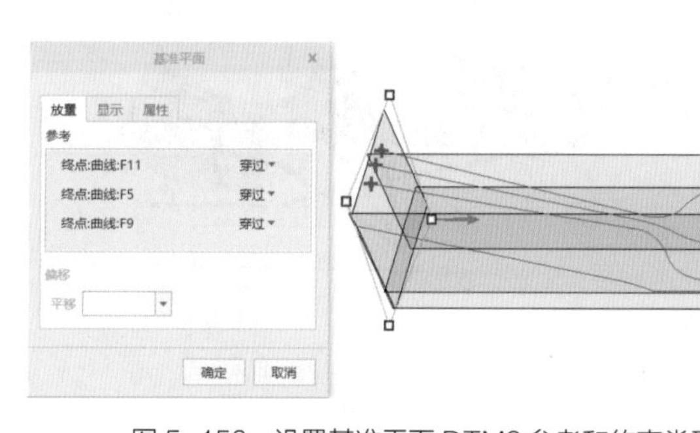

图 5-156　设置基准平面 DTM2 参考和约束类型

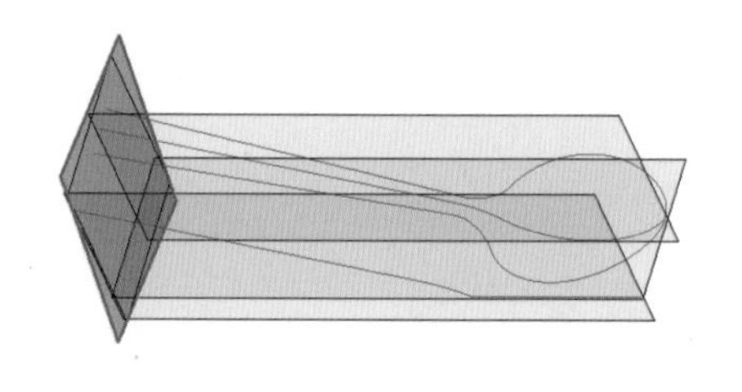

图 5-157　基准平面 DTM2

（2）单击 （草绘）命令按钮，系统弹出“草绘”对话框，在绘图区选择基准平面 DTM2 作为草绘平面，参考为“TOP 基准面”，方向为“左”。单击对话框中的“草绘”按钮，进入草绘模式，调整基准平面 DTM2 的方向与用户视线垂直。

（3）绘制如图 5-158 所示的圆弧，圆弧与三条曲线的端点在草绘平面的投影重合。单击 ✔（确定）命令按钮，得到草绘特征 3，如图 5-159 所示。

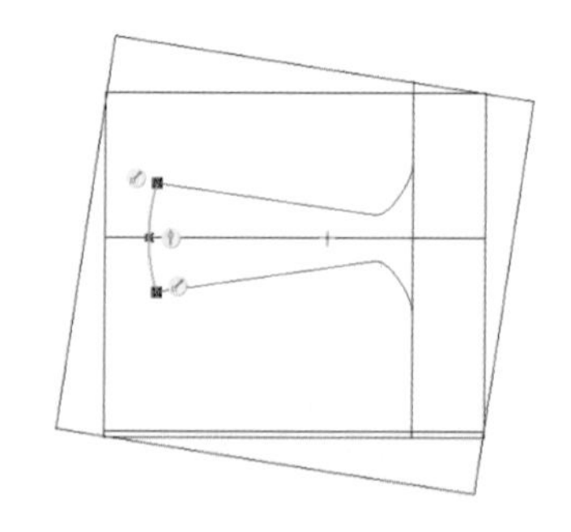

图 5-158　绘制草绘 3

（4）单击 （点）命令按钮，系统弹出“基准点”对话框。在绘图区选择草绘特征 1 的直线边作为放置参考，偏移比率设为 0.5，如图 5-160 所示，得到基准点 PNT0。单击 ✔（确定）命令按钮，关闭“基准点”对话框。

（5）单击 ▱（平面）命令按钮，系统弹出“基准平面”对话框。在绘图区按 Ctrl 键依次选择基准点 PNT0 和草绘特征 1 的直线，并分别设置约束类型均为“穿过”和“法向”，如图 5-161 所示。单击 ✔（确定）命令按钮，得到基准平面 DTM3，如图 5-162 所示。

（6）单击 ×× （点）命令按钮，弹出“基准点”对话框。在绘图区选择投影曲线 2 的直线边和基准面 DTM3 作为放置参考，如图 5-163 所示，得到基准点 PNT1。

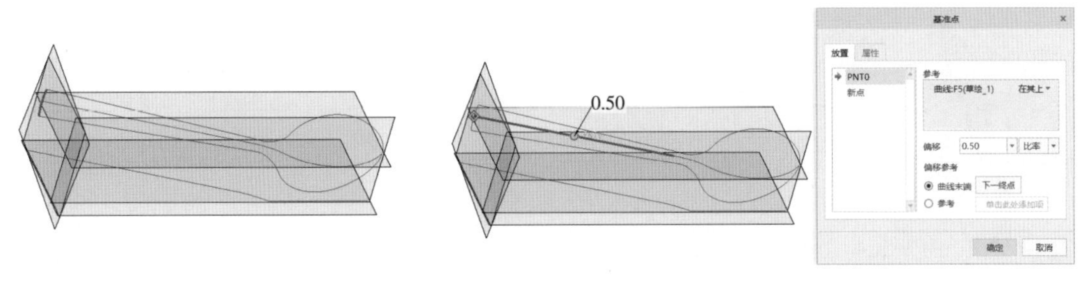

图 5-159 草绘 3　　图 5-160 设置基准点 PNT0 的参考

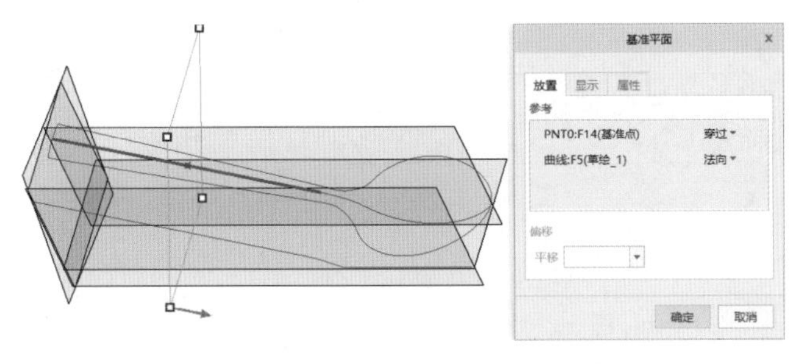

图 5-161 设置基准平面 DTM3 参考和约束类型

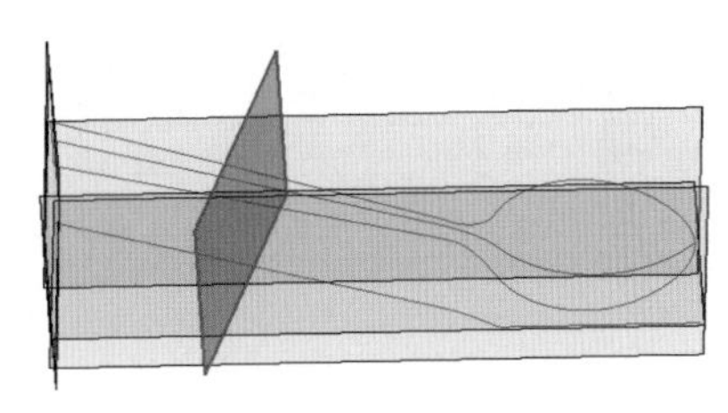

图 5-162 基准平面 DTM3

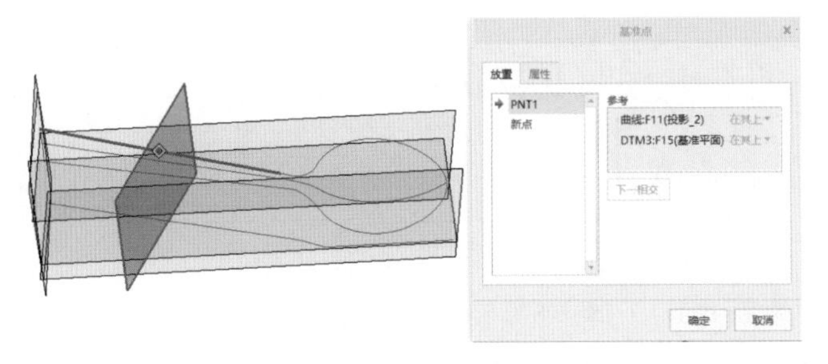

图 5-163 设置基准点 PNT1 的参考

（7）单击“新点”，在绘图区按 Ctrl 键依次选择投影曲线 1 的直线边和基准 DTM3 作为放置参考，如图 5-164 所示，得到基准点 PNT2。单击 ✔（确定）命令按钮，关闭“基准点”对话框。

（8）单击 ∿（草绘）命令按钮，弹出“草绘”对话框，在绘图区选择基准平面 DTM3 作为草绘平面，单击对话框中的“草绘”按钮，进入草绘模式。

（9）调整模型角度，绘制如图 5-165 所示的圆弧，圆弧分别与基准点 PNT0、PNT1 和 PNT2 重合。单击 ✔（确定）命令按钮，得到草绘特征 4，如图 5-166 所示。

（10）单击 ✱（点）命令按钮，弹出“基准点”对话框。在绘图区选择草绘特征 1 的样条曲线作为放置参考，偏移比率设为 0.5，如图 5-167 所示，得到基准点 PNT3。单击 ✔（确定）命令按钮，关闭“基准点”对话框。

（11）单击 ▱（平面）命令按钮，弹出“基准平面”对话框。在绘图区按 Ctrl 键依次选择基准点 PNT3 和草绘特征 1 的样条曲线，并分别设置约束类型为“穿过”和“法向”，如图 5-168 所示。单击 ✔（确定）命令按钮，得到基准平面 DTM4，如图 5-169 所示。

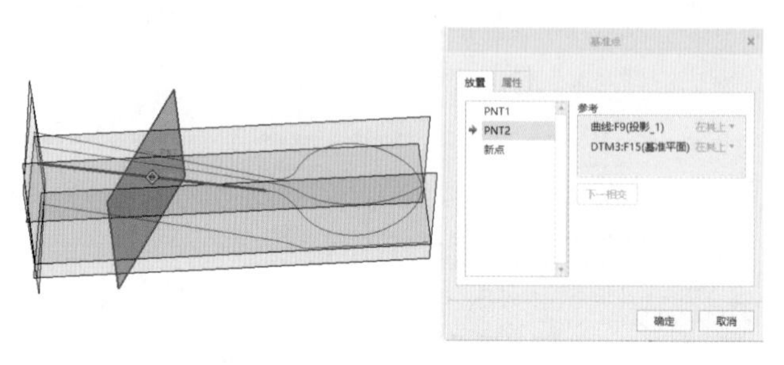

图 5-164　设置基准点 PNT2 的参考

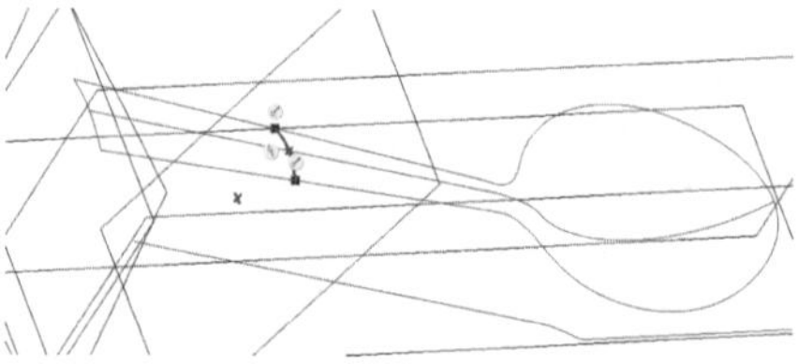

图 5-165　绘制草绘 4

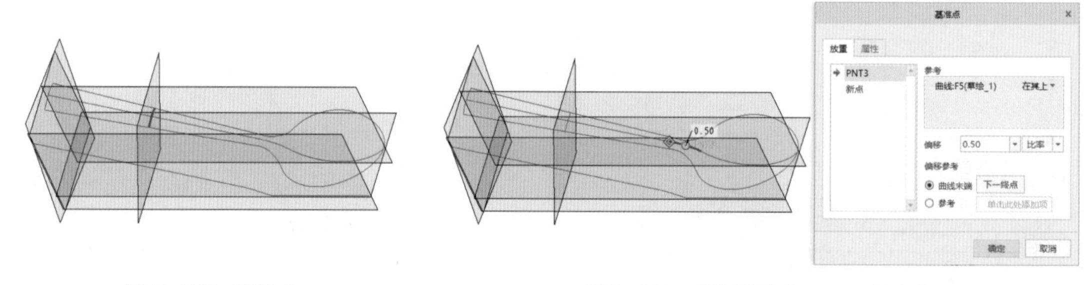

图 5-166　草绘 4

图 5-167　设置基准点 PNT3 的参考

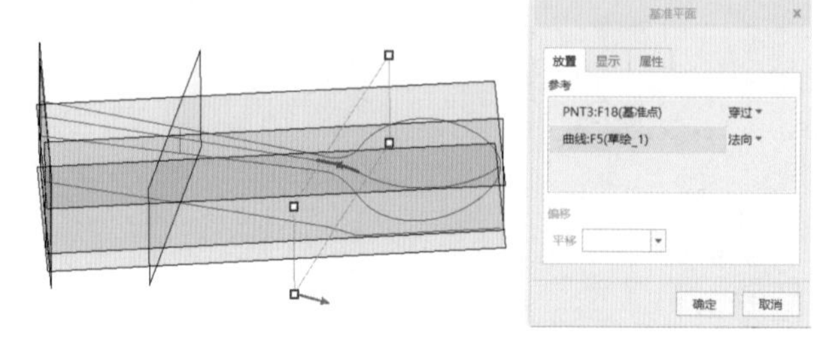

图 5-168　设置基准平面 DTM4 参考和约束类型

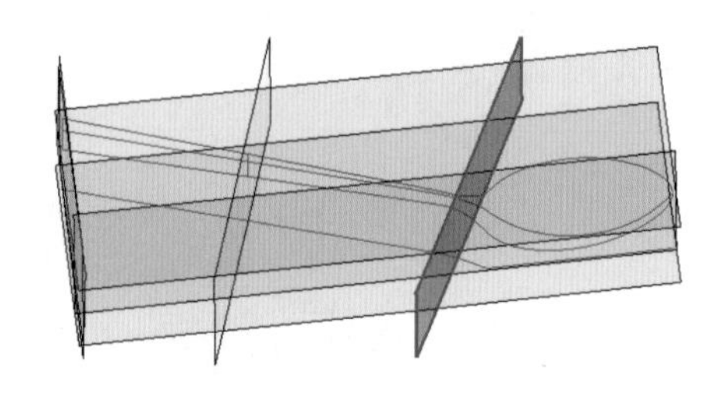

图 5-169　基准平面 DTM4

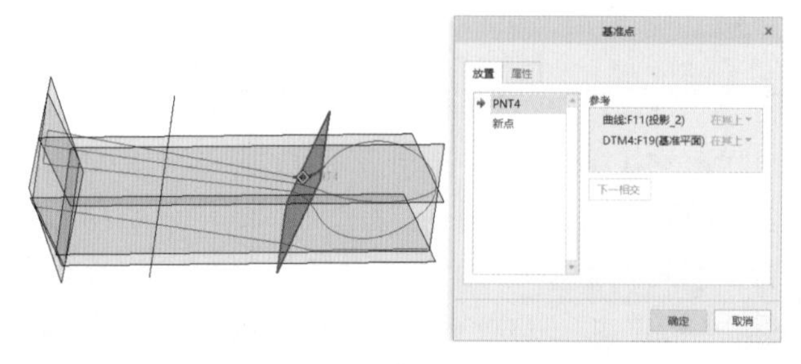

图 5-170　设置基准点 PNT4 的参考

（12）单击 ✱（点）命令按钮，弹出“基准点”对话框。在绘图区选择投影曲线 2 的边链和基准面 DTM4 作为放置参考，如图 5-170 所示，得到基准点 PNT4。

（13）单击“新点”，在绘图区按 Ctrl 键依次选择投影曲线 1 的直线边和基准 DTM4 作为放置参考，如图 5-171 所示，得到基准点 PNT5。单击 ✔（确定）命令按钮，关闭“基准点”对话框。

（14）单击 ∿（草绘）命令按钮，弹出“草绘”对话框，在绘图区选择基准平面 DTM4 作为草绘平面，单击对话框中的“草绘”按钮，进入草绘模式。

（15）绘制如图 5-172 所示的圆弧，圆弧分别与基准点 PNT3、PNT4 和 PNT5 重合。单击 ✔（确定）命令按钮，得到草绘特征 4，如图 5-173 所示。

（16）单击 ⁑（点）命令按钮，弹出“基准点”对话框。在绘图区选择草绘特征 1 的圆锥曲线作为放置参考，偏移比率设为 0.5，如图 5-174 所示，得到基准点 PNT6。单击 ✔（确定）命令按钮，关闭“基准点”对话框。

（17）单击 ▱（平面）命令按钮，弹出“基准平面”对话框。在绘图区按 Ctrl 键依次选择基准点 PNT6 和草绘特征 1 的圆锥曲线，并分别设置约束类型为“穿过”和“法向”，如图 5-175 所示。单击 ✔（确定）命令按钮，得到基准平面 DTM5，如图 5-176 所示。

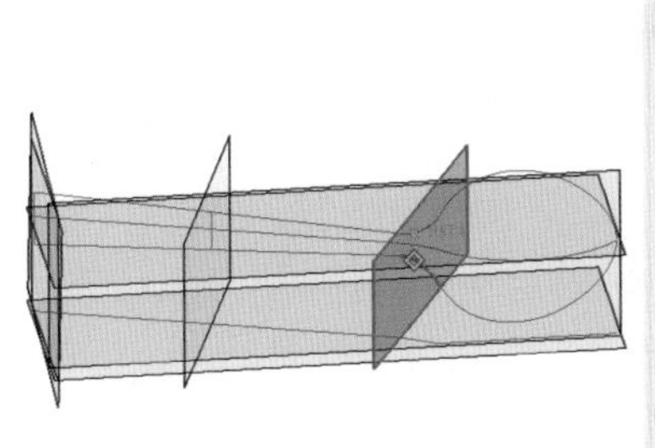

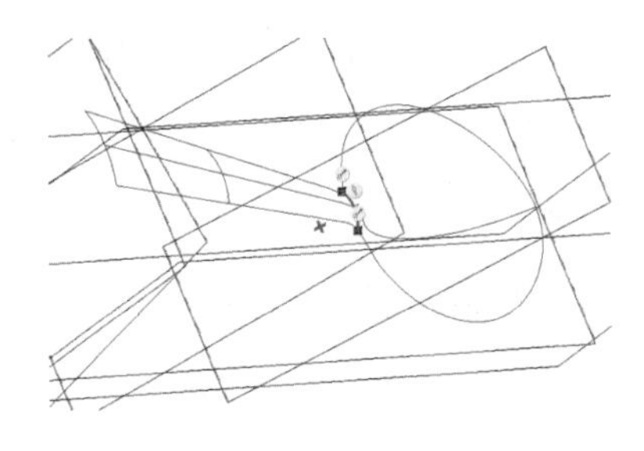

图 5-171　设置基准点 PNT5 的参考

图 5-172　绘制草绘 5

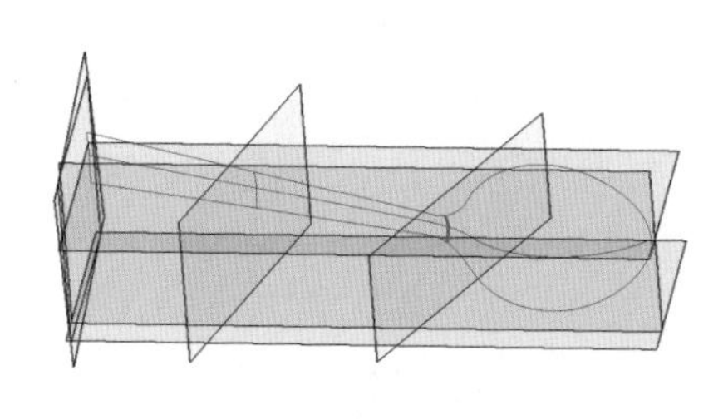

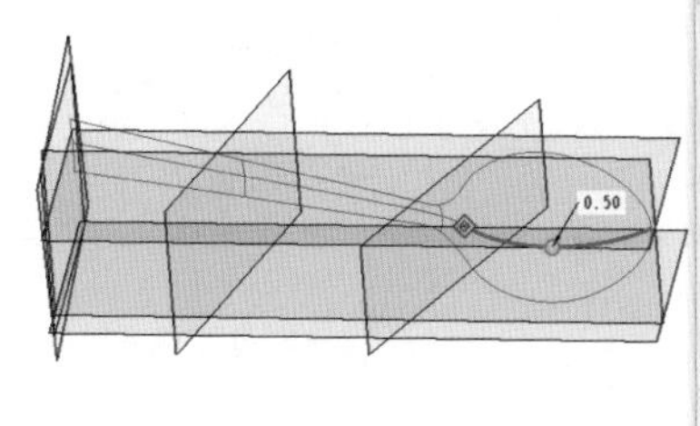

图 5-173　草绘 5

图 5-174　设置基准点 PNT6 的参考

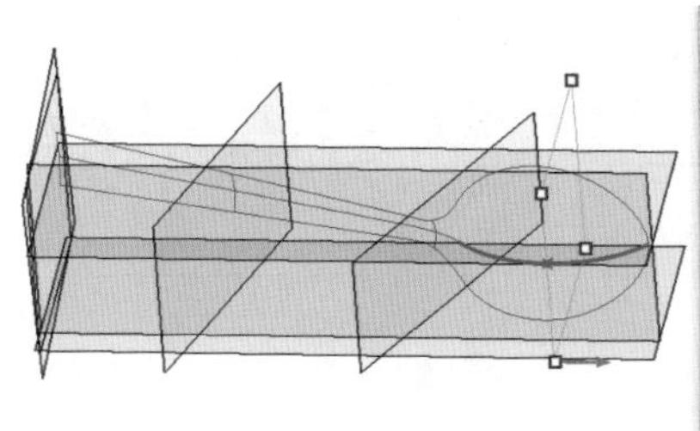

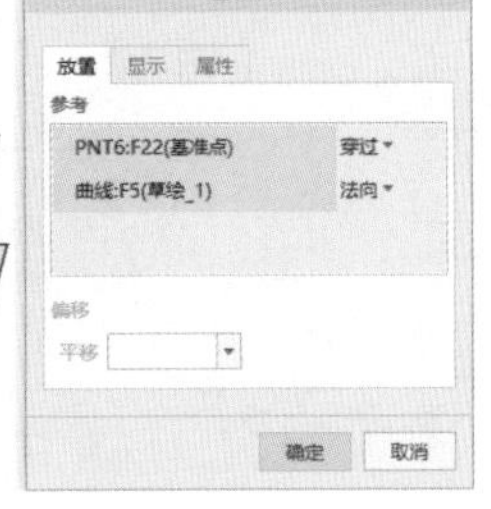

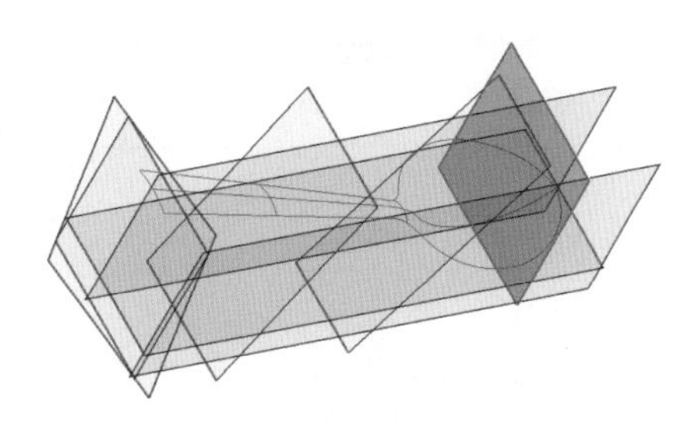

图 5-175　设置基准平面 DTM5 参考和约束类型

图 5-176　基准平面 DTM5

（18）单击 （点）命令按钮，弹出“基准点”对话框。在绘图区选择投影曲线 1 的边链和基准面 DTM5 作为放置参考，如图 5-177 所示，得到基准点 PNT7。

（19）单击“新点”，在绘图区按 Ctrl 键依次选择投影曲线 2 的直线边和基准 DTM5 作为放置参考，如图 5-178 所示，得到基准点 PNT8。单击 （确定）命令按钮，关闭“基准点”对话框。

（20）单击 （草绘）命令按钮，系统弹出“草绘”对话框，在绘图区选择基准平面 DTM5 作为草绘平面，单击对话框中的“草绘”按钮，进入草绘模式。

（21）绘制如图 5-179 所示的圆弧，圆弧分别与基准点 PNT6、PNT7 和 PNT8 重合。单击 （确定）命令按钮，得到草绘特征 6，如图 5-180 所示。

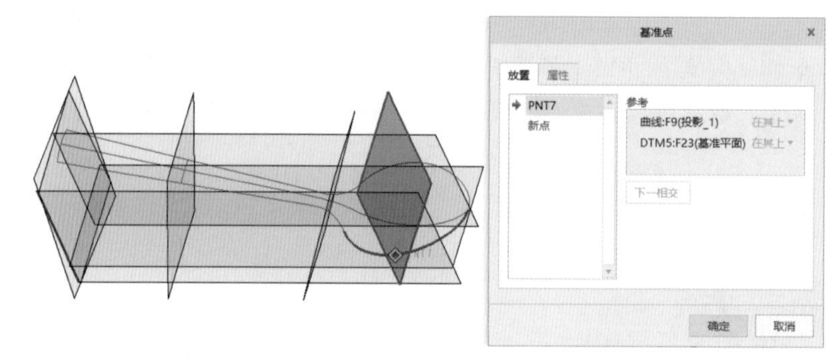

图 5-177　设置基准点 PNT7 的参考

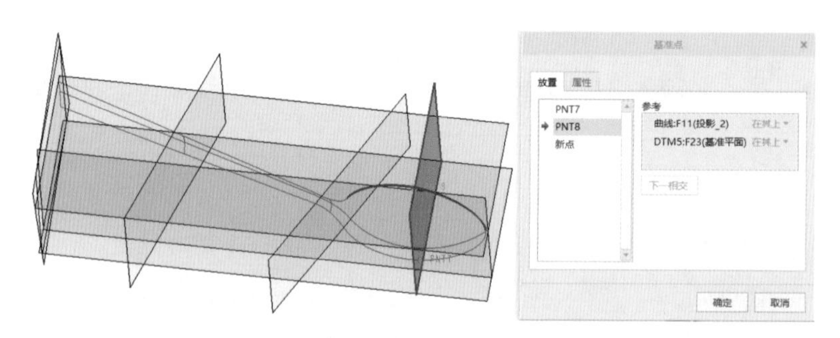

图 5-178　设置基准点 PNT8 的参考

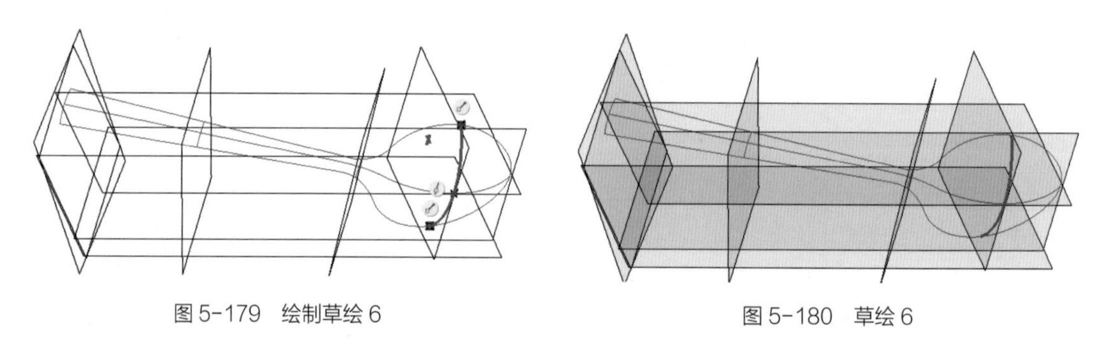

图 5-179　绘制草绘 6

图 5-180　草绘 6

4. 创建边界混合曲面

（1）单击 （边界混合）命令按钮，系统弹出边界混合操作面板。

（2）在绘图区按 Ctrl 键依次选择第一方向上的三条边界曲线，注意曲线的选择顺序，如图 5-181 所示。

（3）单击“第二方向”收集器，在绘图区按 Ctrl 键依次选择第二方向上的四条边界曲线，注意曲线的选择顺序，如图 5-182 所示。

（4）单击 （确定）命令按钮，完成边界混合曲面，结果如图 5-183 所示。

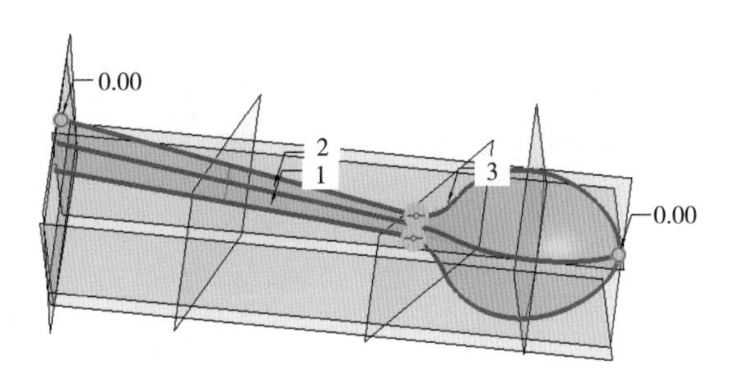

图 5-181　选择第一方向边界曲线

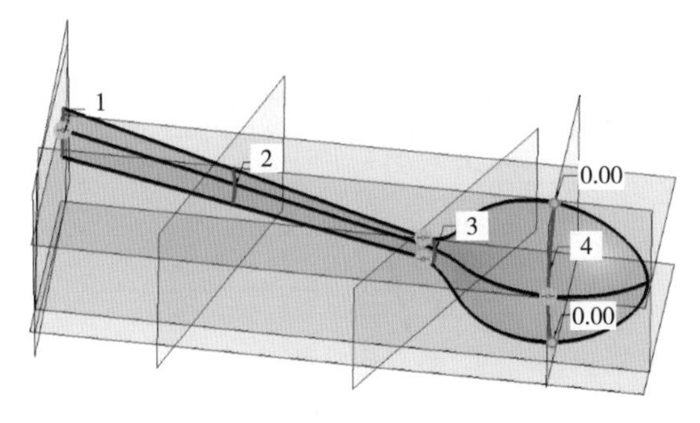

图 5-182　选择第二方向边界曲线

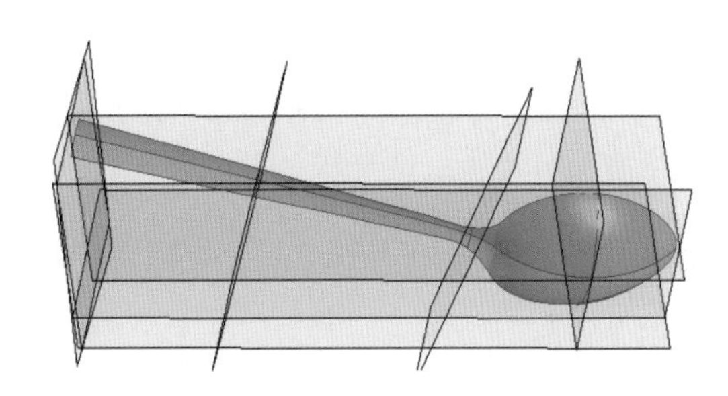
图 5-183　边界混合曲面

5. 加厚曲面形成薄壳零件

（1）单击 （加厚）命令按钮，系统弹出加厚操作面板。

（2）在绘图区选择边界混合曲面，设置厚度值为 1，确认加厚方向，如图 5-184 所示。单击 （确定）命令按钮，完成曲面的加厚，结果如图 5-185 所示。

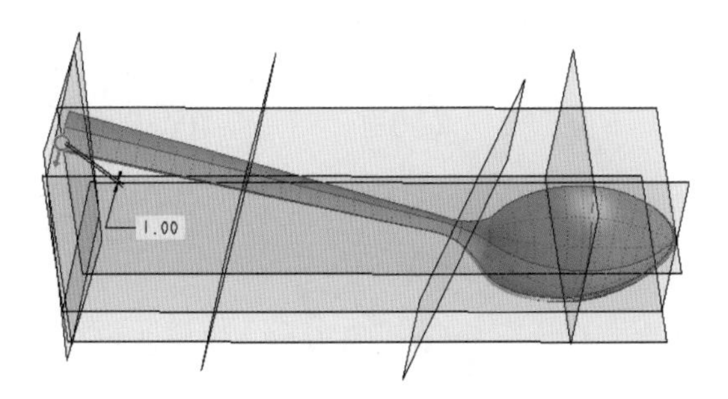

图 5-184　设置加厚曲面、厚度值和加厚方向

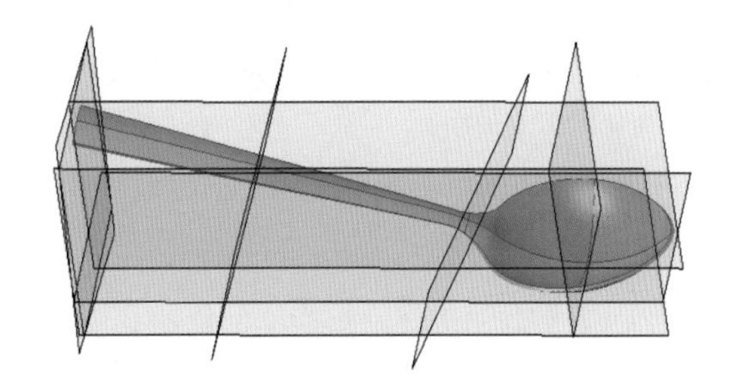
图 5-185　勺子实体造型

6. 倒圆角光滑过渡

（1）单击 （倒圆角）命令按钮，系统弹出倒圆角特征操作面板。

（2）在绘图区按 Ctrl 键依次选择如图 5-186 所示的两条边线，设置圆角半径为 2，单击 （确定）命令按钮，完成倒圆角特征 1 的创建。

（3）单击 （倒圆角）命令按钮，系统弹出倒圆角特征操作面板。

（4）在绘图区选择如图 5-187 所示的勺子上表面棱边线，设置圆角半径为 0.5，单击 （确定）命令按钮，完成倒圆角特征 2 的创建。

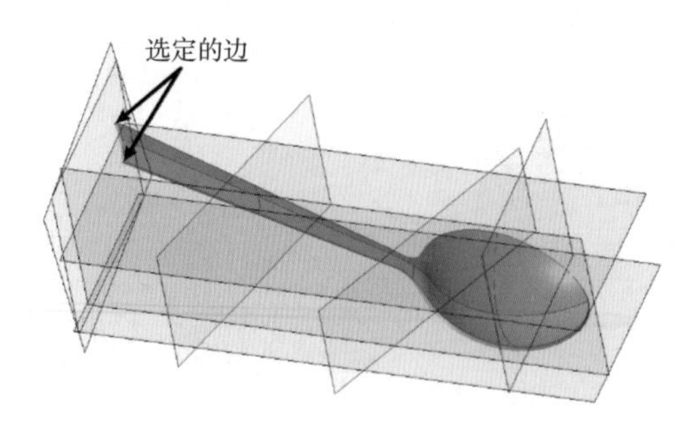

图 5-186 倒圆角 1 边线设置

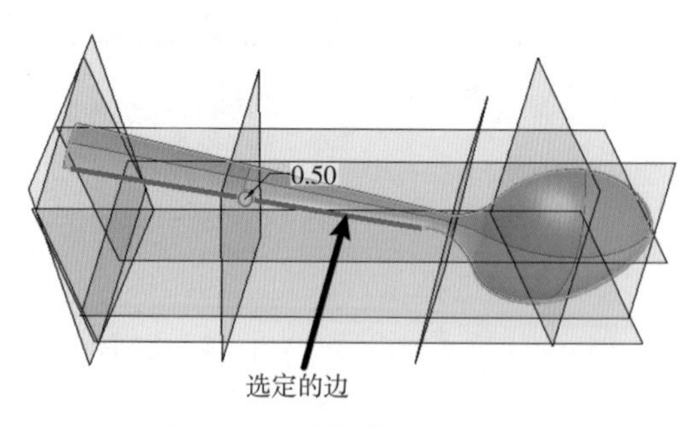

图 5-187 倒圆角 2 边线设置

（5）单击 （倒圆角）命令按钮，系统弹出倒圆角特征操作面板。

（6）在绘图区选择如图 5-188 所示的勺子下表面棱边线，设置圆角半径为 0.5，单击 （确定）命令按钮，完成倒圆角特征 3 的创建。

7. 保存文件

单击工具栏中的 （保存）命令按钮，保存当前模型文件。

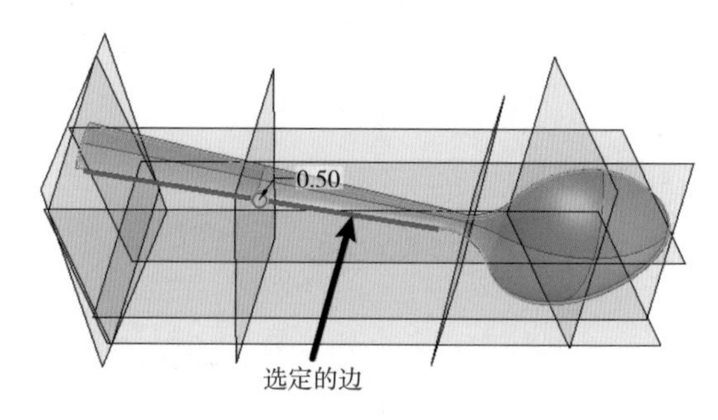

图 5-188 倒圆角 3 边线设置

任务 6 创建金属架三维模型

在 Creo Parametric 中，创建如图 5-189 所示的金属架三维模型。

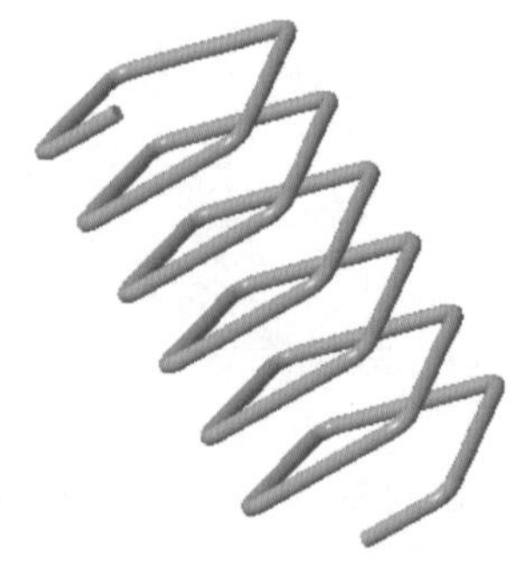

图 5-189 金属架三维模型

5-12 创建金属架三维模型

一、学习目标

（1）学会应用螺旋扫描曲面创建零件的曲面。

（2）学会应用相交工具创建空间曲线。

（3）能够注重产品结构细节创建相应的产品三维模型，逐步树立建模的严谨性和精益求精的工匠精神。

二、相关知识点

（一）相交曲线概述

相交是在曲面与其他曲面或基准平面相交处创建基准曲线，或者在两个草绘或草绘后的基准曲线（被拉伸后成为曲面）相交位置处创建基准曲线，如图 5-190 所示。

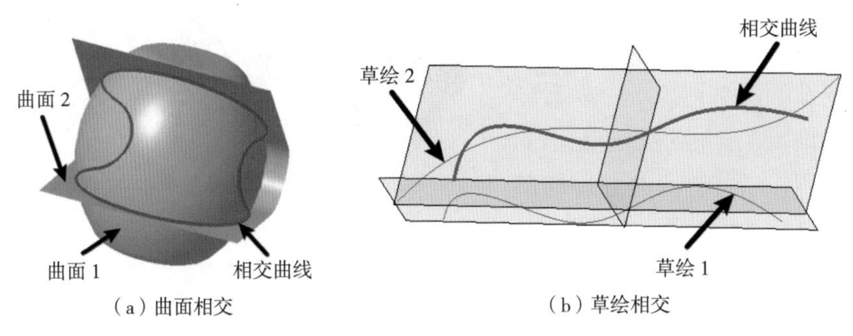

图 5-190 相交曲线

（二）相交曲线操作面板

相交曲线的类型有两种：相交曲面和相交草绘。相交曲面的操作面板如图 5-191 所示，相交草绘的操作面板如图 5-192 所示。其中“参考”面板用来定义相交的曲面或草绘。“属性”面板可以查看相交曲线的信息，或者对相交曲线重命名。

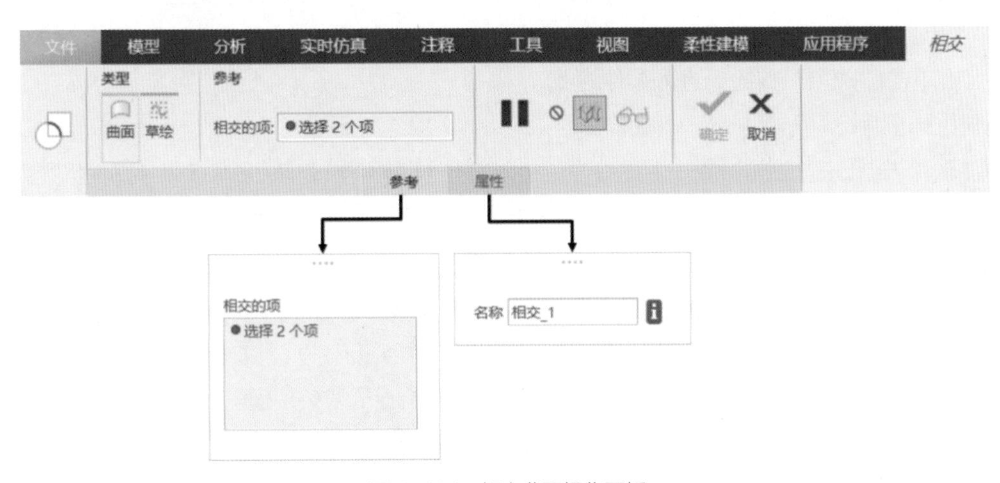

图 5-191 相交曲面操作面板

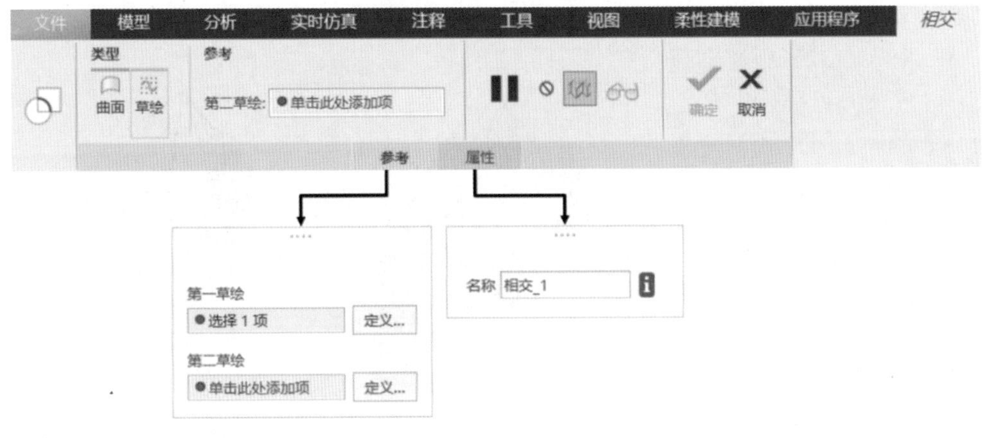

图 5-192 相交草绘操作面板

三、建模分析

分析金属架的三维造型，可以看出其是一个圆截面沿空间曲线轨迹扫描而成，空间曲线可以看成是一个拉伸曲面与螺旋扫描曲面的相交线。因此在造型时可以先创建一个拉伸曲面和一个螺旋扫描曲面，然后创建两个曲面的相交线，最后用扫描特征创建金属架的实体，其建模过程如图 5-193 所示。

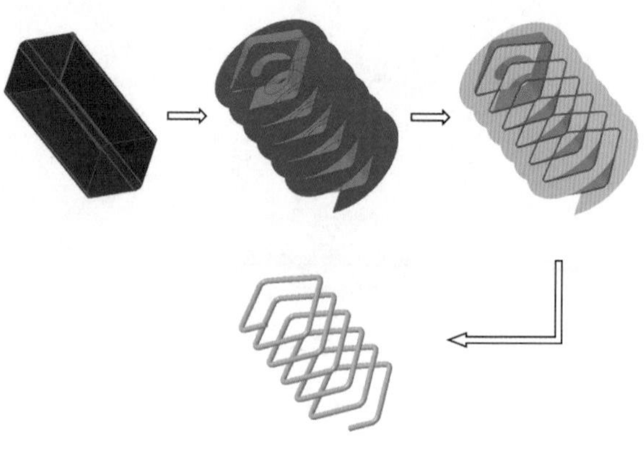

图 5-193　金属架建模过程

四、操作步骤

1. 新建文件

单击工具栏中 （新建）命令按钮，在弹出的“新建”对话框“类型”选项组中选择“零件”单选按钮，“子类型”选项组中选择“实体”单选按钮，“文件名”文本框中输入新建文件名，单击“确定”按钮，进入零件模式。

2. 创建拉伸曲面

（1）单击 （拉伸）命令按钮，系统弹出拉伸特征操作面板。确认拉伸类型为 （曲面）。

（2）在绘图区选择基准平面 TOP 作为草绘平面，进入草绘模式，调整基准平面 TOP 的方向与用户视线垂直。绘制如图 5-194 所示的边长为 100 的中心正方形。

（3）单击 （确定）命令按钮，返回拉伸特征操作面板。设置拉伸深度为 240。单击 （确定）命令按钮，完成拉伸曲面创建，结果如图 5-195 所示。

（4）单击 （倒圆角）命令按钮，系统弹出倒圆角特征操作面板。

（5）在绘图区按 Ctrl 键依次选择如图 5-196 所示的拉伸曲面的四条棱边，设置圆角半径为 10，单击 （确定）命令按钮，完成倒圆角特征的创建。

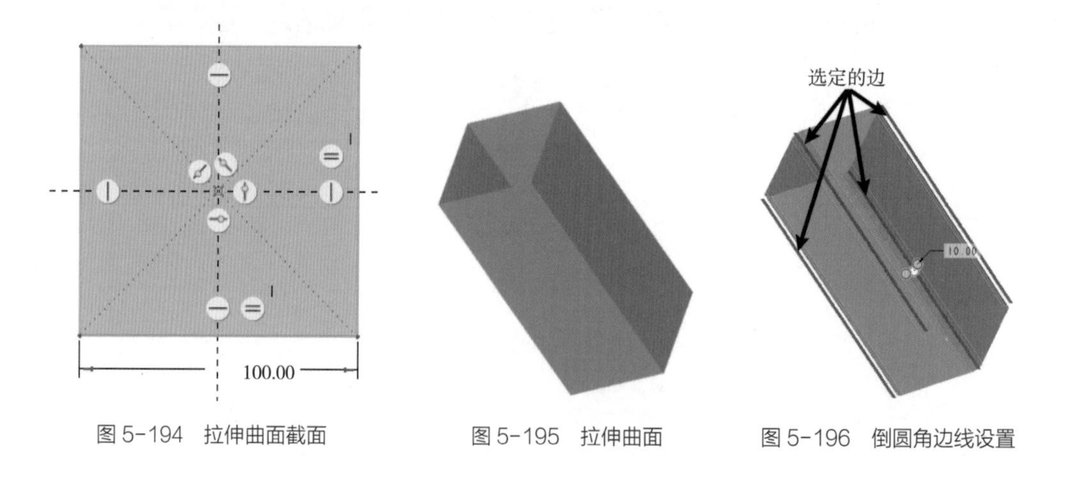

图 5-194　拉伸曲面截面　　图 5-195　拉伸曲面　　图 5-196　倒圆角边线设置

3. 创建螺旋扫描曲面

（1）点击“扫描”特征命令按钮右下角的箭头，在弹出的面板中选择 （螺旋扫描）命令按钮，系统弹出螺旋扫描特征操作面板，确认螺旋扫描类型为 （曲面）， （右手定则）。

（2）单击“参考”下滑面板中的“定义”按钮，打开“草绘”对话框，单击选择绘图区的 FRONT 基准面作为草绘平面（螺旋轮廓的草绘平面即为螺旋扫描特征开始面），草绘方向中的参考面及方向为默认值（参考为“RIGHT 基准面”，方向为“右”），单击对话框中的“草绘”按钮，系统自动进入草绘器，并调整 FRONT 基准面的方向与用户视线垂直。

（3）在草绘器中选择“基准”命令组中的 （中心线）命令按钮，在绘图区绘制一条竖直中心线作为螺旋旋转轴，绘制一条直线作为螺旋轮廓，如图 5-197 所示。单击 （确定）命令按钮，返回螺旋扫描特征操作面板。

（4）在绘图区双击输入螺距值 40。单击 （草绘）命令按钮，进入内部草绘器，在螺旋轮廓起点处绘制如图 5-198 所示的一条水平线。

（5）单击 （确定）命令按钮，返回螺旋扫描特征操作面板。单击 （确定）命令按钮，完成螺旋扫描曲面的创建，结果如图 5-199 所示。

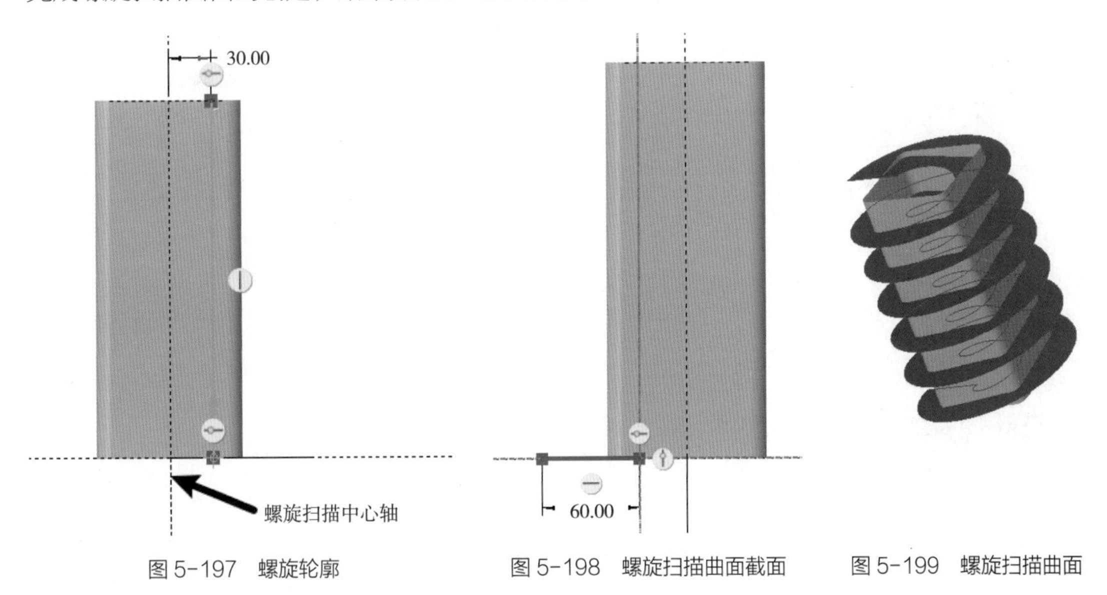

图 5-197 螺旋轮廓　　图 5-198 螺旋扫描曲面截面　　图 5-199 螺旋扫描曲面

4. 创建相交曲线

（1）单击 （相交）命令按钮，系统弹出相交操作面板，确认相交类型为 （曲面）。

（2）打开状态栏的“选择过滤器”，选择可选项目为“面组”，在绘图区按 Ctrl 键依次选择拉伸曲面组和螺旋扫描曲面组，如图 5-200 所示。

（3）单击 （确定）命令按钮，完成相交曲线的创建。结果如图 5-201 所示。

（4）在模型树上按 Ctrl 键依次选择拉伸曲面和螺旋扫描曲面，在弹出快捷菜单中选择 （隐藏）命令按钮，将曲面隐藏。

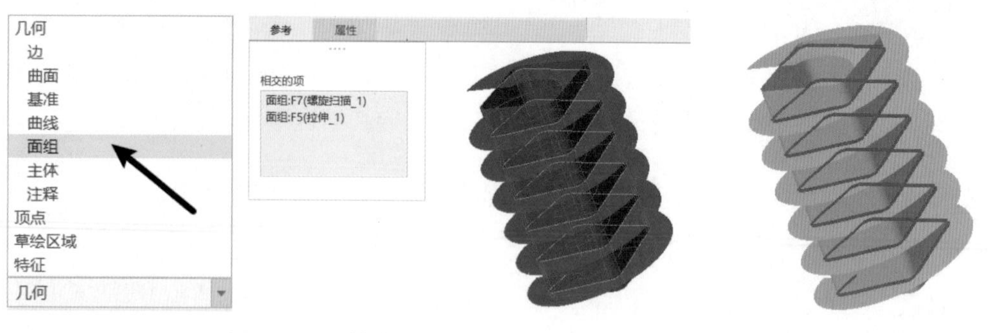

图 5-200 选择相交面组　　图 5-201 相交曲线

5. 扫描金属架

（1）单击 （扫描）命令按钮，系统弹出扫描特征操作面板。确认扫描特征类型为 （实体）。

（2）在绘图区选择相交曲线，如图 5-202 所示。

（3）单击 （草绘）命令按钮，进入内部草绘器。在轨迹线起点位置绘制如图 5-203 所示的直径为 8 的圆作为扫描截面。单击 （确定）命令按钮，返回扫描特征操作面板。

（4）在扫描特征操作面板上单击 （确定）命令按钮，得到金属架造型，如图 5-204 所示。

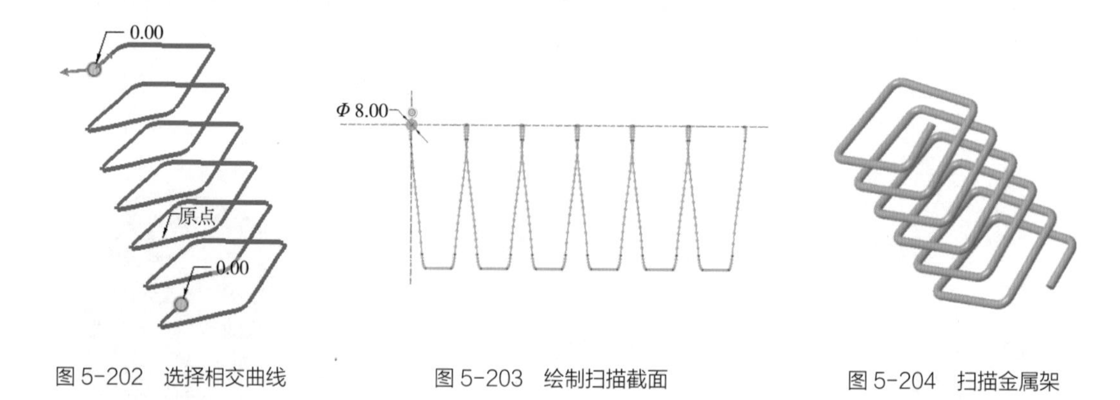

图 5-202 选择相交曲线　　图 5-203 绘制扫描截面　　图 5-204 扫描金属架

6. 保存文件

单击工具栏中的 （保存）命令按钮，保存当前模型文件。

任务 7 创建节能灯三维模型

5-13 创建节能灯三维模型

在 Creo Parametric 中，创建如图 5-205 所示的节能灯的三维模型。

图 5-205 节能灯三维模型

一、学习目标

（1）学会应用来自方程的曲线、通过点的曲线工具创建基准曲线。

（2）能够注重产品结构细节创建相应的产品三维模型，逐步树立建模的严谨性和精益求精的工匠精神。

二、相关知识点

（一）来自方程的曲线

1. 来自方程的曲线概述

在 Creo Parametric 中，可以通过数学方程来创建基准曲线，如图 5–206 所示。

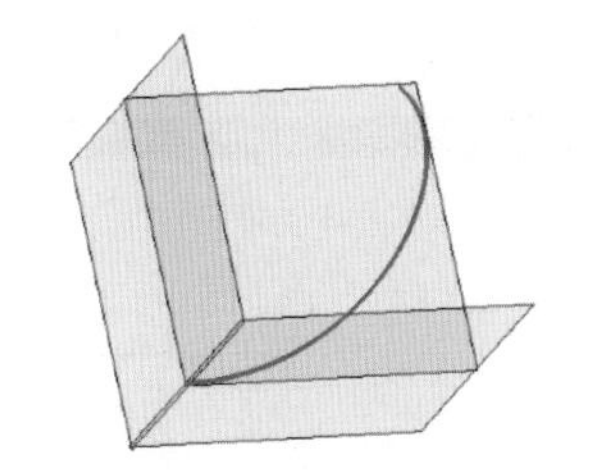

曲线方程：x=10*t/（1+（t^3））
y=10*（t^2）/（1+（t^3））

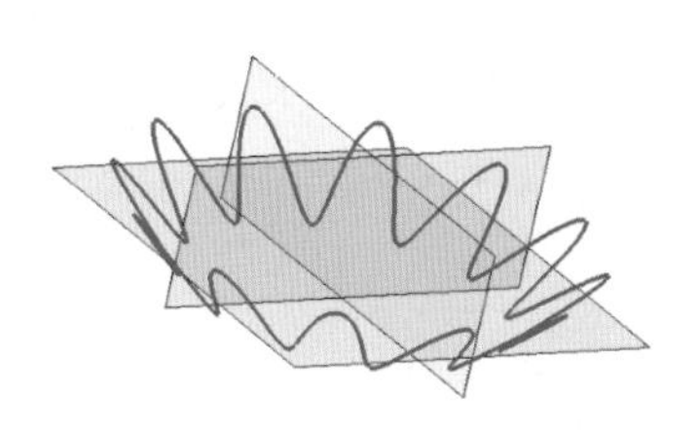

曲线方程：x=（10+2*sin（t*360*12））*cos（t*360）
y=2*sin（t*360*12）
z=（10+2*sin（t*360*12））*sin（t*360）

图 5–206　来自方程的曲线

2. 来自方程的曲线操控面板

选择“基准”下拉菜单中的曲线命令，选择“来自方程的曲线”菜单项，功能区则弹出来自方程的曲线操作面板，如图 5–207 所示。可以使用不同的坐标系类型来描述方程，包括笛卡尔坐标系（需要在方程中指定 x、y、z 参数）、圆柱坐标系（需要在方程中指定 R、θ、Z 参数）和球坐标系（需要在方程中指定 R、θ 及 φ 参数）。单击 （编辑）命令按钮，可以打开“方程”对话框输入编辑曲线的数学方程。“参考”面板可以选择和显示方程的坐标系。“属性”面板可以查看曲线的信息，或者对曲线重命名。

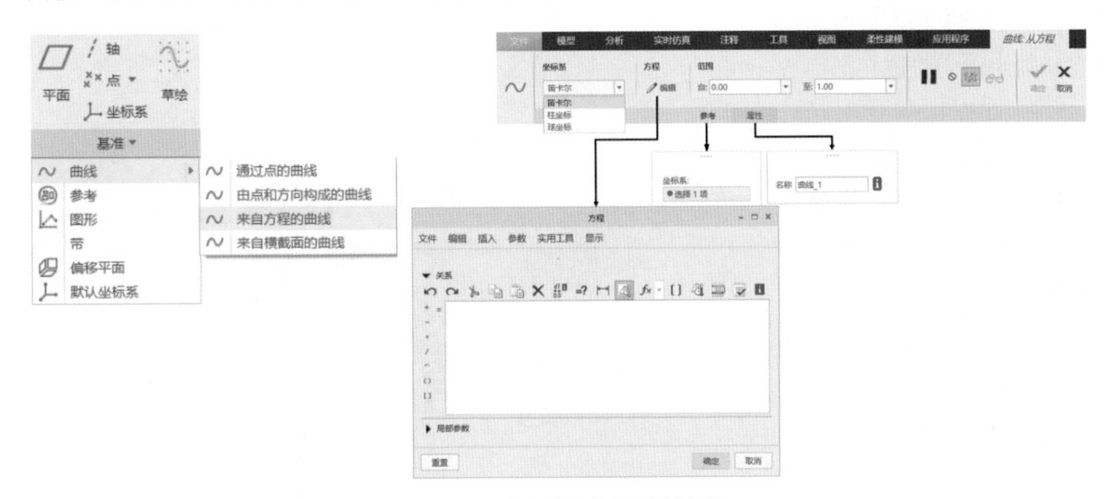

图 5–207　来自方程的曲线操作面板

（二）通过点的曲线

1. 通过点的曲线概述

通过点的曲线是创建一条通过一系列基准点（最少两点）、边顶点或曲线顶点的曲线。可将每个点到点的段定位为直线或样条曲线。

2. 通过点的曲线操控面板

选择“基准”下拉菜单中的“曲线”命令，选择“通过点的曲线”菜单项，功能区则弹出通过点的曲线操作面板，如图 5-208 所示。其中“放置”面板用来选择和显示曲线通过的点。“结束条件”面板用于定义曲线起点和终点的结束条件类型：自由、相切、曲率连续或垂直。“选项”面板用来修改曲线。“属性”面板可以查看曲线的信息，或者对曲线重命名。

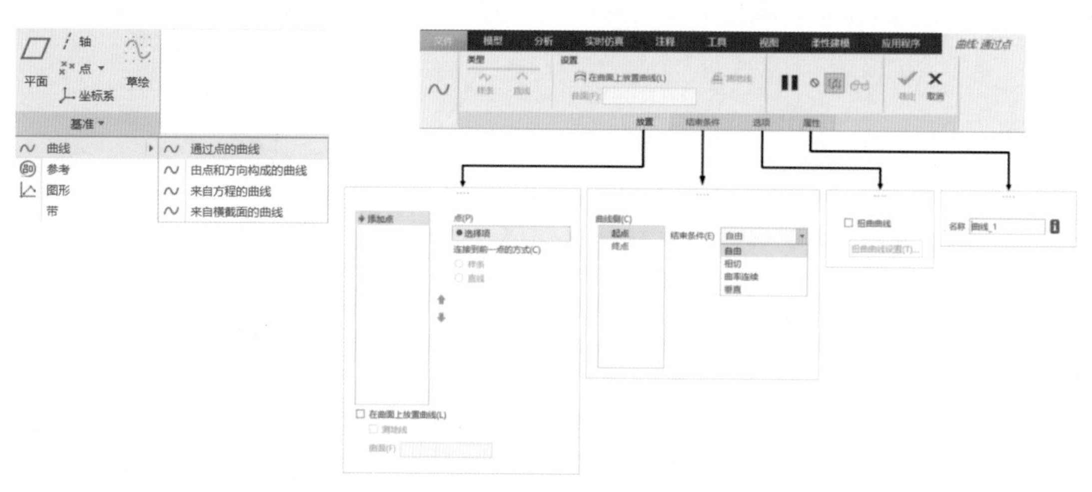

图 5-208　通过点的曲线操作面板

三、建模分析

分析节能灯的三维造型，可以看出其中灯管是由空间曲线作为轨迹扫描而成的，灯管连接部分由回转体和螺纹组成。因此在造型时可以先创建空间曲线创建扫描轨迹，之后利用扫描特征创建灯管，再采用旋转特征创建灯管连接部分，利用螺旋扫描特征创建螺纹，最后棱边倒圆角及倒角，其建模过程如图 5-209 所示。

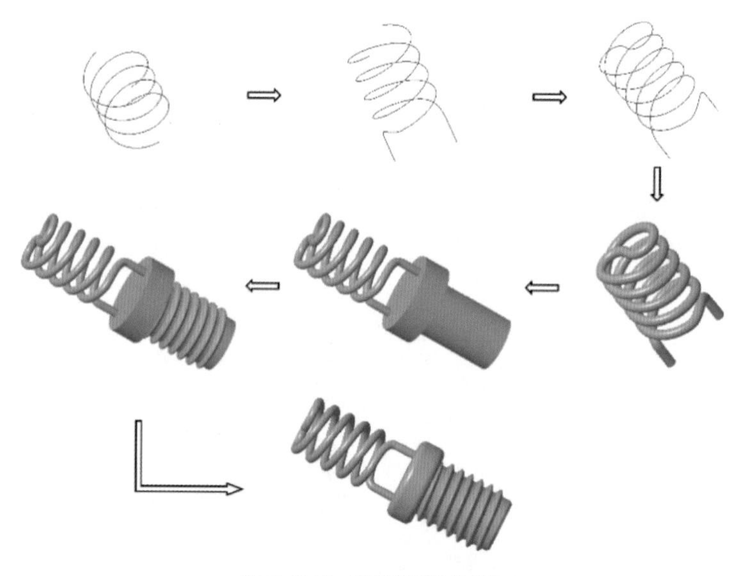

图 5-209　节能灯建模过程

四、操作步骤

1. 新建文件

单击工具栏中 （新建）命令按钮，在弹出的“新建”对话框“类型”选项组中选择“零件”单选按钮，“子类型”选项组中选择“实体”单选按钮，“文件名”文本框中输入新建文件名，单击“确定”按钮，进入零件模式。

2. 创建灯管螺旋线

（1）选择“基准”下拉菜单中的曲线命令，选择“来自方程的曲线”菜单项，系统弹出来自方程的曲线操作面板。

（2）确认坐标系类型为“笛卡尔坐标系”，在模型树上或绘图区选择 PRT_CSYS_DEF 坐标系，单击 （编辑）命令按钮，打开“方程”对话框，如图 5-210 所示。

图 5-210 打开“方程”对话框

（3）输入图 5-211 所示方程式，单击对话框中“确定”命令按钮，返回来自方程的曲线操作面板。

（4）单击 （确定）命令按钮，完成基准曲线的创建，结果如图 5-212 所示。

（5）在模型树上选择曲线 1，在弹出的快捷菜单中单击 （阵列）命令按钮，或者在功能区选择 （阵列）命令按钮，系统弹出阵列特征操作面板。选择阵列类型为“轴”。

（6）单击 y 轴作为轴阵列的旋转中心轴。输入阵列的特征数量为 2，阵列特征的角度范围为 360。单击 （确定）命令按钮，完成螺旋曲线阵列，结果如图 5-213 所示。

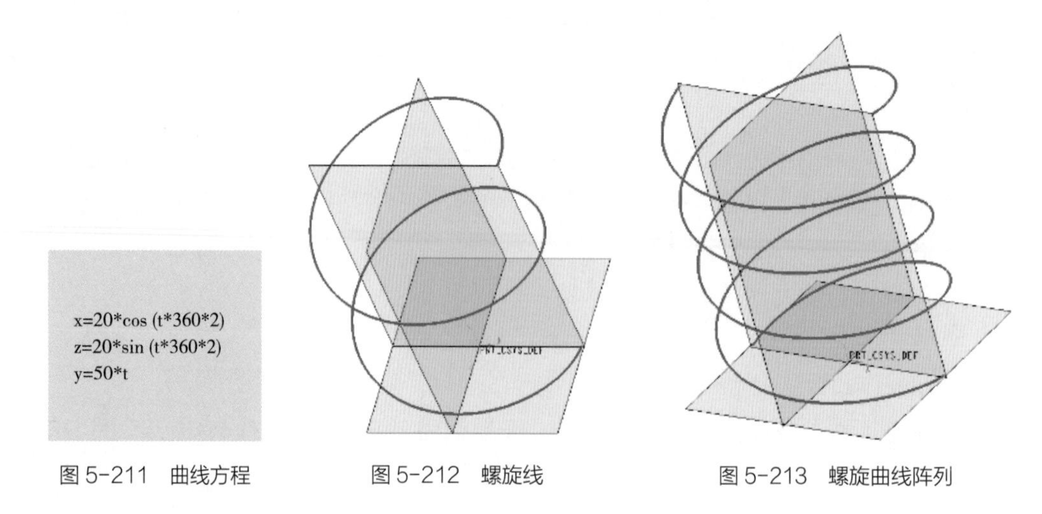

图 5-211 曲线方程　　图 5-212 螺旋线　　图 5-213 螺旋曲线阵列

3. 创建灯管连接曲线

（1）单击（草绘）命令按钮，系统弹出“草绘”对话框，在绘图区选择基准平面 RIGHT 作为草绘平面，参考为“TOP 基准面”，方向为“左”。单击对话框中的“草绘”按钮，进入草绘模式。

（2）绘制如图 5-214 所示的两条直线。单击（确定）命令按钮，得到草绘特征 1，如图 5-215 所示。

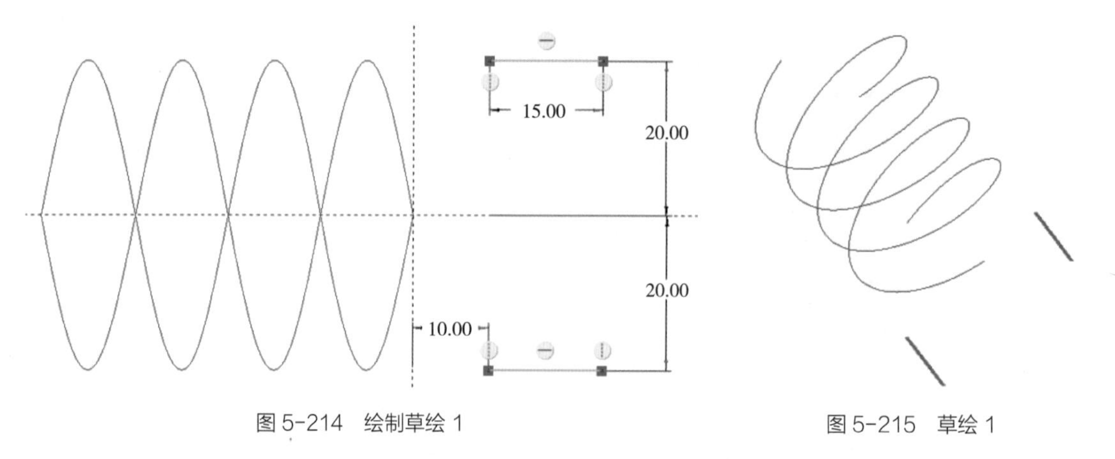

图 5-214 绘制草绘 1　　图 5-215 草绘 1

（3）选择“基准”下拉菜单中的“曲线”命令，选择“通过点的曲线”菜单项，系统弹出通过点的曲线操作面板，确认曲线类型为“样条”。

（4）在绘图区依次选择螺旋曲线的端点和直线的端点，如图 5-216 所示。

（5）如图 5-217 所示，打开“结束条件”面板，设置“起点”的结束条件为“相切”，在绘图区选择螺旋线作为起点的相切线，并调整箭头方向。

（6）如图 5-218 所示，打开“结束条件”面板，设置“终点”的结束条件为“相切”，在绘图区选择直线作为终点的相切线，并调整箭头方向，使曲线光滑连接。

（7）单击（确定）命令按钮，曲线 2，结果如图 5-219 所示。

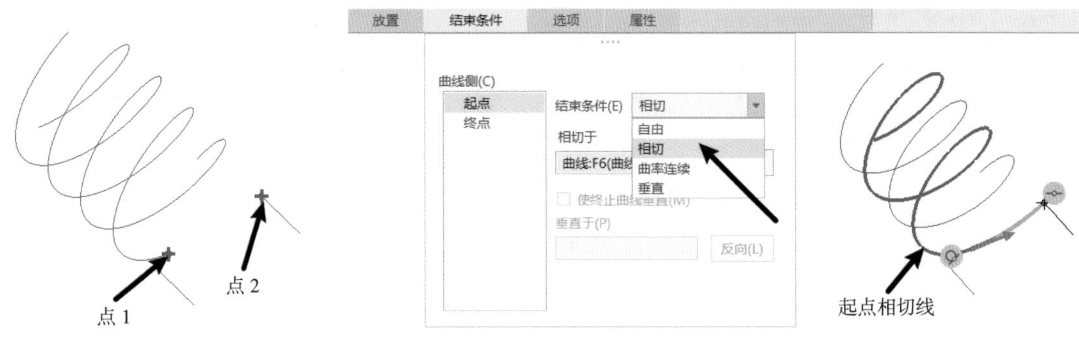

图 5-216　选择曲线 2 经过的点　　图 5-217　设置曲线 2 起点结束条件

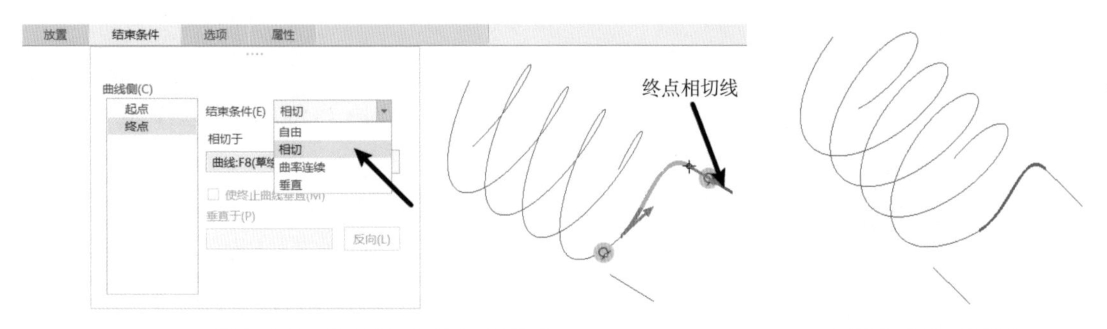

图 5-218　设置曲线 2 终点结束条件　　图 5-219　曲线 2

（8）选择“基准”下拉菜单中的“曲线”命令，选择“通过点的曲线”菜单项，系统弹出通过点的曲线操作面板，确认曲线类型为“样条”。

（9）在绘图区依次选择螺旋曲线的端点和直线的端点，如图 5-220 所示。

（10）如图 5-221 所示，打开“结束条件”面板，设置“起点”的结束条件为“相切”，在绘图区选择螺旋线作为起点的相切线，并调整箭头方向，使曲线光滑连接。

图 5-220　选择曲线 3 经过的点　　图 5-221　设置曲线 3 起点结束条件

（11）如图 5-222 所示，打开“结束条件”面板，设置“终点”的结束条件为“相切”，在绘图区选择直线作为终点的相切线，并调整箭头方向，使曲线光滑连接。

（12）单击 ✔（确定）命令按钮，曲线 3，结果如图 5-223 所示。

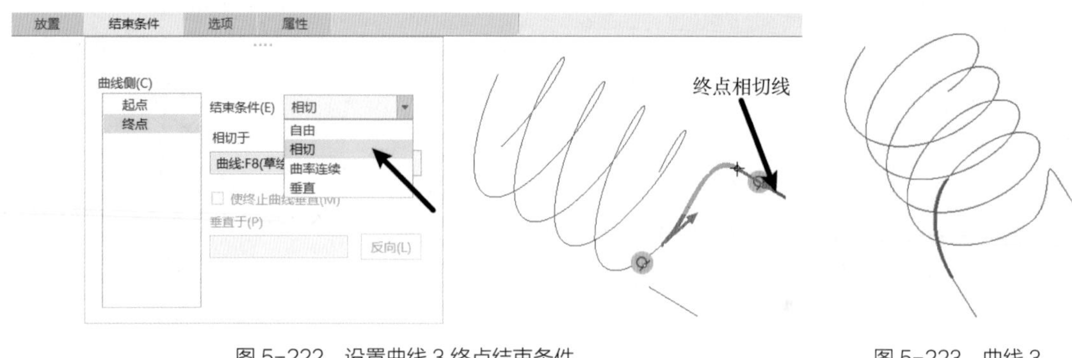

图 5-222 设置曲线 3 终点结束条件　　图 5-223 曲线 3

4. 创建螺旋线连接曲线

（1）单击 （平面）命令按钮，弹出“基准平面”对话框。在绘图区选择 TOP 基准面为放置参考，并设置约束类型为“偏移”，输入偏移值为 55，如图 5-224 所示。单击 （确定）命令按钮，得到基准平面 DTM1，如图 5-225 所示。

（2）单击 （草绘）命令按钮，弹出“草绘”对话框，在绘图区选择基准平面 DTM1 作为草绘平面，参考为“RIGHT 基准面”，方向为“上”。单击对话框中的“草绘”按钮，进入草绘模式。

（3）绘制如图 5-226 所示的两段圆弧。单击 （确定）命令按钮，得到草绘特征 2，如图 5-227 所示。

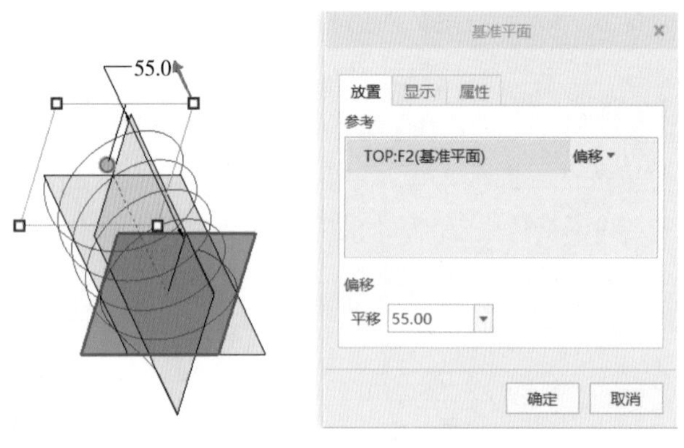

图 5-224 设置基准平面 DTM1 参考和约束类型

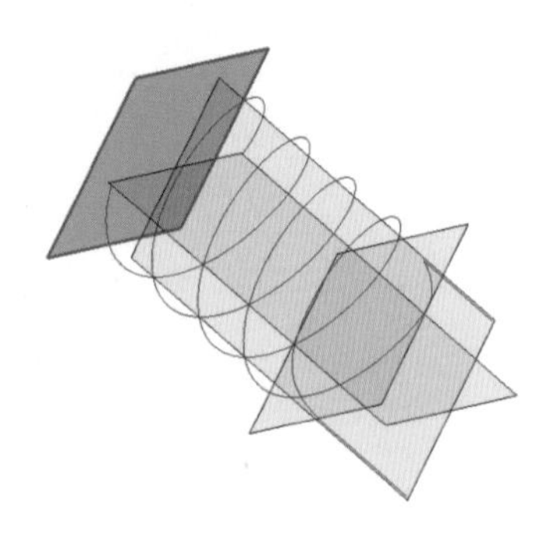

图 5-225 基准平面 DTM1

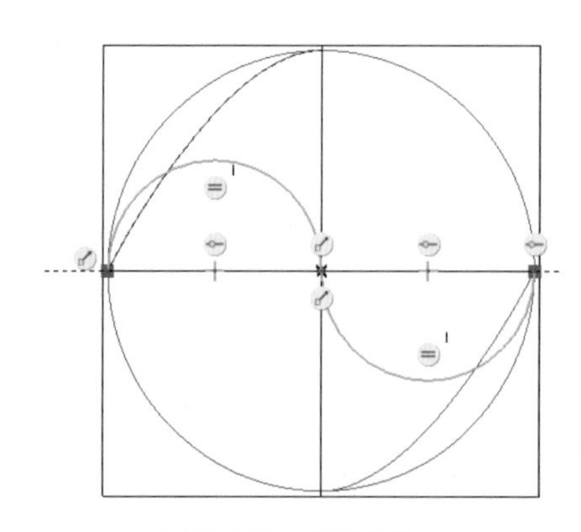

图 5-226 绘制草绘 2

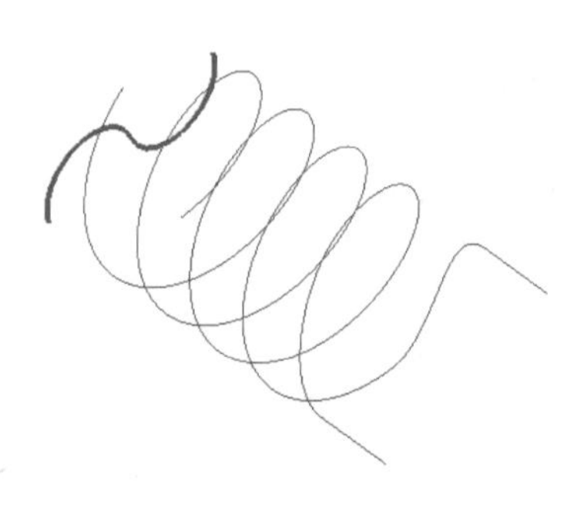

图 5-227 草绘 2

（4）选择“基准”下拉菜单中的“曲线”命令，选择“通过点的曲线”菜单项，系统弹出通过点的曲线操作面板，确认曲线类型为“样条”。

（5）在绘图区依次选择螺旋曲线的端点和圆弧的端点，如图 5-228 所示。

（6）如图 5-229 所示，打开“结束条件”面板，设置“起点”的结束条件为“相切”，在绘图区选择螺旋线作为起点的相切线，并调整箭头方向，使曲线光滑连接。

（7）如图 5-230 所示，打开“结束条件”面板，设置“终点”的结束条件为“相切”，在绘图区选择圆弧作为终点的相切线，并调整箭头方向，使曲线光滑连接。

（8）单击 ✔（确定）命令按钮，曲线 4，结果如图 5-231 所示。

（9）选择“基准”下拉菜单中的“曲线”命令，选择“通过点的曲线”菜单项，系统弹出通过点的曲线操作面板，确认曲线类型为“样条”。

（10）在绘图区依次选择螺旋曲线的端点和圆弧的端点，如图 5-232 所示。

（11）如图 5-233 所示，打开“结束条件”面板，设置“起点”的结束条件为“相切”，在绘图区选择螺旋线作为起点的相切线，并调整箭头方向，使曲线光滑连接。

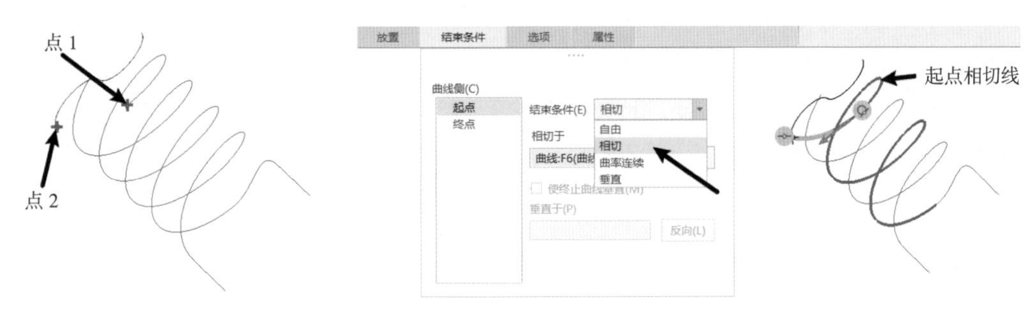

图 5-228　选择曲线 4 经过的点　　图 5-229　设置曲线 4 起点结束条件

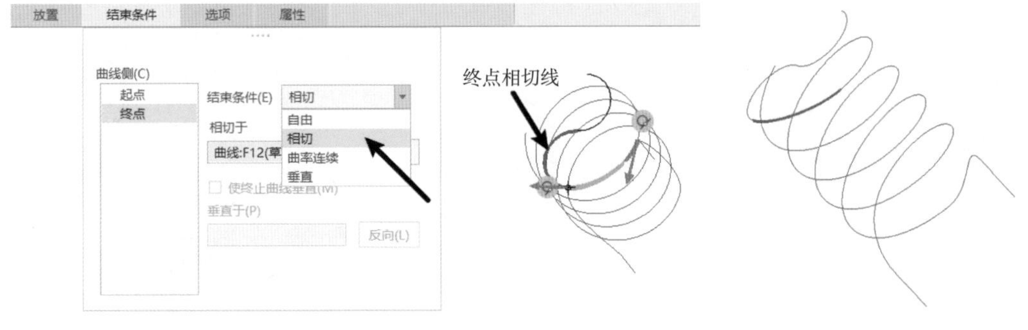

图 5-230　设置曲线 4 终点结束条件　　图 5-231　曲线 4

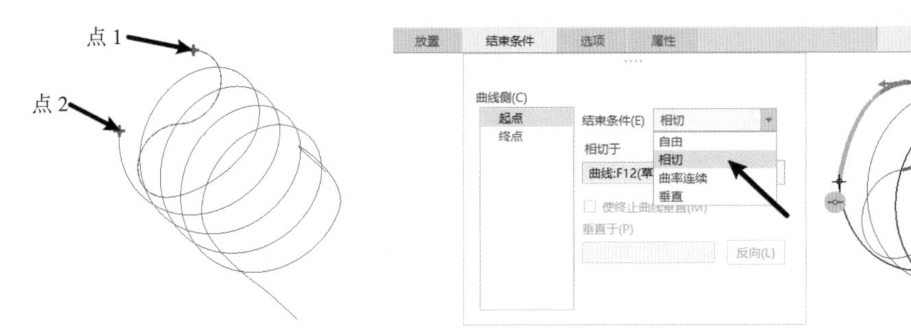

图 5-232　选择曲线 5 经过的点　　图 5-233　设置曲线 5 起点结束条件

（12）如图 5-234 所示，打开“结束条件”面板，设置“终点”的结束条件为“相切”，在绘图区选择直线作为终点的相切线，并调整箭头方向。

（13）单击 ✔（确定）命令按钮，曲线 5，结果如图 5-235 所示。

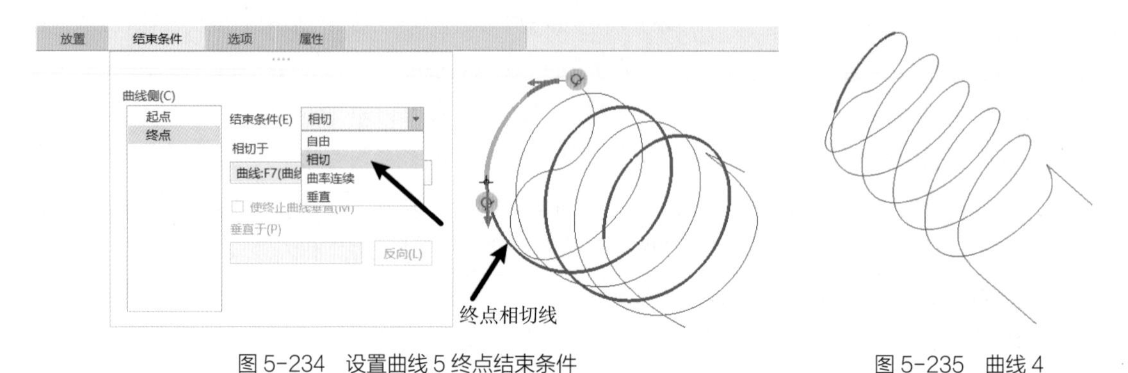

图 5-234 设置曲线 5 终点结束条件　　图 5-235 曲线 4

5. 扫描灯管

（1）单击（扫描）命令按钮，系统弹出扫描特征操作面板。确认扫描类型为（实体）。

（2）在绘图区选择如图 5-236 的草绘 1 的一条直线。

（3）单击“参考”面板上的“细节”命令按钮，弹出“链”对话框，按 Ctrl 键依次选取如图 5-237 所示的模型的边线。单击“链”对话框中的“确定”命令按钮，完成扫描轨迹链细节。

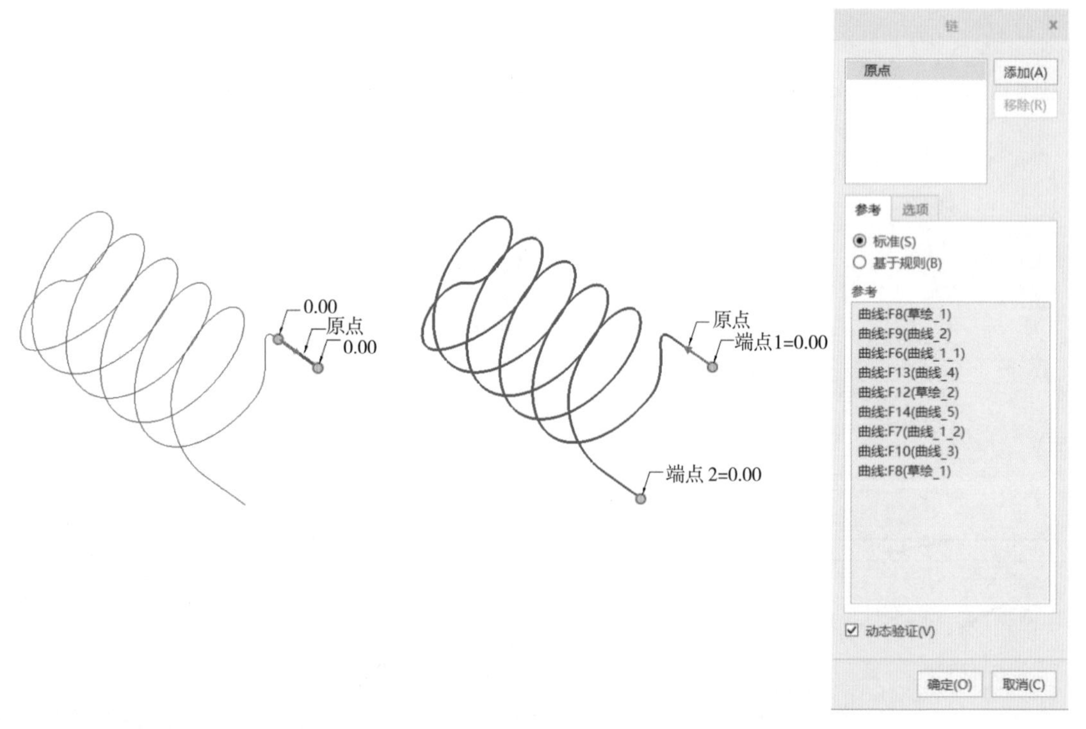

图 5-236 选择草绘 1 的一条直线　　图 5-237 确定原点轨迹链细节

（4）单击 （草绘）命令按钮，进入内部草绘器。在轨迹线起点位置绘制如图 5-238 所示的直径为 6 的圆作为扫描截面。单击 （确定）命令按钮，返回扫描特征操作面板。

（5）在扫描特征操作面板上单击 （确定）命令按钮，得到扫描曲面，如图 5-239 所示。

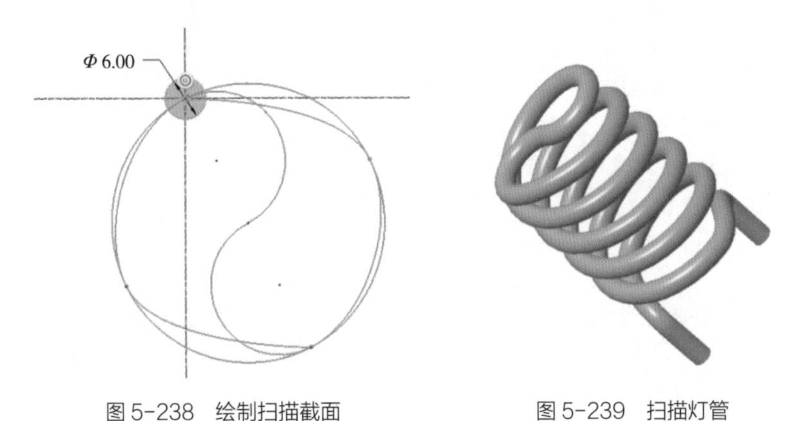

图 5-238 绘制扫描截面　　图 5-239 扫描灯管

6. 旋转灯管连接部分

（1）单击 （旋转）命令按钮，系统弹出旋转特征操作面板。确认旋转类型为 （实体）。

（2）单击选择绘图区的 RIGHT 基准面作为草绘平面，系统自动进入草绘模式，调整 RIGHT 基准面的方向与用户视线垂直。选择“基准”命令组中的 （中心线）命令按钮，在绘图区绘制一条水平的中心线作为旋转轴，并绘制旋转特征二维截面草图，如图 5-240 所示。

（3）单击 （确定）命令按钮，返回旋转特征操作面板。调整视图方向为“标准方向”，旋转角度为缺省值 360。单击 （确定）命令按钮，完成旋转特征的创建，如图 5-241 所示。

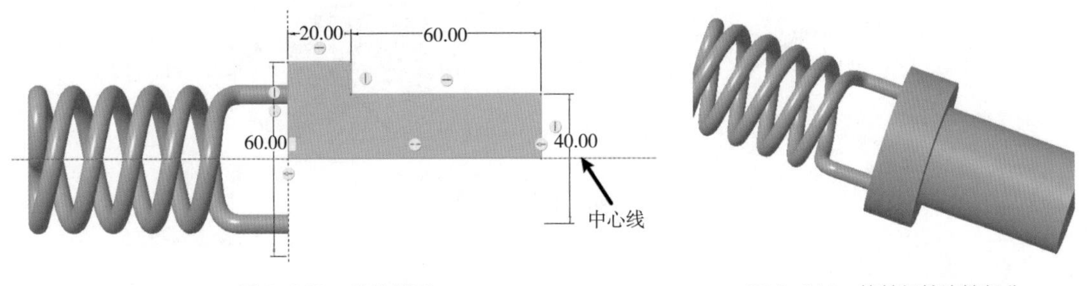

图 5-240 草绘截面　　图 5-241 旋转灯管连接部分

7. 创建螺纹

（1）点击“扫描”特征命令按钮右下角的箭头，在弹出的面板中选择 （螺旋扫描）命令按钮，系统弹出螺旋扫描特征操作面板。确认螺旋扫描类型为 （实体）， （右手定则）。

（2）单击“参考”下滑面板中的“定义”按钮，打开“草绘”对话框，单击选择绘图区的 RIGHT 基准面作为草绘平面，参考为“TOP 基准面”，方向为“左”。单击对话框中的“草绘”按钮，系统自动进入草绘器，调整 RIGHT 基准面的方向与用户视线垂直。

（3）绘制如图 5-242 所示的二维截面，单击 ✓（确定）命令按钮，返回螺旋扫描特征操作面板。

（4）单击“参考”面板的“螺旋轴”收集器，在绘图区选择旋转特征轴线作为螺旋轴，如图 5-243 所示。

（5）设置螺距值为 8。单击 （草绘）命令按钮，进入内部草绘器，在螺旋轮廓起点处绘制如图 5-244 所示的草图。

（6）单击 ✓（确定）命令按钮，返回螺旋扫描特征操作面板。单击 ✓（确定）命令按钮，完成螺旋扫描特征的创建，结果如图 5-245 所示。

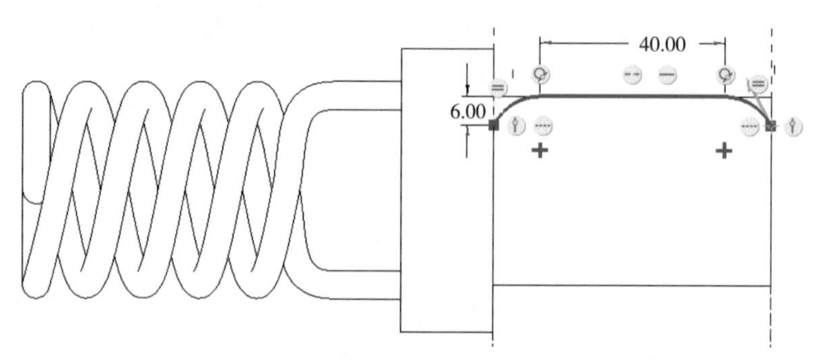

图 5-242　螺旋轮廓

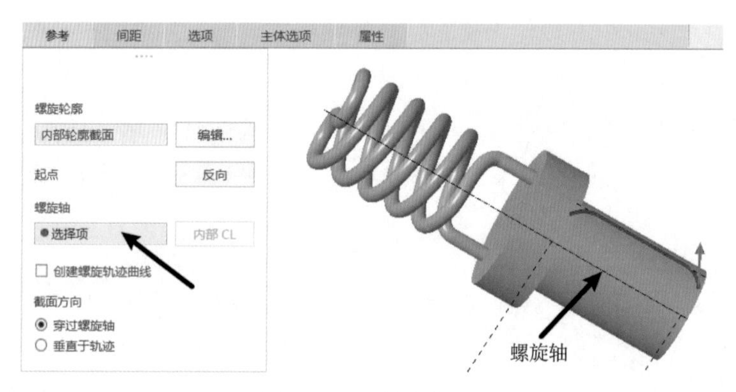

图 5-243　选择螺旋轴

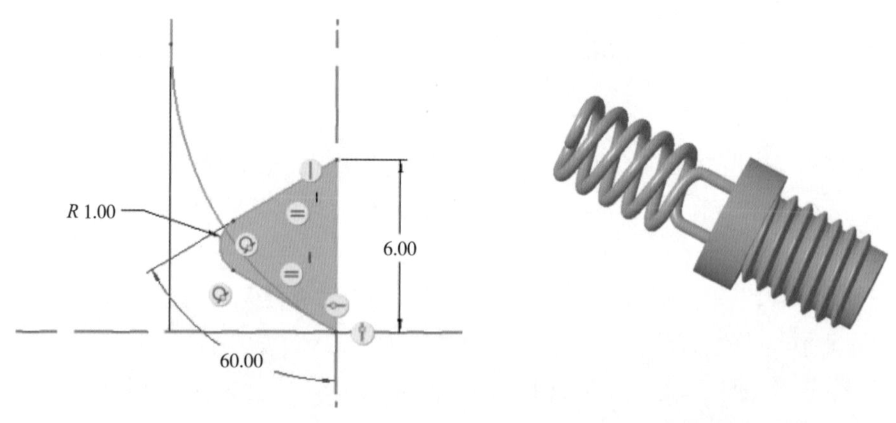

图 5-244　螺旋扫描特征截面

图 5-245　螺旋扫描特征

8. 倒圆角

（1）单击 （倒圆角）命令按钮，系统弹出倒圆角特征操作面板。

（2）在绘图区按 Ctrl 键依次选择如图 5-246 所示的两条边线，设置圆角半径为 5，单击 （确定）命令按钮，完成倒圆角特征的创建。

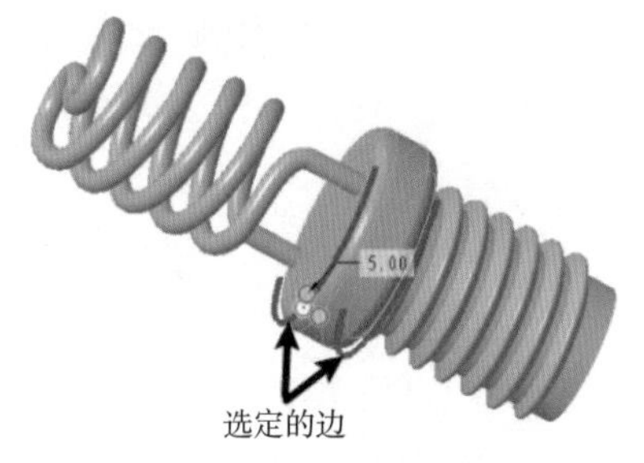

图 5-246 倒圆角设置

9. 倒角

（1）单击 （倒角）命令按钮，系统弹出倒角特征操作面板。

（2）确认边倒角类型为 D×D，在绘图区选择如图 5-247 所示的边线，设置倒角值为 2，单击 （确定）命令按钮，完成灯口倒角。

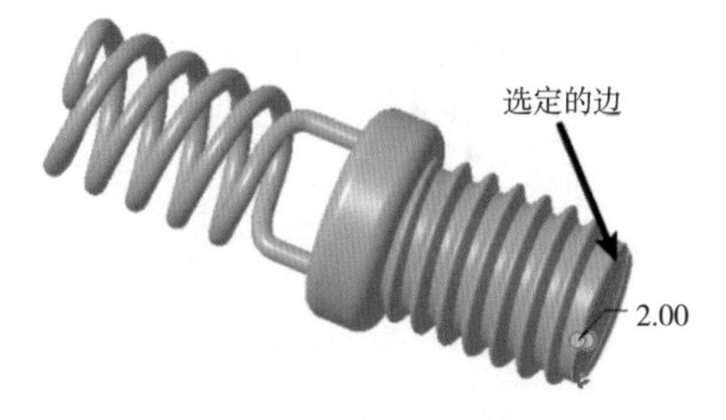

图 5-247 边倒角设置

10. 保存文件

单击工具栏中的 （保存）命令按钮，保存当前模型文件。

任务 8 创建洗发水瓶三维模型

5-14 基本曲面

5-15 过渡曲面

5-16 洗发水瓶沟槽

5-17 洗发水瓶其他结构

在 Creo Parametric 中，创建如图 5-248 所示的洗发水瓶三维模型。

一、学习目标

（1）能够运用曲面建模技术构建复杂曲面的三维零件模型。

（2）能够注重产品结构细节创建相应的产品三维模型，逐步树立建模的严谨性和精益求精的工匠精神。

二、建模分析

图 5-248 洗发水瓶三维模型

分析洗发水瓶的三维造型，可以看出瓶身是由一系列表面构成的薄壳零件，因此在造型时可以先分别创建各个表面，合并后实体化并倒圆角光滑过渡，最后抽壳、扫描沟槽。其建模过程如图 5-249 所示。

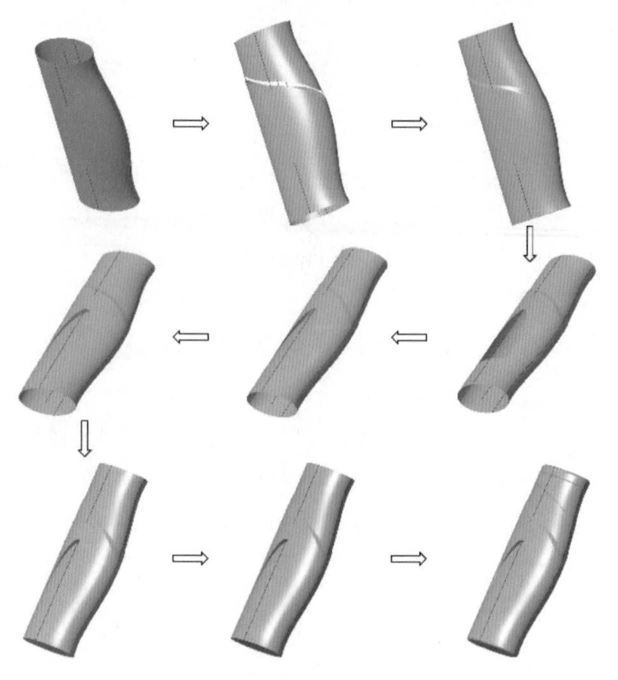

图 5-249 洗发水瓶建模过程

三、操作步骤

1. 新建文件

单击工具栏中 （新建）命令按钮，在弹出的“新建”对话框“类型”选项组中选择“零件”单选按钮，“子类型”选项组中选择“实体”单选按钮，“文件名”文本框中输入新建文件名，单击“确定”按钮，进入零件模式。

2. 草绘瓶身轨迹线

（1）单击 （草绘）命令按钮，系统弹出“草绘”对话框，在绘图区选择基准平面 FRONT 作为草绘平面，参考为“RIGHT 基准面”，方向为“右”。单击对话框中的“草绘”命令按钮，进入草绘模式，调整基准平面 FRONT 的方向与用户视线垂直。

（2）绘制如图 5-250 所示的竖直线。单击 （确定）命令按钮，得到草绘特征 1，如图 5-251 所示。

（3）单击 （草绘）命令按钮，系统弹出“草绘”对话框，在绘图区选择基准平面 FRONT 作为草绘平面，参考为“RIGHT 基准面”，方向为“右”。单击对话框中的“草绘”命令按钮，进入草绘模式，调整基准平面 FRONT 的方向与用户视线垂直。

（4）绘制如图 5-252 所示的竖直线。单击 （确定）命令按钮，得到草绘特征 2，如图 5-253 所示。

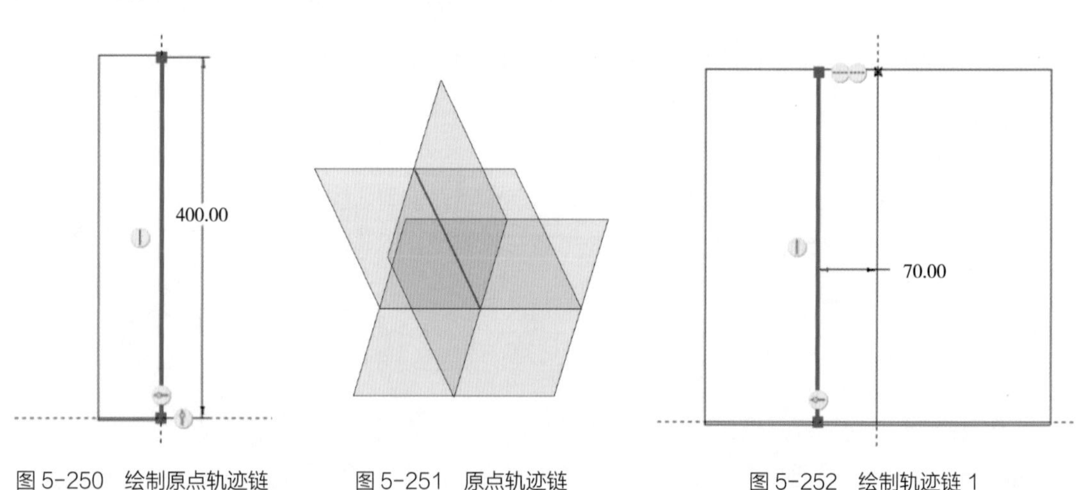

图 5-250 绘制原点轨迹链　　图 5-251 原点轨迹链　　图 5-252 绘制轨迹链 1

（5）单击 （草绘）命令按钮，系统弹出“草绘”对话框，在绘图区选择基准平面 FRONT 作为草绘平面，参考为“RIGHT 基准面”，方向为“右”。单击对话框中的“草绘”命令按钮，进入草绘模式，调整基准平面 FRONT 的方向与用户视线垂直。

（6）绘制如图 5-254 所示的有四个插值点的样条曲线。单击 （确定）命令按钮，得到草绘特征 3，如图 5-255 所示。

（7）单击 （草绘）命令按钮，系统弹出“草绘”对话框，在绘图区选择基准平面 RIGHT 作为草绘平面，参考为“TOP 基准面”，方向为“左”。单击对话框中的“草绘”命令按钮，进入草绘模式，调整基准平面 RIGHT 的方向与用户视线垂直。

（8）绘制如图 5-256 所示的水平线。单击 （确定）命令按钮，得到草绘特征 4，如图 5-257 所示。

（9）在模型树上选择绘制的轨迹链 3，在弹出的快捷菜单中单击 （镜像）命令按钮，或者在功能区选择 （镜像）命令按钮，系统弹出阵列特征镜像操作面板。选择 FRONT 基准面作为镜像平面，单击 （确定）命令按钮，完成特征镜像，结果如图 5-258 所示。

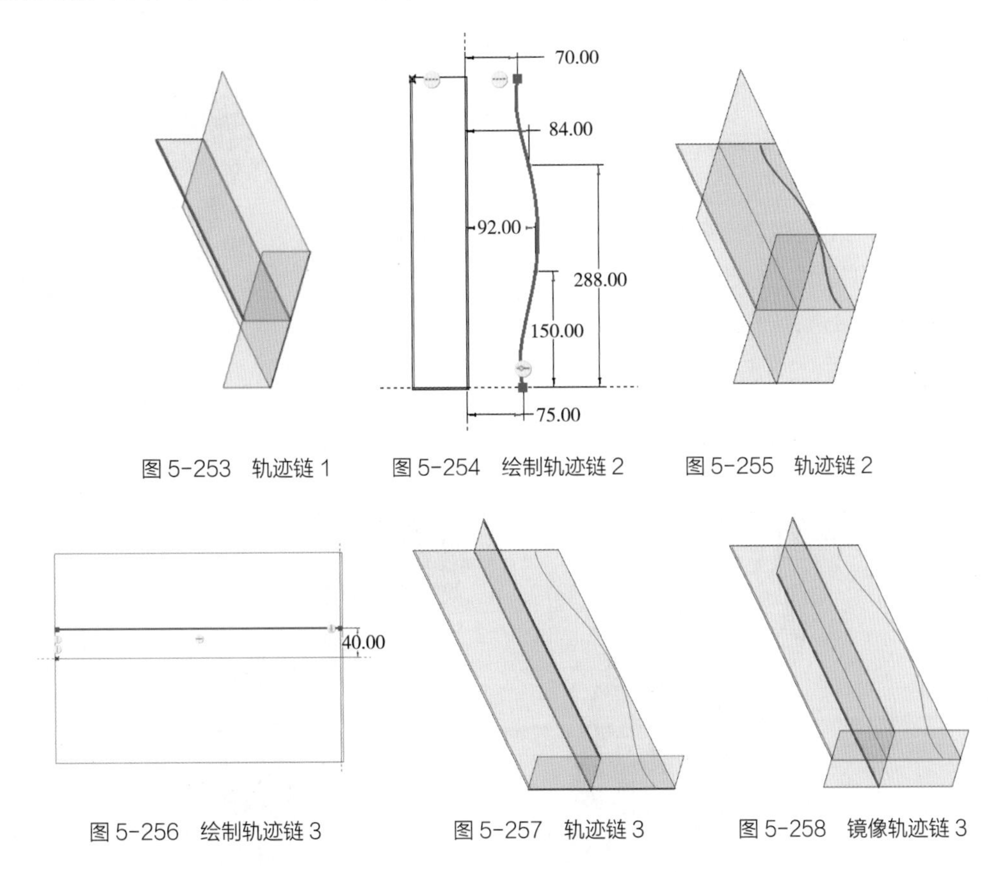

图 5-253 轨迹链 1　　图 5-254 绘制轨迹链 2　　图 5-255 轨迹链 2

图 5-256 绘制轨迹链 3　　图 5-257 轨迹链 3　　图 5-258 镜像轨迹链 3

3. 扫描洗发水瓶身

（1）单击 （扫描）命令按钮，系统弹出扫描特征操作面板。确认扫描类型为 （曲面）。

（2）在绘图区选择如图 5-259 所示的原点轨迹线。

（3）按 Ctrl 键在绘图区依次选择如图 5-260 所示的轨迹链，这时系统自动将扫描特征选

项调整为 ![]（可变截面），“参考”面板的轨迹栏显示原点轨迹线和多条轨迹链。

（4）单击 ![]（草绘）命令按钮，进入内部草绘器。在原点轨迹线的起点位置绘制如图 5-261 所示的椭圆，绘制时，要注意椭圆长轴和短轴的端点分别与轨迹链的端点重合。单击 ![]（确定）命令按钮，返回扫描特征操作面板。

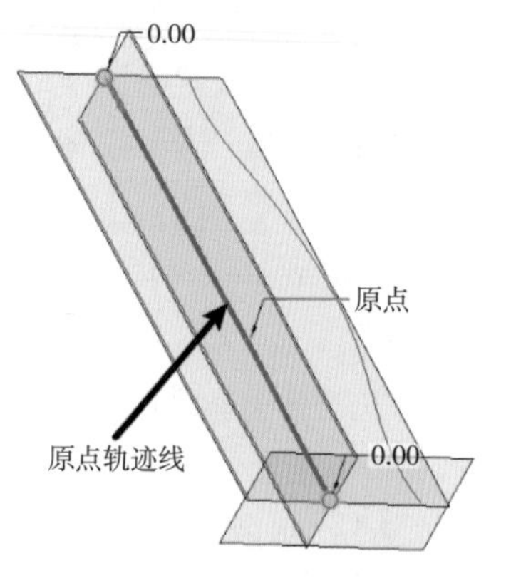

图 5-259 设置原点轨迹线

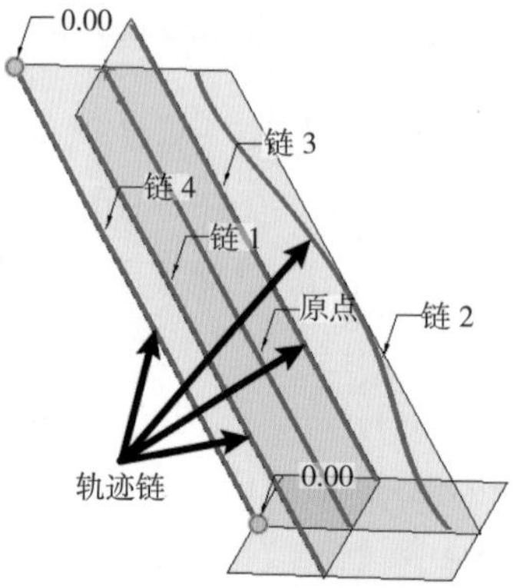

图 5-260 设置轨迹链

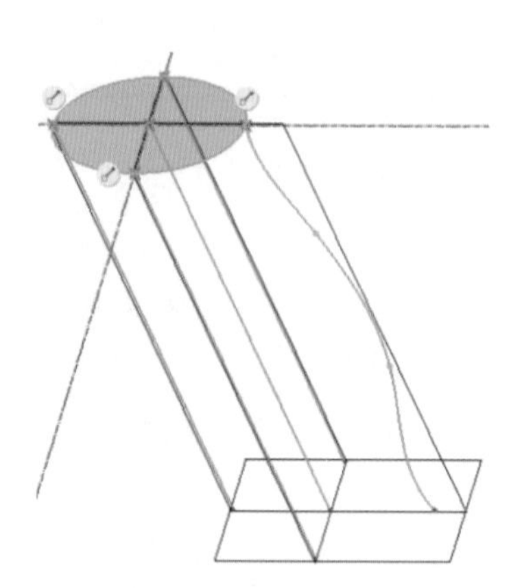

图 5-261 绘制扫描截面

（5）在扫描特征操作面板上单击 ![]（确定）命令按钮，得到洗发水瓶身曲面，如图 5-262 所示。

图 5-262 洗发水瓶身曲面

4. 创建瓶身偏移曲面

（1）单击 ![]（偏移）命令按钮，系统弹出偏移操作面板。确认偏移类型为“曲面”“标准偏移”。

（2）在绘图区选择瓶身曲面，确认偏移方向，设置偏移量为 2，如图 5-263 所示。单击 ![]（确定）命令按钮，完成曲面偏移，结果如图 5-264 所示。

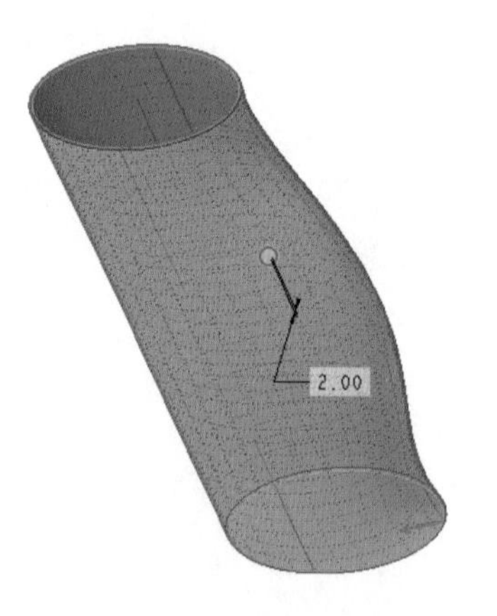

图 5-263 设置偏移参数

图 5-264 瓶身偏移曲面

5. 拉伸修剪曲面

（1）单击 ![]（拉伸）命令按钮，系统弹出拉伸特征操作面板。确认拉伸类型为 ![]（曲面）。

（2）在绘图区选择基准平面 FRONT 作为草绘平面，参考为“RIGHT 基准面”，方向为“右”。进入草绘模式，调整基准平面 FRONT 的方向与用户视线垂直。绘制如图 5-265 所示的二维截面。

（3）单击 ✔（确定）命令按钮，返回拉伸特征操作面板。设置拉伸深度类型为 ⊟（对称），深度值为 100。单击 ✔（确定）命令按钮，完成修剪曲面创建，结果如图 5-266 所示。

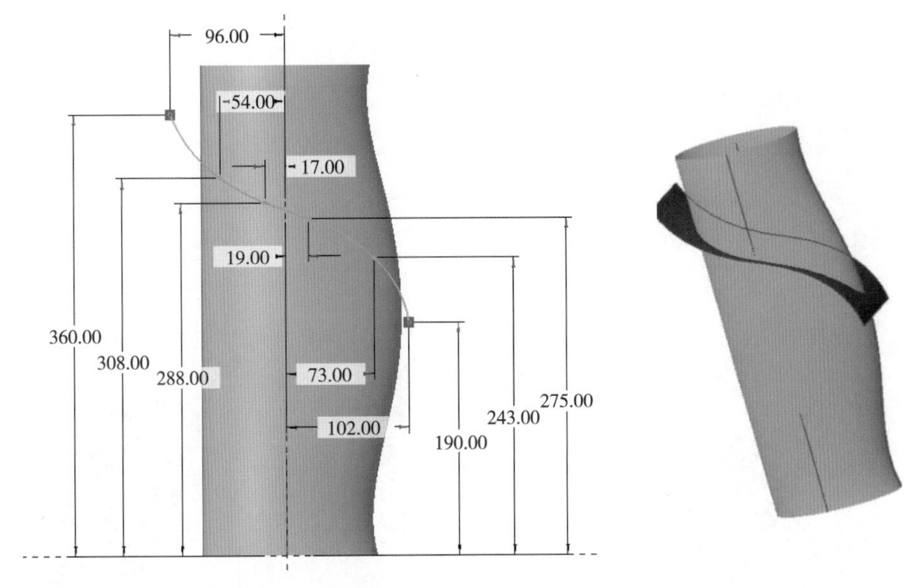

图 5-265　拉伸曲面截面　　　　图 5-266　拉伸修剪曲面

6. 创建拉伸曲面的偏移曲面

（1）单击 ⌈（偏移）命令按钮，系统弹出偏移操作面板。确认偏移类型为“曲面”“标准偏移”。

（2）在绘图区选择瓶身曲面，确认偏移方向，设置偏移量为 10，如图 5-267 所示。单击 ✔（确定）命令按钮，完成曲面偏移，结果如图 5-268 所示。

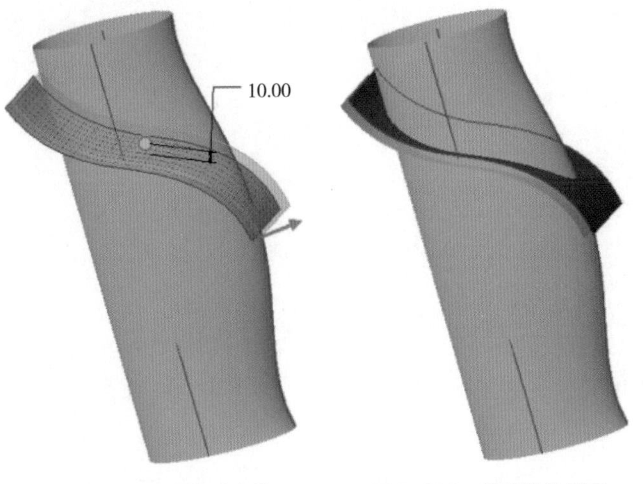

图 5-267　设置偏移参数　　　　图 5-268　偏移拉伸曲面

7. 修剪曲面

（1）单击 （修剪）命令按钮，系统弹出修剪操作面板。确认修剪类型为“曲面”。在绘图区选择扫描瓶身曲面作为要修剪的面组，如图 5-269 所示。

（2）单击操作面板上或“参考”面板中的“修剪对象”收集器，在绘图区选择拉伸曲面作为修剪对象，并确定修剪保留曲面箭头方向，如图 5-270 所示。

（3）单击 （确定）命令按钮，完成扫描瓶身曲面的修剪，结果如图 5-271 所示。

（4）单击 （修剪）命令按钮，系统弹出修剪操作面板。确认修剪类型为“曲面”。在绘图区选择瓶身偏移曲面作为要修剪的面组，如图 5-272 所示。

（5）单击操作面板上或“参考”面板中的“修剪对象”收集器，在绘图区选择偏移的拉伸曲面作为修剪对象，并确定修剪保留曲面箭头方向，如图 5-273 所示。

（6）单击 （确定）命令按钮，完成瓶身偏移曲面的修剪，结果如图 5-274 所示。

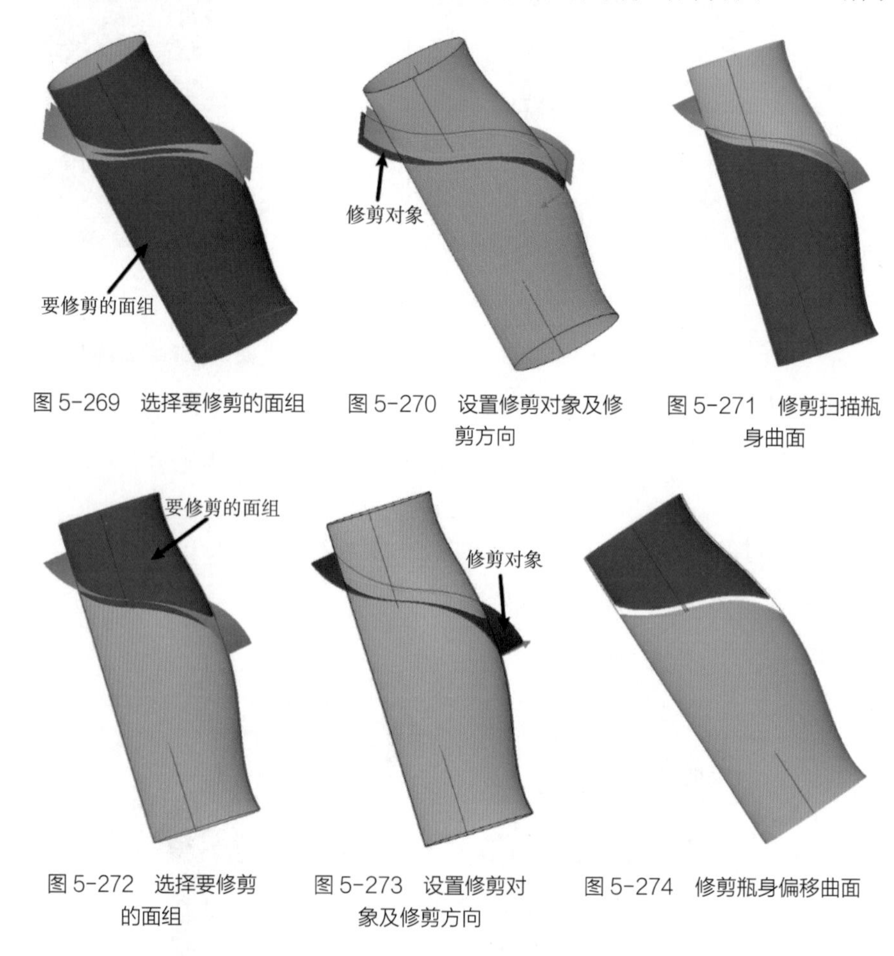

图 5-269 选择要修剪的面组　图 5-270 设置修剪对象及修剪方向　图 5-271 修剪扫描瓶身曲面

图 5-272 选择要修剪的面组　图 5-273 设置修剪对象及修剪方向　图 5-274 修剪瓶身偏移曲面

8. 创建瓶身曲面与瓶身偏移曲面间的边界混合曲面

（1）单击 （相交）命令按钮，系统弹出相交操作面板，确认相交类型为“曲面”。

（2）在绘图区按 Ctrl 键依次选择瓶身偏移曲面和 FRONT 基准平面，如图 5-275 所示。单击 （确定）命令按钮，完成相交曲线的创建。结果如图 5-276 所示。

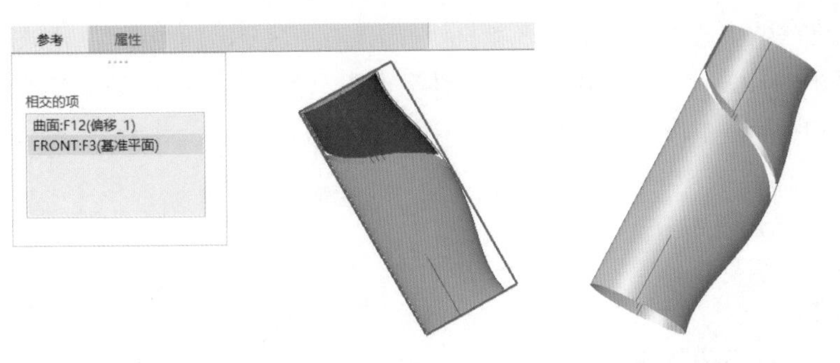

图 5-275　选择相交面组　　　　图 5-276　相交曲线

（3）选择“基准”下拉菜单中的“曲线”命令，选择“通过点的曲线”菜单项，系统弹出“通过点的曲线”操作面板，确认曲线类型为“样条”。

（4）在绘图区依次选择修剪后瓶身偏移曲面的顶点和瓶身曲面的顶点，如图 5-277 所示。

（5）如图 5-278 所示，打开“结束条件”面板，设置“起点”的结束条件为“相切”，在绘图区选择相交曲线 1 作为起点的相切线，并调整箭头方向。

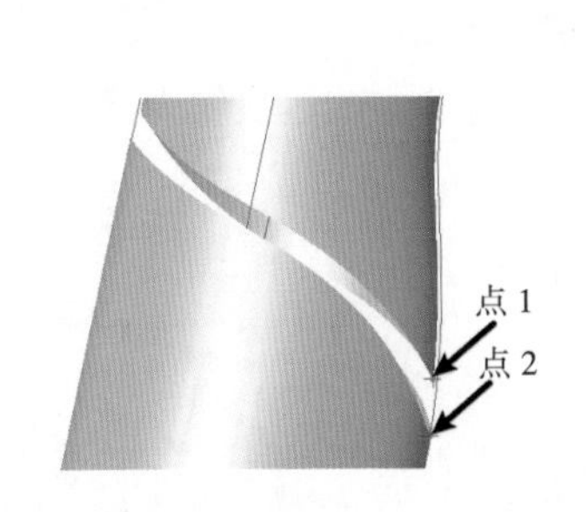

图 5-277　选择曲线 1 经过的点　　　　图 5-278　设置曲线 1 起点结束条件

（6）如图 5-279 所示，打开“结束条件”面板，设置“终点”的结束条件为“相切”，在绘图区选择草绘 3 作为终点的相切线，并调整箭头方向，使曲线光滑连接。

（7）单击 ✓（确定）命令按钮，完成曲线 1，结果如图 5-280 所示。

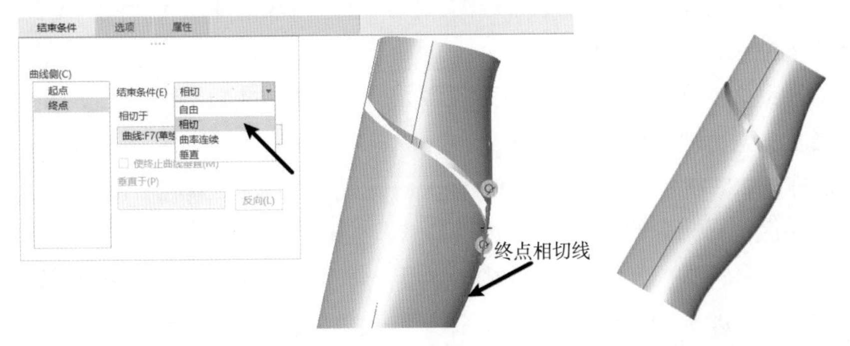

图 5-279　设置曲线 1 终点结束条件　　　　图 5-280　曲线 1

（8）选择“基准”下拉菜单中的“曲线”命令，选择“通过点的曲线”菜单项，系统弹出“通过点的曲线”操作面板，确认曲线类型为“样条”。

（9）在绘图区依次选择修剪后瓶身偏移曲面的顶点和瓶身曲面的顶点，如图 5-281 所示。

（10）如图 5-282 所示，打开“结束条件”面板，设置“起点”的结束条件为“相切”，在绘图区选择相交曲线 1 作为起点的相切线，并调整箭头方向。

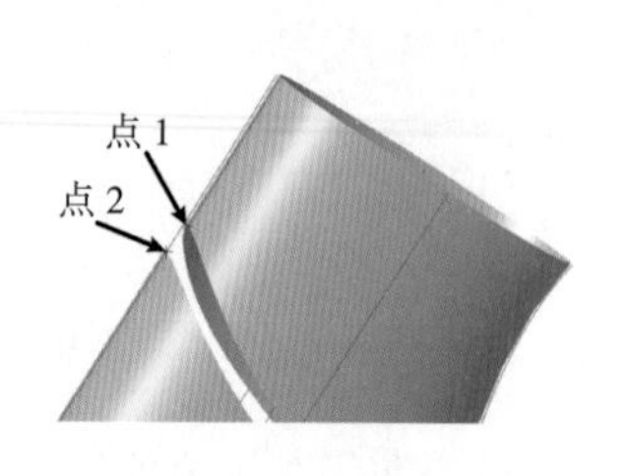

图 5-281　选择曲线 2 经过的点

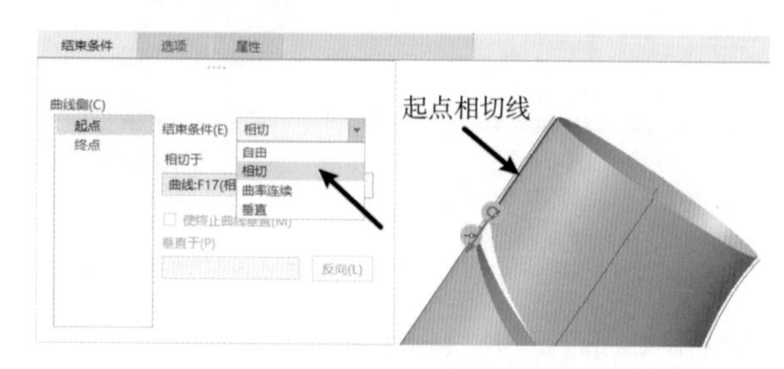

图 5-282　设置曲线 2 起点结束条件

（11）如图 5-283 所示，打开“结束条件”面板，设置“终点”的结束条件为“相切”，在绘图区选择草绘 2 作为终点的相切线，并调整箭头方向，使曲线光滑连接。

（12）单击 ✔（确定）命令按钮，完成曲线 2，结果如图 5-284 所示。

（13）单击（边界混合）命令按钮，系统弹出边界混合操作面板。

（14）在绘图区按 Ctrl 键依次选择修剪后的瓶身曲面和偏移瓶身曲面的边线作为第一方向上的两条边界曲线，如图 5-285 所示。

图 5-283　设置曲线 2 终点结束条件

图 5-284　曲线 2

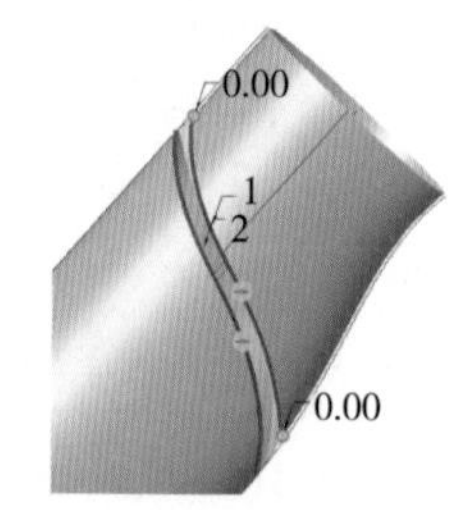

图 5-285　选择第一方向边界曲线

（15）单击“第二方向”收集器，在绘图区按 Ctrl 键依次选择曲线 1 和曲线 2 作为第二方向上的两条边界曲线，如图 5-286 所示。

（16）如图 5-287 所示，打开“约束”面板，设置“方向 1：第一条链”的约束条件为“相切”，在绘图区选择瓶身偏移曲面作为相切面。

（17）如图 5-288 所示，打开“约束”面板，设置“方向 1：最后一条链”的约束条件为“相切”，在绘图区选择瓶身偏移曲面作为相切面。

（18）单击 ✔（确定）命令按钮，完成边界混合曲面 1，结果如图 5-289 所示。

（19）单击（边界混合）命令按钮，系统弹出边界混合操作面板。

（20）在绘图区按 Ctrl 键依次选择另外两条修剪后的瓶身曲面和偏移瓶身曲面的边线作为第一方向上的两条边界曲线，如图 5-290 所示。

（21）单击“第二方向”收集器，在绘图区按 Ctrl 键依次选择曲线 1 和曲线 2 作为第二方向上的两条边界曲线，如图 5-291 所示。

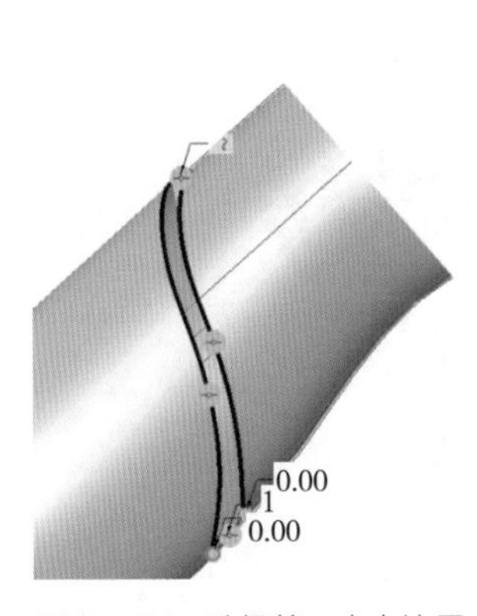

图 5-286 选择第二方向边界曲线

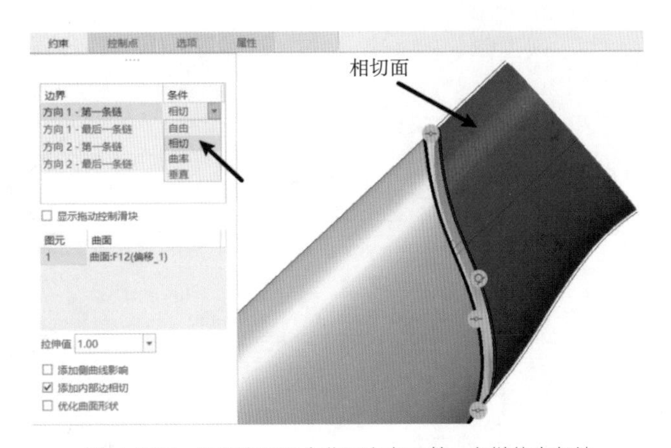

图 5-287 设置边界混合曲面方向 1 第一条链约束条件

图 5-288 设置边界混合曲面方向 1 第二条链约束条件

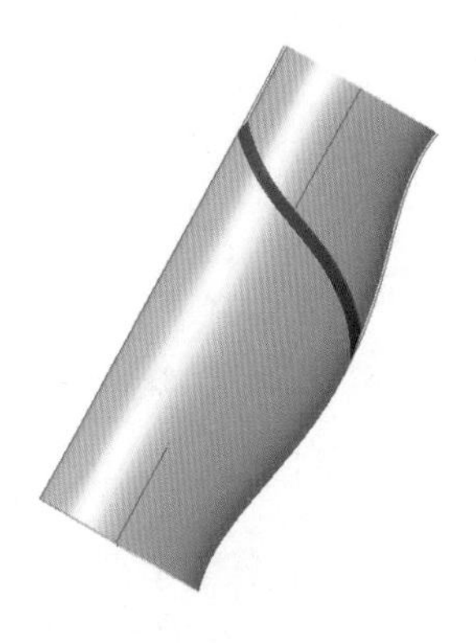

图 5-289 边界混合曲面 1

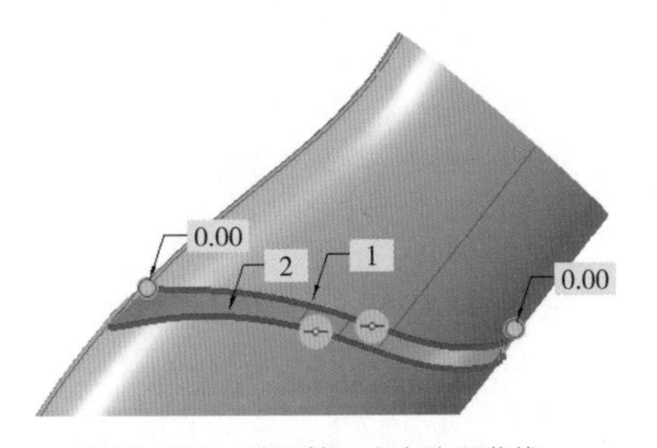

图 5-290 选择第一方向边界曲线

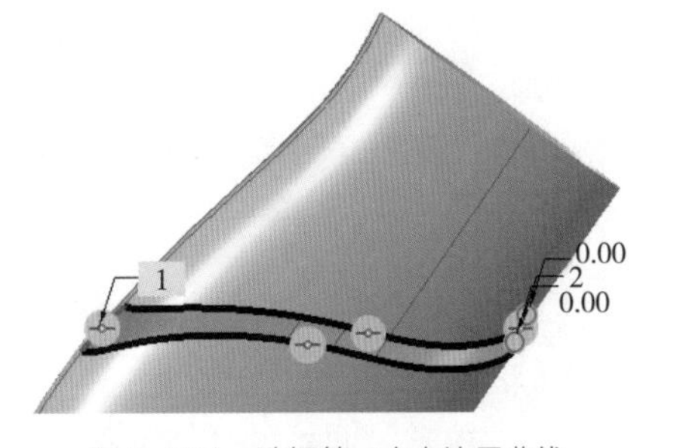

图 5-291 选择第二方向边界曲线

（22）如图 5-292 所示，打开“约束”面板，设置“方向 1：第一条链”的约束条件为“相切”，在绘图区选择瓶身偏移曲面作为相切面。

（23）如图 5-293 所示，打开“约束”面板，设置“方向 1：最后一条链”的约束条件为“相切”，在绘图区选择瓶身偏移曲面作为相切面。

（24）单击 ✓（确定）命令按钮，完成边界混合曲面 2，结果如图 5-294 所示。

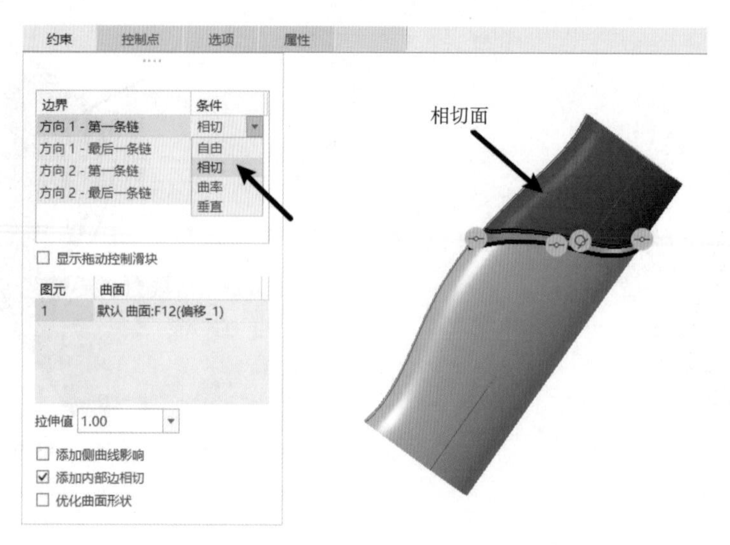

图 5-292　设置边界混合曲面方向 1 第一条链约束条件

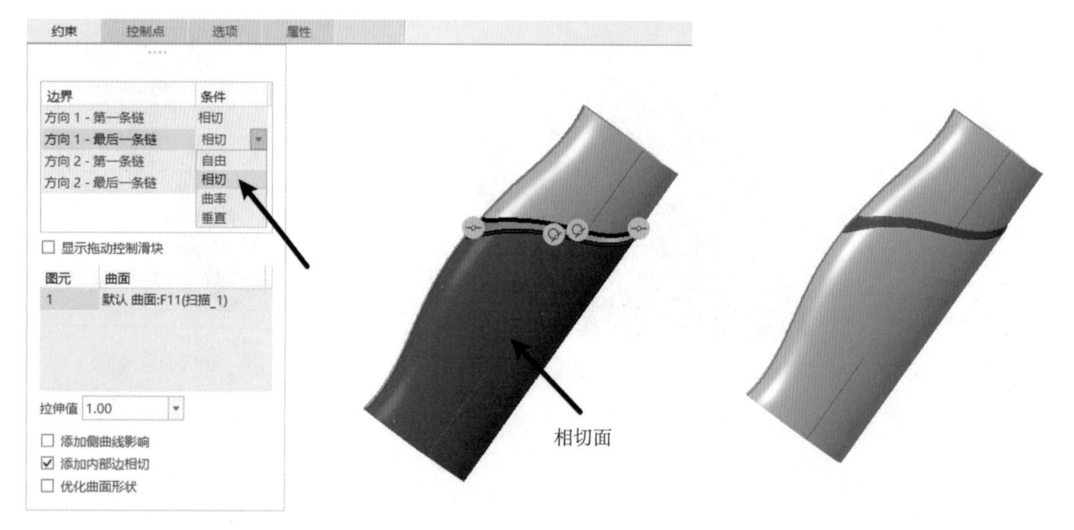

图 5-293　设置边界混合曲面方向 1 第二条链约束条件

图 5-294　边界混合曲面 2

9. 修剪瓶身曲面

（1）单击 （拉伸）命令按钮，系统弹出拉伸特征操作面板。确认拉伸类型为 （曲面），单击 （移除材料）命令按钮。

（2）单击“放置”面板的“定义”按钮，弹出“草绘”对话框，在绘图区选择基准平面 FRONT 作为草绘平面，参考为“RIGHT 基准面”，方向为“右”。单击对话框中的“草绘”按钮，进入草绘模式，调整基准平面 FRONT 的方向与用户视线垂直。绘制如图 5-295 所示的左右对称的样条曲线。

（3）单击 （确定）命令按钮，返回拉伸特征操作面板。调整视图方向为“标准方向”，如图 5-296 所示，在绘图区选择瓶身曲面作为要修剪的面，设置拉伸类型为 （穿透），并确认切除方向。单击 （确定）命令按钮，完成瓶身的修剪，结果如图 5-297 所示。

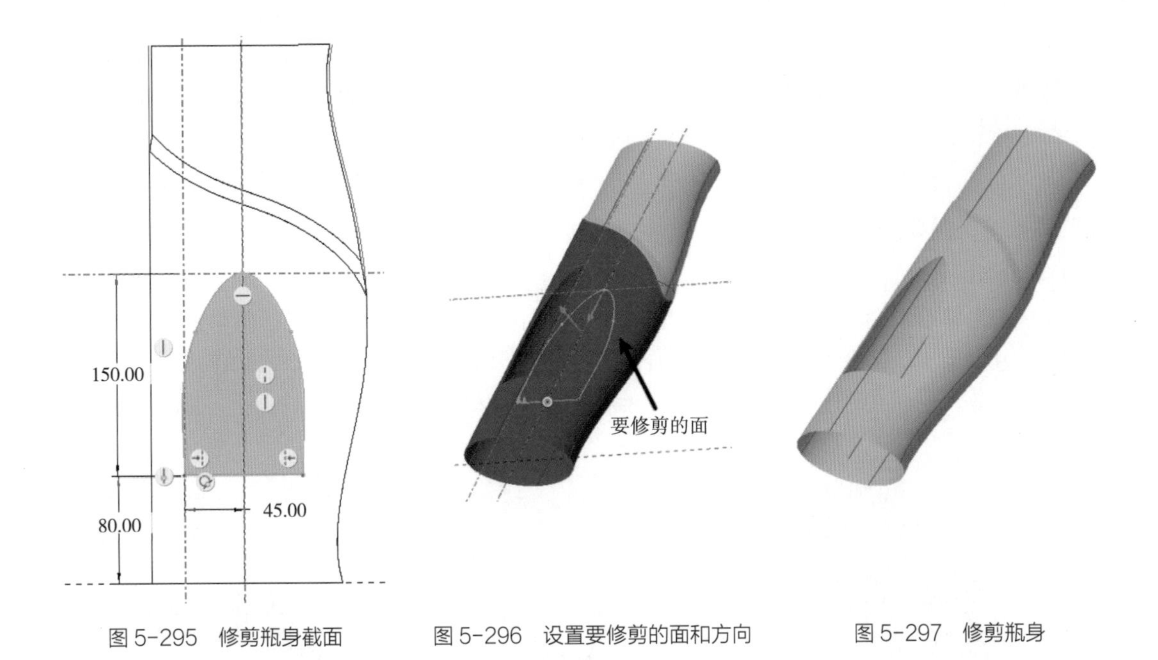

图 5-295　修剪瓶身截面　　图 5-296　设置要修剪的面和方向　　图 5-297　修剪瓶身

10. 创建瓶身凹槽曲面

（1）单击（扫描）命令按钮，系统弹出扫描特征操作面板。确认扫描类型为（曲面）。

（2）在绘图区选择如图 5-298 的模型边线。

（3）单击（草绘）命令按钮，进入内部草绘器。在轨迹线起点位置绘制如图 5-299 所示的圆弧作为扫描截面，注意保证圆弧的圆心与竖直参考线重合。单击（确定）命令按钮，返回扫描特征操作面板。在扫描特征操作面板上单击（确定）命令按钮，得到扫描曲面，如图 5-300 所示。

（4）单击（延伸）命令按钮，系统弹出延伸操作面板。确认延伸类型为（沿初始曲面）。

（5）在绘图区选择如图 5-301 所示扫描曲面的边线，设置延伸距离为 10。单击（确定）命令按钮，完成曲面一侧的延伸，结果如图 5-302 所示。

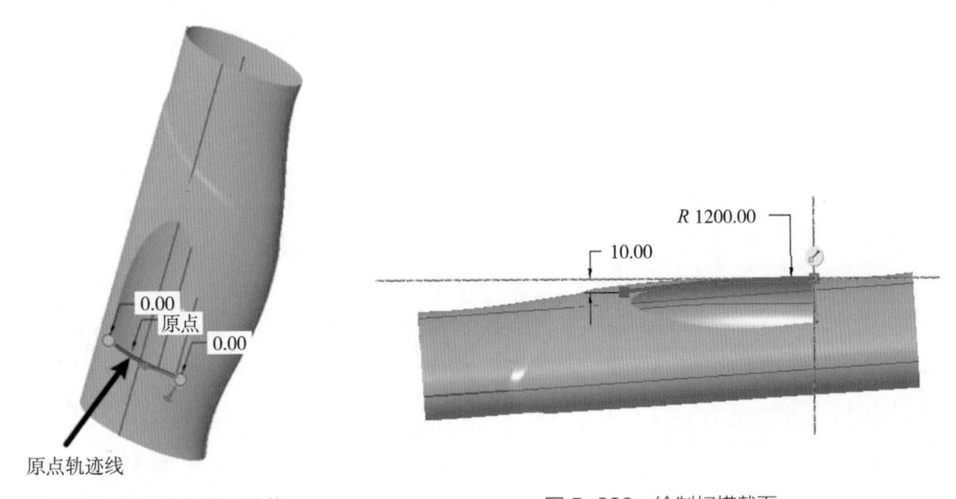

图 5-298　选择模型边线　　图 5-299　绘制扫描截面

（6）单击（延伸）命令按钮，系统弹出延伸操作面板。确认延伸类型为（沿初始曲面）。

（7）在绘图区选择如图 5-303 所示扫描曲面的边线，设置延伸距离为 10。单击（确定）命令按钮，完成曲面另一侧的延伸，结果如图 5-304 所示。

（8）单击（拉伸）命令按钮，系统弹出拉伸特征操作面板。确认拉伸类型为（曲面），单击（移除材料）命令按钮。

（9）单击“放置”面板的“定义”按钮，弹出“草绘”对话框，在绘图区选择基准平面 FRONT 作为草绘平面，参考为“RIGHT 基准面”，方向为“右”。单击对话框中的“草绘”按钮，进入草绘模式，调整基准平面 FRONT 的方向与用户视线垂直。单击草绘器中的（投影）命令按钮，选取拉伸曲面 2 在 FRONT 基准平面上的投影链作为拉伸截面，如图 5-305 所示。

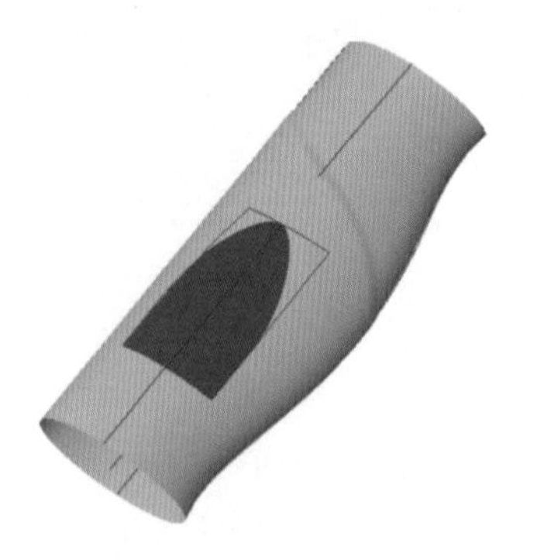
图 5-300　扫描瓶身凹槽曲面

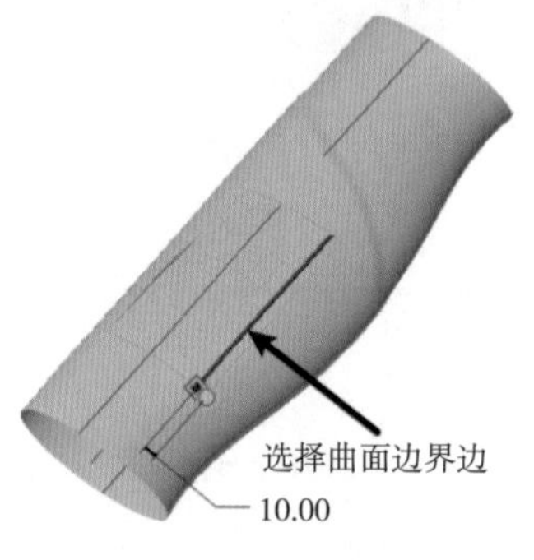

图 5-301　选择曲面延伸边界边

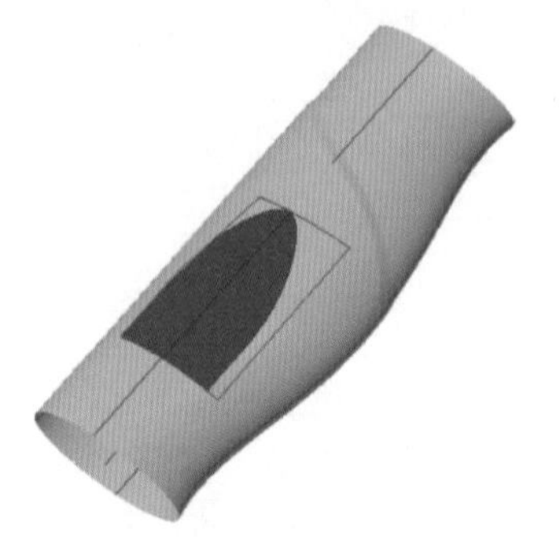
图 5-302　扫描曲面一侧延伸

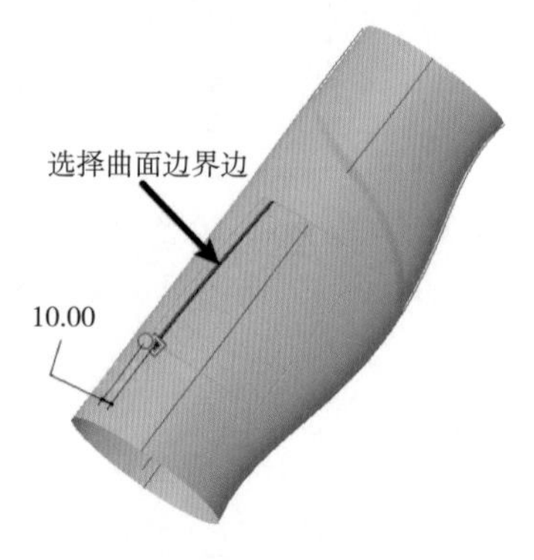

图 5-303　选择曲面延伸边界边

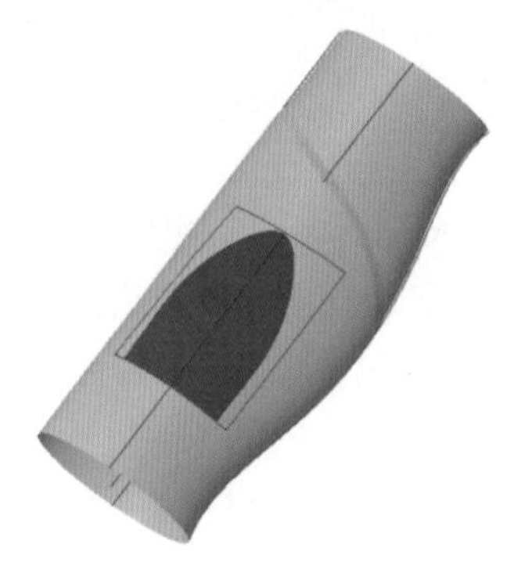
图 5-304　扫描曲面另一侧延伸

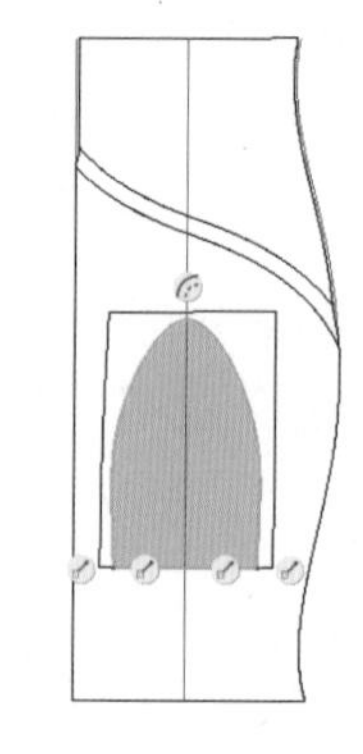
图 5-305　修剪瓶身凹槽截面草图

（10）单击（确定）命令按钮，返回拉伸特征操作面板。调整视图方向为“标准方向”，如图 5-306 所示，在绘图区选择扫描的瓶身凹槽作为要修剪的面，设置拉伸类型为（穿透），并确认切除方向。单击（确定）命令按钮，完成瓶身凹槽的修剪，结果如图 5-307 所示。

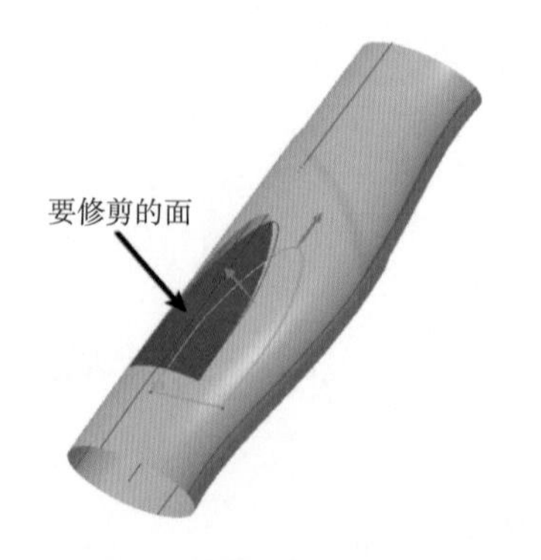

图 5-306　设置要修剪的面和方向

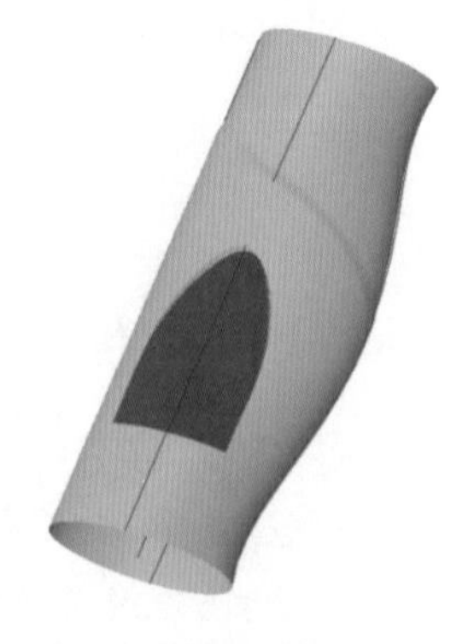
图 5-307　修剪瓶身凹槽

11. 创建瓶身与凹槽间的边界混合曲面

（1）单击 （边界混合）命令按钮，系统弹出边界混合操作面板。

（2）在绘图区按 Ctrl 键依次选择瓶身拉伸修剪后的边线和瓶身凹槽修剪后的边线作为第一方向上的两条边界曲线，如图 5-308 所示。单击 ✔（确定）命令按钮，完成边界混合曲面 3，结果如图 5-309 所示。

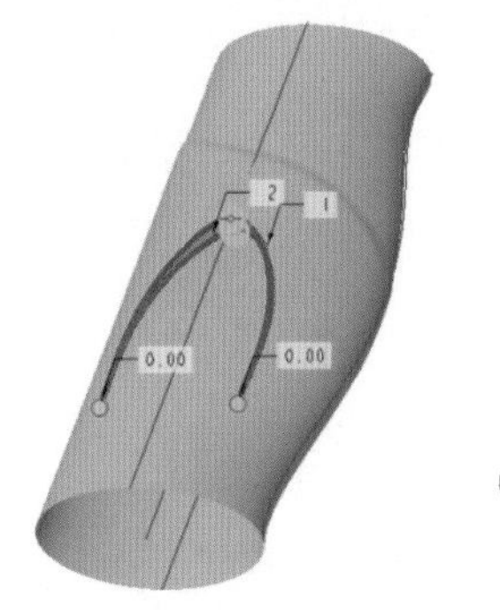

图 5-308 选择第一方向边界曲线

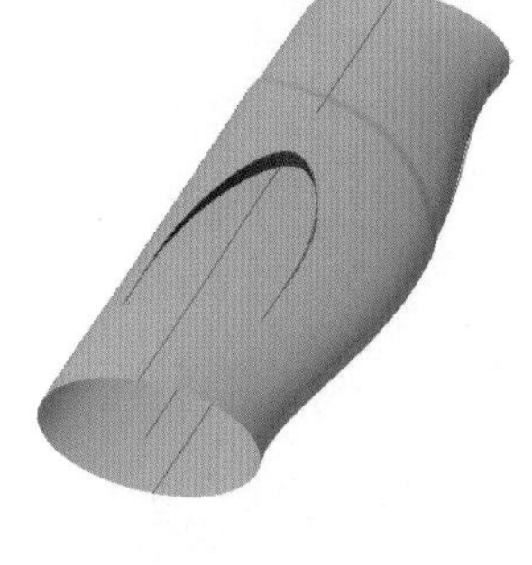

图 5-309 边界混合曲面 3

12. 填充瓶身上下表面

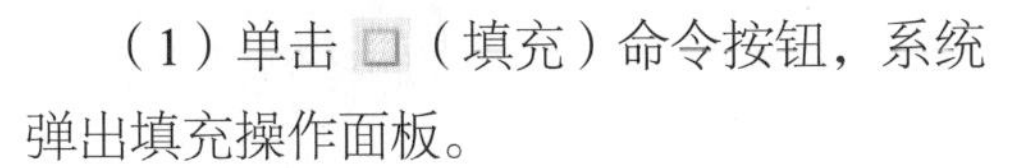

（1）单击 （填充）命令按钮，系统弹出填充操作面板。

（2）单击“参考”面板的“定义”按钮，弹出“草绘”对话框，在绘图区选择基准平面 TOP 作为草绘平面，参考为“RIGHT 基准面”，方向为“右”。单击对话框中的“草绘”按钮，进入草绘模式，调整基准平面 TOP 的方向与用户视线垂直。

（3）单击草绘器中的 （投影）命令按钮，选取瓶身底面在 TOP 基准平面上的投影链作为填充曲面区域，如图 5-310 所示。单击 ✔（确定）命令按钮，创建填充曲面 1，结果如图 5-311 所示。

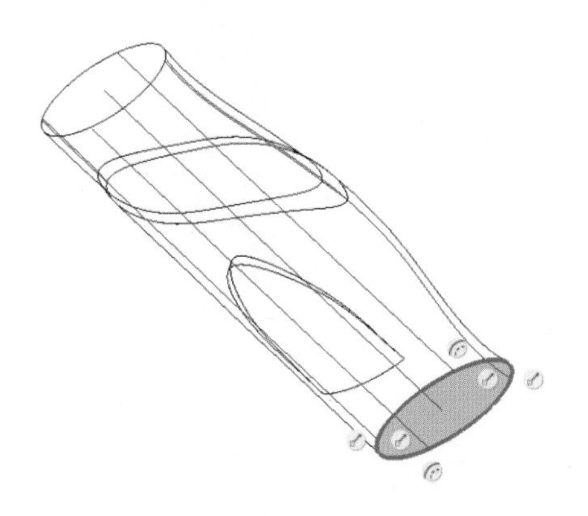

图 5-310 草绘填充曲面 1 轮廓

图 5-311 填充曲面 1

（4）单击 （平面）命令按钮，系统弹出“基准平面”对话框。在绘图区选择 TOP 基准面为放置参考，并设置约束类型为“偏移”，输入偏移值为 400，如图 5-312 所示。单击 ✔（确定）命令按钮，得到基准平面 DTM1，如图 5-313 所示。

（5）单击 （填充）命令按钮，系统弹出填充操作面板。

（6）单击“参考”面板的“定义”按钮，弹出“草绘”对话框，在绘图区选择基准平面 DTM1 作为草绘平面，参考为“RIGHT 基准面”，方向为“右”。单击对话框中的“草绘”按钮，进入草绘模式，调整基准平面 DTM1 的方向与用户视线垂直。

（7）单击草绘器中的 （投影）命令按钮，调整模型视角方向，选取瓶身偏移曲面上表面在 DTM1 基准平面上的投影链作为填充曲面区域，如图 5-314 所示。

（8）单击 ✔（确定）命令按钮，返回填充曲面操作面板。单击 ✔（确定）命令按钮，完成填充曲面 2，结果如图 5-315 所示。

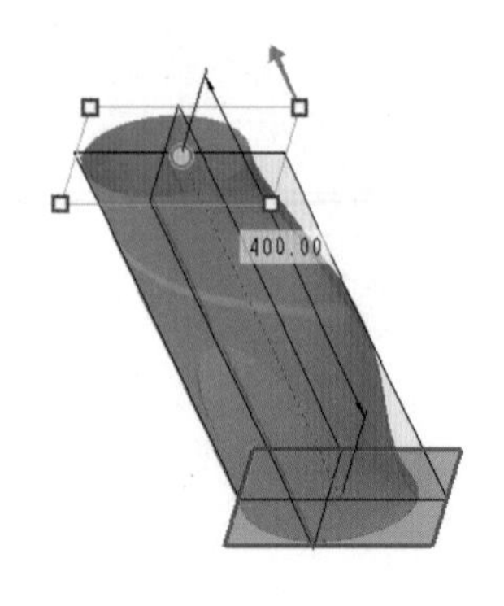

图 5-312　设置基准平面 DTM1 参考和约束类型

图 5-313　基准平面 DTM1

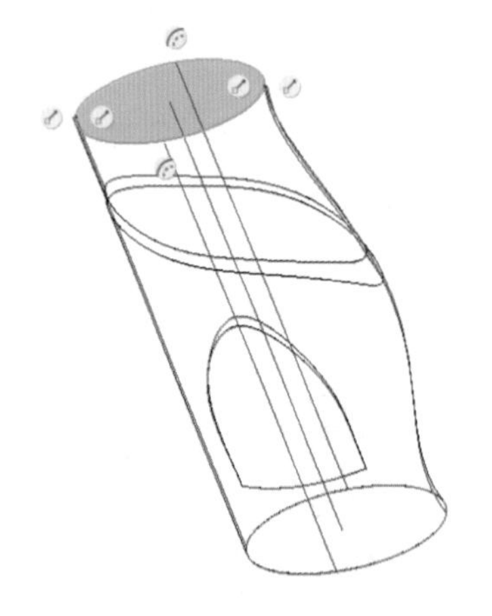

图 5-314　草绘填充曲面 2 轮廓

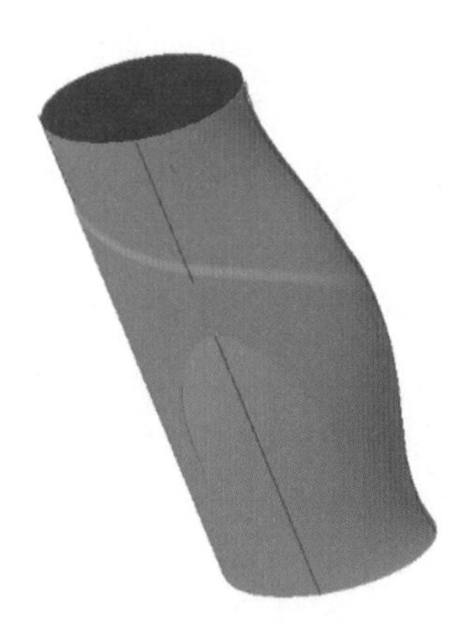

图 5-315　填充曲面 2

13. 合并所有曲面

（1）单击（合并）命令按钮，系统弹出合并操作面板。

（2）在绘图区按 Ctrl 键依次选择如图 5-316 所示的瓶身偏移曲面和填充曲面 2，并调整保留曲面的方向箭头。单击 ✔（确定）命令按钮，完成这两个曲面的合并。

（3）单击（合并）命令按钮，系统弹出合并操作面板。

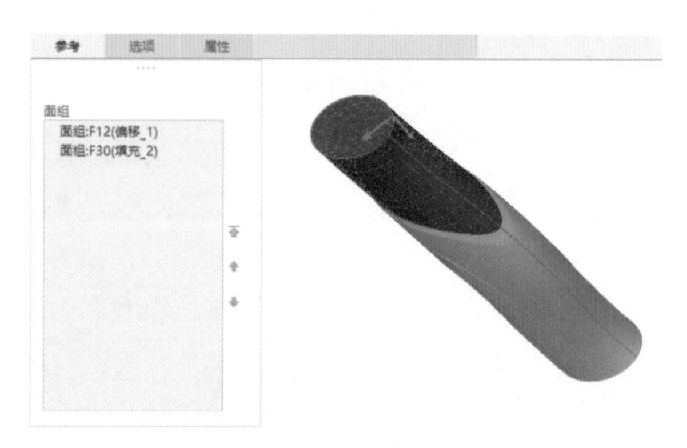

图 5-316　选择合并曲面 1 的曲面

（4）在绘图区按 Ctrl 键依次选择如图 5-317 所示的合并曲面 1、边界混合曲面 1、边界混合曲面 2、扫描曲面以及填充曲面 1（注意曲面选择顺序）。单击 ✓（确定）命令按钮，完成合并曲面 2。

（5）单击（合并）命令按钮，系统弹出合并操作面板。

（6）在绘图区按 Ctrl 键依次选择如图 5-318 所示的合并曲面 2、边界混合曲面 3 以及扫描曲面 2（注意曲面选择顺序）。单击 ✓（确定）命令按钮，完成合并曲面 3。

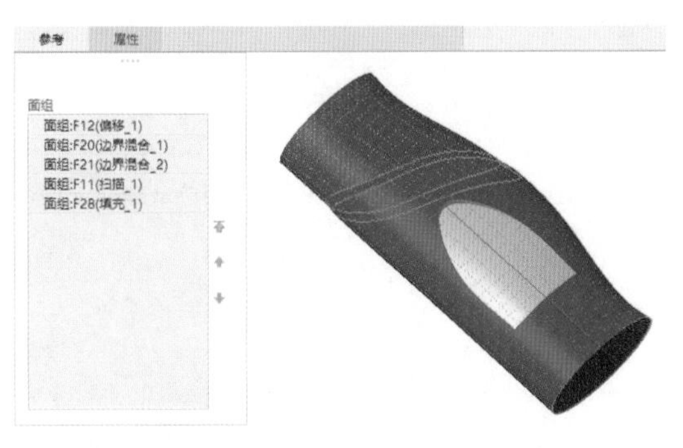

图 5-317 选择合并曲面 2 的曲面

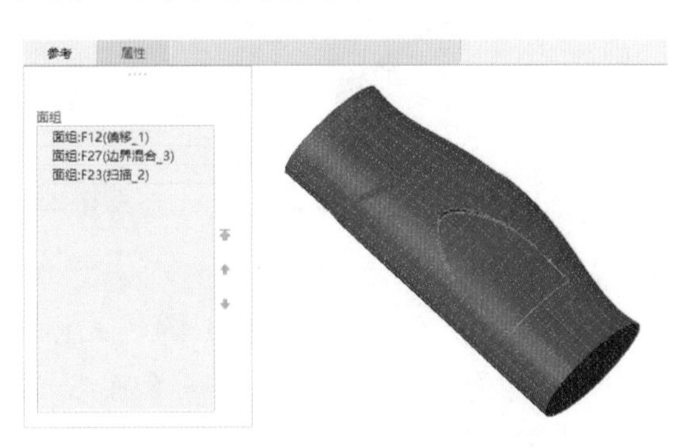

图 5-318 选择合并曲面 3 的曲面

14. 实体化曲面

（1）单击（实体化）命令按钮，系统弹出实体化操作面板。

（2）在绘图区选择合并面组 3，如图 5-319 所示，单击 ✓（确定）命令按钮，完成曲面实体化。

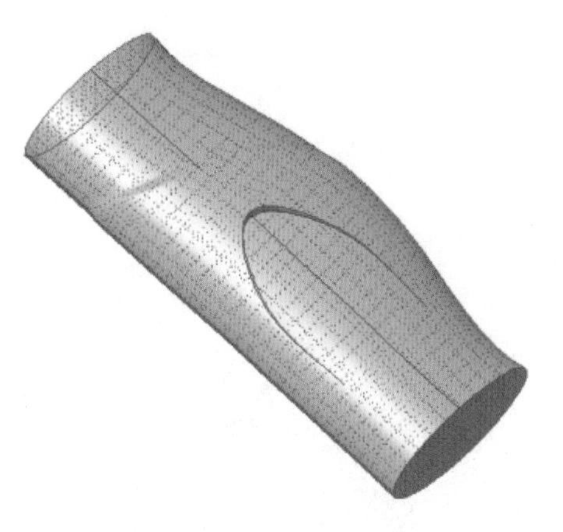

图 5-319 实体化曲面

15. 倒圆角光滑过渡

（1）单击（倒圆角）命令按钮，系统弹出倒圆角特征操作面板。

（2）在绘图区按 Ctrl 键依次选择如图 5-320 所示的两条边链，设置圆角半径为 5，单击 ✓（确定）命令按钮，完成倒圆角特征 1 的创建。

（3）单击（倒圆角）命令按钮，系统弹出倒圆角特征操作面板。

（4）在绘图区选择如图 5-321 所示的边链，设置圆角半径为 1，单击 ✓（确定）命令按钮，完成倒圆角特征 2 的创建。

（5）单击（倒圆角）命令按钮，系统弹出倒圆角特征操作面板。

（6）在绘图区选择如图 5-322 所示的两条边链，设置圆角半径为 1，单击 ✓（确定）命令按钮，完成倒圆角特征 3 的创建。

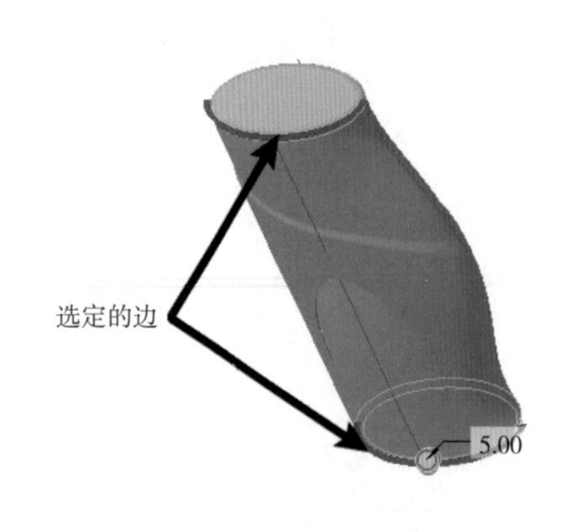

图 5-320 倒圆角 1 边线设置

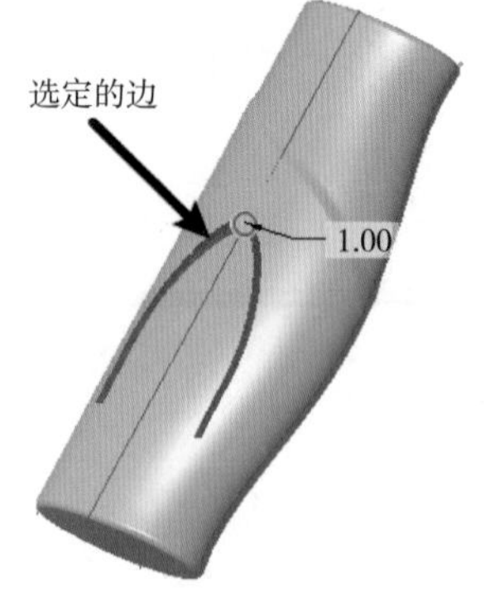

图 5-321 倒圆角 2 边线设置

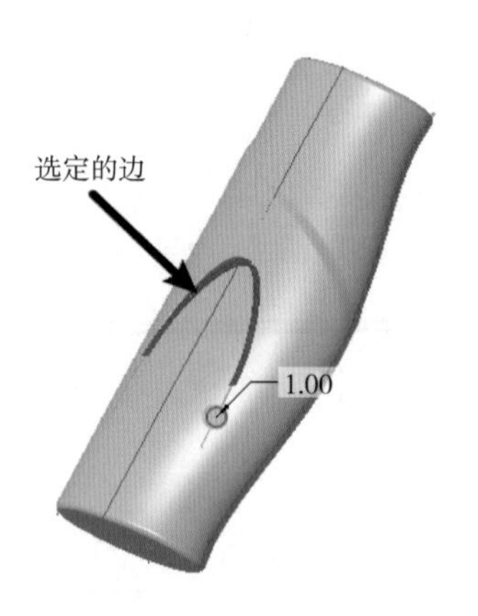

图 5-322 倒圆角 3 边线设置

16. 抽壳

（1）单击 （壳）命令按钮，系统弹出壳特征操作面板。

（2）设置厚度值为 2。单击 ✓（确定）命令按钮，完成壳特征的创建，如图 5-323 所示。

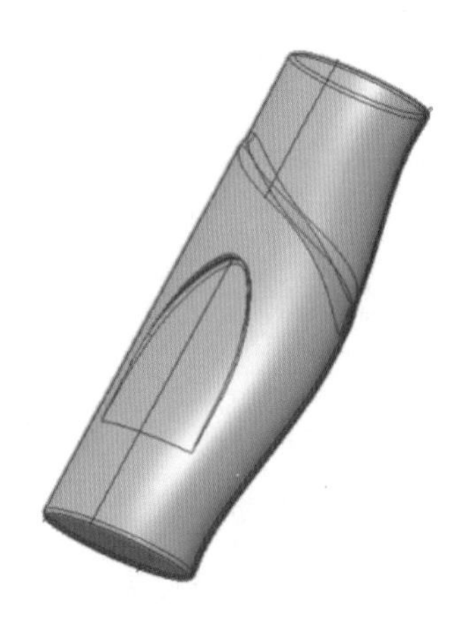

图 5-323 抽壳

17. 创建瓶体沟槽

（1）单击 （平面）命令按钮，系统弹出“基准平面”对话框。在绘图区选择 TOP 基准面为放置参考，并设置约束类型为“偏移”，输入偏移值为 20，如图 5-324 所示。单击 ✓（确定）命令按钮，得到基准平面 DTM2，如图 5-325 所示。

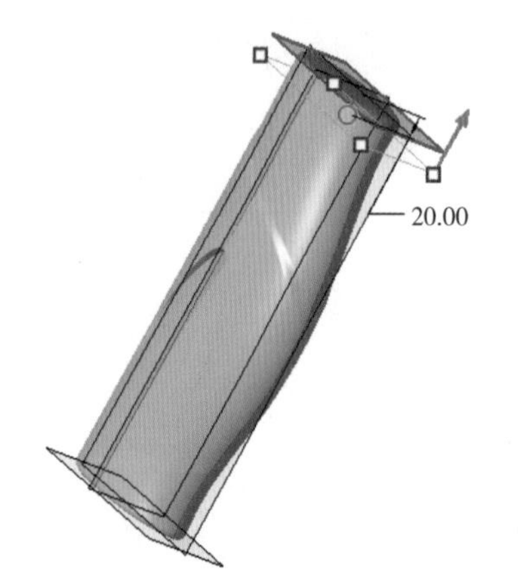

图 5-324 设置基准平面 DTM2 参考和约束类型

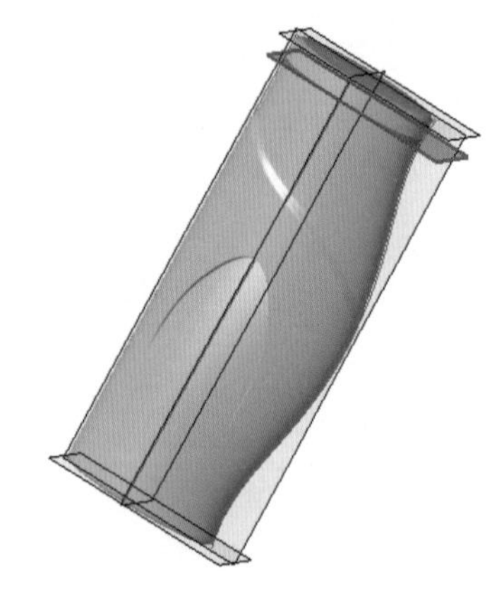

图 5-325 基准平面 DTM2

（2）单击 （相交）命令按钮，系统弹出相交操作面板，确认相交类型为 （曲面）。

（3）在绘图区按 Ctrl 键依次选择瓶身偏移曲面和基准平面 DTM2，如图 5-326 所示。

（4）单击 ✓（确定）命令按钮，完成相交曲线 2 的创建，结果如图 5-327 所示。

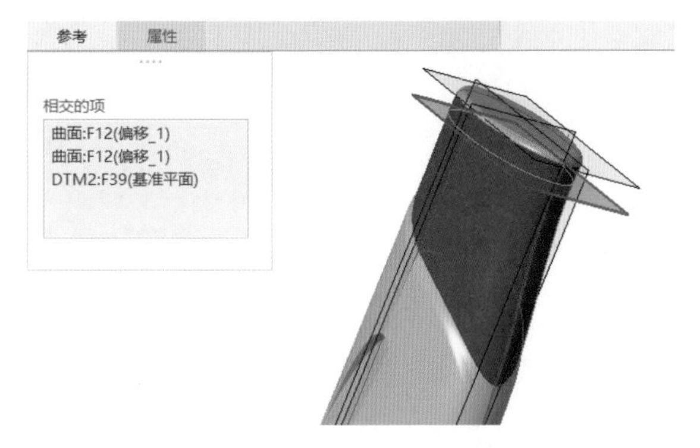

图 5-326 选择相交面组

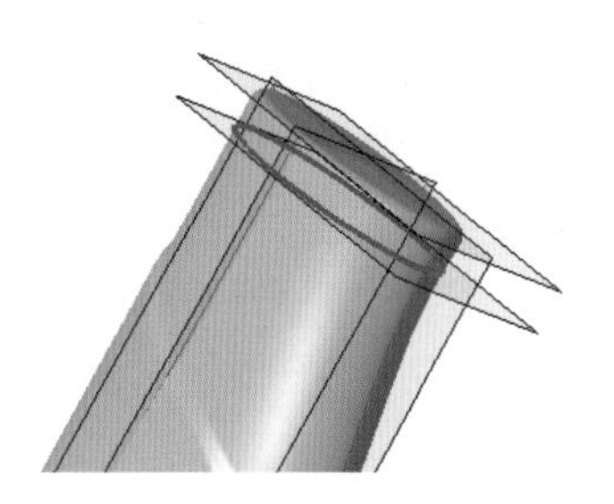

图 5-327 相交曲线 2

（5）单击 （扫描）命令按钮，系统弹出扫描特征操作面板。确认扫描特征类型为 （实体）、（移除材料）。

（6）在绘图区选择相交曲线 2 为原点轨迹线，如图 5-328 所示。

（7）单击 （草绘）命令按钮，进入内部草绘器。在轨迹线起点位置绘制如图 5-329 所示的直径为 2 的圆作为扫描截面。单击 （确定）命令按钮，返回扫描特征操作面板。

（8）在扫描特征操作面板上单击 （确定）命令按钮，得到沟槽 1，如图 5-330 所示。

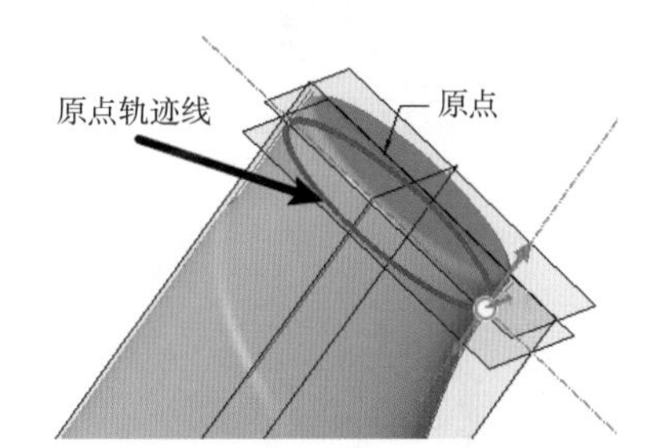

图 5-328 选择相交曲线 2

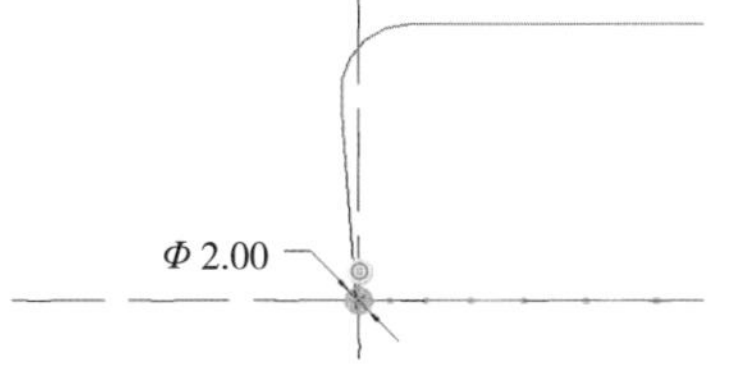

图 5-329 绘制扫描截面

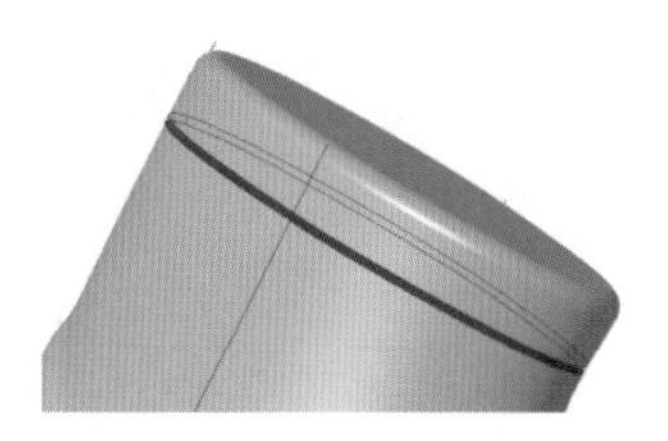

图 5-330 扫描沟槽 1

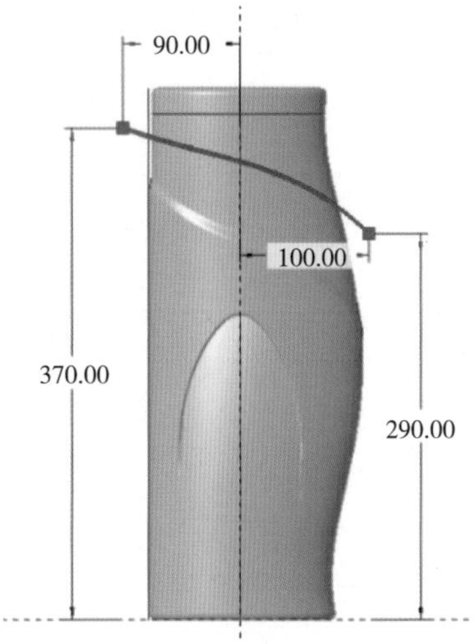

图 5-331 拉伸曲面 4 截面

（9）单击 （拉伸）命令按钮，系统弹出拉伸特征操作面板。确认拉伸类型为 （曲面）。

（10）在绘图区选择基准平面 FRONT 作为草绘平面，参考为“RIGHT 基准面”，方向为“右”。进入草绘模式，调整基准平面 FRONT 的方向与用户视线垂直。绘制如图 5-331 所示的样条曲线。

（11）单击 （确定）命令按钮，返回拉伸特征操作面板。设置拉伸深度类型为 （对称），深度值为 100。单击 （确定）命令按钮，完成拉伸曲面 4 创建，结果如图 5-332 所示。

（12）单击 （相交）命令按钮，系统弹出相交操作面板，确认相交类型为 （曲面）。

（13）在绘图区按 Ctrl 键依次选择瓶身偏移曲面和拉伸曲面组，如图 5-333 所示。

（14）单击 ✔（确定）命令按钮，完成相交曲线 3 的创建。结果如图 5-334 所示。

（15）单击 （扫描）命令按钮，系统弹出扫描特征操作面板。确认扫描特征类型为 （实体）、（移除材料）。

（16）在绘图区选择相交曲线 3，如图 5-335 所示。

（17）单击 （草绘）命令按钮，进入内部草绘器。在轨迹线起点位置绘制如图 5-336 所示的直径为 2 的圆作为扫描截面。单击 ✔（确定）命令按钮，返回扫描特征操作面板。

（18）在扫描特征操作面板上单击 ✔（确定）命令按钮，得到沟槽 2，如图 5-337 所示。

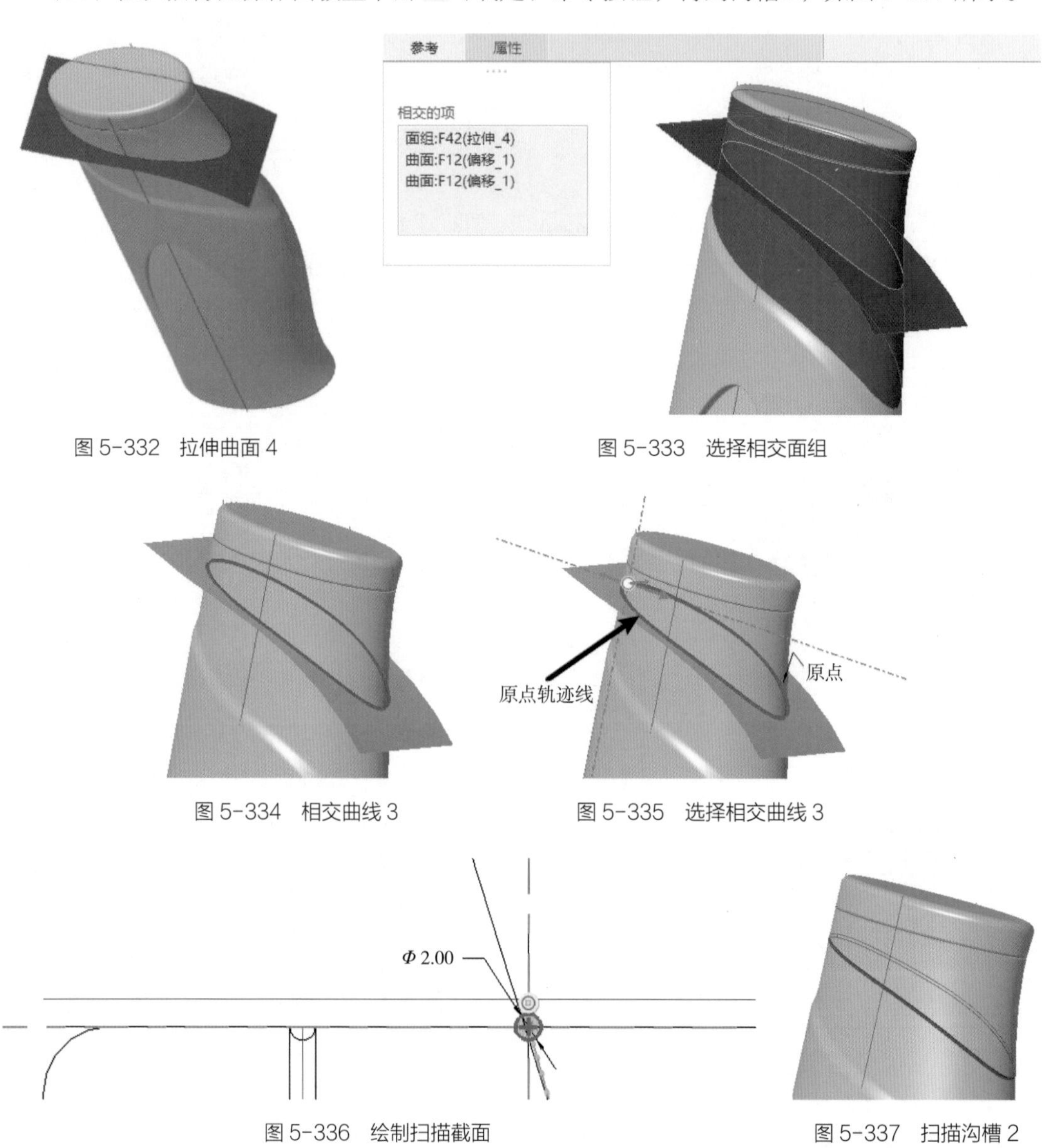

图 5-332　拉伸曲面 4

图 5-333　选择相交面组

图 5-334　相交曲线 3

图 5-335　选择相交曲线 3

图 5-336　绘制扫描截面

图 5-337　扫描沟槽 2

18. 保存文件

单击工具栏中的 （保存）命令按钮，保存当前模型文件。

6 项目六

产品装配模型设计

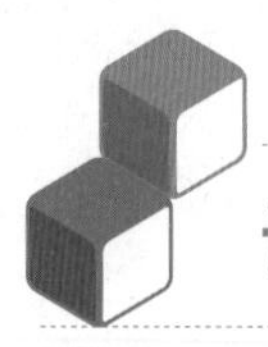

认知 1 初识 Creo Parametric 产品装配模型设计

一、产品装配模型设计概述

6-1 产品装配模型设计基础知识

完成零件设计后，将设计的零件按照设计要求的约束条件装配在一起，才能形成一个完整的产品或机构装置。在 Creo Parametric 系统中，产品装配模型设计就是按照一定的约束条件，将各零件组装成一个整体并能满足设计功能的过程，产品装配模型设计是在装配模块中完成的。

二、产品装配模型文件

Creo Parametric 中装配模型文件的扩展名为“.asm”。装配文件包含装配体中各个零件名称的完整路径以及各个零件之间的装配约束关系，但并不包含各个零件的具体形状、特征等。因此，装配模型文件不能单独存在，必须和装配体中的各个零件模型文件一起存在。

三、Creo Parametric 中产品装配模式

产品设计开发的方法有自底向上和自顶向下两种，Creo Parametric 中也提供了两种装配模式：自底向上装配模式与自顶向下装配模式。自底向上装配模式是根据产品功能先创建出各个元件、部件，然后在装配模式下将已有的零件或子装配按相互的配合关系相互连接，最终设计出符合产品功能的产品。这种方法是从底部零件开始的，方便利用已有的零件或部件，可以减少设计成本，缩短开发周期。设计人员也可以专注于零件设计。零部件相互独立，模型重建过程中计算更加简单。但由于是从底层设计开始，所以很难保证整体设计的最佳性。另外，由于每个零件是单独定义的，缺乏相互联系。当某些设计条件改变时，模型不能实现相关零部件的联动修改，易造成零件修改的不一致。这种装配模式常用于产品装配关系比较明确或零件造型较为规范的场合。

自顶向下装配模式是设计师从产品系统构成的最高层面来总体设计和功能性设计，把整个产品作为系统的一个零件来设计，先从整体上构建出产品的结构关系或布局，然后根据这些关系或布局，即给定的设计约束条件、关键的设计参数等设计信息进行分解，逐一设计出产品的零件模型。采用自顶向下设计可以较为方便地管理大型组件，可以有效地掌握设计意图，使整个组织结构明确，并且可以实现各个设计小组的分工协作、资源共享，同步设计指定框架下的元件或子装配组件。这种装配模式适用于全新的产品设计或者系列较为丰富多变的产品设计，例如家电产品、通信电子产品等。

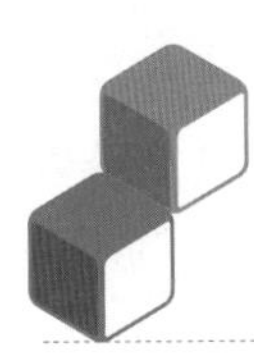

认知2 Creo Parametric 产品装配建模相关界面

一、产品装配建模界面

单击工具栏中的 （新建）命令按钮，在弹出的“新建”对话框“类型”选项组中选择“装配”单选按钮，“子类型”选项组中选择“设计”单选按钮，在“文件名”文本框中输入新建文件名（图6-1），单击“确定”按钮，进入装配设计模式，界面如图6-2所示。装配设计环境的界面由标题栏、功能区、绘图区域、状态栏和导航区等几部分组成，功能区包含文件、模型、分析、实时仿真、注释、人体模型、工具、视图、框架、应用程序10个选项卡，每个选项卡由功能类似的命令组成。

图6-1　新建装配对话框

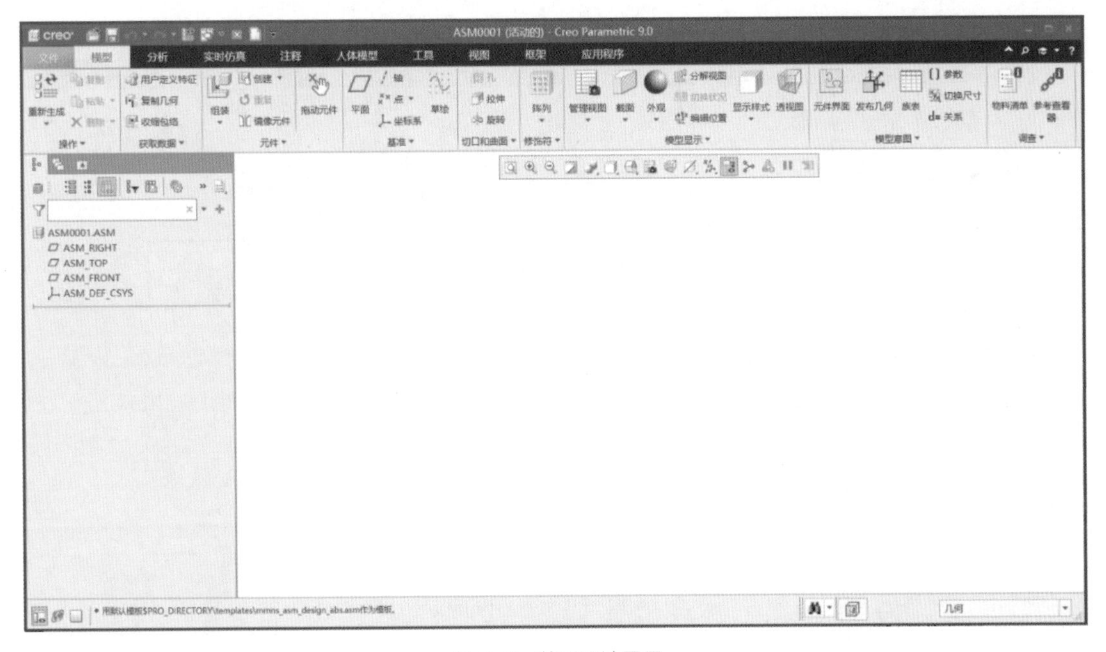

图6-2　装配设计界面

二、元件放置操作面板

进入装配模式后，在功能区“模型”选项卡的“元件”组中单击 （组装）按钮，弹出

“打开”对话框，选择并打开要添加的元件，即可打开元件放置操作面板，如图 6-3 所示。其中连接类型包括用户定义的约束集和预定义的约束集（也叫连接）。用户定义的约束集可以含有 0 个或多个约束，预定义约束集具有预定义数目的约束。选择不同的约束集，当前约束类型会随着发生变化。单击（显示拖动器）命令按钮，即在元件上显示 3D 拖动器，3D 拖动器包含沿三个动态轴的移动和绕三个动态轴的旋转。单击（单独窗口）命令按钮，即可打开一个包含要装配元件的辅助窗口。“放置”面板用来定义和显示元件放置和连接定义。“移动”面板可以移动正在装配的元件，使元件的取放更加方便。“属性”面板中显示元件名称并可以查看详细的元件信息。

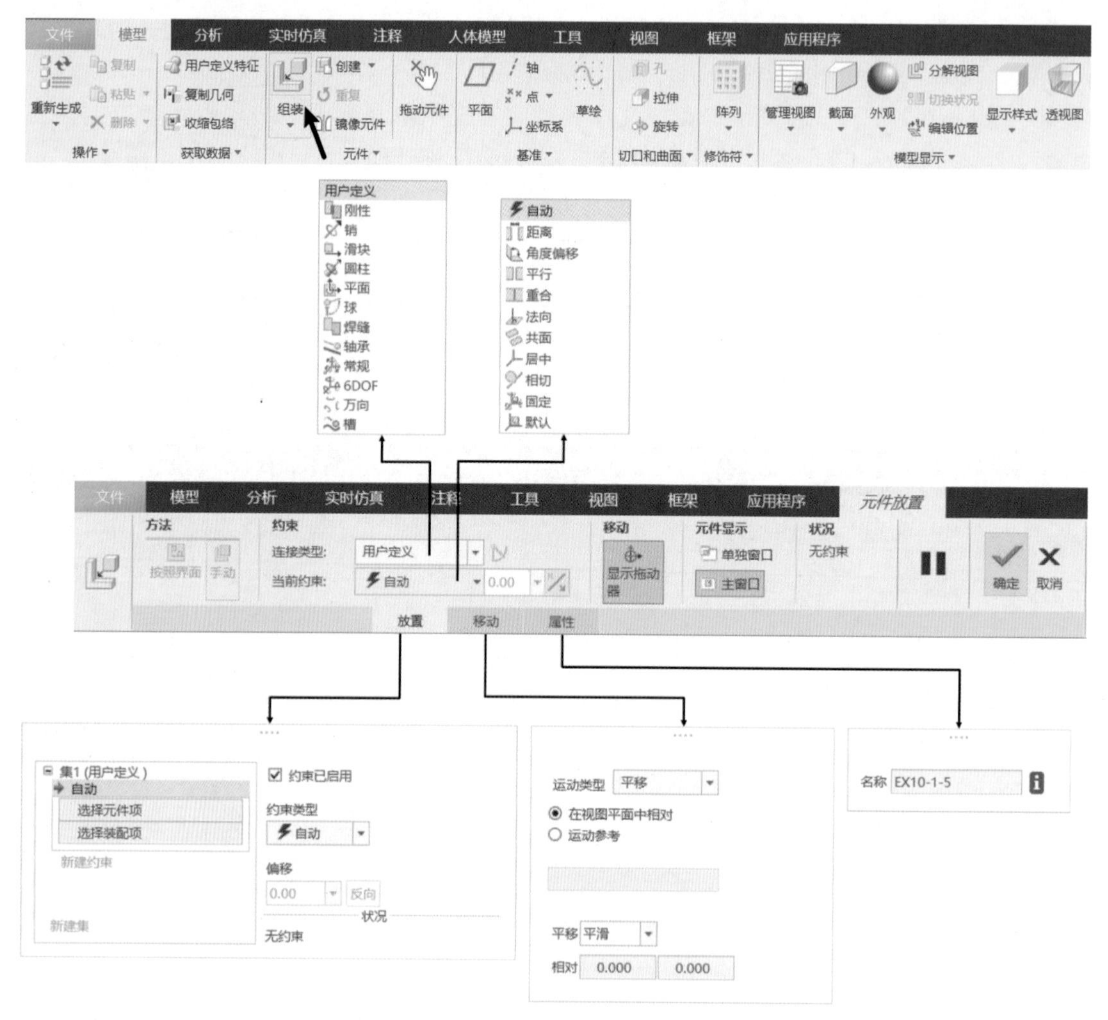

图 6-3　元件放置操作面板

任务  1　创建轮子组件装配体模型

6-2　创建轮子组件装配模型（装配约束）

6-3　创建轮子组件装配模型（其他零件）

在 Creo Parametric 中，根据图 6-4 所示轮子组件各零件的尺寸创建三维模型，并完成零件的装配。

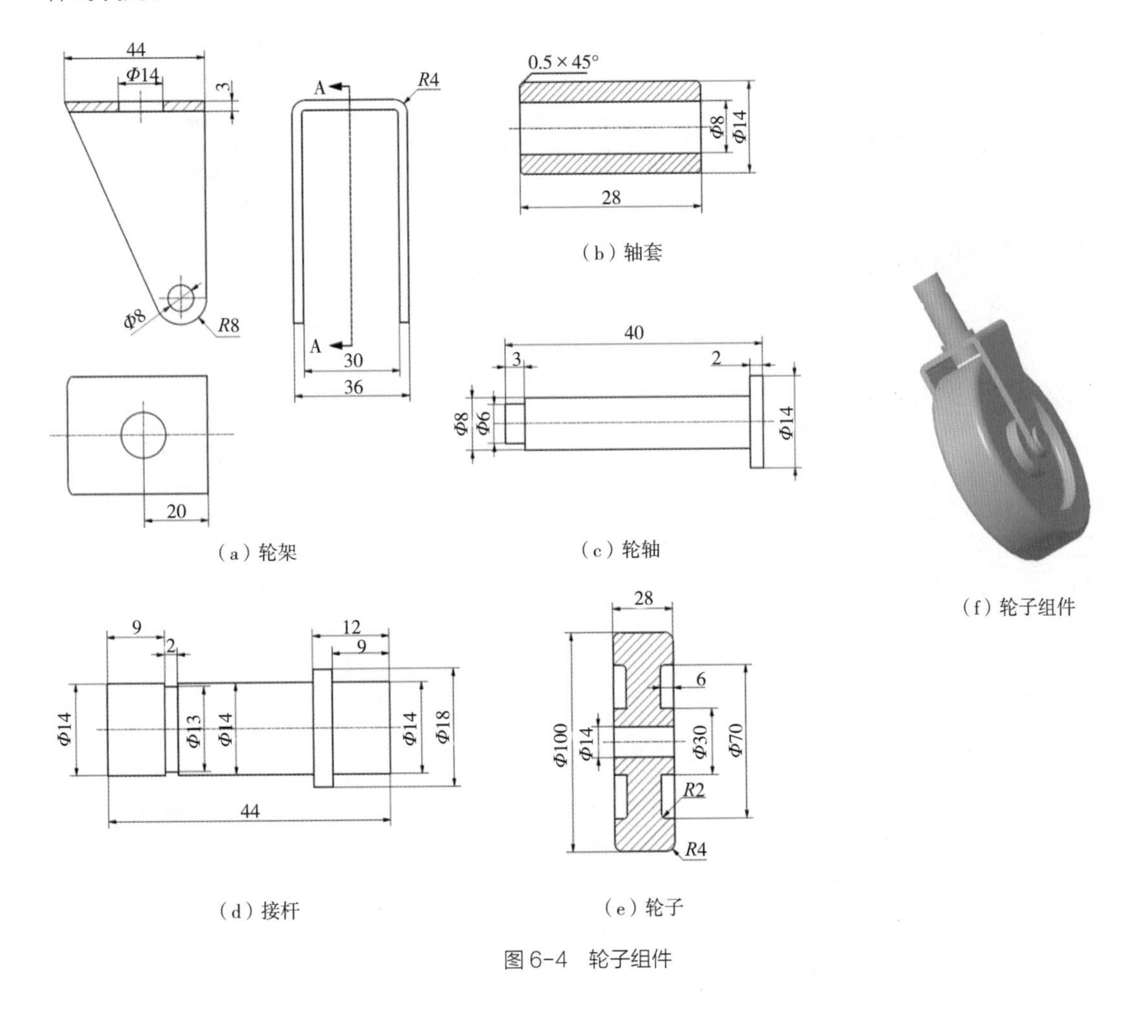

图 6-4　轮子组件

一、学习目标

（1）认识并掌握产品自底向上装配模式的基本过程。

（2）能够使用重合、距离、默认等装配约束方法进行零件的装配。

（3）提高建模的严谨性，注重产品细节建模，树立精益求精的工匠精神。

二、相关知识点

（一）自底向上装配建模过程

在 Creo Parametric 中，系统采用自底向上模式创建产品装配模型时，一般操作过程如下（图 6-5）：

（1）设计并造型各个零件模型。

（2）新建装配体文件。

（3）在装配模块中放置第一个元件，作为所有后续装配的元件直接或间接的参照。通常选择一个不太可能从组件中移出的零件作为第一个元件。

（4）根据设计方案依次放置其他零件，并确定各零件间的装配关系，形成产品装配模型。

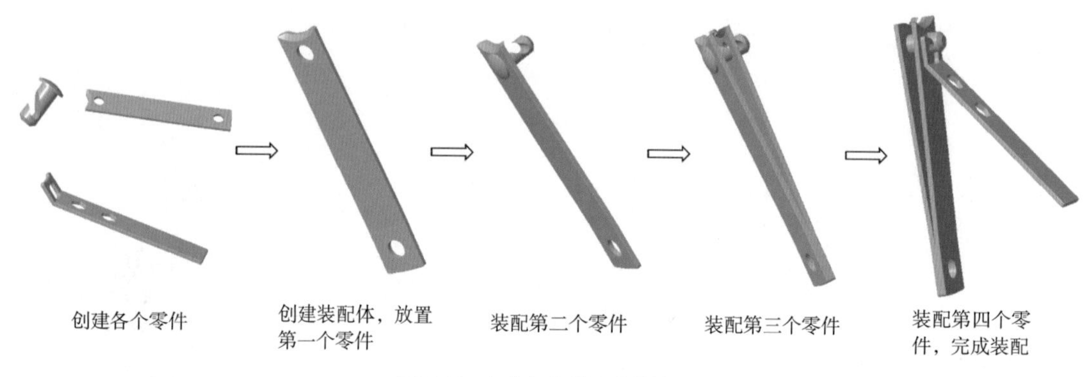

图 6-5 自底向上装配建模过程

（二）装配约束

1. 装配约束概述

零件的装配是在装配组件模块中进行的，完成装配需对元件添加一定的约束条件，限定元件与其他元件之间的关系，通过装配约束可以指定一个元件相对于另一个元件的放置方式和位置。一个元件通过装配约束添加到装配体中后，它的位置会随着与其有约束关系的元件改变而相应改变，并且约束设置值作为参数可随时修改，并可与其他参数建立关系方程，这样整个装配体实际上是一个参数化的装配体。零件的装配过程，实际上就是一个约束限位的过程，根据不同的零件模型及设计需要，选择合适的约束类型，从而完成零件模型的定位。Creo Parametric 中常用的装配约束方式有两种：基本装配约束和连接装配约束。

2. 基本装配约束

一般情况下，要完成一个零件的完全定位，可能需要同时满足几种基本装配约束条件。Creo Parametric 中基本装配约束包括 11 种，见表 6-1。

表 6-1 基本装配约束类型

约束类型	说明	图例
自动	基于所选参考的自动约束，系统会根据所选参考而智能地提供一种可能的约束类型	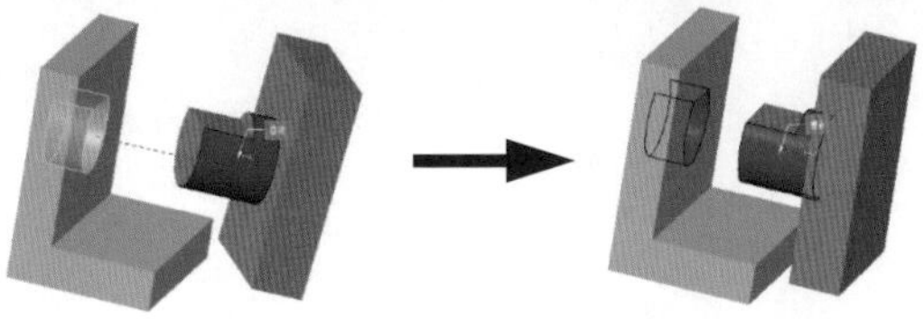
距离	将元件参考定位在距装配参考的设定距离处。可以定义两个装配元件中的点、线和平面之间的距离值。约束对象可以是元件中的平整表面、边线、顶点、基准点、基准平面和基准轴，所选对象不必是同一种类型	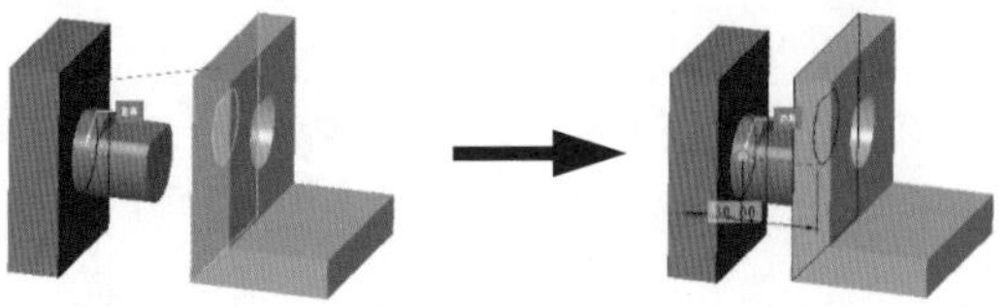
角度偏移	将选定的元件参考以某一角度定位到选定的装配参考。可以定义两个装配元件中的平面之间的角度，也可以约束线与线、线与面之间的角度。该约束通常需要与其他约束配合使用，才能准确地定位角度	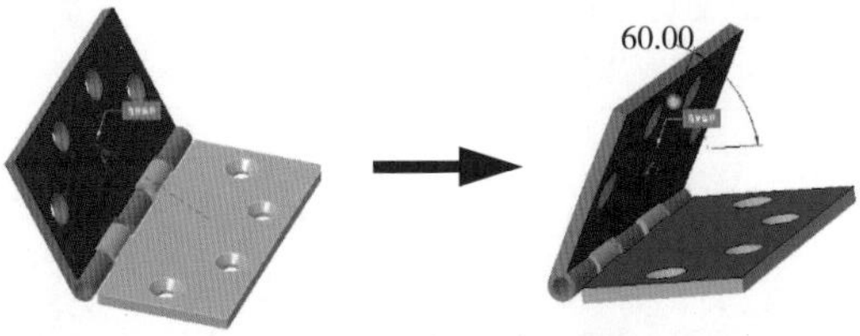 60.00
平行	定义两个装配元件的平行位置关系。参考可以是线与线、线与平面或平面与平面	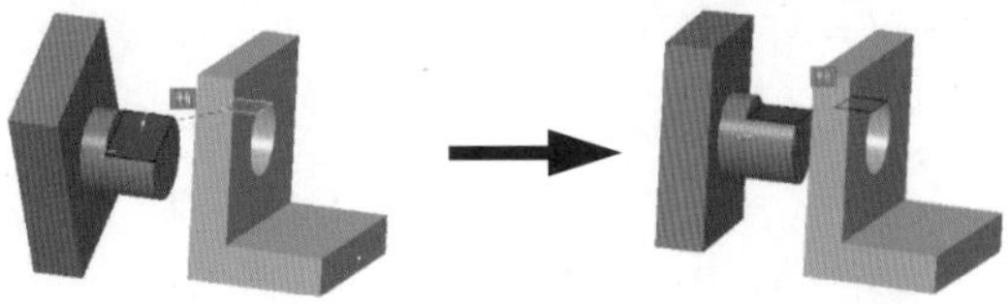
重合	将元件参考定位到与装配参考重合，是装配中应用最多的一种约束。该约束可以定义两个装配元件中的点、线和面重合。约束的对象可以是实体的顶点、边线和平面，可以是基准特征，还可以是具有中心轴线的旋转面。在使用“重合”约束时，需要注意约束方向的正确设定，单击“反向”按钮可以更改重合的约束方向	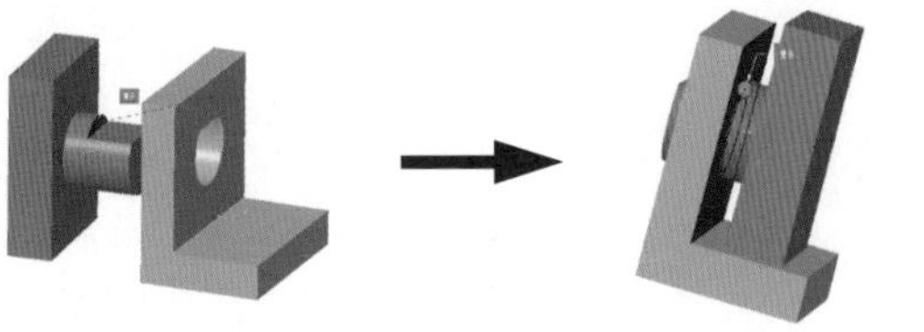
法向	将元件参考定位到与装配参考垂直，参考可以是线与线（共面的线）、线与平面或平面与平面垂直	
共面	将元件边、轴、目的基准轴或曲面定位到与类似的装配参考共面	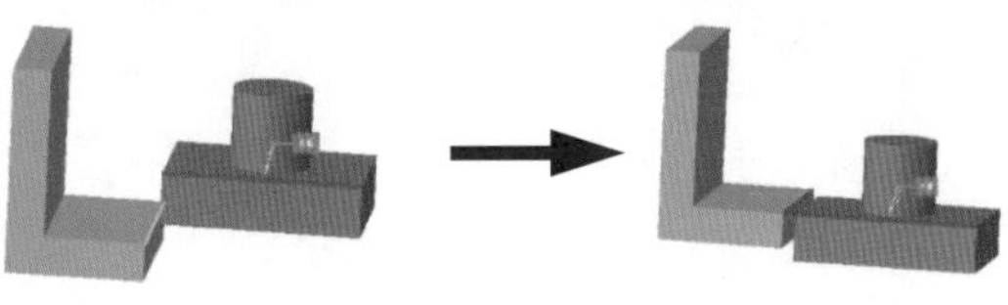

续表

约束类型	说明	图例
居中	可以控制两坐标系的原点相重合，但各坐标轴不重合，因此，两零件可以绕重合的原点进行旋转	
	当选择两柱面居中时，两柱面的中心轴重合。参考可以为圆锥与圆锥、圆环与圆环或球面与球面	
相切	控制两个曲面相切	
固定	将元件固定在图形区的当前位置。当向装配环境中引入第一个元件时，也可对该元件实施这种约束形式	
默认	也称为缺省约束，可用该约束将元件上的默认坐标系与装配环境的默认坐标系重合。当向装配环境中引入第一个元件时，常常对该元件实施这种约束形式	

3. 连接装配约束

传统的装配元件方法是为元件添加各种固定约束，将元件的自由度约束到 0。因此元件的位置被完全约束，这样装配的原件就被相对固定从而不能进行运动分析。而连接装配是一种具有一定自由度的装配元件方法，是为元件添加各种组合约束，如“销钉”“圆柱”“刚性”“槽”和“球”等。使用这些组合约束装配的元件因自由度没有完全消除（刚性、焊接和常规除外），因此元件可以自由移动或旋转。这样装配的元件可用于运动分析。Creo Parametric 中可用的连接装配类型见表 6-2。

表 6-2 连接装配类型

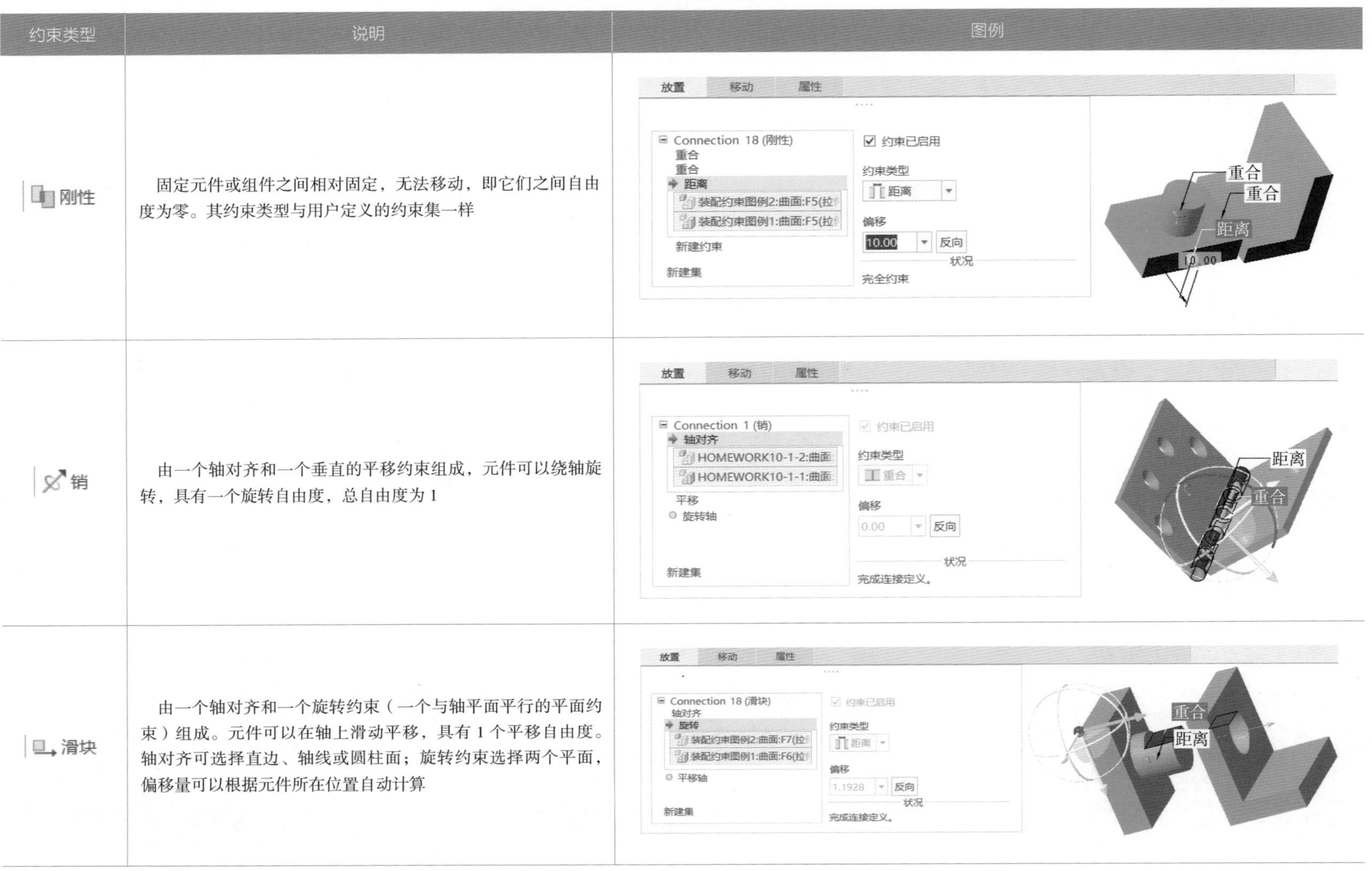

约束类型	说明	图例
刚性	固定元件或组件之间相对固定，无法移动，即它们之间自由度为零。其约束类型与用户定义的约束集一样	
销	由一个轴对齐和一个垂直的平移约束组成，元件可以绕轴旋转，具有一个旋转自由度，总自由度为 1	
滑块	由一个轴对齐和一个旋转约束（一个与轴平面平行的平面约束）组成。元件可以在轴上滑动平移，具有 1 个平移自由度。轴对齐可选择直边、轴线或圆柱面；旋转约束选择两个平面，偏移量可以根据元件所在位置自动计算	

续表

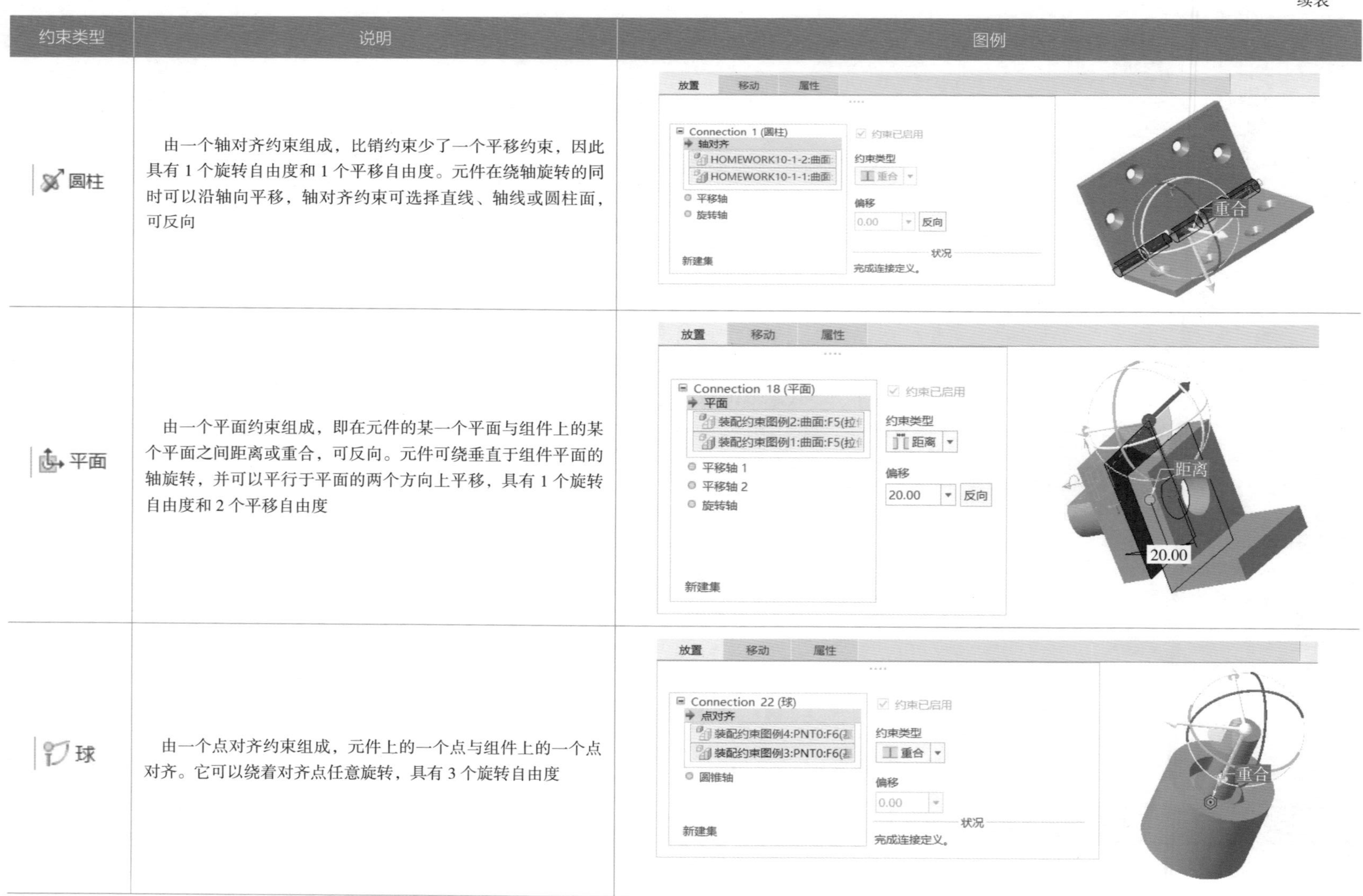

约束类型	说明	图例
圆柱	由一个轴对齐约束组成，比销约束少了一个平移约束，因此具有 1 个旋转自由度和 1 个平移自由度。元件在绕轴旋转的同时可以沿轴向平移，轴对齐约束可选择直线、轴线或圆柱面，可反向	
平面	由一个平面约束组成，即在元件的某一个平面与组件上的某个平面之间距离或重合，可反向。元件可绕垂直于组件平面的轴旋转，并可以平行于平面的两个方向上平移，具有 1 个旋转自由度和 2 个平移自由度	
球	由一个点对齐约束组成，元件上的一个点与组件上的一个点对齐。它可以绕着对齐点任意旋转，具有 3 个旋转自由度	

续表

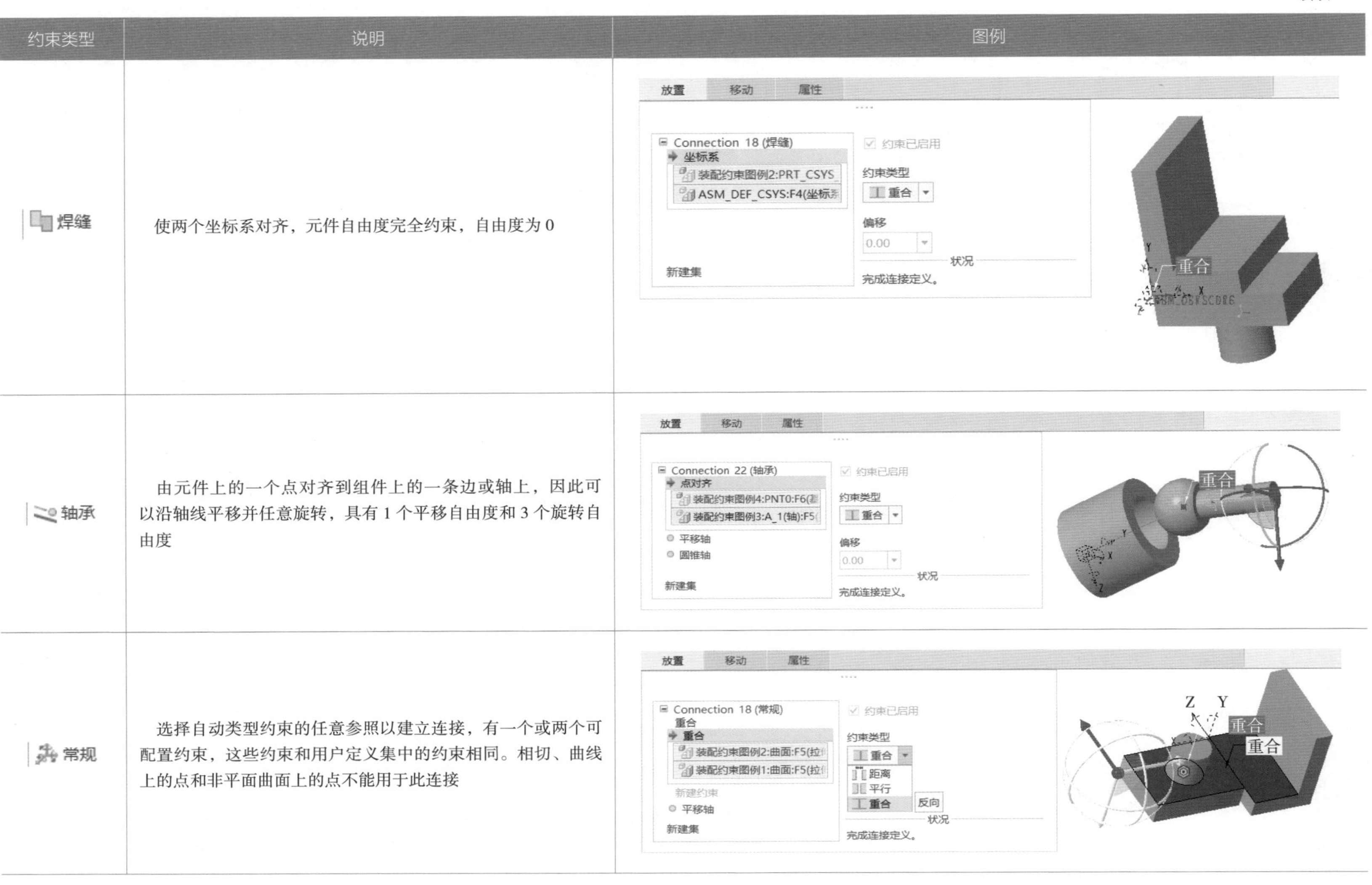

约束类型	说明	图例
焊缝	使两个坐标系对齐，元件自由度完全约束，自由度为 0	
轴承	由元件上的一个点对齐到组件上的一条边或轴上，因此可以沿轴线平移并任意旋转，具有 1 个平移自由度和 3 个旋转自由度	
常规	选择自动类型约束的任意参照以建立连接，有一个或两个可配置约束，这些约束和用户定义集中的约束相同。相切、曲线上的点和非平面曲面上的点不能用于此连接	

续表

约束类型	说明	图例
6DOF	不影响元件与装配相关的运动，因为未应用任何约束。元件的坐标系与装配中的坐标系对齐，X、Y 和 Z 装配轴是允许旋转和平移的运动轴	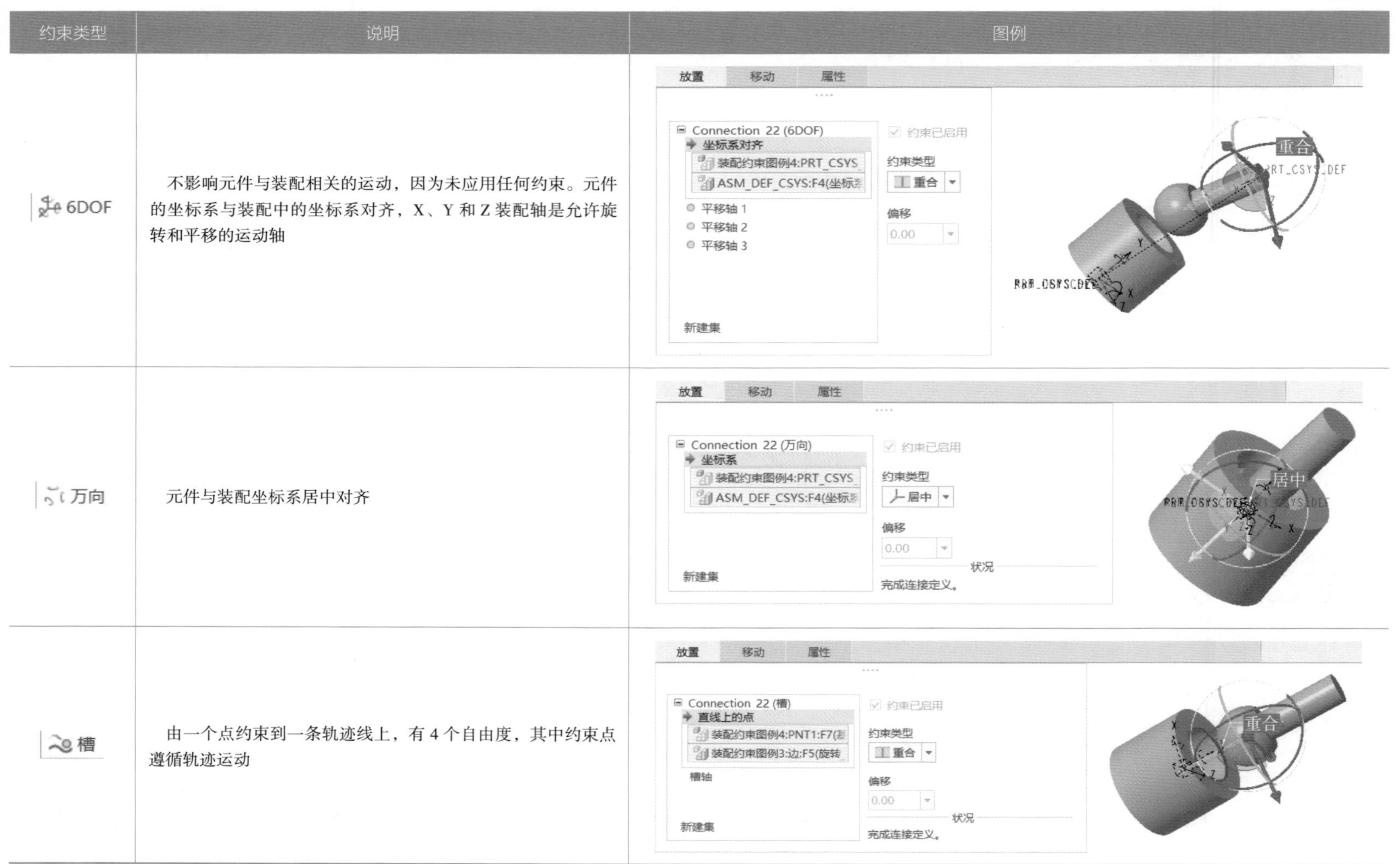
万向	元件与装配坐标系居中对齐	
槽	由一个点约束到一条轨迹线上，有 4 个自由度，其中约束点遵循轨迹运动	

三、装配分析

分析轮子组件，可以看出它是由轮子、轴套、轮轴、接杆和轮架五个零件组成的。按组件实际的装配过程来看，首先需要将轴套插入轮子的孔中，并保证轴套与轮子侧面平齐，然后装上轮架，让轮架的孔与轮子的孔轴线重合，同时保证轮架内侧面与轮子之间有一定的间隙，再装入轮轴，使轮轴与孔同轴，同时轮轴直径为 14 的圆柱侧面与轮架外表面贴合。最后装入接杆，接杆与轮架上表面的孔同轴，直径为 18 的圆柱的一个端面与轮架上表面贴合，完成装配。其装配过程如图 6-6 所示。

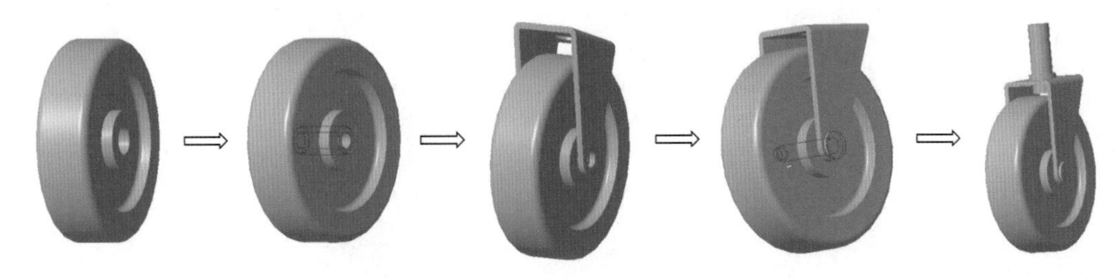

图 6-6　轮子组件装配建模过程

四、操作步骤

1. 新建文件

单击工具栏中 （新建）命令按钮，在弹出的“新建”对话框“类型”选项组中选择“装配”单选按钮，“子类型”选项组中选择“设计”单选按钮，“文件名”文本框中输入新建文件名，单击“确定”按钮，进入装配设计模式（图 6-7）。

图 6-7　新建装配文件

2. 装配第一个零件——轮子

（1）单击“模型”功能选项卡“元件”区域中的 （组装）命令按钮，系统弹出“打开”对话框，选择装配的第一个文件——轮子，然后单击“打开”按钮。此时，轮子零件出现在绘图区，同时弹出“元件放置”操作面板（图 6-8）。

（2）单击操作面板中“放置”面板，在“约束类型”下拉列表中选择默认选项（图 6-9），将元件按默认放置，此时操控板中显示的信息为“状况：完全约束”，如图 6-10 所示。这时零件已经完全约束放置，单击✔（确定）命令按钮，完成轮子的装配放置。

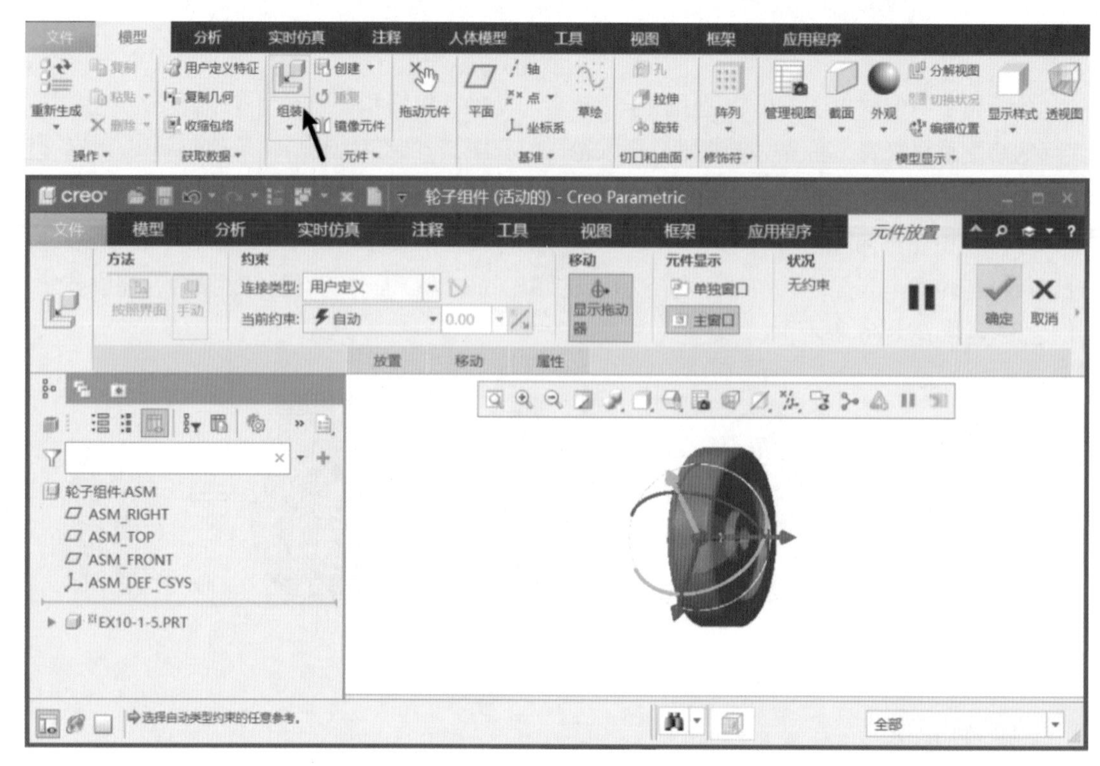

图 6-8 载入第一个零件

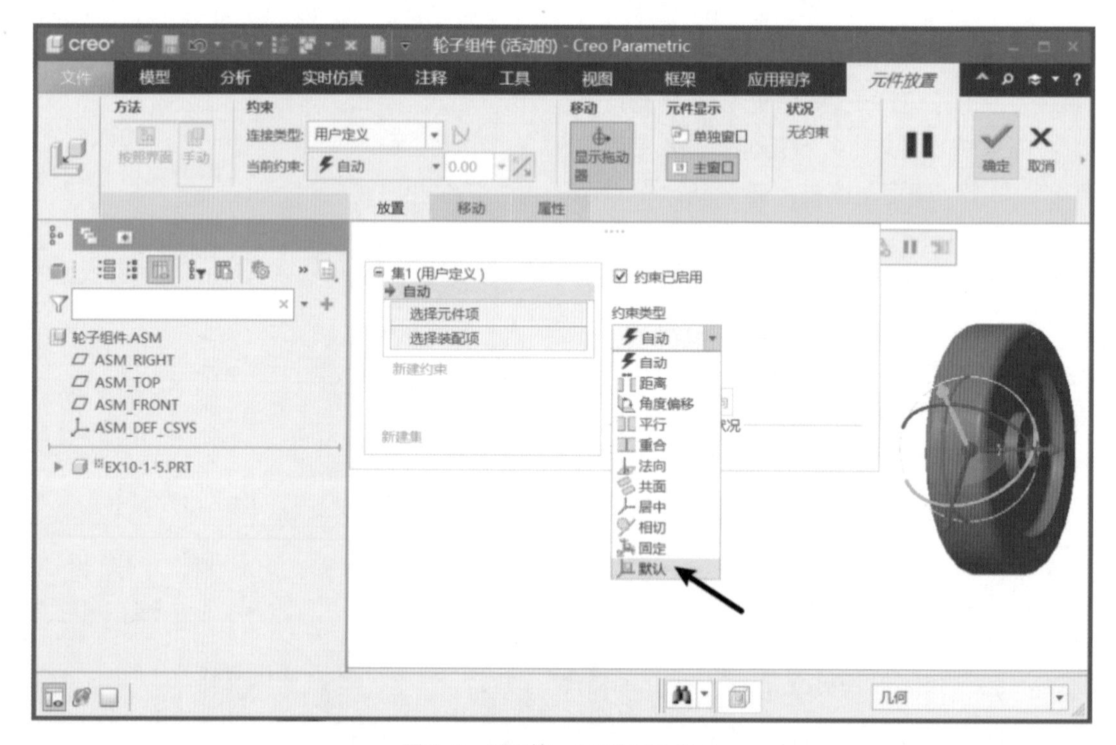

图 6-9 设置第一个零件装配约束

图 6-10　第一个零件装配状态

3. 装配第二个零件——轴套

（1）单击“模型”功能选项卡“元件”区域中的（组装）命令按钮，系统弹出“打开”对话框，选择装配的第二个文件——轴套，然后单击“打开”按钮。此时，轴套零件出现在绘图区，同时弹出元件放置操作面板（图 6-11）。

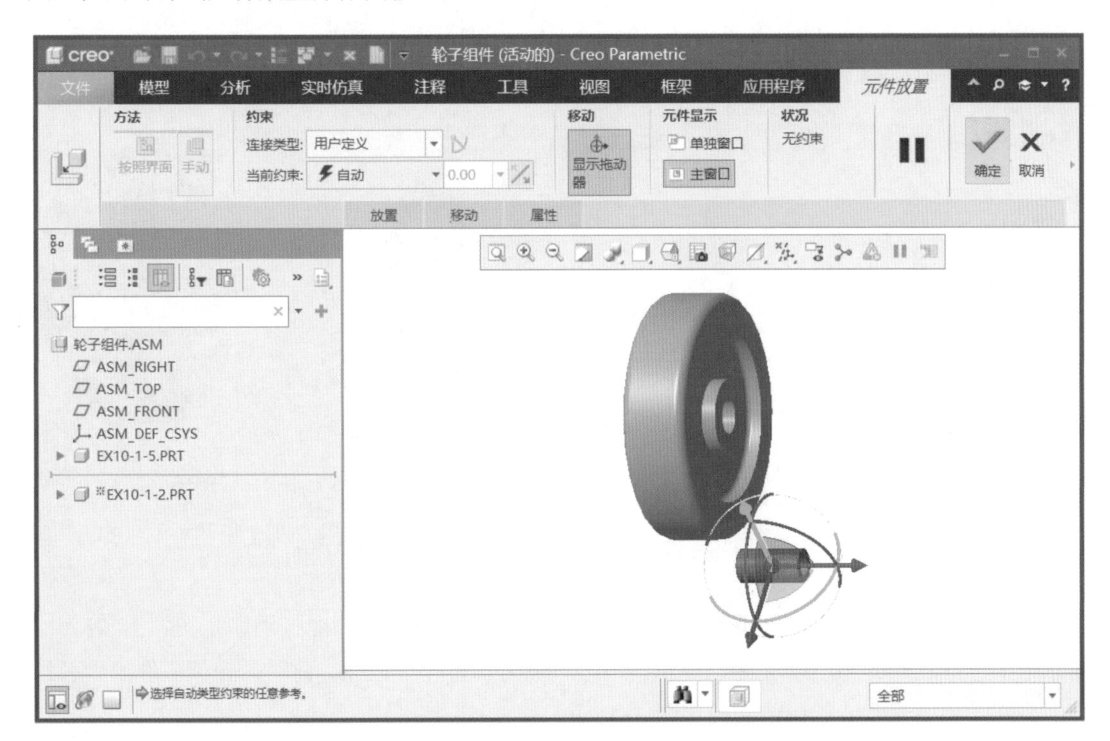

图 6-11　载入第二个零件

（2）当引入元件到装配件中时，系统将选择“自动”放置。如图 6-12 所示，在“约束类型”下拉列表中选择“重合”约束类型，然后分别选取两个元件上要重合的面（轴套的外表面和轮子孔的内表面），此时两个零件会自动调整到两个面相互重合的位置。

注：也可以从装配体和元件中选择一对有效参考，系统会自动选择适合指定参考的约束类型。约束类型的自动选择可省去手动从约束列表中选择约束的操作步骤，从而有效地提高工作效率。但某些情况下，系统自动指定的约束不一定符合设计意图，需要重新进行选取。

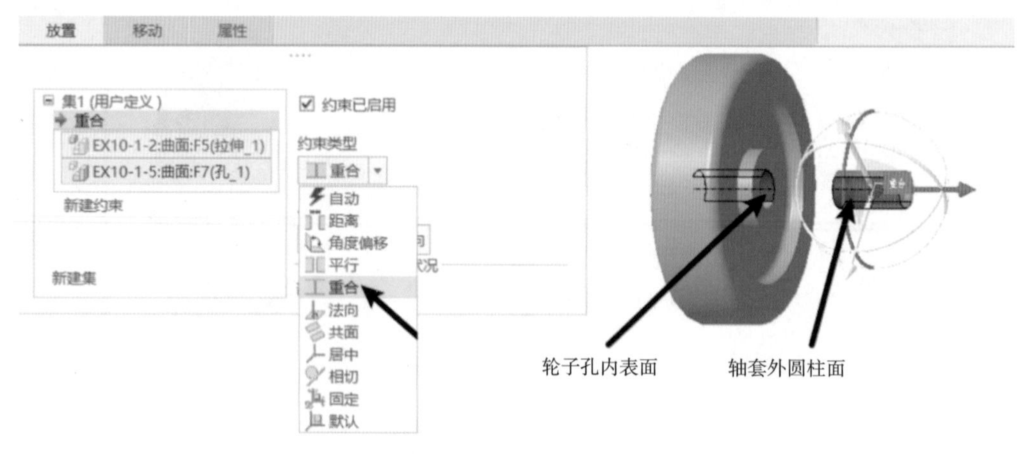

图 6-12 设置第二个零件第一个装配约束

（3）如图 6-13 所示，在“放置”面板单击“新建约束”，在“约束类型”下拉列表中选择“重合”约束类型，然后分别选取两个元件上要重合的面（轴套的端面和轮子的侧面），此时两个零件会自动调整到两个面相互重合的位置。这时轴套的装配约束状态是“完全约束”。单击 ✔（确定）命令按钮，完成轴套的装配放置，如图 6-14 所示。

图 6-13 设置第二个零件第二个装配约束

图 6-14 装配轴套

注：如果两个面没有重合，可以单击对话框右下方的“反向”按钮，以改变平面重合的方向。

4. 装配第三个零件——轮架

（1）单击“模型”功能选项卡“元件”区域中的（组装）命令按钮，系统弹出“打开”对话框，选择装配的第三个文件——轮架，然后单击“打开”按钮。此时，轮架零件出现在绘图区，同时弹出元件放置操作面板（图 6-15）。

（2）如图 6-16 所示，在“约束类型”下拉列表中选择“重合”约束类型，然后分别选取两个元件上要重合的轴线（轮架孔的轴线和轮子的轴线），此时两个零件会自动调整到两个轴线相互重合的位置。

（3）如图 6-17 所示，在“放置”面板单击“新建约束”，在“约束类型”下拉列表中选择“距离”约束类型，然后分别选取两个元件上具有指定距离的面（轮架的内表面和轮子的侧面），并设置偏移距离为 1，此时两个零件会自动调整到相应的位置。这时轮架的装配约束状态是完全约束。单击 ✔（确定）命令按钮，完成轮架的装配放置（图 6-18）。

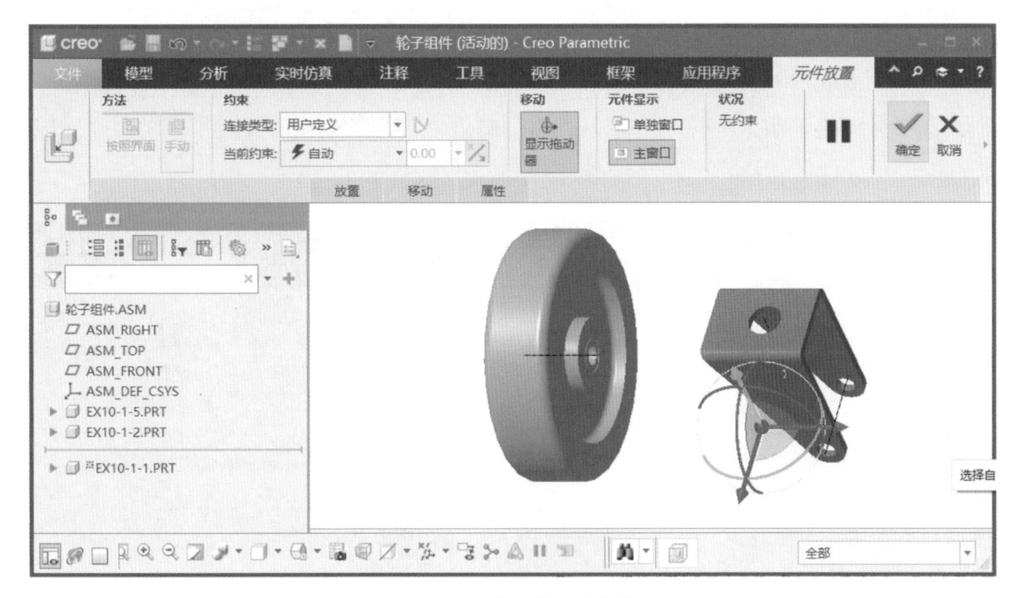

图 6-15 载入第三个零件

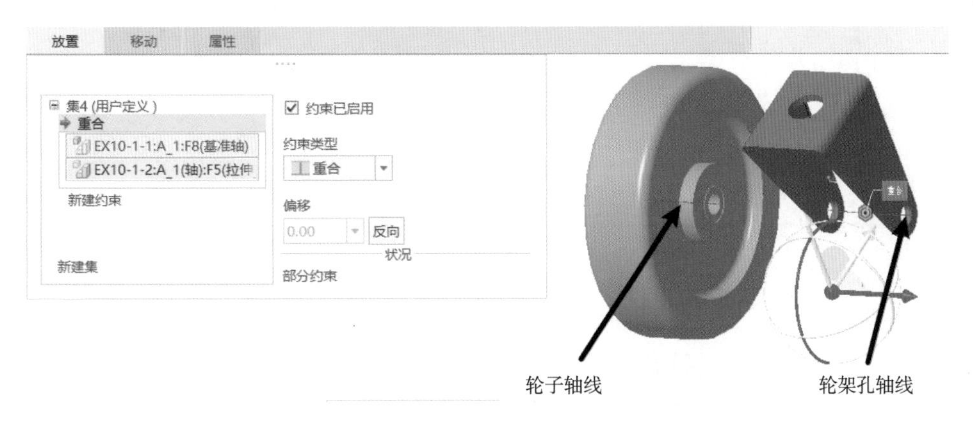

图 6-16 设置第三个零件第一个装配约束

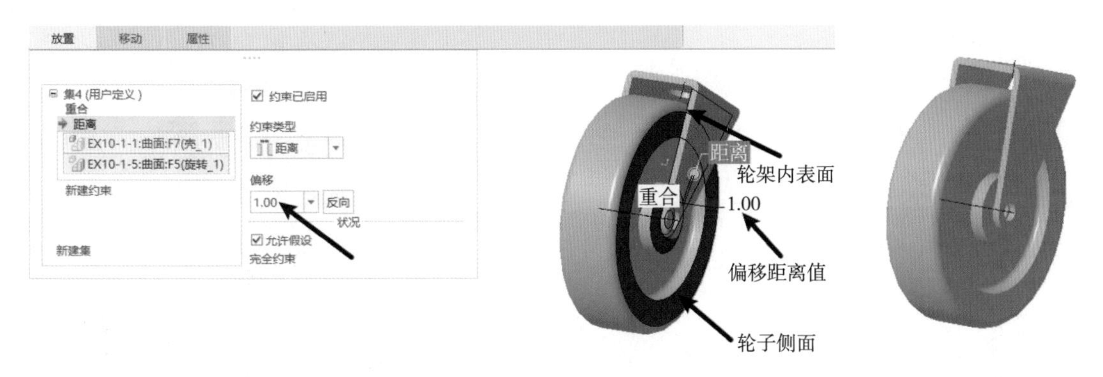

图 6-17 设置第三个零件第二个装配约束　　　　图 6-18 装配轮架

注：如果两个面相对位置不对，可以单击对话框右下方的“反向”按钮，以改变平面距离的方向。

5. 装配第四个零件——轮轴

（1）单击“模型”功能选项卡“元件”区域中的（组装）命令按钮，系统弹出“打开”对话框，选择装配的第四个文件——轮轴，然后单击“打开”按钮。此时，轮轴零件出现在绘图区，同时弹出元件放置操作面板（图 6–19）。

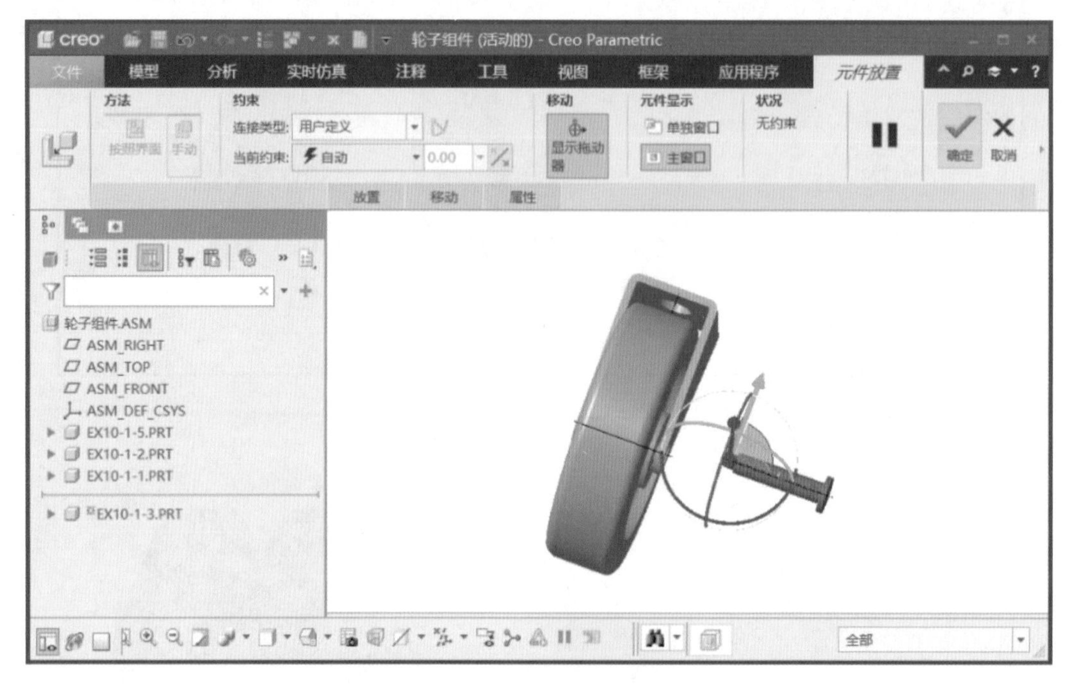

图 6–19　载入第四个零件

（2）如图 6–20 所示，在“约束类型”下拉列表中选择“重合”约束类型，然后分别选取两个元件上要重合的轴线（轮轴的轴线和轮架孔的轴线），此时两个零件会自动调整到两个轴线相互重合的位置。

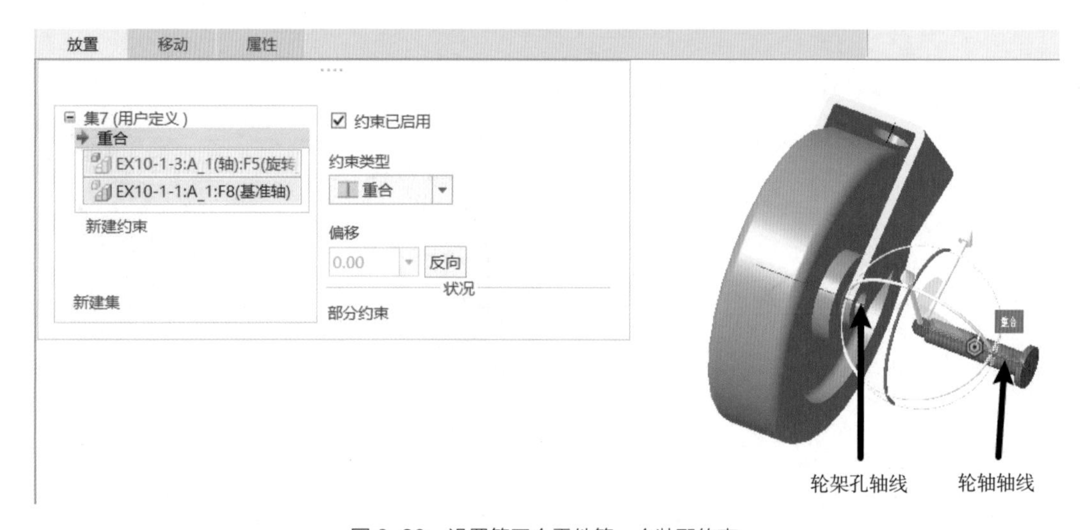

图 6–20　设置第四个零件第一个装配约束

（3）如图6-21所示，在“放置”面板单击“新建约束”，在“约束类型”下拉列表中选择“重合”约束类型，然后分别选取两个元件上要重合的面（轮轴的内端面和轮架的外侧面），此时两个零件会自动调整到两个面相互重合的位置。这时轮轴的装配约束状态是完全约束。单击 ✔（确定）命令按钮，完成轮轴的装配放置，如图6-22所示。

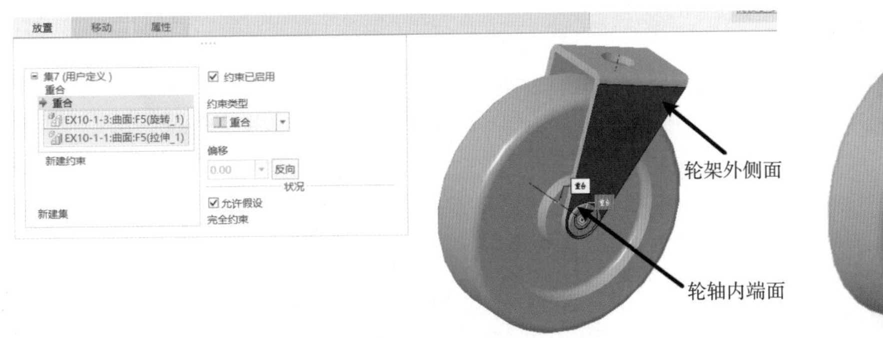

图6-21　设置第四个零件第二个装配约束

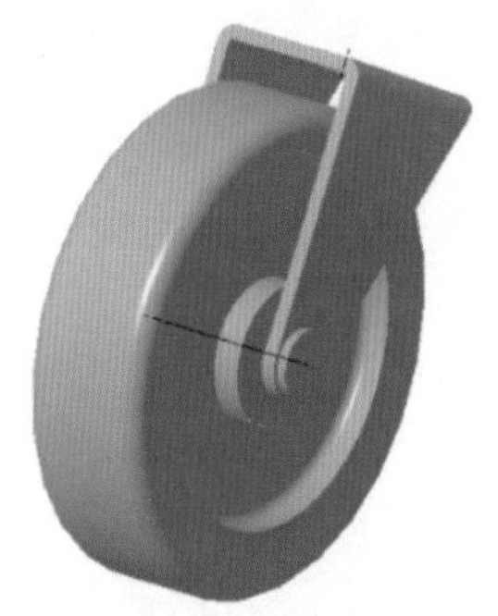

图6-22　装配完成轮轴

6. 装配第五个零件——接杆

（1）单击“模型”功能选项卡“元件”区域中的（组装）命令按钮，系统弹出“打开”对话框，选择装配的第五个文件——接杆，然后单击“打开”按钮。此时，接杆零件出现在绘图区，同时弹出元件放置操作面板（图6-23）。

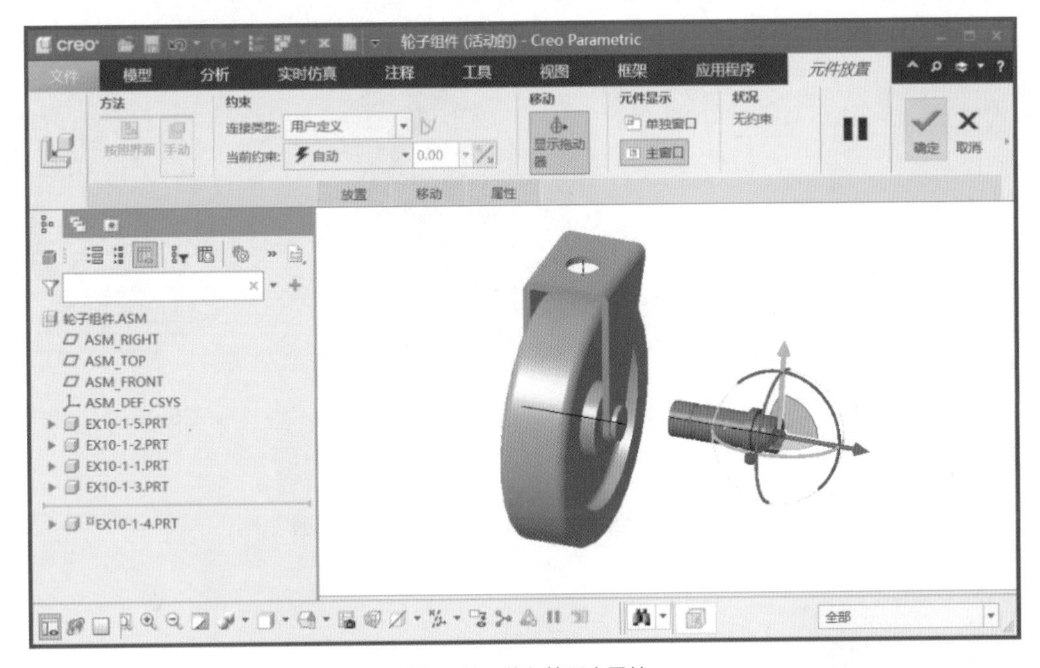

图6-23　载入第五个零件

（2）如图6-24所示，在“约束类型”下拉列表中选择“重合”约束类型，然后分别选取两个元件上要重合的轴线（接杆的轴线和轮架孔的轴线），此时两个零件会自动调整到两个轴线相互重合的位置。

（3）如图 6-25 所示，在“放置”面板单击“新建约束”，在“约束类型”下拉列表中选择“重合”约束类型，然后分别选取两个元件上要重合的面（轮架上表面和接杆的台阶端面），此时两个零件会自动调整到两个面相互重合的位置。这时接杆的装配约束状态是完全约束。单击 ✔（确定）命令按钮，完成接杆的装配放置，如图 6-26 所示。

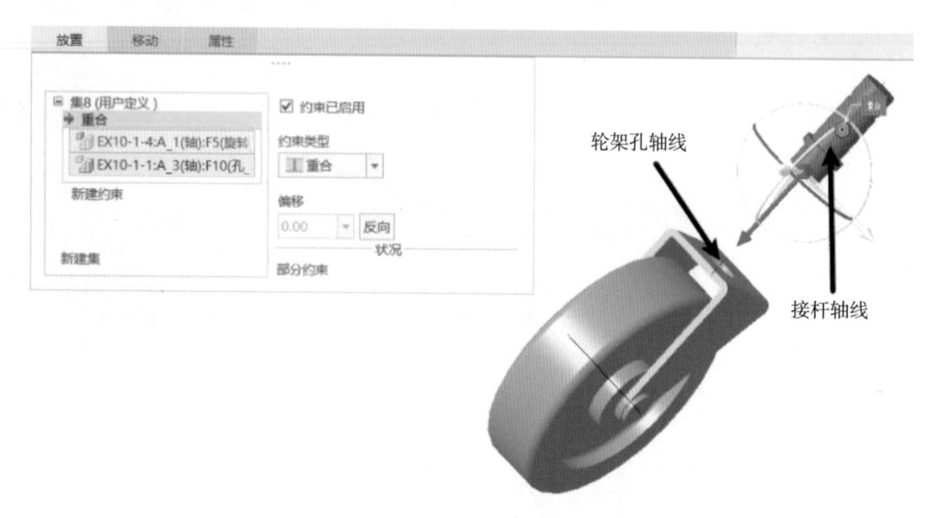

图 6-24　设置第五个零件第一个装配约束

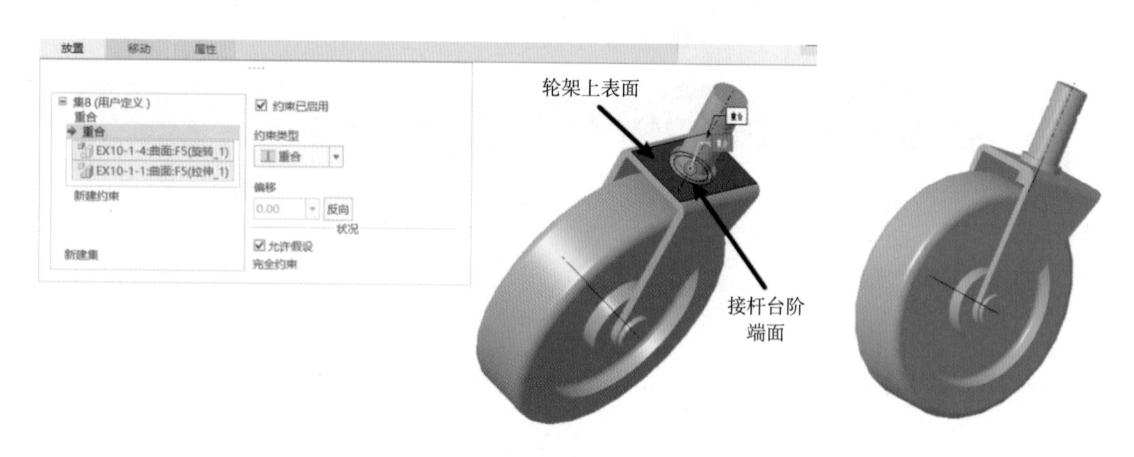

图 6-25　设置第五个零件第二个装配约束

图 6-26　装配接杆

7. 保存文件

单击工具栏中的 💾（保存）命令按钮，保存当前轮子组件模型文件。

五、知识拓展

（一）装配约束状况

使用放置约束可以将元件组装至装配，在添加约束时，元件将一步一步地约束并逐渐进入一系列的约束状况，Creo Parametric 中约束状况包括无约束、部分约束、完全约束和约束无效，见表 6-3。

表 6-3　装配约束状况

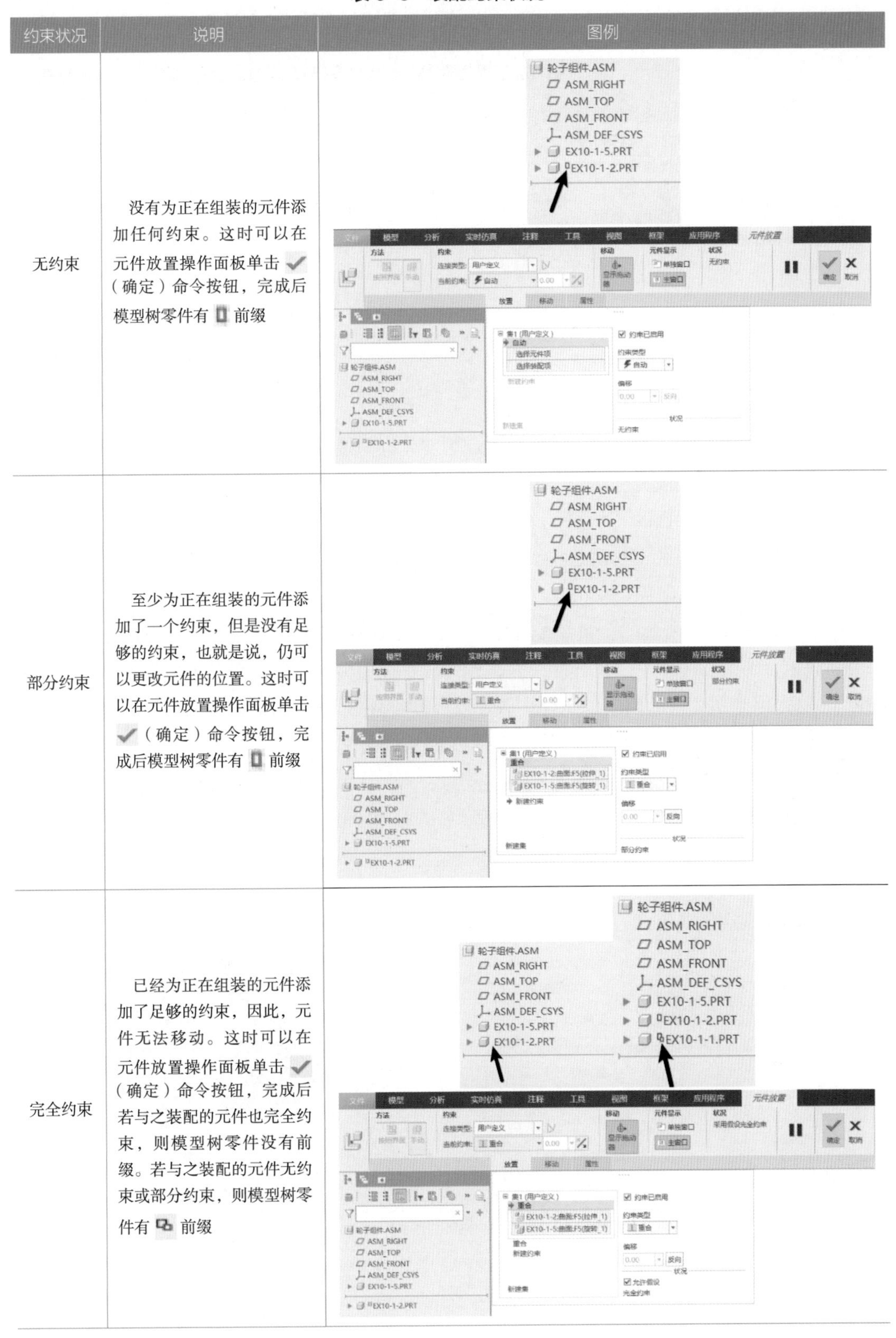

约束状况	说明	图例
无约束	没有为正在组装的元件添加任何约束。这时可以在元件放置操作面板单击（确定）命令按钮，完成后模型树零件有前缀	
部分约束	至少为正在组装的元件添加了一个约束，但是没有足够的约束，也就是说，仍可以更改元件的位置。这时可以在元件放置操作面板单击（确定）命令按钮，完成后模型树零件有前缀	
完全约束	已经为正在组装的元件添加了足够的约束，因此，元件无法移动。这时可以在元件放置操作面板单击（确定）命令按钮，完成后若与之装配的元件也完全约束，则模型树零件没有前缀。若与之装配的元件无约束或部分约束，则模型树零件有前缀	

续表

约束状况	说明	图例
约束无效	为正在组装的元件添加的两个约束相互冲突，这时，无法在元件放置操作面板单击 ✔（确定）命令按钮，必须修改或删除约束以消除冲突	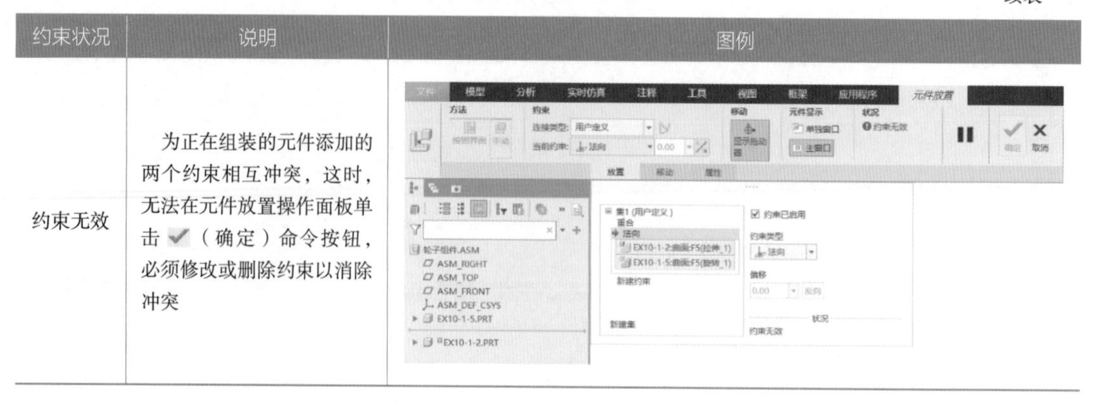

（二）使用允许假设

在装配过程中，Creo Parametric 会自动启用“允许假设”功能，系统将通过生成额外的约束假设，使元件自动地被完全约束，从而帮助用户高效率地装配元件。“允许假设”复选框位于操控板中“放置”界面的“状况”选项组，用以切换系统的约束定向假设开关。在装配时，只要能够做出假设，系统将自动选中“允许假设”复选框。“允许假设”的设置是针对具体元件的，并与该元件一起保存。

例如，在图 6-27 所示的合页装配体中，将图中的销钉装配到合页上的孔里，在分别添加一个曲面重合约束和一个平面重合约束后，元件放置操控板中的“状况”选项组就显示“完全约束”，这是因为系统自动启用了“允许假设”。假设存在第三个约束，该约束限制销钉在孔中的径向位置，这样就完全约束了该销钉，完成了销钉的装配。

有时系统假设的约束，虽然能使元件完全约束，但有可能并不符合设计意图，遇到这种情况时，可以先取消选中“允许假设”复选框，添加和明确定义另外的约束，使元件重新完全约束。

（a）装配约束 1

（b）装配约束 2

图 6-27　允许假设

（三）定义装配约束的一般原则及注意事项

定义“放置”约束是装配设计的一项基本内容，定义时需注意以下几点：

（1）一般来说，建立一个装配约束时，应在元件和装配体中选取用于约束定位和定向的点、线、面作为元件参考和组件参考。

（2）系统一次只能添加一个约束。

（3）装配中，有些不同的约束可以达到同样的效果。例如，选择两平面“重合”与定义两平面的“距离”为 0，均能达到同样的约束目的。此时应根据设计意图和产品的实际安装位置选择合理的约束。

（4）要实现一个元件在装配体中完整定位和定向，往往需要定义若干个（一般为 2 个或 3 个）“放置”约束。若要新建约束，可以在“放置”面板的放置约束收集器中选择“新建约束”选项。

（5）当定义某些约束时，系统会显示约束方向，根据设计要求决定是否反向约束方向。例如，当为“距离”约束输入偏移值时，系统会显示约束的偏移方向，此时要选择相反方向，则可以单击方向箭头，或输入一个负值，或在图形窗口中往反方向拖动控制图柄至合适位置。

（6）一些约束对其参考的类型有要求。例如，“距离”约束的参考要求为点对点、点对线、线对线、平面对平面、平面曲面对平面曲面、点对平面或线对平面；“平行”约束的参考是线对线（共面的线）、线对平面或平面对平面。

（四）零件方向位置调整方法

当载入一个零件时，零件的方向和位置有可能不便于装配，可以通过移动元件的方法先进行调整，然后再进行零件的装配。调整方法主要有以下几种：

1. 利用元件放置操控面板中的“移动”选项卡调整零件的方位

在元件放置操控面板中单击“移动”选项卡，在“运动类型”下拉列表中选择运动类型，然后选择“在视图平面中相对”或“运动参考”选项，在绘图区按住鼠标左键，并移动鼠标，可以看到装配元件的方向或位置发生改变，调整到便于装配的位置即可。

2. 使用键盘快捷键移动元件

在添加元件约束时，可以使用键盘和鼠标快速移动零件：

按住键盘上的 Ctrl+Alt 键，同时按住鼠标右键并拖动鼠标，可以在视图平面内平移元件。

按住键盘上的 Ctrl+Alt 键，同时按住鼠标左键并拖动鼠标，可以在视图平面内旋转元件。

按住键盘上的 Ctrl+Alt 键，同时按住鼠标中键（滚轮）并拖动鼠标，可以全方位旋转元件。

3. 使用 3D 动态拖动器移动元件

在元件放置操作面板中，单击“显示 3D 拖动器”按钮，拖动动态轴中的元素，即可移动元件。动态轴中的元素默认显示为红、蓝、绿三色，当显示为灰色时，说明表面元件在此方向上受到约束或不可移动。

4. 打开辅助窗口

在元件放置操控面板中，单击（单独窗口）命令按钮，即可打开一个包含要装配元件的辅助窗口。在此窗口中可单独对要装入的元件进行缩放、旋转和平移，将要装配的元件调整到方便选取装配约束参考的位置。

任务 2 轮子组件装配干涉分析与分解视图

6-4 产品装配干涉分析　　6-5 产品分解视图

分析轮子组件间是否存在干涉冲突，创建其分解视图。

一、学习目标

（1）学会应用全局干涉工具检查零件和子装配之间是否存在干涉冲突。

（2）能够创建装配体的分解视图。

（3）提高建模的严谨性，注重产品细节建模，树立精益求精的工匠精神。

二、相关知识点

（一）装配干涉检查

1. 装配干涉检查概述

在产品设计的过程中，当各个零部件组装完成后，设计人员还需要检查产品中各个零部件之间的干涉情况，包括有无干涉、哪些零部件之间有干涉及干涉量的大小等，以便进行必要的修改。Creo Parametric 系统中可以通过“全局干涉”命令快速得到产品组件中零件或部件间的干涉结果，通过对干涉的检查和排除可以最大限度减少模具生产时的改模次数，缩短产品生产周期。

2. 全局干涉检查对话框

在装配模块中选择“分析”功能选项卡“检查几何”区域“全局干涉”节点下的“全局干涉”命令（图 6-28），即可弹出“全局干涉”对话框，如图 6-29 所示。其中“设置”选项组可以选择干涉检查的项目，“仅零件”是对组件内所有零件之间的干涉都一一进行检查；“仅子装配”是检查子装配之间的干涉情况，而不计算子装配内的零件干涉。（干涉检查是一个大运算量的分析，特别是对大组件，需要的时间一般比较长。所以正确的干涉检查应该是首先在子装配中检查干涉情况，然后在组件内通过“仅子装配”选项进行全局干涉检查。）“包括面组”是计算时包括面组；“包括小平面”是计算时包括小平面。“计算”选项组中，“精确”选项是进行准确的干涉分析；“快速”选项干涉是通过低迭代次数进行计算的，分析的结果是不准确的，特别是很多相互接触的零件会被误认为是干涉的。

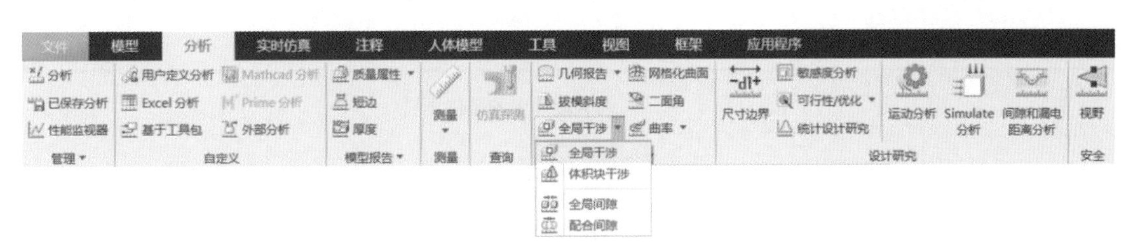

图 6-28 “全局干涉”命令

如果存在干涉的情况，分析的结果显示在列表栏中，包括干涉的零件名称及干涉的体积大小。如果装配体中没有干涉的元件，则列表栏中为空，系统在信息显示区显示“没有干涉零件”。

（二）修改装配体中的元件

完成一个装配体后，可以对该装配体中的任何元件（包括零件和子装配件）进行打开（ ）、激活（ ）、装配约束的重定义（ ）、隐含（ ）等操作（图 6-30）。在模型树上选择零件，单击 （激活）命令按钮，功能区模型选项卡则转换成零件功能命令按钮，单击零件前面的三角符号“▲”，展开零件的特征树（图 6-31），可以直接进行零件特征的编辑修改。

图 6-29 全局干涉对话框

若无法展开零件的特征树，则可以在装配模型树界面中单击“树过滤器”命令按钮，在弹出的“树过滤器”对话框中，选中“常规项”选项组下的“特征”复选框，这样每个零件中的特征都将在模型树中显示，如图 6-32 所示。

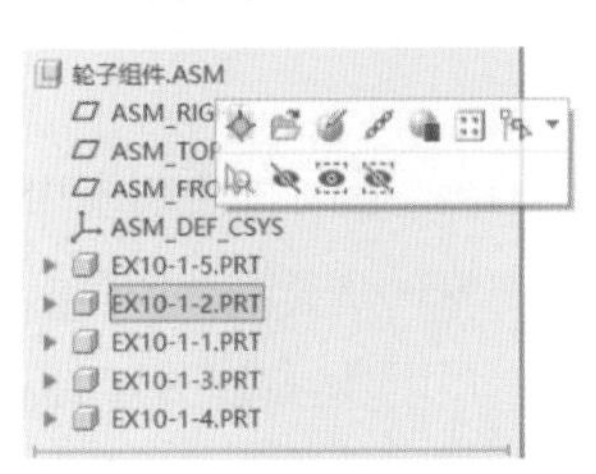

图 6-30 装配体中元件编辑

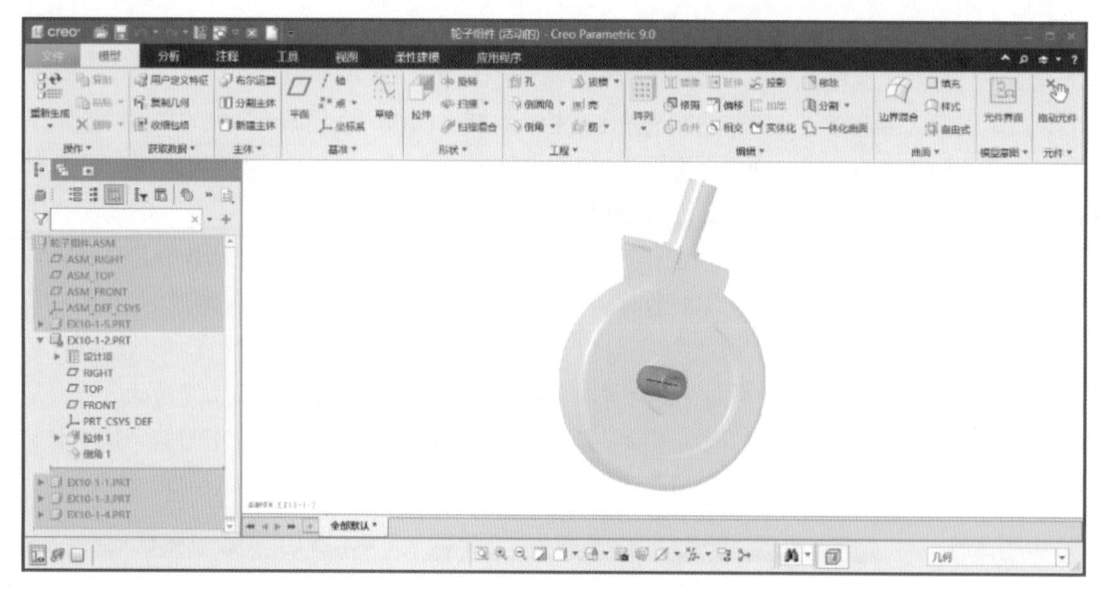

图 6-31 激活装配体中的零件界面

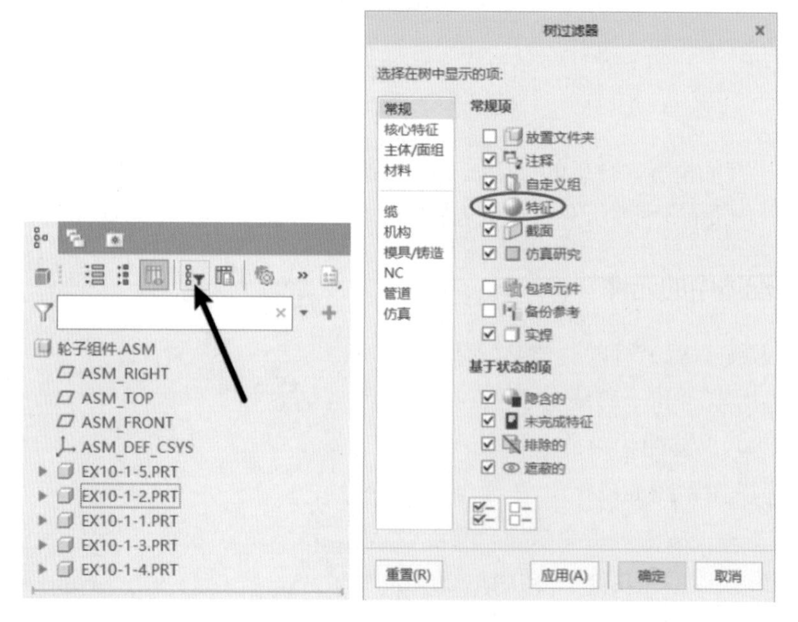

图 6-32 树过滤器

（三）装配模型的分解视图

1. 分解视图概述

装配模型的分解视图也叫爆炸视图，就是将装配体中的各零部件沿着直线或坐标轴移动或旋转，使各个零件从装配体中分解出来，如图 6-33 所示。分解状态便于表达各元件的相对位置，因而常常用于表达装配体的装配过程及装配体的构成。分解视图仅影响装配组件外观，而设计意图以及装配元件之间的实际位置不会改变。可以创建默认的分解装配视图，此类视图通常要进行位置编辑处理，以获得合理定义所有元件的分解位置。可以为每个装配定义多个分解视图，然后根据需要随时使用任意一个已保存的视图。

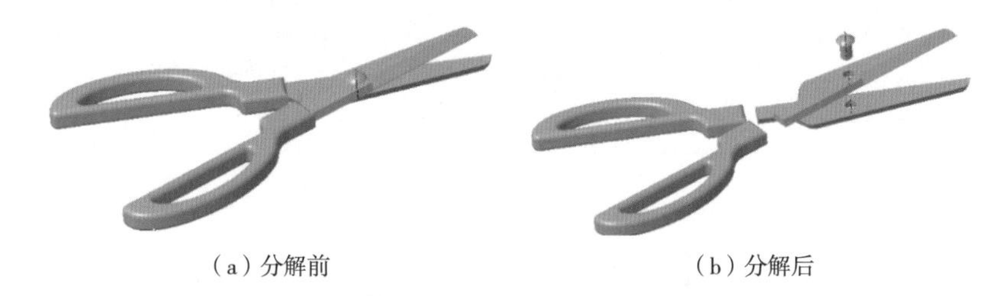

（a）分解前　　（b）分解后

图 6-33　装配模型的分解视图

2. 分解视图操作方法

使用功能区“模型”选项卡的“模型显示”区域（分解视图）命令按钮，或功能区“视图”选项卡的“模型显示”区域中（分解视图）命令按钮（图 6-34），可以在装配的默认分解视图与非分解视图之间切换。使用“视图管理器”中的“分解”选项功能，也可以创建分解视图，并且可以很方便地将定制的分解视图保存起来，在方便时调用，如图 6-35 所示。

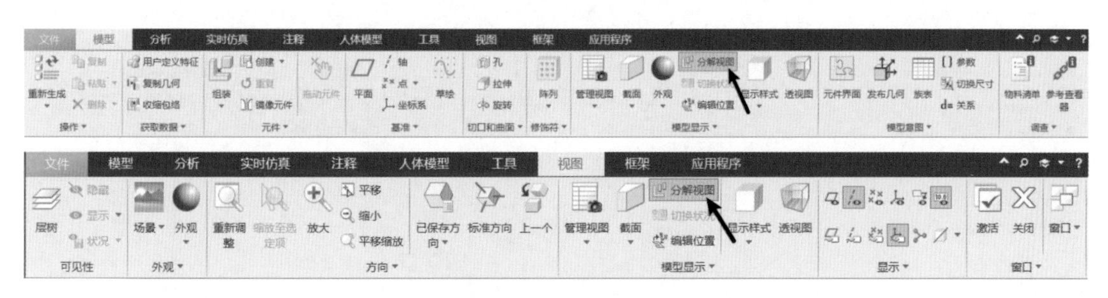

图 6-34　分解视图按钮

3. 编辑分解视图中元件位置

如果对系统默认的分解视图各元件的位置不满意，单击功能区“模型”选项卡的“模型显示”区域中（编辑位置）命令按钮，或功能区“视图”选项卡的“模型显示”区域中（编辑位置）命令按钮，可以打开分解工具操作面板，如图 6-36 所示。可以选择用于定位分解元件的运动类型：（平移）、（旋转）和（视图平面）。“参考”面板用于定义要移动的元件和运动参考。“选项”面板可以定义运动增量等。“分解线”面板可以对分解线进行更多的编辑操作。

注：如图 6-37 所示，使用“视图管理器”对话框的“分解”选项中的“属性”按钮，单击（编辑位置）命令按钮，或选择分解视图，单击右键，在弹出的快捷菜单中选择“编辑位置”选项，系统也会打开分解工具操作面板。

图 6-35　“视图管理器”中的“分解”选项

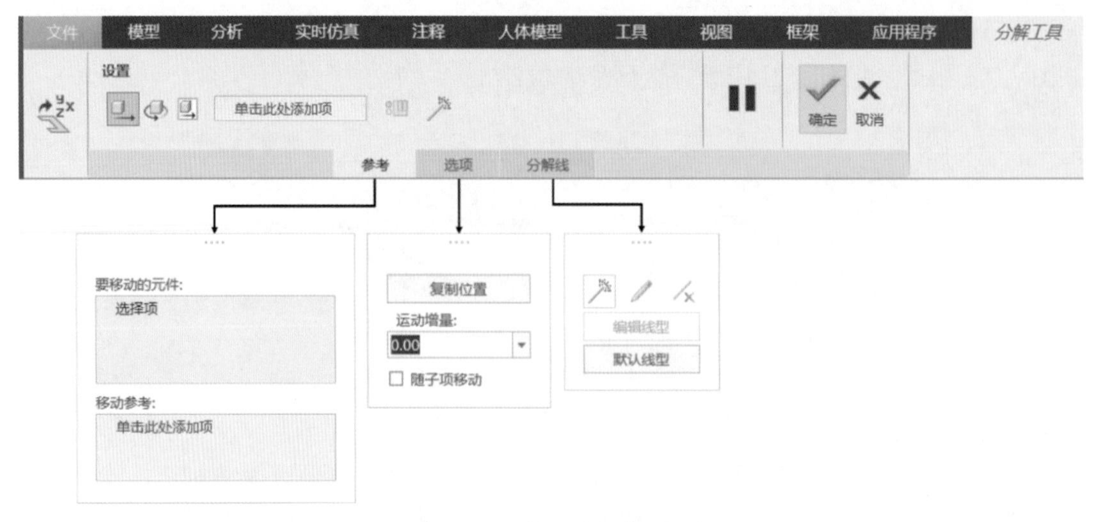

图 6-36　分解工具操作面板

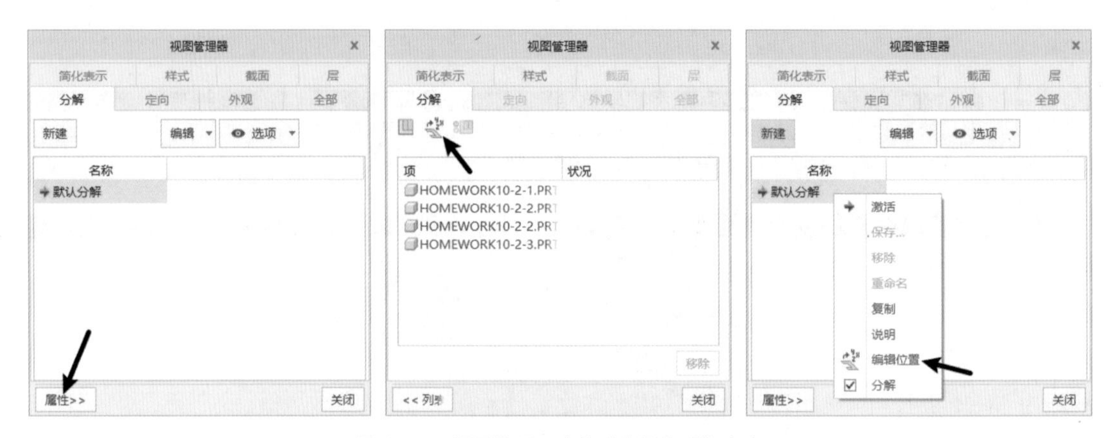

图 6-37　视图管理器中的“编辑位置”命令

三、操作步骤

1. 轮子装配体干涉检查

（1）在装配模块中选择“分析”功能选项卡“检查几何”区域“全局干涉”节点下的“全局干涉”命令，打开“全局干涉”对话框。选择干涉检查的项目为“仅零件”，选择“精确”选项，单击“预览”命令按钮，如图 6-38 所示。

（2）如果存在干涉的情况，分析的结果显示在列表栏中，包括干涉的零件名称及干涉的体积大小。单击相应的干涉项，则可以在模型上看到干涉部位以红色加亮的方式显示，如图 6-39 所示。如果装配体中没有干涉的元件，则列表栏中为空，系统在信息显示区显示“没有干涉零件”，如图 6-40 所示。

（3）如果存在如图 6-39 所示的干涉情况，单击“全局干涉”对话框中的“确定”命令按钮，退出全局干涉检查。在装配体模型树中选择轮架零件模型，单击 ◆（激活）命令按钮，激活轮架零件。如图 6-41，单击轮架零件前面的三角符号，展开轮架的特征树，选择包含轮

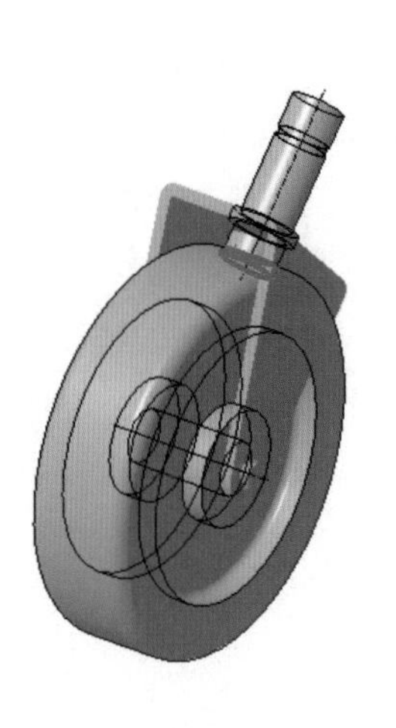

图 6-38 装配体干涉检查

图 6-39 装配体干涉

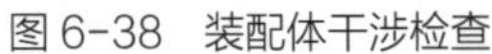

图 6-40 装配体无干涉

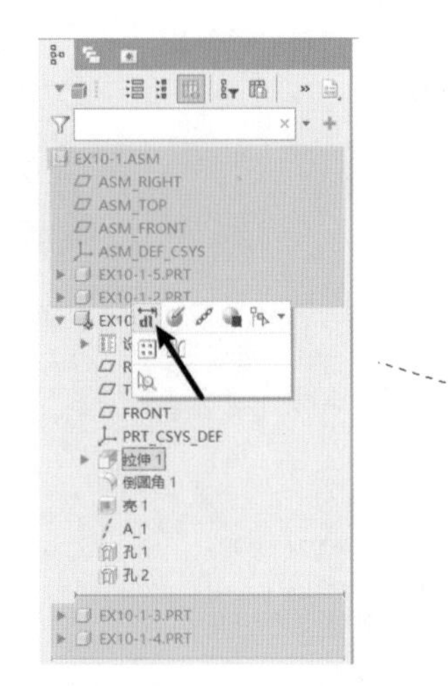

图 6-41 修改零件

架整体高度的特征，将整体高度修改为 68。

（4）在模型树上选择装配体模型，在弹出的快捷菜单中选择 ◈（激活）命令按钮，激活装配体模型。单击功能区的（重新生成）命令按钮，更新模型。

（5）在装配模块中选择“分析”功能选项卡“检查几何”区域“全局干涉”节点下的“全局干涉”命令，打开“全局干涉”对话框。选择干涉检查的项目为“仅零件”，选择“精确”选项，单击“预览”命令按钮，这时装配体中没有干涉的元件，系统在信息显示区显示“没有干涉零件”。单击“全局干涉”对话框中的“确定”命令按钮，退出全局干涉检查。

（6）单击工具栏中的（保存）命令按钮，保存装配体模型文件及各零件文件。

2. 轮子组件分解视图

（1）单击功能区“模型”选项卡的“模型显示”区域中 （分解视图）命令按钮，绘图区则显示分解视图，如图 6-42 所示。

（2）单击功能区“模型”选项卡的“模型显示”区域中 （编辑位置）命令按钮，打开分解工具操作面板。确认元件的运动类型为 （平移），单击选择轮架零件，元件上面出现一个小坐标系，选取一坐标轴方向即可将元件沿该坐标轴方向移动。移动轮架到如图 6-43 所示的位置，标识轮架的安装起始位置。

（3）单击 （分解线）命令按钮，打开修饰偏移线对话框，如图 6-44 所示分别选择轮架孔的轴线和轮子孔的轴线，单击“应用”命令按钮，则添加如图 6-45 所示的偏移线，标识两个零件的孔是同轴的。

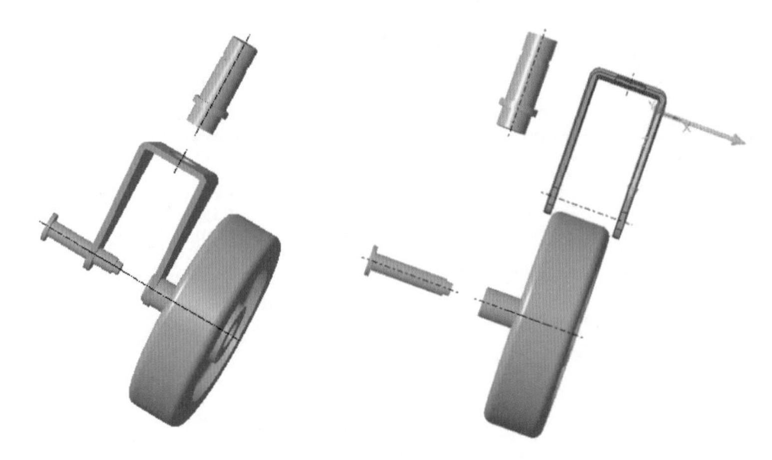

图 6-42　默认分解视图　　图 6-43　平移轮架

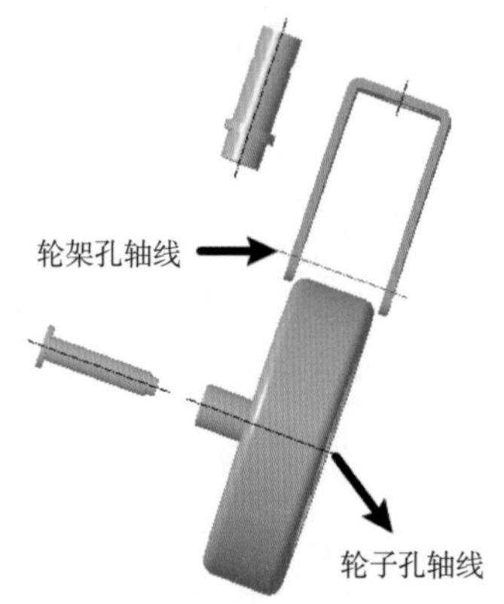

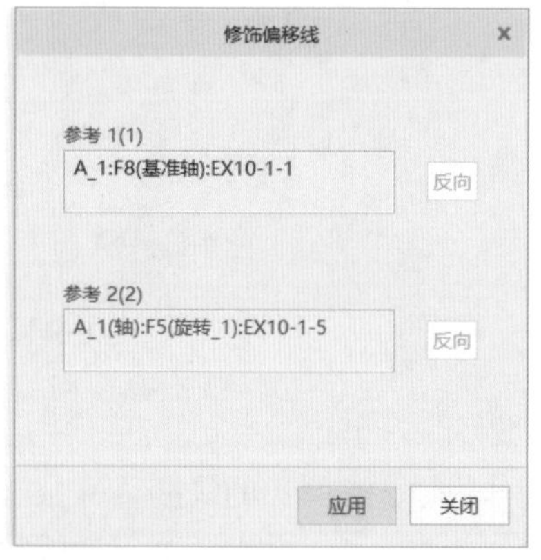

图 6-44　编辑分解线

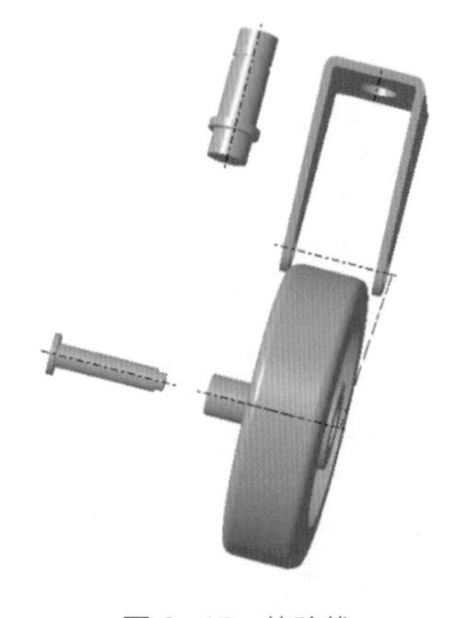

图 6-45　偏移线

（4）选择接杆零件，移动接杆到如图 6-46 所示的位置，标识接杆的安装起始位置。

（5）单击 （确定）命令按钮，得到调整位置后的分解视图，如图 6-47 所示。

（6）如图 6-48 所示，打开“视图管理器”对话框，单击“分解”选项中的“编辑”按钮，在下拉菜单中选择“保存”命令，或选择分解视图，单击右键，在弹出的快捷菜单中选择

“保存”选项，弹出如图 6-49 所示的“保存显示元素”对话框，选择要保存的元素，输入分解视图的名称，单击 ✔（确定）命令按钮，保存分解视图。

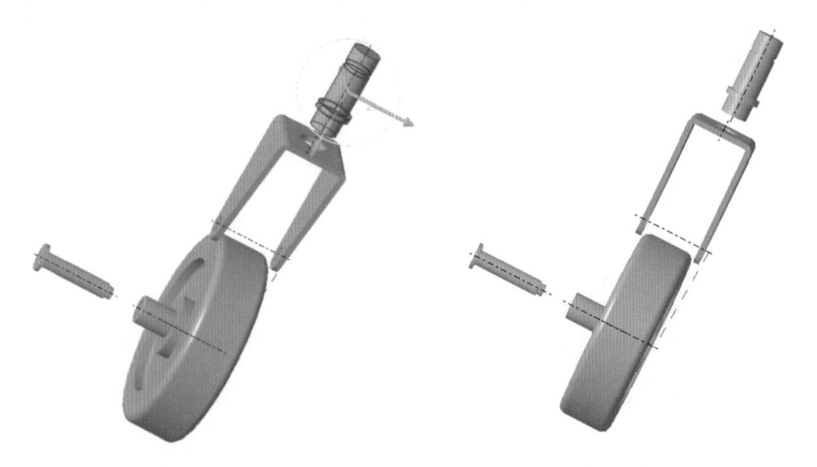

图 6-46　平移接杆　　　图 6-47　调整位置后的分解视图

图 6-48　保存分解视图命令

图 6-49　“保存显示元素”对话框

任务 3　创建肥皂盒装配体模型及各个零件

6-6　创建肥皂盒骨架模型　　6-7　创建肥皂盒零件模型

在 Creo Parametric 中，采用自顶向下的设计方法创建如图 6-50 所示的肥皂盒装配体模型及各个零件。

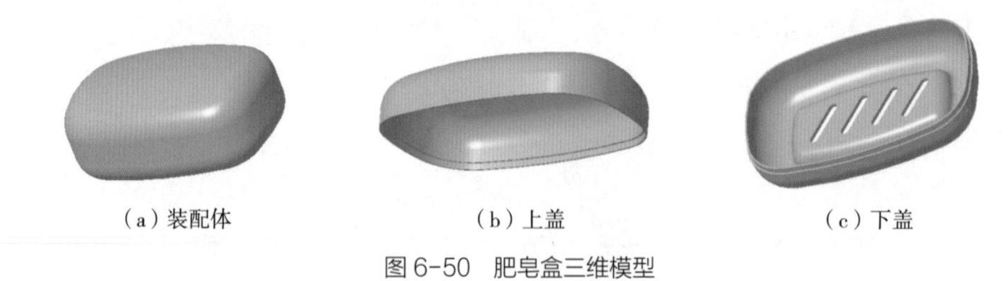

（a）装配体　（b）上盖　（c）下盖

图 6-50　肥皂盒三维模型

一、学习目标

（1）认识产品自顶向下设计的基本过程。

（2）能够运用自顶向下设计方法创建产品的装配体模型和各个零件模型。

（3）提高建模的严谨性，注重产品细节建模，树立精益求精的工匠精神。

二、相关知识点

1. 自顶向下设计方法概述

自顶向下设计方法是一种较为常用的设计方法，即在产品整体设计初期，就定位在产品的最高层面来考虑产品的总体设计和功能性设计，是由总体布局、总体结构、部件结构到部件零件的一种自上而下、逐步细化的设计过程。它符合大部分产品设计的实际设计流程，在产品设计的初期首先考虑的是产品实现的功能，其次是产品的结构层次，最后是零部件的详细设计。应用这种设计方法产品的修改性强，设计准确性高，便于产品快速变形设计。顶层的设计信息与子装配和底层零件绑定，当顶层设计信息发生变更时，骨架模型下方所有零部件同步修改。同时便于实现多个子系统的协同，实现并行设计。这种设计方法尤其适用于全新的产品设计或者系列较为丰富多变的产品设计，例如，它在家电产品、通信电子产品等领域应用比较广泛。自顶向下设计要求先确定总体思路、设计总体布局，然后设计其中的零件或子装配组件。

2. 自顶向下设计建模过程

（1）定义设计意图。例如，利用二维布局、产品数据管理、骨架模型等工具来表达设计意图、条件限制等要求。

（2）定义产品结构，即在模型树中便可以清晰地看到产品的组织结构，包括产品的各子系统、零件的相互关系等。

（3）传达设计意图，设计具体的零部件。

（4）将完成的或者正在进行的设计信息传达到上层组件。

三、建模分析

分析肥皂盒的三维造型，可以看出它是由上壳和下壳两个零件组合，两个零件具有统一的外形并要保证它们之间的装配性，因此在设计时可以先用骨架模型将肥皂盒作为一个整体零件进行设计，并设计其分型面，再将整体造型继承传递到各个零件，最后完成各个零件的详细设计。其建模过程如图 6-51 所示。

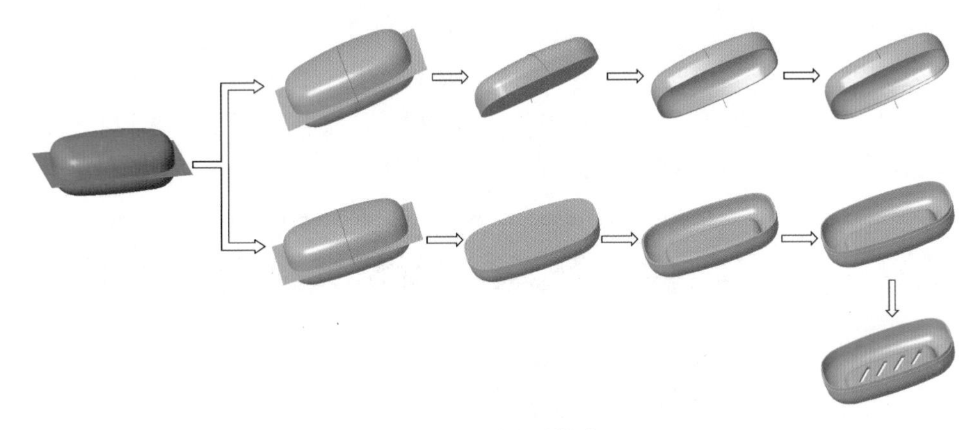

图 6-51　肥皂盒建模过程

四、操作步骤

1. 新建文件

单击工具栏中（新建）命令按钮，在弹出的“新建”对话框“类型”选项组中选择“装配”单选按钮，“子类型”选项组中选择“设计”单选按钮，“文件名”文本框中输入新建文件名，单击“确定”按钮，进入装配体模式。

2. 创建骨架模型

单击“模型”功能选项卡“元件”区域中的（创建）命令按钮（图 6-52），系统弹出“创建元件”对话框。如图 6-53 所示，在“类型”选项组中选择“骨架模型”单选按钮，“子类型”选项组中选择“标准”单选按钮，“文件名”文本框中选用默认的文件名，单击“确定”按钮。如图 6-54 所示，在弹出的“创建选项”对话框中创建方法选择“空”单选按钮，单击“确定”命令按钮，完成骨架模型的创建。这时，模型树上添加了骨架模型零件，如图 6-55 所示。

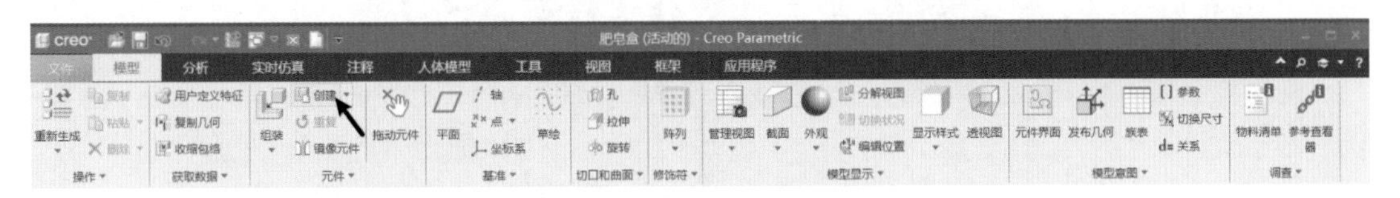

图 6-52　装配体创建元件命令

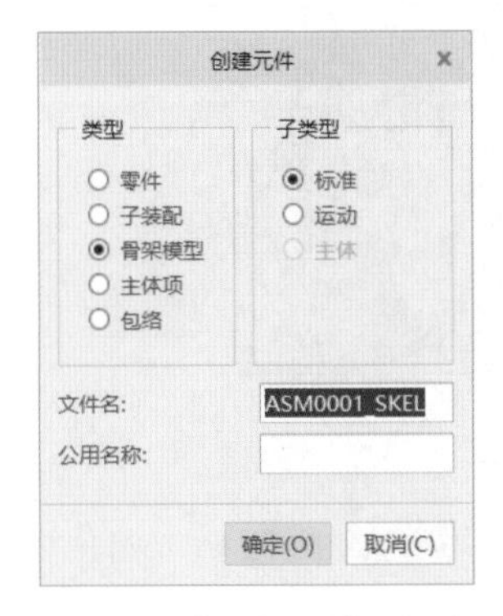

图 6-53　“创建元件”对话框

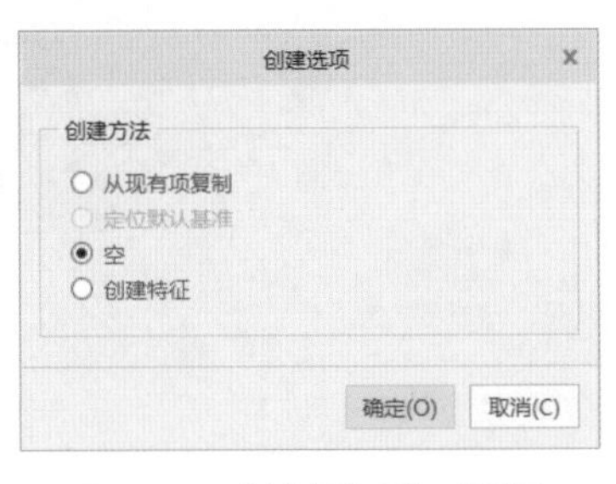

图 6-54　“创建选项”对话框

图 6-55　创建骨架模型后的模型树

3. 编辑骨架模型

（1）在模型树上单击骨架模型，在弹出的快捷菜单中选择 （激活）命令按钮，激活骨架模型零件。单击“模型”功能选项卡“获取数据”区域中的 （复制几何）命令按钮（图 6-56），系统打开“复制几何”操作面板。

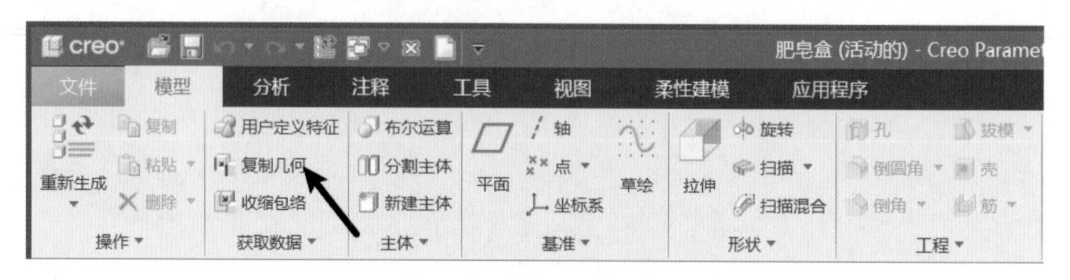

图 6-56 “复制几何”命令按钮

（2）如图 6-57 所示，取消“发布几何”选项，在“参考”面板中，单击“参考”收集器，按 Ctrl 键在绘图区依次选择装配体的三个基准平面 ASM_TOP 、ASM_FRONT、ASM_RIGHT 作为复制参考。单击 （确定）命令按钮，将基准平面复制到骨架模型中。

（3）在模型树上单击骨架模型，在弹出的快捷菜单中选择 （打开）命令按钮（图 6-58），在新窗口打开骨架模型零件。

（4）单击 （拉伸）命令按钮，打开拉伸特征操作面板。确认拉伸类型为“实体”。

（5）在绘图区选择 ASM_TOP 基准面作为草绘平面，系统进入草绘模式。这时系统会弹出“参考”对话框，如图 6-59 所示，在绘图区依次选择基准平面 ASM_RIGHT 和 ASM_FRONT 作为草绘参考，单击“关闭”命令按钮，即可开始草绘。

图 6-57 复制几何

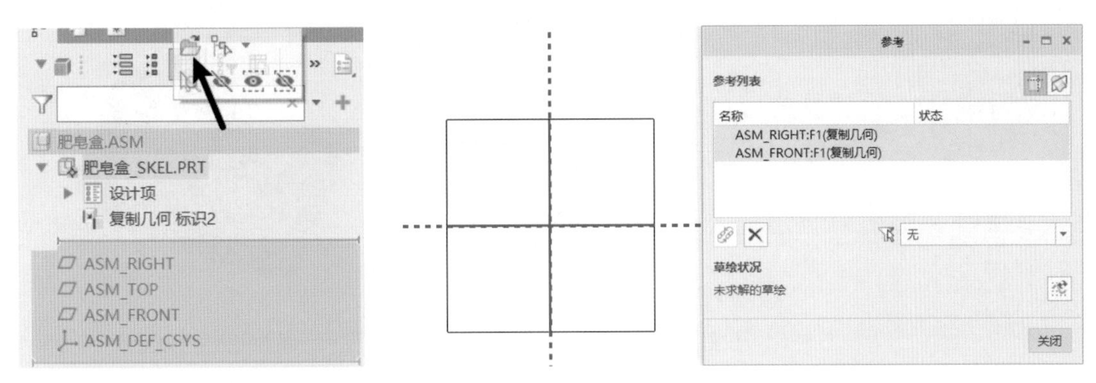

图 6-58　打开零件　　　　图 6-59　“参考”对话框

（6）绘制如图 6-60 所示的二维截面。

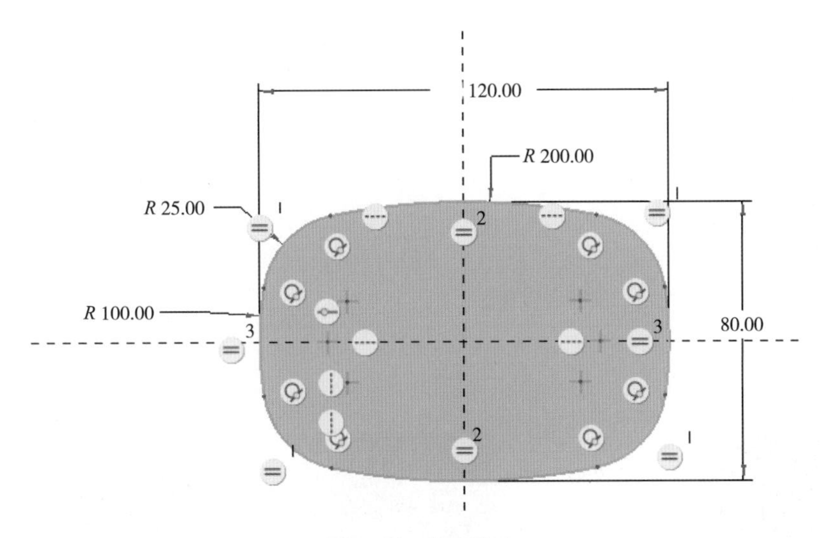

图 6-60　拉伸截面

（7）单击 ✔（确定）命令按钮，返回拉伸特征操作面板。单击“选项”下滑面板，将两侧拉伸深度分别设置为“40”和“20”（图 6-61），单击 ✔（确定）命令按钮，完成拉伸特征的创建，结果如图 6-62 所示。

（8）单击 （草绘）命令按钮，弹出“草绘”对话框，在绘图区选择基准平面 ASM_RIGHT 作为草绘平面，单击对话框中的“草绘”命令按钮，进入草绘模式。如图 6-63 所示，在绘图区依次选择基准平面 ASM_TOP 和 ASM_FRONT 作为草绘参考。

（9）绘制如图 6-64 所示的圆弧。单击 ✔（确定）命令按钮，得到草绘特征，如图 6-65 所示。

（10）单击 （扫描）命令按钮，打开扫描特征操作面板。确认拉伸类型为“曲面”。在绘图区选择草绘 1 作为扫描轨迹。

（11）单击 （草绘）命令按钮，进入内部草绘器。在轨迹线起点位置绘制如图 6-66 所示的圆弧作为扫描截面，注意保证圆弧的圆心与水平参考线重合，圆弧的两个端点竖直对齐。单击 ✔（确定）命令按钮，返回扫描特征操作面板。在扫描特征操作面板上单击 ✔（确定）命令按钮，得到扫描曲面，如图 6-67 所示。

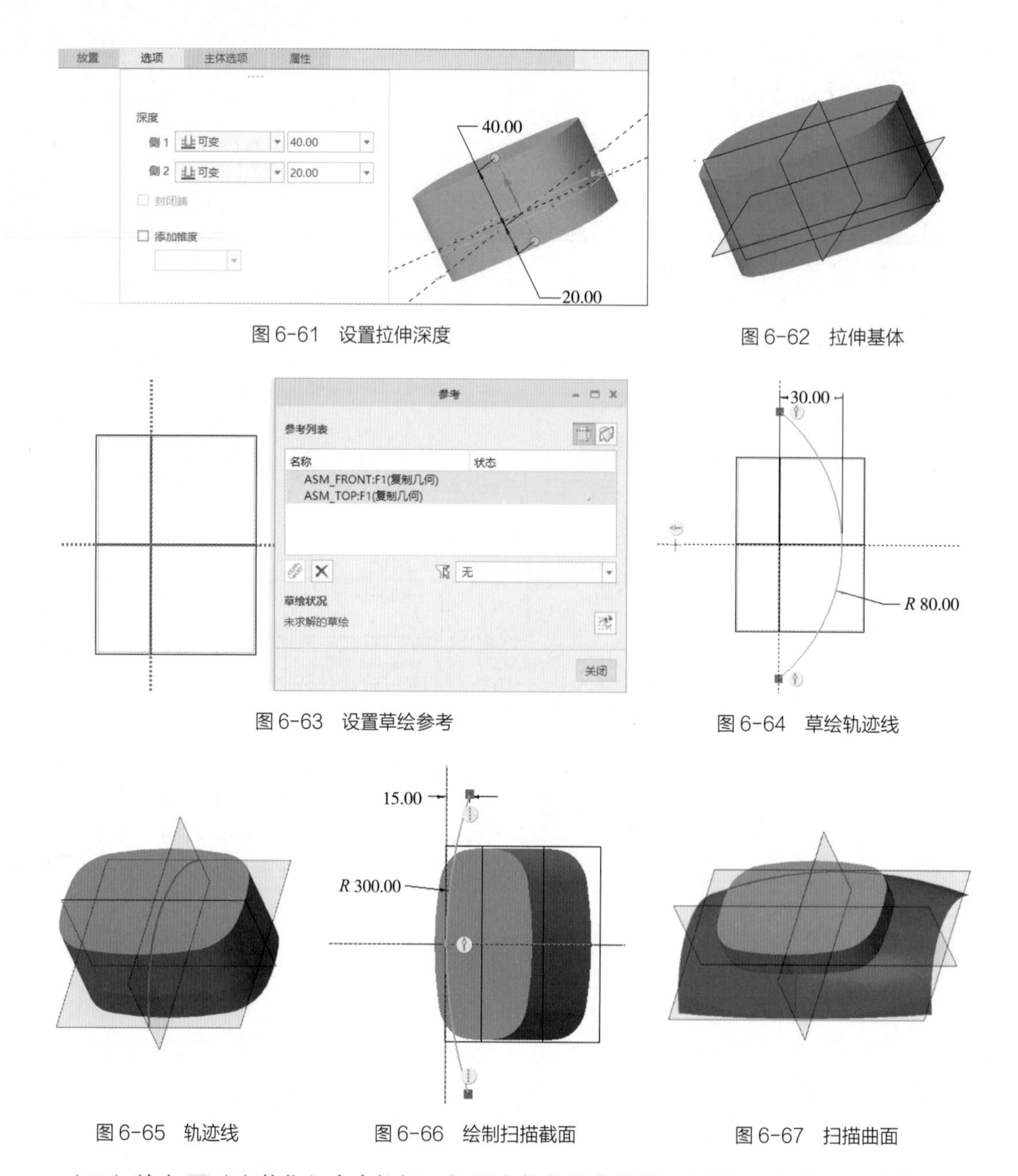

图 6-61 设置拉伸深度

图 6-62 拉伸基体

图 6-63 设置草绘参考

图 6-64 草绘轨迹线

图 6-65 轨迹线

图 6-66 绘制扫描截面

图 6-67 扫描曲面

（12）单击（实体化）命令按钮，打开实体化操作面板。如图 6-68 所示，在绘图区选择扫面的曲面，设置实体化类型为“移除材料”，并调整移除材料方向。单击（确定）命令按钮，获得上表面造型。

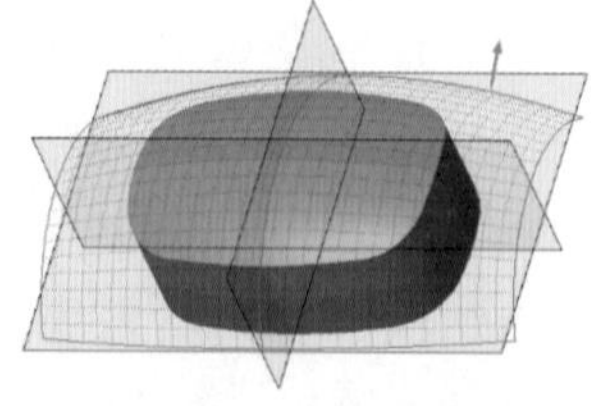

图 6-68 实体化工具移除材料

（13）单击 （倒圆角）命令按钮，打开圆角特征操作面板。在绘图区按住 Ctrl 键依次选择如图 6-69 所示的两条边线，设置半径值为 15，单击 （确定）命令按钮，完成圆角特征 1 的创建。

（14）单击 （拉伸）命令按钮，打开拉伸特征操作面板。确认拉伸类型为“实体”“移除材料”。

（15）在绘图区选择骨架模型零件的底面作为草绘平面，系统进入草绘模式。系统弹出“参考”对话框，在绘图区依次选择基准平面 ASM_RIGHT 和 ASM_FRONT 作为草绘参考，单击“关闭”命令按钮，单击草绘器中的 （偏移）命令按钮，选取骨架模型零件底面圆角边在草绘平面上的投影链作为偏移参考，输入向内的偏移量 5（如果偏移方向箭头向外，则输入 -5），结果如图 6-70 所示。

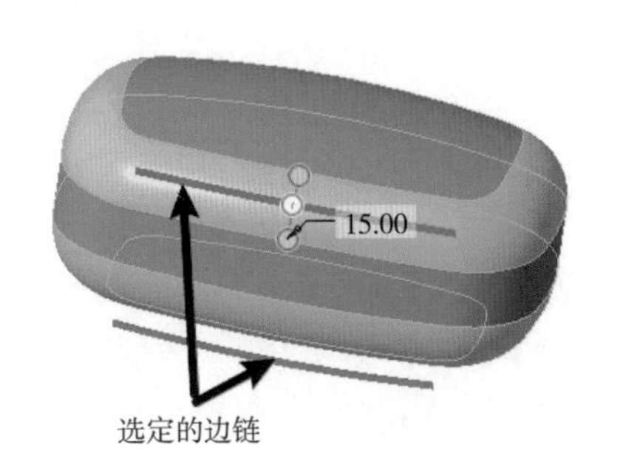

图 6-69 圆角 1 边线设置

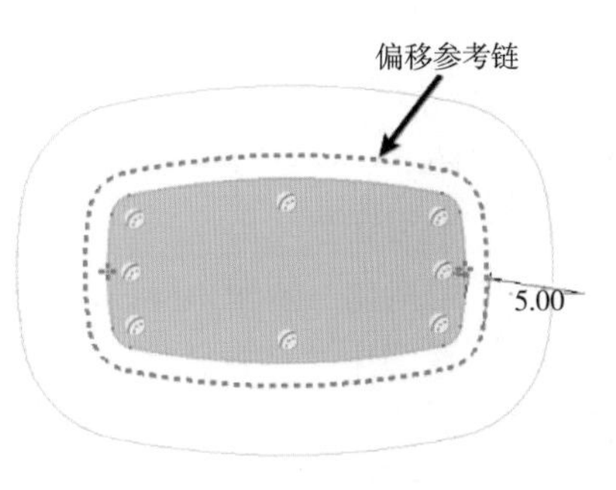

图 6-70 拉伸截面

（16）单击 （确定）命令按钮，返回拉伸特征操作面板。设置拉伸移除材料深度为 8，单击 （确定）命令按钮，完成底部凹槽，结果如图 6-71 所示。

（17）单击 （倒圆角）命令按钮，打开圆角特征操作面板。在绘图区选择如图 6-72 所示的边线，设置半径值为 5，单击 （确定）命令按钮，完成圆角特征 2 的创建。

（18）单击 （倒圆角）命令按钮，打开圆角特征操作面板。在绘图区选择如图 6-73 所示的边线，设置半径值为 5，单击 （确定）命令按钮，完成圆角特征 3 的创建。

图 6-71 拉伸切除

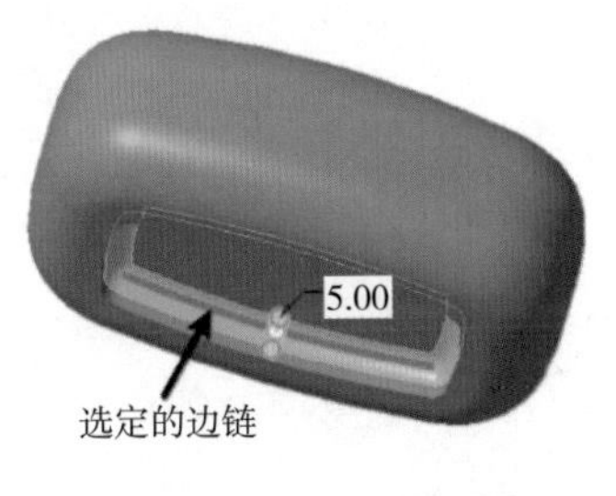

图 6-72 圆角 2 边线设置

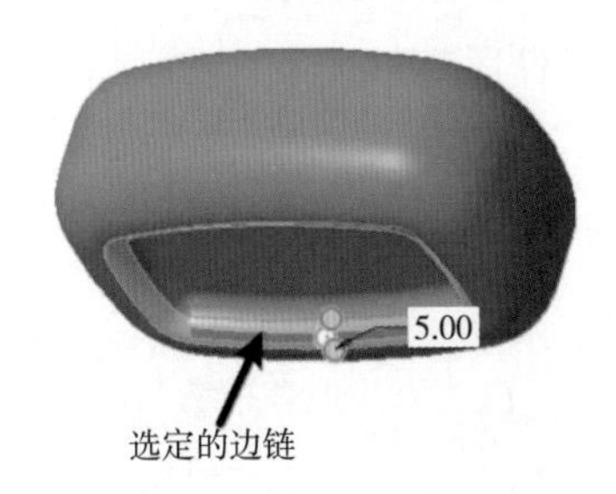

图 6-73 圆角 3 边线设置

（19）单击 （拉伸）命令按钮，打开拉伸特征操作面板。确认拉伸类型为“曲面”。在绘图区选择 ASM_FRONT 基准面作为草绘平面，系统进入草绘模式。这时系统会弹出“参考”对话框，在绘图区依次选择基准平面 ASM_TOP 和 ASM_RIGHT 作为草绘参考，单击“关闭”命令按钮，绘制如图 6-74 所示的左右对称直线，保证直线两端端点超出肥皂盒基体造型的左右边界线。

（20）单击 ✓（确定）命令按钮，返回拉伸特征操作面板。设置拉伸深度类型为“对称”，深度值为 100（拉伸深度要超出肥皂盒基体造型）。单击 ✓（确定）命令按钮，完成分型曲面创建，结果如图 6-75 所示。

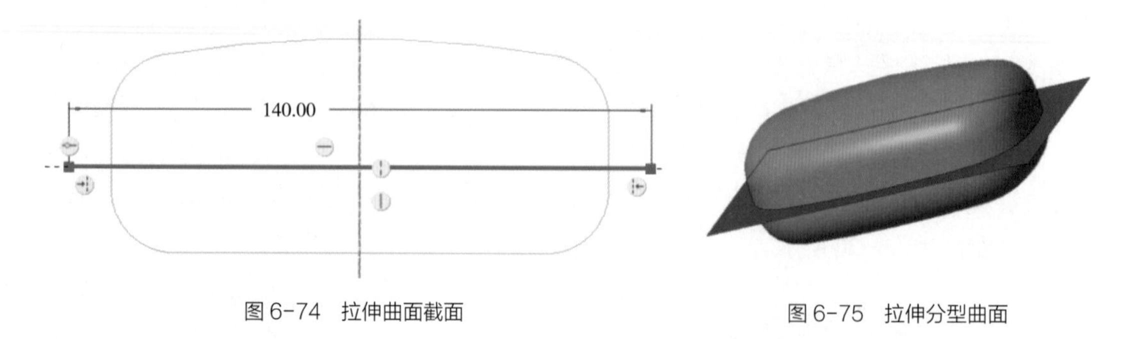

图 6-74　拉伸曲面截面　　　图 6-75　拉伸分型曲面

（21）单击工具栏中的（保存）命令按钮，保存骨架模型文件。

4. 创建、编辑肥皂盒上盖零件

（1）切换到“肥皂盒”装配体窗口，单击“模型”功能选项卡“元件”区域中的（创建）命令按钮，系统弹出“创建元件”对话框。如图 6-76 所示，在“类型”选项组中选择“零件”单选按钮，“子类型”选项组中选择“实体”单选按钮，“文件名”文本框中输入新建文件名“肥皂盒上盖”，单击“确定”按钮。

（2）在弹出的“创建”对话框中创建方法选择“空”单选按钮，单击“确定”命令按钮，在装配体中创建肥皂盒上盖零件。这时，模型树上添加了肥皂盒上盖零件。

（3）在模型树上单击肥皂盒上盖零件，在弹出的快捷菜单中选择（激活）命令按钮，激活零件模型。单击“模型”功能选项卡“获取数据”区域下拉菜单中“合并 / 继承”选项（图 6-77），系统打开“合并 / 继承”操作面板。

（4）如图 6-78 所示设置相关类型，选择“参考”面板中的“复制基准平面”复选框，在绘图区选择骨架模型作为源模型。单击 ✓（确定）命令按钮，将骨架模型继承到肥皂盒上盖零件模型中。

图 6-76　创建肥皂盒上盖

图 6-77　“合并 / 继承”命令

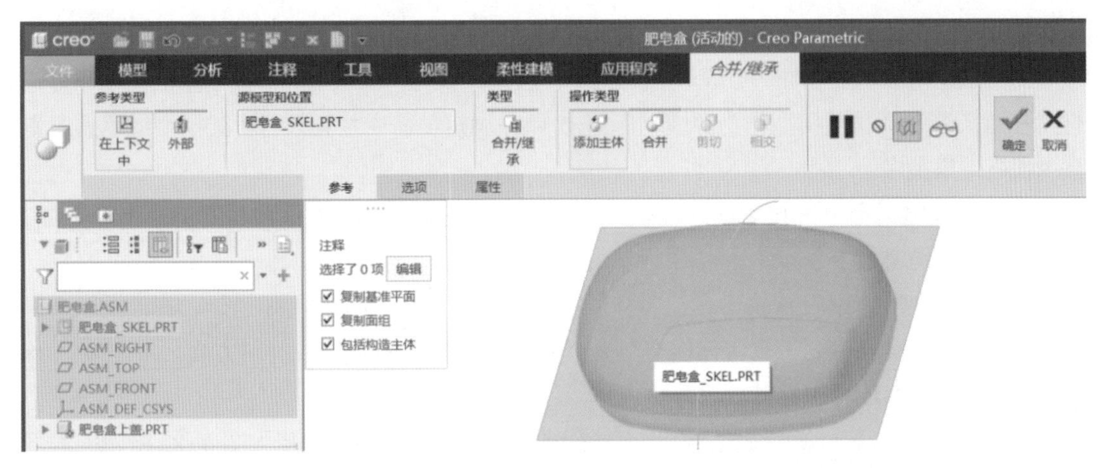

图 6-78　合并 / 继承骨架模型

（5）在模型树上单击肥皂盒上盖零件，在弹出的快捷菜单中选择 （打开）命令按钮，在新窗口打开肥皂盒上盖零件。

（6）单击 （实体化）命令按钮，打开实体化操作面板。如图 6-79 所示，在绘图区选择骨架模型中的拉伸曲面，设置实体化类型为“移除材料”，并调整移除材料方向。单击 （确定）命令按钮，移除材料。

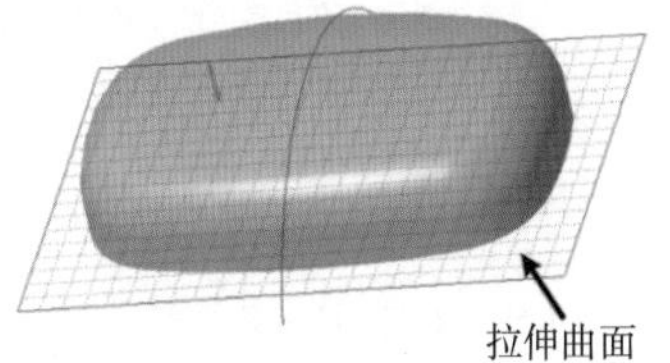

图 6-79　实体化工具移除材料

（7）单击 （壳）命令按钮，打开壳特征操作面板。在绘图区选择如图 6-80 所示的表面作为要移除的面，设置厚度值为 2。单击 （确定）命令按钮，完成肥皂盒上盖抽壳。

（8）单击工具栏中的 （保存）命令按钮，保存肥皂盒上盖零件模型文件。

2.00 0_1HICK

移除面

图 6-80　设置要移除的面

5. 创建、编辑肥皂盒下盖零件

（1）切换到“肥皂盒”装配体窗口，单击“模型”功能选项卡“元件”区域中的 （创建）命令按钮，系统弹出“创建元件”对话框。在“类型”选项组中选择“零件”单选按钮，“子类型”选项组中选择“实体”单选按钮，“文件名”文本框中输入新建文件名“肥皂盒下盖”，单击“确定”按钮。

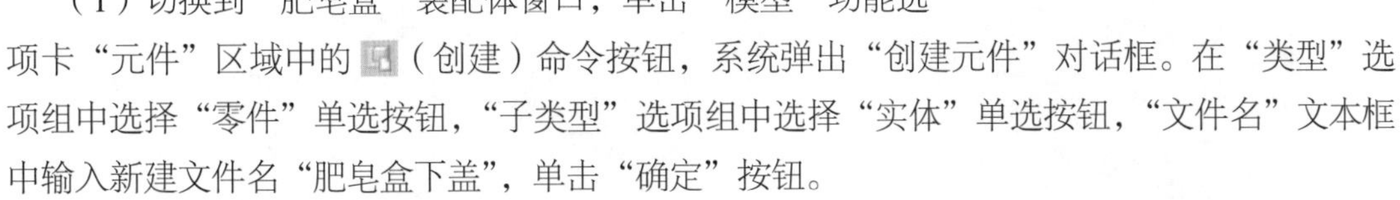

（2）在弹出的“创建”对话框中创建方法选择“空”单选按钮，单击“确定”命令按钮，在装配体中创建肥皂盒下盖零件。这时，模型树上添加了肥皂盒下盖零件。

（3）在模型树上单击肥皂盒下盖零件，在弹出的快捷菜单中选择 （激活）命令按钮，激活零件模型。单击“模型”功能选项卡“获取数据”区域下拉菜单中“合并 / 继承”选项，系统打开“合并 / 继承”操作面板。

（4）如肥皂盒上盖零件一样设置相关类型，选择“参考”面板中的“复制基准平面”复选框，在绘图区选择骨架模型作为源模型。单击 ✔（确定）命令按钮，将骨架模型继承到肥皂盒下盖零件模型中。

（5）在模型树上单击肥皂盒下盖零件，在弹出的快捷菜单中选择（打开）命令按钮，在新窗口打开肥皂盒上盖零件。

（6）单击（实体化）命令按钮，打开实体化操作面板。如图 6-81 所示，在绘图区选择骨架模型中的拉伸曲面，设置实体化类型为“移除材料”，并调整移除材料方向。单击 ✔（确定）命令按钮，完成移除材料。

（7）单击（壳）命令按钮，打开壳特征操作面板。在绘图区选择如图 6-82 所示的表面作为要移除的面，设置厚度值为 2。单击 ✔（确定）命令按钮，完成肥皂盒下盖抽壳。

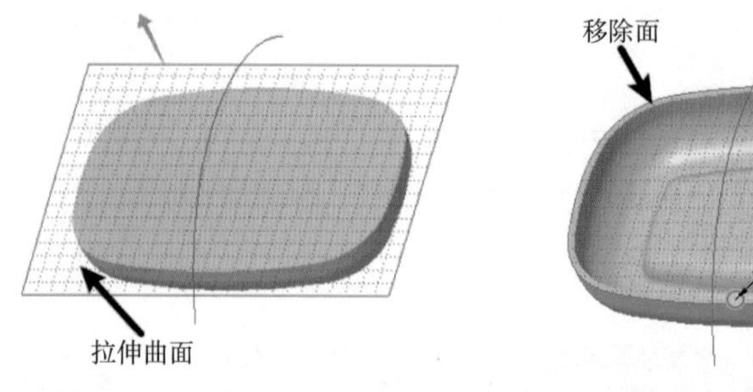

图 6-81　实体化工具移除材料　　图 6-82　设置要移除的面

（8）单击（扫描）命令按钮，打开扫描特征操作面板。确认拉伸类型为“实体”。

（9）在绘图区选择如图 6-83 的模型边线。单击“参考”面板上的“细节”命令按钮，弹出“链”对话框，按 Ctrl 键依次选取如图 6-84 所示的模型的边线。单击“链”对话框中的“确定”命令按钮，完成扫描轨迹链细节。

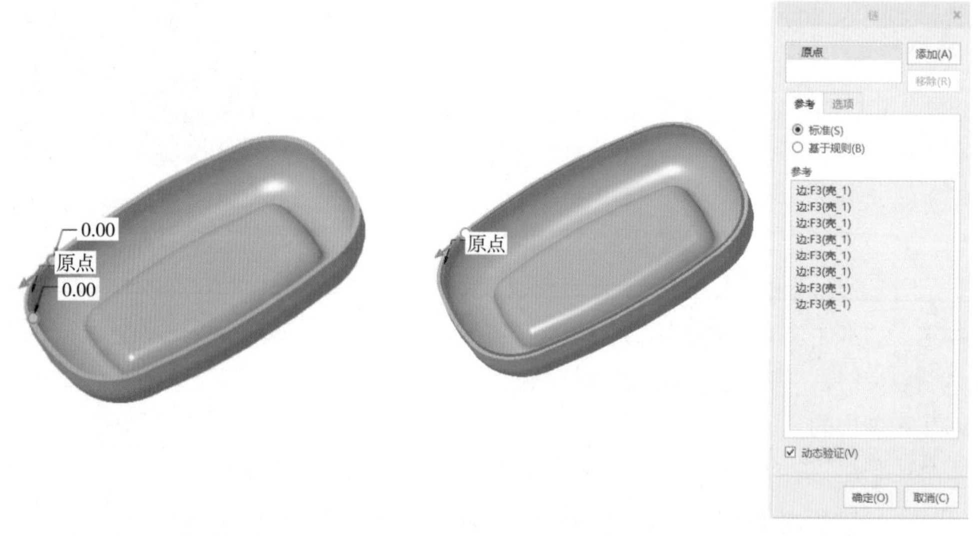

图 6-83　选择模型边线　　图 6-84　确定原点轨迹链细节

（10）单击 （草绘）命令按钮，进入内部草绘器。在轨迹线起点位置绘制如图 6-85 所示的矩形作为扫描截面。单击 （确定）命令按钮，返回扫描特征操作面板。

（11）在扫描特征操作面板上单击 （确定）命令按钮，得到肥皂盒下盖上凸台，如图 6-86 所示。

（12）单击 （拉伸）命令按钮，打开拉伸特征操作面板。确认拉伸类型为“实体”“移除材料”。

（13）在绘图区选择如图 6-87 所示的零件的内表面作为草绘平面，系统进入草绘模式。系统弹出“参考”对话框，在绘图区依次选择基准平面 ASM_RIGHT 和 ASM_FRONT 作为草绘参考，单击“关闭”命令按钮，绘制如图 6-88 所示的二维截面。

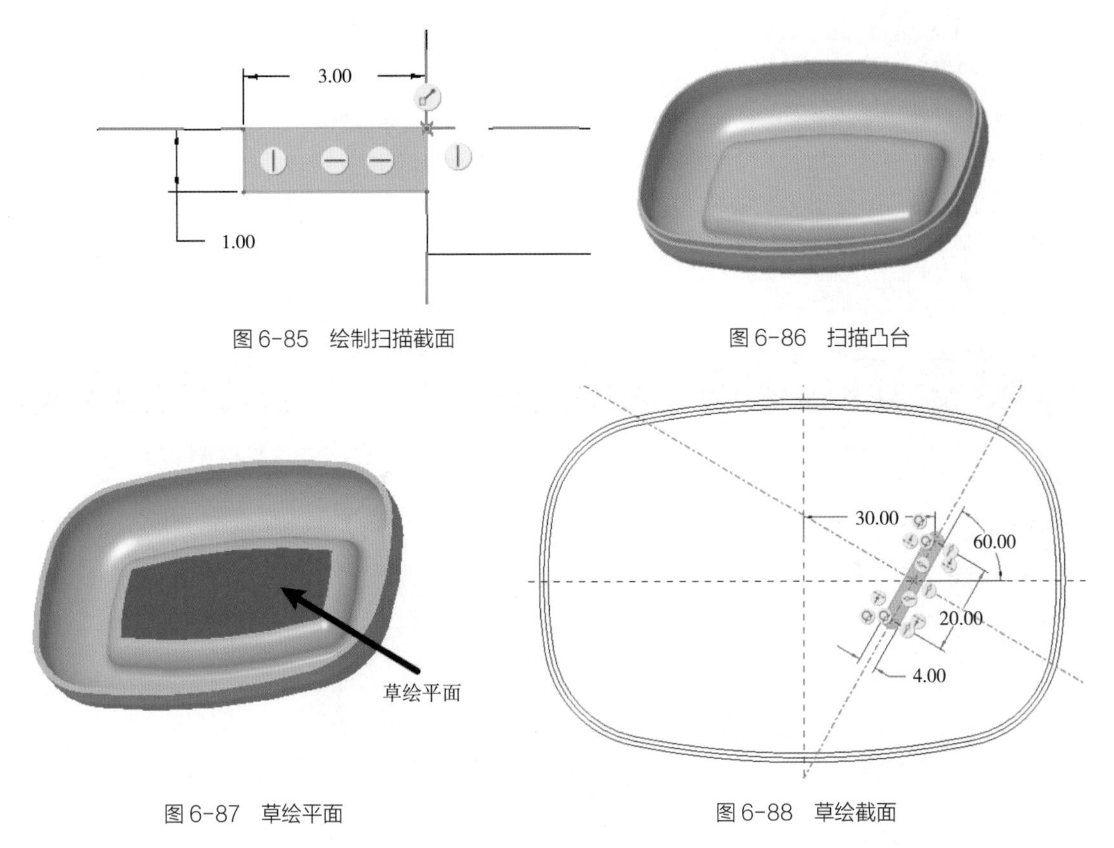

图 6-85 绘制扫描截面

图 6-86 扫描凸台

图 6-87 草绘平面

图 6-88 草绘截面

（14）单击 （确定）命令按钮，返回拉伸特征操作面板。设置拉伸深度类型为 （穿透），单击 （确定）命令按钮，完成拉伸切除特征的创建。

（15）在模型树上选择拉伸切除出的特征拉伸 1，在弹出的快捷菜单中单击 （阵列）命令按钮，或者在功能区选择 （阵列）命令按钮，打开阵列特征操作面板。确认阵列类型为“尺寸”。

（16）如图 6-89 所示，在绘图区单击选择拉伸 1 的尺寸“30”作为第一方向的驱动尺寸，设置阵列增量为 −16，阵列数量为 4。

（17）单击 （确定）命令按钮，完成特征阵列，结果如图 6-90 所示。

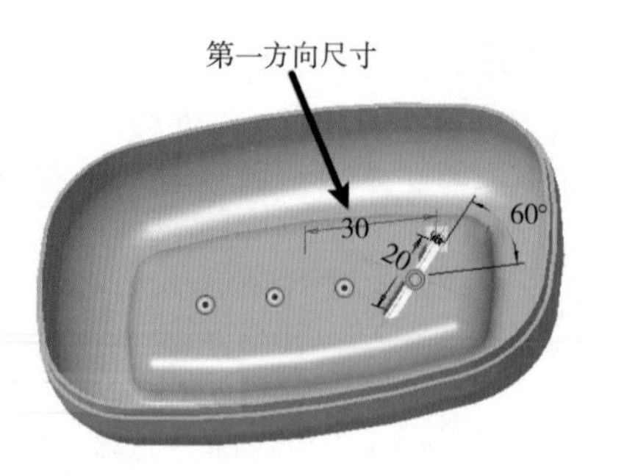

图 6-89　设置第一方向驱动尺寸　　图 6-90　特征阵列结果

（18）单击工具栏中的 （保存）命令按钮，保存肥皂盒下盖零件模型文件。

6. 再次编辑肥皂盒上盖零件

（1）切换到“肥皂盒”装配体窗口，在模型树上单击肥皂盒上盖零件，在弹出的快捷菜单中选择 （激活）命令按钮，激活零件模型。单击“模型”功能选项卡“获取数据”区域下拉菜单中“合并 / 继承”选项，系统打开“合并 / 继承”操作面板。

（2）如图 6-91 所示设置相关类型，选择“操作类型”为“剪切”，在绘图区选择肥皂盒下盖零件作为源模型。单击 （确定）命令按钮，用肥皂盒下盖零件模型中扫描的凸台剪切出肥皂盒上盖模型中的沟槽，结果如图 6-92 所示。

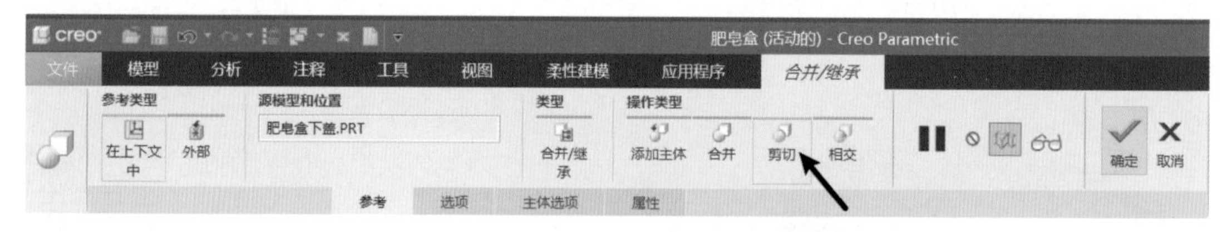

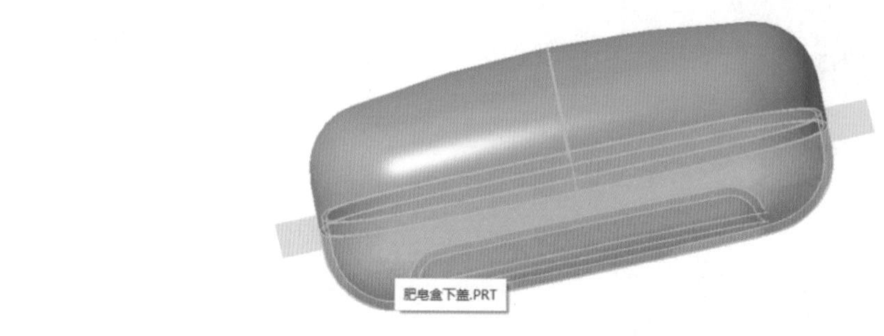

图 6-91　合并 / 继承肥皂盒下盖模型几何

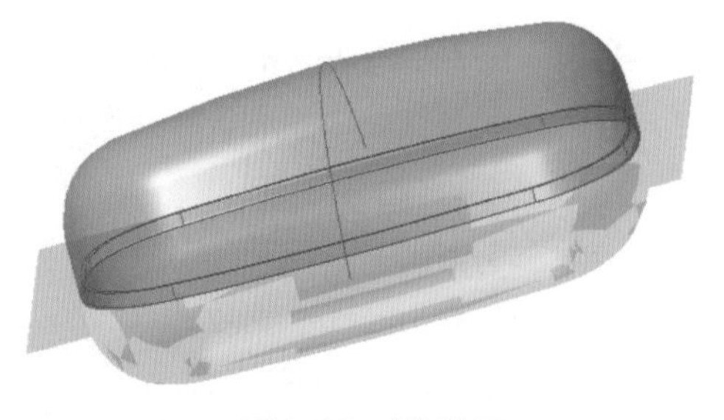

图 6-92　剪切结果

7. 保存文件

在模型树上选择装配体模型，在弹出的快捷菜单中选择 （激活）命令按钮，激活装配体模型。单击工具栏中的 （保存）命令按钮，保存装配体模型文件及各零件文件。

7 项目七

产品工程图绘制

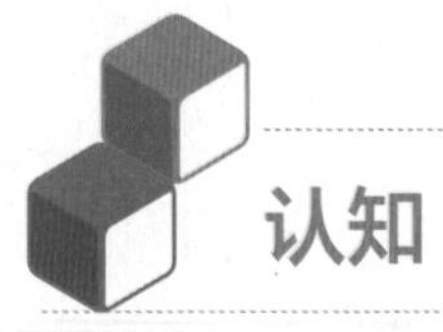

认知 Creo Parametric 工程图

一、Creo Parametric 工程图概述

7-1 产品工程图基础知识

工程图是指以投影原理为基础，用多个视图清晰详尽地表达出设计产品的几何形状、结构以及加工参数的平面视图，它可以从不同角度展示模型的结构。工程图设计是整个设计的最后环节，是设计意图准确表达的一种重要方式。工程图要严格遵守国标的要求，这样才能实现设计师与加工制造人员的有效沟通，使设计师的设计意图能够简单明了地展现在图样上。工程图一般包括图纸大小、一组视图（表达零件的结构形状）、完整的尺寸和加工信息标注（公差标注、表面粗糙度标注、技术要求等）以及标题栏（包括零件名称、数量、材料及必要签署等）。

Creo Parametric 提供了专门用于工程图设计的模块，可以通过创建的零件或产品的三维模型来建立和处理相应的工程图。Creo Parametric 是一个参数化设计软件，其工程图和模型之间具有关联性。模型修改，后期工程图则随之改变；同理，工程图尺寸修改后，模型尺寸也会相应改变。另外，所有视图都相互关联，其中一个视图尺寸更改后，其他相应视图也随之变化。这些关联性使设计者工作更加方便和高效。

Creo Parametric 中工程图文件的扩展名为“.drw”，工程图文件包含生成工程图的三维模型名称的完整路径以及工程图包含的各种视图、尺寸、公差、粗糙度等信息，并不包含模型的具体形状、特征等。因此，工程图文件不能单独存在，必须和三维模型文件一起存在。

二、Creo 工程图模块功能

利用 Creo Parametric 工程图模块，可以进行如下操作：

（1）创建工程图及各种视图，并以多种方式显示视图；

（2）添加草绘图元；

（3）可自动和手动进行尺寸创建；

（4）方便添加基准、公差、注释等符号或文本；

（5）可导入和导出不同类型工程图，实现不同软件兼容；

（6）打印输出工程图，也可使用插件进行批量打印；

（7）通过配置文件来制定符合不同标准的工程图。

三、工程图模式界面

单击工具栏中的 （新建）命令按钮，在弹出的“新建”对话框“类型”选项组中选择

“绘图”单选按钮，可以在“文件名”文本框中输入新建文件名，或勾选“使用绘图模型文件名”复选框，可以使工程图文件与模型文件具有相同的文件名，如图 7-1 所示。

图 7-1 新建工程图文件

单击“确定”按钮，在弹出的“新建绘图”对话框中可以设置三维模型和工程图模板，Creo Parametric 中工程图模板类型有三种：使用模板、格式为空和空，如图 7-2 所示。选择“使用模板”选项可以在“模板”选项组中选择 Creo Parametric 绘图模板；选择“格式为空”选项可以在“格式”选项组中单击“浏览”按钮，可以指定要使用的格式，而不使用模板。选择“空”选项绘图时图纸没有标题栏和图框，但用户可以在“方向”中选取图纸方向（其中“可变”为自定义图纸幅面尺寸），在“大小”中选择图幅。

图 7-2 新建绘图对话框

单击“确定”按钮，进入工程图设计模式，界面如图 7-3 所示。工程图设计环境的界面由标题栏、功能区、绘图区域、状态栏和导航区等几部分组成，功能区包含文件、布局、表、注释、继承迁移、分析、审阅、工具、视图、框架、草绘 11 个选项卡，每个选项卡由功能类似的命令组成。其中，“布局”选项卡主要包含创建模型视图的命令按钮；“表”选项卡主要包含创建和编辑工程图纸中图表的命令按钮（图 7–4）；“注释”选项卡主要包含创建和编辑工程图标注尺寸、参考、公差、粗糙度等相关信息的命令按钮（图 7–5）；“草绘”选项卡主要包含草绘的命令按钮（图 7–6）。导航区包括了绘图树和模型树。

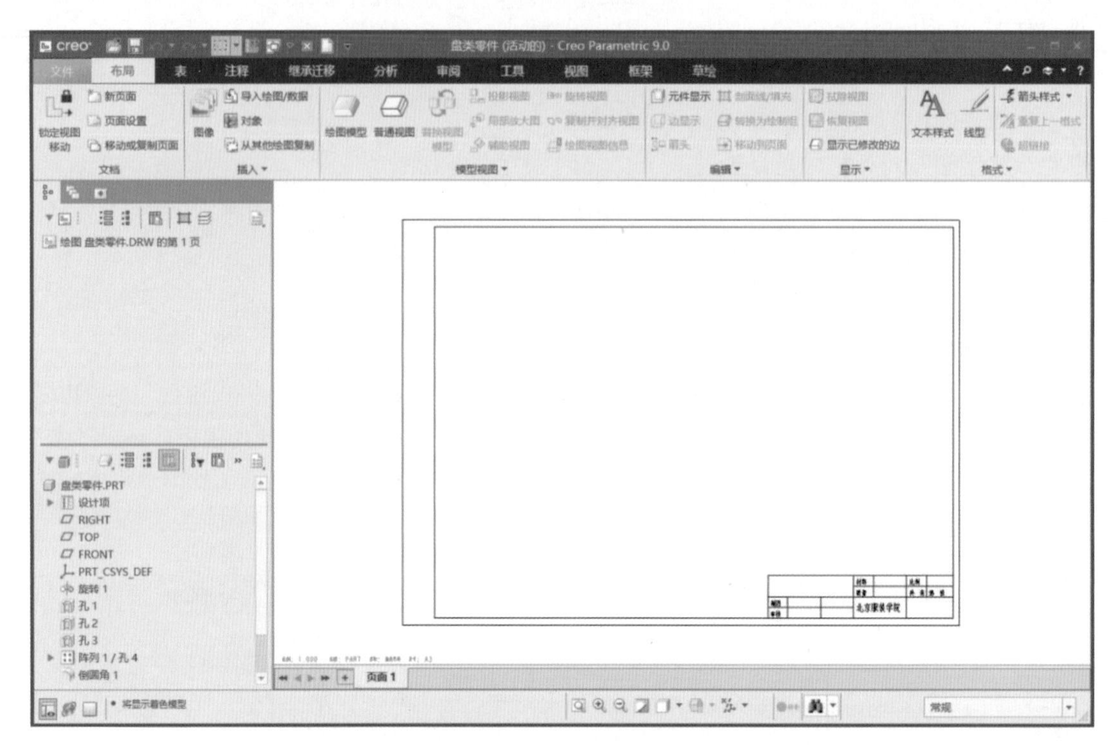

图 7–3 “工程”图界面

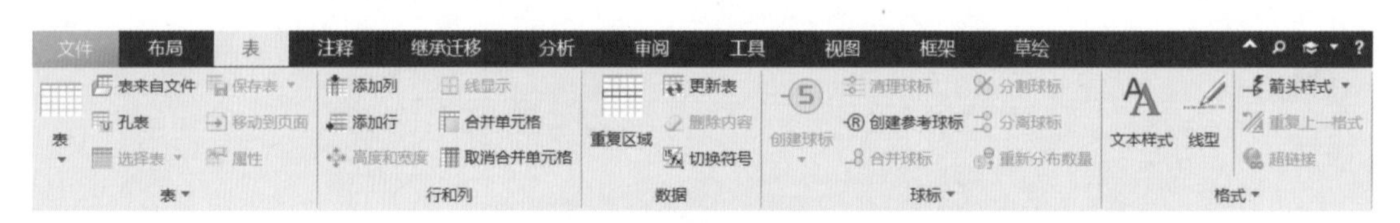

图 7–4 “表”选项卡

图 7–5 “注释”选项卡

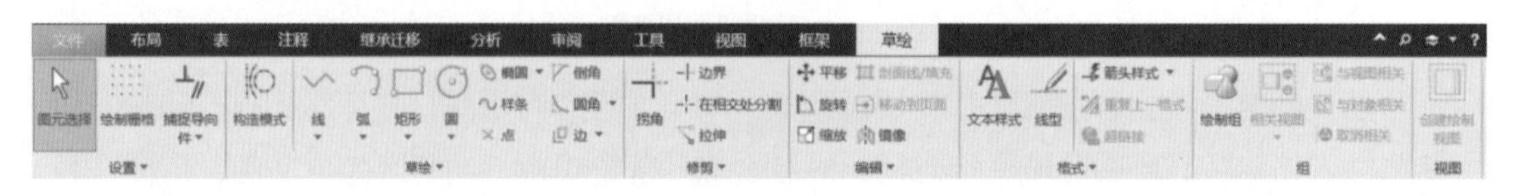

图 7–6 “草绘”选项卡

四、生成工程图一般步骤

在 Creo Parametric 中，为创建的三维模型生成工程图的一般操作过程如下：

（1）新建工程图文件，并选择三维模型及工程图模板；

（2）根据完整清晰表达设计意图的原则，创建和编辑视图；

（3）正确完整创建和编辑尺寸、公差、粗糙度、技术要求等相关工程图信息。

任务 1 工程图图框及标题栏设计

完成如图 7-7 所示的 A3 图纸格式及标题栏的制作。

7-2 绘制图纸格式

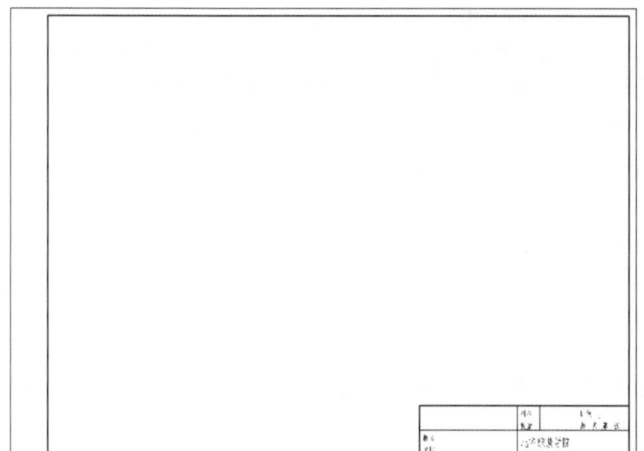

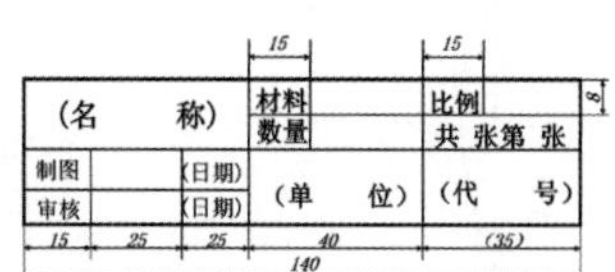

图 7-7 A3 图纸格式及标题栏

一、学习目标

（1）能够制作工程图的模板文件。

（2）能够制作标题栏。

（3）能够根据制图标准正确修改系统配置参数。

（4）掌握工程制图的国家标准，提高设计作图的规范性和严谨性意识，树立精益求精的工匠精神。

二、相关知识点

（一）工程图图框的国家标准

1. 图纸幅面和图框格式

图纸幅面即图纸的大小，国家标准规定了五个基本幅面。图框的格式分为留有装订边和不留装订边两种，图框线为粗实线，图纸可横放或竖放，如图 7-8 所示。图幅及图框的周边尺寸见表 7-1。设计中具体使用多大的图纸，是根据零件或产品的大小、复杂程度来选择。

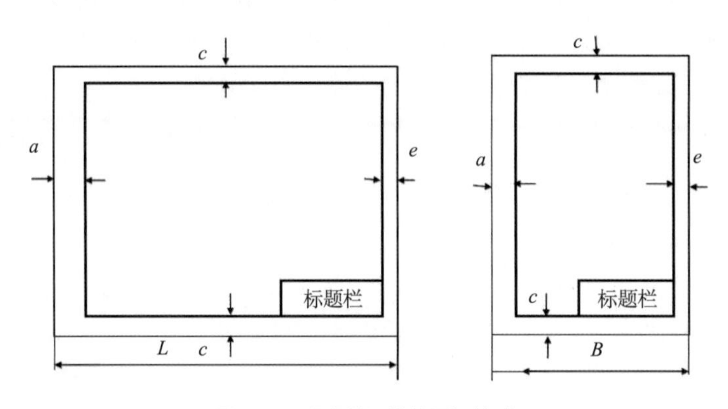

图 7-8 留有装订边的图框格式

表 7-1 国标基本图幅及图框尺寸

<table>
<tr><th>幅面代号</th><th>A0</th><th>A1</th><th>A2</th><th>A3</th><th>A4</th></tr>
<tr><td>尺寸 $B \times L$</td><td>841 × 1189</td><td>594 × 841</td><td>420 × 594</td><td>297 × 420</td><td>210 × 297</td></tr>
<tr><td>a</td><td colspan="5">25</td></tr>
<tr><td>c</td><td colspan="3">10</td><td colspan="2">5</td></tr>
<tr><td>e</td><td colspan="2">20</td><td colspan="3">10</td></tr>
</table>

2. 标题栏

标题栏用以说明所表达零件或部件的名称、比例、材料、设计者、审核者等，一般位于图纸的右下角。

（二）图纸格式文件

在 Creo Parametric 中，系统有默认的图纸模板，但这些模板不一定符合国家工程图的制图标准，因此，需要制作一些模板文件供设计师调用，以简化工程图的制作过程。这些模板文件即 Creo Parametric 中的格式文件，其后缀是“.frm”，绘制好格式文件后，可以在生成工程图时直接调用。

三、操作步骤

1. 新建格式文件

（1）单击工具栏中 （新建）命令按钮，在弹出的“新建”对话框（图 7-9）“类型”选项组中选择“格式”单选按钮，“文件名”文本框中输入新建格式文件名“A3h_prt”，单击“确定”按钮。

（2）在弹出的“新格式”对话框中，选择“空”单选按钮，方向选择“横向”，大小选择“A3”，如图 7-10 所示。单击“确定”按钮。进入格式设计界面。

图 7-9　新建格式文件

图 7-10　“新格式”对话框

2. 修改系统配置参数

单击主菜单“文件”→“准备”→“绘图属性”命令（图 7-11），系统弹出“格式属性”对话框，单击“细节选项”右边的“更改”按钮（图 7-12），系统弹出“选项”对话框。在

图 7-11　“绘图属性”命令

“选项”下的输入框中输入“text_height”，将“值”输入框中的数值“0.15625”改为“5”，再单击“添加 / 更改”按钮，完成文本高度的修改（图 7−13）。单击“选项”对话框中的“确定”按钮和“格式属性”对话框中的“关闭”按钮，退出参数修改状态，返回格式设计环境。

图 7−12 “格式属性”对话框

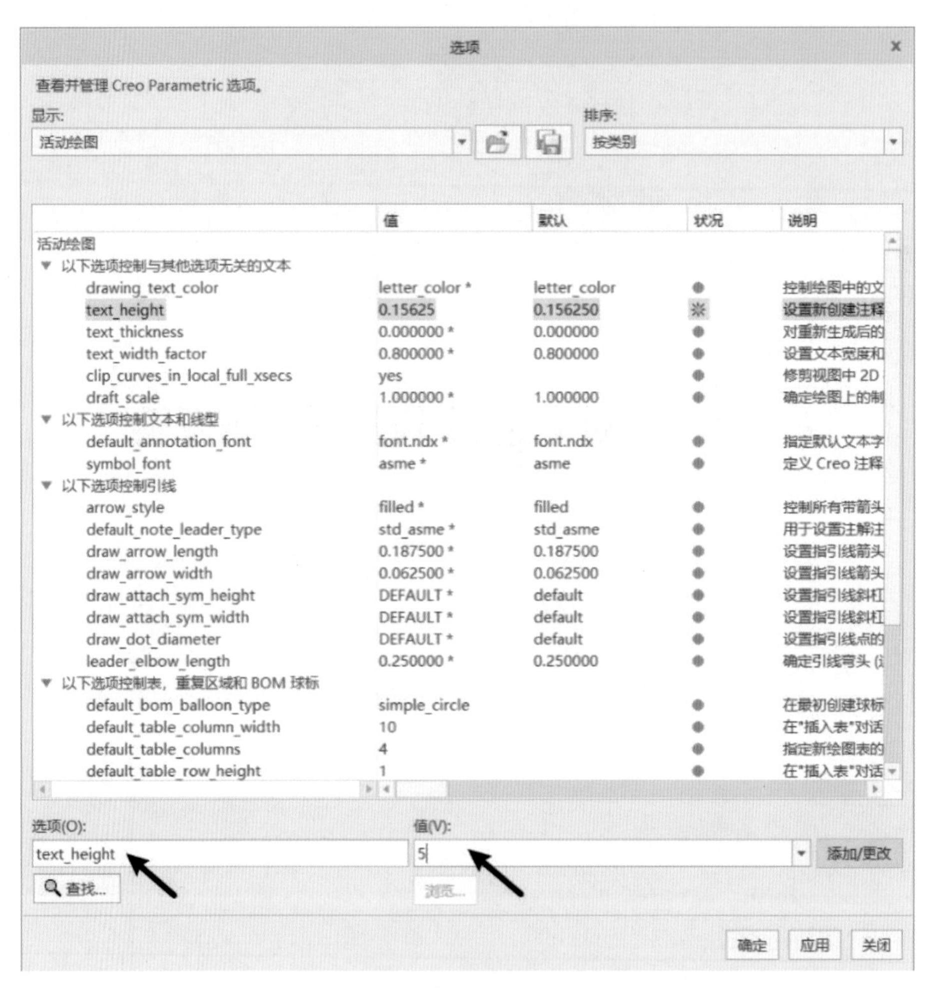

图 7−13 修改文本高度

3. 制作图框

（1）在格式绘制环境中，系统默认打开“布局”选项卡，单击切换到“草绘”选项卡。如图 7−14 所示，单击“草绘”区域的 ◻（偏移边）命令按钮，依次选择图纸边框的左边线、上边线、右边线和下边线，并依次输入偏移值为 25、5、−5、−5，得到图框线。

（2）单击“修剪”区域的 ┐（拐角）命令按钮，按 Ctrl 键依次选择偏移得到的边线进行修剪，得到图框如图 7-15 所示。修剪时要注意，鼠标点击的位置是修剪后边线要保留的部分。

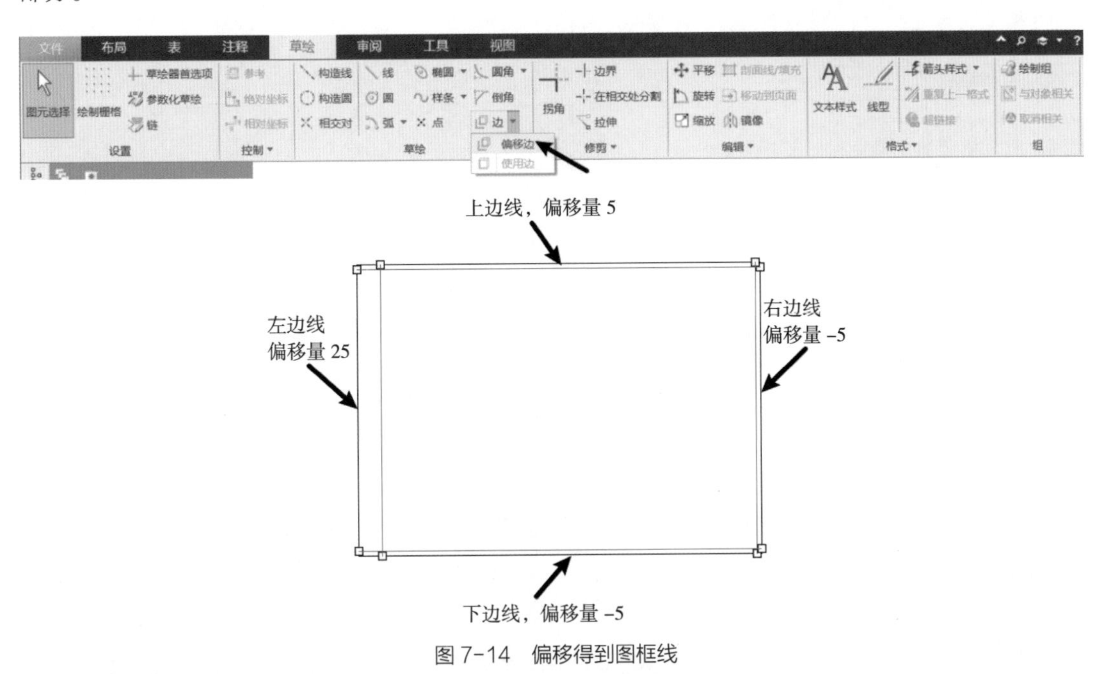

图 7-14　偏移得到图框线

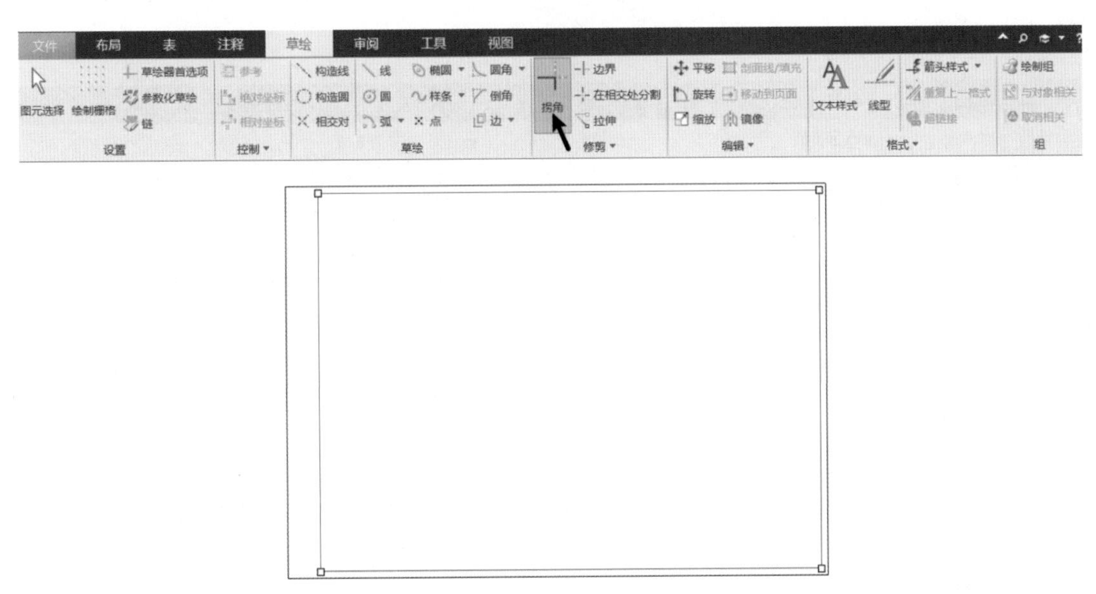

图 7-15　修剪图框

4. 绘制标题栏表格

（1）单击切换到“表”选项卡。如图 7-16 所示，单击“表”命令向下的三角箭头，创建一个 7×4 的表格，放置在绘图区的图纸内，如图 7-17 所示。

图 7-16　插入表格命令

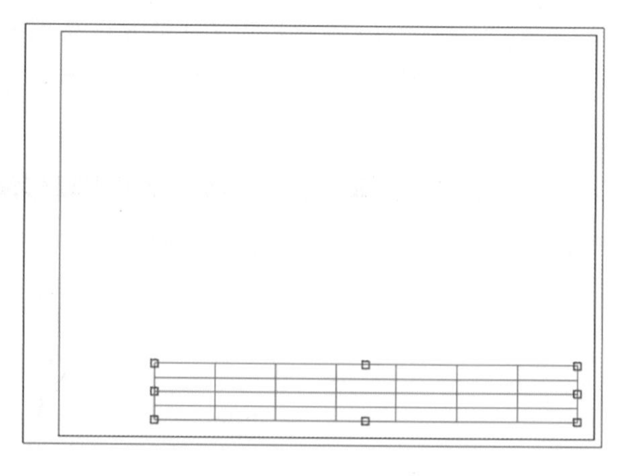

图 7-17　插入一个 7×4 的表格

（2）单击“表”区域的 （属性）命令按钮（图 7-18），系统弹出“表属性”对话框，如图 7-19 所示，取消勾选“自动高度调节”选项，修改表格行的高度为“8”。单击“确定”按钮，将表格每行的高度设置为 8mm。

（3）单击选中表格的第 1 列，按下鼠标右键，在弹出的快捷菜单中选择“高度和宽度”命令（图 7-20），或在“行和列”区域单击 （高度和宽度）命令按钮，系统弹出“高度和宽度”对话框，如图 7-21 修改第 1 列的宽度为 15，单击“确定”命令按钮，完成表格第 1 列宽度的修改。依同样的方式，选择表格的第 2 ~ 7 列，修改列宽分别为 25、25、15、25、15、20，修改后的表格如图 7-22 所示。

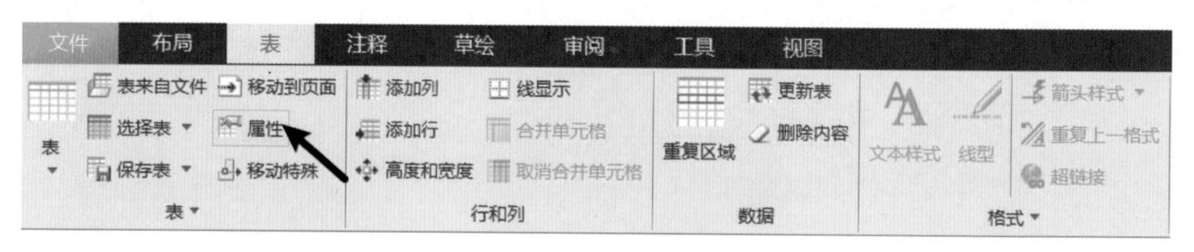

图 7-18　表属性命令

图 7-19　修改表格行的高度

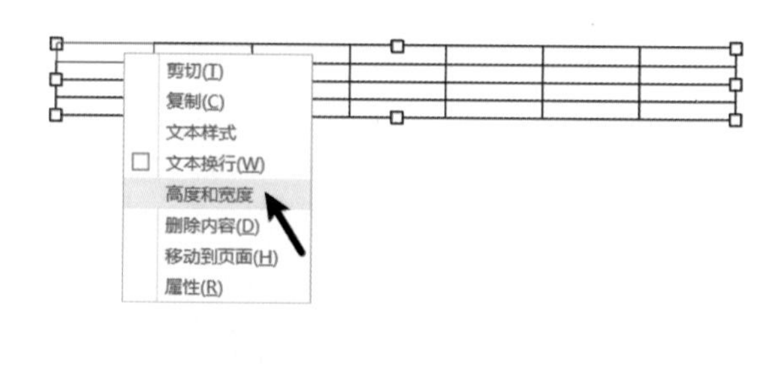

图 7-20　选择表格第 1 列

（4）选择表格，单击“表”区域的（移动特殊）命令按钮（图 7–23），如图 7–24 所示，单击选择表格的右下角顶点作为执行特殊移动的点，系统弹出“移动特殊”对话框，选择类型为（将对象捕捉到指定顶点），单击选择图框右下角的顶点作为指定顶点，表格则移动到与图框右下角顶点重合的位置，如图 7–25 所示。

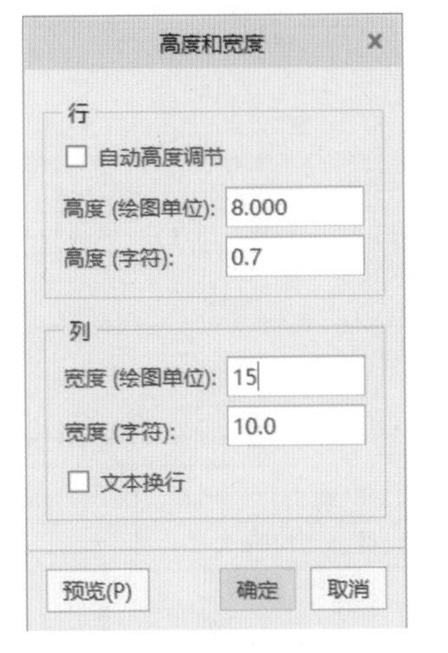

图 7–21　修改第 1 列宽度

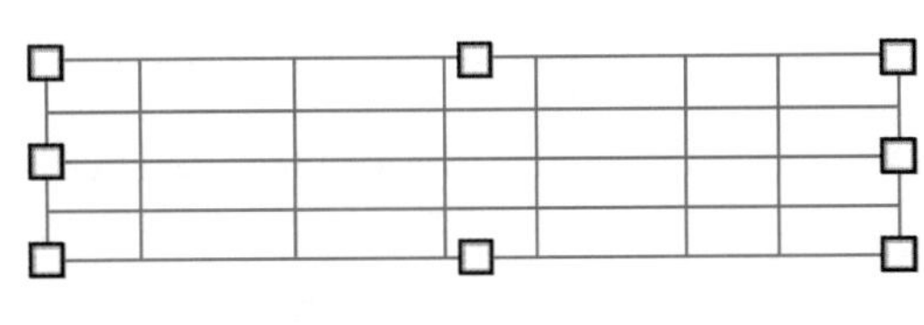

图 7–22　修改后的表格

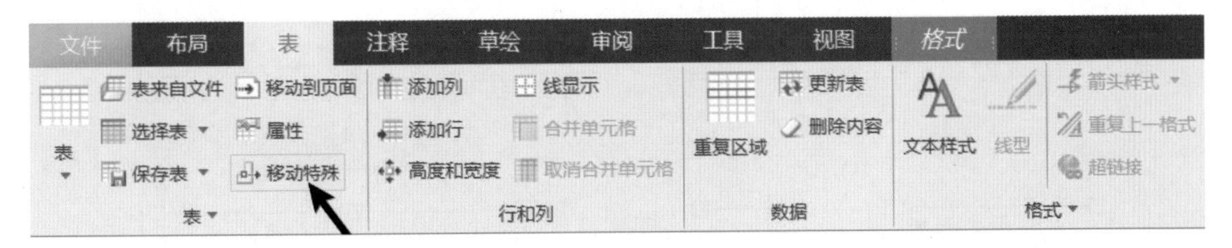

图 7–23　“移动特殊”命令

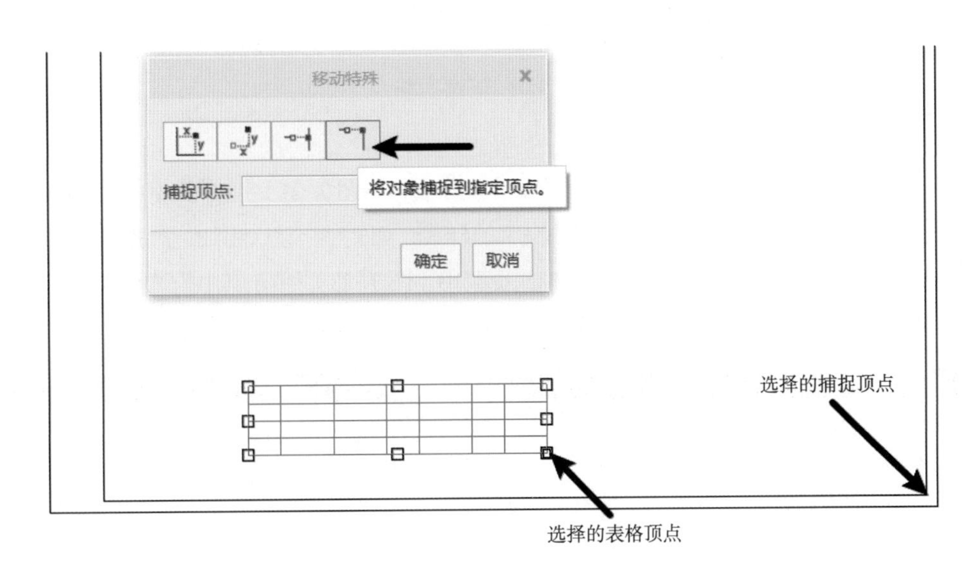

图 7–24　移动表格位置

（5）如图 7–26 所示，按 Ctrl 键依次选择表格中的单元格，单击“行和列”区域的 （合并单元格）命令按钮进行合并。

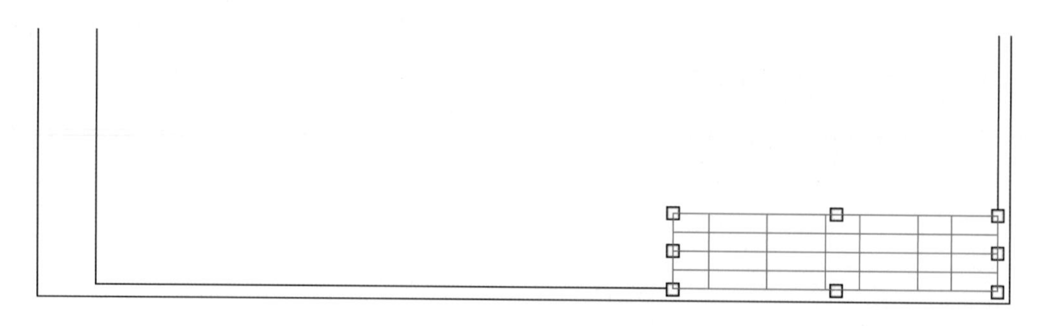

图 7–25　移动后的表格

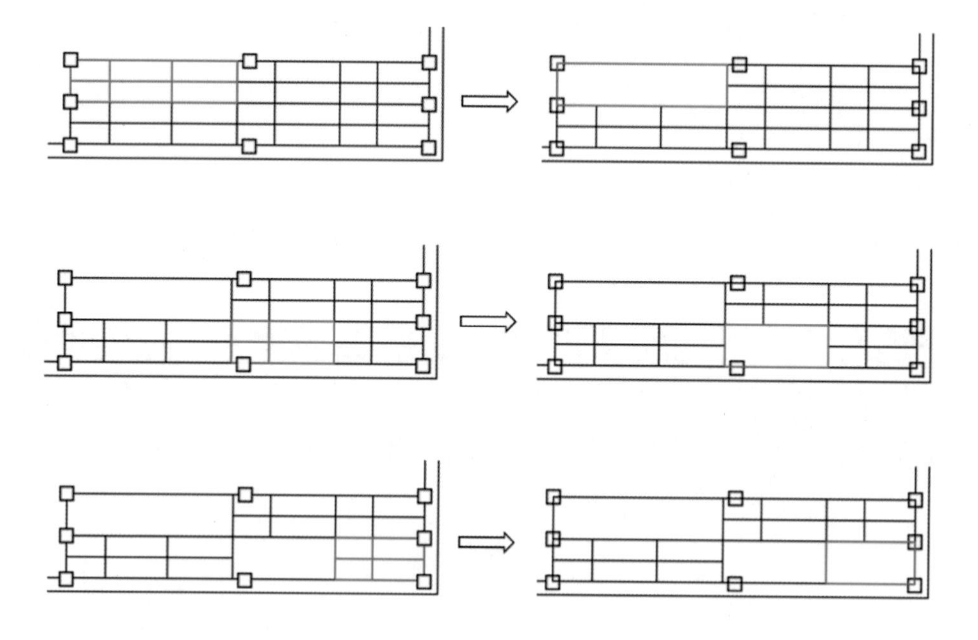

图 7–26　合并单元格

5. 标题栏文字输入

双击要输入文字的单元格，系统弹出“格式”操作面板（图 7–27），在单元格中输入相应文字，如“制图”“审核”等，在操作面板中可修改文字的样式，如文字字体、粗细、对齐方式等。另外，在选中表格的情况下也可单击鼠标右键，弹出快捷菜单（图 7–28），单击其中的“文本样式”，系统弹出“文本样式”对话框（图 7–29），在其中设置文字的样式。最后的标题栏如图 7–30 所示。

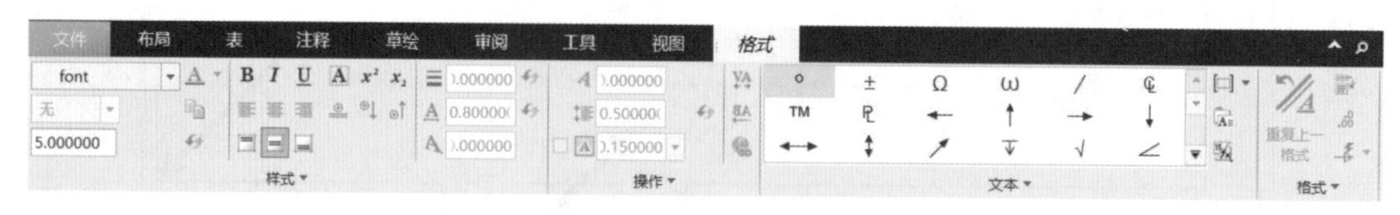

图 7–27　“格式”操作面板

图 7-28 “表格”快捷菜单　　图 7-29 “文本样式”对话框

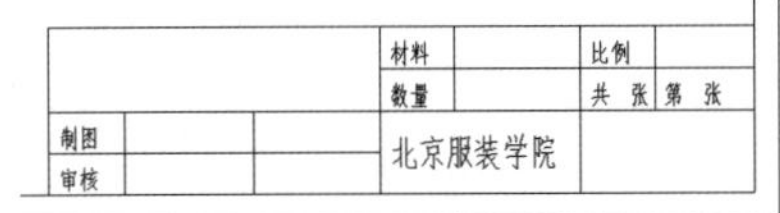

图 7-30　标题栏

6. 绘制标题栏外框

（1）单击切换到“草绘”选项卡。单击“草绘”区域的 （偏移边）命令按钮，依次选择图框的右边线和下边线，并依次输入偏移值为 −140、−32，得到标题栏外框所在直线，如图 7-31 所示。

（2）单击“修剪”区域的 （拐角）命令按钮，按 Ctrl 键依次选择偏移得到的边线进行修剪，得到标题栏外框，如图 7-32 所示。修剪时要注意，鼠标点击的位置是修剪后边线要保留的部分。

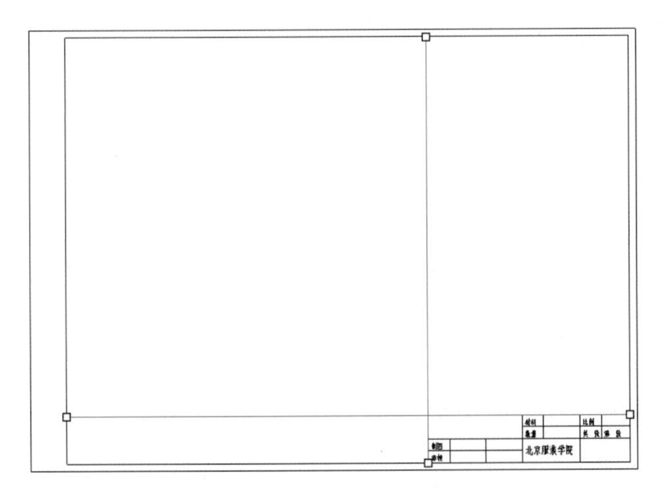

图 7-31　偏移得到标题栏外框

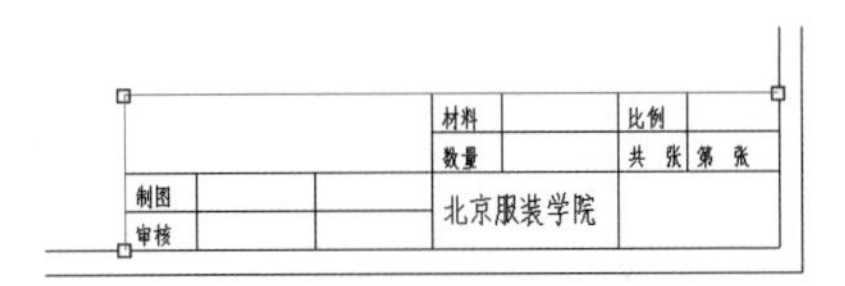

图 7-32　修剪标题栏外框

7. 保存文件

单击工具栏中的 （保存）命令按钮，保存当前格式文件。

任务 2 创建零件的工程图

7-3 工程图环境设置　7-4 创建三视图　7-5 创建剖视图和局部放大图　7-6 尺寸标注　7-7 完成工程图

完成如图 7-33 所示的零件工程图。

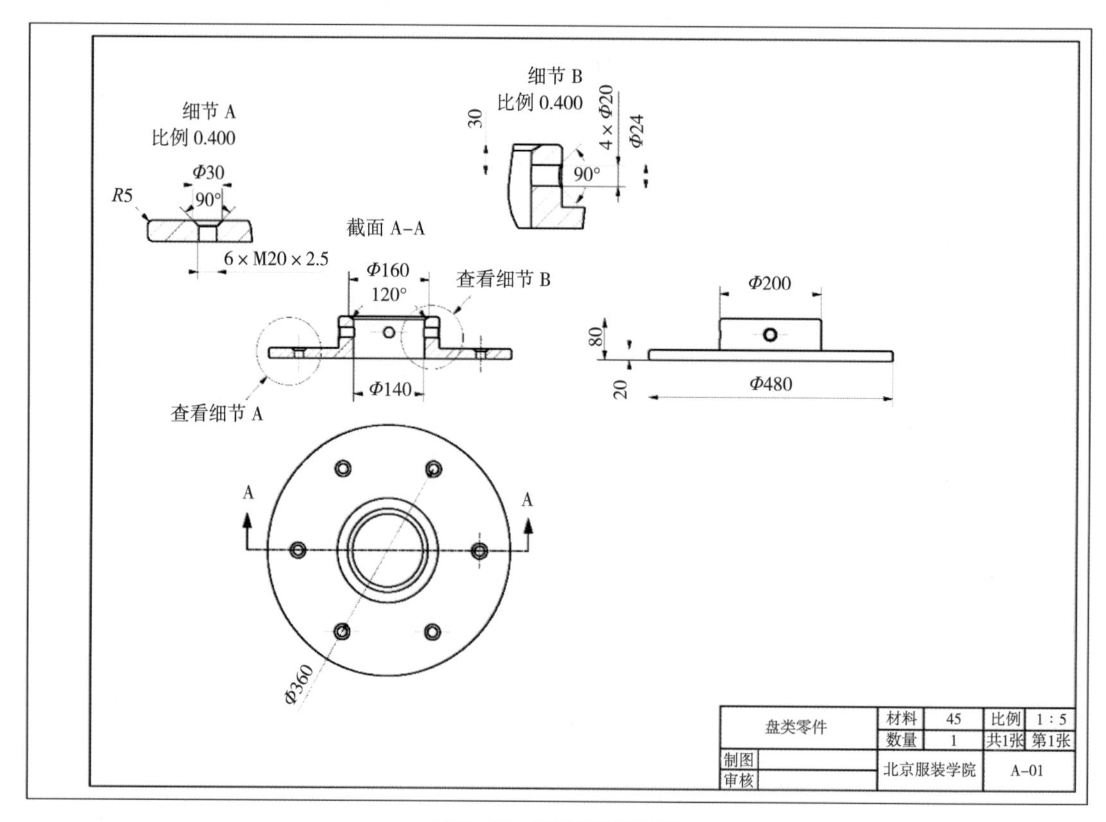

图 7-33　盘类零件工程图

一、学习目标

（1）能够根据制图标准正确修改系统配置参数。

（2）能够创建零件的一般视图、投影视图、剖视图和局部放大图。

（3）能够在工程图上正确标注尺寸。

（4）能够将 Creo Parametric 工程图转换为可打印 PDF 文件。

（5）掌握工程制图的国家标准，提高设计作图的规范性和严谨性意识，树立精益求精的工匠精神。

二、相关知识点

（一）符合国标的工程图环境

工程图制作需要符合机械制图国家标准，而 Creo Parametric 中生成的工程图是按照美国标准来设置工作环境的，在绘制工程图之前，首先要设置工程图的环境以符合国标的要求。主要更改的工程图绘图设置文件选项见表 7-2。

表 7-2 需要设置的系统参数

选项	修改值	选项说明
projection_type	first_angle	确定创建投影视图的方式
drawing_units	mm	所有绘图参数的单位
text_height	5	图形中所有文本默认高度
draw_arrow_length	3.5	尺寸标注中箭头长度
draw_arrow_width	1.5	尺寸标注中箭头宽度
arrow_style	filled	箭头样式（闭合或填充）
axis_line_offset	5	轴线延伸超出特征的距离
dim_leader_length	6	箭头在尺寸线外时，尺寸线延伸长度
witness_line_delta	3	尺寸界限延伸量
default_lindim_text_orientation	parallel_to_and_above_leader	线性尺寸文本的方向
default_diadim_text_orientation	parallel_to_and_above_leader	直径尺寸文本的方向
default_raddim_text_orientation	above_extended_elbow	半径尺寸文本的方向
crossec_arrow_length	6	横截面切割平面箭头长度
crossec_arrow_width	3.5	横截面切割平面箭头宽度

（二）工程图比例

工程图比例也就是绘制在图纸上的实际尺寸与所代表的物体在现实中的尺寸之间的比率。通常表示为 1∶*n* 的形式，*n* 为比例尺。在工程图中使用比例是为了使图纸测绘出来的图形与实际物体尺寸相匹配，也可以更加直观地展示出各部分之间的比例关系和相对位置。比例的选择需要根据具体的图纸大小、所绘制的物体大小和结构复杂程度来选择。在绘制工程图时，应选择表 7-3 中的比例（优先选择非括号内的比例）。

表 7-3 国家标准规定的比例

种类	比例
与实物相同	1 : 1
放大的比例	2 : 1　5 : 1　2 × 10*n* : 1　5 × 10*n* : 1 （4 : 1）（2.5 : 1）（4 × 10*n* : 1）（2.5 × 10*n* : 1）
缩小的比例	1 : 2　1 : 5　1 : 10*n*　1 : 2 × 10*n*　1 : 5 × 10*n* （1 : 1.5）（1 : 2.5）（1 : 3）（1 : 4）（1 : 6）（1 : 1.5 × 10*n*）

（三）视图

在工程制图中，视图指的就是物体向各个投影面做正投影所得到的图形。工程图中有多种视图，如表达零件或产品的最基本的三视图，另外还有向视图、斜视图、局部视图、剖视图、局部放大图等。在 Creo Parametric 中也提供了多种视图种类，有普通视图、投影试图、局部放大图、旋转视图、辅助视图等（图 7-34）。在进行工程图设计时，可以根据零件的结构形状的不同，选择不同的视图和表达方法，创建不同类型的视图。

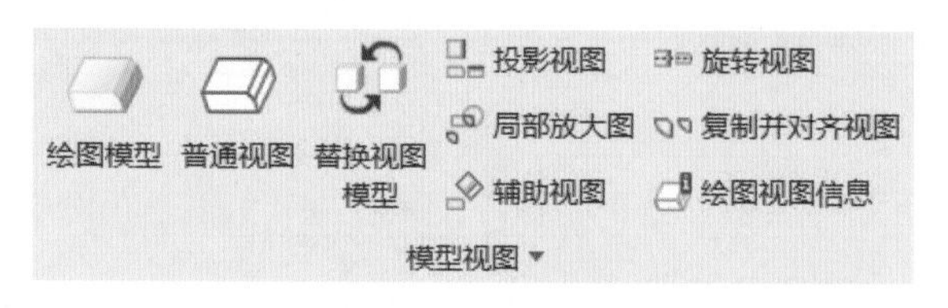

图 7-34 视图种类

1. 普通视图

普通视图是放在图纸上的第一个视图，是创建投影视图等其他视图的基础，又称“主视图”。普通视图用于表达模型的主要结构，能较多地反映出零件的形状特征，也就是结构形状和各结构之间的相对位置关系。它是工程图中唯一一个可以独立放置的视图，不能随便删除，并且可以设定比例，其比例也是整张工程图的比例。

2. 投影视图

投影视图是在现有视图的基础上，通过不同的投影方向对模型进行投影得到一个新的平面视图。按照三视图的原则，视图之间应该对应。投影视图不能作为工程图的第一个视图，不能进行比例设置，其比例与父视图相同，并且不能随便移动，位置受到父视图的制约。

3. 剖视图

一般来说，零件上不可见的结构形状用虚线来表示，这样会给读图和标注尺寸带来困难，因此宜用剖视图来表达零件内部形状与结构。剖视图是用假想剖切面把零件切开，移去观察者和剖切面之间的实体部分，余下部分向投影面投影得到视图。在 Creo Parametric 中要想创建剖视图，需要在三维模型中创建截面，可以在三维建模状态下创建并保存截面，在视图属性中修改视图为剖面。

4. 局部放大图

局部放大图是将零件的部分结构，用大于原图形所采用的比例放大得到的视图。局部放大图应尽量配置在被放大部位的附近。

5. 绘图视图对话框

在创建普通视图时，或选择视图在弹出的快捷菜单中，选择 （属性）命令按钮，系统会弹出“绘图视图”对话框，包括“视图类型”（图 7-35）、“可见区域”（图 7-36）、“比例”（图 7-37）、“截面”（图 7-38）、“视图状态”（图 7-39）、“视图显示”（图 7-40）、“原点”（图 7-41）和“对齐”（图 7-42）八个类别，用来定义视图的相关设置。在“视图类型”类别选项中，有三种视图的定向方法。“查看来自模型的名称”选项使用来自模型的已保存视图进行定向；“几何参考”选项使用来自绘图中预览模型的几何参照进行定向；“角度”选项使用选定参照的角度或定制角度定向。

图 7-35 “绘图视图”对话框——视图类型

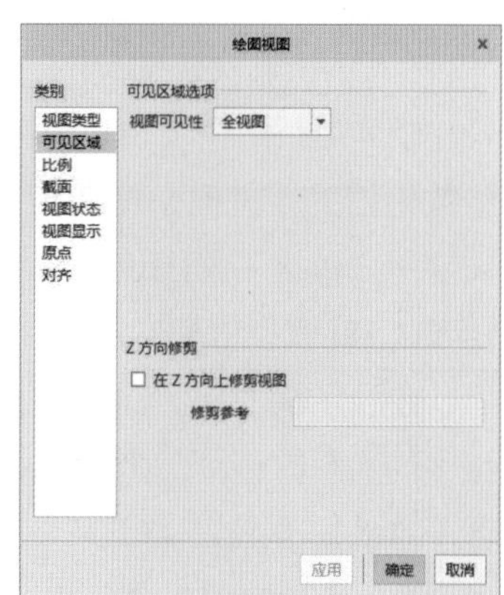

图 7-36 “绘图视图”对话框——可见区域

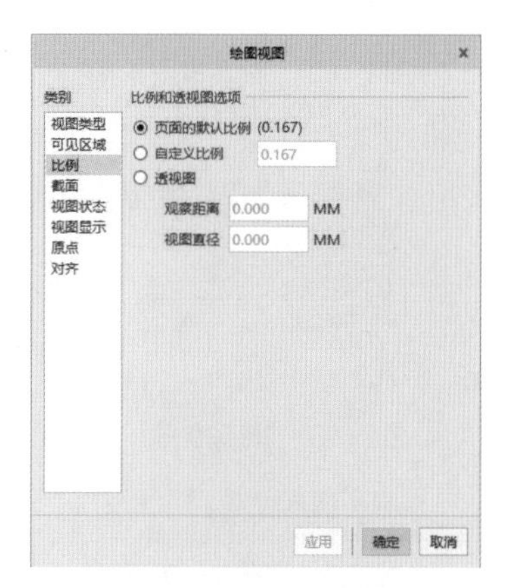

图 7-37 “绘图视图”对话框——比例

图 7-38 “绘图视图”对话框——截面

图 7-39 “绘图视图”对话框——视图状态

图 7-40 “绘图视图”对话框——视图显示

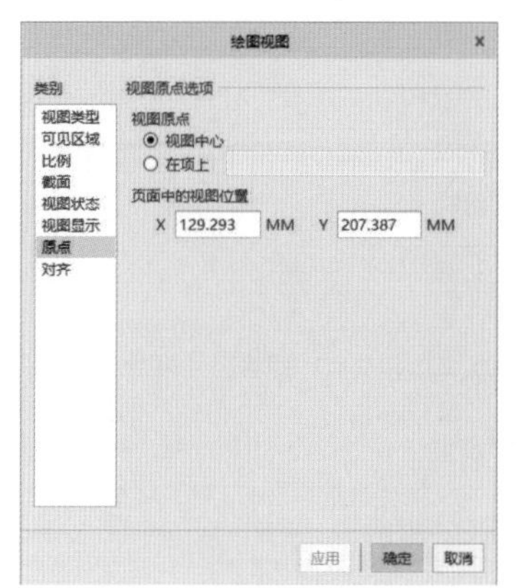

图 7-41 “绘图视图”对话框——原点

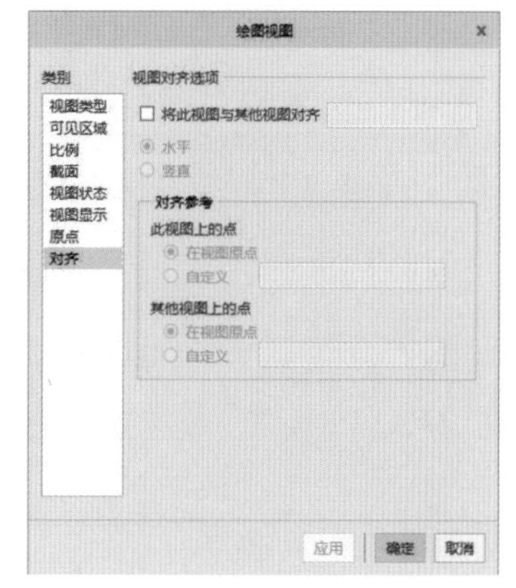

图 7-42 “绘图视图”对话框——对齐

（四）工程图标注

工程图设计的一个重要环节是工程图标注，工程图标注的注释内容比较多，本练习侧重于其中最为常用的一些标注知识，包括显示模型注释、手动创建尺寸等。

1. 显示模型注释

在 Creo Parametric 中，创建 3D 模型时，实际上储存了模型所需的尺寸、参照尺寸、符号、轴等项目。在将 3D 模型导入 2D 绘图中时，3D 尺寸和存储的模型信息会与 3D 模型保持参数化相关性，但是在默认情况下，这些项目信息是不可见的，需要用户根据工程图设计要求而选择性地决定要在特定视图上显示哪些 3D 模型信息。

在绘图模式下，单击切换到“注释”选项卡，单击“注释”组中的（显示模型注释）命令按钮，可以打开“显示模型注释”对话框（图 7–43）来设置模型注释的显示。“显示模型注释”对话框具有六个基本选项卡，分别为（模型尺寸）、（模型几何公差）、（模型注释）、（表面粗糙度）、（模型符号）和（模型基准）。在设置项目显示的过程中，可以根据实际情况设置其显示类型，再勾选所需显示的项目。

图 7–43 “显示模型注释”对话框

2. 手动创建尺寸

在进行工程图设计的过程中，有时需要手动插入尺寸，这些手动插入的尺寸是从其参照位置衍生而来的，因此不能修改尺寸值。单击“注释”区域中的（尺寸）命令按钮，则打开“选择参考”对话框（图 7–44），可以在该对话框中单击所需的工具并选择相应的参考来进行尺寸标注，各主要工具及其说明见表 7–4。

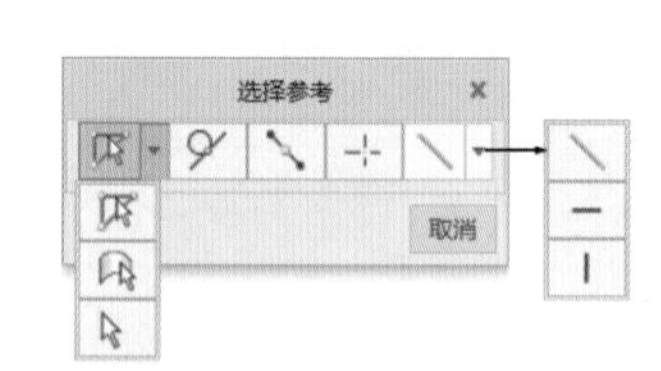

图 7–44 “选择参考”对话框

表 7–4 各种参考工具说明

序号	工具	说明
1		选择图元
2		选择曲面
3		选择参考
4		选择圆弧或圆的切线
5		选择边或图元的中点
6		选择由两个对象定义的相交点，即将尺寸附着到所选两个图元的最近交点处
7		在两点之间绘制虚线
8		通过指定点绘制水平虚线
9		通过指定点绘制竖直虚线

三、工程图制作分析

该零件工程图由主视图、俯视图、左视图及两个局部放大图构成，其中主视图需要能够表达清楚内部结构，需要采用剖视图表达。另外，视图需要标注水平、竖直、角度、直径、半径等尺寸。

四、操作步骤

1. 新建工程图文件

（1）单击工具栏中 （新建）命令按钮，在弹出的“新建”对话框（图 7-45）“类型”选项组中选择“绘图”单选按钮，在“文件名”文本框中输入新建文件名“盘类零件”，或勾选“使用绘图模型文件名”复选框，使工程图文件与模型文件具有相同的文件名。单击“确定”按钮，弹出“新建绘图”对话框。

（2）单击默认模型编辑框右侧的“浏览”按钮，在“打开”对话框中，选择项目四任务六创建的盘类零件作为工程图的模型。选择“指定模板”组中的“格式为空”单选项，单击格式编辑框右侧的“浏览”按钮，在“打开”对话框中，选择本项目任务一创建的格式文件，如图 7-46 所示。单击“确定”按钮，进入工程图绘制界面。

图 7-45 新建工程图文件

图 7-46 “新建绘图”对话框

2. 修改系统配置参数

（1）单击主菜单“文件”→“准备”→“绘图属性”命令，系统弹出“绘图属性”对话框，单击“细节选项”右边的“更改”按钮（图 7-47），系统弹出“选项”对话框。依据表 7-2，依次在“选项”下的输入框中输入要修改的选项名称，将“值”输入框中的数值设置为修改值，再单击“添加 / 更改”按钮，完成对参数的修改。单击“显示”编辑框右侧的 （另

图 7-47 “绘图属性”对话框

存为）命令按钮，在弹出的“另存为”对话框中设置文件名为“活动绘图”。单击“选项”对话框中的“确定”按钮和“格式属性”对话框中的“关闭”按钮，退出参数修改状态，返回工程图绘制环境。

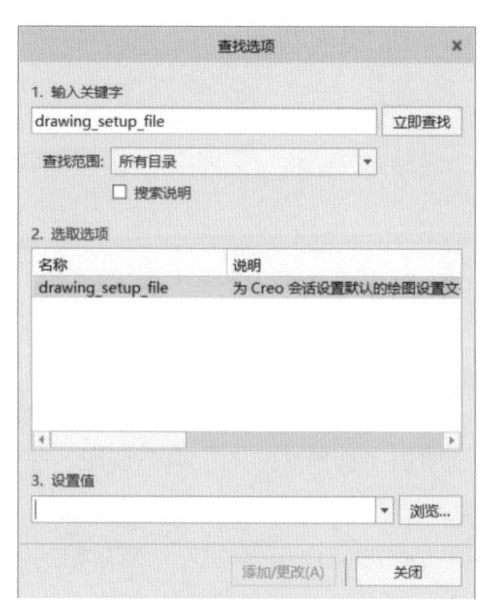

图 7-48 “查找选项”对话框

（2）从“文件”选项卡的下拉菜单中选择“选项”命令，弹出 Creo Parametric 选项对话框。选择“配置编辑器”选项，在右侧列出的 Creo Parametric 选项中，单击“查找”命令按钮，在弹出的“查找选项”对话框（图 7-48）中“输入关键字”下的输入框中输入“drawing_setup_file”，单击“设置值”右侧的“浏览”命令按钮，在弹出的“打开”对话框中查找生成的“活动绘图 .dtl”文件，单击“添加 / 更改”按钮，修改绘图设置文件，单击“关闭”命令按钮，关闭“查找选项”对话框。

（3）点击 Creo Parametric 选项对话框中的“确定”按钮，在系统弹出的提示对话框，选择“是”按钮，在弹出的“另存为”对话框中输入配置文件名称（通常选用默认的“config.pro”即可），选择“确定”按钮，保存配置文件。

3. 创建主视图

（1）单击“布局”选项卡中“模型视图”区域的（普通视图）命令按钮，弹出“选择组合状态”对话框（图 7-49），对话框中的“无组合状态”选项表示以正常装配的形式显示装配体，“全部默认”选项表示以爆炸（分解）的形式显示装配体。一般选择“无组合状态”选项即可。单击“确定”按钮，退出对话框。在屏幕绘图区单击鼠标左键，以确定视图的中心点，弹出“绘图视图”对话框，并在绘图区显示出零件三维模型，如图 7-50 所示。

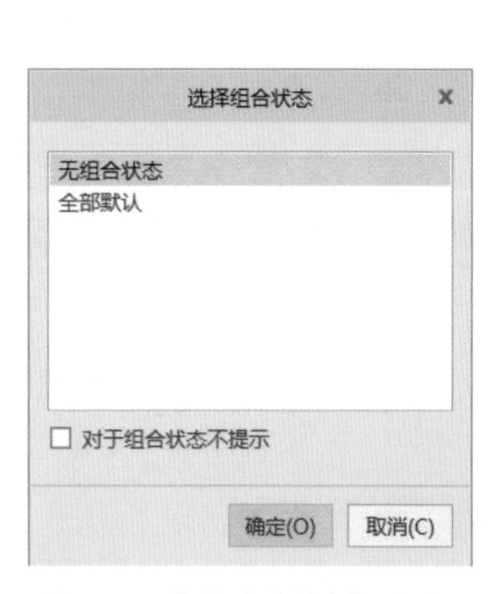

图 7-49 “选择组合状态”对话框

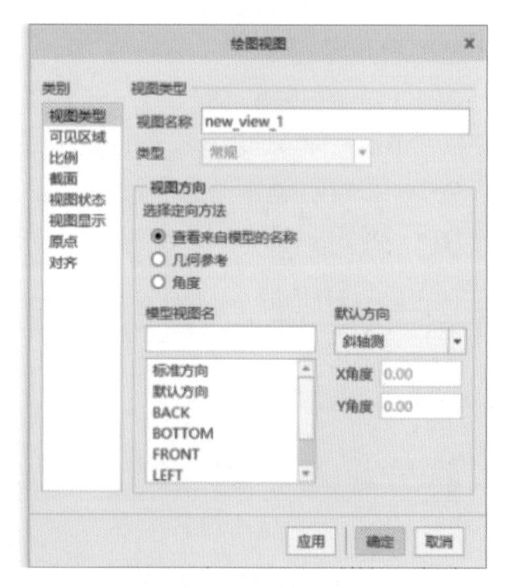

图 7-50 “绘图视图”对话框

（2）在“视图方向”选项组中，选择“几何参考”选项，选择模型的 FRONT 基准面作为参考 1，定向参考向前，选择模型的上表面作为参考 2，定向参考向上，在绘图区创建出主视图，如图 7-51 所示。

（3）单击“类别”中的“视图显示”选项，如图 7-52 所示，将“显示样式”设置为“消隐”,“相切边显示样式”设置为“无”，单击“应用”命令按钮。单击“确定”按钮，退出“绘图视图”对话框。

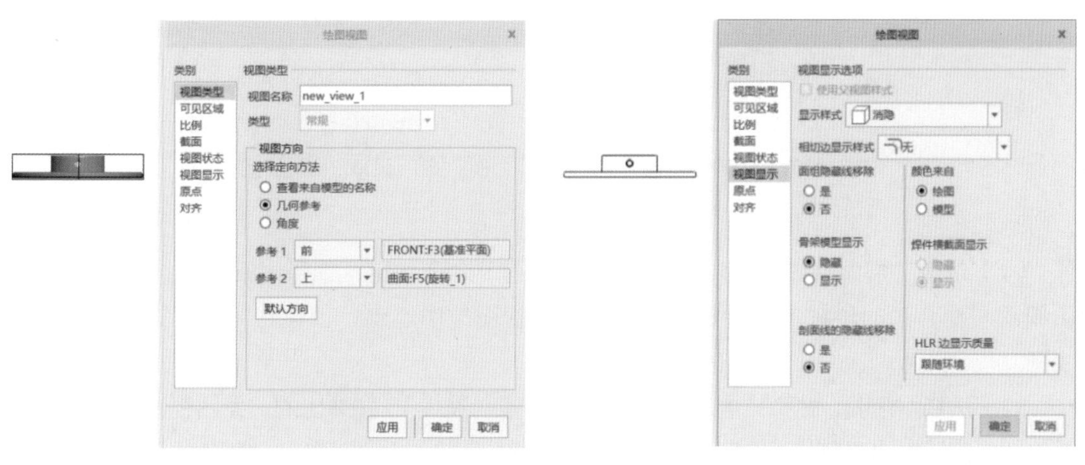

图 7-51 设置视图方向　　图 7-52 设置主视图显示

4. 设置工程图比例

双击绘图区左下角的比例（图 7-53），在绘图区上部弹出的输入比例值编辑框中，输入比例 0.2（图 7-54），单击 ✔（确定）命令按钮，完成工程图比例的修改。

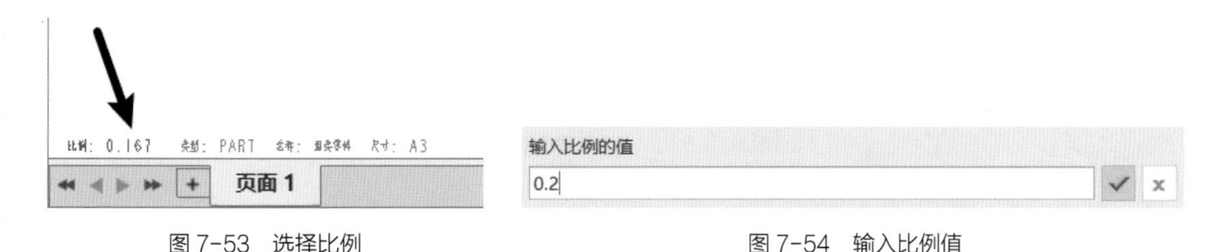

图 7-53 选择比例　　图 7-54 输入比例值

5. 创建俯视图

（1）单击“模型视图”区域的（投影视图）命令按钮，拖动鼠标，在主视图下方合适的位置单击鼠标左键，作为俯视图的中心点，创建出如图 7-55 所示的俯视图。

（2）选择俯视图，在弹出的快捷菜单中选择（属性），在弹出的“绘图视图”对话框中单击“类别”中的“视图显示”选项，将“显示样式”设置为“消隐”，“相切边显示样式”设置为“无”，单击“应用”命令按钮。单击“确定”按钮，退出绘图视图对话框，结果如图 7-56 所示。

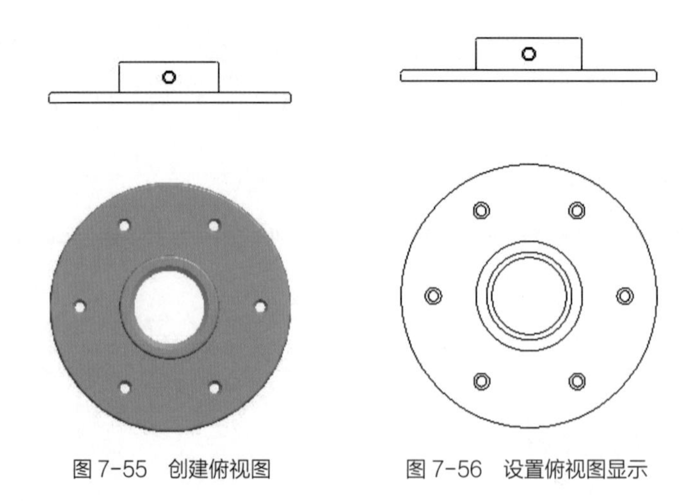

图 7-55　创建俯视图　　　图 7-56　设置俯视图显示

6. 创建左视图

（1）单击“模型视图”区域的（投影视图）命令按钮，选择主视图，拖动鼠标，在主视图右侧合适的位置单击鼠标左键，作为左视图的中心点，创建出如图 7-57 所示的左视图。

（2）选择左视图，在弹出的快捷菜单中选择（属性），在弹出的“绘图视图”对话框中单击“类别”中的“视图显示”选项，将“显示样式”设置为“消隐”，“相切边显示样式”设置为“无”，单击“应用”命令按钮。单击“确定”按钮，退出“绘图视图”对话框，结果如图 7-58 所示。

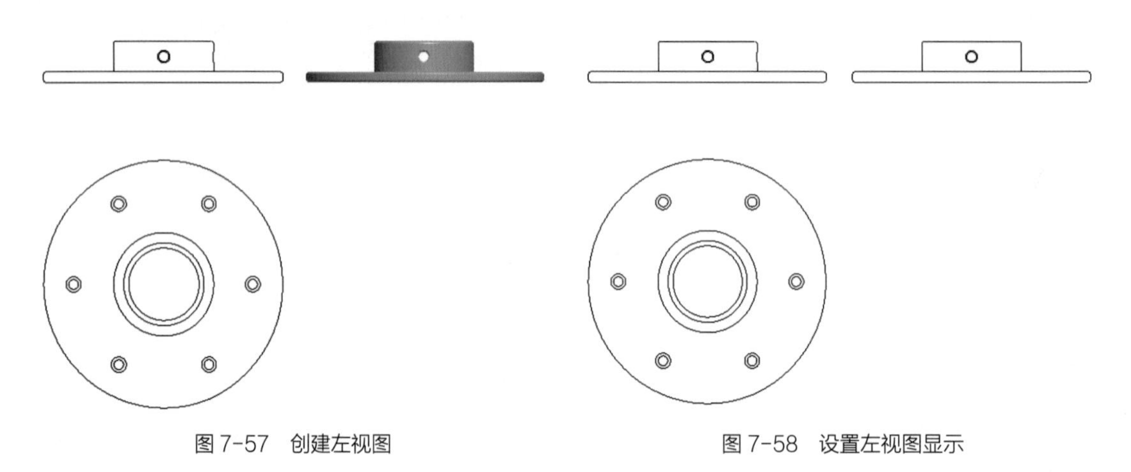

图 7-57　创建左视图　　　图 7-58　设置左视图显示

7. 更改主视图为剖视图

（1）在导航栏的零件模型树上，单击零件名称，按下鼠标右键，在弹出的快捷菜单中单击（打开）命令按钮，打开工程图的零件模型。

（2）单击“视图”选项卡中的（管理视图）命令按钮，打开“视图管理器”对话框。单击“截面”选项（图 7-59）。如图 7-60 所示，单击“新建”按钮，从打开的下拉菜单中选择“平面”选项，在出现的文本框中输入新截面的名称“A”，按 <Enter> 键。

图 7-59 “视图管理器”的截面选项

图 7-60 新建截面 A

（3）如图 7-61 所示，系统打开“截面”操作面板，在绘图区选择基准平面 FRONT 作为截面放置位置（图 7-62），生成截面 A（图 7-63）。

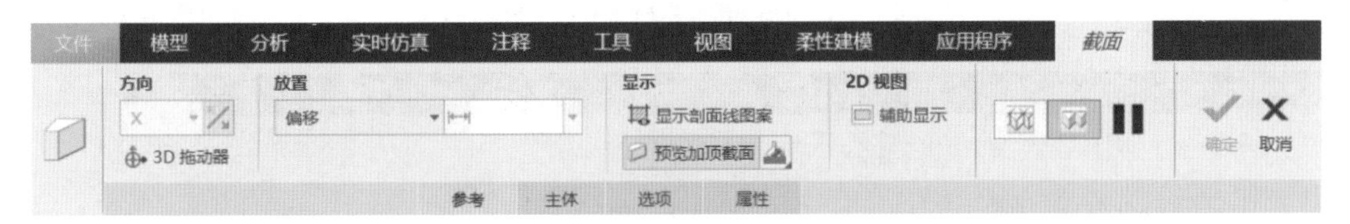

图 7-61 “截面”操作面板

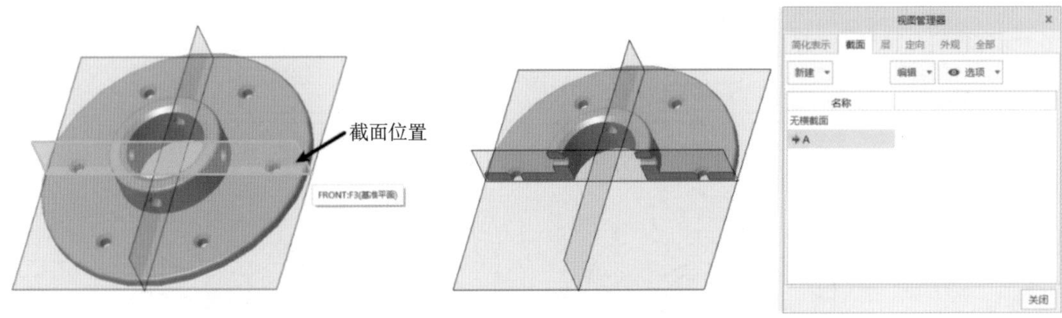

图 7-62 设置截面位置

图 7-63 生成的截面 A

（4）选择主视图，如图 7-64 所示，在弹出的快捷菜单中选择 （属性），在弹出的“绘图视图”对话框中单击“类别”中的“截面”选项，将“截面选项”设置为“2D 横截面”单选按钮，单击 **+** （将横截面添加到视图）命令按钮，在剖面列表中选择截面“A”。

（5）如图 7-65 所示，单击列表中的“箭头显示”选项，在绘图区选择俯视图显示剖面位置箭头，单击“应用”命令按钮。单击“确定”按钮，退出“绘图视图”对话框。

（6）调整剖视图注释相关位置，单击主视图剖面线，弹出“编辑剖面线”操作面板，设置剖面线图案比例，调整剖面线间距，如图 7-66 所示。

图 7-64 选择截面 A

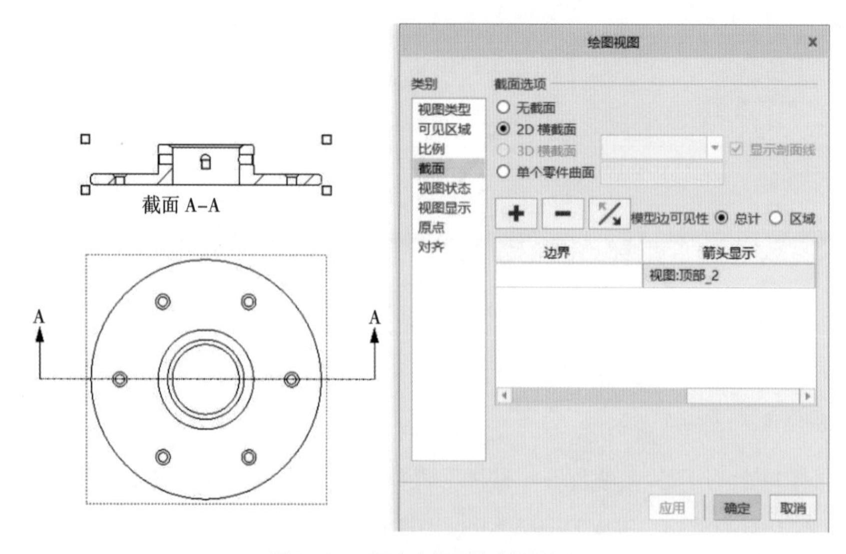

图 7-65 更改主视图为剖视图

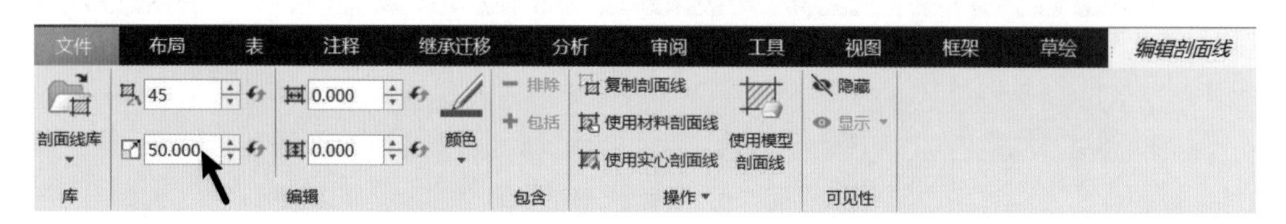

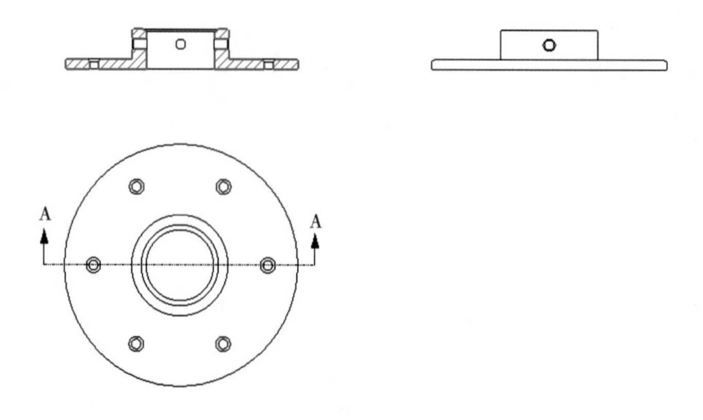

图 7-66 调整剖面线间距

8. 创建螺纹孔局部放大图

（1）单击“模型视图”区域的 （局部放大图）命令按钮，这时系统提示信息：在已现有视图上选择要查看细节的中心点。在主视图如图 7-67 所示的位置单击鼠标左键，将此位置作为要查看细节的中心点。

（2）这时系统提示信息：草绘样条，不相交其他样条，来定义一轮廓线。拖动鼠标，依次指定若干点草绘环绕要详细显示区域的样条曲线（图 7-68）。

（3）草绘完成后单击鼠标中键，样条曲线显示为一个圆和一个局部放大图名称的注释。在绘图上选择要放置局部放大图的位置，则完成局部放大图的创建，调整局部放大图的注释位置，结果如图 7-69 所示。

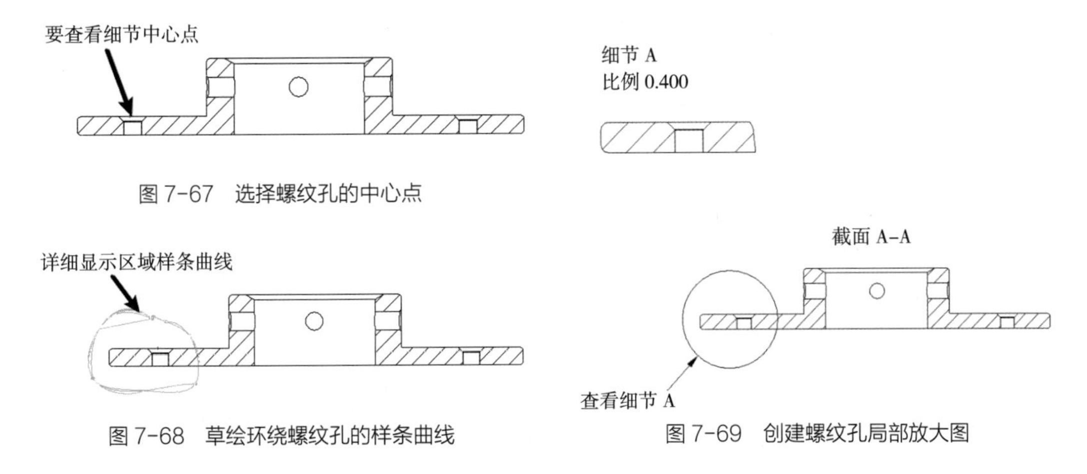

图 7-67　选择螺纹孔的中心点

图 7-68　草绘环绕螺纹孔的样条曲线

图 7-69　创建螺纹孔局部放大图

9. 创建凸台孔的局部放大图

（1）单击“模型视图”区域的 （局部放大图）命令按钮，在主视图如图 7-70 所示的位置单击鼠标左键，将此位置作为要查看细节的中心点。

（2）这时系统显示信息：草绘样条，不相交其他样条，来定义一轮廓线。拖动鼠标，依次指定若干点草绘环绕要详细显示区域的样条曲线（图 7-71）。

（3）草绘完成后单击鼠标中键，样条曲线显示为一个圆和一个局部放大图名称的注释。在绘图上选择要放置局部放大图的位置，则完成局部放大图的创建，调整局部放大图的注释位置，结果如图 7-72 所示。

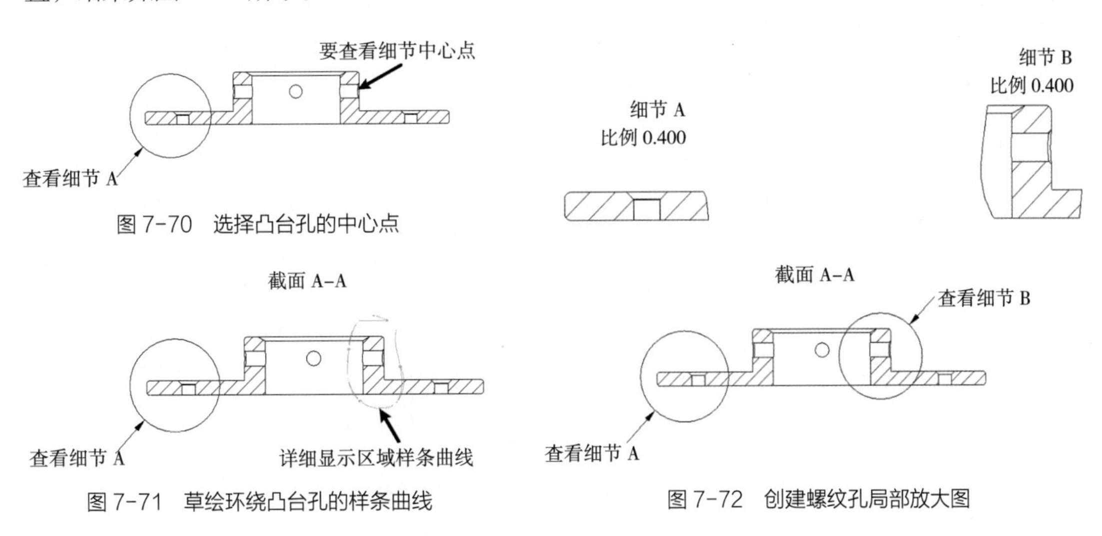

图 7-70　选择凸台孔的中心点

图 7-71　草绘环绕凸台孔的样条曲线

图 7-72　创建螺纹孔局部放大图

10. 标注尺寸

（1）单击切换到“注释”选项卡，单击“注释”区域中的 （显示模型注释）命令按钮，打开“显示模型注释”对话框。切换到 （模型尺寸）选项卡，单击零件模型树上的第一个特征，则在“显示模型注释”对话框中显示特征 1 的所有尺寸，如图 7-73 所示勾选要显示的尺寸，单击“确定”命令按钮，关闭对话框。（注：当鼠标移动到对话框中相应尺寸的位置时，该尺寸会高亮显示。）

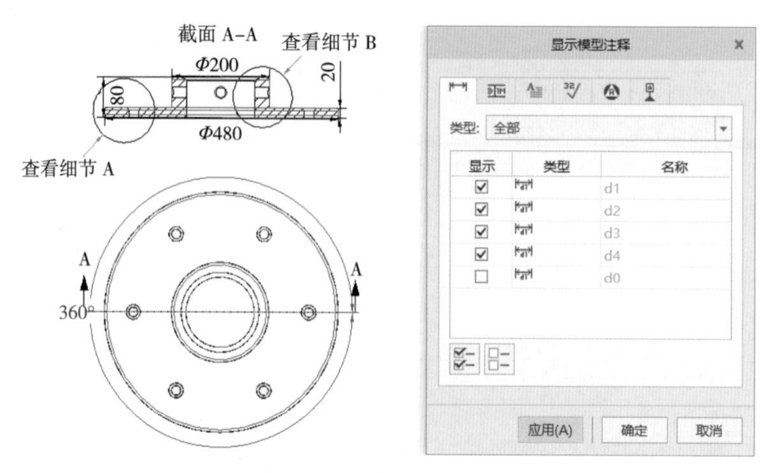

图 7-73 选择要显示的尺寸

（2）选择直径尺寸 Φ480，在弹出的快捷工具栏中单击 （移动到视图）命令按钮（图 7-74），再选择左视图，则将尺寸移动到了左视图（图 7-75）。依同样的方式，选择 Φ200、Φ80 和 Φ20 的尺寸，移动到左视图，结果如图 7-76 所示。

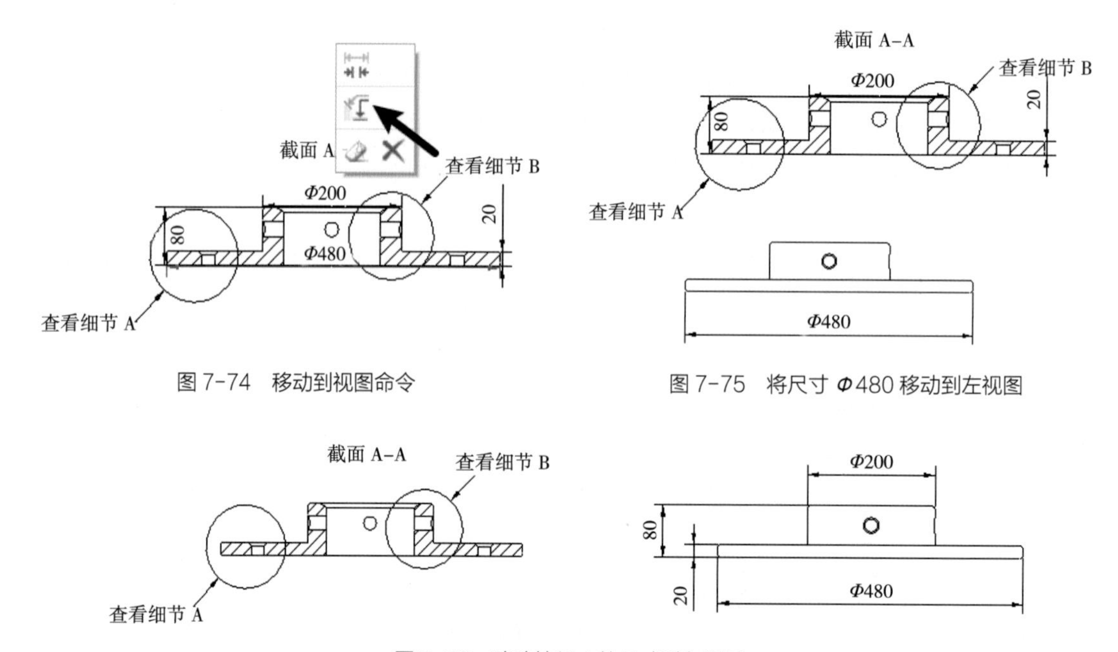

图 7-74 移动到视图命令

图 7-75 将尺寸 Φ480 移动到左视图

图 7-76 移动特征 1 的尺寸到左视图

（3）依同样的方式，显示其他特征的尺寸，结果如图 7-77 所示。

（4）单击直径尺寸 Φ20，在尺寸操作面板上单击 （尺寸文本）命令按钮，打开“尺寸文本”对话框，如图 7-78 所示，在前缀编辑框中输入“4x”，单击 （关闭）按钮，关闭对话框。依同样的方式修改螺纹孔的数量标注，尺寸标注结果如图 7-79 所示

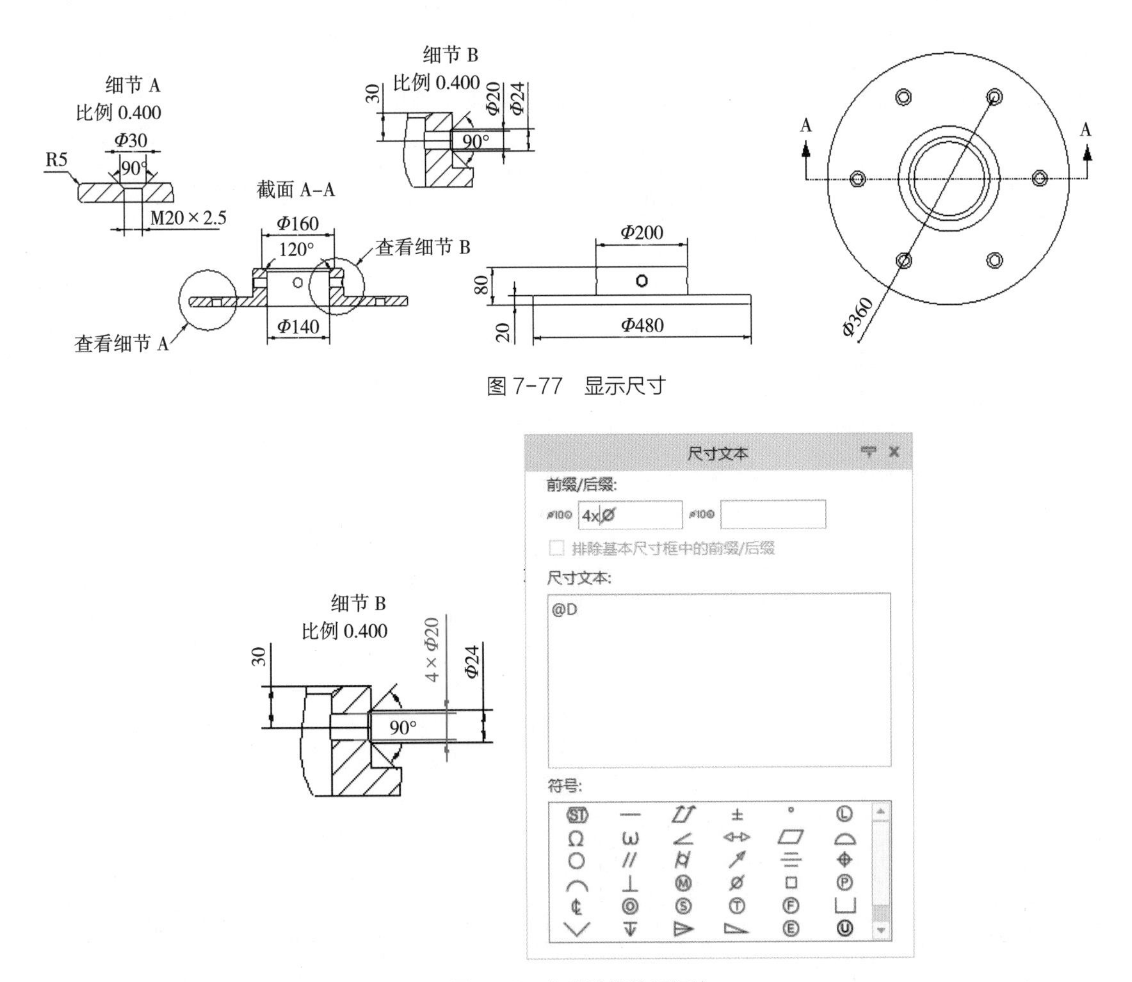

图 7-77 显示尺寸

图 7-78 修改孔的数量标注

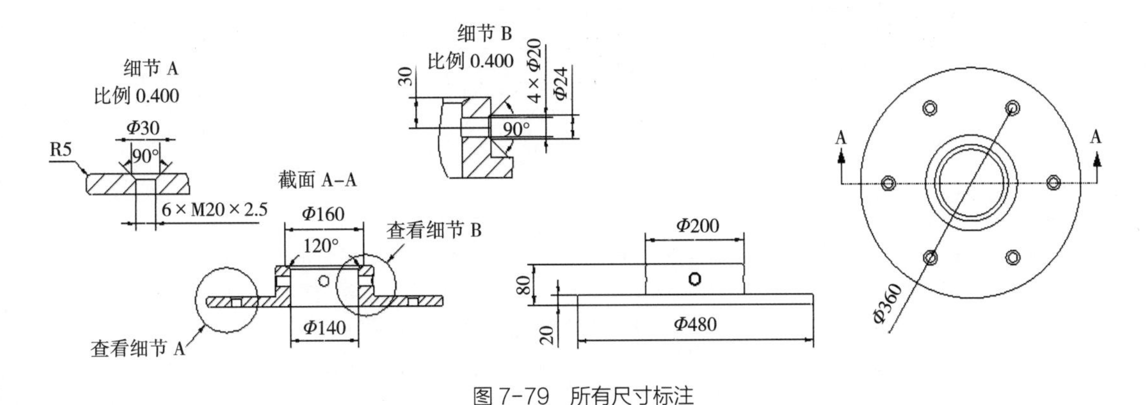

图 7-79 所有尺寸标注

11. 标注基准

（1）单击切换到“注释”选项卡，单击“注释”区域中的 （显示模型注释）命令按钮，打开“显示模型注释”对话框。切换到 （模型基准）选项卡，单击零件模型树上的第一个特征，则在“显示模型注释”对话框中显示特征 1 的基准，如图 7-80 所示勾选要显示的基准，单击“确定”命令按钮，关闭对话框。（注：当鼠标移动到对话框中相应基准的位置时，该基准会高亮显示。）

（2）依同样的方式，显示其他特征的基准，结果如图 7-81 所示。

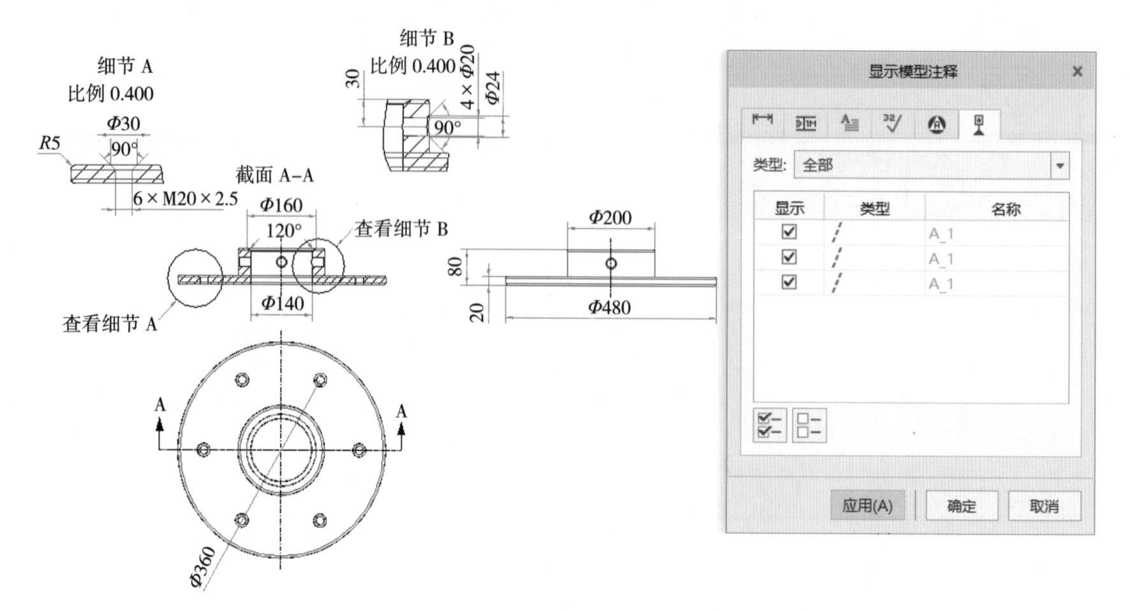

图 7-80　选择要显示的基准

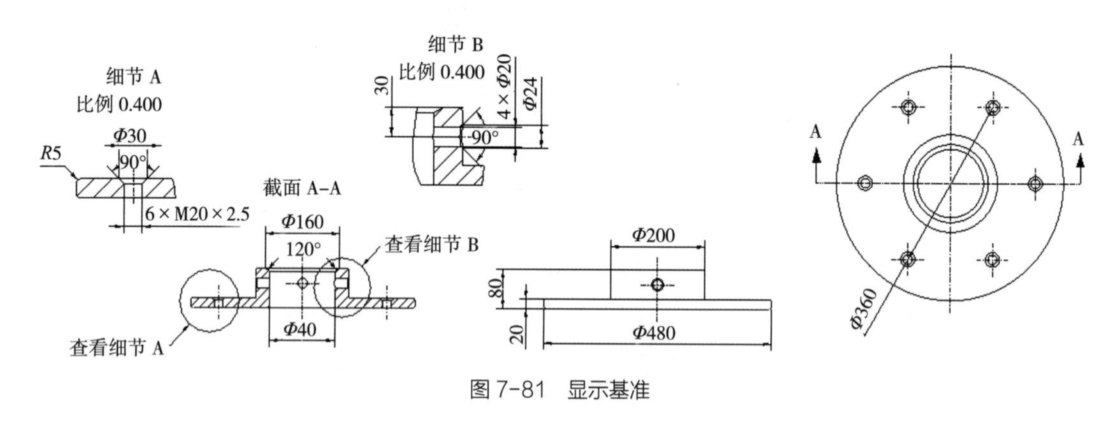

图 7-81　显示基准

提 示

在显示模型注释时，可以依次从模型树上选择特征进行显示，以保证注释的完整性。尽量不要一次选取所有特征显示，这样会增大注释调整编辑时间，也可能会漏标注释。

12. 标题栏输入注释

双击要输入文字的单元格，系统弹出“格式”操作面板（图 7-82），在单元格中输入相应文字，制图右侧单元格为自己的姓名，再右侧输入时间，零件名为“盘类零件”，材料为“45”，数量为“1”，比例为“1∶5”，“共 1 张”，“第 1 张”，零件代号为“A-01”。在操作面板中可以修改文字的样式，如文字字体、样式、高度、对齐方式等，或在选中表格的情况下单击鼠标右键，在弹出的快捷菜单中单击“文本样式”选项，系统弹出“文本样式”对话框，在其中设置文字的样式。最后的标题栏如图 7-83 所示。

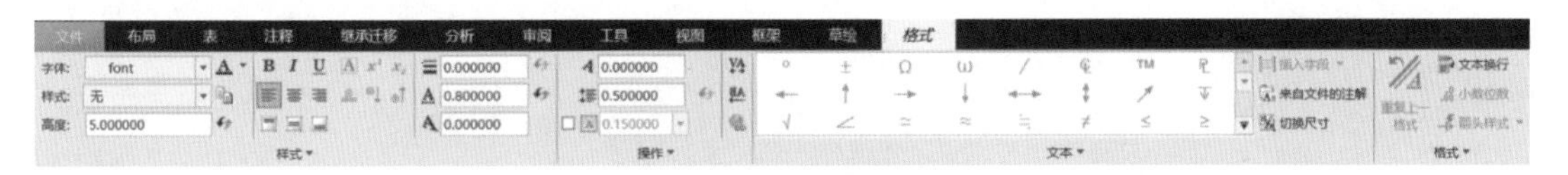

图 7-82　格式操作面板

<table>
<tr><td colspan="3" rowspan="2">盘类零件</td><td>材料</td><td>45</td><td>比例</td><td>1 ： 5</td></tr>
<tr><td>数量</td><td>1</td><td>共 1 张</td><td>第 1 张</td></tr>
<tr><td>制图</td><td></td><td></td><td colspan="2" rowspan="2">北京服装学院</td><td colspan="2" rowspan="2">A–01</td></tr>
<tr><td>审核</td><td></td><td></td></tr>
</table>

图 7-83　标题栏

13. 保存文件

单击工具栏中的（保存）命令按钮，保存当前工程图文件。

14. 导出可打印 PDF 文件

单击“文件”→“另存为”→“导出”命令，系统弹出“导出设置”操作面板（图 7-84），选择导出文件类型为“PDF”，单击（导出）命令按钮，在弹出的“保存副本”对话框中的新文件名编辑框输入文件名，单击“确定”命令按钮，将当前工程文件导出为可打印的 PDF 文件。

图 7-84　“导出设置”操作面板

设计任务
源文件

参考文献

[1] 钟日铭，等 . Creo 5.0 从入门到精通 [M]. 2 版 . 北京：机械工业出版社，2019.
[2] 方贵盛 . 三维实体建模与设计 [M]. 杭州：浙江大学出版社，2020.
[3] 杨立云，张良贵，李彩风，等 . 三维造型设计 [M]. 北京：北京理工大学出版社，2018.